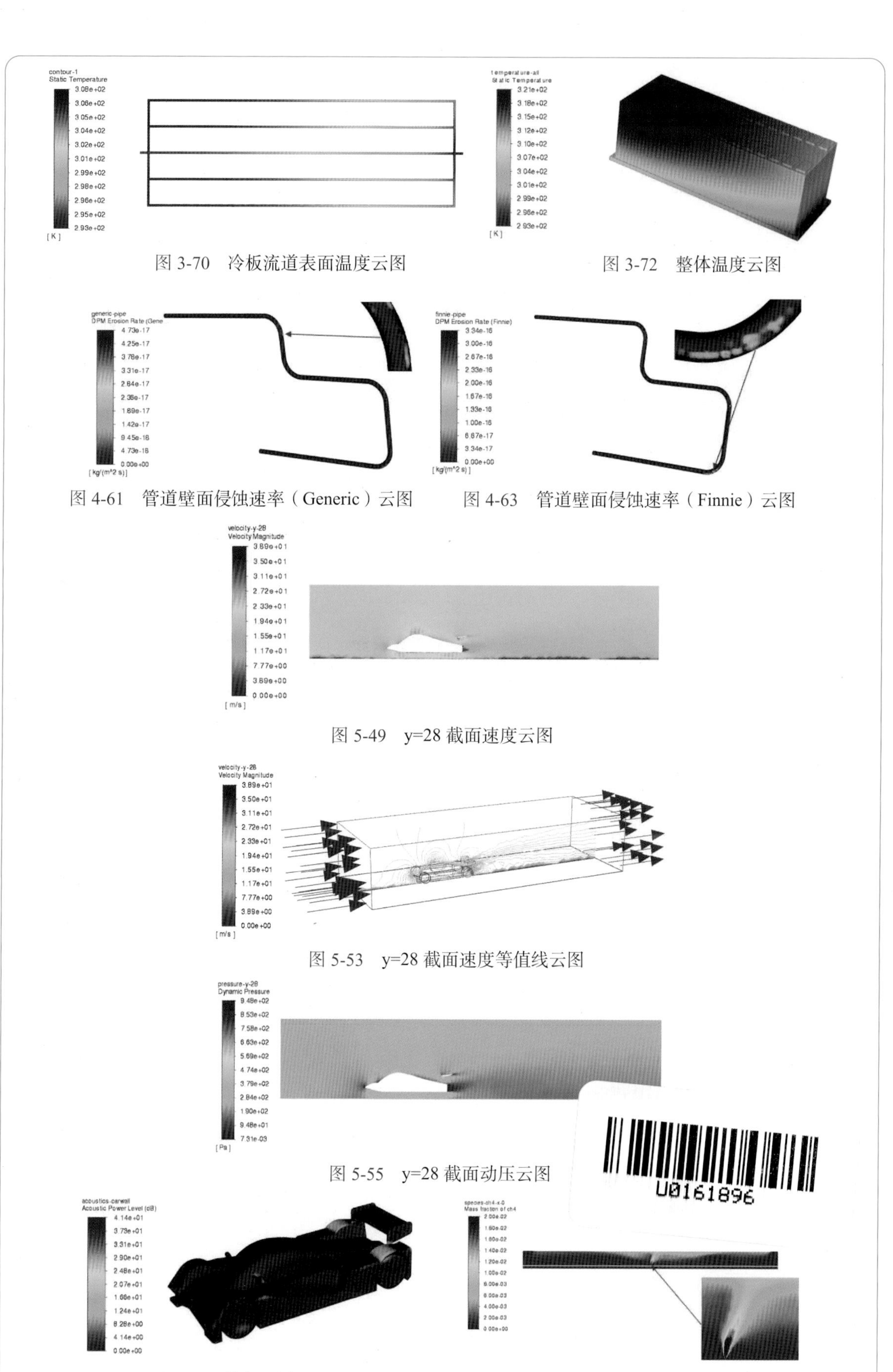

图 3-70 冷板流道表面温度云图

图 3-72 整体温度云图

图 4-61 管道壁面侵蚀速率（Generic）云图

图 4-63 管道壁面侵蚀速率（Finnie）云图

图 5-49 y=28 截面速度云图

图 5-53 y=28 截面速度等值线云图

图 5-55 y=28 截面动压云图

图 5-57 噪声云图

图 6-71 x=0 截面甲烷质量分数云图

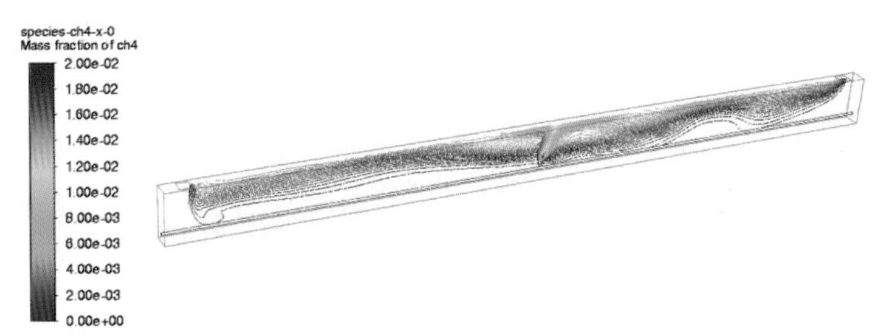

图 6-75　x=0 截面甲烷质量分数等值线云图

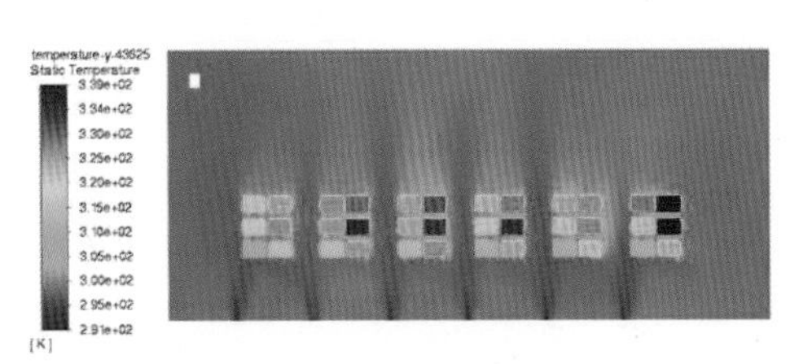

图 7-64　y=43625 截面温度云图

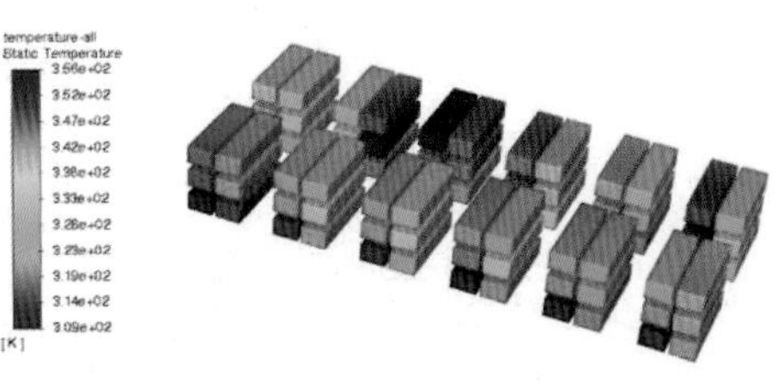

图 7-66　阀组件温度云图

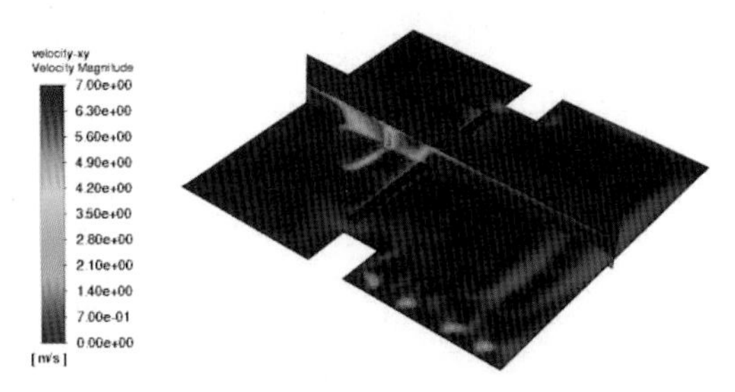

图 8-73　xz 截面速度云图

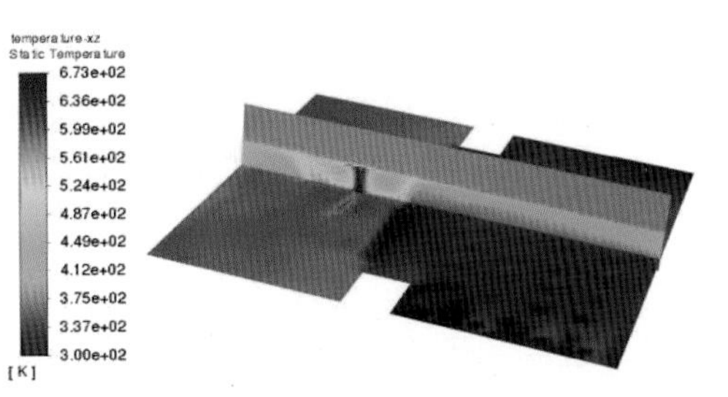

图 8-75　xz 截面温度云图

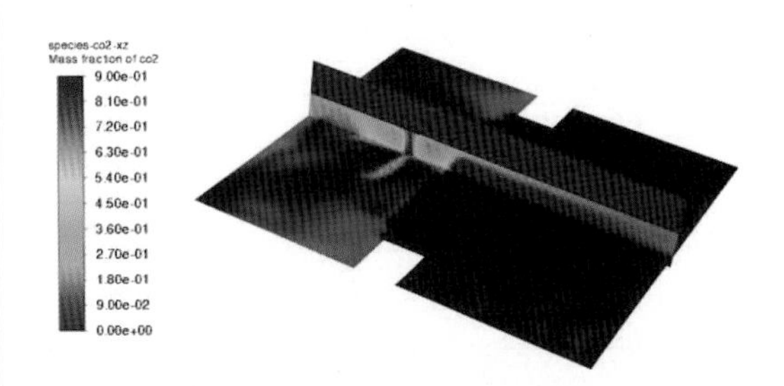

图 8-77　xz 截面 CO2 质量分数云图

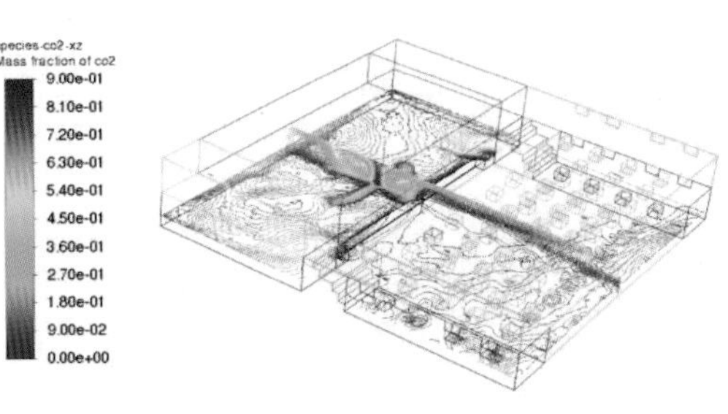

图 8-81　xz 截面 CO_2 质量分数等值线云图

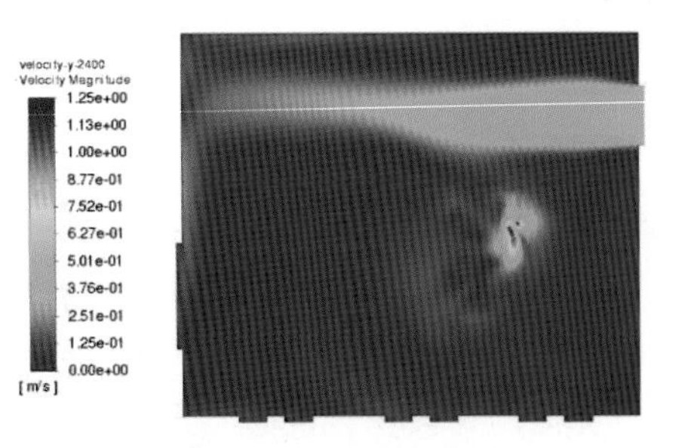

图 9-57　y=2400 截面速度云图

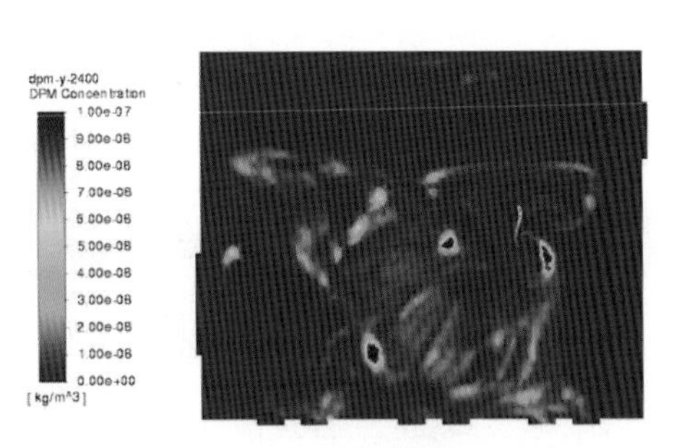

图 9-59　y=2400 截面颗粒浓度云图

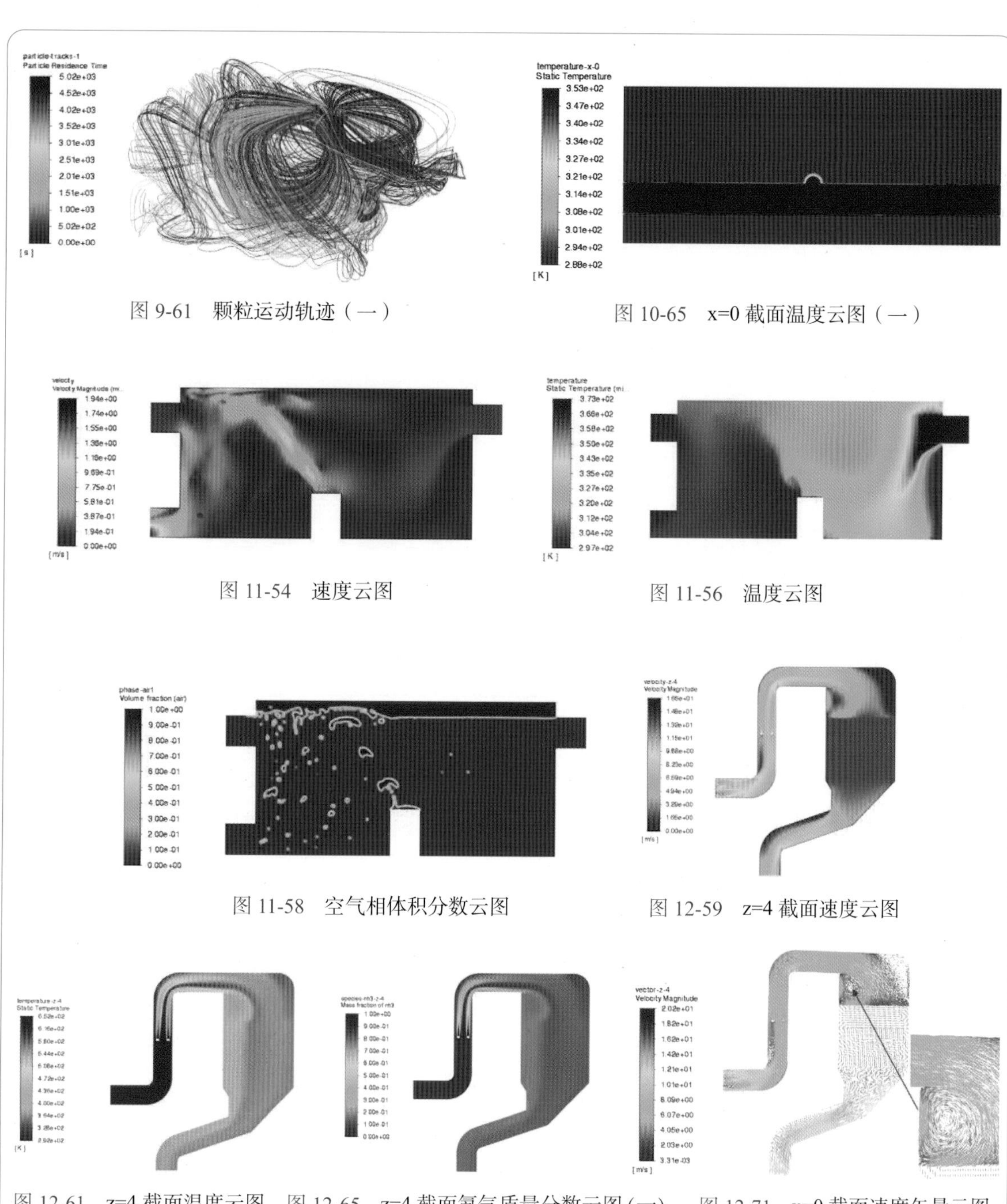

图 9-61　颗粒运动轨迹（一）

图 10-65　x=0 截面温度云图（一）

图 11-54　速度云图

图 11-56　温度云图

图 11-58　空气相体积分数云图

图 12-59　z=4 截面速度云图

图 12-61　z=4 截面温度云图

图 12-65　z=4 截面氨气质量分数云图(一)

图 12-71　x=0 截面速度矢量云图

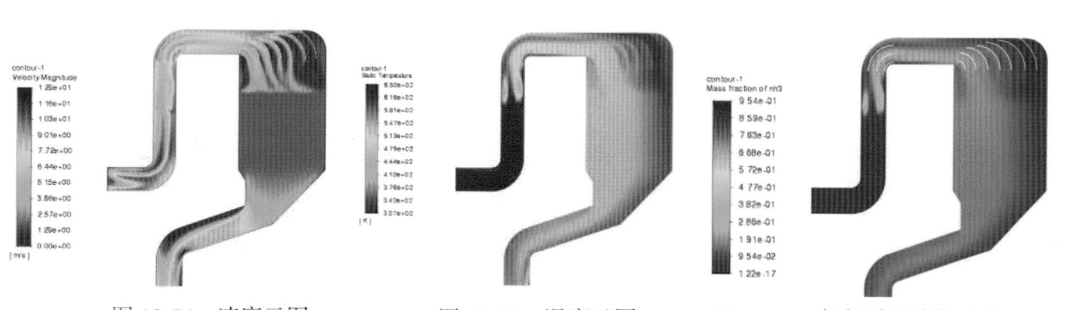

图 12-74　速度云图

图 12-75　温度云图

图 12-76　氨气质量分数云图

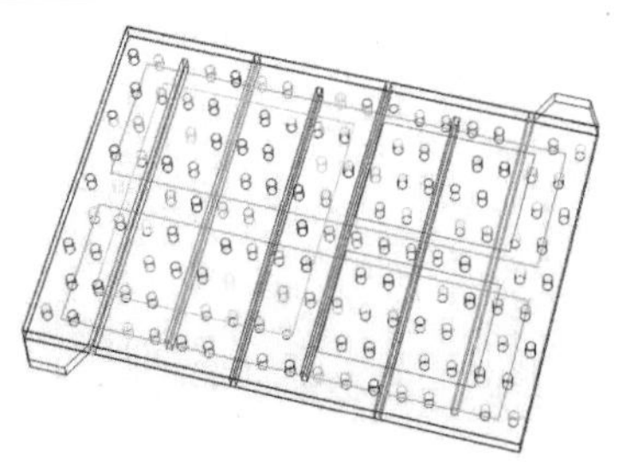

图 13-57　网格显示效果图

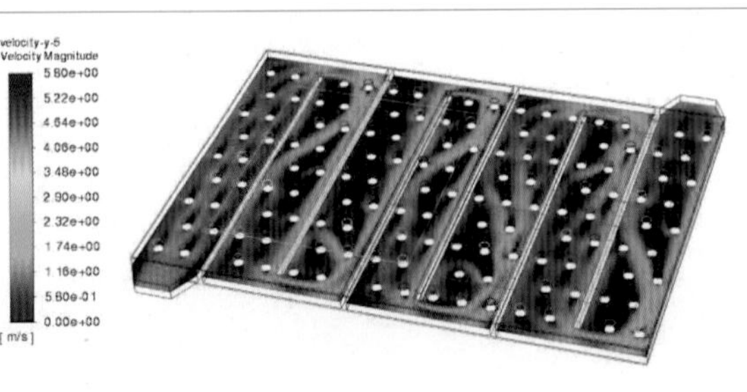

图 13-59　y=-5 截面速度云图（二）

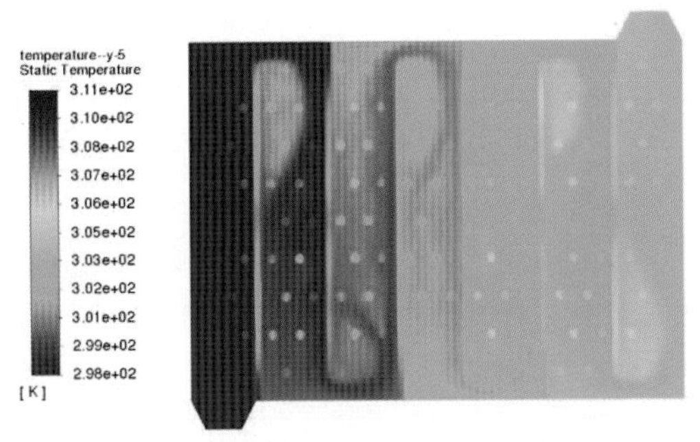

图 13-61　y=-5 截面温度云图

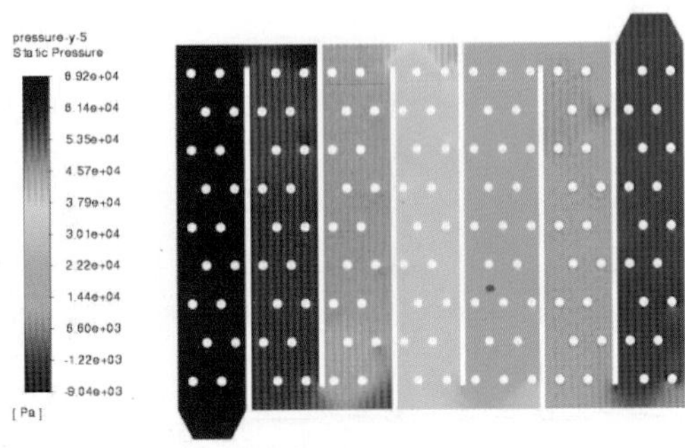

图 13-63　y=-5 截面压力云图

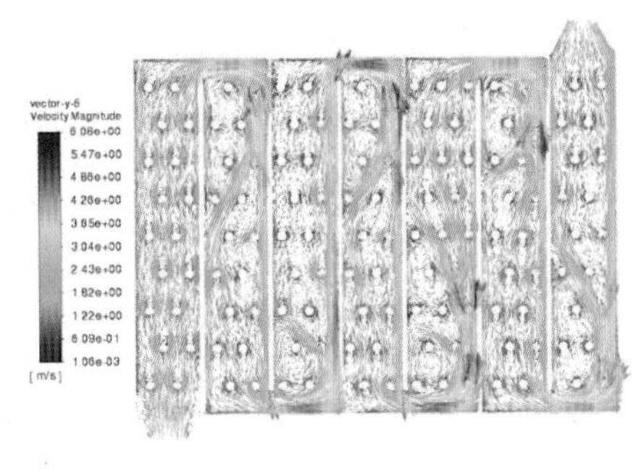

图 13-65　y=-5 截面速度矢量云图

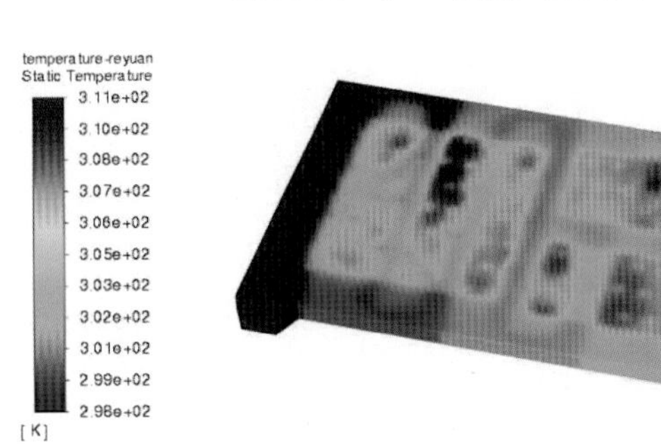

图 13-67　热源面温度云图

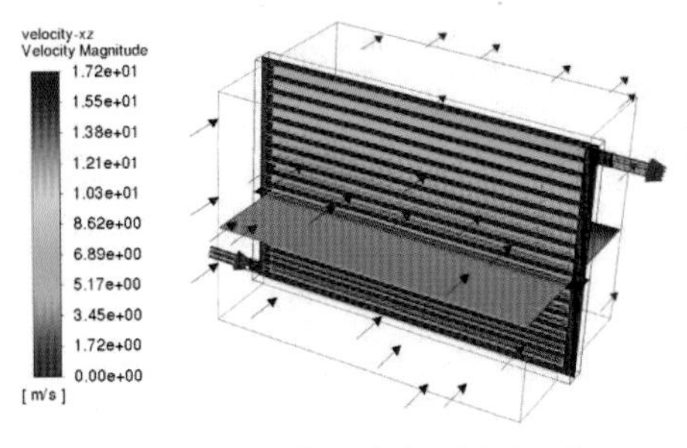

图 14-60　xz 截面速度云图（二）

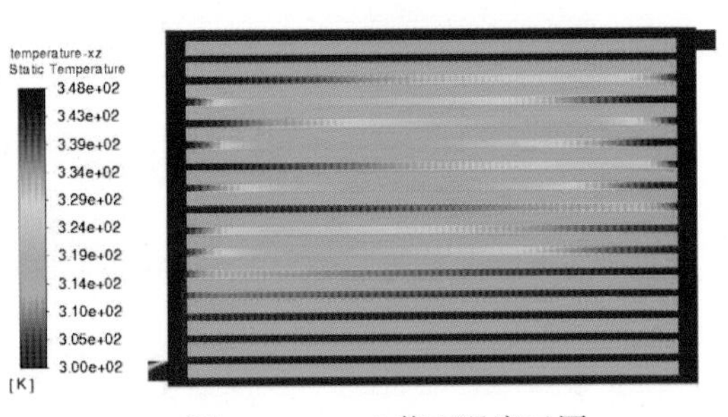

图 14-62　z=0 截面温度云图

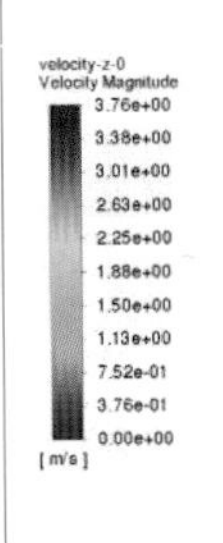

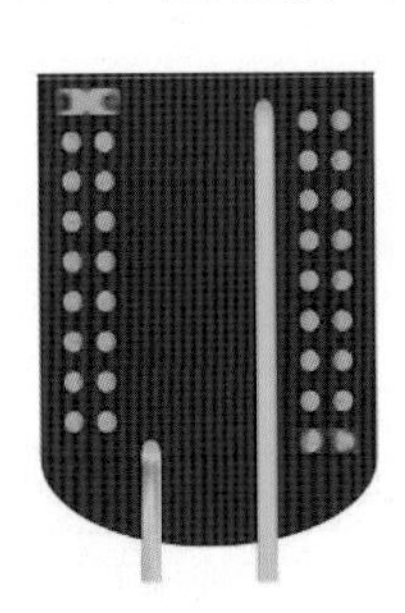

图 15-58　z=0 截面速度云图

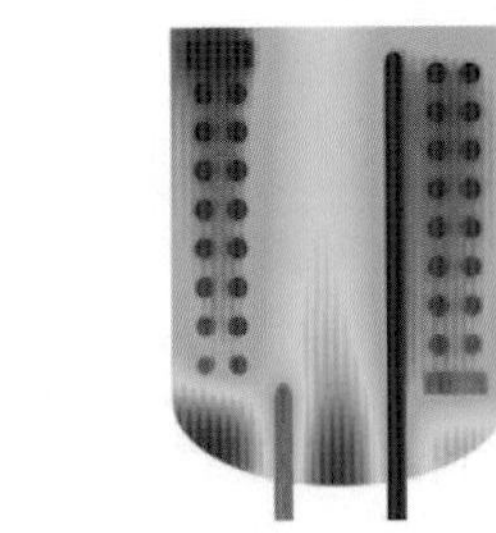

图 15-60　z=0 截面温度云图

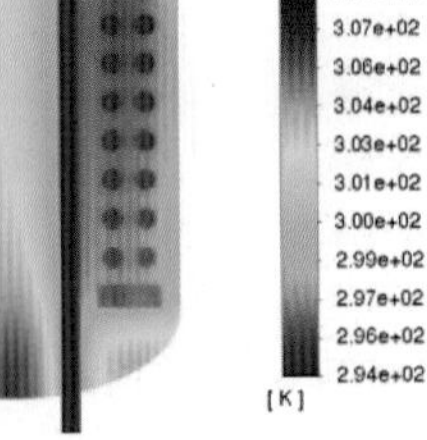

图 15-66　盘管表面温度云图（二）

CAD/CAM/CAE 工程应用丛书

ANSYS Fluent 中文版 流体计算工程案例详解

（2022 版）

孙立军　编著

机 械 工 业 出 版 社

本书从仿真计算基础理论讲起，详细讲解了 ANSYS Fluent 2022 中文版的仿真计算操作、设置方法及工程案例。本书前两章介绍了仿真理论基础及 Fluent 仿真计算的功能使用方法，然后精选了建筑、汽车、能源、化工及高压直流输电等行业中的综合应用案例进行讲解，包括锂离子电池模组散热、管道冲刷侵蚀、噪声、天然气管道泄漏、高压直流输电阀厅内温度分布、火灾后烟气扩散、颗粒物运移特性、气液两相、烟气脱硝及化学反应釜传热等，读者可通过案例学习来深入理解实际工程问题仿真分析的思路与方法。本书配有所有案例的模型文件和结果文件，以及软件基本功能和所有案例的操作视频，云图多数放在了彩色插页中，以方便读者学习。

本书结构严谨、条理清晰、重点突出，非常适合 Fluent 的初中级用户学习，既可作为相关行业工程技术人员及相关培训机构教师和学员的参考书，又可作为高等院校汽车设计、建筑设计、油气储运及管道工程等相关专业的教材。

图书在版编目（CIP）数据

ANSYS Fluent 中文版流体计算工程案例详解：2022 版 / 孙立军编著．—北京：机械工业出版社，2023.3（2025.1 重印）
（CAD/CAM/CAE 工程应用丛书）
ISBN 978-7-111-72429-2

Ⅰ.①A… Ⅱ.①孙… Ⅲ.①工程力学-流体力学-计算机仿真-应用软件 Ⅳ.①TB126-39

中国国家版本馆 CIP 数据核字（2023）第 010268 号

机械工业出版社（北京市百万庄大街 22 号 邮政编码 100037）
策划编辑：赵小花　　责任编辑：赵小花
责任校对：李　杉　张　薇　　责任印制：常天培
北京机工印刷厂有限公司印刷
2025 年 1 月第 1 版第 4 次印刷
184mm×260mm · 20.75 印张 · 2 插页 · 582 千字
标准书号：ISBN 978-7-111-72429-2
定价：109.00 元

电话服务　　网络服务
客服电话：010-88361066　　机　工　官　网：www.cmpbook.com
010-88379833　　机　工　官　博：weibo.com/cmp1952
010-68326294　　金　书　网：www.golden-book.com
封底无防伪标均为盗版　　机工教育服务网：www.cmpedu.com

前 言

ANSYS Fluent 软件是目前主流的商业 CFD 软件，涉及流体、传热及组分输送等工程问题时都可以用它来求解。

Fluent 具有丰富的物理模型、先进的数值计算方法和强大的前后处理功能，可计算的物理问题包括可压缩与不可压缩流体、耦合传热、多相流和粒子迁移过程等，在新能源汽车、石油、天然气和高压直流输电设计计等方面有着广泛的应用，例如，在新能源汽车工业中的应用就包括锂离子电池模组散热、汽车行驶噪声、功率控制单元液冷及散热器传热性能分析等。

本书基于编者多年 Fluent 仿真计算经验，首先对计算流体力学理论基础进行了介绍，然后详细介绍了 Fluent 软件功能，接着以十余个实际工程案例系统介绍了如何进行工程问题简化，如何在 Fluent 中进行网格处理、模型选取、参数设置及结果后处理等。总体来说，本书有如下几个特色。

1）理论基础和实例讲解并重。本书既可作为 Fluent 初学者的学习教材，又可作为有一定 Fluent 应用基础的工程技术人员进行工程问题分析的方案参考书。

2）详细的视频讲解。本书包含详细的视频讲解（扫描书中二维码即可观看），读者可以更好地理解书中工程案例的简化思路、参数设置、模型选取及结果后处理过程，了解仿真计算过程中需要重点关注的内容及操作细节。

3）逻辑清晰，讲解细致。本书从结构上分为基础理论、软件基本操作和案例分析三部分，此外，工程案例的几何形状及过程讲解较为深入。

本书以 Fluent 2022 中文版为软件平台进行编写，其中案例是根据 Fluent 实际应用领域精心挑选的，虽然对模型进行了简化，但不影响读者学习利用 Fluent 解决实际工程问题的方法。

特别说明：文中的“组分”均写为“组份”，“黏性”等均使用“粘”字，这是为了与软件中的选项名相一致。这些选项名数量很多，故书中做了这样的处理。

本书配套资源包括书中所有案例的源文件，可通过 QQ 群（459502768）获取或关注“仿真技术”公众号回复“72429”获取，也可扫描封底二维码获取。读者可以使用 Fluent 软件打开相应的源文件，根据本书的介绍进行学习，提高学习效率。

本书编写过程中力求叙述准确、完善，但由于水平有限，书中欠妥之处在所难免，请读者及各位同行批评指正，在此表示诚挚的谢意。读者在学习过程中遇到与本书有关的技术问题时，可在 QQ 群内沟通或通过“算法仿真在线”公众号提交问题给编者，编者会尽快给予解答。

编 者

目　录

前　言

第 1 章 计算流体力学理论基础概述

流体力学是研究流体（液体和气体）力学运动规律及其应用的学科，主要研究在各种力的作用下流体本身的状态，以及流体和固体壁面、流体和流体间、流体与其他运动形态之间相互作用的力学问题，是力学的一个重要分支。

计算流体力学（Computational Fluid Dynamics，CFD）是指运用数值计算来模拟流体流动时的各种相关物理现象，包括但不限于流体流动、传热及组份扩散等。计算流体力学分析目前广泛应用于大功率电力电子器件、数据中心机房、新能源及储能等诸多工程领域。本章将介绍流体力学、计算流体力学的基本理论，以及计算流体力学的求解过程和求解方法等。

本章知识点如下。

1）掌握流体力学的基本理论。

2）掌握计算流体力学的基本理论。

3）掌握计算流体力学的求解过程和求解方法。

1.1 流体力学概述

1.1.1 基本概念

针对不同的仿真分析案例，流体的物性参数对计算结果有很大影响，因此本节将对一些比较重要的基本概念进行说明。

1. 流体的密度

流体的密度是指单位体积内所含物质质量的多少。

若密度是均匀的，则有

$$\rho=\frac{M}{V} \tag{1-1}$$

式中，ρ 为流体的密度；M 是体积为 V 的流体内所含物质的质量。

由式（1-1）可知，密度的单位是 kg/m^3。对于密度不均匀的流体，其某一点处密度的定义为

$$\rho=\lim_{\Delta V\to 0}\frac{\Delta M}{\Delta V} \tag{1-2}$$

例如，零下 4℃时水的密度为 $1000kg/m^3$，常温（20℃）时空气的密度为 $1.24kg/m^3$。流体的密度是流体本身固有的物理量，它随着温度和压强的变化而变化。流体在不同温度、不同压强下的具体密度值可查阅相关资料。

2. 流体的粘性

在研究流体流动时，若考虑流体的粘性，则称为粘性流动，相应地称流体为粘性流体；若不考虑流体的粘性，则称为理想流动，相应地称流体为理想流体。

流体的粘性可由牛顿内摩擦定律表示：

$$\tau=\mu\frac{\mathrm{d}u}{\mathrm{d}y} \tag{1-3}$$

牛顿内摩擦定律适用于空气、水和石油等大多数机械工业中的常用流体。凡是符合切应力与速度梯度成正比的流体均称为牛顿流体，即严格满足牛顿内摩擦定律且 μ 保持为常数的流体，否则就称其为非牛顿流体。例如，液态的沥青、糖浆等流体均属于非牛顿流体。

非牛顿流体有以下三种不同的类型。

① 塑性流体，如牙膏等。它们有一个保持不产生剪切变形的初始应力 τ_0，只有克服了这个初始应力，其切应力才与速度梯度成正比，即

$$\tau=\tau_0+\mu\frac{\mathrm{d}u}{\mathrm{d}y} \tag{1-4}$$

② 假塑性流体，如泥浆等。其切应力与速度梯度的关系为

$$\tau=\mu\left(\frac{\mathrm{d}u}{\mathrm{d}y}\right)^n \quad (n<1) \tag{1-5}$$

③ 胀塑性流体，如乳化液等。其切应力与速度梯度的关系为

$$\tau=\mu\left(\frac{\mathrm{d}u}{\mathrm{d}y}\right)^n \quad (n>1) \tag{1-6}$$

3. 流体的压缩性

流体的压缩性是指在外界条件变化时，其密度和体积发生了变化。这里的条件有两种：一种是外部压强发生了变化；另一种是流体的温度发生了变化。

当质量为 M、体积为 V 的流体外部压强发生 Δp 的变化时，相应地其体积也发生了 ΔV 的变化，则定义流体的等温压缩率为

$$\beta=-\frac{\Delta V/V}{\Delta p} \tag{1-7}$$

这里的负号是考虑到 Δp 与 ΔV 总是符号相反的缘故。β 的单位为 1/Pa。流体等温压缩率的物理意义为，当温度不变时，每增加单位压强所产生的流体体积的相对变化率。

考虑到压缩前后流体的质量不变，式（1-7）还有另外一种表示形式，即

$$\beta=\frac{\mathrm{d}\rho}{\rho\mathrm{d}p} \tag{1-8}$$

气体的等温压缩率可由以下气体状态方程求得

$$\beta=1/p \tag{1-9}$$

当质量为 M、体积为 V 的流体温度发生 ΔT 的变化时，相应地其体积也发生了 ΔV 的变化，则定义流体的体积膨胀系数为

$$\alpha=\frac{\Delta V/V}{\Delta T} \tag{1-10}$$

考虑到膨胀前后流体的质量不变，式（1-10）还有另外一种表示形式，即

$$\alpha=-\frac{\mathrm{d}\rho}{\rho\mathrm{d}T} \tag{1-11}$$

这里的负号是考虑到随着温度的增高，体积必然增大，而密度必然减小。α 的单位为 1/K。体积膨胀系数的物理意义为，当压强不变时每增加单位温度所产生的流体体积的相对变化率。

气体的体积膨胀系数可由以下气体状态方程求得：

$$\alpha=1/T \tag{1-12}$$

在研究流体流动时，若考虑到流体的压缩性，则称为可压缩流动，相应地称流体为可压缩流体，如相对速度较高的气体流动。若不考虑流体的压缩性，则称为不可压缩流动，相应地称流体为不可压缩流体，如水、油等液体的流动。

4. 液体的表面张力

液体表面相邻两部分之间的拉应力是分子作用力的一种表现。液面上的分子受液体内部分子吸引而使液面趋于收缩，表现为液面任何两部分之间具有拉应力，称为表面张力，其方向和液面相切，并与两部分的分界线相垂直。单位长度上的表面张力用 σ 表示，单位是 N/m。

5. 质量力和表面力

作用在流体微团上的力可分为质量力与表面力。

（1）质量力　与流体微团质量大小有关并且集中作用在微团质量中心上的力称为质量力，如重力场中的重力 mg、直线运动的惯性力 ma 等。

质量力是一个矢量，一般用单位质量所具有的质量力来表示，其形式如下：

$$f=f_x\boldsymbol{i}+f_y\boldsymbol{j}+f_z\boldsymbol{k} \tag{1-13}$$

式中，f_x、f_y、f_z 为单位质量力在 x、y、z 轴上的投影，或简称为单位质量分力。

（2）表面力　大小与表面面积有关而且分布作用在流体表面上的力称为表面力。表面力按其作用方向可以分为两种：一种是沿表面内法线方向的压力，称为正压力；另一种是沿表面切向的摩擦力，称为切应力。

作用在静止流体上的表面力只有沿表面内法线方向的正压力，单位面积上所受到的表面力称为这一点处的静压强。静压强有以下两个特征。

1）静压强的方向垂直指向作用面。

2）流场内一点处静压强的大小与方向无关。

对于理想流体流动，流体质点只受到正压力，没有切向力。对于粘性流体流动，流体质点所受到的作用力既有正压力，也有切向力。单位面积上所受到的切向力称为切应力。对于一元流动，切向力由牛顿内摩擦定律求出；对于多元流动，切向力可由广义牛顿内摩擦定律求得。

6. 绝对压强、相对压强与真空度

一个标准大气压的压强是 760mmHg，相当于 101325Pa，通常用 p_{atm} 表示。若压强大于大气压，则以此压强为计算基准得到的压强称为相对压强，也称为表压，通常用 p_r 表示。

若压强小于大气压，则压强低于大气压的值就称为真空度，通常用 p_v 表示。

如以压强 0Pa 为计算基准，则这个压强就称为绝对压强，通常用 p_s 表示。这三者的关系如下：

$$p_r=p_s-p_{atm}, p_v=p_{atm}-p_s \tag{1-14}$$

说明：在流体力学中，压强都用符号 p 表示，但一般有一个约定，对于液体来说，压强用相对压强；对于气体来说，特别是马赫数大于 0.1 的流动，应视为可压缩流动，压强用绝对压强。当然，特殊情况应有所说明。

7. 静压、动压和总压

对于静止状态下的流体而言，只有静压强，而对于流动状态的流体，有静压、动压和总压强之分。

在一条流线上，流体质点的机械能是守恒的，这就是伯努利（Bernoulli）方程的物理意义，对于理想流体的不可压缩流动，其表达式如下：

$$\frac{p}{\rho g}+\frac{v^2}{2g}+z=H \tag{1-15}$$

式中，$p/\rho g$ 称为压强水头；$v^2/2g$ 称为速度水头；z 称为位置水头，也是重力势能项，这三项之和就是流体质点的总机械能；H 称为总的水头高。

若把式（1-15）两边同时乘以 ρg，则有

$$p+\frac{1}{2}\rho v^2+\rho gz=\rho gH \tag{1-16}$$

式中，p 称为静压强，简称静压；$\frac{1}{2}\rho v^2$ 称为动压强，简称动压，也是动能项；ρgH 称为总压强，简称总压。对于不考虑重力的流动，总压就是静压和动压之和。

1.1.2 边界层及阻力

1. 边界层

对于工程实际中大量出现的大雷诺数问题，应该分成两个区域：外部势流区域和边界层区域。

对于外部势流区域，可以忽略粘性力，因此可以采用理想流体运动理论解出外部流动，从而知道边界层外部边界上的压力和速度分布，并将其作为边界层流动的外边界条件。

在边界层区域必须考虑粘性力，而且只有考虑了粘性力才能满足粘性流体的粘附条件。边界层虽小，但是物理量在物面上的分布、摩擦阻力及物面附近的流动都是和边界层内的流动联系在一起的，因此非常重要。

描述边界层内粘性流体运动的是 N-S 方程，但由于边界层厚度 δ 比特征长度小很多，而且 x 方向速度分量沿法向的变化比切向大得多，所以 N-S 方程可以在边界层内做很大的简化，简化后的方程称为普朗特边界层方程，它是处理边界层流动的基本方程。边界层示意如图 1-1 所示。

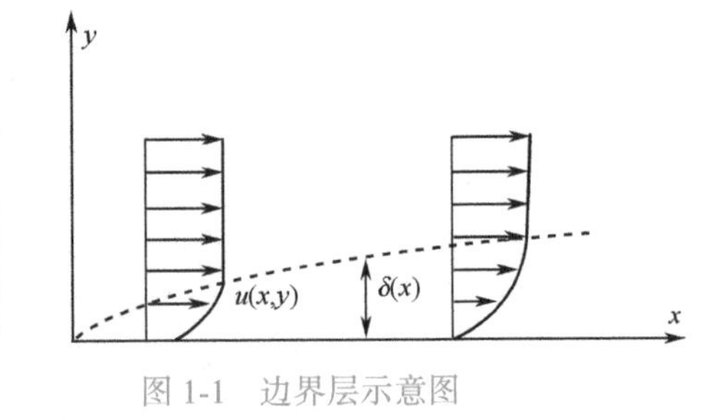

图 1-1　边界层示意图

大雷诺数边界层流动的性质如下：边界层的厚度较物体的特征长度小得多，即 δ/L（边界层相对厚度）是一个很小的量；边界层内粘性力和惯性力同阶。

对于二维平板或楔边界层方程，可通过量阶分析得到

$$\begin{cases}\dfrac{\partial u}{\partial x}+\dfrac{\partial v}{\partial y}=0\\[2mm]\dfrac{\partial u}{\partial t}+u\dfrac{\partial u}{\partial x}+v\dfrac{\partial u}{\partial y}=\dfrac{\partial U}{\partial t}+U\dfrac{\partial U}{\partial x}+v\dfrac{\partial^2 u}{\partial y^2}\end{cases} \tag{1-17}$$

- 边界条件：在物面 $y=0$ 上，$u=v=0$；在 $y=\delta$ 或 $y\to\infty$ 时，$u=U(x)$。
- 初始条件：当 $t=t_0$ 时，已知 u、v 的分布。

对于曲面物体，则应采用贴体曲面坐标系，从而建立相应的边界层方程。

2. 阻力

阻力是由流体绕物体流动所引起的切应力和压力差造成的，可分为摩擦阻力和压差阻力两种。

1）摩擦阻力是指作用在物体表面的切应力在来流方向上的投影总和，是粘性直接作用的结果。

2）压差阻力是指作用在物体表面的压力在来流方向上的投影总和，是粘性间接作用的结果，

是由于边界层的分离，在物体尾部区域产生尾涡而形成的。压差阻力的大小与物体的形状有很大关系，故又称为形状阻力。

摩擦阻力与压差阻力之和为物体阻力。

物体的阻力系数由下式确定：

$$C_D = \frac{F_D}{\frac{1}{2}\rho V_\infty^2 A} \tag{1-18}$$

式中，A 为物体垂直于运动方向或来流方向的截面积。例如，对于直径为 d 的小圆球的低速运动来说，其阻力系数为

$$C_D = \frac{24}{Re} \tag{1-19}$$

式中，$Re = \frac{V_\infty d}{v}$，此式在 $Re<1$ 时，计算值与试验值吻合较好。

1.1.3 层流和湍流

流体流动状态主要有两种形式，即层流和湍流。在许多中文文献中，湍流也被称为紊流。层流是指流体在流动过程中两层之间没有相互混掺，而湍流是指流体不处于分层流动状态。一般说来，湍流是普通的，而层流则属于个别情况。层流与湍流的判断标准为雷诺数。

对于圆管内流动，当 $Re \leqslant 2300$ 时，管流一定为层流；Re 为 8000～12000 时，管流一定为湍流；当 $2300<Re<8000$ 时，流动处于层流与湍流间的过渡区。

因为湍流现象是高度复杂的，所以至今还没有一种方法能够全面、准确地对所有流动问题中的湍流现象进行模拟。在涉及湍流的计算中，都要对湍流模型的模拟能力及计算所需系统资源进行综合考虑后，再选择合适的湍流模型进行模拟。

Fluent 中采用的湍流模拟方法包括 Spalart-Allmaras 模型、Standard k-epsilon 模型、RNG（重整化群）k-epsilon 模型、Realizable k-epsilon 模型、RSM（Reynolds Stress Model，雷诺应力模型）和 LES（Large Eddy Simulation，大涡模拟）。

具体的湍流模型如何选取则需基于所分析的物理过程，实际仿真过程中可以选取不同的湍流模型进行无关性验证计算，进而确定最优的湍流模型。

1.1.4 流体流动的控制方程

流体流动要受物理守恒定律的支配，基本的守恒定律包括质量守恒定律、动量守恒定律和能量守恒定律。

如果流动包含不同成分的混合或相互作用，那么系统还要遵守组份守恒定律。如果流动处于湍流状态，那么系统还要遵守附加湍流输运方程。控制方程是这些守恒定律的数学描述。具体的描述如下。

1. 质量守恒方程

任何流动问题都满足质量守恒定律，该定律可表述为：单位时间内流体微元体中质量的增加，等于同一时间间隔内流入该微元体的净质量。按照这一定律，可以得出质量守恒方程：

$$\frac{\partial \rho}{\partial t} + \frac{\partial}{\partial x_i}(\rho u_i) = S_m \tag{1-20}$$

该方程是质量守恒方程的一般形式，适用于可压缩流动和不可压缩流动。源项 S_m 是从分散

的二级相中加到连续相的质量，也可以是任何自定义源项。

2. 动量守恒方程

动量守恒定律是任何流动系统都必须满足的基本定律。该定律可表述为：微元体中流体的动量对时间的变化率等于外界作用在该微元体上的各种力之和。该定律实际上是牛顿第二定律。其计算公式为

$$\frac{\partial}{\partial t}(\rho u_i)+\frac{\partial}{\partial x_j}(\rho u_i u_j)=-\frac{\partial p}{\partial x_i}+\frac{\partial \tau_{ij}}{\partial x_j}+\rho g_i+F_i \tag{1-21}$$

式中，p 为静压；τ_{ij}为应力张量；g_i 和 F_i 分别为 i 方向上的重力体积力和外部体积力（如离散相互作用产生的升力），F_i 包含其他的模型相关源项，如多孔介质和自定义源项。

应力张量为

$$\tau_{ij}=\left[\mu\left(\frac{\partial u_i}{\partial x_j}+\frac{\partial u_j}{\partial x_i}\right)\right]-\frac{2}{3}\mu\frac{\partial u_l}{\partial x_l}\delta_{ij} \tag{1-22}$$

3. 能量守恒方程

能量守恒定律是包含热交换的流动系统必须满足的基本定律。该定律可表述为：微元体中能量的增加率等于进入微元体的净热流量加上体积力与表面力对微元体所做的功。该定律实际上是热力学第一定律。

流体的能量 E 通常是内能 i、动能 $K=\frac{1}{2}(u^2+v^2+w^2)$ 和势能 P 三项之和，内能 i 与温度 T 之间存在一定关系，即 $i=c_pT$，其中 c_p 是比热容。由此可以得到以温度 T 为变量的能量守恒方程：

$$\frac{\partial(\rho T)}{\partial t}+\mathrm{div}(\rho uT)=\mathrm{div}\left(\frac{k}{c_p}\mathrm{grad}T\right)+S_T \tag{1-23}$$

式中，c_p 为比热容；T 为温度；k 为流体的传热系数；S_T 为流体的内热源及由于粘性作用流体机械能转换为热能的部分，有时简称 S_T 为粘性耗散项。

虽然能量方程是流体流动与传热的基本控制方程，但对于不可压缩流动，热交换量小到可以忽略时，可不考虑能量守恒方程。此外，它是针对牛顿流体得出的，对于非牛顿流体，应使用其他形式的能量守恒方程。

1.1.5 边界及初始条件

对于工程中遇到的流动和传热问题，在确定选用方程后，还需要确定边界条件；对于非定常（瞬态）问题，还需要确定初始条件。

边界条件就是在流体运动边界上控制方程应该满足的条件，对数值计算过程有很大的影响。即使对于同一个流场的求解，随着方法的不同，边界条件和初始条件的处理方法也不同。目前 Fluent 中主要的边界条件包括以下几种。

1. 入口边界条件

入口边界条件就是指定入口处流动变量的值。常见的入口边界条件有速度入口边界条件、压力入口边界条件和质量流入口边界条件。

（1）速度入口边界条件　用于定义流动速度和流动入口的流动属性相关的标量。这一边界条件适用于不可压缩流动，如果用于可压缩流动则会导致非物理结果，这是因为它允许驻点条件浮动。注意不要让速度入口靠近固体妨碍物，因为这会导致流动入口驻点属性具有太高的非一致性。

（2）压力入口边界条件　用于定义流动入口的压力及其他标量属性。它既适用于可压缩流动，也可用于不可压缩流动。压力入口边界条件可用于压力已知但是流动速度未知的情况。这一情况适用于很多实际问题，如浮力驱动的流动。压力入口边界条件也可用来定义外部或无约束流体的自由边界。

（3）质量流入口边界条件　用于已知入口质量流的可压缩流动。在不可压缩流动中不必指定入口的质量流，因为密度为常数时，速度入口边界条件就确定了质量流条件。当要求达到的是质量和能量流速而不是流入的总压时，通常就会使用质量流入口边界条件。

调节入口总压可能导致解的收敛速度较慢，当压力入口边界条件和质量流入口边界条件都可以接受时，应优先选择压力入口边界条件。

2. 出口边界条件

目前Fluent中常见的出口边界有压力出口边界条件和自由出口边界条件。

（1）压力出口边界条件　压力出口边界条件需要在出口边界处指定表压。表压值的指定只用于亚声速流动。如果流动变为超声速，就不再使用指定表压，此时压力要从内部流动中求出，包括其他的流动属性。

在求解过程中，如果压力出口边界处的流动是反向的，则回流条件也需要指定。如果对于回流问题指定了比较符合实际的值，收敛困难问题就不大。

（2）自由出口（质量流出口）边界条件　当流动出口的速度和压力在解决流动问题之前未知时，可以使用自由出口边界条件来模拟流动。需要注意的是，如果模拟可压缩流动或者包含其他压力出口边界条件设置，则不能使用自由出口边界条件。

3. 壁面边界条件

对于粘性流动问题，可设置壁面为无滑移边界，也可指定壁面切向速度分量（壁面平移或者旋转运动时）、给出壁面切应力，从而模拟壁面滑移。可以根据流动情况计算壁面切应力和与流体换热情况。壁面热边界条件包括固定热通量、固定温度、对流换热系数和外部辐射换热等。

4. 对称边界条件

对称边界条件应用于计算模型对称的情况。在对称轴或对称平面上没有对流通量，因此垂直于对称轴或对称平面的速度分量为0。在对称边界上，垂直边界的速度分量为0，任何量的梯度为0。

5. 周期性边界条件

如果流动的几何边界、流动和换热是周期性重复的，那么可以采用周期性边界条件。

1.2　计算流体力学概述

1.2.1　计算流体力学的发展

计算流体力学是20世纪60年代伴随计算科学与工程（Computational Science and Engineering，CSE）迅速崛起的一门学科分支，涉及计算机科学、流体力学、偏微分方程的数学理论、计算几何和数值分析等，这些学科的交叉融合、相互促进和支持推动了计算流体力学的深入发展。

经过半个多世纪的迅猛发展，这门学科已经相当成熟，一个重要的标志就是近几十年来，各种CFD通用软件陆续出现并商品化，服务于传统的流体力学和流体工程领域。

现代流体力学的研究方法包括理论分析、数值计算和试验三个方面。这些方法针对不同的角度进行研究，相互补充。理论分析研究能够表述参数影响形式，为数值计算和试验研究提供了有效的指导；试验是认识客观现实的有效手段，能验证理论分析和数值计算的正确性。而计算流体力学通过提供模拟真实流动的经济手段补充了理论分析及试验的不足。

更重要的是，计算流体力学提供了廉价的模拟、设计和优化工具，以及分析三维复杂流动的工具。在复杂的情况下，测量往往是很困难的，甚至是不可能的，而计算流体力学能方便地提供全部流场范围的详细信息。

与试验相比，计算流体力学具有对参数限值少、费用少和流场无干扰等优点，因此选择它来进行模拟计算。简单来说，计算流体力学所扮演的角色，是通过直观显示计算结果来对流动结构进行详细的研究。

由于 CFD 通用软件的功能日益完善，应用范围也不断扩大，计算流体力学分析目前广泛应用于航空航天、大功率电力电子器件、数据中心机房、新能源及储能等诸多工程领域。

1.2.2 计算流体力学的求解过程

计算流体力学的求解过程主要分为以下 4 个步骤。

1）基于实际工程，建立所研究问题的几何物理模型，应用网格划分软件进行网格划分。网格的稀疏以及网格单元的形状都会对之后的计算产生很大的影响。

为保证计算的稳定性和计算效率，不同的算法一般对网格的要求也不同。对于多工况及非稳态情况的仿真分析，一般都需要进行网格尺寸无关性验证，在满足计算精度的前提下，确定最优的网格尺寸。

2）确定仿真计算求解所需要的初始条件，如入口、出口处的边界条件设置。如果涉及内热源发热、传热等，则需要设置发热源等其他边界条件。

3）基于所分析的问题，选择合适的算法，设置具体的控制求解过程和收敛精度要求，对所需分析的问题进行求解，并且保存数据文件结果。

4）选择合适的后处理器进行计算结果分析，基于分析结果进行边界条件设置校核，直至得到理想的计算结果。

以上这些步骤构成了数值模拟的全过程，由此可知，进行工程问题合理简化是仿真分析的第一步，而往往这一步是最重要的。

1.2.3 数值模拟方法及分类

在运用 CFD 方法对一些实际问题进行模拟时，常常需要设置工作环境、边界条件和选择算法等，特别是算法的选择对模拟效率及正确性有很大影响。

随着计算机技术和计算方法的发展，许多复杂的工程问题都可以采用区域离散化的数值计算并借助计算机得到满足工程要求的数值解。数值模拟技术是现代工程学形成和发展的重要动力之一。

区域离散化是用有限个离散的点来代替原来连续的空间，其实施过程是把所计算的区域划分成许多互不重叠的子区域，确定每个子区域的节点位置和该节点所代表的控制体积。节点是确定待求解物理量的几何位置、控制体积、应用控制方程或守恒定律的最小几何单位。

一般把节点看成控制体积的代表。控制体积和子区域并不总是重合的。在区域离散化过程开始时，由一系列与坐标轴相应的直线或曲线簇所划分出来的小区域称为子区域。网格是离散化的基础，网格节点是离散化物理量的存储位置。

常用的离散化方法包括有限差分法、有限单元法和有限体积法。

1. 有限差分法

有限差分法是数值解法中的经典方法。它将求解区域划分为差分网格，用有限个网格节点代替连续的求解域，然后将偏微分方程（控制方程）的导数用差商代替，推导出含有离散点上有限个未知数的差分方程组。

这种方法产生和发展得比较早，也比较成熟，较多用于求解双曲线和抛物线型问题。用它求解边界条件较为复杂，尤其是求解椭圆型问题时，不如有限单元法或有限体积法方便。

构造差分的方法有多种，目前主要采用的是泰勒级数展开法。其基本的差分表达式主要有四种形式：一阶向前差分、一阶向后差分、一阶中心差分和二阶中心差分，其中前两种形式为一阶计算精度，后两种形式为二阶计算精度。通过对时间和空间几种不同差分形式的组合，可以得到不同的差分计算格式。

2. 有限单元法

有限单元法是将一个连续的求解域任意分成适当形状的许多微小单元，并于各小单元分片构造插值函数，然后根据极值原理（变分或加权余量法）将问题的控制方程转化为所有单元上的有限元方程，把总体的极值作为各单元极值之和，即将局部单元总体合成，形成嵌入指定边界条件的代数方程组，求解该方程组就能得到各节点上待求的函数值。

有限单元法的求解速度比有限差分法和有限体积法慢，在商用 CFD 软件中应用并不广泛。目前常用的商用 CFD 软件中，只有 FIDAP 采用的是有限单元法。

3. 有限体积法

有限体积法又称为控制体积法，它将计算区域划分为网格，并使每个网格点周围有一个互不重复的控制体积，将待解的微分方程对每个控制体积积分，从而得到一组离散方程。

其中的未知数是网格节点上的因变量。子域法加离散化是有限体积法的基本思想。有限体积法的基本思路易于理解，并能得出直接的物理解释。

离散方程的物理意义是因变量在有限大小控制体积中的守恒原理，如同微分方程表示因变量在无限小控制体积中的守恒原理一样。

有限体积法得出的离散方程要求因变量的积分守恒对任意一组控制体积都得到满足，对整个计算区域自然也得到满足，这是有限体积法的优点。有一些离散方法，如有限差分法，仅当网格极其细密时，离散方程才满足积分守恒，而有限体积法即使在粗网格情况下，也会显示出准确的积分守恒。

就离散方法而言，有限体积法可视作有限单元法和有限差分法的中间产物，三者各有所长。

1）有限差分法较直观，理论成熟，精度可选，但对于不规则区域的处理较为烦琐，虽然网格生成可以使有限差分法应用于不规则区域，但对于区域的连续性等要求较高。使用有限差分法的优点在于易于编程、易于并行。

2）有限单元法适合处理复杂区域，精度可选，缺点是内存和计算量巨大，并行计算不如有限差分法和有限体积法直观。

3）有限体积法适用于流体计算，可以应用于不规则网格，适合并行，但精度基本上只能是二阶的。

由于 Fluent 是基于有限体积法的，所以下面将以有限体积法为例介绍数值模拟的基础知识。

1.2.4 有限体积法概述

有限体积法基于积分形式的守恒方程而不是微分方程，该方程描述的是计算网格定义的每个控制体。

三维对流扩散方程的守恒型微分方程如下：

$$\frac{\partial(\rho\phi)}{\partial t}+\frac{\partial(\rho u\phi)}{\partial x}+\frac{\partial(\rho v\phi)}{\partial y}+\frac{\partial(\rho w\phi)}{\partial z}=\frac{\partial}{\partial x}\left(K\frac{\partial\phi}{\partial x}\right)+\frac{\partial}{\partial x}\left(K\frac{\partial\phi}{\partial y}\right)+\frac{\partial}{\partial x}\left(K\frac{\partial\phi}{\partial z}\right)+S_\phi \tag{1-24}$$

式中，ϕ 是对流扩散物质函数，如温度、浓度。

式（1-24）用散度和梯度表示如下：

$$\frac{\partial}{\partial t}(\rho\phi)+\mathrm{div}(\rho u\phi)=\mathrm{div}(K\mathrm{grad}\phi)+S_\phi \tag{1-25}$$

将式（1-25）在时间步长 Δt 内对控制体体积 CV 积分，可得

$$\int_{CV}\left(\int_t^{t+\Delta t}\frac{\partial}{\partial t}(\rho\phi)\mathrm{d}t\right)\mathrm{d}V+\int_t^{t+\Delta t}\left(\int_A n\cdot(\rho u\phi)\ \mathrm{d}A\right)\mathrm{d}t=\int_t^{t+\Delta t}\left(\int_A n\cdot(K\mathrm{grad}\phi)\ \mathrm{d}A\right)\mathrm{d}t+\int_t^{t+\Delta t}\int_{CV}S_\phi\mathrm{d}V\mathrm{d}t \tag{1-26}$$

式中，散度积分已用格林公式化为面积积分，A 为控制体的表面积。

该方程的物理意义是：Δt 时间段和体积 CV 内 $\rho\phi$ 的变化，加上 Δt 时间段通过控制体表面的对流量 $\rho u\phi$，等于 Δt 时间段通过控制体表面的扩散量加上 Δt 时间段控制体 CV 内源项的变化。

例如，一维非定常热扩散方程为

$$\rho c\frac{\partial T}{\partial t}=\frac{\partial}{\partial x}\left(k\frac{\partial T}{\partial t}\right)+S \tag{1-27}$$

Δt 时间段的控制体内部积分式为

$$\int_t^{t+\Delta t}\int_{CV}\rho c\frac{\partial T}{\partial t}\mathrm{d}V\mathrm{d}t=\int_t^{t+\Delta t}\int_{CV}\frac{\partial}{\partial}\left(k\frac{\partial T}{\partial x}\right)\mathrm{d}V\mathrm{d}t+\int_t^{t+\Delta t}\int_{CV}S\mathrm{d}V\mathrm{d}t \tag{1-28}$$

式（1-28）可写成如下形式：

$$\int_w^e\left[\int_t^{t+\Delta t}\rho c\frac{\partial T}{\partial t}\mathrm{d}t\right]\mathrm{d}V=\int_t^{t+\Delta t}\left[\left(kA\frac{\partial T}{\partial x}\right)_e-\left(kA\frac{\partial T}{\partial x}\right)_w\right]\mathrm{d}t+\int_t^{t+\Delta t}\bar{S}\Delta V\mathrm{d}t \tag{1-29}$$

式中，A 是控制体面积；ΔV 是体积，$\Delta V=A\Delta x$，Δx 是控制体宽度；$\bar{S}$ 是控制体中的平均源强度。

如图 1-2 所示，设 t 时刻的 P 点温度为 T_P^0，而 $t+\Delta t$ 时刻的 P 点温度为 T_P，则式（1-29）可化为

$$\rho c(T_P-T_P^0)\Delta V=\int_t^{t+\Delta t}\left[k_eA\frac{T_E-T_P}{\delta x_{PE}}-k_wA\frac{T_P-T_W}{\delta x_{WP}}\right]\mathrm{d}t+\int_t^{t+\Delta t}\bar{S}\Delta V\mathrm{d}t \tag{1-30}$$

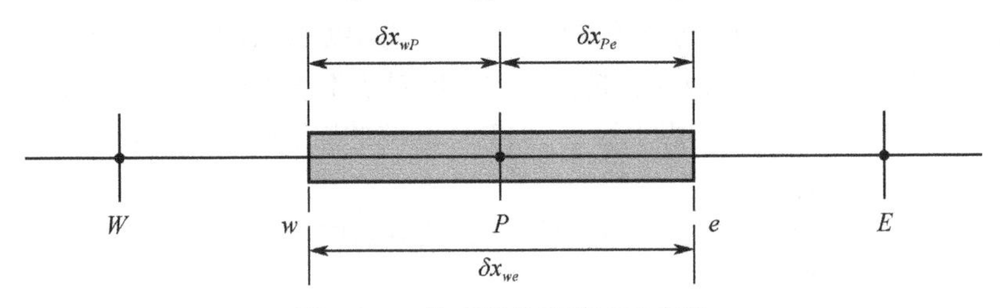

图 1-2　一维有限体积单元示意图

为了计算式（1-30）右端的 T_P、T_E 和 T_W 对时间的积分，引入一个权值 $\theta=0\sim1$，将积分表示成 t 和 $t+\Delta t$ 时刻的线性关系：

$$I_T=\int_t^{t+\Delta t}T_P\mathrm{d}t=[\theta T_P+(1-\theta)T_P^0]\Delta t \tag{1-31}$$

式（1-30）可写成

$$\rho c\left(\frac{T_P - T_P^0}{\Delta t}\right)\Delta x = \theta\left[\frac{k_e(T_E - T_P)}{\delta x_{PE}} - \frac{k_w(T_P - T_W)}{\delta x_{WP}}\right] + (1-\theta)\left[\frac{k_e(T_E^0 - T_P^0)}{\delta x_{PE}} - \frac{k_w(T_P^0 - T_w^0)}{\delta x_{WP}}\right] + \bar{S}\Delta x \tag{1-32}$$

式（1-32）右端第二项中 t 时刻的温度为已知，因此该式是 $t+\Delta t$ 时刻 T_P、T_E、T_W 之间的关系式。列出计算域上所有相邻三个节点上的方程，则可形成求解域中所有未知量的线性代数方程，给出边界条件后可求解代数方程组。

1.2.5 有限体积法求解方法

控制方程被离散化以后，就可以进行求解了。下面介绍几种常用的压力与速度耦合求解算法，分别是 SIMPLE 算法、SIMPLEC 算法和 PISO 算法。

1. SIMPLE 算法

SIMPLE 算法是目前实际工程中应用最为广泛的一种流场计算方法，它属于压力修正法。该方法的核心是采用“猜测-修正”的过程在交错网格的基础上计算压力场，从而达到求解动量方程的目的。

SIMPLE 算法的基本思想可以叙述为：对于给定的压力场，求解离散形式的动量方程，得到速度场。因为压力是假定的或者不精确的，这样得到的速度场一般都不满足连续方程的条件，因此，必须对给定的压力场进行修正。修正的原则是，修正后的压力场相对应的速度场能满足这一迭代层次上的连续方程。

根据这个原则，把由动量方程的离散形式所规定的压力与速度的关系代入连续方程的离散形式，从而得到压力修正方程，再由压力修正方程得到压力修正值，接着根据修正后的压力场求得新的速度场，然后检查速度场是否收敛。若不收敛，则用修正后的压力值作为给定压力场，开始下一层次的计算，直到获得收敛的解为止。在上述过程中，核心问题在于如何获得压力修正值及如何根据压力修正值构造速度修正方程。

2. SIMPLEC 算法

SIMPLEC 算法与 SIMPLE 算法在基本思路上是一致的，不同之处在于 SIMPLEC 算法在通量修正方法上有所改进，加快了计算的收敛速度。

3. PISO 算法

PISO 算法的压力、速度耦合形式是 SIMPLE 算法族的一部分，它是基于压力校正和速度校正之间高度近似关系的一种算法。SIMPLE 和 SIMPLEC 算法的一个限值就是在压力校正方程解出之后新的速度值和相应的流量不满足动量平衡，因此必须重复计算，直至平衡得到满足。

为了提高该计算的效率，PISO 算法执行了两个附加的校正：相邻校正和偏斜校正。

PISO 算法的主要思想是将解压力校正方程阶段中的 SIMPLE 和 SIMPLEC 算法所需的重复计算移除。经过一个或更多的附加 PISO 循环，校正的速度会更接近满足连续性和动量方程计算的需要。这一迭代过程被称为动量校正或者相邻校正。

PISO 算法在每个迭代中要花费稍多的 CPU 时间，但极大地减少了达到收敛所需的迭代次数，尤其对于过渡问题，这一优点更为明显。

对于具有一些倾斜度的网格，单元表面质量流校正和邻近单元压力校正差值之间的关系是相当简略的。因为沿着单元表面的压力校正梯度分量开始是未知的，所以需要进行一个和上述 PISO 相邻校正中相似的迭代步骤。

初始化压力校正方程的解之后，重新计算压力校正梯度，然后用计算出来的值更新质量流校正。这个被称为偏斜矫正的过程极大减少了计算高度扭曲网格所遇到的收敛性困难。

PISO 偏斜校正可以在基本相同的迭代步中，从高度偏斜的网格上得到与更为正交的网格不相上下的解。

1.3 本章小结

本章首先介绍了流体力学的基本理论，对层流、湍流、控制方程及边界条件等进行了初步讲解，并详细说明了流体力学的基本方程组，然后介绍了计算流体力学的相关基础知识，包括数值模拟方法、有限体积法及常用算法等。通过本章的学习，读者可以掌握计算流体力学的基本概念，初步了解 Fluent 仿真分析计算的分析流程。

第2章 Fluent软件功能概述

操作视频

本章详细介绍如何在 Fluent 软件中进行网格检查，如何进行求解器、操作参数、物理模型、材料及物性参数、边界条件、求解方法、亚松弛因子的设置，以及对于非稳态分析，如何进行初始化设置及计算过程监测等，并详细说明相关物理模型及求解算法，为初学者掌握整个计算流程提供指导。

本章主要涉及的知识点如下。

1）如何进行网格的导入。

2）物理模型及选取原则。

3）如何进行边界条件设置。

4）如何进行求解方法及亚松弛因子的设置。

2.1 软件启动及网格导入

2.1.1 软件启动

启动 Fluent 应用程序有直接启动和在 Workbench 中启动两种方式。

1. 直接启动

1）单击“开始”→“所有程序”→“ANSYS 2022 R1”→“Fluent 2022 R1”选项，启动 Fluent 2022 R1 后进入 Fluent Launcher 2022 R1，即 Fluent 软件启动界面，如图 2-1 所示。

2）在 Fluent 软件启动界面，Dimension 下面有 2D 及 3D 两个选项，其中，2D 代表几何模型为二维，3D 代表几何模型为三维，此处的选择要基于实际几何模型。

3）Options 下面有 Double Precision 和 Display Mesh After Reading 等选项。其中，Double Precision 选项代表计算精度为双精度，不选择的话，则代表计算用单精度；Display Mesh After Reading 选项代表 Fluent 软件读取网格后在软件操作界面显示几何模型的网格。

4）在 Parallel（Local Machine）→Solver Processes 文本框中输入的数值代表并行计算核数，具体由计算机配置来决定。

5）单击 Show More Options，在 General Options→Working Directory 选项，进行工作目录设置。工作目录一般为软件计算文件保存的位置，此处应注意，工作目录中不能有汉字。

在完成上述设置后，单击 Start 按钮启动 Fluent 软件，此时启动的 Fluent 2022 R1 还是英文版。

2. 在 Workbench 中启动

在 Workbench 中启动 Fluent，首先需要运行 Workbench 程序，然后导入 Fluent 模块进入程序，步骤如下。

1）单击“开始”→“所有程序”→ANSYS 2022 R1→Workbench 2022 R1 选项，启动 ANSYS

Workbench 2022 R1，进入图 2-2 所示的主界面。

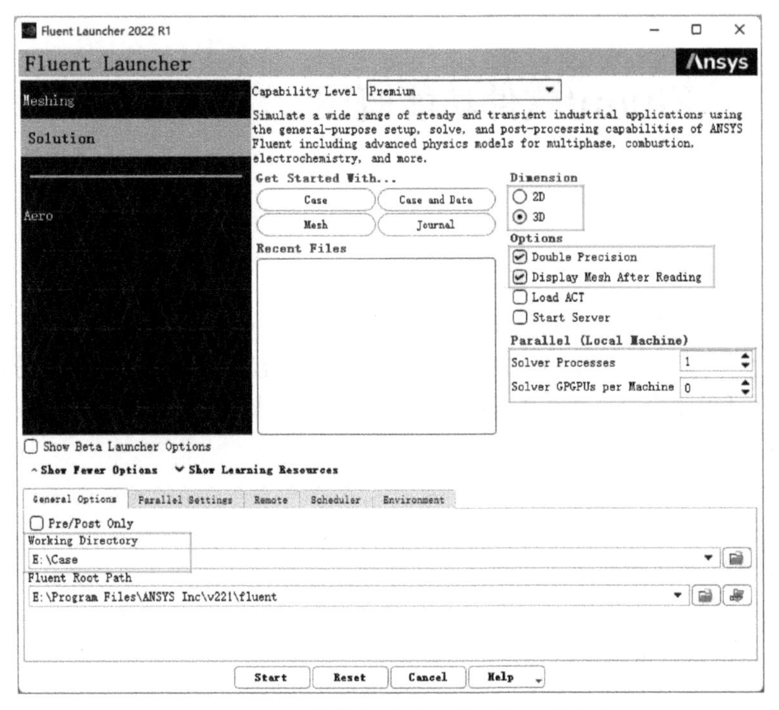

图 2-1　Fluent 软件启动界面及工作目录选取

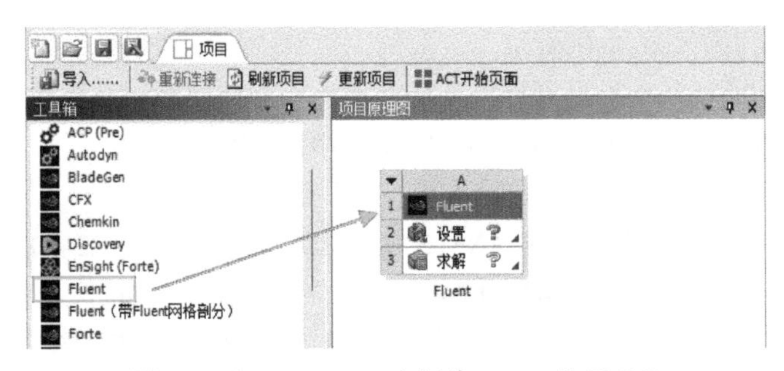

图 2-2　在 Workbench 中创建 Fluent 分析项目

2）双击“工具箱”→“组件系统”→Fluent 选项，即可在项目管理区（即“项目原理图”面板）创建分析项目 A。双击 A2“设置”，将直接进入 Fluent 软件，此时打开的 Fluent 为中文版操作界面。推荐大家采用在 Workbench 中启动 Fluent 的方式。

图 2-3 所示为打开 Fluent 软件后的操作界面。Fluent 软件操作界面主要分为 5 大部分，具体介绍如下。

- 功能区：具体包括“文件”“域”“物理模型”等菜单或选项卡，可以对相应功能进行详细设置。
- 浏览树：是功能区的详细分类，方便操作设置。
- 任务页面：可以进行模型的详细参数设置。
- 图形区：可以进行网格显示、残差曲线显示及结果分析等。
- 控制台：可以显示网格信息、计算的详细残差值，以及与 Fluent 软件进行交互设置，如优化网格、激活未显示模型等。

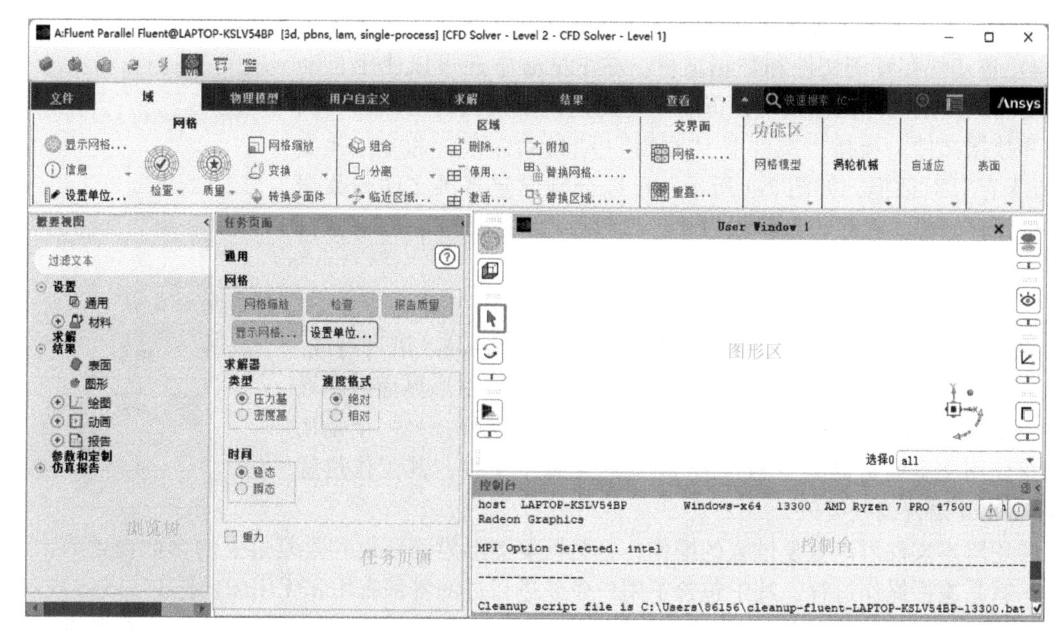

图 2-3　Fluent 软件操作界面

2.1.2　文件的读入与输出

所有的读入与输出操作均可以在“文件”菜单中完成，具体介绍如下。

说明：下述操作均是在 Workbench 中启动 Fluent 软件后的操作，直接启动 Fluent 后相关操作会存在差异。

1. 读取网格文件

网格文件包含各个网格节点的坐标值和网格连接信息，以及各分块网格的类型和节点数量等信息。在 Fluent 中，网格文件是算例文件的一个子集，因此在读取网格文件时可以选择“文件”→“导入”→“网格”命令来操作。

这些网格文件的格式必须是 Fluent 软件内置的，可以用来生成 Fluent 内置格式网格的软件有 ICEM、Mesh 及 Fluent Meshing。

2. 读/写算例文件和数据文件

在 Fluent 中，与数值模拟过程相关的信息保存在算例文件和数据文件中。

1）读/写算例文件。算例文件中包含网格信息、边界条件、用户界面、图形环境等信息，其扩展名为 .case，读入操作为选择“文件”→“导入”→Case 命令，打开文件选择对话框，即可读入所需的算例文件，选择“文件”→“导出”→Case 命令，即可保存算例文件。

2）读/写数据文件。数据文件记录了流场的所有数据信息，包括每个流场参数在各网格单元内的值及残差的值，扩展名为 .dat。数据文件的保存过程与算例文件类似，选择“文件”→“导入”→“数据”命令，打开文件选择对话框，可读入数据文件，选择“文件”→“导出”→“数据”命令，可以保存数据文件。

3）同时读/写算例文件和数据文件。算例文件和数据文件包含与计算相关的所有信息，因此使用这两种文件即可开始新的计算。在 Fluent 中，可以同时读入这两种文件，选择“文件”→“导入”→Case&Data 命令，打开文件选择对话框，然后选择相关的算例文件，Fluent 会自动将与算例有关的数据文件一并读入。选择“文件”→“导出”→Case&Data 命令，即可将与当前计算相关的算例文件和数据文件同时保存在相应目录中。

4）自动保存算例文件和数据文件。在 Fluent 中还可以使用自动保存功能，设定文件保存频率，每隔一定的迭代步数就自动保存算例文件和数据文件。选择“文件”→“写出”→“自动保存”命令，弹出“自动保存”对话框，如图 2-4 所示。可以分别设定算例文件和数据文件的保存间隔。在系统默认设置中，文件保存间隔为 0，即不做自动保存。

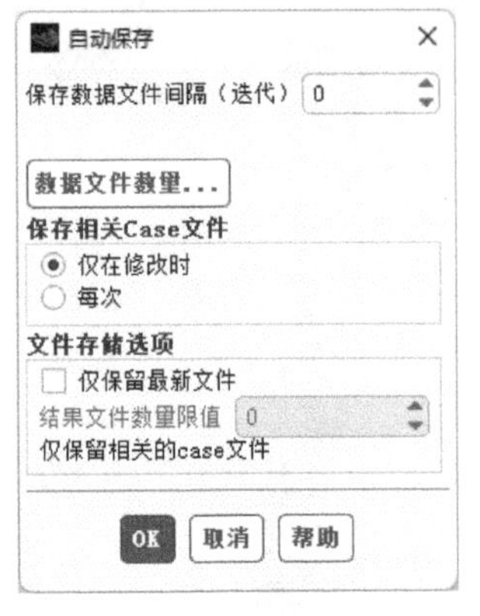

图 2-4 “自动保存”对话框

3. 创建与使用脚本文件

脚本文件是 Fluent 的一个命令集合，其内容用 Scheme 语言写成。可以通过两个途径创建脚本文件：一个是在用户进入图形界面后，系统自动记录用户的操作和命令输入，自动生成脚本文件；另一个是用户直接使用文本编辑器编写 Scheme 脚本创建脚本文件，其工作过程与用 Fortran 语言编程类似。

使用脚本文件可以重复过去的操作，包括恢复图形界面环境和重复过去的参数设置等，形象地说，就是重播操作过程，其中包含了用户曾经进行过的各种有用和无用的操作。

选择“文件”→“写出”→“开始录制脚本”命令，系统即开始脚本文件。此时原来的“开始录制脚本”命令变为“停止录制脚本”命令，选择该命令时，记录过程停止。

4. 读/写边界函数分布文件

边界函数分布文件（Profile File）用于定义计算边界上的流场条件，例如可以定义管道入口处的速度分布。边界函数分布文件的读/写操作如下。

1）选择“文件”→“读入”→Profile 命令，打开文件选择对话框，然后选择相应文件，即可读入边界函数分布文件。

2）选择“文件”→“导出”→Profile 命令，弹出“写入配置文件”对话框，如图 2-5 所示，选择创建新的边界文件（定义新特征）还是覆盖原有文件（写出当前定义的配置文件），同时在“表面”列表框中选择要定义的边界区域，再在“值”列表框中选择要指定的流场参数，单击“写出”按钮即可生成边界函数分布文件。

边界函数分布文件既可以用在原来的算例中，也可以用在新的算例中。例如，在管道计算中，用户为出口定义了速度分布，并将它保存在一个边界函数分布文件中，那么，在计算另一个新的算例时，用户就可以读入这个文件作为新管道计算的出口条件。

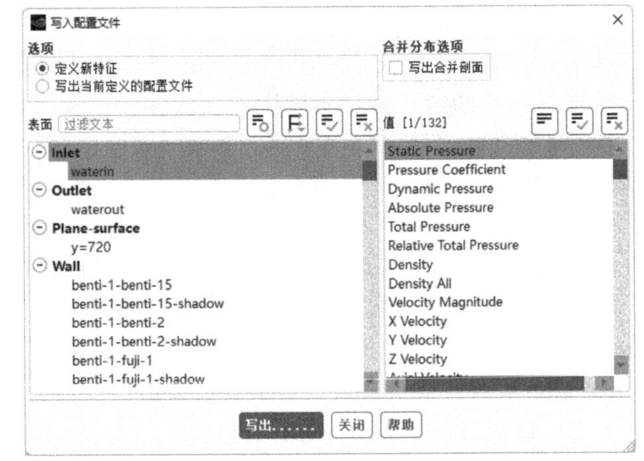

图 2-5 “写入配置文件”对话框

2.1.3 网格导入

选择“文件”→“导入”→“网格”命令，如图 2-6 所示，则会弹出图 2-7 所示的 Select File 对话框，选择扩展名包含 . msh 的网格文件，单击 OK 按钮便可导入网格。

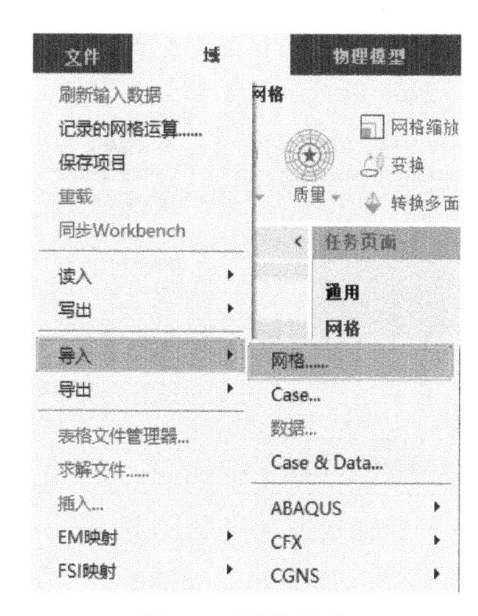

图 2-6　网格导入

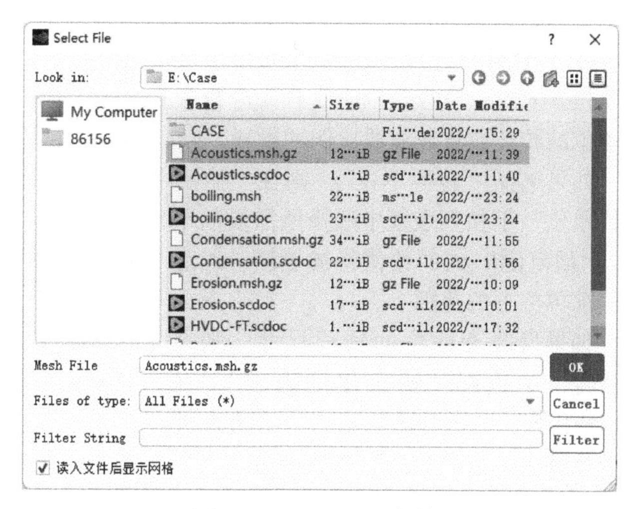

图 2-7　Select File 对话框

2.1.4　网格检查

网格检查包括域的范围、体积的数据统计、网格拓扑和周期边界信息。

在浏览树中单击“设置”→“通用”→“网格”→“检查”选项，检查网格划分是否存在问题，此时会在控制台显示详细的网格信息，如图 2-8 所示。在这些信息中，域的范围列出了 x、y 和 z 以 m 为单位的最大值和最小值；体积的数据统计包括以 m^3 为单位的单元体积的最大值、最小值和总的单元体积；面的数据统计包括以 m^2 为单位的单元表面积的最大值和最小值。

控制台

```
 Domain Extents:
   x-coordinate: min (m) = -4.953540e-03, max (m) = 1.449617e-01
   y-coordinate: min (m) = -4.980818e-03, max (m) = 4.983139e-03
   z-coordinate: min (m) = -4.981343e-03, max (m) = 1.649756e-01
 Volume statistics:
   minimum volume (m3): 1.186863e-10
   maximum volume (m3): 1.265688e-09
     total volume (m3): 4.652633e-05
 Face area statistics:
   minimum face area (m2): 1.830266e-09
   maximum face area (m2): 3.250799e-06
 Checking mesh............................
Done.
```

图 2-8　网格信息

除了“检查”之外，Fluent 还提供了以下命令：Mesh/Info/Quality、Mesh/Info/Size、Mesh/Info/Memory Usage、Mesh/Info/Partitions，通过这些命令可以查看网格的质量、大小、内存占用情况和网格区域分布、分块情况等。

2.1.5　网格调整

1. 尺寸调整

在 Fluent 中，以 m 为单位存储计算的网格。当网格读入求解器时，它被认为是以 m 为单位生成的。如果在建立网格时使用的是另一种长度单位（in、ft、cm 等），则在将网格导入 Fluent 之后，必须进行相应的单位转换，或者给出自定义的比例因子进行缩放。

在浏览树中单击“设置”→“通用”→“网格”→“网格缩放”选项，弹出图 2-9 所示的“缩放网格”对话框。

在“比例”选项中，通过选择“转换单位”或者“指定比例因子”进行长度单位的转换或特殊缩放比例的设置。

如果选择“转换单位”，则在“查看网格单位”下拉列表框中选择所需要的单位，“域范围”内的数值将被更新，以显示当前单位下的范围。

如果只改变网格的物理尺寸，则在“比例”中选择“指定比例因子”，在“比例因子”中分别设置X、Y、Z方向的缩放比例，单击“比例”按钮即可。

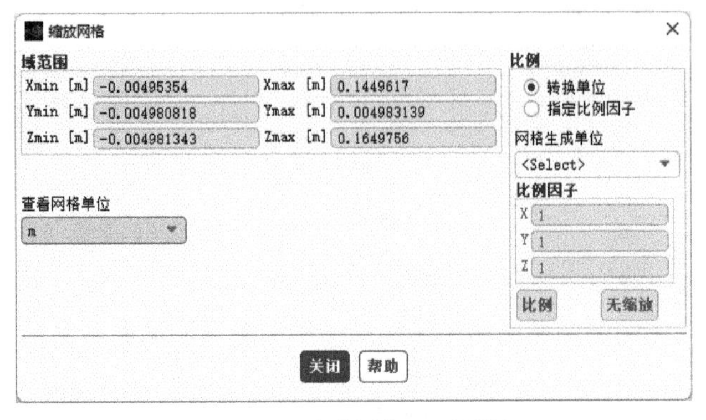

图2-9 “缩放网格”对话框

2. 质量优化

对于比较复杂的几何模型，划分网格时一般选用非结构化网格，此时网格数量会很多，且计算过程容易发散。在Fluent中可以进行网格的二次处理。如图2-10所示，在功能区的“域”选项卡中可以进行相关设置，如“转换多面体”选项，将非结构化的六面体网格进行蜂窝状处理，对于有些仿真，这个功能非常实用。

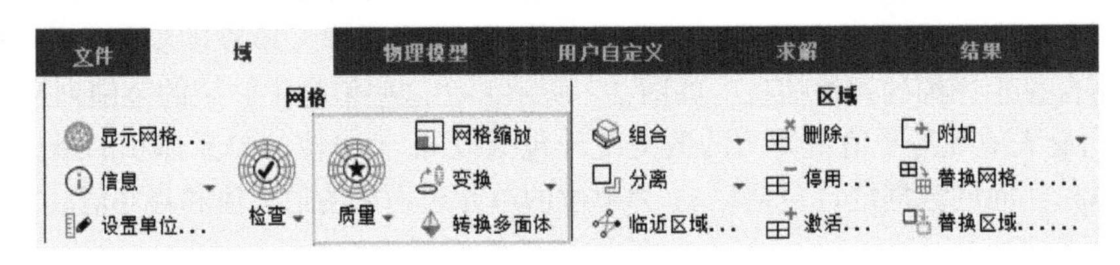

图2-10 网格二次处理

2.2 通用及工作条件设置

2.2.1 通用设置

网格设置完成后，进行通用设置。在浏览树中双击“设置”→“通用”选项，弹出“通用”任务页面，如图2-11所示。

1. 求解器

“压力基”是基于压力法的求解器，使用的算法是压力修正算法，求解的控制方程是标量形式的，擅长求解不可压缩流动，可压缩流动也可以求解。

“密度基”是基于密度法的求解器，求解的控制方程是矢量形式的，主要的离散格式有Roe、AUSM+。该求解器的构建初衷是让Fluent具有比较好的求解可压缩流动的能力，但目前其离散格式没有添加任何限值器，因此还不太完善。它只有Coupled算法。

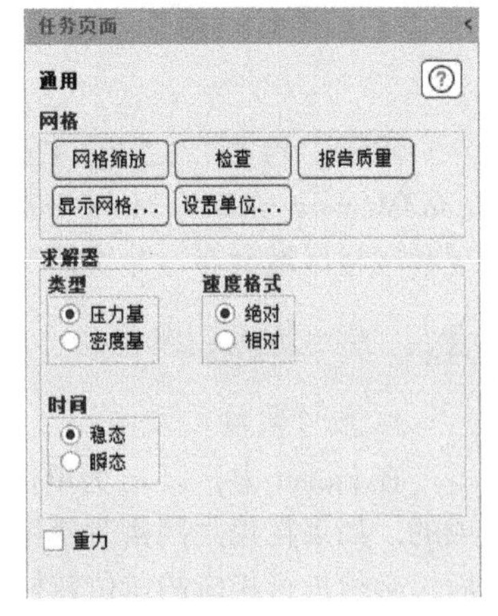

图2-11 “通用”任务页面

在“密度基”下没有SIMPLEC、PISO这些算法选项，因为它们都是压力修正算法，因此大多数仿真使用“压力基”求解器来计算。

2. 时间

在时间类型上，分为“稳态”和“瞬态”，其中，“稳态”计算就是关注最终稳态后的结果，不关注过程，“瞬态”计算关注从 0 时刻至需分析时刻内每一时刻的情况，一般适用于污染物扩散、暂态传热等问题。

3. 速度格式

“速度格式”选项可以指定计算时的速度是绝对速度还是相对速度，相对速度应用较多。

2.2.2 工作条件设置

在功能区单击“物理模型”→“工作条件”选项，如图 2-12 所示，弹出“工作条件”对话框，如图 2-13 所示，可以进行工作压力（指压强，本节“压力”均指“压强”）及重力等的设置。

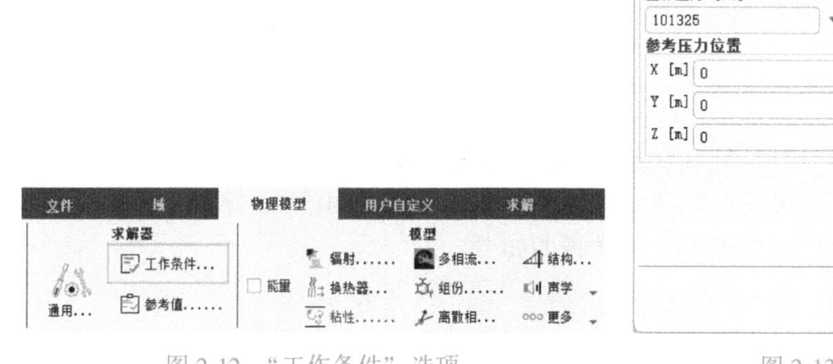

图 2-12 “工作条件”选项

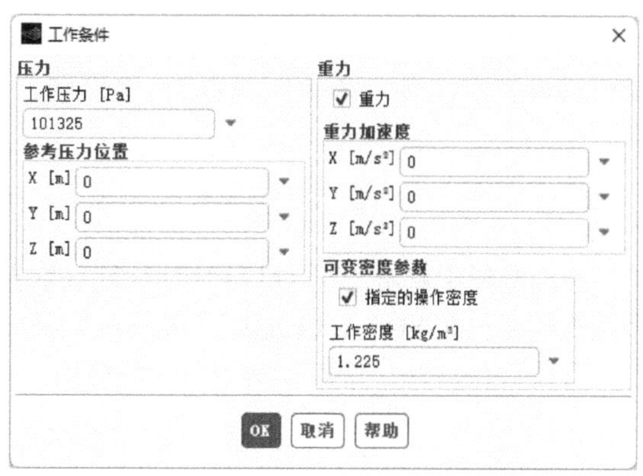

图 2-13 “工作条件”对话框

1. 工作压力

工作压力对于不可压缩理想气体流动和低马赫数可压缩流动来说是十分重要的，因为不可压缩理想气体的密度是用工作压力通过状态方程直接计算出来的，而在低马赫数可压缩流动中，工作压力则起到了避免截断误差负面影响的重要作用。

对于高马赫数可压缩流动，工作压力的意义不大。在这种情况下，压力变化比低马赫数可压缩流动中的压力变化大得多，因此截断误差不会产生什么影响，也就不需要使用表压进行计算。事实上，在这种计算中使用绝对压力会更方便。因为 Fluent 是使用表压进行计算的，所以需要在这类问题的计算中将操作压力设置为零，而使表压和绝对压力相等。

如果密度假定为常数，或者密度是从温度的形函数中推导出来的，则不需要设置工作压力。工作压力的默认值为 101325Pa。

2. 参考压力位置

对于不包括压力边界的不可压缩流动，Fluent 会在每次迭代之后调整表压场来避免数值漂移，每次调整都要用到（或接近）参考压力位置网格单元中的压力，即在表压场中减去单元内的压力值得到新的压力场，并且保证参考压力位置的表压为零。如果计算中包含了压力边界，上述调整就没有必要，求解过程中也不再用到参考压力位置。

参考压力位置默认设置为原点或者最接近原点的网格中心。如果要改变参考压力位置，比如将它定位在压力已知的点上，则可以在“参考压力位置”中输入相应的新坐标值（X、Y、Z）。

3. 重力

如果计算的问题需要考虑重力影响，则需要在“工作条件”对话框中选择“重力”，同时输入重力加速度在 X、Y、Z 方向上的分量值。

4. 可变密度参数

如果在“可变密度参数”选项组中选择“指定的操作密度”，则需要在“工作密度”文本框中输入具体数值，这项设置一般用于考虑密度随温度变化时，例如封闭空间内空气或者油等液体的流动过程分析。

2.3 物理模型综述及设置

仿真分析需要根据实际工程问题进行物理模型选择，包括多相流（Multiphase）、能量（Energy）、粘性（Viscous）、辐射（Radiation）、换热器（Heat Exchanger）、组份（Species）、离散相（Discrete Phase）、凝固和熔化（Solidification & Melting）、声学（Acoustics）、结构（Structure）及电池（Battery Model）等模型，如图 2-14 所示。下面详细说明几个典型的物理模型。

2.3.1 多相流模型设置

在浏览树中双击“模型”→“多相流”选项，打开“多相流模型”对话框，如图 2-15 所示。多相流模型包含 VOF、Mixture、“湿蒸汽”及“欧拉模型”四种，常用的有三种，“湿蒸汽”模型只有在“密度基”求解器类型时才能使用。具体说明如下。

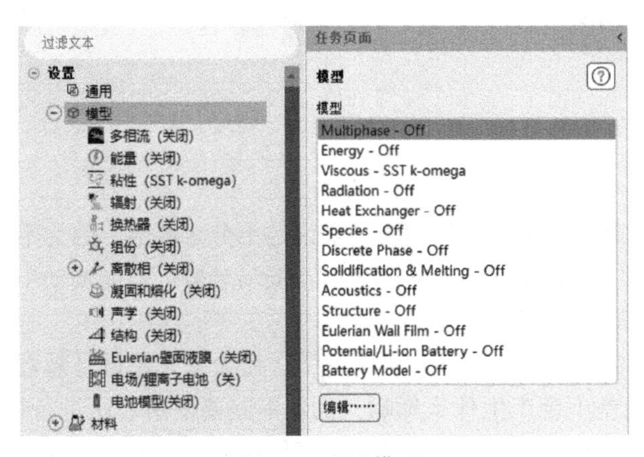

图 2-14　可选模型

图 2-15　“多相流模型”对话框

1. VOF 模型

VOF 模型是一种固定欧拉网格下的表面跟踪方法，适用于需要得到两种或两种以上互不相融流体间交界面的情况。在 VOF 模型中，不同的流体组份共用一套动量方程，计算时，在全流场的每个计算单元内都记录各流体组份所占的体积分数。

VOF 模型的应用包括分层流、自由面流动、灌注、晃动、液体中大气泡的流动、水坝决堤时的水流等，其设置如图 2-16 所示。

在“离散格式”下有“显示”及“隐式”算法，一般推荐选用“隐式”算法。在“体积力格式”下的“隐式体积力”选项是指在计算过程中是否简化处理体积力。在“Eularian 相数量”文本框中可以进行流体的相数设置，例如两相流设置为 2。

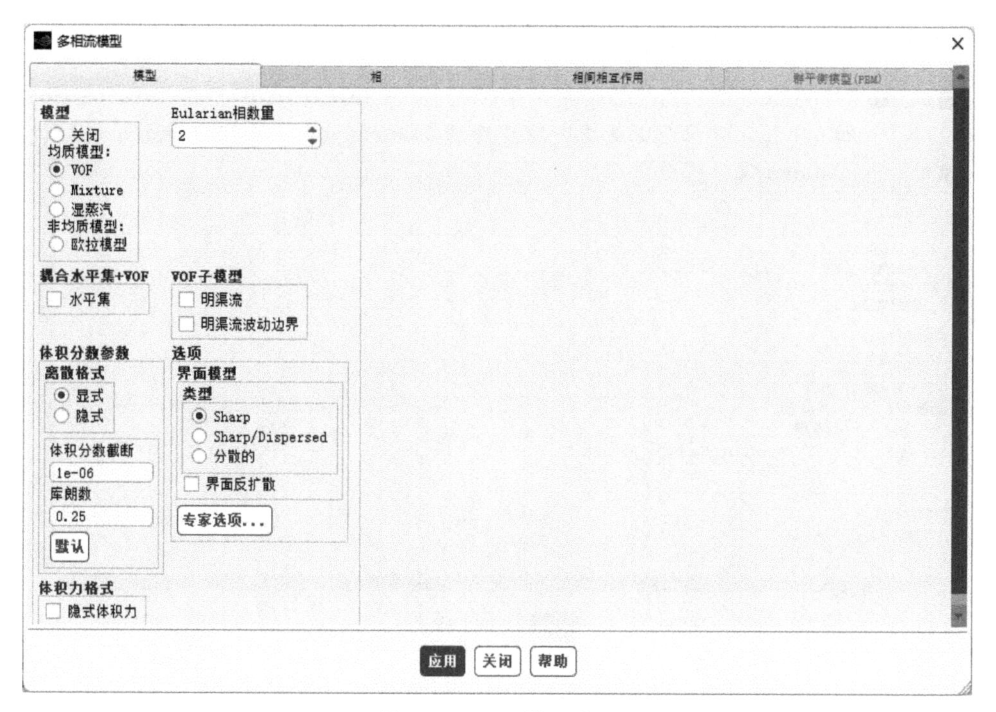

图 2-16　VOF 模型设置

如图 2-17 所示，设置 VOF 模型多相流数量后，下一步需要设置主相和次相，一般将出口流出的流体设置为主相，其他流体则设置为次相。此外还需要设置“相间相互作用”，一般水和空气的表面张力系数设置为 0.072，其他材料的表面张力系数需要查文献或者测试得到。

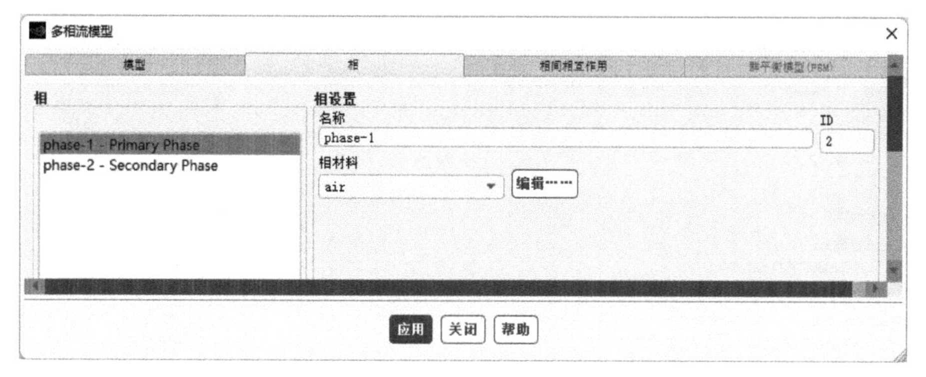

图 2-17　VOF 模型中主相及次相的设置

2. Mixture 模型

Mixture 模型即混合模型，可以用于两相流或多相流的分析问题。在仿真计算过程中，不同的气相、液相或者固相被处理为互相贯通的连续体，该模型求解的是混合物的动量方程，并通过相对速度来描述离散相。其适用于单相流体体积分数>10%的情况，设置如图 2-18 所示。该模型中需要关注的地方和 VOF 模型一样，此处不再一一赘述。但需要注意的是，Mixture 模型在“相间相互作用”中需要考虑的受力问题比较多。

3. 欧拉模型

欧拉模型是 Fluent 中最复杂的多相流模型。它通过 n 个动量方程和连续方程来求解每一相。压力项和各界面交换系数是耦合在一起的，耦合的方式则依赖于所含相的情况，颗粒流（流-固）

的处理与非颗粒流（流-流）是不同的。

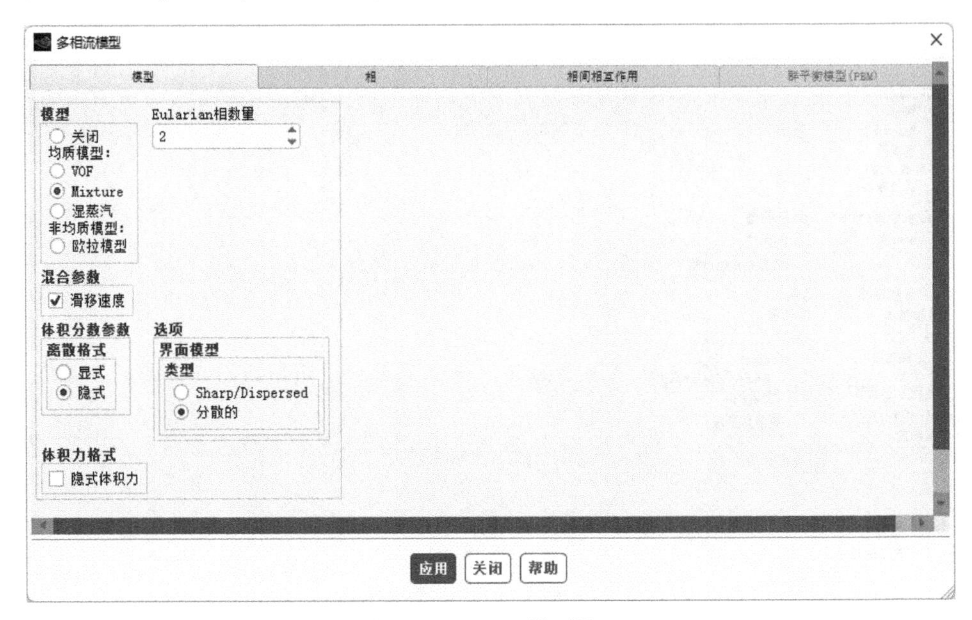

图 2-18　Mixture 模型设置

对于颗粒流，可应用分子运动理论来求得流动特性，不同相之间的动量交换也依赖于混合物的类别。通过“用户自定义函数”可以自定义动量交换的计算方式。欧拉模型的应用包括气泡柱、上浮、颗粒悬浮，以及流化床。欧拉模型设置如图 2-19 所示。

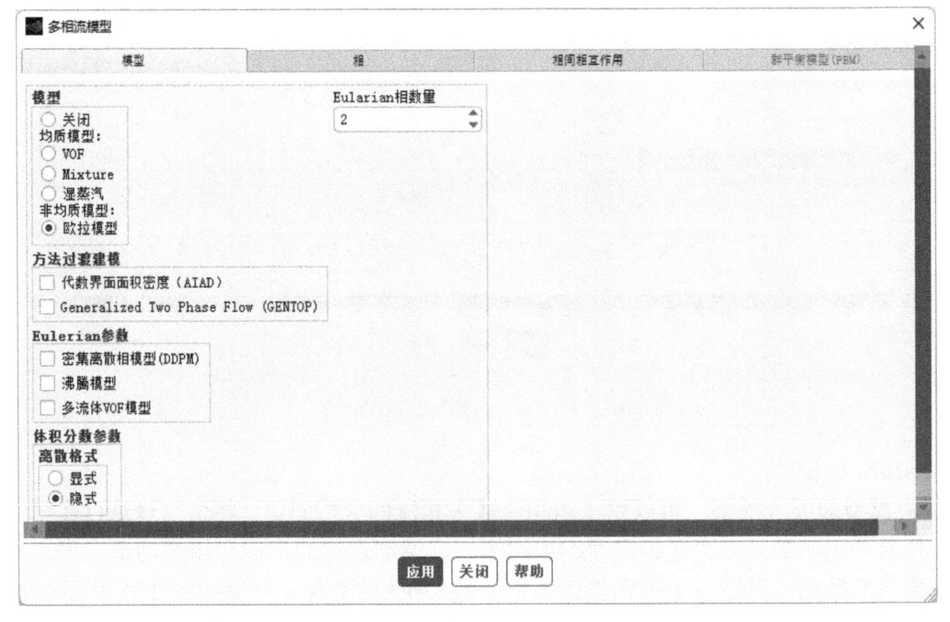

图 2-19　欧拉模型设置

如图 2-20 所示，欧拉模型中设置次相时，需要设置其粒径大小，切换到“相”选项卡，在“直径”处输入数值即可。因此在欧拉模型中，固体颗粒相一般设置为次相。欧拉模型中还需要在“相间相互作用”选项卡下设置不同相间的受力，具体参数值可根据工程项目来分析。

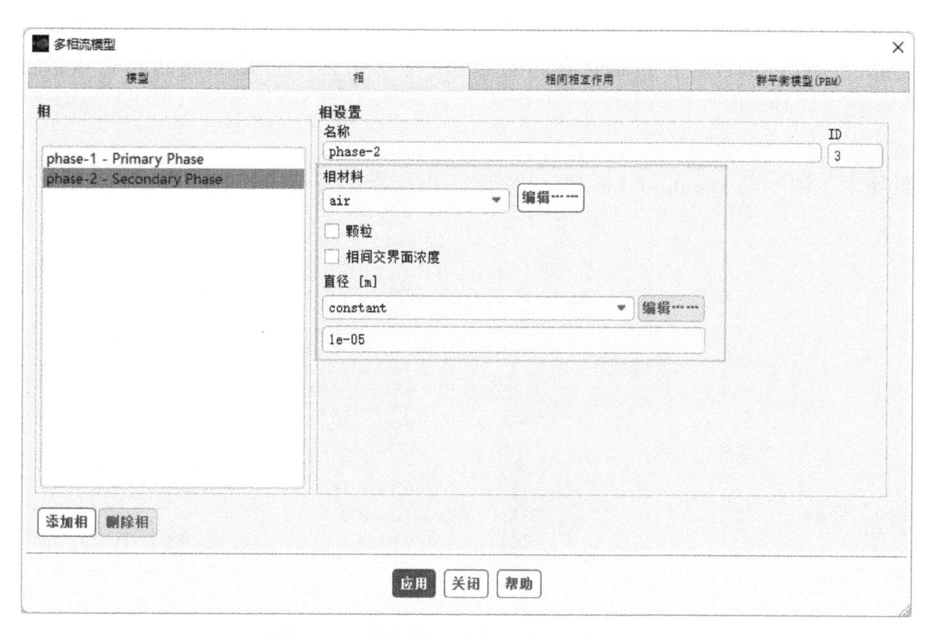

图 2-20　欧拉模型中的主相及次相设置

4. 湿蒸汽模型

湿蒸汽模型的计算求解基于“密度基”求解器，应用比较少，在此就不做介绍了。

2.3.2　能量方程设置

在浏览树中双击“设置”→“模型”→“能量”选项，打开“能量”对话框，如图 2-21 所示。勾选“能量方程”后，软件通过计算能量方程中的能量源项来考虑传热问题。

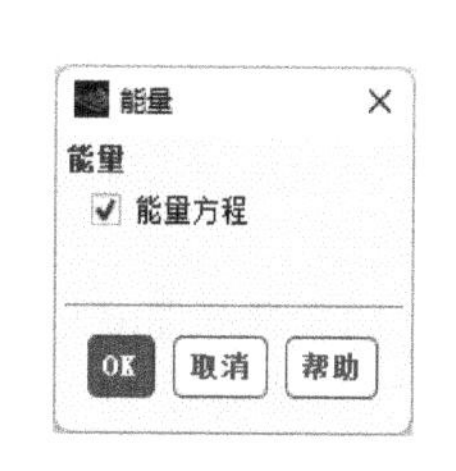

图 2-21　“能量”对话框

根据物理过程的不同类型，能量源项中包括压力做功、动能项、粘性耗散项、组份扩散项、化学反应源项及辐射能源项等，从而满足用户仿真计算的需求。

2.3.3　粘性模型设置

根据不同的雷诺数，流体的流动分为层流和湍流。湍流出现在速度变动的地方，这种波动使得流体介质之间相互交换动量、能量和浓度，而且引起数量的波动。

在浏览树中双击“设置”→“模型”→“粘性”选项，弹出“粘性模型”对话框，如图 2-22 所示。下面对常用的几个粘性模型进行介绍。

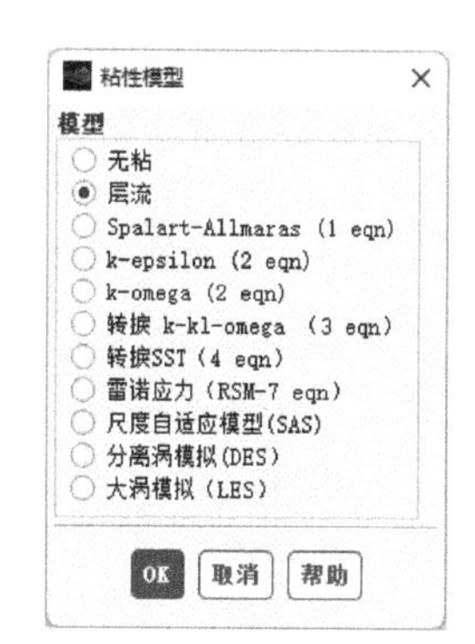

图 2-22　“粘性模型”对话框

1. 无粘

进行无粘计算。

2. 层流

对于管内流动而言，当雷诺数计算数值小于 2300 时，管道内流体的流动状态为层流，则选择“层流”模型，无须设置其他的参数。

3. Spalart-Allmaras（1 eqn）模型

该模型最早被用于有壁面限值情况的流动计算，特别是存在逆压梯度的流动区域内，对边界层的计算效果较好，因此经常被用于流动分离区附近的计算。此外，它也适用于低雷诺数流动计算，特别是在需要准确计算边界层粘性影响的问题中效果较好。其具体参数设置如图 2-23 所示。

4. k-epsilon（2 eqn）模型

该模型分为 3 种，即 Standard（标准）模型、RNG 模型及 Realizable 模型，如图 2-24 所示。

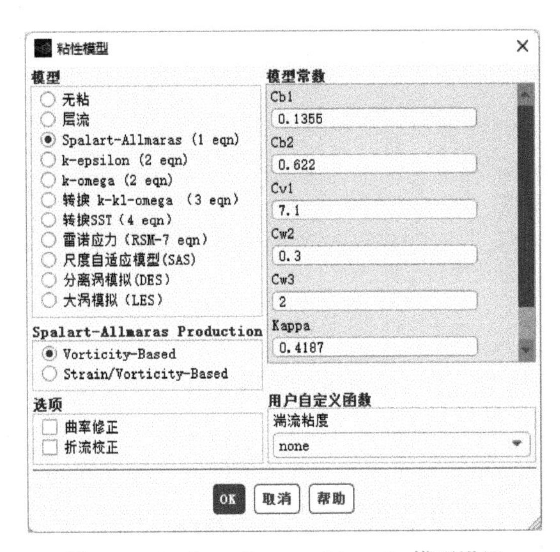

图 2-23 Spalart-Allmaras（1 eqn）模型设置

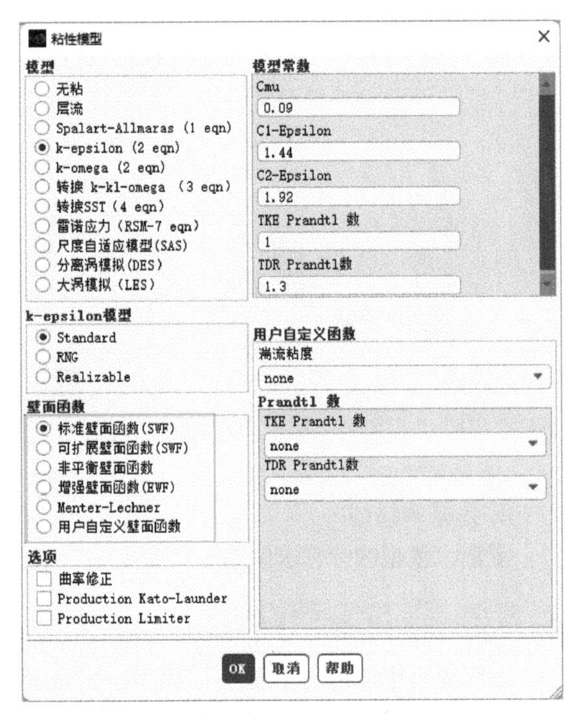

图 2-24 k-epsilon（2 eqn）模型设置

1）Standard k-epsilon 模型。由 Launder 和 Spalding 提出，其稳定性好、计算精度高等优点使之成为湍流模型中应用范围最广的一个模型。

Standard k-epsilon 模型通过求解湍流动能（k）方程和湍流耗散率（ε）方程得到 k 和 ε 的解，然后再用 k 和 ε 的值计算湍流粘度，最终通过 Boussinesq 假设得到雷诺应力的解。但也存在不足；它假定湍流为各向同性，因此在非均匀湍流的计算中存在较大误差。

2）RNG k-epsilon 模型。它在 Standard k-epsilon 模型上的改进主要是在 ε 方程中增加了一个附加项，使其在计算速度梯度较大的流场时精度更高。

RNG k-epsilon 模型还考虑了旋转效应，因此对强旋转流动的计算精度也得到了提升；模型中包含了计算湍流 Prandtl 数的解析公式，而不像 Standard k-epsilon 模型那样仅使用用户定义的常数；Standard k-epsilon 模型是一个高雷诺数模型，而 RNG k-epsilon 模型在对近壁区进行适当处理后可以计算低雷诺数效应。

3）Realizable k-epsilon 模型。它在 Standard k-epsilon 模型上的改进主要是采用了新的湍流粘度公式，且满足对雷诺应力的约束条件，因此可以在雷诺应力上保持与真实湍流的一致性。

Realizable k-epsilon 模型可以更精确地模拟平面和圆形射流的扩散速度，同时在旋转流计算、带方向压强梯度的边界层计算和分离流计算等问题中，其计算结果更符合真实情况。但是 Realizable k-epsilon 模型在同时存在旋转和静止区的流场计算中（如多重参考系、旋转滑移网格等）会产生非物理湍流粘度，因此在这类计算中应该慎重选用。

5. k-omega（2 eqn）模型

k-omega 模型也是二方程模型。Standard k-omega 模型中包含了低雷诺数影响、可压缩性影响和剪切流扩散，因此适用于尾迹流动计算、混合层计算、射流计算，以及受到壁面限值的流动计算和自由剪切流计算。

剪切应力输运 k-omega 模型（简称 SST k-omega 模型）综合了 k-omega 模型在近壁区计算和 k-epsilon 模型在远场计算的优点，将 k-omega 模型和 Standard k-epsilon 模型分别乘以一个混合函数后再相加就得到了这个模型。在近壁区，混合函数的值等于 1，因此它在近壁区等价于 k-omega 模型；在远离壁面的区域，混合函数的值等于 0，因此自动转换为 Standard k-epsilon 模型。

与 Standard k-omega 模型相比，SST k-omega 模型中增加了横向耗散导数项，同时在湍流粘度定义中考虑了湍流剪切应力的输运过程，模型中使用的湍流常数也有所不同。

这些特点使得 SST k-omega 模型适用范围更广，如可以用于带逆压梯度的流动计算、翼型计算、跨音速激波计算等，具体参数设置如图 2-25 所示。

6. 雷诺应力（RSM-7 eqn）模型

雷诺应力模型中没有采用涡粘度的各向同性假设，因此从理论上说比湍流模式理论要精确得多。雷诺应力模型不采用 Boussinesq 假设，而是直接求解雷诺平均 N-S 方程中的雷诺应力项，同时求解耗散率方程，因此，在二维问题中需要求解 5 个附加方程，在三维问题中则需要求解 7 个附加方程。

从理论上说，雷诺应力模型应该比一方程模型和二方程模型的计算精度更高，但实际上该模型的精度受限于模型的封闭形式。因此雷诺应力模型在实际应用中并没有在所有流动问题中都体现出其优势，只有在雷诺应力明显具有各向异性的特点时才必须使用雷诺应力模型，如龙卷风、燃烧室内的流动等带强烈旋转的流动问题。模型具体参数设置如图 2-26 所示。

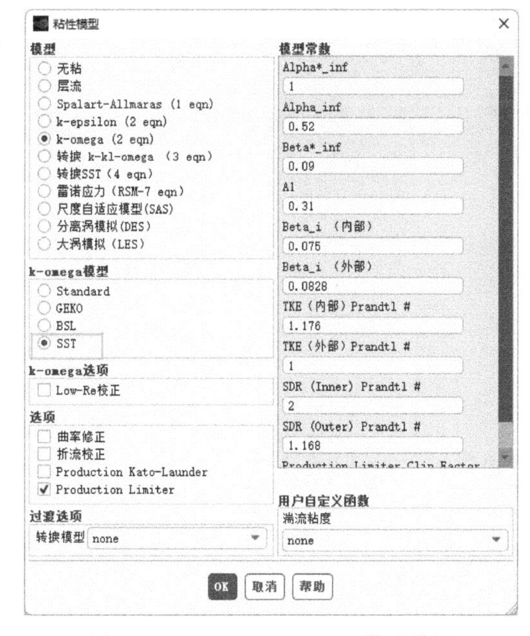

图 2-25　k-omega（2 eqn）模型设置

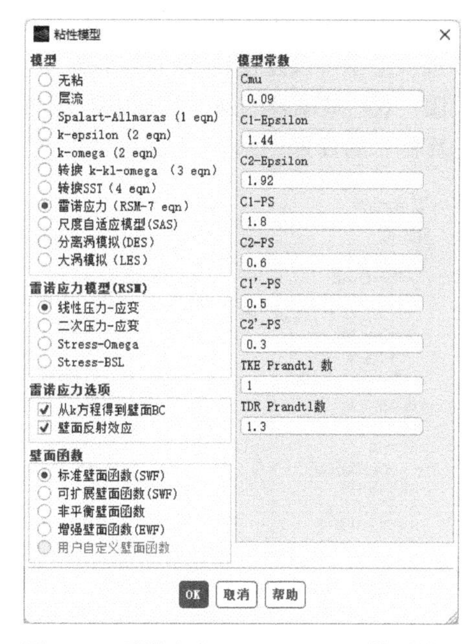

图 2-26　雷诺应力（RSM-7 eqn）模型设置

2.3.4　辐射模型设置

由于辐射计算与流场和一般的传热方程形式完全不同，需要考虑空间不同方向上的传热，所以没有梯度项，因而也不能使用通用的能量和传热方程表示，只能在能量源项中予以考虑。通过求解辐射传递方程来得到辐射热流，也就是说使用辐射传递方程可以求解辐射传热产生的能量源项。

对于吸收、发射、散射性介质，在位置 $\boldsymbol{r}$ 处沿着方向 $\boldsymbol{s}$ 的辐射传递方程（RTE）为

$$\frac{\mathrm{d}I(\boldsymbol{r},\boldsymbol{s})}{\mathrm{d}s} + (\alpha + \sigma_s)I(\boldsymbol{r},\boldsymbol{s}) = \alpha n^2 \frac{\sigma T^4}{\pi} + \frac{\sigma_s}{4\pi}\int_0^{4\pi} I(\boldsymbol{r},\boldsymbol{s})\Phi(\boldsymbol{s},\boldsymbol{s}')\mathrm{d}\Omega' \tag{2-1}$$

式中，$\boldsymbol{r}$ 为位置向量；$\boldsymbol{s}$ 为方向向量；$\boldsymbol{s}'$为散射方向向量；s 为沿程长度（行程长度）；α 为吸收系数；n 为折射指数；σ_s 为散射系数；σ 为斯蒂芬-玻耳兹曼常数 $5.672\times10^{-8}\mathrm{W/(m^2 \cdot K^4)}$；$I$ 为辐射强度，取决于位置（$\boldsymbol{r}$）与方向（$\boldsymbol{s}$）；T 为当地温度；Φ 为凝聚相的散射相函数；Ω'为立体角；（$\alpha+\sigma_s$）为介质的消光系数。

对于半透明介质的辐射，折射指数很重要。图 2-27 所示为辐射传热过程示意图，表示在计算微元光学路径上，出射辐射强度为入射辐射强度沿程受到气体介质/流体介质吸收、散射和发射作用的结果。

在浏览树中双击“设置”→“模型”→“粘性”选项，打开“辐射模型”对话框，如图 2-28 所示。Fluent 中的辐射模型主要有 Rosseland、P1、Discrete Transfer（DTRM）、表面到表面（S2S）、离散坐标（DO）及 Monte Carlo（MC）。

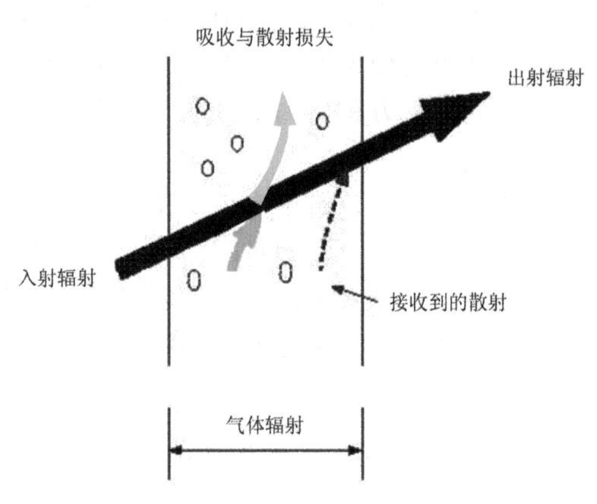

图 2-27　辐射传热过程示意图

如果需要设置太阳光辐射的影响，则可以单击“太阳辐射计算器”按钮，打开图 2-29 所示的“太阳辐射计算器”对话框。其中，在“全局位置”选项组中可以进行经度、纬度及时区的设置，在“日期与时间”选项组中可以设置具体的时间等。一般在进行蔬菜大棚、双层玻璃及烟囱等仿真中需要进行“太阳辐射计算器”的设置。

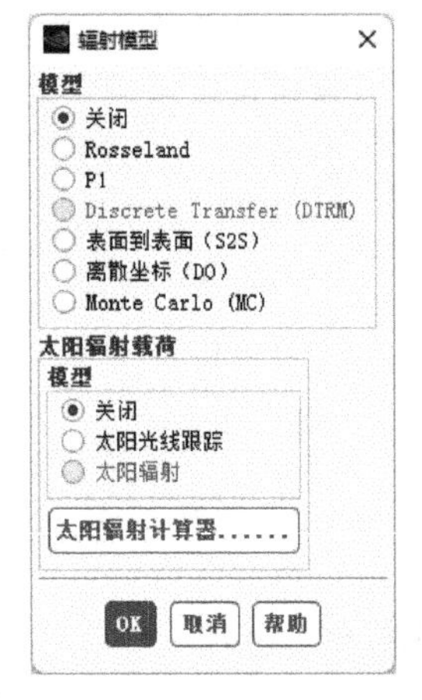

图 2-28　“辐射模型”对话框

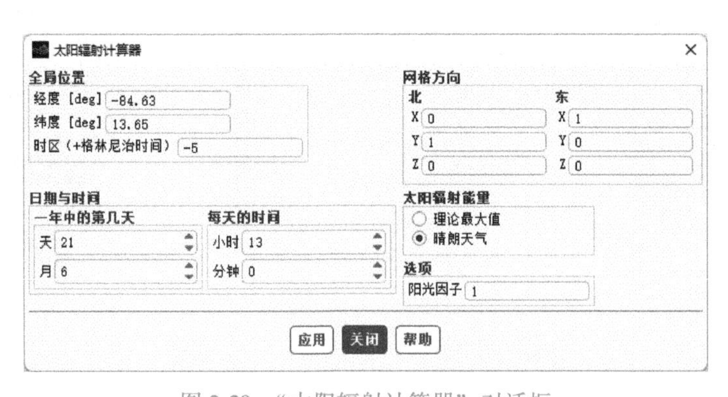

图 2-29　“太阳辐射计算器”对话框

1. DTRM 模型

DTRM 模型的优点是比较简单，通过增加射线数量就可以提高计算精度，同时还可用于很宽的光学厚度范围，其局限包括如下几项。

1）DTRM 模型假设所有表面都是漫反射表面，即所有入射的辐射射线没有固定的反射角，而是均匀地反射到各个方向。

2）计算中没有考虑辐射的散射效应。

3）计算中假定辐射是灰体辐射。

4）如果采用大量射线进行计算，会给 CPU 增加很大的负担。

2. P-1 模型

P-1 模型的辐射换热方程（RTE）是一个容易求解的扩散方程，同时模型中包含了散射效应。在燃烧等光学厚度很大的计算问题中，P-1 的计算效果都比较好。P-1 模型还可以在采用曲线坐标系的情况下计算涉及复杂几何形状的问题，具体参数设置如图 2-30 所示。

P-1 模型的局限如下。

1）P-1 模型也假设所有表面都是漫反射表面。

2）P-1 模型计算中采用灰体假设。

3）如果光学厚度比较小，同时几何形状又比较复杂的话，计算精度会受到影响。

4）在计算局部热源问题时，P-1 模型计算的辐射热流通量容易出现偏高现象。

图 2-30　P-1 辐射模型设置

3. Rosseland 模型

Rosseland 模型不计算额外的输运方程，因此计算速度更快，需要的内存更少。Rosseland 模型的缺点是仅能用于光学厚度大于 3 的问题，同时计算中只能采用分离求解器进行计算。

4. 离散坐标（DO）模型

DO 模型是适用范围最大的辐射模型，它可以计算所有光学厚度的辐射问题，并且涵盖了从表面辐射、半透明介质辐射到燃烧问题中出现的介入辐射等各种辐射问题。DO 模型采用灰体模型进行计算，因此既可以计算灰体辐射，也可以计算非灰体辐射。如果网格划分不是过于精细，计算中所占用的系统资源不大。

如图 2-31 所示，在 DO 模型设置界面中，Theta Divisions 和 Phi Divisions 选项用于确定角度空间每个象限控制角离散度的数量。对于 2D 情况，Fluent 只求解 8 个象限，对于 3D 情况，求解 8 个象限。Fluent 的默认设置中，Theta Divisions 和 Phi Divisions 均为 2，这对于大多数实际问题都是可以接受的。

将 Theta Divisions 和 Phi Divisions 的最小值增加到 3 或 5，能够得到更为可信的结果。“θ 像素”和“Phi 像素”选项用于确定对控制容积重叠进行考虑的像素。对漫灰辐射，1×1 的默认像素设置就足够了；对于具有对称面、周期性条件、镜面或者半透明边界的问题，推荐使用 3×3 的像素设置。增加像素数目将加大计算量，但比增加角度划分所产生的计算代价要小。

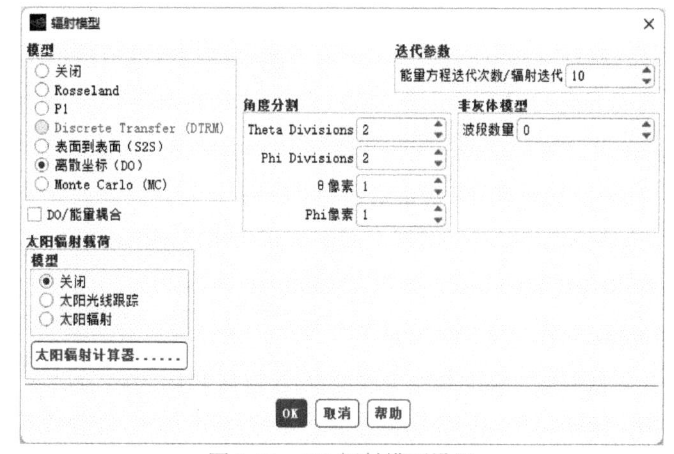

图 2-31　DO 辐射模型设置

（1）DO模型的非灰体辐射计算设置

若需要用DO模型对非灰体辐射建模，在“辐射模型”对话框“非灰体模型”下的“波段数量”文本框中输入需要的波段数量。

默认情况下“波段数量”为0，表示仅对灰体辐射建模。修改“波段数量”后，可以对每个波段都给出“名称”，并同时设定“起始”及“截止”波长，如图2-32所示。

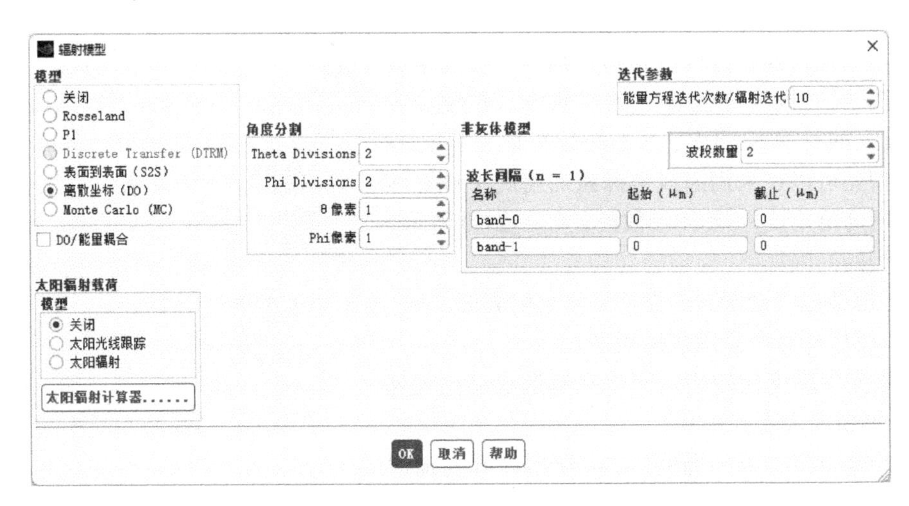

图2-32 DO模型的非灰体辐射计算设置

由于计算量与波段数量直接相关，设置时应尽量使波段数量最小。对于非灰体特性很显著的问题，只需要较少的波段即可，例如对通常的玻璃而言，“波段数量”设为2或3。

（2）打开DO/Energy耦合

对于光学厚度大于10的情况，可以勾选“辐射模型”对话框中的“DO/能量耦合”复选框，来耦合每个单元上的能量和辐射强度方程，然后同时求解这两个方程，如图2-33所示。

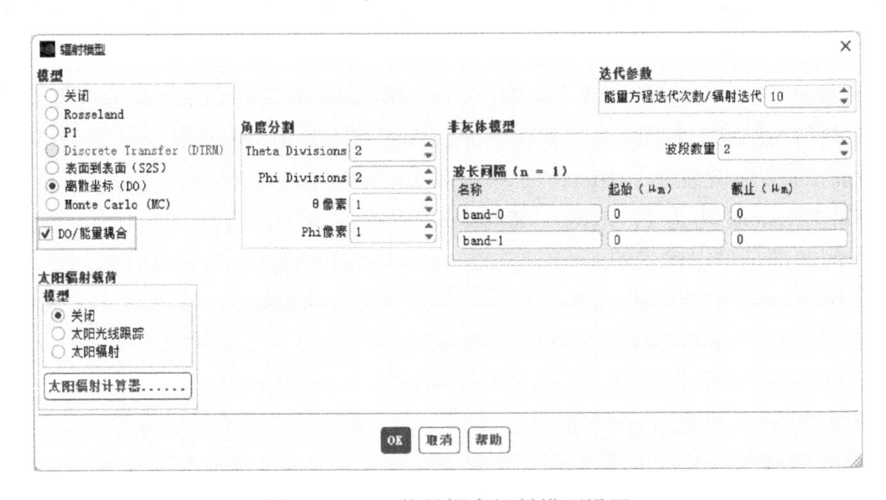

图2-33 DO/能量耦合辐射模型设置

该方法加速了辐射热传递的有限体积格式的收敛，并能够与灰体或非灰体辐射模型同时使用。但在打开壳层导热模型时，不能使用“DO/能量耦合”选项。

5. 表面到表面（S2S）辐射模型

选中“辐射模型”对话框的“表面到表面（S2S）”模型后，则打开 S2S 辐射模型设置界面，如图 2-34 所示。

S2S 模型适用于没有介入辐射的封闭空间内的辐射换热计算，如太阳能集热器。与 DTRM 和 DO 模型相比，虽然角系数的计算需要占用较多的 CPU 时间，但 S2S 模型在每个迭代步中的计算速度依然很快。S2S 模型的局限如下。

1）S2S 模型假定所有表面都是漫反射表面。

2）S2S 模型采用灰体辐射模型进行计算。

3）内存等系统资源的需求随辐射表面的增加而激增。计算中可以通过将辐射表面组成集群的方式来减少内存资源的占用。

4）S2S 模型不能计算介入辐射问题。

5）S2S 模型不能用于带有周期性边界条件或对称性边界条件的计算。

6）S2S 模型不能用于二维轴对称问题的计算。

7）S2S 模型不能用于多重封闭区域的辐射计算，而只能用于单一封闭几何形状。

单击“辐射模型”对话框的“设置”按钮，可以打开“角系数与群组”对话框，如图 2-35 所示。

图 2-34 S2S 辐射模型设置

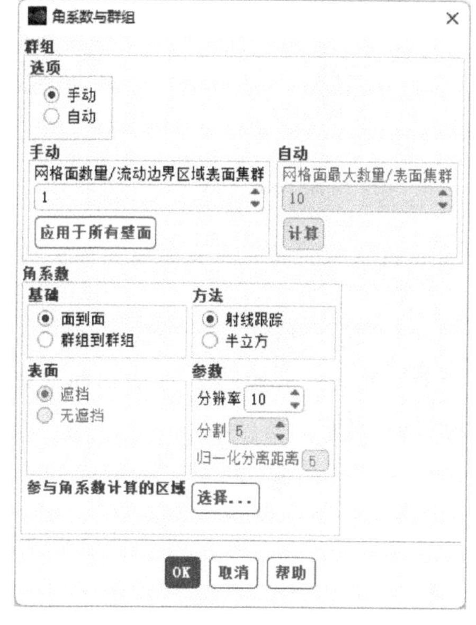

图 2-35 “角系数与群组”对话框

辐射表面的数量很大时，S2S 模型的计算量很大。为了减少计算的内存需求，可通过创建表面束来减少辐射表面的数量。Fluent 能够使用表面束的相关信息（节点的坐标与连接信息、表面束的标识）来计算相应表面束的角系数。

当对网格做出修改后，例如改变边界区域的类型、缩放网格等操作，则需要重新创建表面束的信息，且需要重新创建束/角系数文件。Fluent 中可以采用两种方式来得到角系数，一种是在 Fluent 中直接计算，另一种是在 Fluent 之外计算，然后将计算结果读入 Fluent。对于网格数量巨大和结构复杂的几何模型，推荐用户在 Fluent 之外计算角系数，然后在开始计算仿真前把角系数读入 Fluent。

2.3.5 组份模型设置

在浏览树中双击“设置”→“模型”→“组份”选项，弹出“组份模型”对话框，如图 2-36 所示。Fluent 中的组份模型主要有 5 个，分别是组份传递模型、非预混燃烧模型、预混合燃烧模型、部分预混合燃烧模型及联合概率密度输运模型。

1. 组份传递模型

使用组份传递模型时，如不考虑反应，则可以进行组份输送扩散的仿真分析，如甲烷泄漏扩散；若考虑反应，则可以进行气体燃烧的反应模拟。具体分析如下。

（1）不考虑反应的组份传递模型

不勾选“反应”下的“体积反应”复选框时，就是进行单纯的冷态气体组份扩散仿真分析，如图 2-37 所示。

图 2-36 “组份模型”对话框

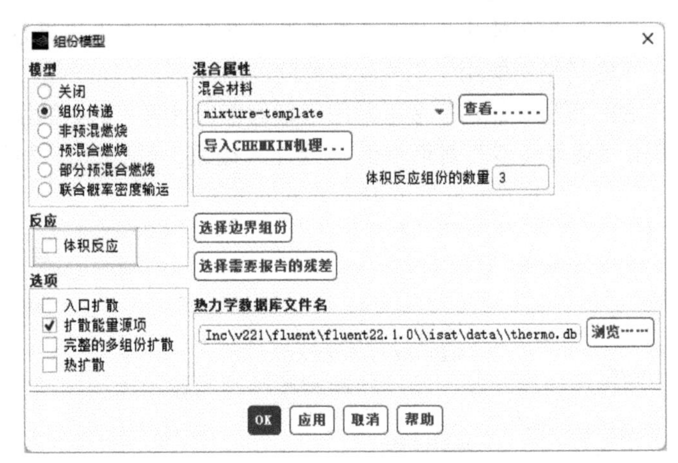

图 2-37 不考虑反应的组份传递模型设置

在“混合材料”下拉列表框里可以设置不同气体的组份。例如，选择 mixture-template，单击“查看”按钮，弹出图 2-38 所示的“物质”对话框，若与所要分析的气体成分较接近，则可以选择此混合材料。

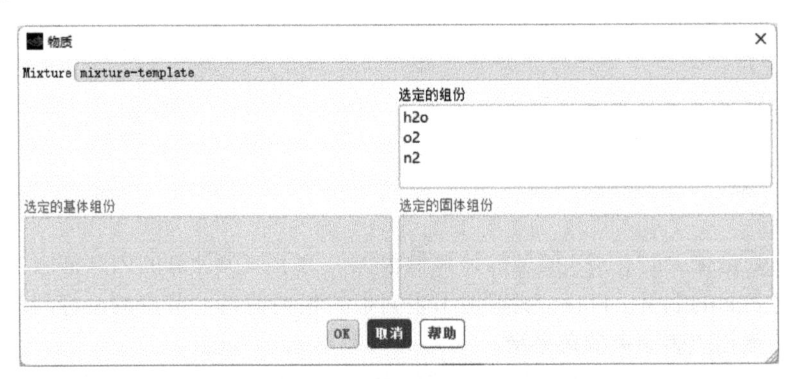

图 2-38 “物质”对话框

如果缺少某种成分的气体，则可以进行添加。在“选定的组份”列表中组份的顺序很重要，Fluent 软件将列表中的最后一个组份作为凝聚态组份。当从混合物中增加或删除组份时，用户应当将含量最高的组份（根据质量）放在最后。

（2）考虑反应的组份传递模型

勾选“反应”下的“体积反应”复选框时，即可进行体积反应设置，如图 2-39 所示。在“湍流-化学反应相互作用”下有 4 个反应模型可选，分别是 Finite-Rate/No TCI（有限速率）、Finite-Rate/Eddy-Dissipation（有限速率/涡耗散）、Eddy-Dissipation（ED，涡耗散）和 Eddy-Dissipation Concept（EDC，涡-耗散-概念）。

图 2-39　考虑反应的组份传递模型设置

Finite-Rate 使用 Arrhenius 公式计算化学源项，忽略湍流脉动的影响。对于化学反应动力学控制的燃烧（如层流燃烧）或化学反应相对缓慢的湍流燃烧是准确的，但对于一般湍流火焰，Arrhenius往往因化学反应动力学的高度非线性而不精确。

Finite-Rate/Eddy-Dissipation 简单结合了 Arrhenius 公式和涡耗散方程，避免了 Eddy-Dissipation 模型出现的提前燃烧问题。Arrhenius 速率作为动力学开关，能阻止反应发生在火焰稳定器启动之前。点燃后，涡速率一般小于 Arrhenius 速率。该模型的优点是结合了动力学因素和湍流因素；缺点是只能用于单步或双步反应。

Eddy-Dissipation 适用于大部分燃料快速燃烧，整体反应速率由湍流混合控制，突出了湍流混合对燃烧速率的控制作用。复杂且常常未知的化学反应动力学速率可以完全被忽略掉。化学反应速率由大尺度涡混合时间尺度 k/e 控制。只要 k/e（湍流）>0 出现，燃烧即可进行，不需要点火源来启动燃烧。其缺点是未能考虑分子输运和化学动力学因素的影响，常用于非预混火焰，但在预混火焰中，反应物一进入计算域就开始燃烧，模型计算的燃烧会出现超前性，故一般不单独使用。当初始化求解时，Fluent 设置产物的质量百分数为 0.01，通常足够启动反应。

Eddy-Dissipation Concept 假定化学反应都发生在小涡中，反应时间由小涡生存时间和化学反应本身需要的时间共同控制。该模型能够在湍流反应中考虑详细的化学反应机理。

建议只有在快速化学反应假定无效的情况下才使用这一模型（如快速熄灭火焰中缓慢的 CO 烧尽、选择性非催化还原中的 NO 转化问题），求解时选取双精度求解器，避免反应速率中指前因子和活化能产生的误差。

2. 非预混燃烧模型

非预混燃烧模型求解混合分数输运方程和一个或两个守恒标量的方程，从预测的混合分数公式中推导出每一个组份的浓度，且通过概率密度函数或 PDF 文件来考虑湍流的影响。反应机理是使用化学平衡计算来处理反应系统。该模型主要用于模拟湍流扩散火焰的反应系统，如甲烷的燃烧等，具体参数设置如图 2-40 所示。

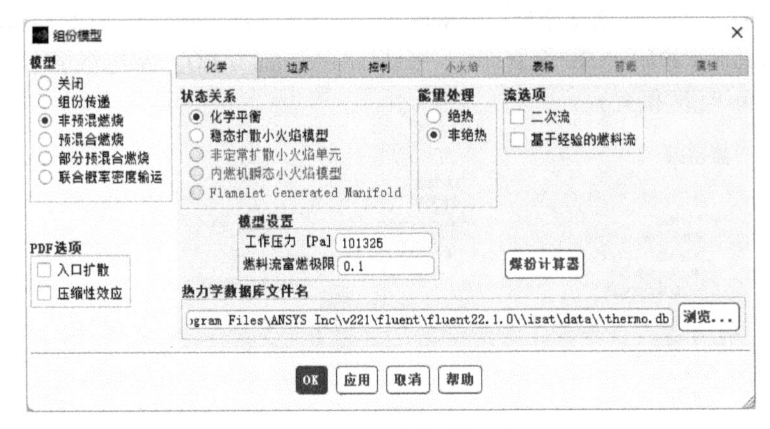

图 2-40　非预混燃烧模型设置

切换到“边界”选项卡，如图 2-41 所示，在此可以进行燃料组份的设置：在“燃料”下设置燃料组份的具体分数；在“温度”选项组中进行燃料的温度值设置；在“设定组份”中选择摩尔分数或者质量分数。

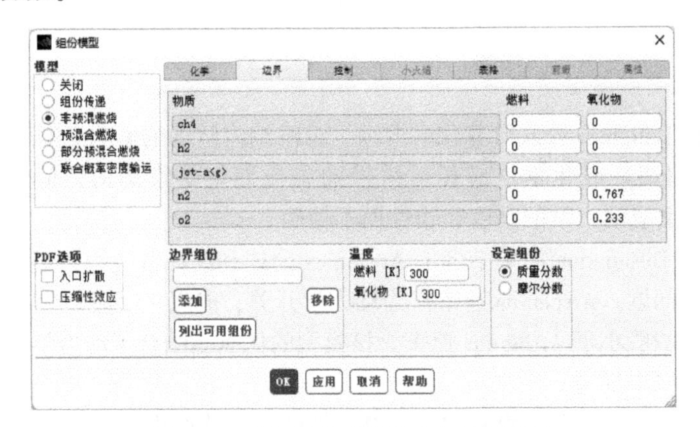

图 2-41　非预混燃烧模型中的边界设置

切换到“表格”选项卡，如图 2-42 所示，单击“计算 PDF 表”按钮，生成一个 PDF 文件，注意生成的 PDF 文件需要与算例文件在同一目录下。

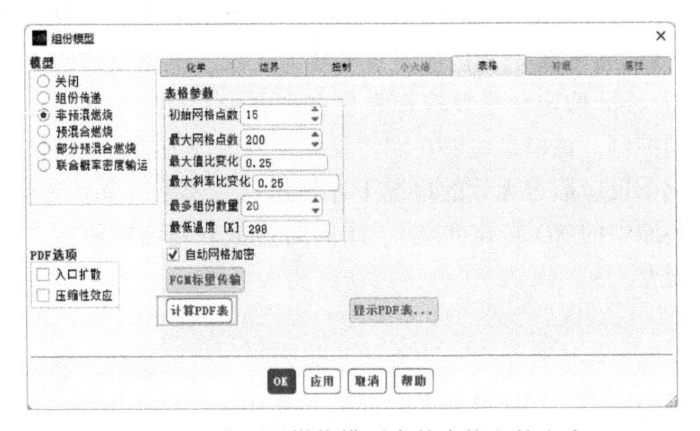

图 2-42　非预混燃烧模型中的表格文件生成

3. 预混合燃烧模型

预混合燃烧模型主要用于完全预混合的燃烧系统。在这些问题中，完全的混合反应物和燃烧产物被火焰前缘分开，模型解出反应物发展变量来预测前缘的位置，湍流的影响是通过考虑湍流火焰速度来计算得出的。

4. 部分预混合燃烧模型

部分预混合燃烧模型综合了非预混燃烧和预混合燃烧，通过几何混合分数方程和反应物发展变量来分步确定组份浓度和火焰前缘位置，适用于计算域内具有变化等值比率的预混火焰情况。其参数设置如图 2-43 所示。

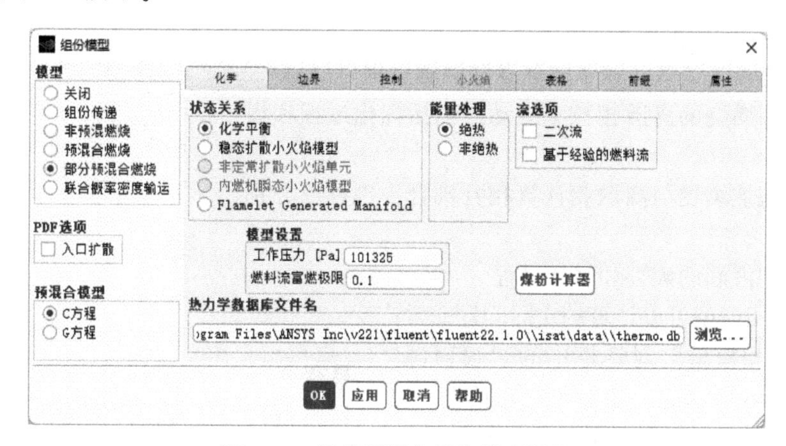

图 2-43　部分预混合燃烧模型设置

5. 联合概率密度输运模型

联合概率密度输运模型结合 CHEMKIN 软件后可以进行详细的化学反应机理分析，合理模拟湍流和详细化学反应动力学之间的相互作用，是湍流燃烧的精确模拟方法。其优点是可以计算中间组份，考虑分裂影响；考虑湍流和化学反应之间的作用，无须求解组份输运方程。缺点是系统要满足（接近）局部平衡，不能用于可压缩或非湍流流动，不能用于预混燃烧，且计算量特别大。其参数设置如图 2-44 所示。

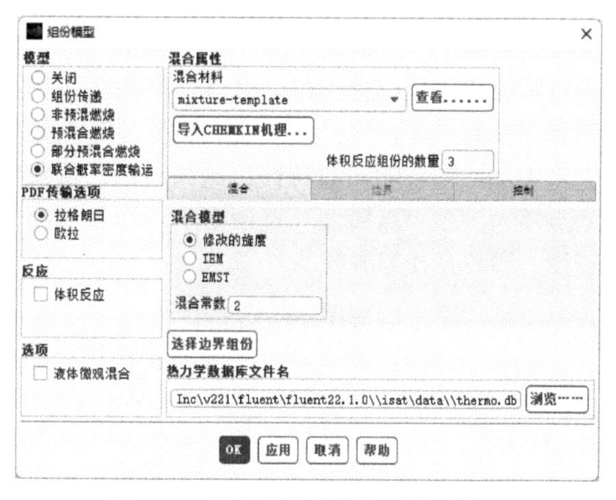

图 2-44　联合概率密度输运模型设置

2.3.6　离散相模型设置

Fluent 可以用离散相模型计算散布在流场中的粒子运动和轨迹，例如在油气混合汽中，空气是连续相，散布在空气中的细小油滴则是离散相。连续相的计算可以用求解流场控制方程的方式完成，而离散相的运动和轨迹则需要用离散相模型进行计算。

离散相模型实际上是连续相和离散相物质相互作用的模型。在涉及离散相模型的计算过程中，通常是先计算连续相流场，再用流场变量通过离散相模型计算离散相粒子受到的作用力，并确定其运动和轨迹。

离散相计算是在拉格朗日观点下进行的，即在计算过程中以单个粒子为对象进行计算，而不像连续相计算那样是在欧拉观点下，以空间点为对象进行计算。例如，在油气混合汽的计算中，作为连续相的空气，其计算结果是以空间点上的压强、温度、密度等变量分布为表现形式的，而作为离散相的油滴，却是以某个油滴的受力、速度、轨迹作为表现形式的。

在浏览树中双击“设置”→“模型”→“离散相”选项，弹出“离散相模型”对话框，如图2-45所示。

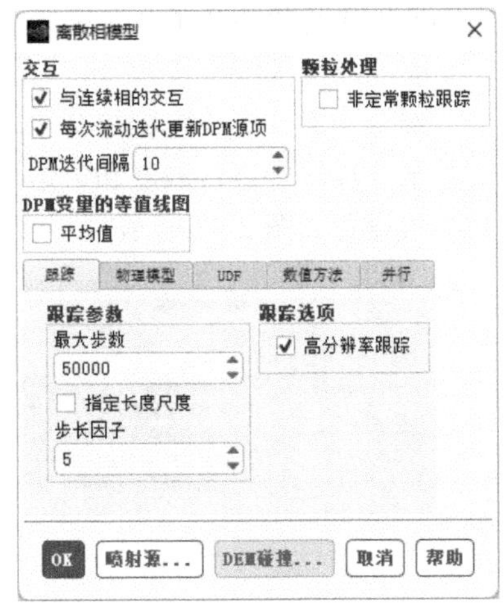

图2-45 “离散相模型”对话框

离散相模型可以计算的内容如下。

1）离散相轨迹计算，可以考虑的因素包括离散相惯性、气动阻力、重力，可以分析定常和非定常流动。

2）可以考虑湍流对离散相运动的干扰作用。

3）可以考虑离散相的加热和冷却。

4）可以考虑液态离散相粒子的蒸发和沸腾过程。

5）可以计算燃烧的离散相粒子运动，包括气化过程和煤粉燃烧过程。

6）既可以将连续相与离散相计算相互耦合，也可以分别计算。

7）可以考虑液滴的破裂和聚合过程。

可见，离散相模型可以计算的实际问题非常广泛。

单击“离散相模型”对话框中的“喷射源”按钮，弹出图2-46所示的“喷射源”对话框，可以进行喷射源的创建、删除、复制等操作。

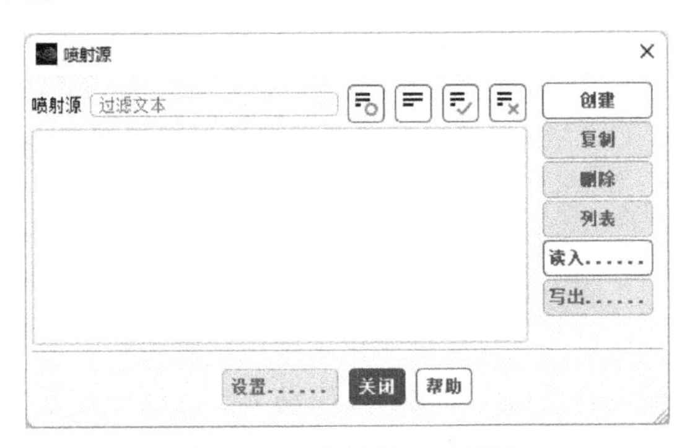

图2-46 “喷射源”对话框

单击“创建”按钮，弹出图2-47所示的“设置喷射源属性”对话框。在“粒子类型”下可以进行颗粒的类型设置，在“材料”下拉列表框中选择颗粒的材料特性，在“喷射源类型”下拉列表框中选择颗粒喷入的特性，例如从面、从特定的点喷入，在“点属性”选项卡中可以设置喷入速度、颗粒直径等参数。

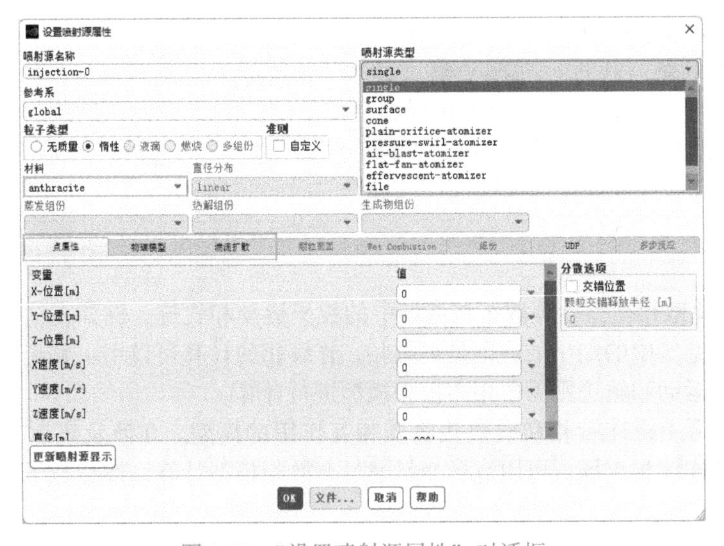

图2-47 “设置喷射源属性”对话框

切换到“物理模型”选项卡，如图 2-48 所示，在“曳力准则”下拉列表框中可以进行受力模型设置。

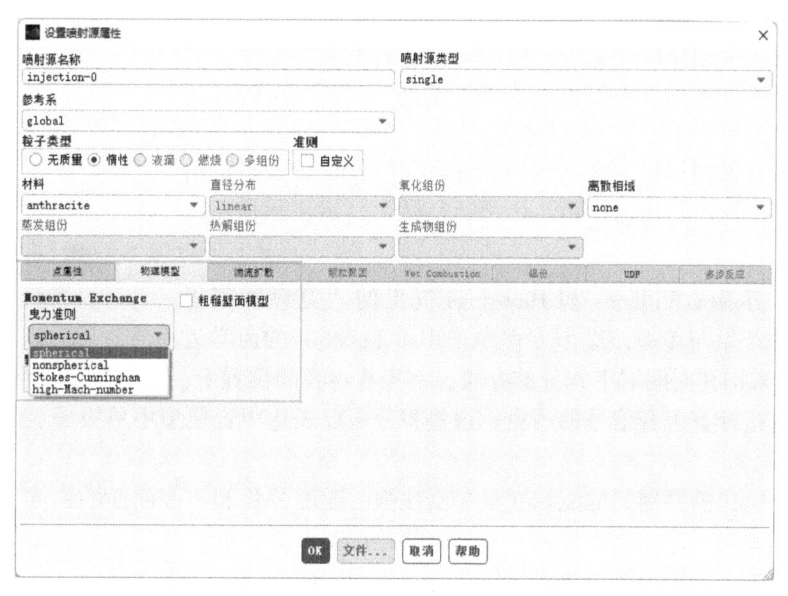

图 2-48 “物理模型”选项卡

2.3.7 凝固和熔化模型设置

在浏览树中双击“设置”→“模型”→“凝固和熔化”选项，弹出“凝固和熔化”对话框，如图 2-49 所示。

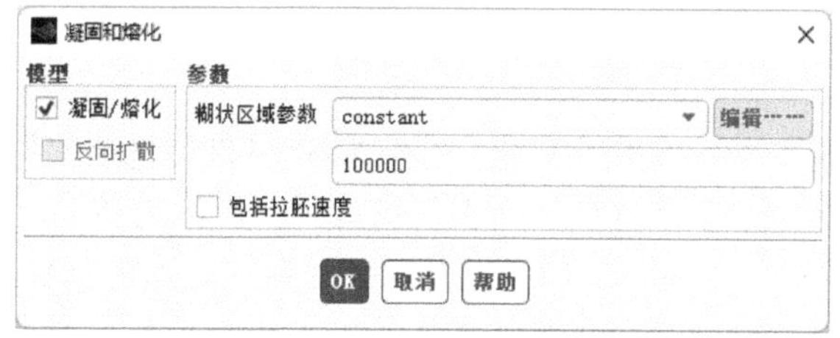

图 2-49 “凝固和熔化”对话框

Fluent 采用“焓-多孔度”技术模拟流体的凝固和熔化过程。在流体的凝固和熔化问题中，流场可以分成流体区域、固体区域和两者之间的糊状区域。“焓-多孔度”技术采用的计算策略是将流体在网格单元内占有的体积百分比定义为多孔度，并将流体和固体共存的糊状区域看作多孔介质区进行处理。

在流体的凝固过程中，多孔度从 1 降低到 0；反之，在熔化过程中，多孔度则从 0 升至 1。“焓-多孔度”技术通过在动量方程中添加汇项（即负的源项）来模拟因固体材料存在而出现的压强降。

“焓-多孔度”技术可以模拟的问题包括纯金属或二元合金中的凝固、熔化问题、连续铸造加工过程等，模拟过程中可以计算固体材料与壁面之间因空气存在而产生的热阻，以及凝固、熔化过程中组份的输运等。

需要注意的是，在求解凝固、熔化问题的过程中，只能采用分离算法，只能与 VOF 模型配合使用，不能计算可压缩流体，不能单独设定固体材料和流体材料的性质，同时在模拟带反应的组份输运过程时，无法将反应区限值在流体区域，而是在全流场进行反应计算。

2.3.8 声学模型设置

在浏览树中双击“设置”→“模型”→“声学”选项，弹出“声学模型”对话框，如图 2-50

所示。

气动噪声的生成和传播可以通过求解可压 N-S 方程的方式进行数值模拟。然而，与流场流动的能量相比，声波的能量要小几个数量级，客观上要求气动噪声计算所采用的格式应有很高的精度，同时从声源到声音测试点划分的网格也要足够精细，因此，进行直接模拟对系统资源的要求很高，计算时间也很长。

为了弥补直接模拟的这个缺点，可以采用 Lighthill 的声学近似模型，即将声音的产生与传播过程分别进行计算，从而达到加快计算速度的目的。

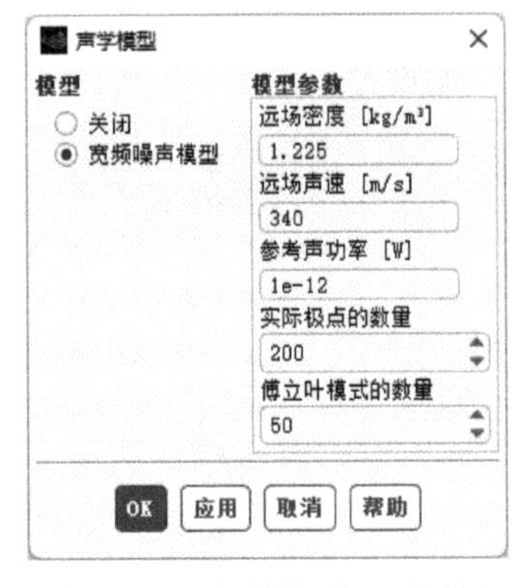

图 2-50 “声学模型”对话框

Fluent 中用 Ffowcs Williams 和 Hawkings 提出的“宽频噪声模型”模拟声音的产生与传播，这个方程中采用了 Lighthill 的声学近似模型。Fluent 采用在时间域上积分的办法，在接收声音的位置上，用两个面积分直接计算声音信号的历史。这些积分可以表达声音模型中单极子、偶极子和四极子等基本解的分布。

在计算积分时，需要用到的流场变量包括压强、速度分量和声源曲面的密度等，这些变量的解在时间上必须满足一定的精度要求。满足时间精度要求的解可以通过求解非定常雷诺平均方程获得，也可以通过大涡模拟或分离涡模拟获得。声源表面既可以是固体壁面，也可以是流场内部的一个曲面。噪声的频率范围取决于流场特征、湍流模型和流场计算中的时间尺度。

2.4 材料设置

材料物性参数的设置对仿真计算影响很大，本节重点介绍流体计算过程中流体材料的设置。

2.4.1 物性参数设置

在浏览树中双击“设置”→“材料”选项，打开“材料”任务页面，如图 2-51 所示。在默认情况下，“材料”列表仅包括一种流体物质 air（空气）和一种固体物质 aluminum（铝）。如果要计算的流体物质恰恰是空气，那么可以直接使用默认的物性参数，也可以修改后再使用。但绝大多数情况下，都需要从数据库中调用其他的物质或者定义自己的物质。

混合物只有在激活组份输运方程后才会出现。与此类似，惰性颗粒、液滴和燃烧颗粒也需要在离散相模型内设置才会出现。但在一个混合物的数据从数据库中加载进来时，它所包含的所有组份的流体材料将会自动复制。

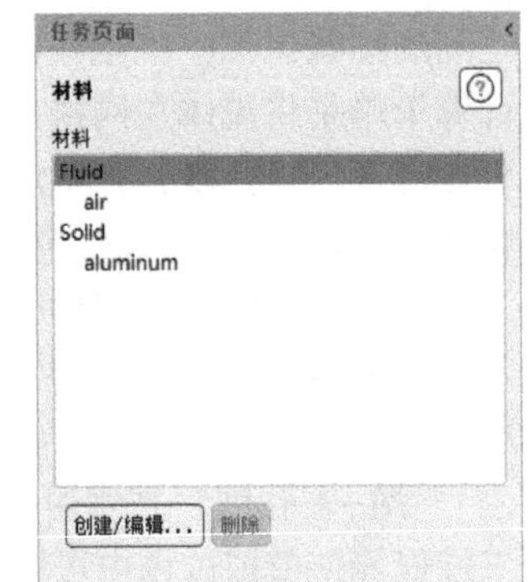

图 2-51 “材料”任务页面

单击“创建/编辑”按钮，弹出图 2-52 所示的“创建/编辑材料”对话框。根据打开方程的不同，在对话框中需要设定的参数有密度、粘度、热导率及比热（比热容）等。这些参数可以是温度或组份函数，而温度和组份的变化方程可以是多项式函数、阶梯函数或分段多项式函数。流体物性参数设置的这个特点给计算带来很大便利，在温度场变化非常复杂、物性参数很难用单个函数来表示的情况下尤其如此。

需要注意的是，如果用户定义的属性需要用能量方程来求解（例如用理想气体定律求密度，用温度函数求粘度），Fluent 软件会自动激活能量方程。在这种情况下必须设定材料的热力学条

图 2-52 “创建/编辑材料”对话框

件和其他相关参数。

对于固体材料来说，需要定义材料的密度、热传导系数和比热。如果模拟半透明物质，还需要设定物质的辐射属性。固体物质热传导系数的设置很灵活，既可以是常数，也可以是随温度变化的函数，甚至可以由用户自定义函数来定义。

如果仿真计算中需要对材料的物性参数进行修改，或者仿真所需的材料不在 Fluent 默认数据库中，则可以根据掌握的材料物性参数在原有材料参数基础上进行修改，以便满足仿真需求。此操作在“创建/编辑材料”对话框中完成，具体步骤如下。

1）在“名称”对话框中输入需新增材料的名称。

2）在“材料类型”下拉列表框中选择 fluid（流体材料）或 solid（固体材料），随后在“Fluent 流体材料”下拉列表框中选定要改变物性的材料。

3）“属性”选项组中所包含的各种物性参数均可进行修改，例如图 2-52 所示为密度参数的修改。

4）单击“更改/创建”按钮完成修改。

2.4.2 从数据库中复制材料

材料数据库中包含许多常用的流体、固体和混合物材料。调用这些材料的步骤非常简单，要做的仅仅是从数据库中把它们复制到当前的材料列表中，步骤如下。

1）单击“创建/编辑材料”对话框中的“Fluent 数据库”按钮，弹出“Fluent 数据库材料”对话框，如图 2-53 所示。

2）在“材料类型”下拉列表框中选择材料的类型（流体或固体）。

3）根据 2）的选择，在“Fluent 流体材料/ Fluent 固体材料”下拉列表框中选择要复制的材料，该材料的各种参数随即显示在“属性”选项组中。

4）可以拖动滚动条检查材料的所有参数。对于某些参数，除了用常值定义外，也可以用温度的函数形式加以定义。

5）单击“复制”按钮，完成材料复制工作。

重复上述步骤可以复制其他材料，复制工作全部完成后单击“关闭”按钮关闭“Fluent 数据库材料”对话框。

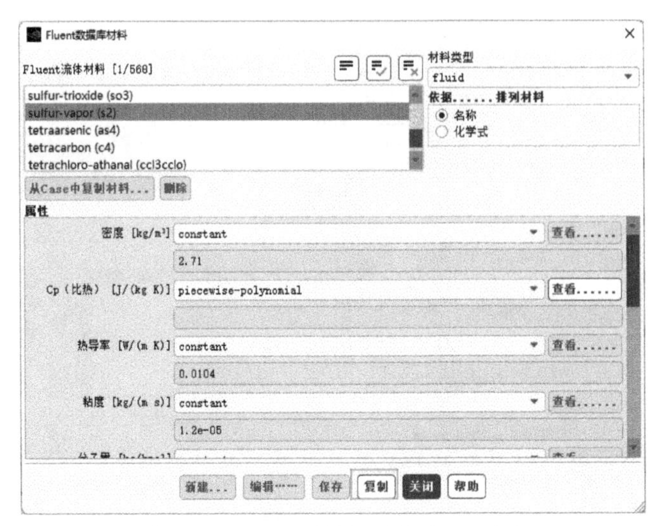

图 2-53 “Fluent 数据库材料”对话框

2.5 单元区域条件设置

单元区域是仿真计算分析的区域，由流体区域及固体区域组成，本节重点介绍如何进行单元区域内材料及属性的设置。

2.5.1 单元区域内材料设置

在浏览树中双击“设置”→“单元区域条件”选项，打开“单元区域条件”任务页面，如图 2-54 所示。

1）“区域”选项下的 liuti 是流体区域的名字，如果仿真计算过程中有多个流体区域，则此处会显示多个。

2）单击“复制”按钮，则可以针对多个区域进行参数值复制。例如，需要设置的流体区域内参数一致，则可以应用此功能进行批量化快速设置。

3）选中对应的流体区域 liuti，单击“编辑”按钮，可以对流体区域进行编辑，如图 2-55 所示。在“材料名称”处可以进行流体区域内的流体材料设置，Fluent 中默认的流体区域内流体为 air，固体区域内材料为 aluminum。

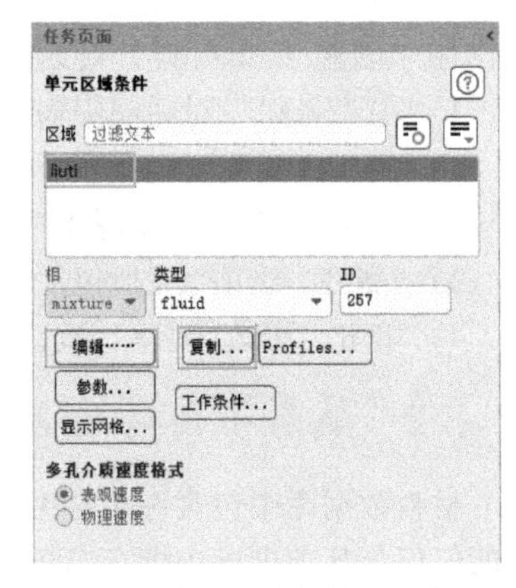

图 2-54 “单元区域条件”任务页面

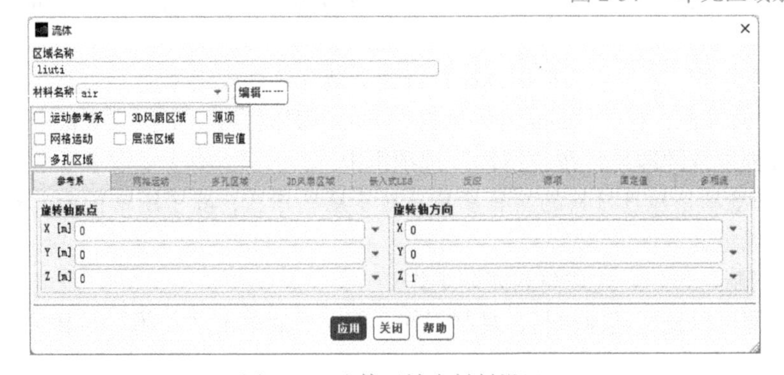

图 2-55 流体区域内材料设置

2.5.2 单元区域内属性设置

单元区域的旋转、内热源及多孔介质等均可进行设置，下面依次说明。

1. 运动参考系设置

勾选“运动参考系”复选框，进行旋转区域参数设置，一般应用于风机旋转、电机定子和转子等模型计算，如图 2-56 所示。

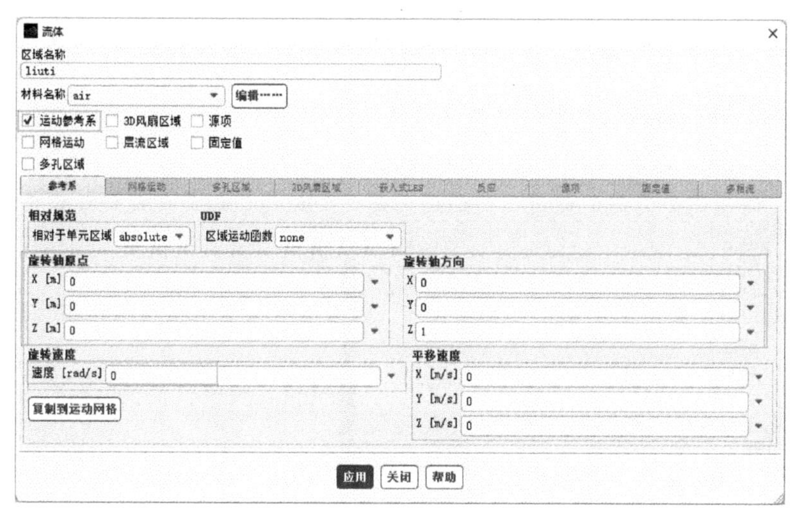

图 2-56 运动参考系设置

2. 源项设置

勾选“源项”复选框，可以进行质量、动量、湍流动能及能量等区域内源项的设置，其中，能量源项用于芯片发热、变压器、电力电子等模型计算，如图 2-57 所示。

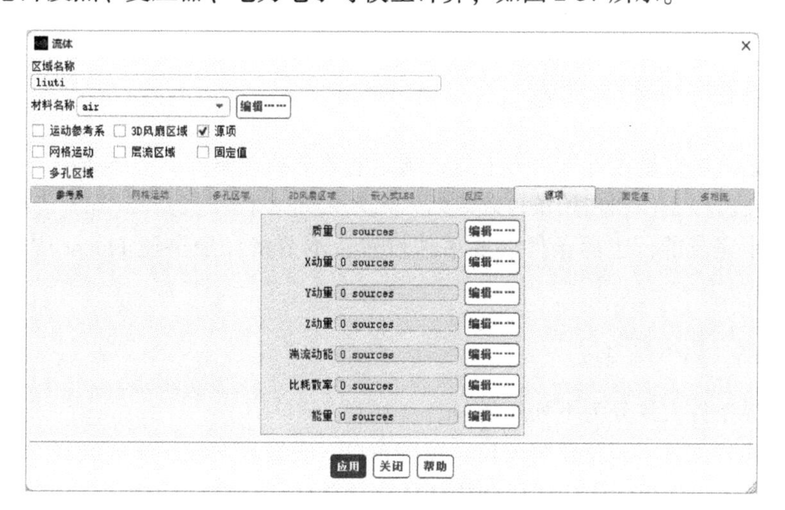

图 2-57 源项设置

3. 多孔区域设置

勾选“多孔区域”复选框，进行多孔介质区域设置，一般用于几何结构非常复杂、网格数量太大等模型的简化处理。多孔介质模型中流动-压降的参数一般是对“粘性阻力”及“惯性阻力”进行设置，具体数值可以根据试验数据拟合得到。“孔隙率”为 1 代表全部通过，如图 2-58 所示。

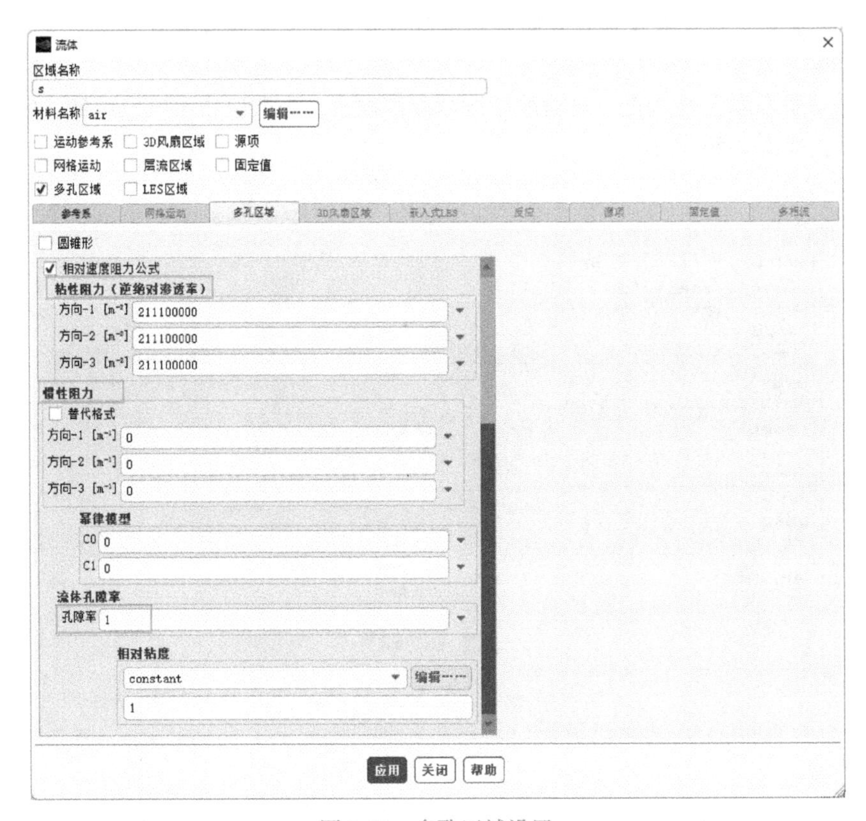

图 2-58　多孔区域设置

2.6　边界条件介绍及设置

边界条件就是流场变量在计算边界上应该满足的数学物理条件。边界条件与初始条件并称为定解条件，只有在边界条件和初始条件确定后，流场的解才存在且是唯一的。Fluent 的初始条件是在初始化过程中完成的，边界条件需要单独设置，本节将详细讲述 Fluent 中边界条件的设置问题。

2.6.1　边界条件分类

流体仿真边界条件大致分为下列几类。

1）流体进/出口条件：包括压强入口、速度入口、质量流入口、吸气风扇、入口通风、压强出口、压强远场、出口流动、出口通风和排气风扇等条件。

2）壁面条件：包括固定壁面条件、对称轴（面）条件和周期性边界条件。

3）内部单元分区：包括流体分区和固体分区。

4）内面边界条件：包括风扇、散热器、多孔介质阶跃等。内面边界条件在单元边界面上设定，因而这些面没有厚度。

而 Fluent 中的入口和出口边界条件包括下列几种形式。

1）速度入口条件：在入口边界给定速度和其他标量属性的值。

2）压强入口条件：在入口边界给定总压和其他标量变量的值。

3）质量流入口条件：在计算可压缩流体时，给定入口处的质量流。因为不可压缩流体的密度是常数，所以在计算不可压缩流体时不必给定质量流条件，只要给定速度条件就可以确定质量流。

4）压强出口条件：用于在流场出口处给定静压和其他标量变量的值。在出口处定义出口条件而不是出流条件，这是因为前者在迭代过程中更容易收敛，特别是在出现回流时。

5）压强远场条件：这种类型的边界条件用于给定可压缩流体的自由流边界条件，即在给定自由流马赫数和静参数条件后，给定无限远处的压强条件。它只能用于可压缩流体计算。

6）出流边界条件：如果在计算完成前无法确定压强和速度，可以使用出流边界条件。这种边界条件适用于充分发展的流场，其做法是将除压强以外所有流动参数的法向梯度都设为零，这种边界条件不适用于可压缩流体。

7）入口通风条件：这种边界条件的设置需要给定损失系数、流动方向、环境总压和总温。

8）进气风扇条件：在假设入口处存在吸入式风扇的情况下，可以使用这种边界条件。

在进行网格划分时，还需要进行不同类型边界条件的标记，以便在 Fluent 中进行参数设置。

2.6.2 边界条件类型修改

在浏览树中双击“设置”→“边界条件”选项，打开“边界条件”任务页面，如图 2-59 所示，其中显示了在网格划分软件中进行的边界条件标记，这里包括进口边界条件、出口边界条件及固体壁面边界。

如果需要进行现有边界类型的修改，则在“区域”下方的列表中选择要修改的边界条件名称，在“类型”下拉列表框中选择新的类型，如图 2-60 所示。

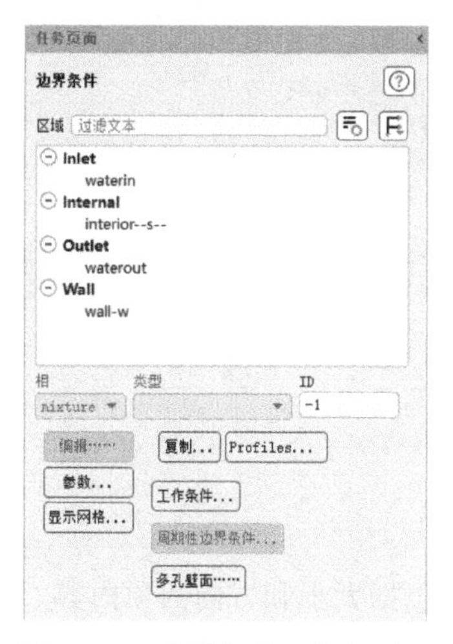

图 2-59 “边界条件”任务页面

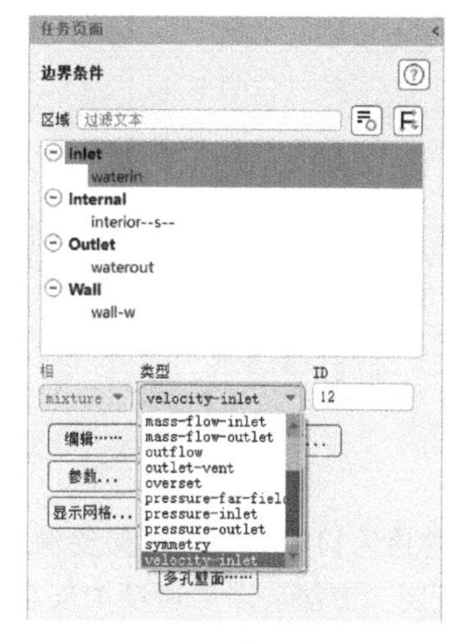

图 2-60 边界条件类型修改

2.6.3 常用边界条件类型

1. 压力进口边界条件

压力进口边界条件用于定义流场入口处的压强及其他标量函数，既适用于可压缩流动计算也适用于不可压缩流动计算。通常在入口处压强已知、速度和流量未知时，使用压力进口边界条件。压力进口边界条件还可以用于具有自由边界的流场计算。

“压力进口”对话框如图 2-61 所示。在使用压力进口边界条件时需要输入下列参数。

1）总压。在“压力进口”对话框中的“总压（表压）”处输入总压的值。

2）超音速/初始化表压。静压在 Fluent 中被称为超音速/初始化表压，如果入口流动是超音速的，或者用户准备用压力入口边界条件完成计算的初始化工作，则必须定义静压。在“压力进口”对话框中的“超音速/初始化表压”处输入数值。

3）方向设置。可以用分量定义方式定义流动方向。在入口速度垂直于边界面时，也可以直接将流动方向定义为“垂直于边界”。在具体设置过程中，既可以用直角坐标形式定义 x、y、z 三个方向的速度分量，也可以用柱坐标形式定义径向、切向和轴向三个方向的速度分量。

4）用于湍流计算的湍流参数。

2. 速度入口边界条件

速度入口边界条件用入口处流场速度及相关流动变量作为边界条件。在速度入口边界条件中，流场入口边界的驻点参数是不固定的。速度入口边界条件仅适用于不可压缩流动。

同时还要注意，不要让速度入口边界条件过于靠近入口内侧的固体障碍物，否则会使驻点参数的不均匀程度大大增加。

在特殊情况下，在流场出口处也可以使用速度入口边界条件，但必须保证流场在总体上满足连续性条件。“速度入口”对话框如图 2-62 所示。

图 2-61 “压力进口”对话框

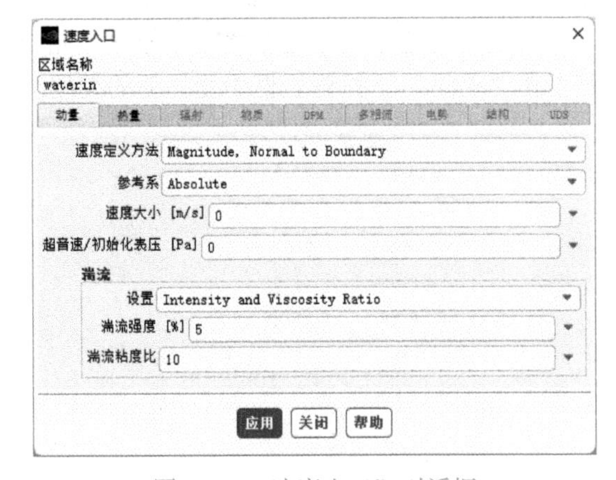

图 2-62 “速度入口”对话框

在使用速度入口边界条件时需要输入下列参数。

1）速度定义方法。因为速度为矢量，所以速度定义包括大小和方向两项内容。在 Fluent 中定义速度的方式有三种：第一种是将速度看作速度的绝对值与一个单位方向矢量的乘积；第二种是将速度看作三个坐标方向上分量的矢量和；第三种是假定速度是垂直于边界面的（因此方向已知），只要给定速度的绝对值就可以定义速度。

2）二维轴对称问题中的旋转速度。在计算模型是轴对称带旋转流动时，除了可以定义旋转速度，还可以定义旋转角速度。类似地，如果选择了柱坐标系或局部柱坐标系，则除了可以定义切向速度，还可以定义入口处的角速度。将角速度看作矢量，则其定义与速度矢量定义是类似的。

3）用于能量计算的温度值。如果计算中包含能量方程，则需要在入口速度边界处给定静温。

4）多相流计算中的多相流边界条件。

3. 质量流入口边界条件

在已知流场入口处的流量时，可以通过定义质量流的形式来定义边界条件。在质量流被设定的情况下，总压将随流场内部压力场的变化而变化，所以在计算中应该尽量避免在流场的主要入口处使用质量流边界条件。例如，在带横向喷流的管道计算中，管道入口处应该尽量避免使用质量流条件，而在横向喷流的入口处则可以使用质量流条件。

在不可压缩流动计算中不需要使用质量流入口边界条件，这是因为在不可压缩流动中密度为常数，采用速度入口边界条件就可以确定质量流，没有必要再使用质量流入口边界条件。

“质量流入口”对话框如图 2-63 所示。

4. 压力出口边界条件

压力出口边界条件在流场出口边界上定义静压，而静压的值仅在流场为亚音速时使用。如果在出口边界上流场达到超音速，则边界上的压力将从流场内部通过插值得到，其他流场变量均从流场内部插值获得。“压力出口”对话框如图 2-64 所示。

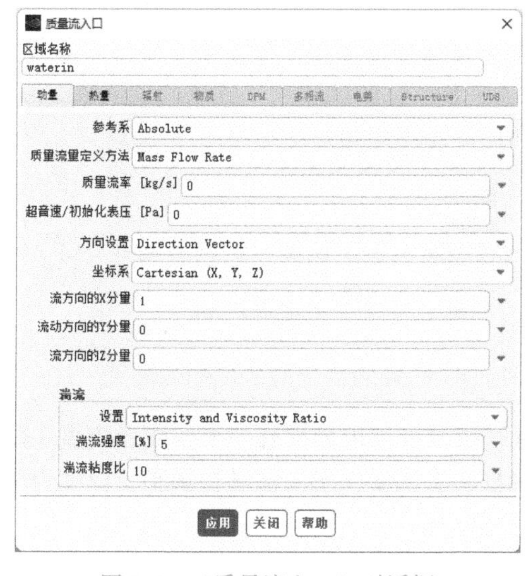

图 2-63 “质量流入口”对话框

图 2-64 “压力出口”对话框

压力出口边界的输入参数如下。

1）表压。在“压力出口”对话框内的“表压”处输入静压的值。

2）径向平衡压力分布。还可以使用径向平衡压力分布边界条件，在“压力出口”对话框中选择“径向平衡压力分布”即可。径向平衡指的是在出口平面上径向压力梯度与离心力的平衡关系。这种边界条件只需要设定最小半径处的压力值，然后 Fluent 就可以根据径向平衡关系计算出出口平面其余部分的压力值。

3）回流条件。回流条件是在压力出口边界上出现回流时使用的边界条件。推荐使用真实流场中的数据作为回流条件，这样计算将更容易收敛。

4）能量计算中的总温。在包含能量计算的问题中需要设定回流总温。

5. 压强远场边界条件

压强远场边界条件用于设定无限远处的自由边界条件，主要设置项目为自由流马赫数和静参数条件。压强远场边界条件也称为特征边界条件，因为这种边界条件使用特征变量定义边界上的流动变量。

采用压强远场边界条件要求密度用理想气体假设进行计算，为了满足“无限远”要求，计算边界需要距离物体足够远。比如在计算翼型绕流时，要求远场边界距离模型约 20 倍弦长左右。“压力远场”对话框如图 2-65 所示。

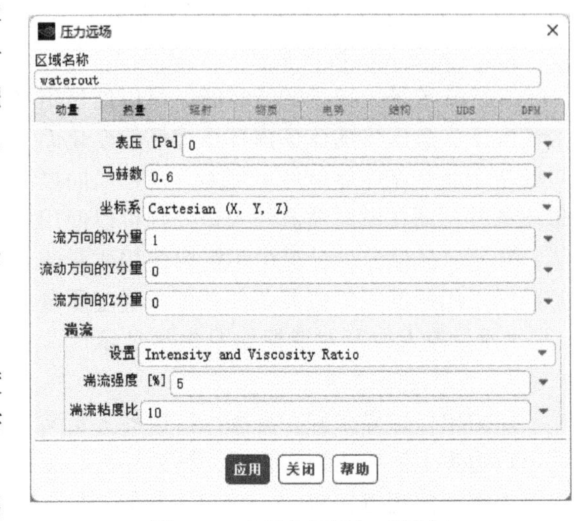

图 2-65 “压力远场”对话框

在压强远场边界条件中需要输入下列参数：表压、马赫数、温度、流动方向以及湍流计算中的湍流参数等。

6. 出流边界条件

如果在流场求解前，流场出口处的流动速度和压强是未知的，就可以使用出流边界条件。需要注意的是下列情况不适合采用出流边界条件。

1）如果计算中使用了压力进口条件，则出口需要设置为压力出口条件。

2）流场是可压缩流动时。

3）在非稳态计算中，密度变化的情况。

4）出流边界存在很大的法向梯度，或者出现回流时。

出流边界条件服从充分发展流动假设，即所有流动变量的扩散通量在出口边界的法向等于零。在实际的计算中虽然不必拘泥于充分发展流动假设，但是只有在确定出口边界的流动与充分发展流动假设的偏离可以忽略不计时，才能使用出流边界条件。“出流边界”对话框如图 2-66 所示。

图 2-66 “出流边界”对话框

在默认设置中，所有出流边界的流量权重被设为 1。如果出流边界只有一个，或者流量在所有边界上是均匀分配的，则不必修改这项设置，系统会自动将流量权重的值进行调整，以使得流量在各个出口上均匀分布。

例如，有两个出流边界，而每个边界上流出的流量是总流量的一半，则无须修改默认设置。但是如果有 75%的流量流出第一个边界，25%的流量流出第二个边界，则需要将第一个边界的流量权重修改为 0.75，第二个边界的流量权重修改为 0.25。

7. 壁面边界条件设置

在 Fluent 中壁面边界条件分为两种，一种是位于外部边界的壁面边界，是指流体域的外部边界，另外一种是位于流体域之内的固体边界，这种边界存在着对应的耦合面，即存在相同的 shadow 面。“壁面”对话框如图 2-67 所示。

（1）移动壁面参数设置

在“壁面运动”下选择“移动壁面”，对话框变为图 2-68 所示。在“运动”中可以进行相对或绝对速度的设置，如果壁面的网格为移动网格，则可以选择“相对于相邻单元区域”，即取移动网格为参考来定义壁面的运动速度。

如果选择“绝对”选项，那么可以通过定义壁面在绝对坐标系中的速度来定义壁面运动。如果临近的网格单元是静止的，相对速度和绝对速度的定义就是等价的。

壁面运动分为平移的、旋转的及分量三种类型。壁面存在直线平移运动时，则选择“平移

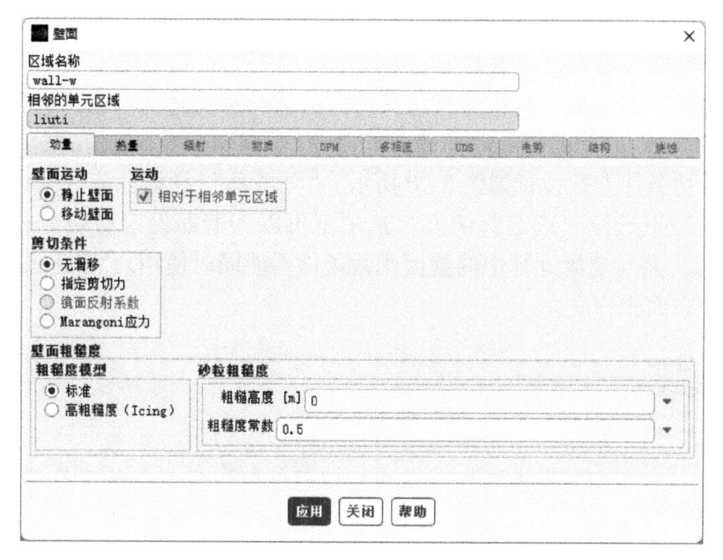

图 2-67 “壁面”对话框

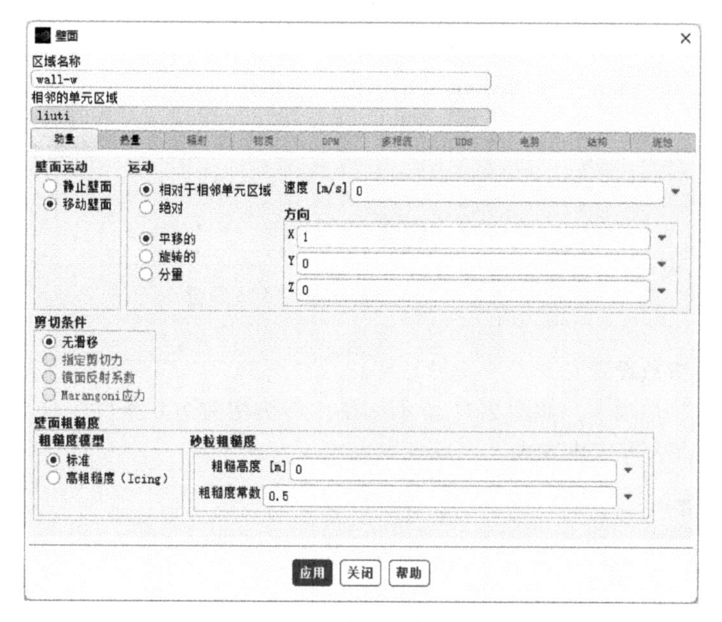

图 2-68 移动壁面参数设置

的”选项，并在“速度”和“方向”栏中定义壁面运动速度矢量。如果存在旋转，则选择“旋转的”选项，如图 2-69 所示，需要确定旋转速度、旋转轴原点和旋转轴方向。在三维计算中，旋

图 2-69 壁面旋转运动参数设置

转轴是通过旋转轴原点并平行于旋转轴方向的直线；在二维计算中，无须指定旋转轴方向，只须指定旋转轴原点，旋转轴是通过原点并与 z 方向平行的直线；在二维轴对称问题中，旋转轴永远是 x 轴。选择“分量”选项时，可以通过定义壁面运动的速度分量来定义壁面的平移运动。

（2）壁面剪切条件参数设置

滑移壁面中剪切条件参数设置如图 2-70 所示，“无滑移”是粘性流计算中所有壁面的默认设置。在“剪切条件”下选择“指定剪切力”选项就可以为壁面设定剪切力的值，输入剪切力的 X、Y、Z 分量即可。其与湍流计算中的壁面函数条件不能同时使用。“Marangoni 应力”条件用于设置由温度引起的表面张力变化。

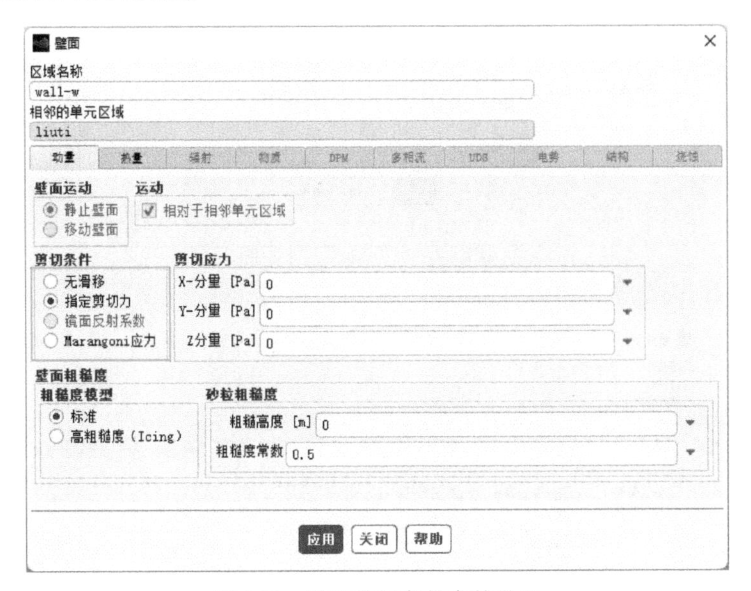

图 2-70　壁面剪切条件参数设置

（3）壁面传热参数设置

切换至“热量”选项卡，如图 2-71 所示。在“传热相关边界条件”选项组中有热通量、温度、对流、辐射及混合等传热方式。

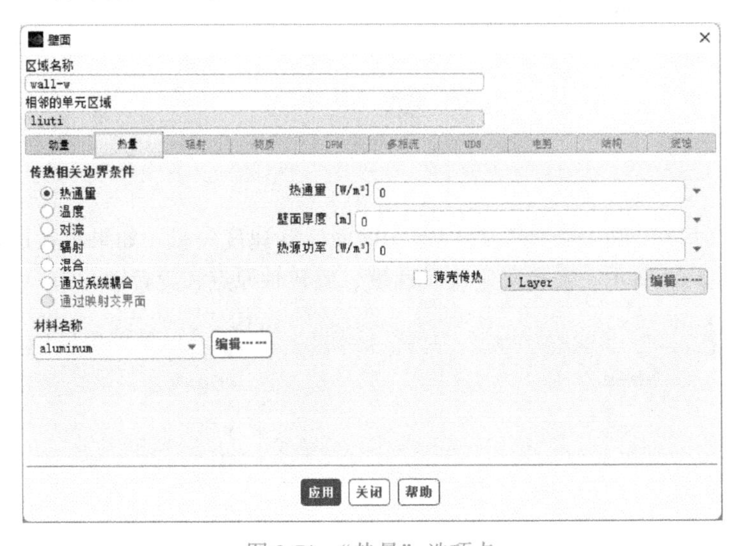

图 2-71　“热量”选项卡

选择“热通量”选项时，即壁面与外界环境换热的热流值为恒定值。在“热通量”文本框中输入热流数值，在“壁面厚度”文本框中设置壁面厚度，例如，外部壁面很薄，网格划分难度很大时，就可以在这里进行假想厚度设置。在“热源功率”文本框中可以输入发热量。

选择“温度”选项时，即壁面温度为恒定值，设置时在“温度”文本框中输入壁面温度即可，其他参数设置同上，如图 2-72 所示。

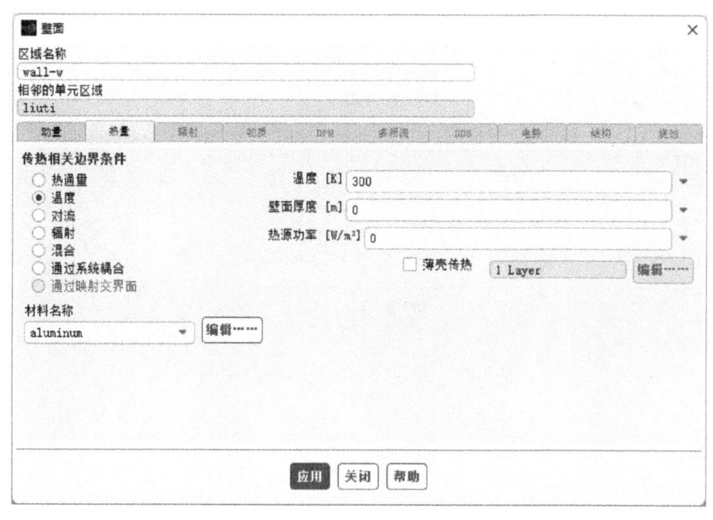

图 2-72　温度壁面边界参数设置

选择“对流”选项时，即壁面与外界环境为对流换热，其参数设置如图 2-73 所示。对于对流换热而言，其最重要的参数为传热系数及来流温度，一般自然对流的传热系数为 2^{-10} W/m^2 · K，强制对流的传热系数需要根据公式计算得出。

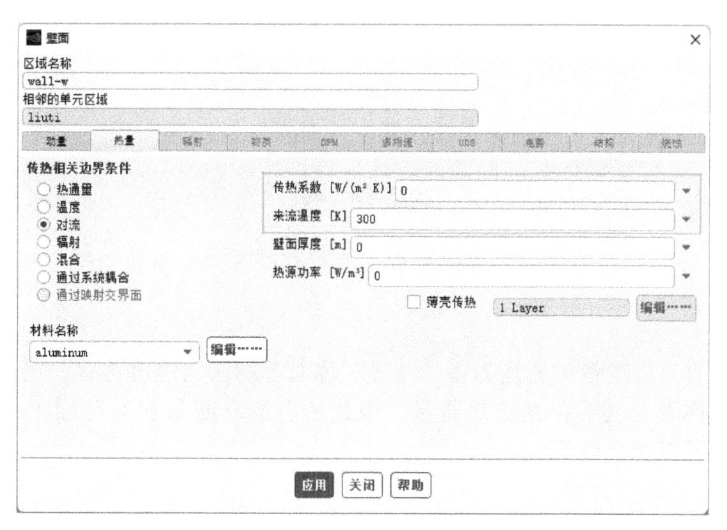

图 2-73　对流换热壁面参数设置

选择“辐射”选项时，即壁面与外界环境为辐射换热，其参数设置如图 2-74 所示，需要进行外部辐射系数和外部辐射温度设置，不同材料的外部辐射系数存在差异，需要查阅相关资料。

选择“混合”选项时，即壁面与外界环境为对流换热及辐射换热的混合换热方式，其参数设置如图 2-75 所示，与“对流”及“辐射”设置一致。

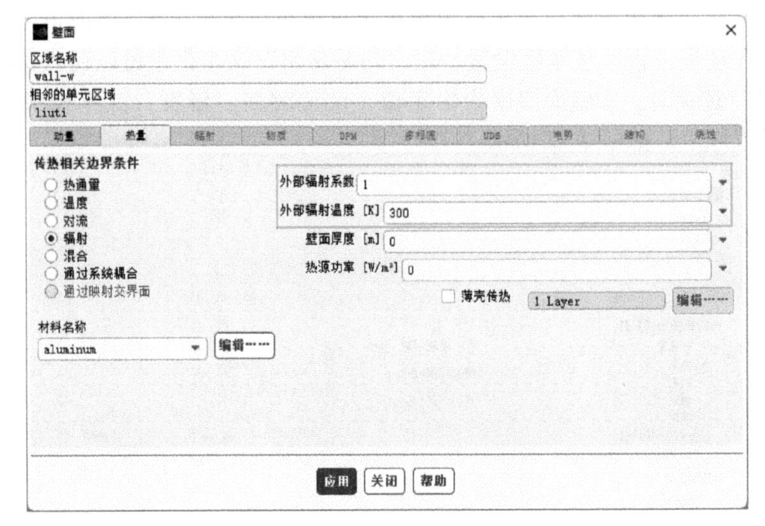

图 2-74 辐射换热壁面参数设置

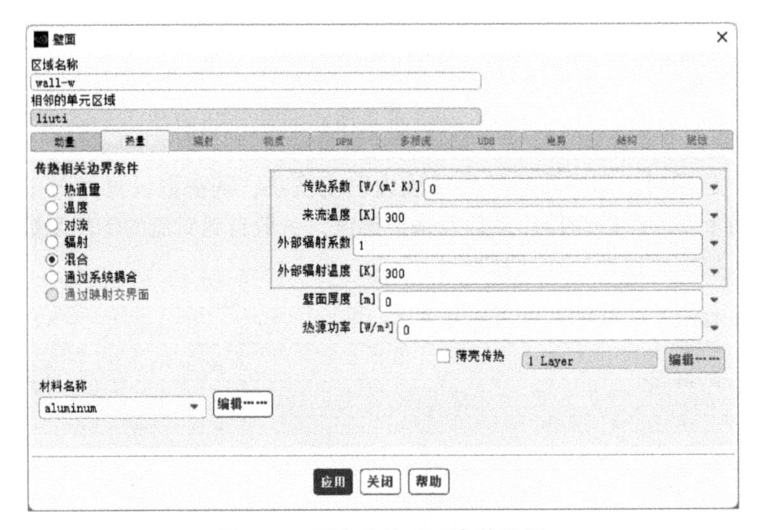

图 2-75 混合换热壁面参数设置

8. 对称边界条件设置

在对称面上所有流动变量的通量为零。由于对称面上的法向速度为零，所以通过对称面的对流通量等于零，对称面上也不存在扩散通量，因此所有流动变量在对称面上的法向梯度也等于零。对称边界条件可以总结如下。

1）对称面上法向速度为零。

2）对称面上所有变量的法向梯度为零。

如上所述，对称面的含义就是零通量。因为对称面上剪切应力等于零，在粘性计算中，对称面边界条件也可以称为滑移壁面。其参数设置如图 2-76 所示。

9. 边界条件参数输入/输出设置

在 Fluent 中，当此次仿真计算输入的边界条件参数为其他仿真计算的结果参数时，则需要通过 Profiles 对话框进行设置。

单击图 2-77 所示“边界条件”任务页面中的 Profiles 按钮，弹出图 2-78 所示的 Profiles 对话框。

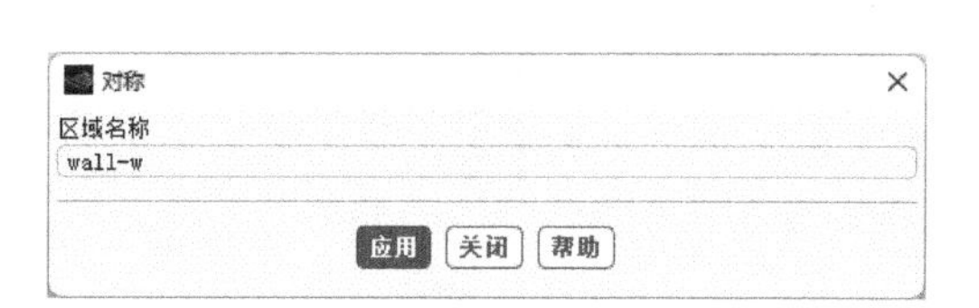

图 2-76 “对称”对话框

图 2-77 “边界条件”任务页面

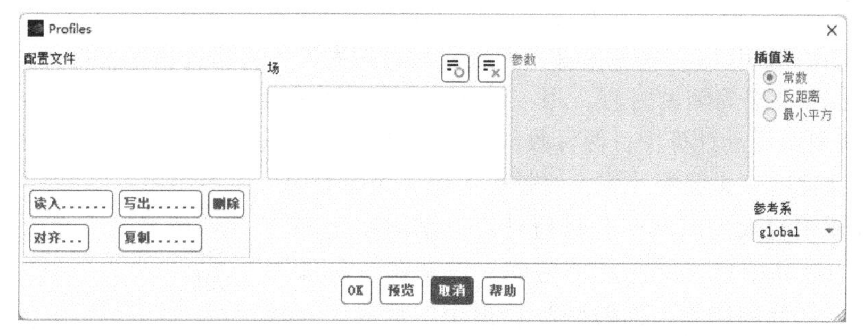

图 2-78 边界条件中的 Profiles 对话框

在 Profiles 对话框中可以进行边界参数的读入、写出以及删除等操作。例如需要设置 waterin 边界条件，并且在其他仿真计算中已经得到并输出了 waterin 边界条件的输入结果，则此时需要单击“读入”按钮，进行参数的读取。

单击图 2-78 所示的“写出”按钮，弹出图 2-79 所示的“写入配置文件”对话框。在“表面”列表框中选择需要输出的边界条件名称，在“值”列表框中可以选择需要输出的参数。

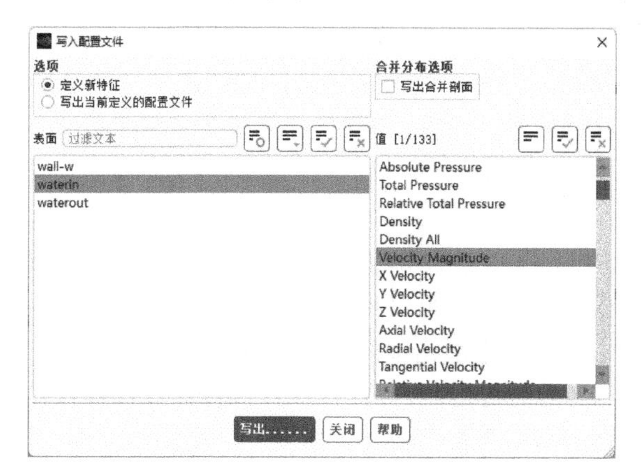

图 2-79 “写入配置文件”对话框

2.7 求解设置

为了更好地控制计算过程，提高计算精度，需要在求解中进行相应的设置。设置内容主要包括选择离散格式、设置松弛因子等，具体说明如下。

2.7.1 求解方法设置

在浏览树中双击“求解”→“方法”选项，打开“求解方法”任务页面，如图 2-80 所示，设置的主要内容包括压力速度耦合算法和空间离散格式。

1. 压力速度耦合算法

在使用求解器时，通常可以选择三种压力速度耦合算法，即 SIMPLE、SIMPLEC 和 PISO。SIMPLE 和 SIMPLEC 通常用于定常计算，PISO 用于非定常计算，但是在网格畸变很大时也可以使用 PISO 格式。

图 2-80 “求解方法”任务页面

Fluent 默认设定为 SIMPLE 格式，但是因为 SIMPLEC 稳定性较好，在计算中可以将亚松弛因子适当放大，所以在很多情况下可以考虑选用 SIMPLEC。特别是在层流计算时，如果没有在计算中使用辐射模型等辅助方程，用 SIMPLEC 可以大大加快计算速度。在复杂流动计算中，两者收敛速度相差不多。

PISO 格式通常用于非定常计算，但是也可用于定常计算。PISO 格式允许使用较大的时间步长进行计算，因而在允许使用大时间步长的计算中可以缩短计算时间。但是在大涡模拟（LES）这类网格划分较密集，而时间步长很小的计算中，采用 PISO 格式计算则会大大延长计算时间。另外在定常问题的计算中，PISO 格式与 SIMPLE 和 SIMPLEC 格式相比并无速度优势。

PISO 格式的另一个优势是可以处理网格畸变较大的问题。如果在 PISO 格式中使用邻近修正，可以将亚松弛因子设为 1.0 或接近于 1.0 的值。而在使用畸变修正时，应该将动量和压力的亚松弛因子之和设为 1.0，例如，将压力的亚松弛因子设为 0.3，将动量的亚松弛因子设为 0.7。如果同时采用两种修正形式，则应将所有松弛因子设为 1.0 或接近于 1.0 的值。

在大多数情况下都不必修改默认设置，而在有严重网格畸变时，可以解除邻近修正和畸变修正之间的耦合关系。

2. 空间离散格式

Fluent 采用有限体积法将非线性偏微分方程转变为网格单元上的线性代数方程，然后通过求解线性方程组得出流场的解。网格划分可以将连续空间划分为相互连接的网格单元，每个网格单元由位于几何中心的控制点和将网格单元包围起来的网格面或线构成。

求解流场控制方程的最终目的是获得所有控制点上流场变量的值。

在有限体积法中，控制方程首先被写成守恒形式。从物理角度看，方程的守恒形式反映的是流场变量在网格单元上的守恒关系，即网格单元内某个流场变量的增量等于各边界面上变量的通量总和。有限体积法的求解策略就是用边界面或线上的通量计算出控制点上的变量。

例如，对于密度场的计算，网格单元控制点上的密度值及其增量代表的是整个网格单元空间上密度的值和增量。从质量守恒的角度来看，流入网格的质量与流出网格的质量应该等于网格内流体质量的增量，因此从质量守恒关系（连续方程）可以得知密度的增量等于边界面或线上密度通量的积分。

在 Fluent 中用于计算通量的方法包括一阶迎风格式、指数律格式、二阶迎风格式、QUICK 格式、中心差分格式等形式，下面将分别进行介绍。

1）一阶迎风格式。“迎风”这个概念是相对于局部法向速度定义的，所谓迎风格式，就是用上游变量的值计算本地的变量值。在使用一阶迎风格式时，边界面上的变量值取为上游单元控制点上的变量值。

2）指数律格式。指数律格式认为流场变量在网格单元中呈指数规律分布。在对流作用起主导作用时，指数律格式等同于一阶迎风格式；在纯扩散问题中，对流速度接近于零，指数律格式相当于线性插值，即网格内任意一点的值可以用网格边界上的值线性插值得到。

3）二阶迎风格式。一阶迎风格式和二阶迎风格式都可以看作流场变量在上游网格单元控制点展开后的特例。一阶迎风格式仅保留泰勒级数的第一项，因此认为本地单元边界点的值等于上游网格单元控制点上的值，其格式精度为一阶精度。二阶迎风格式则保留了泰勒级数的第一项和第二项，因而认为本地边界点的值等于上游网格控制点的值与一个增量的和，该格式的精度为二阶精度。

4）QUICK 格式。QUICK 格式用加权和插值的混合形式给出边界点上的值。QUICK 格式是针对结构网格，即二维问题中的四边形网格和三维问题中的六面体网格提出的，但是在 Fluent 中，非结构网格计算也可以使用 QUICK 格式。在非结构网格计算中，如果选择 QUICK 格式，则非六面体（或四边形）边界点上的值是用二阶迎风格式计算的。在流动方向与网格划分方向一致时，QUICK 格式具有更高的精度。

5）中心差分格式。在使用 LES 湍流模型时，可以用二阶精度的中心差分格式计算动量方程，并得到精度更高的结果。

以本地网格单元的控制点为基点，对流场变量做泰勒级数展开并保留前两项，也可以得出边界点上具有二阶精度的流场变量值。在一般情况下，这样求出的边界点变量值与二阶迎风差分得到的变量值不同，而两者的算术平均值就是流场变量在边界点上用中心差分格式计算出的值。

2.7.2 控制设置

在浏览树中双击“求解”→“控制”选项，打开“解决方案控制”任务页面，如图 2-81 所示，设置的主要内容为亚松弛因子。

Fluent 中各流场变量的迭代都由亚松弛因子控制，因此计算的稳定性与之密切相关。在大多数情况下，可以不必修改亚松弛因子，因为默认值是根据各种算法的特点优化得出的。

在某些复杂流动情况下，默认设置不能满足稳定性要求，计算过程中可能出现振荡、发散等情况，此时需要适当减小松弛因子的值，以保证计算收敛。

在计算发散时，可以考虑将压力、动量、湍流动能和比耗散率的亚松弛因子默认值分别降低为 0.2、0.5、0.5、0.5。在计算格式为 SIMPLEC 时，通常没有必要降低亚松弛因子。

变量在计算过程中的最大、最小值可以在求解极限中设定，在“解决方案控制”任务页面内单击“限值”按钮，将弹出“解决方案极限”对话框，如图 2-82 所示。

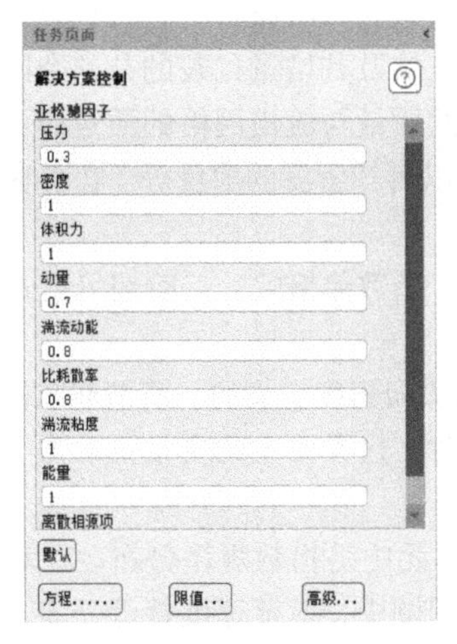

图 2-81 “解决方案控制”任务页面

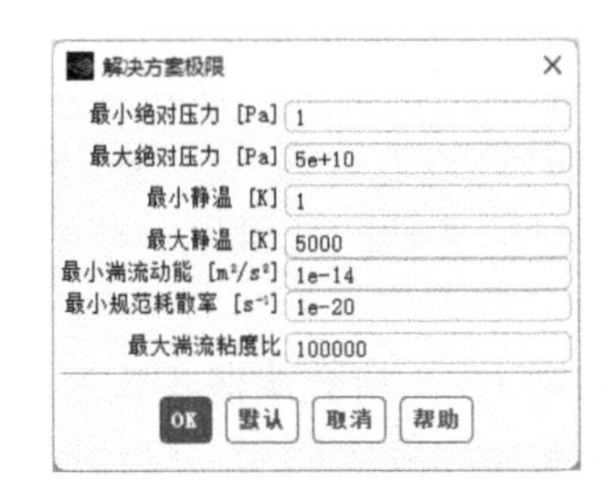

图 2-82 “解决方案极限”对话框

设置极限是为了避免在计算中出现非物理解，如密度或温度变成负值，或者远远超过真实值。在计算之前可以对默认设定的解变量极限进行修改，比如温度的默认设置是 5000K，但在一些高温问题的计算中，可以将这个值修改为更高的值。

另外，如果计算过程中解变量值超过极限，系统会在屏幕上发出提示信息，提示在哪个计算区域、有多少网格单元的解变量值超过极限。对湍流变量的限值是为了防止湍流变量过大，对流场造成过大的非物理耗散作用。

2.8 计算监控设置

求解设置完成后，可以进行计算监控设置，包括计算残差、计算变量（温度、速度、压力）等参数的监测。

2.8.1 残差监控器设置

在浏览树中双击“求解”→“计算监控”→“残差”选项，打开“残差监控器”对话框，如图 2-83 所示。“迭代曲线显示最大步数”默认数值为 1000，可以进行修改，主要影响残差曲线显示。

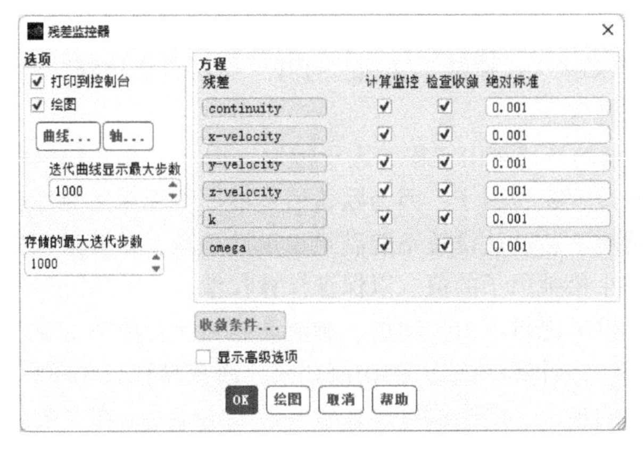

图 2-83 “残差监控器”对话框

Fluent 软件中收敛的“绝对标准”默认为 0.001，如果想增加精度，则可以修改为 10^{-5} 或者更低。单精度计算的最低收敛标准为 10^{-6}，双精度计算的最低收敛标准为 10^{-12}。

2.8.2 参数监测设置

仿真计算过程中，尤其是非稳态计算，当需要重点关注面积平均数或者体积平均变量在计算过程中的变化时，就需要进行参数监测设置。如图 2-84 所示，方框中的“报告文件”选项可以将监测的参数进行输出保存。

1）双击“报告文件”选项，弹出“报告文件定义”对话框，如图 2-85 所示，在该对话框内可以编辑及删除报告文件。

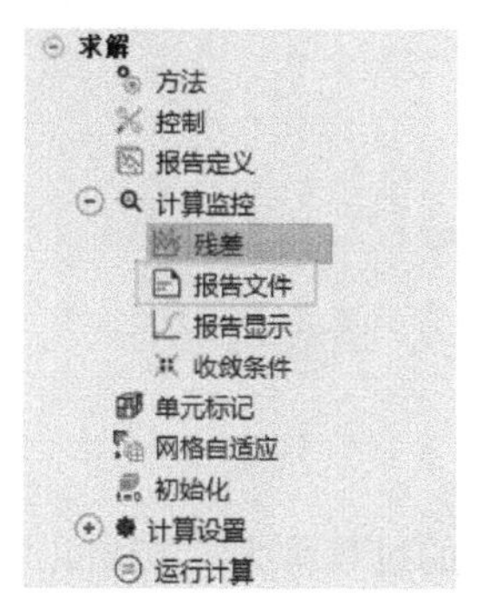

图 2-84 “报告文件”选项

图 2-85 “报告文件定义”对话框

2）单击“报告文件定义”对话框中的“新建”按钮，弹出“新报告文件”对话框，如图 2-86 所示。在“名称”处可以设置报告文件的名称，单击“新的”按钮，则在其下拉菜单里可以进行报告文件设置，如选择面积平均数，则选择“表面报告”，如选择体积平均变量，则选择“体积报告”，其次还可以进行“力矩监控器”及“通量报告”设置。

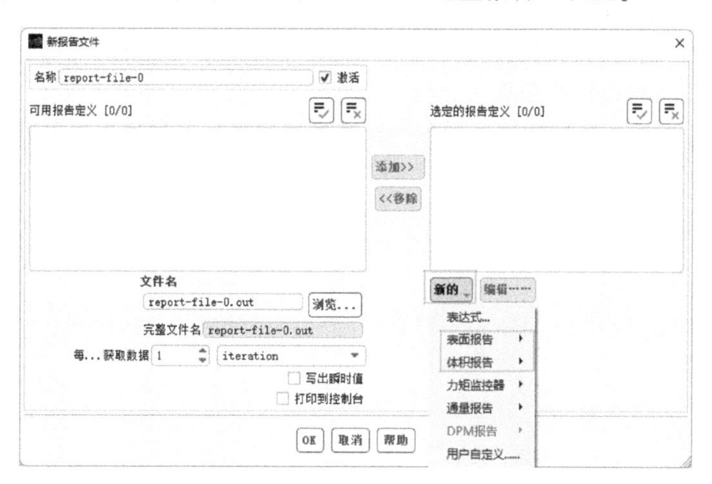

图 2-86 “新报告文件”对话框

3）选择“表面报告”命令，弹出图 2-87 所示的面监测参数列表。

4）选择“面积加权平均值”命令，弹出图 2-88 所示的“表面报告定义”对话框。输入名称，在“场变量”选项组中进行监测变量选择，例如选取速度、温度、压力等。在“表面”列表框中进行监测面的选取。

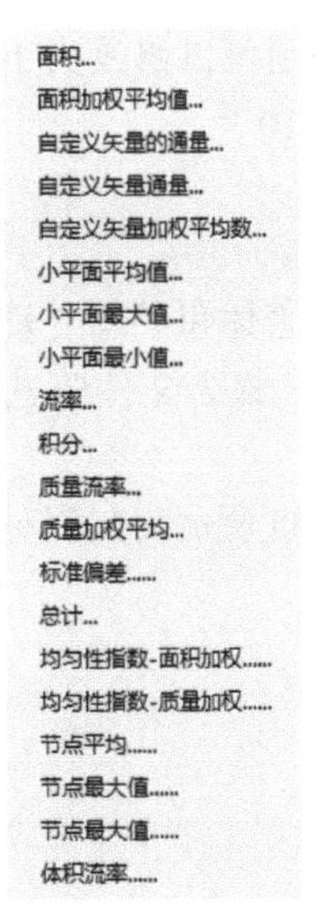

图 2-87　面监测参数

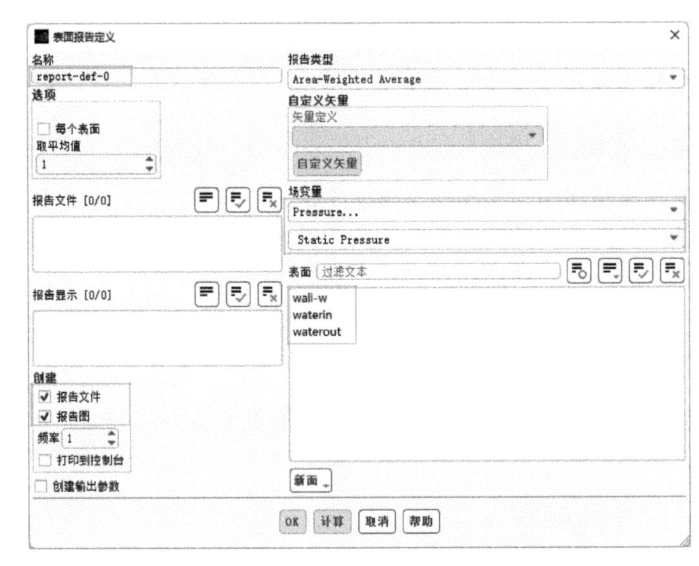

图 2-88　“表面报告定义”对话框

2.9　初始化设置

在开始计算之前，必须为流场设定一个初始值，设定初始值的过程称为“初始化”。如果把每次迭代得到的结果按求解顺序排成一个数列，则初始值就是这个数列中的第一个数，而达到收敛条件的解则是最后一个数。如果初始值设置比较合理，则会加快计算过程，反之则会增加迭代步数，使计算过程加长。

2.9.1　初始化方法设置

Fluent 中的初始化方法有两种，在浏览树中双击“求解”→“初始化”选项，打开“解决方案初始化”任务页面，如图 2-89 所示。

1）混合初始化不需要进行参数设置，直接单击“初始化”按钮即可完成，这种方法的优点是在求解方法中可以直接选择高阶算法进行计算。

2）标准初始化设置如图 2-90 所示，在“计算参考位置”下拉列表框中进行计算域的设置，

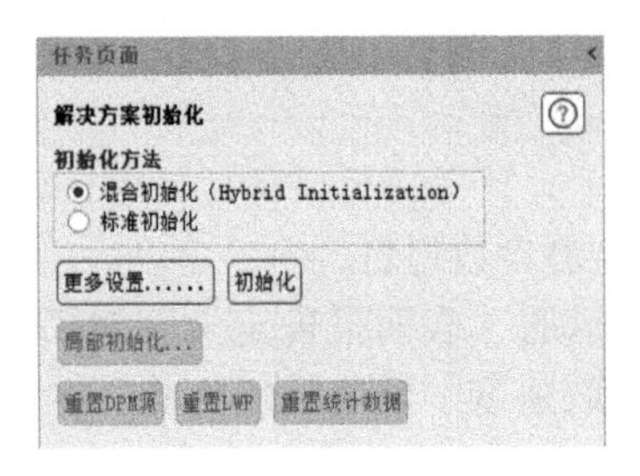

图 2-89　“解决方案初始化”任务页面

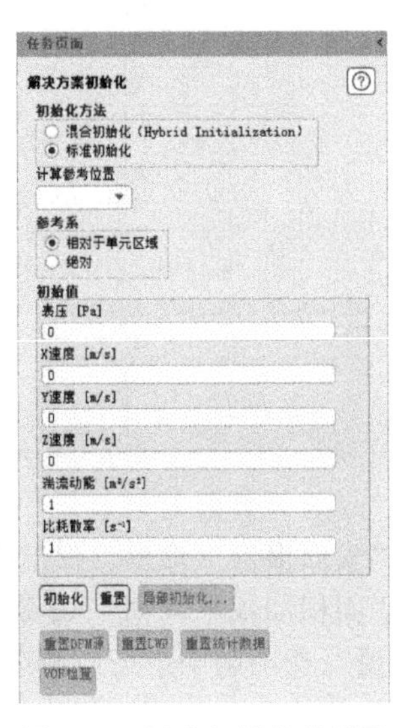

图 2-90　标准初始化的设置

在“初始值”选项组中设置所有流场区域变量初始化的数值。

2.9.2 局部初始化设置

初始化之后，根据仿真需求需要对某些局部区域的变量值进行修改。局部初始化需要在单击“初始化”按钮后单击“局部初始化”按钮进行设置，弹出图 2-91 所示的“局部初始化”对话框。在 Variable 列表框中选择变量，如组份、温度、压力等。在“待修补区域”列表框中选择计算域。在“值”文本框中设置初始化的数值。

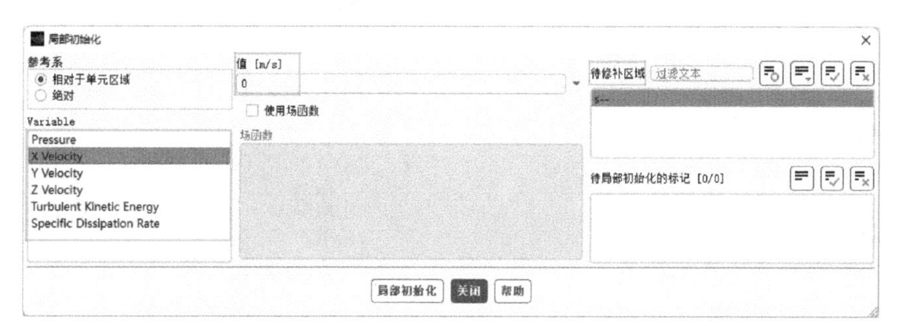

图 2-91 “局部初始化”对话框

2.10 运行计算设置

以上全部设置完成后，最后一步是运行计算设置。计算分为稳态计算及瞬态计算，具体说明如下。

2.10.1 稳态运行计算设置

在浏览树中双击“求解”→“运行计算”选项，打开“运行计算”任务页面，如图 2-92 所示。在“迭代次数”处进行迭代次数设置，在“报告间隔”处设置报告间隔，即每隔多少步显示一次求解信息，默认设置为 1。设置完毕后，单击“开始计算”按钮。

图 2-92 稳态运行计算设置

2.10.2 瞬态运行计算设置

瞬态运行计算设置如图 2-93 所示，时间推进类型有 Fixed 及 Adaptive 两种方式。其中，Fixed 表示计算过程中时间步长固定不变；Adaptive 表示时间步长是可变的。

1）当在“类型”下选择 Fixed 时，在“时间步数”处设置迭代的总时间步数，在“时间步长”处输入瞬态时间步长，时间步数乘以时间步长为瞬态计算的总时间，图 2-93 所示为 20s。时间步长设置的数值越小，则计算结果越精确，但是计算所花费的时间也越长，因此时间步长的选取需要综合考虑。

2）当在“类型”下选择 Adaptive 时，打开图 2-94 所示的可变时间步长设置页面，在“初始时间步长”处设置最初的瞬态计算时间步长，在“库朗数”处输入数值，其余与稳态设置一致。

图 2-93　瞬态运行计算设置（固定时间步长）

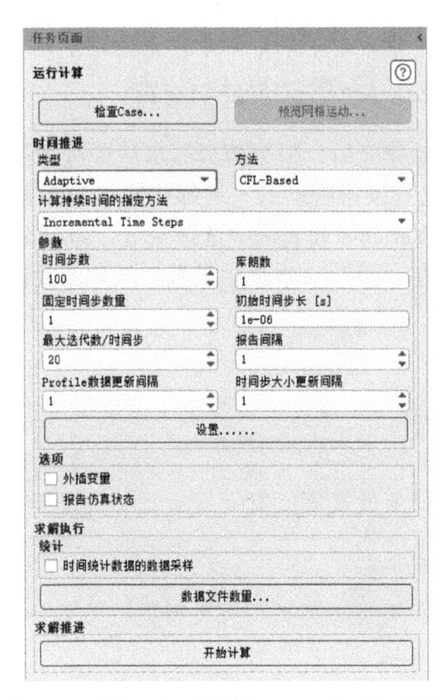

图 2-94　瞬态运行计算设置（可变时间步长）

上述设置完成后，单击“开始计算”按钮开始计算。

2.11　本章小结

本章通过介绍软件启动及网格导入、通用及工作条件设置、物理模型及设置、材料设置、单元区域条件设置、边界条件及其设置、求解设置、计算监控设置、初始化设置及运行计算设置，为读者详细介绍了仿真分析的整个计算流程。通过本章的学习，读者还可以掌握物理模型的选取原则、边界条件的设置技巧及如何进行求解方法和松弛因子设置等内容。

第3章

新能源汽车锂离子电池模组液冷散热分析

操作视频

随着新能源汽车的快速发展，锂离子电池由于其单体电压较高、能量密度大及适宜温度范围广等特点而广泛应用。但是当车辆以不同的负荷状态运行时，动力电池的放电倍率随之变化，容易造成电池过热和温度分布不均匀的情况，因此锂离子电池的高效热管理对其长期可靠运行影响很大，如何运用 Fluent 软件来定性、定量分析此类问题就显得尤为重要。本章以车用方形锂离子电池模组份分析为例，介绍如何进行锂离子电池模组温度仿真计算。本章内容涉及发热量等效处理、新增材料属性及计算参数初始化设置，仿真时需要重点关注。

本章知识要点如下。

1）学习如何进行不同放电倍率下的发热量设置。

2）学习如何修改材料属性参数。

3）学习如何进行计算域内参数初始化设置。

3.1 案例简介

本章以车用 37Ah 方形锂离子电池模组为研究对象，单电池高度为 91mm，宽度为 148mm，厚度为 27mm；电池正极极柱长宽高为 26mm×15mm×3mm，负极极柱长宽高为 26mm×15mm×3mm。

仿真模型由包含 15 块单体电池的电池模组及下侧的液冷冷板组成，液冷冷板左侧为冷却介质入口，右侧为冷却介质出口，如图 3-1 所示。应用 Fluent 软件进行锂离子电池模组温度场分布分析。

图 3-1 几何模型

详细的技术参数见表 3-1。

表 3-1 37Ah 方形锂离子电池模组技术参数

序号	名称	数值	序号	名称	数值
1	额定容量/Ah	37	5	质量/g	315
2	额定电压/V	3.7	6	充电温度/℃	0~45
3	工作电压范围/V	3.0~4.2	7	放电温度/℃	-20~60
4	自放电率/%	≤4	8	内阻/mΩ	≤4.2

3.2 几何模型前处理

3.2.1 创建分析项目

1）在 Windows 系统下执行“开始”→“所有程序”→ANSYS 2022→Workbench 2022 命令，启

动 ANSYS Workbench 2022，进入 Workbench 主界面。

2）在 Workbench 主界面的工具箱中双击“组件系统”→“几何结构”选项，即可在项目管理区创建分析项目 A，如图 3-2 所示。

3）在工具箱中的“组件系统”→“Fluent（带 Fluent 网格剖分）”上按住鼠标左键拖动到项目管理区中，当项目 A 的 A2“几何结构”呈红色高亮显示时，放开鼠标创建分析项目 B，此时相关联的数据可共享，如图 3-3 所示。

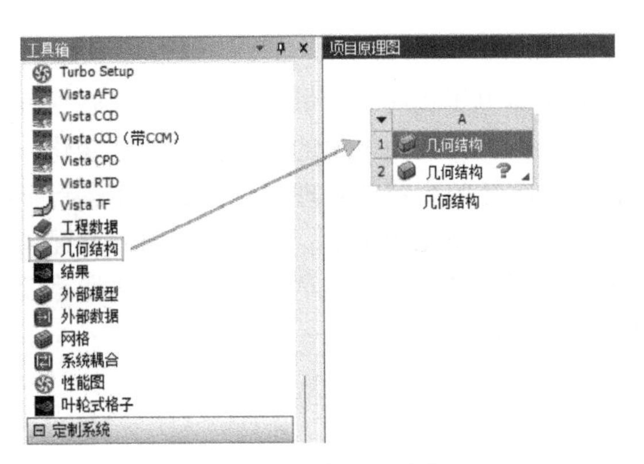

图 3-2 创建几何结构

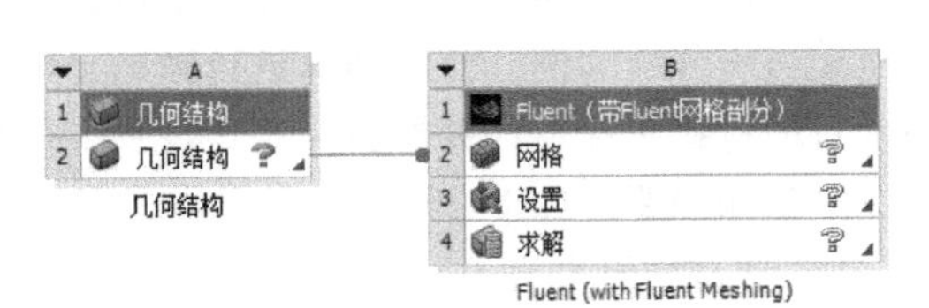

图 3-3 创建分析项目 B

3.2.2 导入几何模型

1）在 A2 栏“几何结构”上右击，在弹出的快捷菜单中选择“导入几何模型”→“浏览”命令，如图 3-4 所示，此时会弹出“打开”对话框。

2）在“打开”对话框中选择 char03，导入 char03 几何模型文件，如图 3-5 所示，此时 A2 栏“几何结构”后的 ? 变为 ✓，表示实体模型已经存在。

图 3-4 导入几何模型

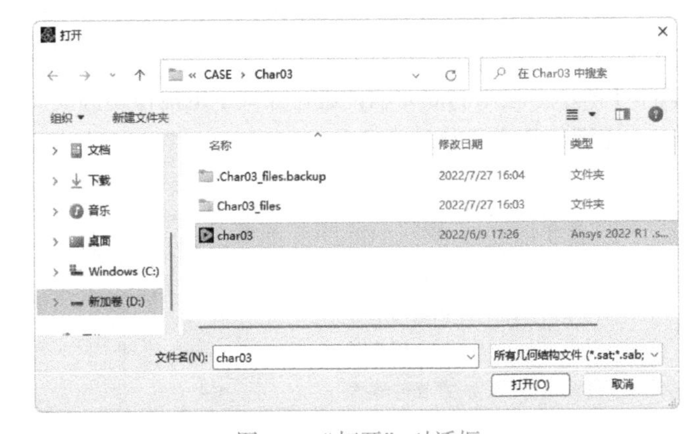

图 3-5 “打开”对话框

3）双击项目 A 中的 A2 栏“几何结构”，会进入“A：几何结构-Geom-SpaceClaim”界面，显示的几何模型如图 3-6 所示。本例中无须进行几何模型修改。

4）单击“A：几何结构-Geom-SpaceClaim”界面右上角的“关闭”按钮，返回 Workbench 主界面。

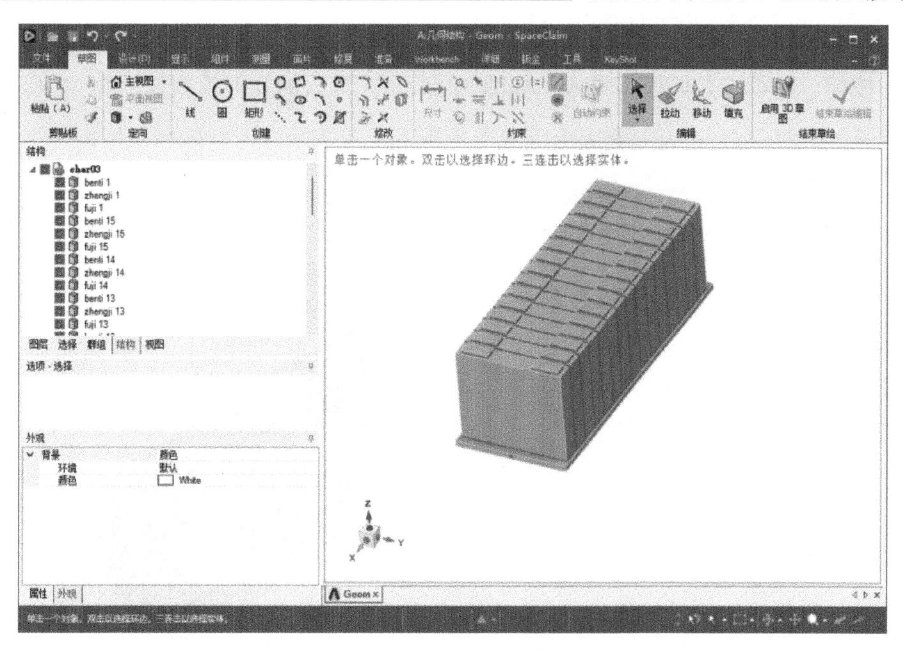

图 3-6　显示的几何模型

3.3　网格划分

1）双击项目管理区项目 B 中的 B2 栏“网格”选项，进入网格划分启动界面。图 3-7 所示设置为计算双精度、读取网格后显示网格、网格划分及计算求解选用 6 核并行计算。

其中，Double Precision 代表双精度，Display Mesh After Reading 代表读取网格后在图形区显示网格，Meshing Processes 代表网格划分的核数，Solver Processes 代表计算求解的核数。

2）单击 Start 按钮进入 B:Fluent（with Fluent Meshing）界面，在该界面下即可进行网格划分、边界条件设置等操作，如图 3-8 所示。

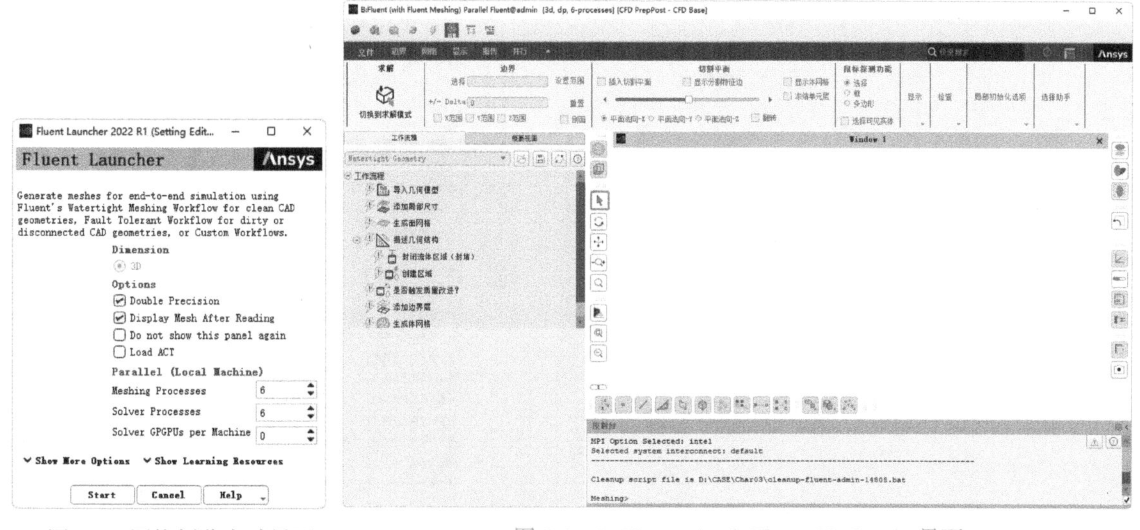

图 3-7　网格划分启动界面

图 3-8　B:Fluent（with Fluent Meshing）界面

3）在左侧浏览树中单击“工作流程”→“导入几何模型”选项，在打开的面板中单击“导入几何模型”按钮，即可将几何模型导入，如图 3-9 所示。导入的几何模型如图 3-10 所示。

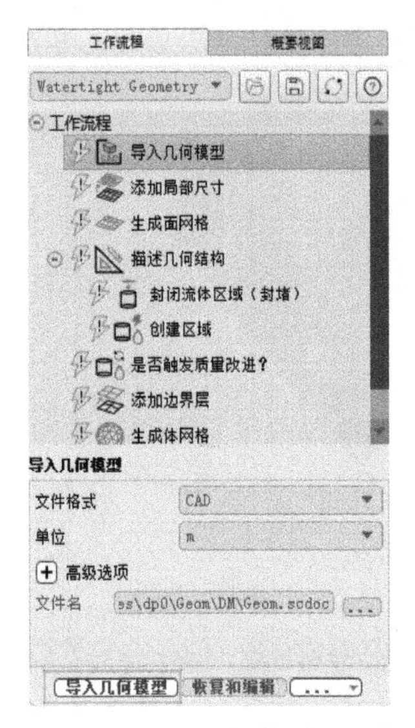

图 3-9 “导入几何模型”面板

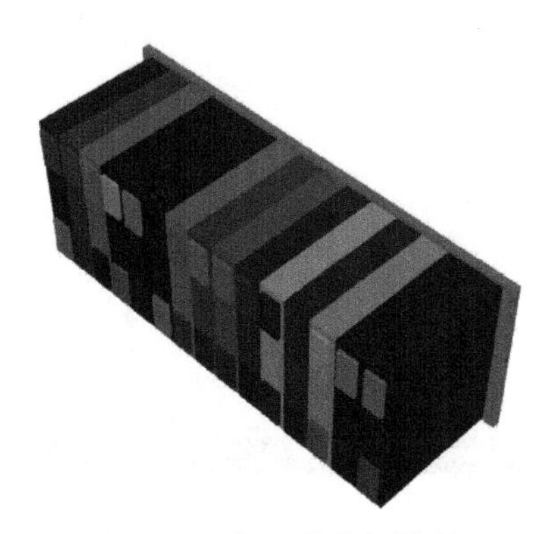
图 3-10 导入的几何模型

4）继续在浏览树中单击“工作流程”→“添加局部尺寸”选项，在打开的面板中单击“更新”按钮，如图 3-11 所示。

5）在浏览树中单击“工作流程”→“生成面网格”选项，在打开的面板中设置面网格划分参数。在 Minimum Size 处输入 0.0005，在 Maximum Size 处输入 0.01，在“增长率”处输入 1.2，打开“高级选项”，在“质量优化的偏度限值”处输入 0.8，在“基于坍塌方法改进质量的偏斜度阈值”处输入 0.8，其他参数保持默认设置。单击“生成面网格”按钮（单击后变为“更新”按钮，若重新设置，则单击此按钮）即可进行面网格划分，如图 3-12 所示。

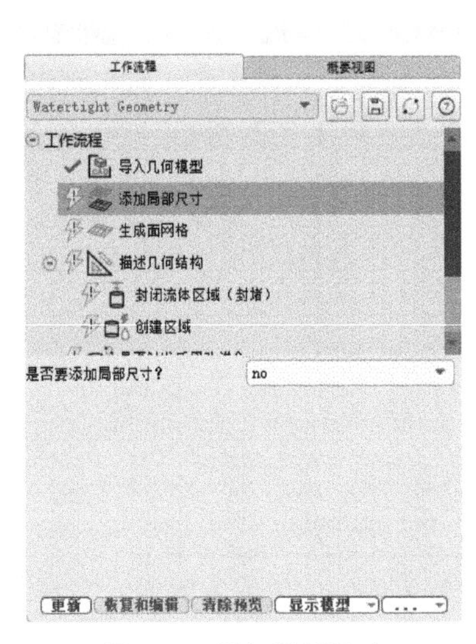

图 3-11 添加局部尺寸

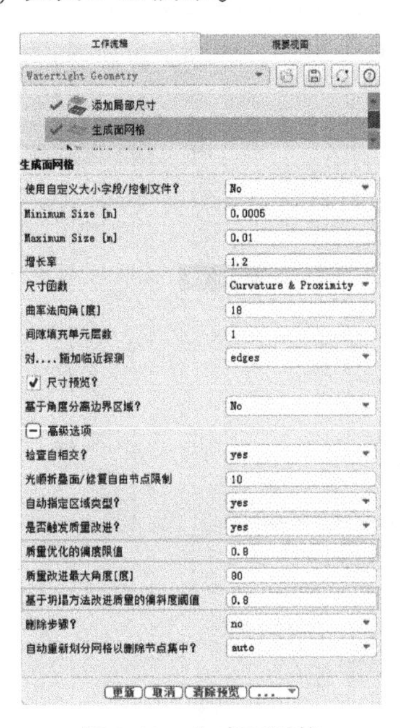

图 3-12 生成面网格

划分好的面网格如图 3-13 所示。

6）在浏览树中单击“工作流程”→“描述几何结构”选项，在打开的面板中设置几何结构参数，主要设置几何结构类型、是否共享拓扑等。因为几何模型在 SpaceClaim 内已经完成了拓扑共享，所以这里不再需要。具体设置如图 3-14 所示。单击“描述几何结构”按钮完成设置。

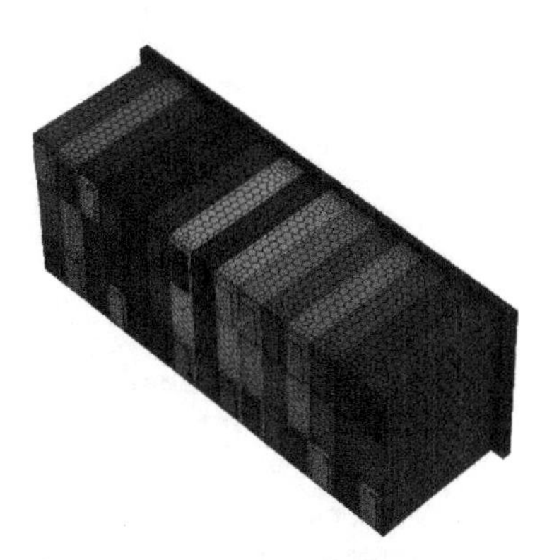

图 3-13　划分好的面网格

7）在浏览树中单击“工作流程”→“描述几何结构”→“更新边界”选项，在打开的面板中设置边界条件类型，边界条件名称建议在 SpaceClaim 中设置。在 Boundary Type 处，将 waterin 的边界条件类型修改为 velocity-inlet，将 waterout 的边界条件类型修改为 pressure-outlet，单击“更新边界”按钮完成设置，如图 3-15 所示。

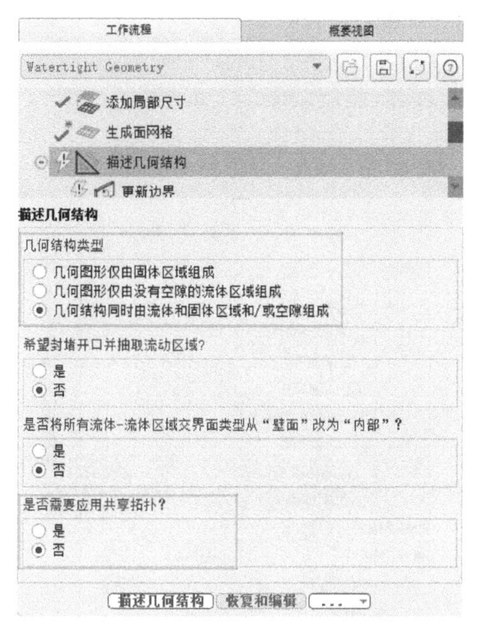

图 3-14　描述几何结构

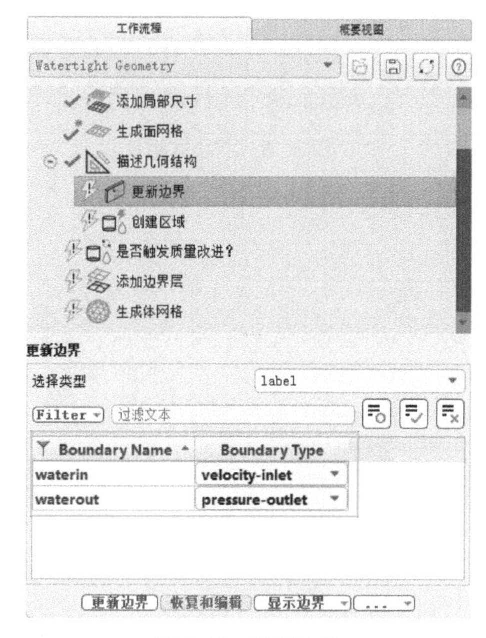

图 3-15　更新边界

8）在浏览树中单击“工作流程”→“描述几何结构”→“创建区域”选项，在打开的面板中设置流体区域的估计数量，按照实际的流体区域数量进行设置即可，输入数值 1，单击“创建区域”按钮完成设置，如图 3-16 所示。

9）在浏览树中单击“工作流程”→“是否触发质量改进?”选项，在打开的面板中设置区域为 solid（固体）或者 fluid（流体），将 liutiyu 的 Region Type 设置为 fluid，其余设为 solid，单击“是否触发质量改进?”按钮完成设置，如图 3-17 所示。

10）在浏览树中单击“工作流程”→“添加边界层”选项，在打开的面板中设置边界层，保持默认设置，即在壁面上添加 3 个边界层，单击“添加边界层”按钮完成设置，如图 3-18 所示。

11）在浏览树中单击“工作流程”→“生成体网格”选项，在打开的面板中设置体网格划分参数，在 Max Cell Length 处输入 0.05，单击“生成体网格”按钮（单击后变为“更新”按钮）完成设置，如图 3-19 所示。生成的体网格如图 3-20 所示。

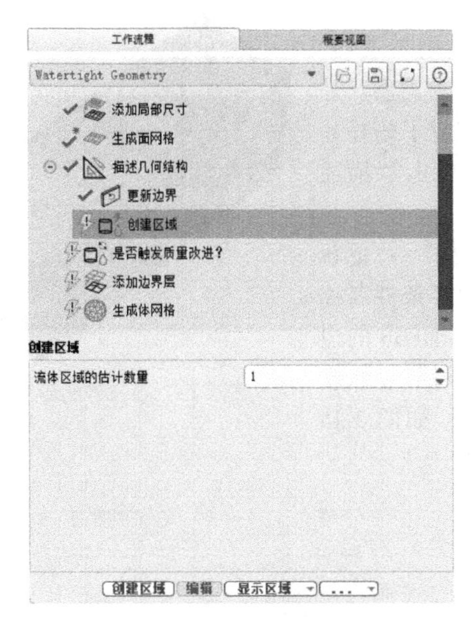

图 3-16　创建区域

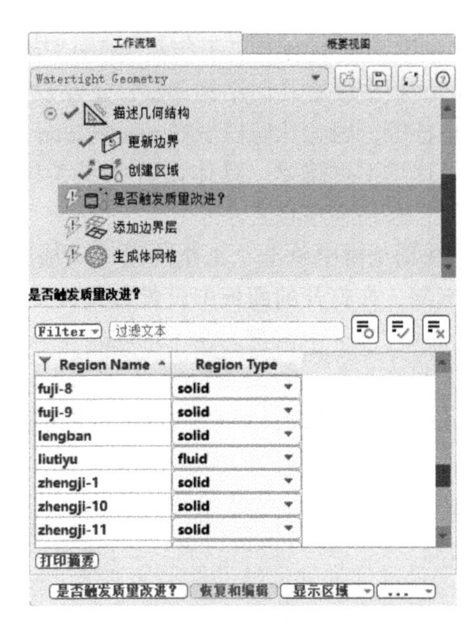

图 3-17　是否触发质量改进

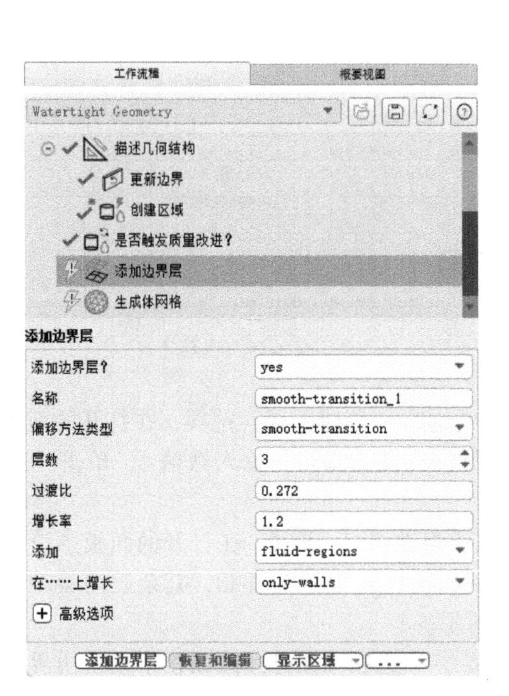

图 3-18　添加边界层

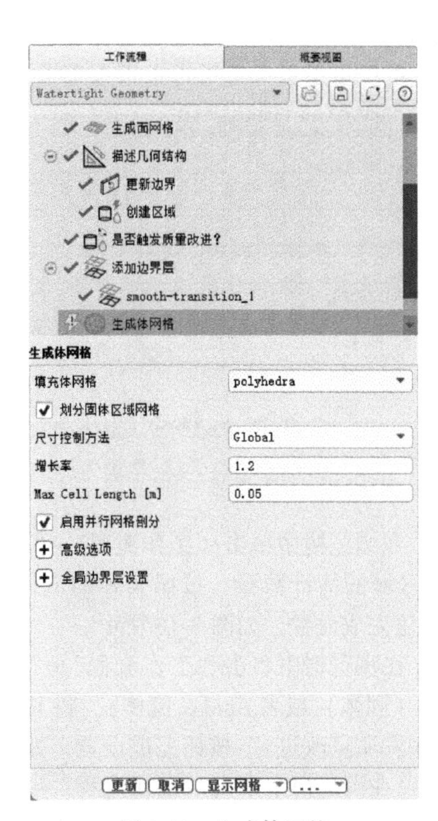

图 3-19　生成体网格

12）在 Fluent 界面上方的选项卡中单击“求解”→“切换到求解模式”按钮，如图 3-21 所示，则自动打开 Fluent 求解设置界面，如图 3-22 所示。

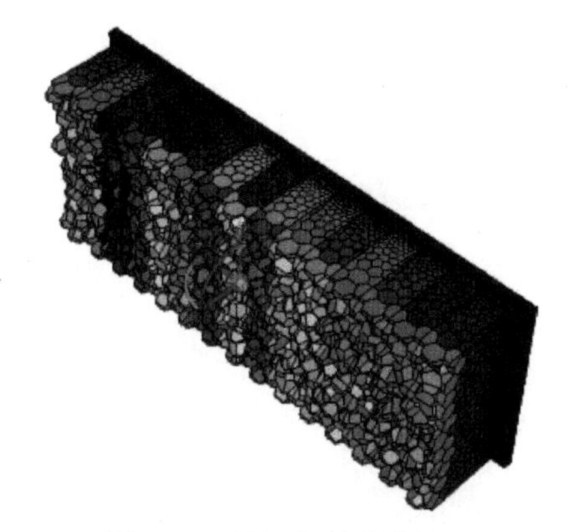

图 3-20　体网格划分效果图

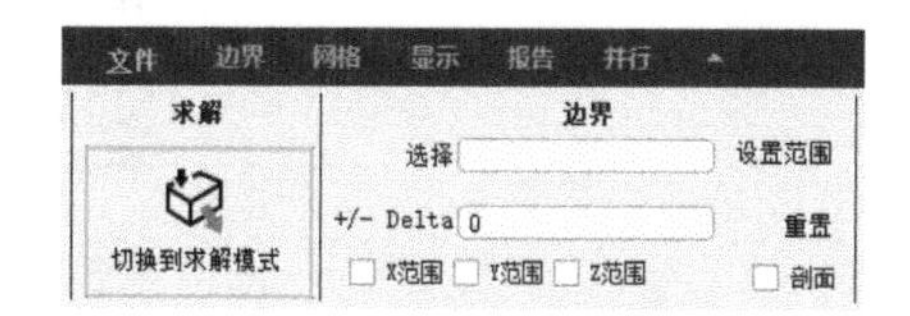

图 3-21　切换到求解模式

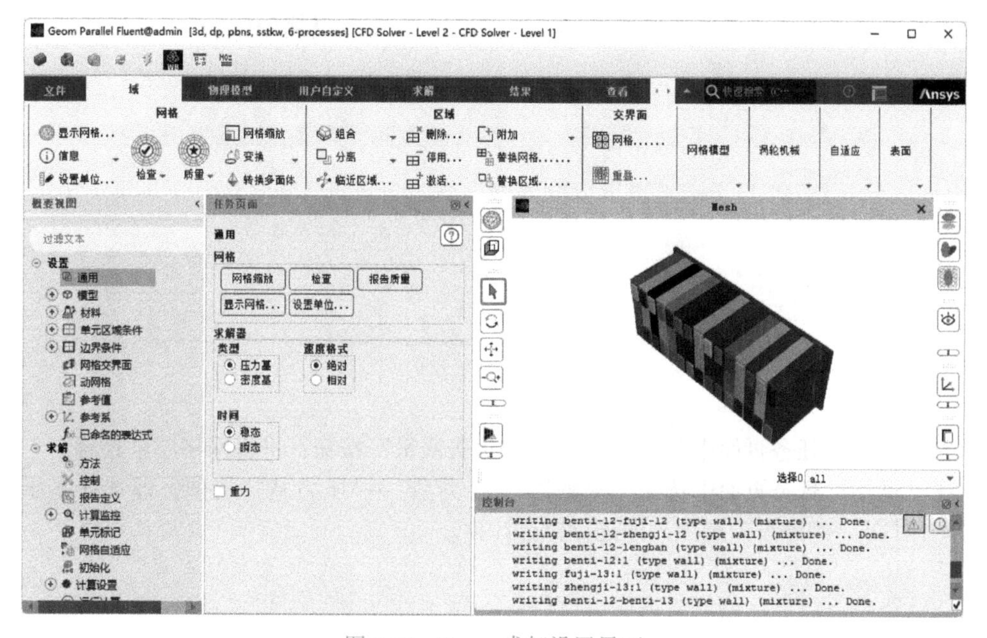

图 3-22　Fluent 求解设置界面

3.4　设置

3.4.1　通用设置

网格导入成功后，进行通用设置，具体操作步骤如下。

1）在浏览树中双击“设置”→“通用”选项，打开“通用”任务页面，选择“重力”，并在 z 处输入-9.8，代表重力方向为 z 的负方向，如图 3-23 所示。

2）在“通用”任务页面中单击“网格”→“网格缩放”按钮，弹出“缩放网格”对话框，在“查看网格单位”下拉列表框中选择 mm，将默认的尺寸单位由 m 改为 mm，如图 3-24 所示。

3）在“通用”任务页面中单击“网格”→“检查”按钮，检查网格划分是否存在问题，此时会在“控制台”显示详细的网格信息，如图 3-25 所示，可以查看导入网格的尺寸。

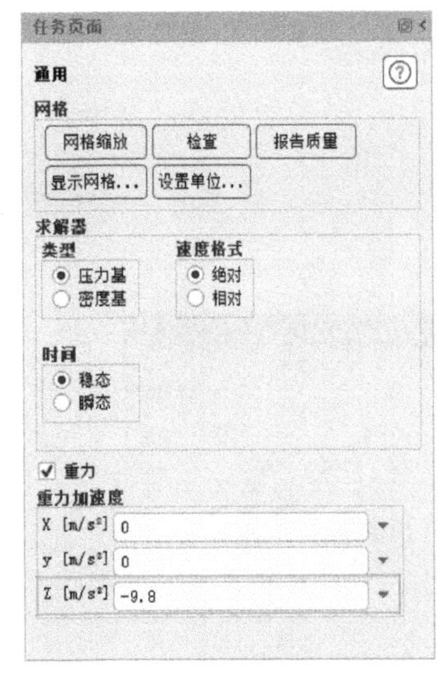

图 3-23 “通用”任务页面

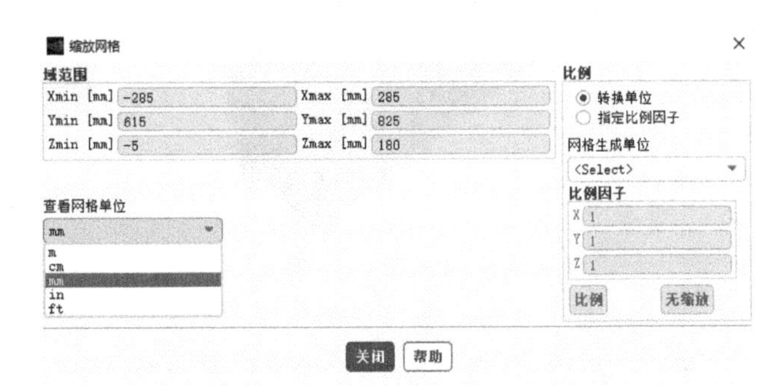

图 3-24 “缩放网格”对话框

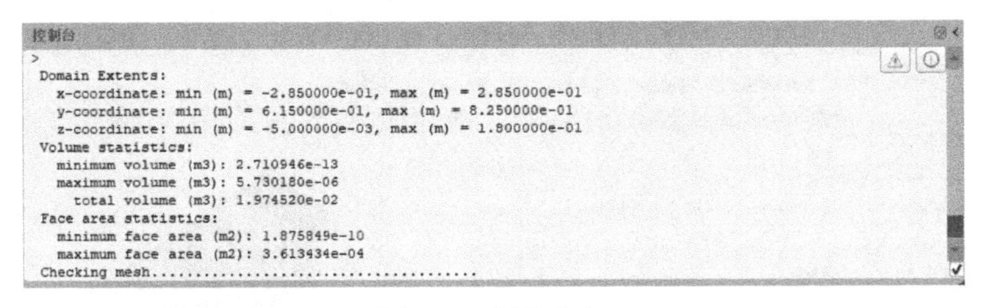

图 3-25 网格信息

4）在“通用”任务页面中单击“网格”→“报告质量”按钮，进行网格质量查看。

5）在“通用”任务页面中选择“求解器”→“类型”→“压力基”选项，即选择基于压力求解；选择“时间”→“稳态”选项，即进行稳态计算。

3.4.2 模型设置

通过对锂离子电池模组液冷散热问题的物理过程分析可知，需要设置冷却液流动模型及传热模型。通过计算雷诺数，判断管道内部流动状态为湍流。具体操作步骤如下所示。

1）在浏览树中双击“设置”→“模型”选项，打开“模型”任务页面，如图 3-26 所示。

2）在浏览树中双击“模型”→Energy 选项，打开“能量”对话框，如图 3-27 所示，单击 OK 按钮保存设置。

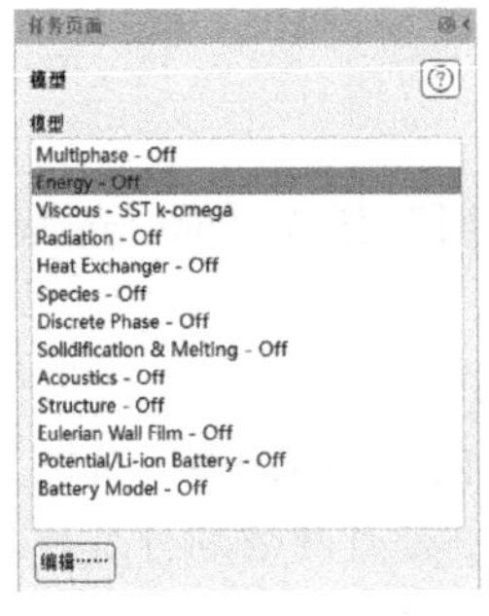

图 3-26 “模型”任务页面

图 3-27 “能量”对话框

3）在浏览树中双击“模型”→Viscous 选项，弹出“粘性模型”对话框，进行流动模型设置。在“模型”下选择 k-epsilon（2 eqn），在“k-epsilon 模型”下选择 Standard，在“壁面函数”下选择“标准壁面函数（SWF）”，其余参数保持默认，如图 3-28 所示。单击 OK 按钮保存设置。

3.4.3 材料设置

软件默认的流体材料是 air，固体材料为 aluminum，因此需要新增冷却液、电池本体材料，具体操作步骤如下。

1）在浏览树中双击“设置”→“材料”选项，打开“材料”任务页面，如图 3-29 所示。

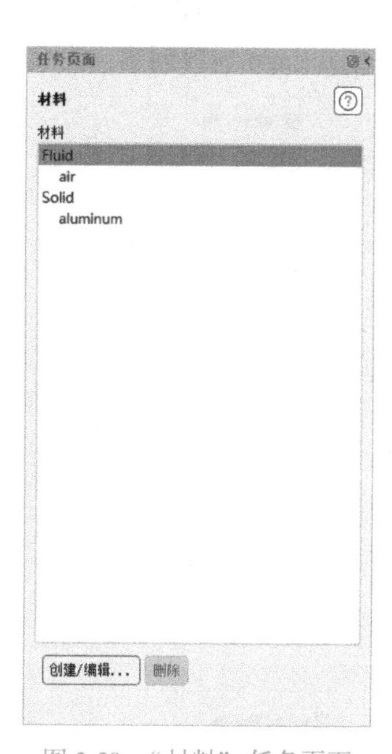

图 3-28 “粘性模型”对话框

图 3-29 “材料”任务页面

2）选择 Fluid→air，单击“创建/编辑”按钮，弹出“创建/编辑材料”对话框，如图 3-30

图 3-30 “创建/编辑材料”对话框（一）

所示。在“名称”处输入 pg20，密度、热导率及粘度等参数按照图 3-30 所示数值进行修改，单击“更改/创建”按钮，则此时会弹出图 3-31 所示的确认对话框，单击 Yes 按钮完成材料参数修改，即新建材料 pg20 直接覆盖 air 材料。

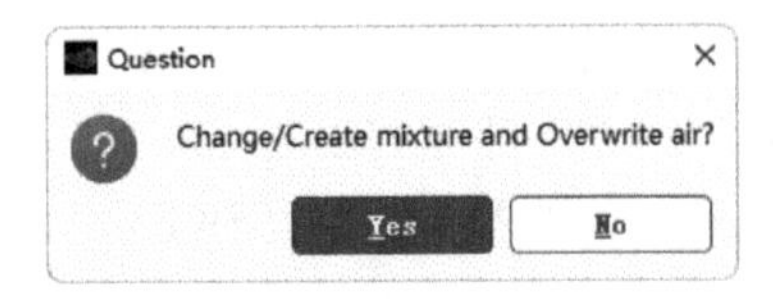

图 3-31　材料修改确认对话框（一）

3）在浏览树中双击“材料”→Solid→aluminum，或者通过“材料”任务页面的“创建/编辑”按钮，打开“创建/编辑材料”对话框，如图 3-32 所示。在“名称”处输入 dianchi，将密度、比热等参数按照图 3-32所示数值进行修改。

由电池内部导热特性分析可知，需要将电池材料设置为各向异性。在“热导率”下拉列表框中选择 orthotropic，弹出“正交各向异性导率”对话框，按如图 3-33 所示参数进行设置，单击 OK 按钮保存退出。单击“更改/创建”按钮，则此时会弹出图 3-34 所示的确认对话框，单击 NO 按钮完成 dianchi 材料创建，代表创建的新材料 dianchi 不会覆盖“铝”材料。

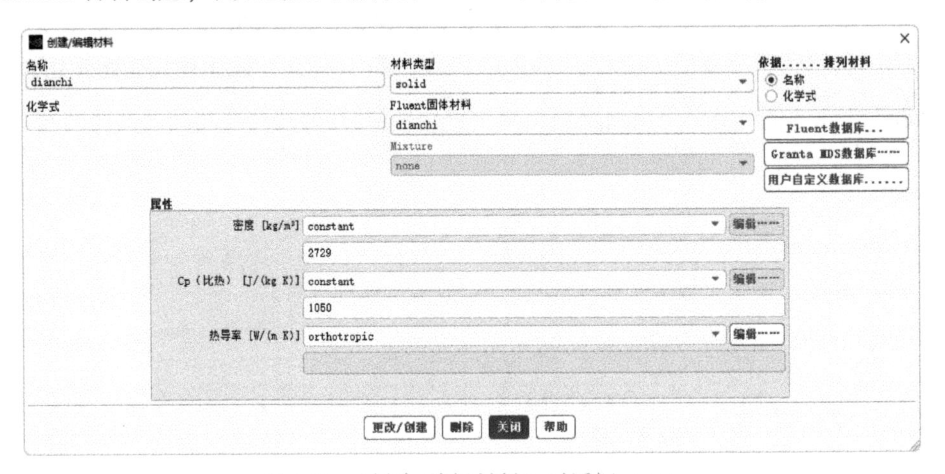

图 3-32　“创建/编辑材料”对话框（二）

图 3-33　“正交各向异性导率”对话框

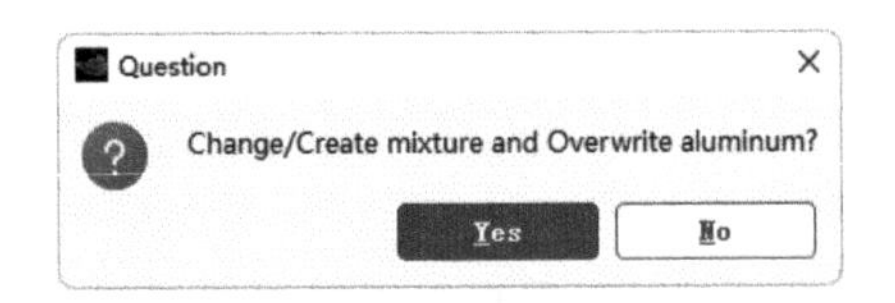

图 3-34　材料修改确认对话框（二）

3.4.4　单元区域条件设置

锂离子电池在运行过程中会发热，发热速率主要受放电倍率影响，不同放电倍率下电池各部分的发热速率见表 3-2。

表 3-2 不同放电倍率下电池各部分的发热速率

放电倍率	正极柱/（W/m³）	负极柱/（W/m³）	电池内核/（W/m³）
0.5C（18.5A）	3409	821	1656
1C（37A）	13635	3285	6460
2C（74A）	54540	13142	25846

因此在 Fluent 中将正极柱、负极柱及电池内核的发热处理成体热源，需要在“单元区域条件”里进行材料及发热量设置。本案例以 2C 放电倍率为例，具体操作步骤如下所示。

1）在浏览树中双击“设置”→“单元区域条件”选项，打开“单元区域条件”任务页面，如图 3-35 所示。

2）在“单元区域条件”任务页面中单击 Fluid→liutiyu 选项，弹出“流体”对话框，可以看到“材料名称”处的材料为 pg20，此处不需要进行流体材料修改，如图 3-36 所示。

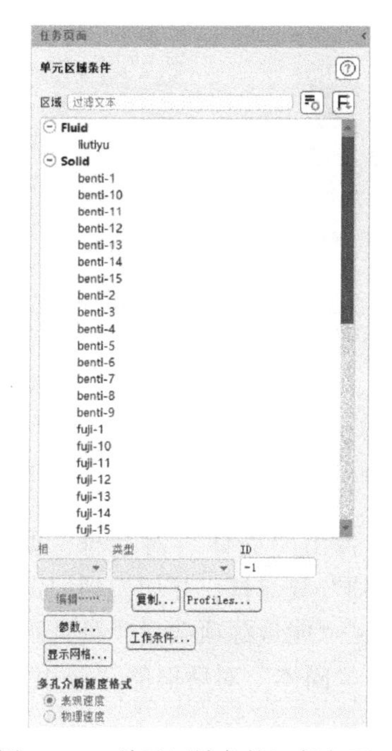

图 3-35 “单元区域条件”任务页面

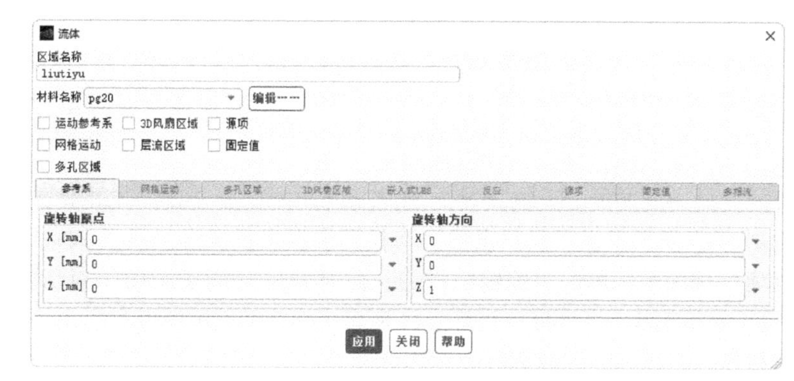

图 3-36 “流体”对话框

3）在“单元区域条件”任务页面中单击 Solid→benti-1 选项，弹出“固体”对话框，如图 3-37 所示。在“材料名称”下拉列表框中选择 dianchi，勾选“源项”复选框，并切换到“源项”选项卡，单击“编辑”按钮，此时弹出“能量源项”对话框。在“能量源项数量”处选择 1，在下面输入 25846，如图 3-38 所示，单击 OK 按钮保存退出。单击“固体”对话框的“应用”按钮，完成一个电池本体的发热量设置。

4）因为模型中有很多一样的设置，因此采用“复制”按钮可以提高设置效率。在“单元区域条件”任务页面中单击“复制”按钮，弹出“复制条件”对话框。在“从单元区域”列表框中选择 benti-1，在“到单元区域”列表框中选择 benti-2 ~ benti-15，单击“复制”按钮，则将 benti-1 区域设置的发热量复制到了选择区域，如图 3-39 所示。

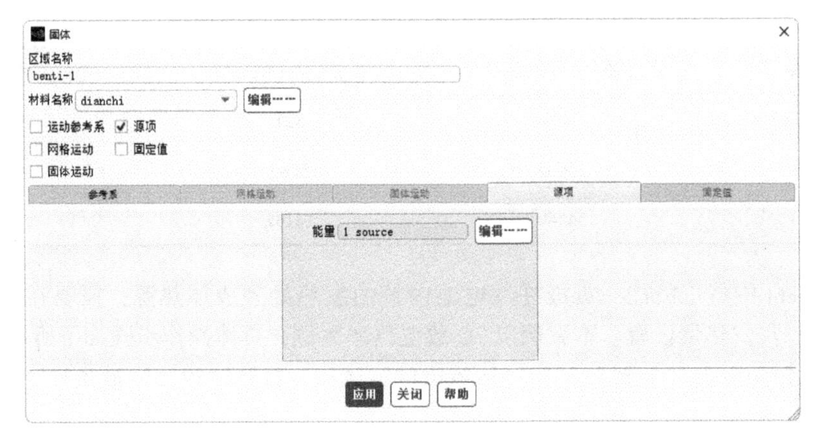

图 3-37 “固体”对话框（一）

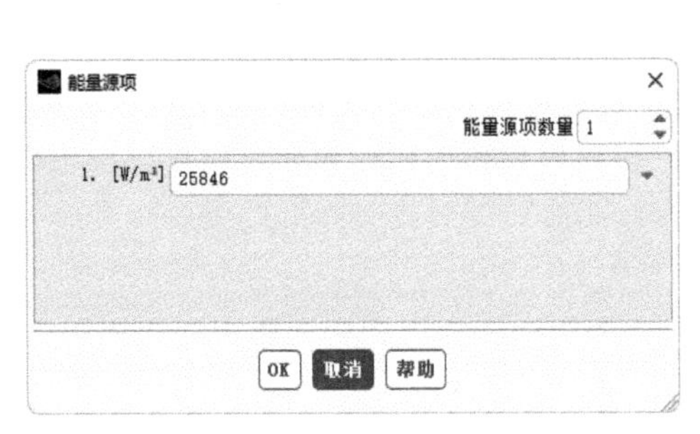

图 3-38 “能量源项”对话框（一）

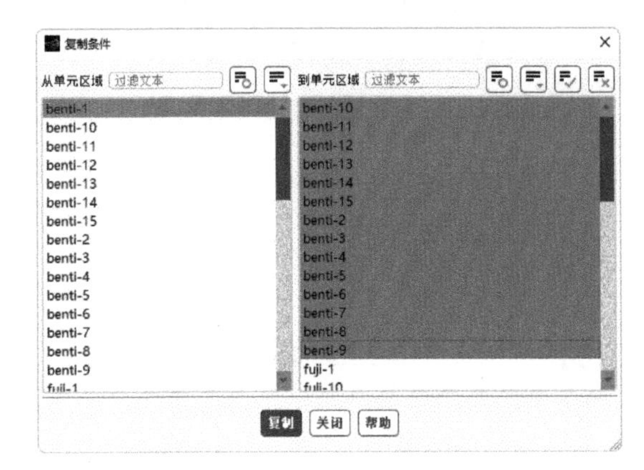

图 3-39 “复制条件”对话框（一）

5）在“单元区域条件”任务页面中单击 Solid→fuji-1 选项，弹出“固体”对话框，如图 3-40 所示。在“材料名称”下拉列表框中选择 dianchi，勾选“源项”复选框，并切换到“源项”选项卡，单击“编辑”按钮，此时弹出“能量源项”对话框。在“能量源项数量”处选择 1，在下面输入 13142，如图 3-41 所示，单击 OK 按钮保存退出。单击“固体”对话框的“应用”按钮，完成一个电池负极的发热量设置。

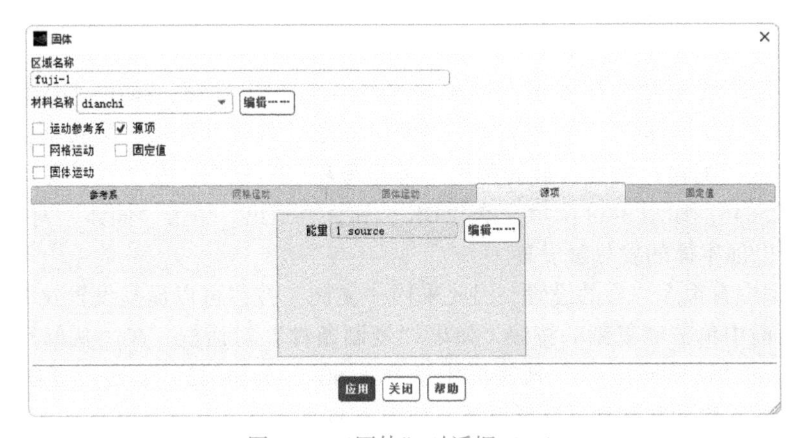

图 3-40 “固体”对话框（二）

6）在“单元区域条件”任务页面中单击“复制”按钮，弹出“复制条件”对话框。在“从单元区域”列表框中选择 fuji-1，在“到单元区域”列表框中选择 fuji-2 ~ fuji-15，单击“复制”按钮，则将 fuji-1 区域设置的发热量复制到了选择区域，如图 3-42 所示。

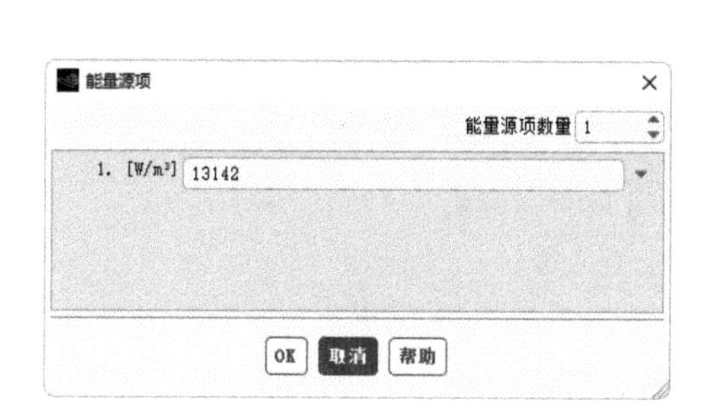

图 3-41 “能量源项”对话框（二）

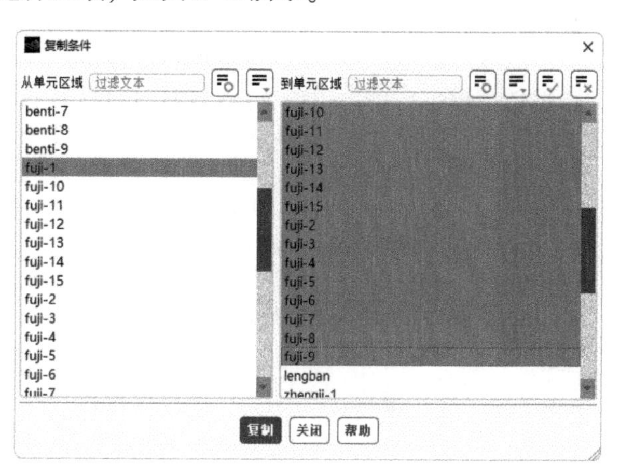

图 3-42 “复制条件”对话框（二）

7）在“单元区域条件”任务页面中单击 Solid→zhengji-1 选项，弹出“固体”对话框，如图 3-43所示。在“材料名称”下拉列表框中选择 dianchi，勾选“源项”复选框，并切换到“源项”选项卡，单击“编辑”按钮，此时弹出“能量源项”对话框。在“能量源项数量”处选择 1，在下面输入 54540，如图 3-44 所示，单击 OK 按钮保存退出。单击“固体”对话框的“应用”按钮，完成一个电池正极的发热量设置。

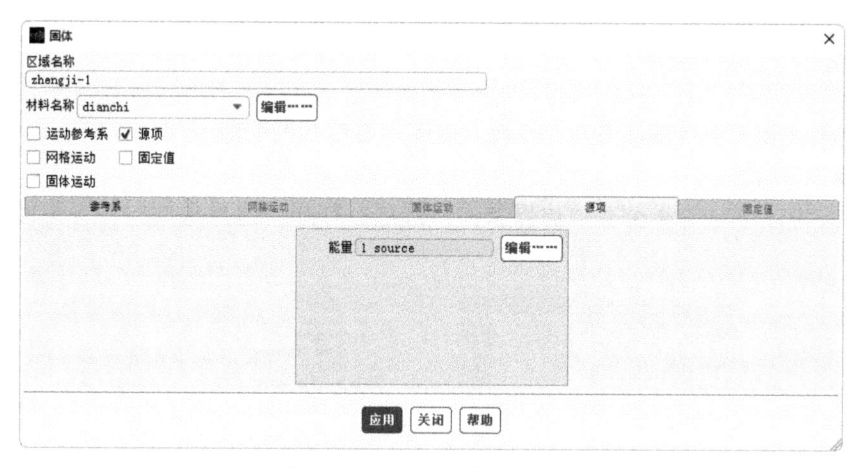

图 3-43 “固体”对话框（三）

8）在“单元区域条件”任务页面中单击“复制”按钮，弹出“复制条件”对话框。在“从单元区域”列表框中选择 zhengji-1，在“到单元区域”列表框中选择 zhengji-2 ~ zhengji-15，单击“复制”按钮，则将 zhengji-1 区域设置的发热量复制到了选择区域，如图 3-45 所示。

9）在“单元区域条件”任务页面中单击 Solid→lengban 选项，弹出“固体”对话框，如图 3-46 所示。在“材料名称”下拉列表框中选择 aluminum，单击“应用”按钮，完成冷板材料的设置，如后续需要修改冷板材料，则在此处进行修改。

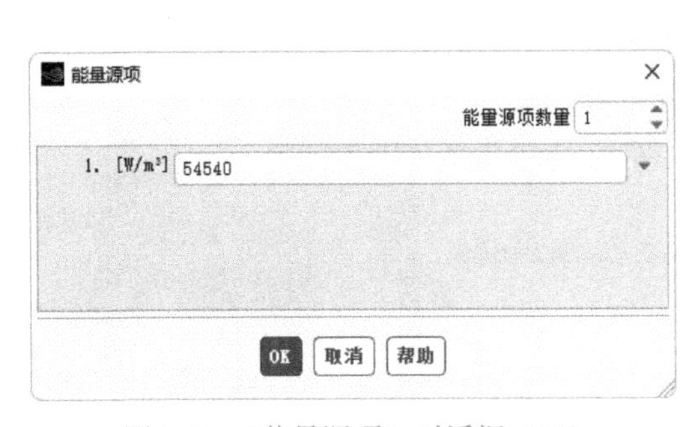

图 3-44 “能量源项”对话框（三）

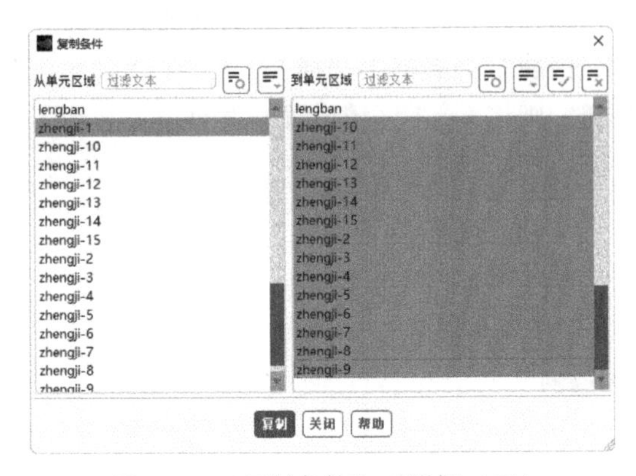

图 3-45 “复制条件”对话框（三）

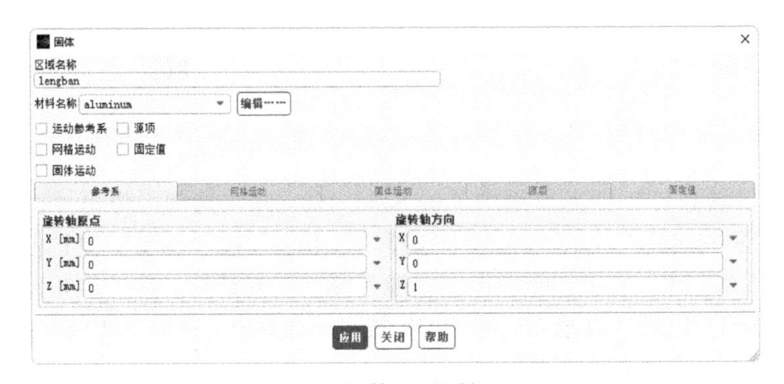

图 3-46 “固体”对话框（四）

3.4.5 边界条件设置

电池组散热主要涉及冷却液流动、冷板内流固耦合传热及电池本体的环境换热等边界条件，具体操作步骤如下所示。

1）在浏览树中双击“设置”→“边界条件”选项，打开“边界条件”任务页面，如图 3-47 所示。

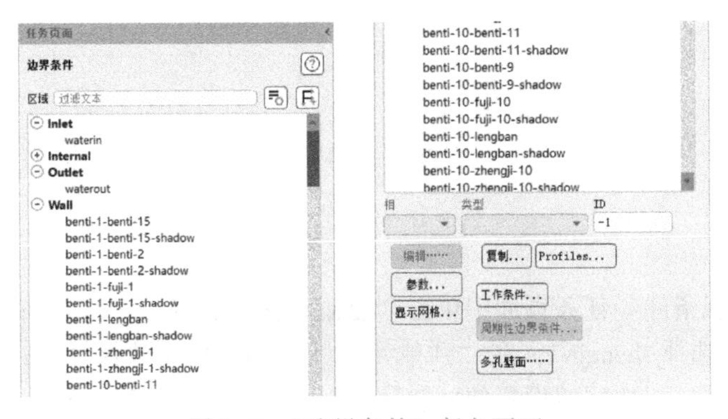

图 3-47 “边界条件”任务页面

2）在“边界条件”任务页面中双击 Inlet→waterin 选项，弹出“速度入口”对话框，如图 3-48所示，在“速度大小”处输入 1，代表入口速度为 1m/s；在“设置”处选择 Intensity and

Viscosity Ratio，在“湍流强度”处输入5，在“湍流粘度比”处输入10。切换到“热量”选项卡，在“温度”处输入293.15，如图3-49所示。单击“应用”按钮保存。

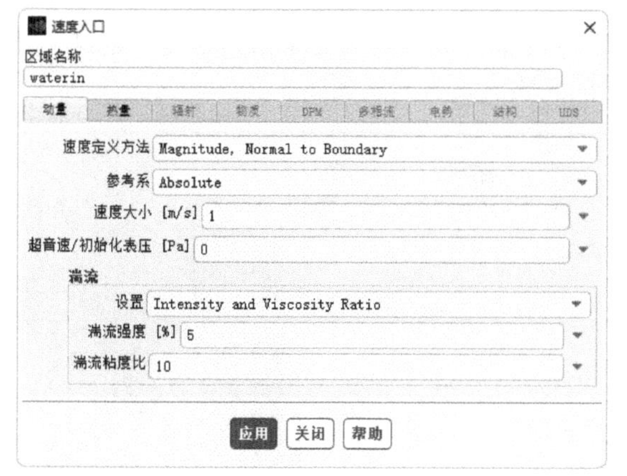

图3-48 速度入口速度设置

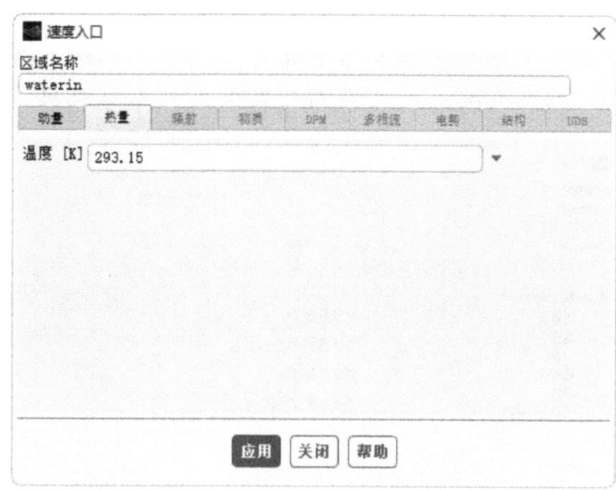

图3-49 速度入口温度设置

3）在“边界条件”任务页面中双击Outlet→waterout选项，弹出“压力出口”对话框，如图3-50所示，在“表压”处输入0，代表出口压力为标准大气压，在“设置”处选择Intensity and Viscosity Ratio，在“回流湍流强度”处输入5，在“回流湍流粘度比”处输入10。切换到“热量”选项卡，在“回流总温”处输入300，如图3-51所示，单击“应用”按钮保存。

说明：选择压力出口时，如出现回流，则回流总温的数值会影响出口温度的精度，通常情况下可以按照相关理论计算出口温度，或者先按照默认值设置，待计算完成后，用实际计算的出口温度进行修正并做二次计算。

图3-50 “压力出口”对话框

图3-51 压力出口回流总温设置

4）在“边界条件”任务页面中双击Wall→lengban：1选项，弹出“壁面”对话框，如图3-52所示。切换到“热量”选项卡，在“传热相关边界条件”下选择“对流”，代表壁面为第三类换热边界。在“传热系数”处输入2，在“来流温度”处输入298.15，在“壁面厚度”处输入0，在“热源功率”处输入0，单击“应用”按钮保存。

说明：如果“壁面厚度”不为 0，则“材料名称”处的材料属性需要按照实际材料来设置，因为材料热阻差异会影响散热性能。

5）在“边界条件”任务页面中单击“复制”按钮，弹出“复制条件”对话框。在“从单元区域”列表框中选择 lengban：1，在“到单元区域”列表框中选择所有的壁面，单击“复制”按钮，则将 lengban：1 区域设置的发热量复制到了选择区域，如图 3-53 所示。

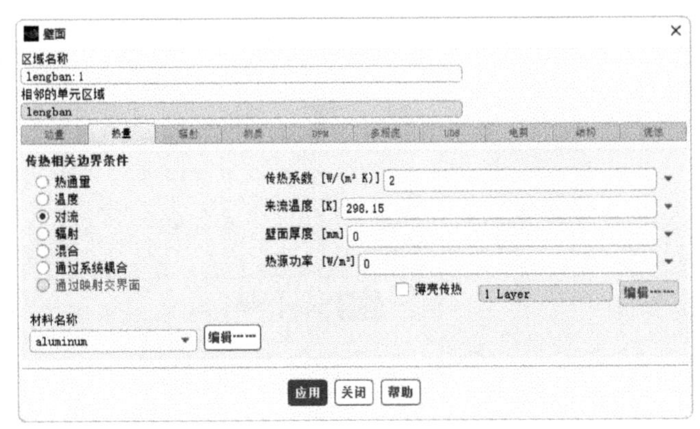

图 3-52 “壁面”对话框（一）

图 3-53 “复制条件”对话框

6）在“边界条件”任务页面中双击 Wall→lengban-liutiyu 选项，弹出“壁面”对话框，如图 3-54 所示。切换到“热量”选项卡，在“传热相关边界条件”下选择“耦合”，代表壁面为耦合传热边界。在“壁面厚度”处输入 0，在“热源功率”处输入 0，单击“应用”按钮保存。

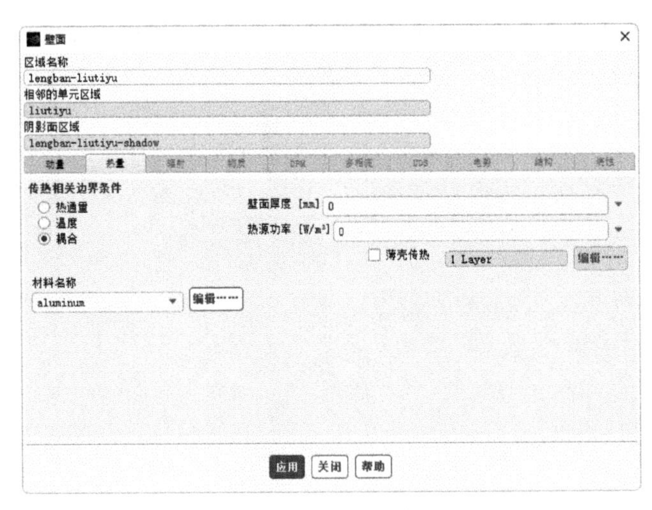

图 3-54 “壁面”对话框（二）

3.5 求解

3.5.1 方法设置

求解方法对结果的计算精度影响很大，需要合理设置。

1）在浏览树中双击“求解”→“方法”选项，打开“求解方法”任务页面。

2）在“方案”下拉列表框中选择 SIMPLE，在“梯度”下拉列表框中选择 Least Squares Cell Based，在“压力”下拉列表框中选择 Second Order，在“动量”下拉列表框中选择 Second Order Upwind，在“湍流动能”下拉列表框中选择 First Order Upwind，在“湍流耗散率”下拉列表框中选择 First Order Upwind，在“能量”下拉列表框中选择 Second Order Upwind，其余设置如图 3-55 所示。

First Order Upwind、Second Order Upwind 及 Quick 等差分方法建议查看帮助文件进行对比分析。

图 3-55 “求解方法”任务页面

3.5.2 控制设置

1）在浏览树中双击“求解”→“控制”选项，打开“解决方案控制”任务页面，如图 3-56 所示。

2）在“解决方案控制”任务页面中可以进行“亚松弛因子”、“方程”、“限值”及“高级”等选项设置。在“解决方案控制”任务页面中单击“方程”按钮，弹出“方程”对话框，如图 3-57 所示。此处可以设置求解迭代过程中需要同时求解的方程数量，例如可以单独求解 Flow。此处保持默认。

说明：亚松弛因子代表求解迭代计算方程前的因子，因此原则上保持默认即可，如果计算过程中发现残差曲线收敛特性较差，则可以将对应变量的亚松弛因子减小，但也不能太小，否则会引起计算结果失真。

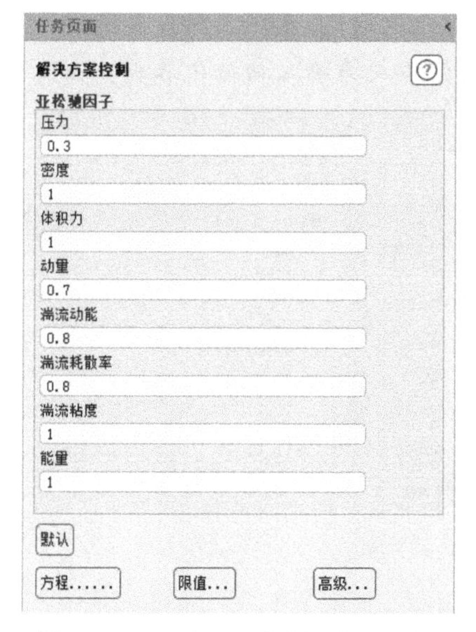

图 3-56 “解决方案控制”任务页面

图 3-57 “方程”对话框

3.5.3 残差设置

1）在浏览树中双击“求解”→“计算监控”→“残差”选项，弹出“残差监控器”对话框，如

图 3-58 所示。

2）在“迭代曲线显示最大步数”处输入 1000，在“存储的最大迭代步数”处输入 1000，“绝对标准”保持默认。“绝对标准”值代表计算精度，如果需要较高的计算精度，则可以将对应变量的数值减小。单击 OK 按钮，保存残差设置。

3.5.4 初始化设置

在浏览树中双击“求解”→“初始化”选项，打开“解决方案初始化”任务页面，如图 3-59 所示。在“初始化方法”处选择“混合初始化（Hybrid Initialization）”。单击“解决方案初始化”任务页面的“初始化”按钮进行初始化。

图 3-58 “残差监控器”对话框

图 3-59 “解决方案初始化”任务页面

说明：*混合初始化比较适合初学者，即以软件推荐的数值进行初始化，不需要人为定义任何初始化相关的参数。如有需要，则单击“局部初始化”按钮后在“局部初始化”对话框中设置即可，如图 3-60 所示。若选择“标准初始化”，则需要人为输入初始化参数，如果输入参数准确，则可以加快计算收敛速度。*

图 3-60 “局部初始化”对话框

3.5.5 计算设置

1）在浏览树中双击“求解”→“计算设置”→“自动保存（每次迭代）”选项，弹出“自动保存”对话框，如图 3-61 所示。在“保存数据文件间隔（迭代）”处可以输入自动保存的间隔迭代次数，如输入 1000，代表迭代 1000 步保存一次结果。本案例比较简单，不设置自动保存结果。

2）在浏览树中双击“求解”→“运行计算”选项，打开“运行计算”任务页面，如图 3-62 所示。单击“检查 Case”按钮，则 Fluent 软件会自动进行 Case 设置检查，如存在优化设置建议，将弹出图 3-63 所示的 Case Check 对话框，提示模型及求解器设置可以进行优化，单击“应用”按钮则接受软件的优化建议。本案例不接受，单击“关闭”按钮退出。

3）在“运行计算”任务页面“迭代次数”处输入 500，代表求解过程迭代 500 步，如迭代 500 步后计算未收敛，则可以增加迭代次数。单击“开始计算”按钮进行计算。

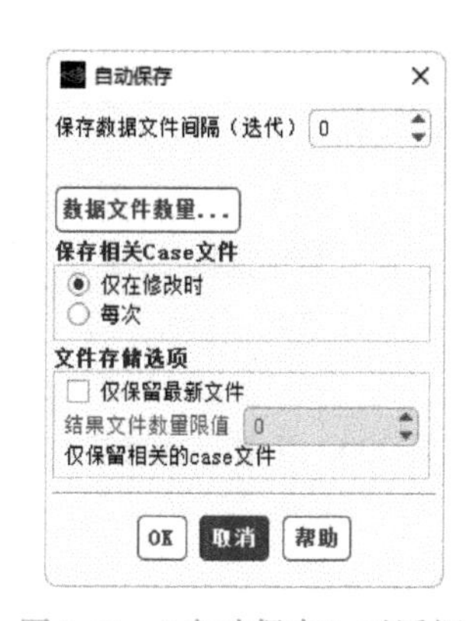

图 3-61 “自动保存”对话框

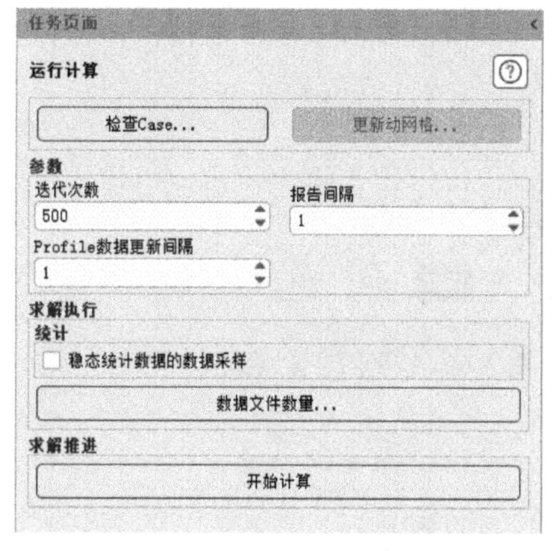

图 3-62 “运行计算”任务页面

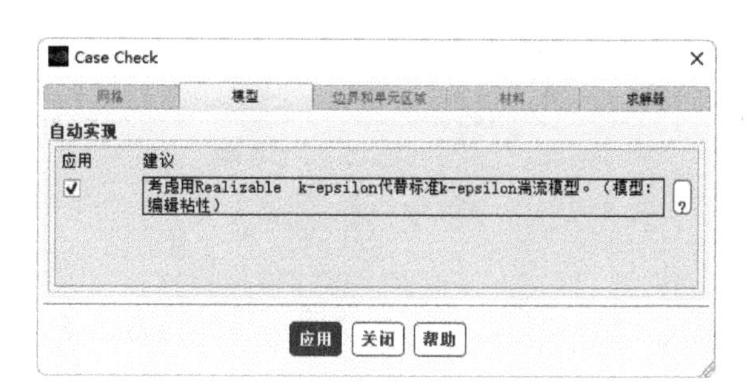

图 3-63 Case Check 对话框

4）计算开始后，会出现残差曲线，如图 3-64 所示，满足计算收敛精度后，则会自动停止计算。

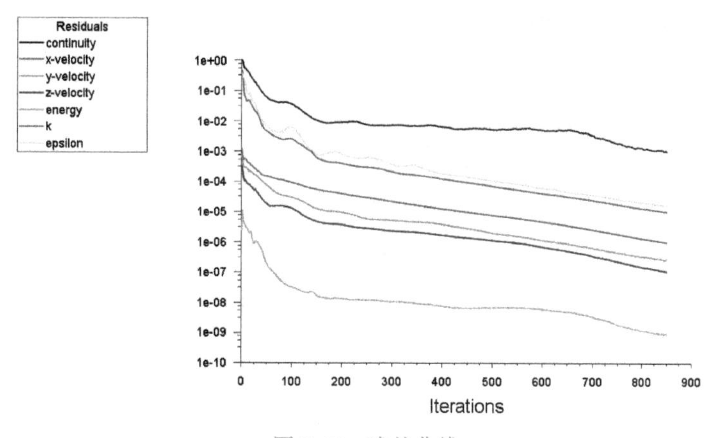

图 3-64 残差曲线

3.6 结果及分析

后处理对于结果分析非常重要，下面将介绍如何创建分析截面，并进行温度、速度云图显示及数据后处理分析。

3.6.1　创建分析截面

为了更好地进行结果分析，下面将创建分析截面 y=720mm，具体操作步骤如下。

1）在浏览树中右击“结果”→“表面”选项，在弹出的快捷菜单中选择“创建”→“平面”命令，如图 3-65 所示，弹出“平面”对话框。

2）在“新面名称”处输入 y=720，在“方法”下拉列表框中选择 ZX Plane，在 Y［mm］处输入 720，单击“创建”按钮完成截面 y=720 创建，如图 3-66 所示。

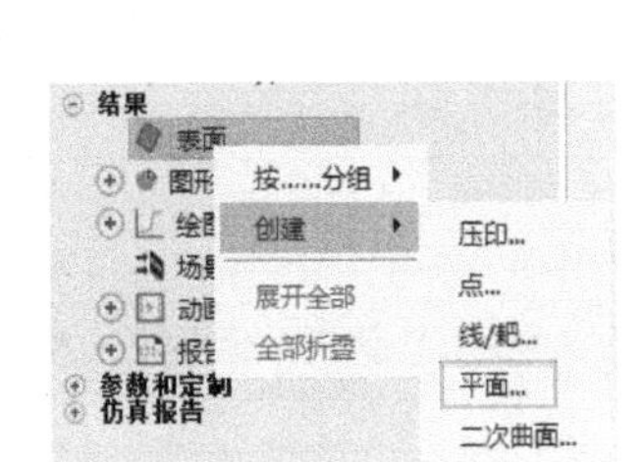

图 3-65　创建平面

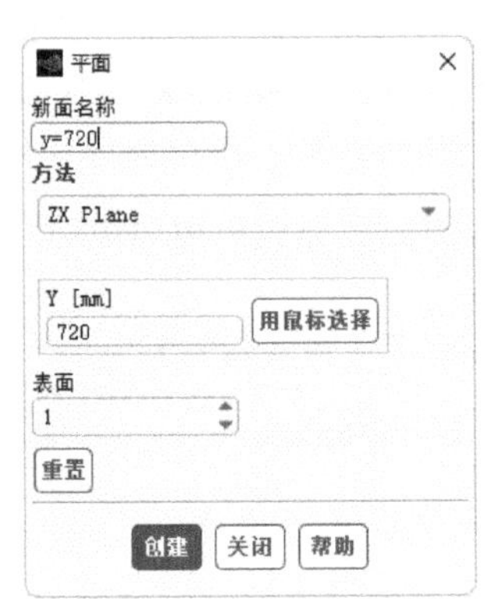

图 3-66　“平面”对话框

3.6.2　y=720 截面温度云图分析

分析截面创建完成后，下一步进行温度云图显示，具体操作步骤如下。

在浏览树中双击“结果”→“图形”→“云图”选项，弹出“云图”对话框。在“云图名称”处输入 temperature-y-720，在“选项”处选择“填充”、“节点值”、“边界值”、“全局范围”及“自动范围”，在“着色变量”处选择 Temperature 及 Static Temperature，在“表面”处选择 y=720，单击“保存/显示”按钮，则显示出 y=720 截面的温度云图，如图 3-67 和图 3-68 所示。

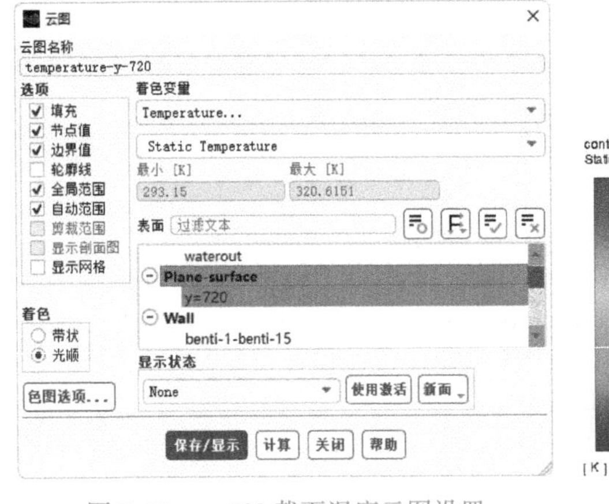

图 3-67　y=720 截面温度云图设置

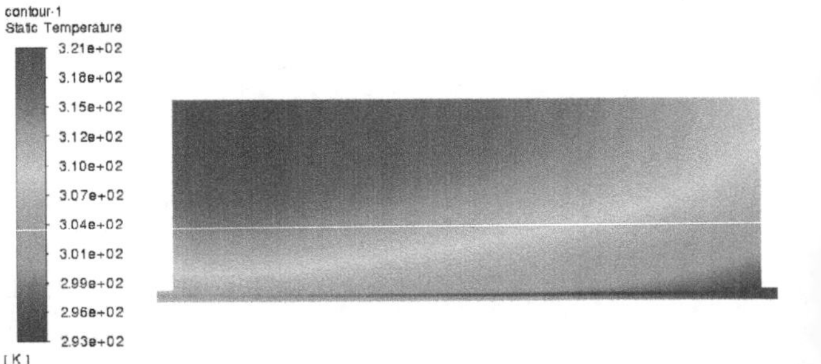

图 3-68　y=720 截面温度云图

由图 3-68 可知，由于流道布置为单向流动，导致靠近入口处温度较低，出口处温度较高，电池内部截面最高温度 321K，即 48℃左右，目前电池温度偏高，可以通过增大冷却介质流速或者优化流道结构来降低。

3.6.3 冷板流道温度云图分析

在浏览树中双击“结果”→“图形”→“云图”选项，弹出“云图”对话框。在“云图名称”处输入 temperature-lengban，在“选项”处选择“填充”、“节点值”、“边界值”及“自动范围”，在“着色变量”处选择 Temperature 及 Static Temperature，在“表面”处选择 lengban-liutiyu，单击“保存/显示”按钮，则显示出 temperature-lengban 表面的温度云图，如图 3-69 和图 3-70 所示。

由图 3-70 可知，入口处温差约为 14℃，通过增大冷却液入口速度可以降低出入口温差。此外，对于单向流动设计的流道，出口温度必然高于进口温度，所以一般为了消除温差较大的情况，可以设置迷宫式流道结构。

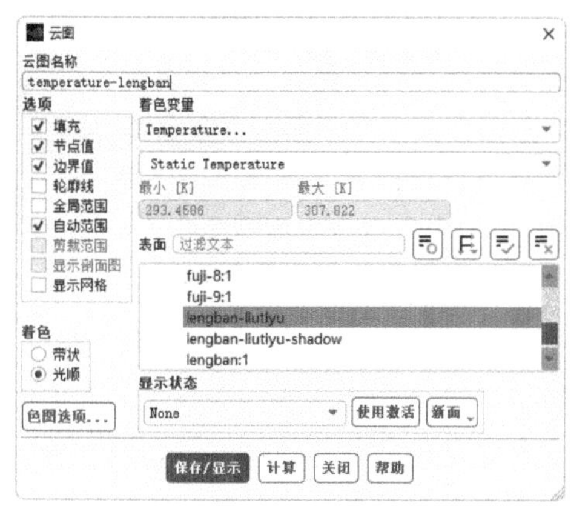

图 3-69 冷板流道温度云图设置

图 3-70 冷板流道温度云图【彩】

3.6.4 整体温度云图分析

在浏览树中双击“结果”→“图形”→“云图”选项，弹出“云图”对话框。在“云图名称”处输入 temperature-all，在“选项”处选择“填充”、“节点值”、“边界值”、“全局范围”及“自动范围”，在“着色变量”处选择 Temperature 及 Static Temperature，在“表面”处选择所有表面，单击“保存/显示”按钮，则显示出 temperature-all 表面的温度云图，如图 3-71 和图 3-72 所示。

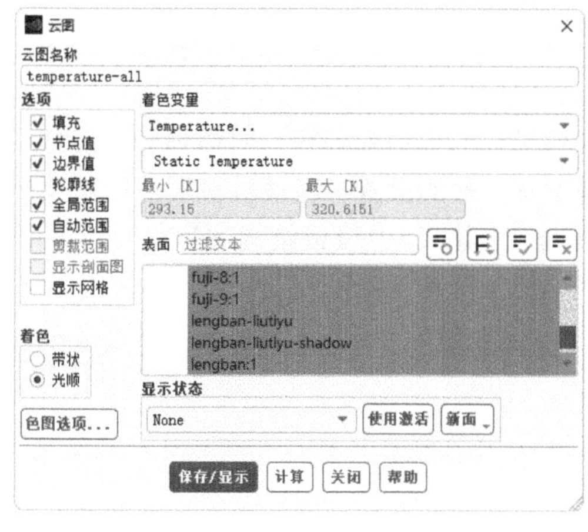

图 3-71 整体温度云图设置

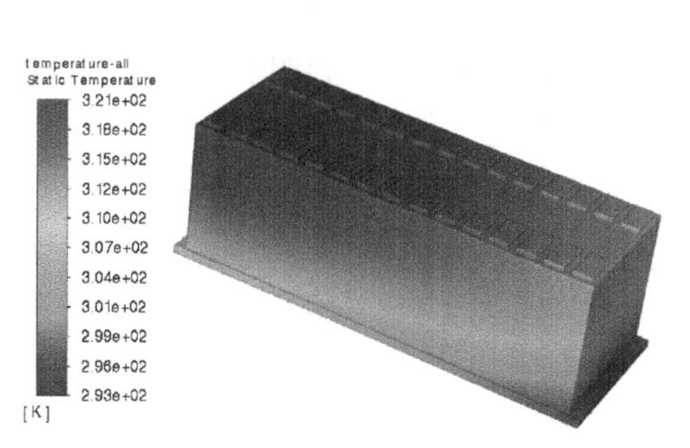

图 3-72 整体温度云图【彩】

由图 3-72 可知电池模组的整体温度分布情况，基于电池模组温差控制要求，可以确定其下一步散热优化方向。

3.6.5 计算结果数据后处理分析

在完成温度云图定性分析后，基于计算结果数据进行定量分析也非常重要，具体操作步骤如下。

1）在浏览树中双击“结果”→“报告”→“表面积分”选项，弹出“表面积分”对话框，如图 3-73 所示。在“报告类型”中选择 Area-Weighted Average（面平均），在“场变量”里选择 Temperature 及 Static Temperature，在“表面”处选择 waterout，单击“计算”按钮得到出口温度为 304K。

2）在浏览树中双击“结果”→“报告”→“体积积分”选项，弹出“体积积分”对话框，如图 3-74 所示。在“报告类型”中选择“体积-平均”，在“场变量”里选择 Temperature 及 Static Temperature，在“单元区域”处选择 liutiyu，单击“计算”按钮得出 liutiyu 的体积平均温度为 299. 8K。

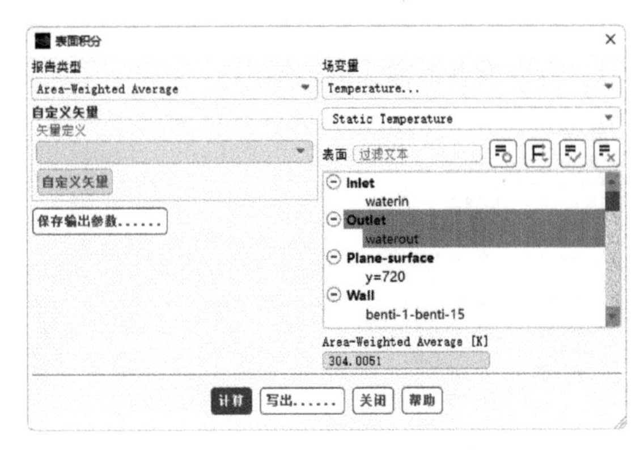

图 3-73 “表面积分”对话框

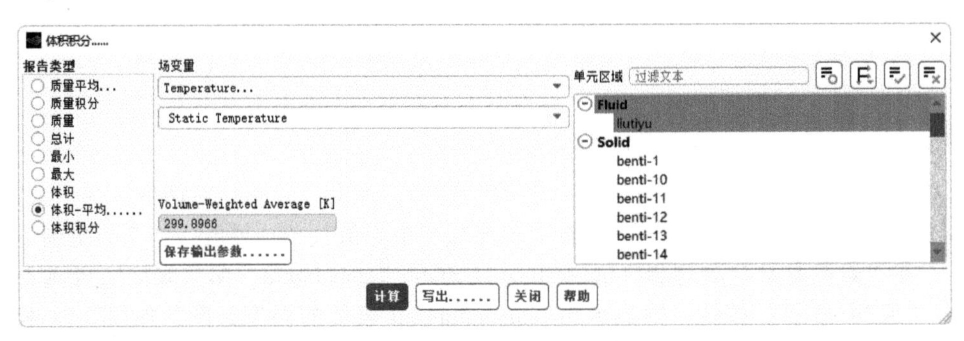

图 3-74 “体积积分”对话框

3.7 本章小结

本章以车用方形锂离子电池分析为例，详细讲解了几何模型前处理、网格划分、设置、求解及结果查看和分析，重点说明了电池不同放电倍率下发热量的设置、新增材料属性设置及计算参数初始化设置等。通过本章学习，可以快速掌握电池外部冷却中冷板结构的散热特性校核分析方法。

第4章 污水输送管道冲刷侵蚀模拟

操作视频

随着城镇化的快速发展，城市地下污水输送管道建设越来越多。冲刷侵蚀是金属表面与流体颗粒之间由于高速相对运动而引起的损伤，是流体的冲刷与侵蚀协同作用的结果，一旦因此发生管道泄露，就会带来严重后果，所以，如何运用 Fluent 软件来定性、定量分析不同结构管道的冲刷侵蚀就显得尤为重要。

本章知识要点如下。

1）学习如何进行离散相模型处理。

2）学习如何进行颗粒运动侵蚀模型设置。

3）学习如何进行结果后处理分析。

4.1 案例简介

本章以简化输水管道为研究对象，管道直径为 100mm，上侧为入口，下侧为出口，如图 4-1 所示，应用 Fluent 进行污水输送管道冲刷侵蚀模拟。

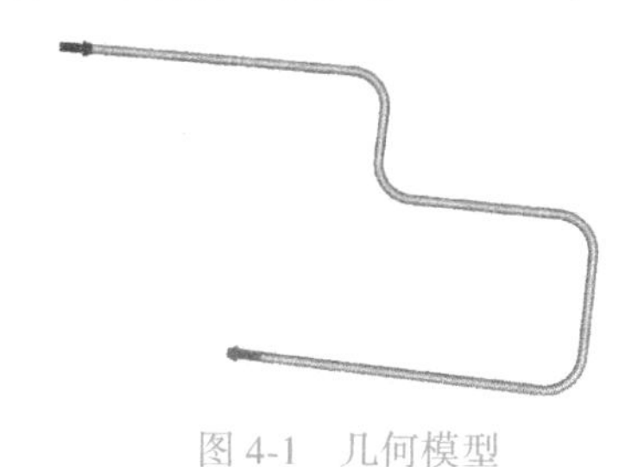

图 4-1　几何模型

4.2 几何模型前处理

4.2.1 创建分析项目

1）在 Windows 系统下执行“开始”→“所有程序”→ANSYS 2022→Workbench 2022 命令，启动 ANSYS Workbench 2022，进入 Workbench 主界面。

2）在 Workbench 主界面的工具箱中双击“组件系统”→“几何结构”选项，即可在项目管理区创建分析项目 A，如图 4-2 所示。

3）在工具箱中的“组件系统”→“Fluent（带 Fluent 网格剖分）”上按住鼠标左键拖动到项目管理区中，当项目 A 的 A2“几何结构”呈红色高亮显示时，放开鼠标创建项目 B，此时相关联的数据可共享，如图 4-3 所示。

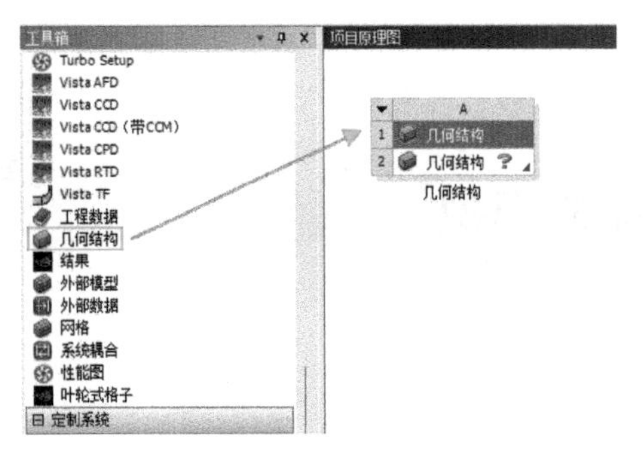

图 4-2　创建几何结构

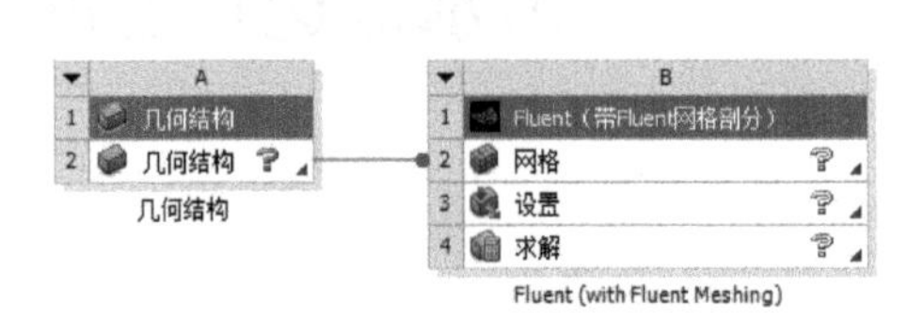

图 4-3　创建分析项目 B

4.2.2　导入几何模型

1）在 A2 栏“几何结构”上右击，在弹出的快捷菜单中选择“导入几何模型”→“浏览”命令，如图 4-4 所示，此时会弹出“打开”对话框。

2）在“打开”对话框中选择 Erosion，导入 Erosion 几何模型文件，如图 4-5 所示，此时 A2 栏“几何结构”后的 ? 变为 ✓，表示实体模型已经存在。

图 4-4　导入几何模型

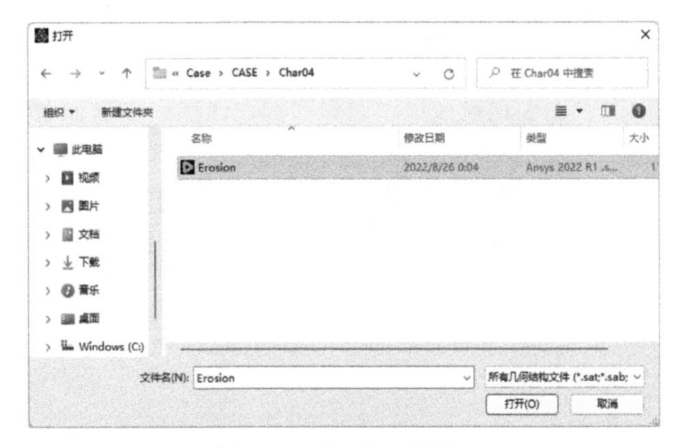

图 4-5　“打开”对话框

3）双击项目 A 中的 A2 栏“几何结构”，会进入“A：几何结构-Geom-SpaceClaim”界面，显示的几何模型如图 4-6 所示。本例中无须进行几何模型修改。

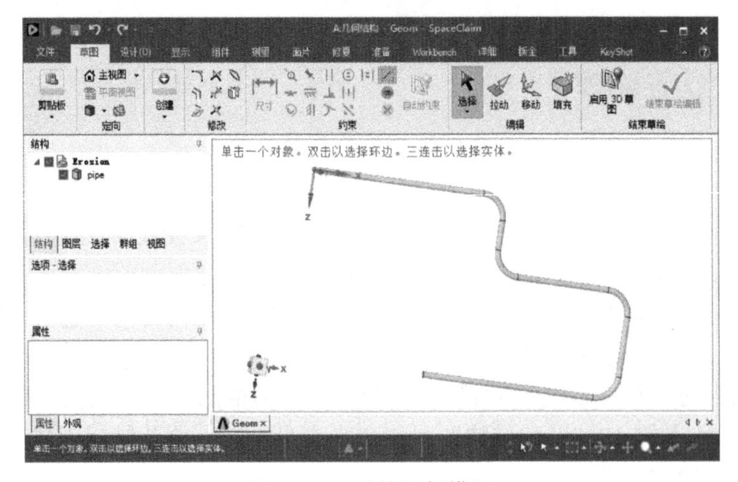

图 4-6　显示的几何模型

4）单击“A：几何结构-Geom-SpaceClaim”界面右上角的“关闭”按钮，返回 Workbench 主界面。

4.3　网格划分

1）双击项目管理区项目 B 中的 B2 栏“网格”选项，进入网格划分启动界面。图 4-7 所示为计算双精度、读取网格后显示网格、网格划分及计算求解选用单核并行计算的设置。

2）单击 Start 按钮进入 B：Fluent（with Fluent Meshing）界面，在该界面下即可进行网格的划分、边界条件的设置等操作，如图 4-8 所示。

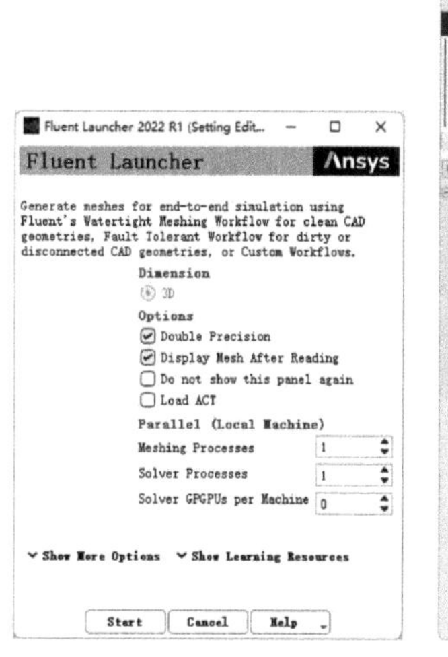

图 4-7　网格划分启动界面

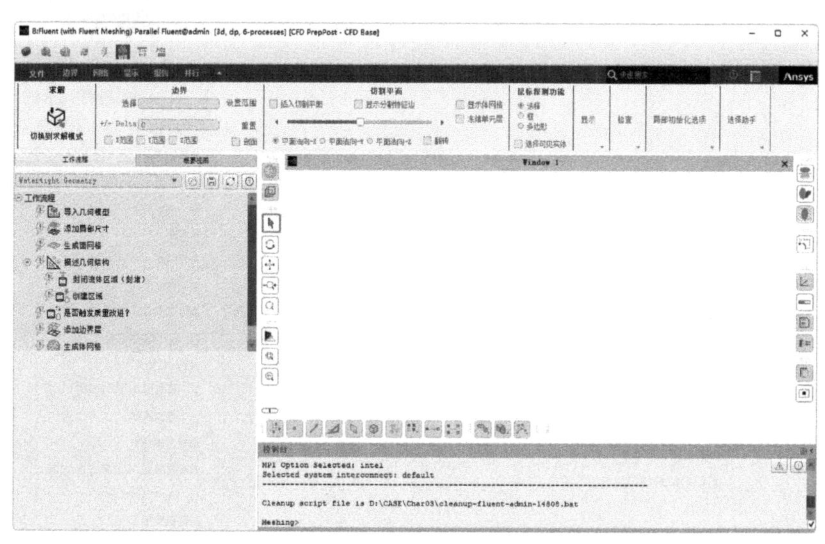

图 4-8　B：Fluent（with Fluent Meshing）界面

3）在左侧浏览树中单击“工作流程”→“导入几何模型”选项，在打开的面板中单击“导入几何模型”按钮，即可将几何模型导入，如图 4-9 所示。导入的几何模型如图 4-10 所示。

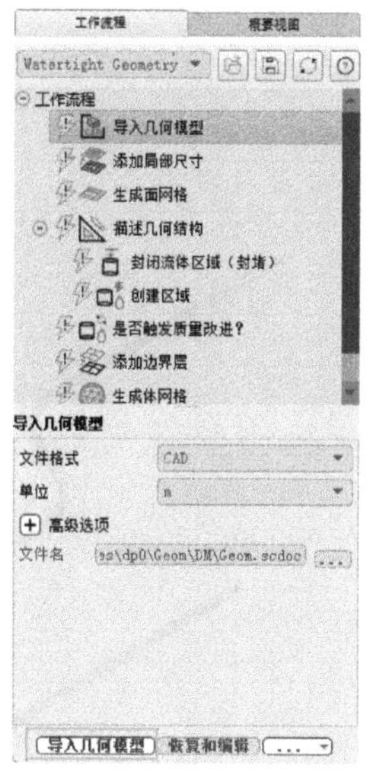

图 4-9　几何模型导入设置界面

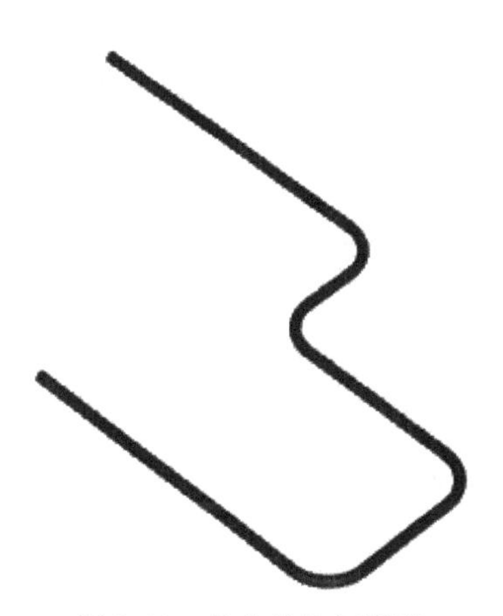

图 4-10　导入的几何模型

4）继续在浏览树中单击“工作流程”→“添加局部尺寸”选项，在打开的面板中单击“更新”按钮，如图 4-11 所示。

5）在浏览树中单击“工作流程”→“生成面网格”选项，在打开的面板中设置面网格划分参数，在 Minimum Size 处输入 0.006，在 Maximum Size 处输入 0.1，在“增长率”处输入 1.2，打开“高级选项”，在“质量优化的偏度限值”处输入 0.8，在“基于坍塌方法改进质量的偏斜度阈值”处输入 0.8，其他参数设置保持默认。单击“生成面网格”按钮即可进行面网格划分，如图 4-12 所示。

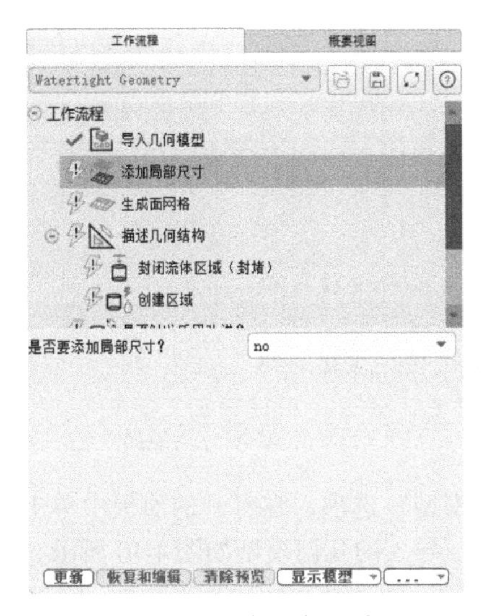

图 4-11　添加局部尺寸

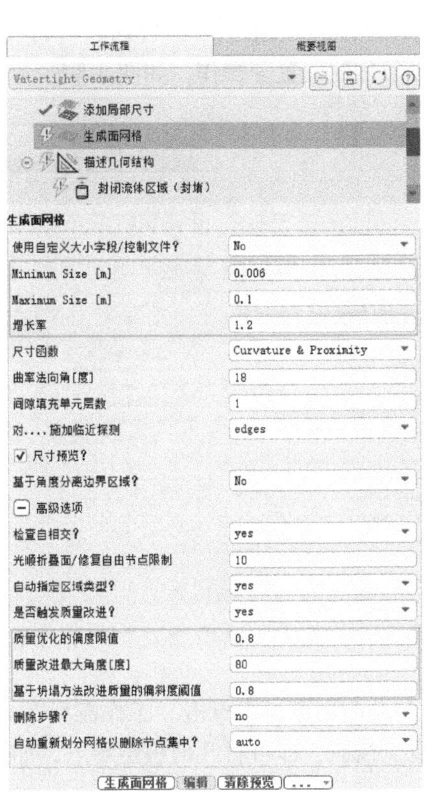

图 4-12　生成面网格

划分好的面网格如图 4-13 所示。

6）在浏览树中单击“工作流程”→“描述几何结构”选项，在打开的面板中设置几何结构参数，包括几何结构类型、是否需要应用共享拓扑等。因为几何模型在 SpaceClaim 内已经完成了拓扑共享，所以这里无须应用共享拓扑，具体设置如图 4-14 所示，单击“描述几何结构”按钮完成设置。

7）在浏览树中单击“工作流程”→“更新边界”选项，在打开的面板中设置边界条件类型，边界条件名称建议在 SpaceClaim 中确定。在 Boundary Type 处，将 in 的边界条件类型修改为 velocity-inlet，out 的边界条件类型修改为 pressure-outlet，单击“更新边界”按钮完成设置，如图 4-15 所示。

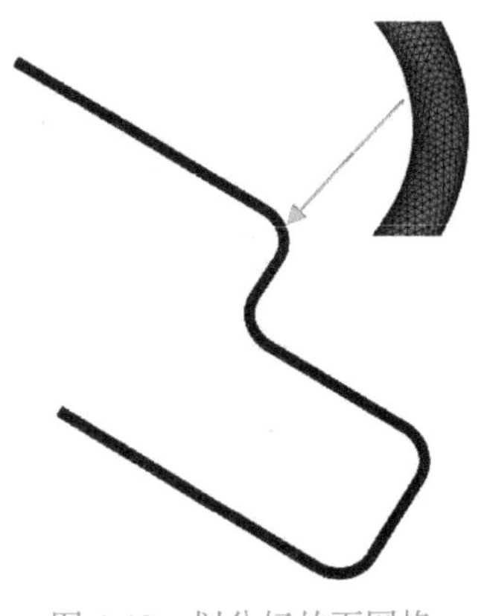

图 4-13　划分好的面网格

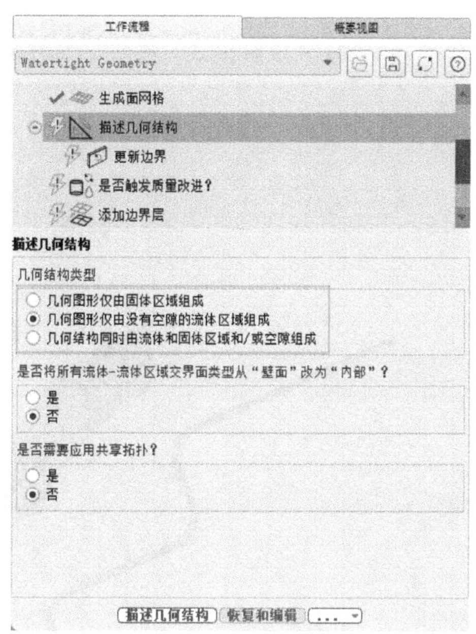

图 4-14 描述几何结构

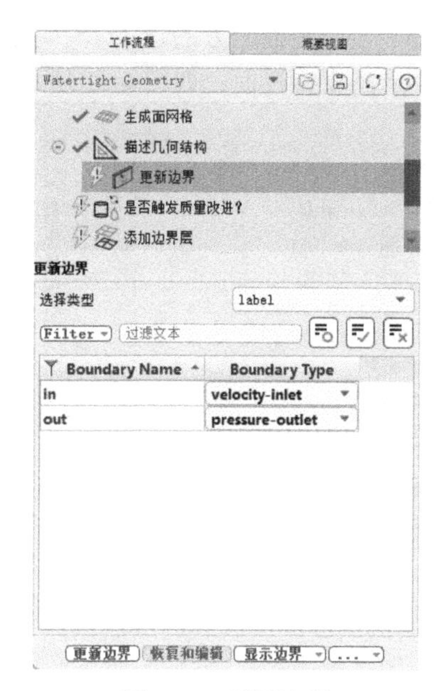

图 4-15 更新边界

8）在浏览树中单击“工作流程”→“是否触发质量改进?”选项，在打开的面板中设置区域为固体区域或者流体区域，将 pipe 的 Region Type 设置为 fluid，单击“是否触发质量改进?”按钮完成设置，如图 4-16 所示。

9）在浏览树中单击“工作流程”→“添加边界层”选项，在打开的面板中设置边界层，保持默认设置，即在壁面上添加 3 个边界层，单击“添加边界层”按钮完成设置，如图 4-17 所示。

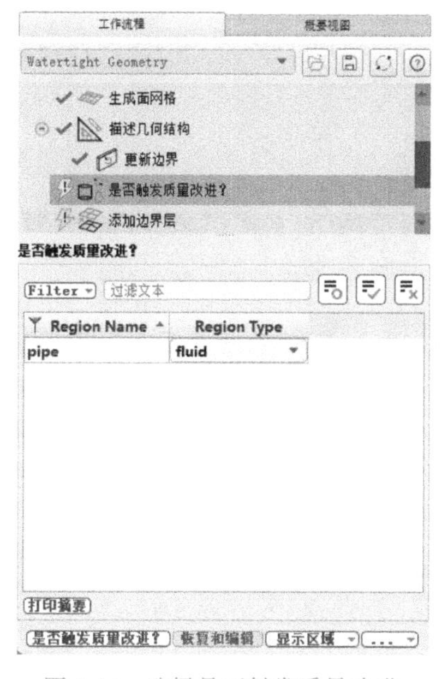

图 4-16 选择是否触发质量改进

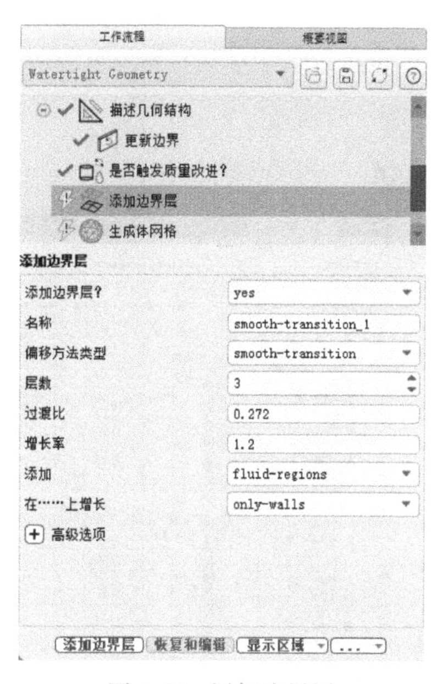

图 4-17 添加边界层

10）在浏览树中单击“工作流程”→“生成体网格”选项，在打开的面板中设置体网格划分参数，在 Max Cell Length 处输入 0.05，单击“生成体网格”按钮完成设置，如图 4-18 所示。生成的体网格如图 4-19 所示。

11）在 Fluent 界面上方的选项卡中单击“求解”→“切换到求解模式”按钮，如图 4-20 所示，打开 Fluent 求解设置界面，如图 4-21 所示。

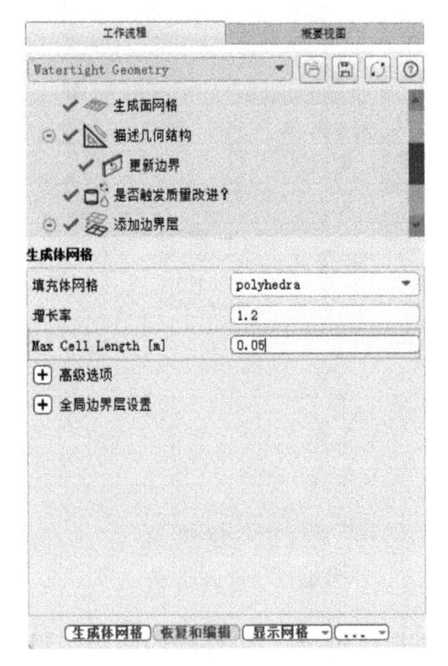

图 4-18　生成体网格

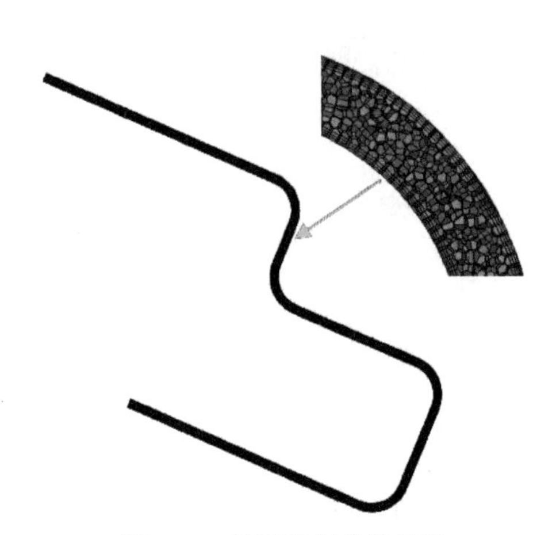

图 4-19　体网格划分效果图

图 4-20　切换到求解模式

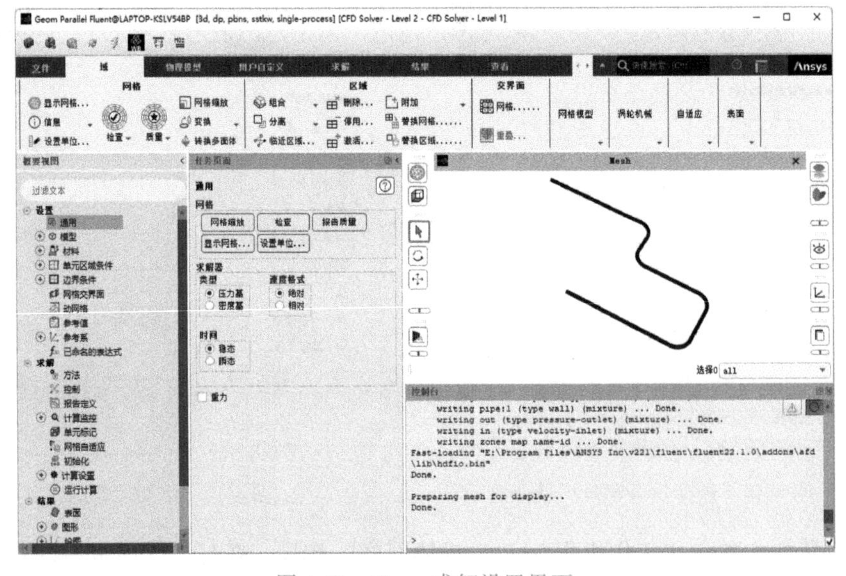

图 4-21　Fluent 求解设置界面

4.4 设置

4.4.1 通用设置

网格导入成功后，进行通用设置，具体操作步骤如下。

1）在浏览树中双击“设置”→“通用”选项，打开“通用”任务页面，选择“重力”，并在 y 处输入-9.8，代表重力方向为 y 的负方向，如图 4-22 所示。

2）在“通用”任务页面中单击“网格”→“网格缩放”按钮，弹出“缩放网格”对话框，在“查看网格单位”下拉列表框中选择 mm，将默认的尺寸单位由 m 改为 mm，如图 4-23 所示。

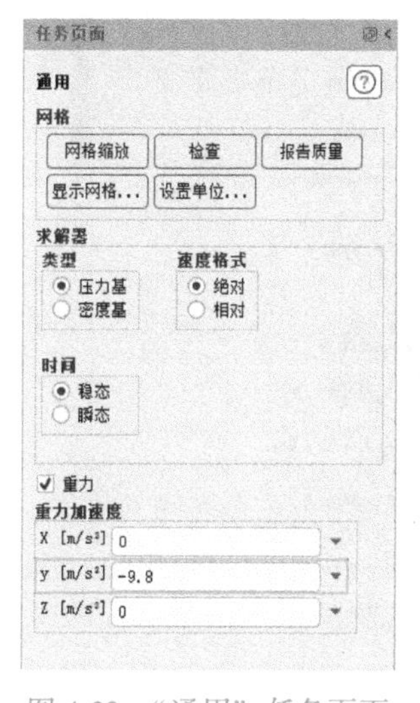

图 4-22 “通用”任务页面

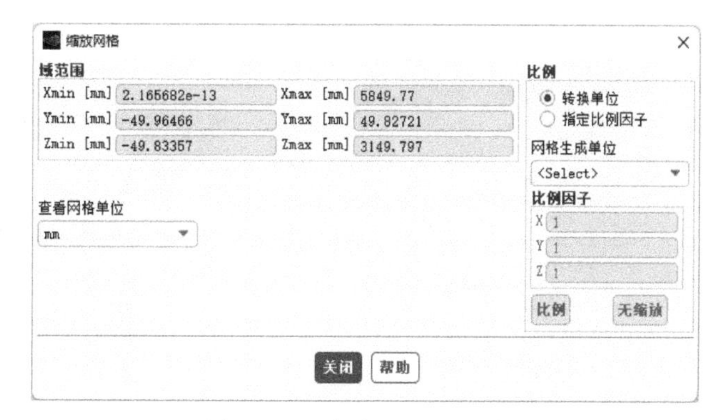

图 4-23 “缩放网格”对话框

3）在“通用”任务页面中单击“网格”→“检查”按钮，检查网格划分是否存在问题，此时会在“控制台”显示详细的网格信息，如图 4-24 所示，可以查看导入网格的尺寸。

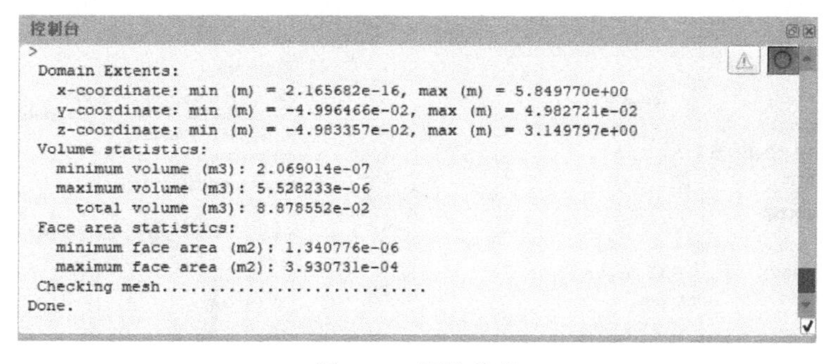
```
控制台
>
 Domain Extents:
   x-coordinate: min (m) = 2.165682e-16, max (m) = 5.849770e+00
   y-coordinate: min (m) = -4.996466e-02, max (m) = 4.982721e-02
   z-coordinate: min (m) = -4.983357e-02, max (m) = 3.149797e+00
 Volume statistics:
   minimum volume (m3): 2.069014e-07
   maximum volume (m3): 5.528233e-06
     total volume (m3): 8.878552e-02
 Face area statistics:
   minimum face area (m2): 1.340776e-06
   maximum face area (m2): 3.930731e-04
 Checking mesh............................
Done.
```

图 4-24 网格信息

4）在“通用”任务页面中单击“网格”→“报告质量”按钮，进行网格质量查看。

5）在“通用”任务页面中选择“求解器”→“类型”→“压力基”选项，即选择基于压力求解；选择“时间”→“稳态”选项，即进行稳态计算。

4.4.2 模型设置

通过对污水输运管道冲刷侵蚀问题的物理过程分析可知，需要设置污水流动模型及颗粒侵蚀模型。通过计算雷诺数，判断管道内部流动状态为湍流状态，具体操作步骤如下。

1）在浏览树中双击“设置”→“模型”选项，打开“模型”任务页面，如图 4-25 所示。

2）在浏览树中双击“模型”→“粘性”选项，弹出“粘性模型”对话框，进行流动模型设置。在“模型”下选择 k-epsilon（2 eqn），在“k-epsilon 模型”下选择 Standard，在“壁面函数”下选择“标准壁面函数（SWF）”，其余参数保持默认，如图 4-26 所示，单击 OK 按钮保存设置。

图 4-25 “模型”任务页面

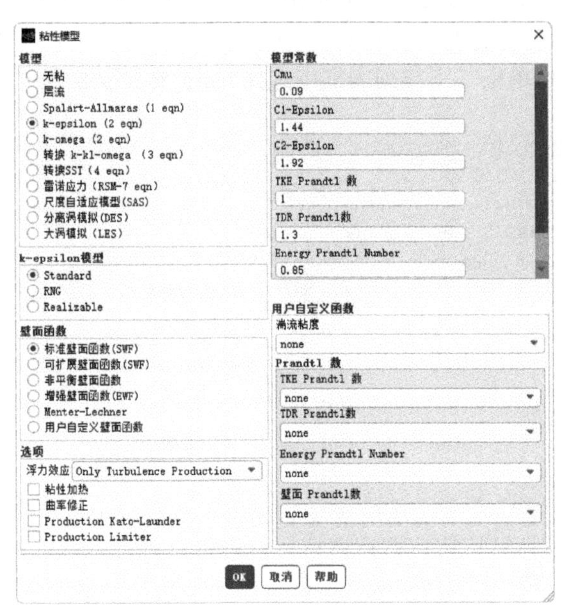

图 4-26 “粘性模型”对话框

3）在浏览树中双击“模型”→“离散相”选项，弹出“离散相模型”对话框，进行颗粒离散相模型设置。在“交互”下选择“与连续相的交互”，在“最大步数”处输入 5000，其余参数保持默认，如图 4-27 所示。

4）切换到“物理模型”选项卡，在“选项”下选择“侵蚀/堆积”，如图 4-28 所示。

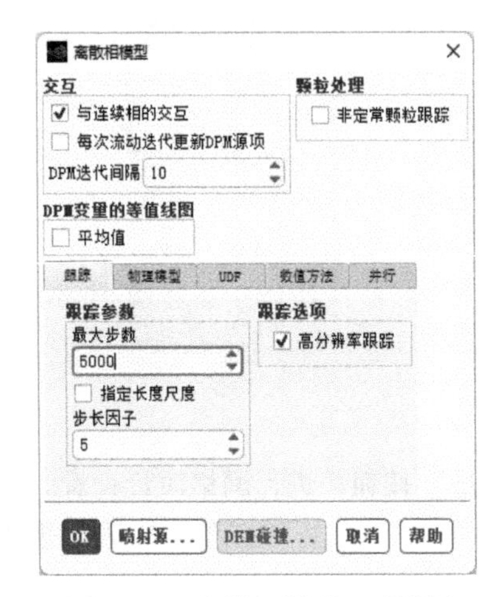

图 4-27 “离散相模型”对话框

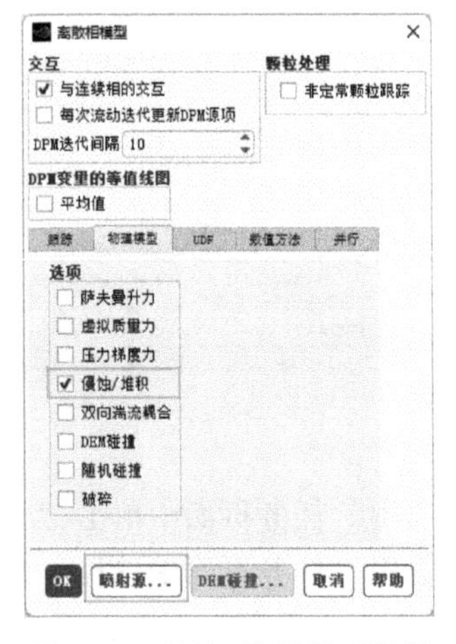

图 4-28 侵蚀/堆积模型设置

5）单击“喷射源”按钮，弹出“喷射源”对话框，如图4-29所示，在对话框内可以进行颗粒喷入设置。

6）单击“喷射源”对话框中的“创建”按钮，则打开“设置喷射源属性”对话框，在“喷射源类型”处选择surface，在Injection Surfaces处选择in，代表从入口进行颗粒喷入，在材料处选择anthracite，在“直径分布”处选择rosin-rammler。在“点属性”选项卡中，“X速度”处输入0.8，“总流量”处输入1e-10，其他参数设置如图4-30所示，单击OK按钮保存设置。

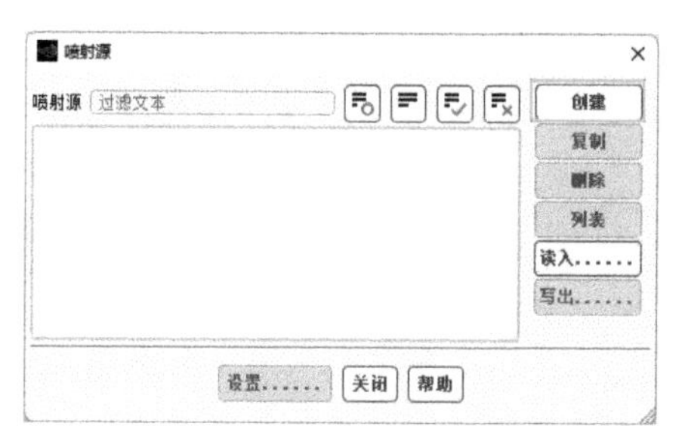

图4-29 “喷射源”对话框

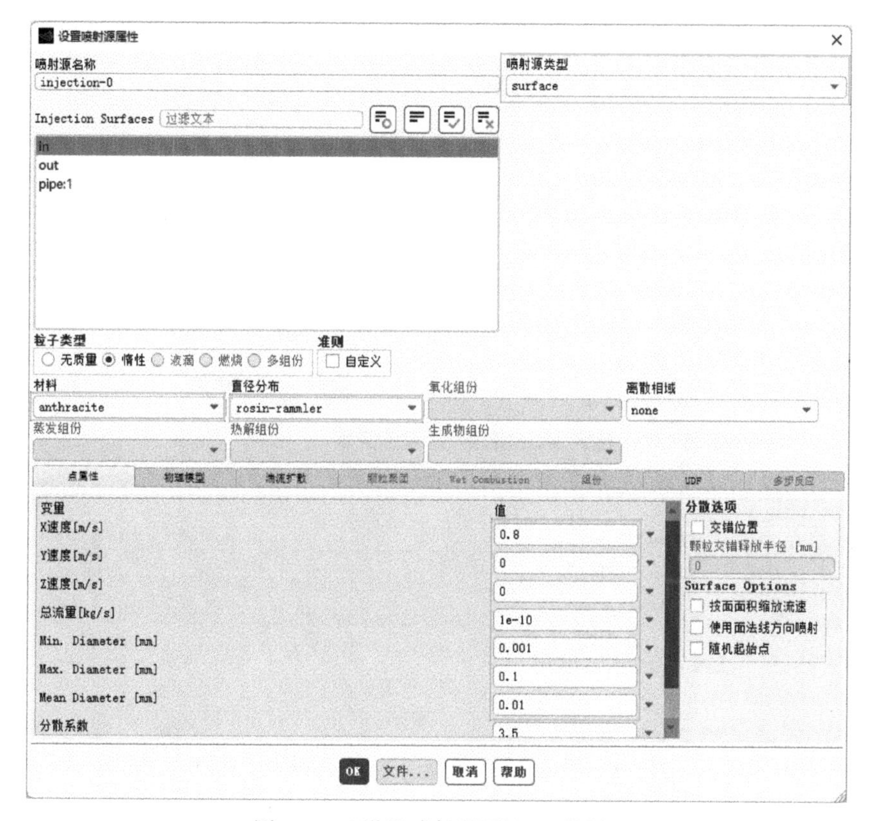

图4-30 “设置喷射源属性”对话框

4.4.3 材料设置

软件默认的流体材料是air，固体材料为aluminum，因此需要新增水材料，具体操作步骤如下。

1）在浏览树中双击“设置”→“材料”选项，打开“材料”任务页面，因为设置了颗粒喷入的离散相，所以在“材料”列表框里出现了Inert Particle材质，如图4-31所示。

2）在浏览树中双击“材料”→Fluid→air，弹出“创建/编辑材料”对话框，如图4-32所示。

3）单击“Fluent数据库”按钮，弹出“Fluent数据库材料”对话框，在“材料类型”下选择fluid，在“Fluent流体材料”下选择water-liquid，单击“复制”按钮，则完成water-liquid材料的添加，如图4-33所示。

图 4-31 “材料”任务页面

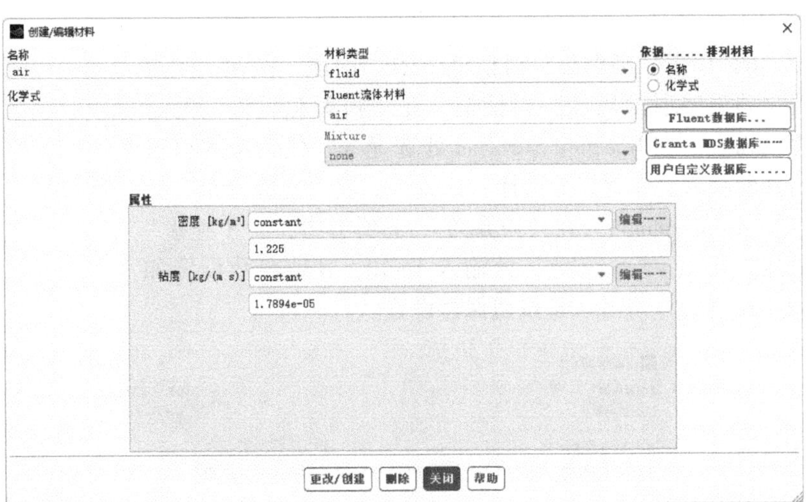

图 4-32 “创建/编辑材料”对话框

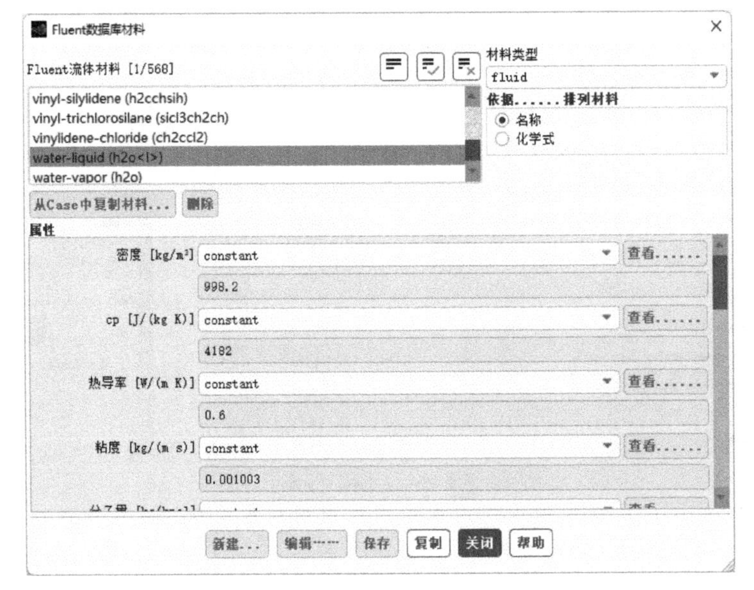

图 4-33 “Fluent 数据库材料”对话框

4.4.4 单元区域条件设置

Fluent 默认流体单元区域内材料为空气，这里需要将空气改为水，具体操作步骤如下。

1）在浏览树中双击“设置”→“单元区域条件”选项，打开“单元区域条件”任务页面，如图 4-34 所示。

2）在“单元区域条件”任务页面中双击 pipe 选项，弹出“流体”对话框，可以看到“材料名称”处的材料为 air，因此需要在下拉列表框中选择 water-liquid，如图 4-35 所示，单击“应用”按钮保存关闭。

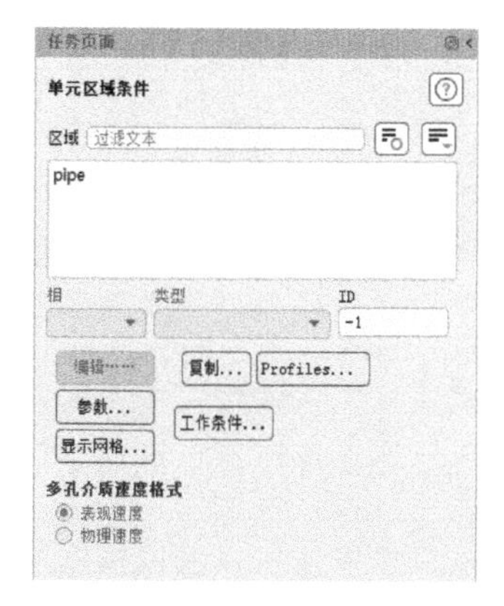

图 4-34 “单元区域条件”任务页面

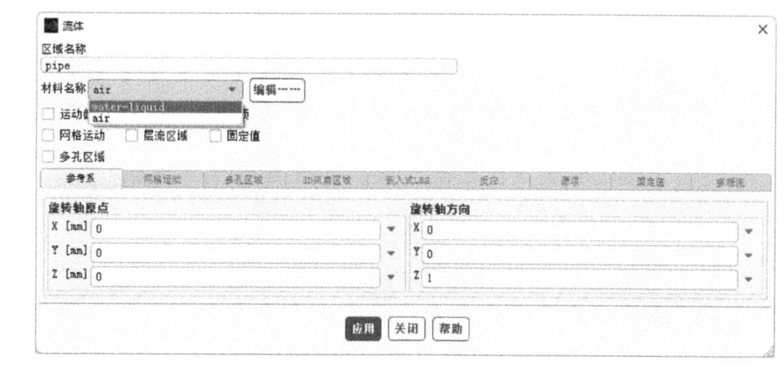

图 4-35 “流体”对话框

4.4.5 边界条件设置

管道冲刷腐蚀主要涉及污水流动等边界条件，具体操作步骤如下。

1）在浏览树中双击“设置”→“边界条件”选项，打开“边界条件”任务页面，如图 4-36 所示。

2）在“边界条件”任务页面中双击 in 选项，弹出“速度入口”对话框，如图 4-37 所示，在“速度大小”处输入 1.2，代表入口速度为 1.2m/s，在“设置”处选择 Intensity and Viscosity Ratio，在“湍流强度”处输入 5，在“湍流粘度比”处输入 10。切换到 DPM 选项卡，在“离散相边界类型”处选择 escape，如图 4-38 所示，单击“应用”按钮保存。

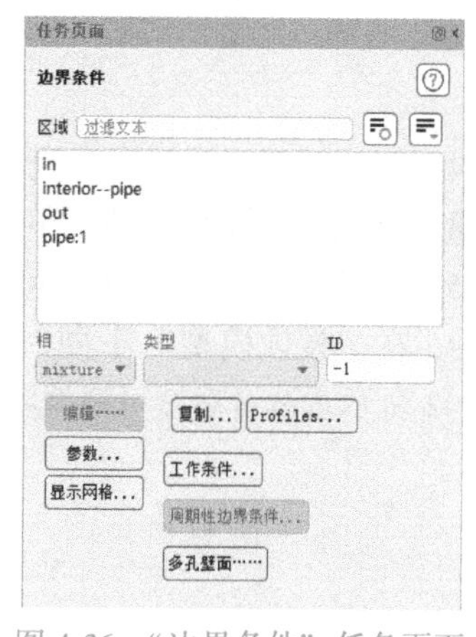

图 4-36 “边界条件”任务页面

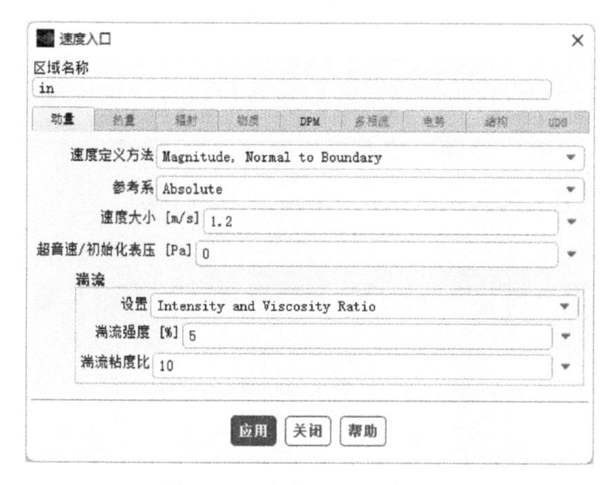

图 4-37 速度入口速度设置

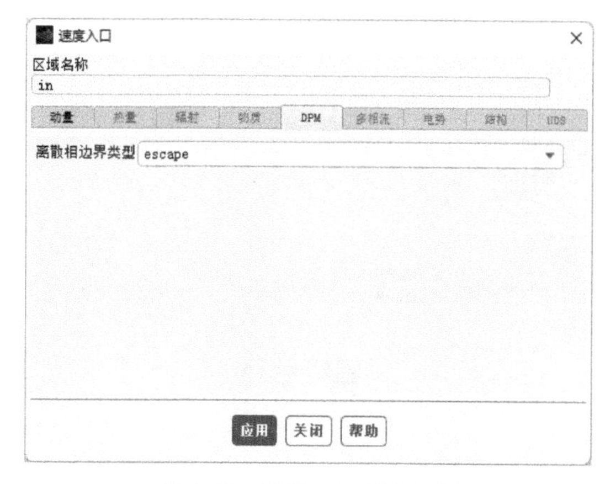

图 4-38 速度入口颗粒设置

3）在“边界条件”任务页面中双击 out 选项，弹出“压力出口”对话框，如图 4-39 所示，在“表压”处输入 0，代表出口压力为标准大气压，在“设置”处选择 Intensity and Viscosity Ratio，在“回流湍流强度”处输入 5，在“回流湍流粘度比”处输入 10。切换到 DPM 选项卡，在“离散相边界类型”处选择 escape，如图 4-40 所示，单击“应用”按钮保存。

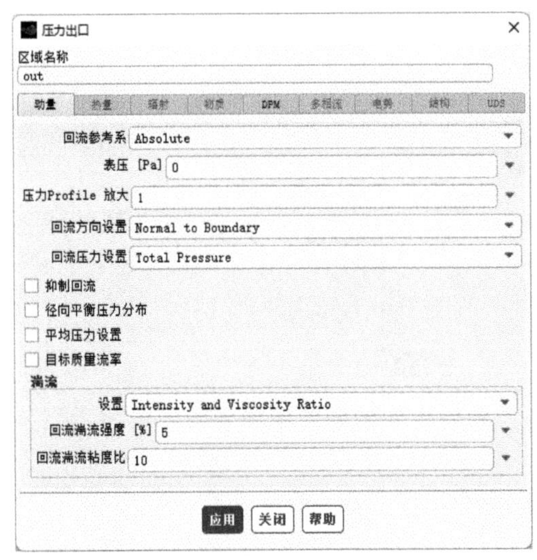

图 4-39 “压力出口”对话框

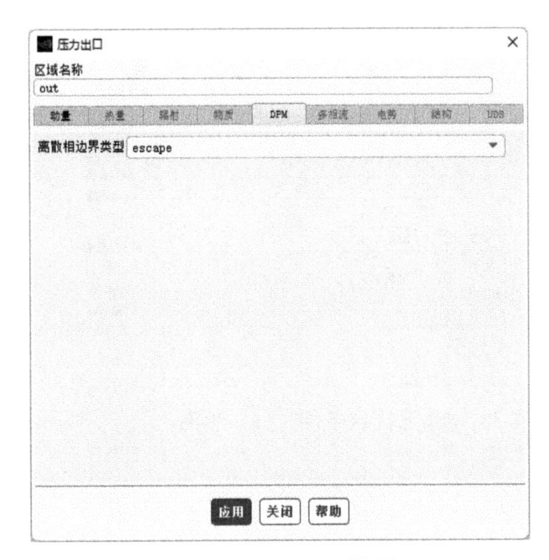

图 4-40 压力出口颗粒设置

4）在“边界条件”任务页面中双击 pipe:1 选项，弹出“壁面”对话框，如图 4-41 所示。在“动量”选项卡“壁面运动”下选择“静止壁面”，其他设置保持不变。

5）切换到 DPM 选项卡，可以进行壁面冲刷侵蚀模型的设置。在“离散相模型条件”下选择 reflect，在“侵蚀模型”下同时选择“通用模型”、Finnie、McLaury、Oka 及 DNV 等模型，如图 4-42 所示。读者后续可根据实际的侵蚀模型进行选择。

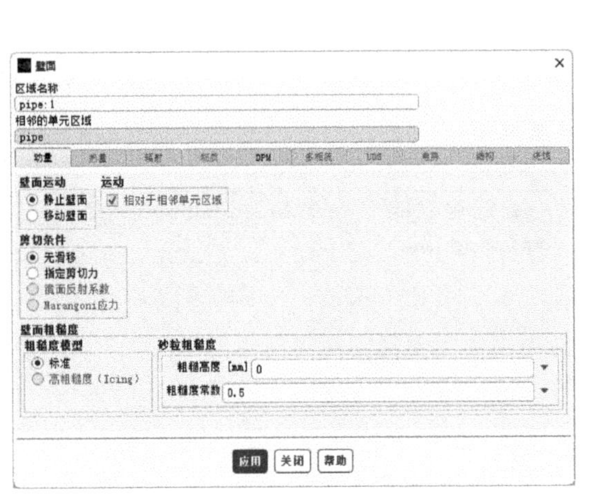

图 4-41 “壁面”对话框

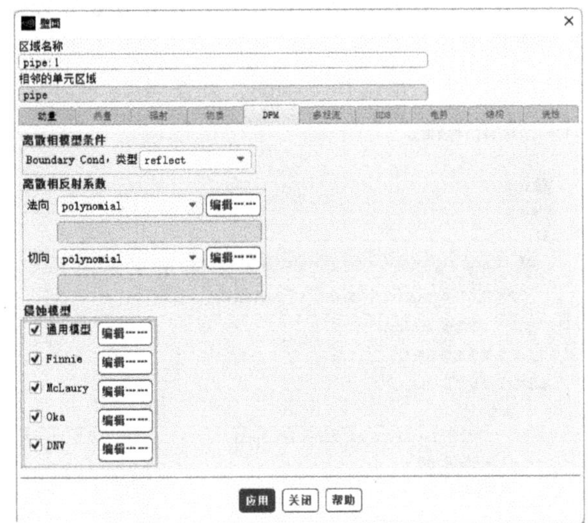

图 4-42 壁面颗粒设置

6）单击“通用模型”右侧的“编辑”按钮，弹出“通用侵蚀模型参数”对话框，可以进行“冲击角函数”、“直径函数”及“速度指数函数”的设置，如图 4-43 所示，单击“关闭”按钮退出。

7）单击 Finnie 右侧的“编辑”按钮，弹出“Finnie 模型参数”对话框，可以进行“模型常数 k”、“速度指数”及“最大侵蚀角度”的设置，如图 4-44 所示，单击“关闭”按钮退出。

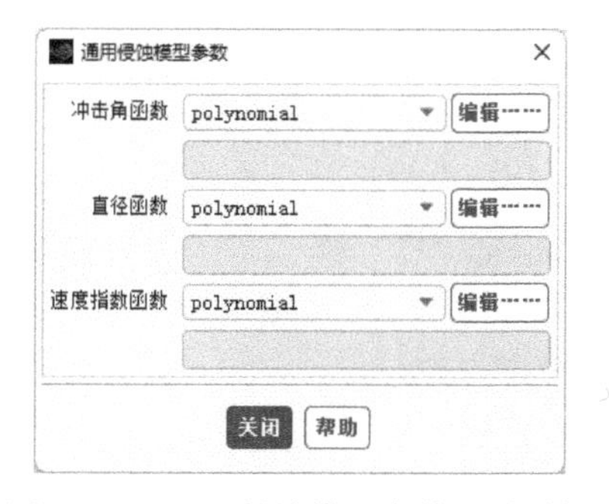

图 4-43 “通用侵蚀模型参数”对话框

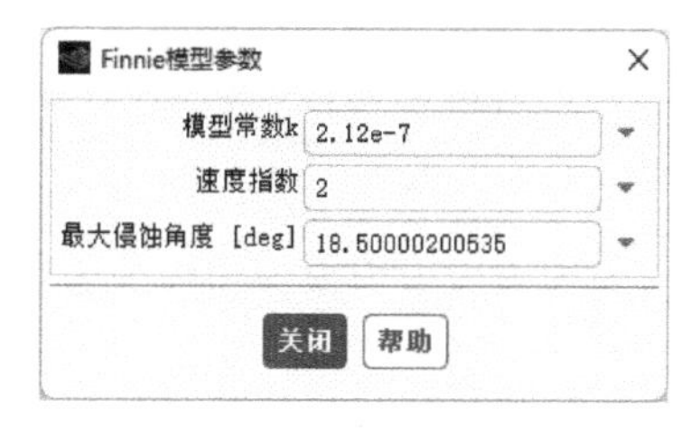

图 4-44 “Finnie 模型参数”对话框

8）单击 McLaury 右侧的“编辑”按钮，弹出“McLaury 模型参数”对话框，可以进行“模型常数 A”、“速度指数”及“冲击角常数”等参数设置，如图 4-45 所示，单击“关闭”按钮退出。

9）单击 Oka 右侧的“编辑”按钮，弹出“Oka 模型参数”对话框，可以进行“参考侵蚀率”、“速度指数”及“壁面 Vickers 材料硬度”等参数设置，如图 4-46 所示，单击“关闭”按钮退出。

10）单击 DNV 右侧的“编辑”按钮，弹出“DNV 模型参数”对话框，可以进行“模型常数 k”等参数设置，如图 4-47 所示，单击“关闭”按钮退出。各个模型参数代表的意义可以单击“帮助”按钮查看详细的公式说明。

图 4-45 “McLaury 模型参数”对话框

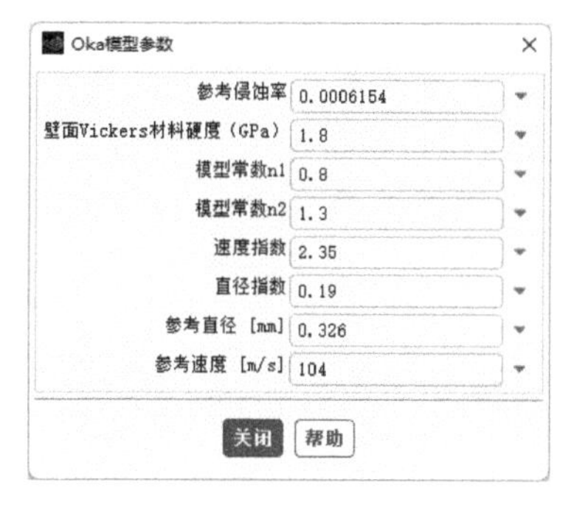

图 4-46 “Oka 模型参数”对话框

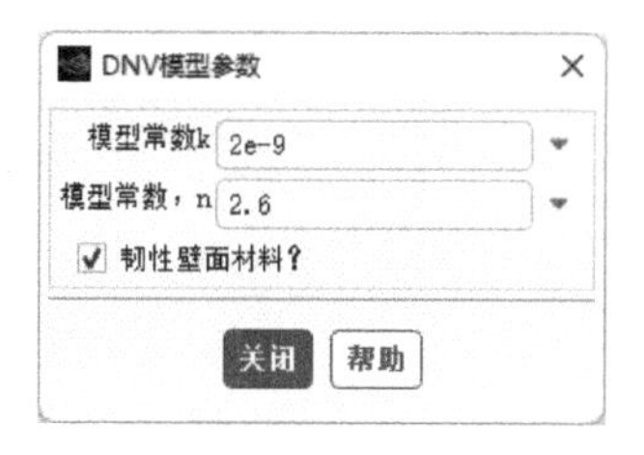

图 4-47 “DNV 模型参数”对话框

4.5 求解

4.5.1 方法设置

求解方法对结果的计算精度影响很大，需要合理设置。

1）在浏览树中双击“求解”→“方法”选项，打开“求解方法”任务页面。

2）在“方案”下拉列表框中选择 SIMPLE，在“梯度”下拉列表框中选择 Least Squares Cell Based，在“压力”下拉列表框中选择 Second Order，在“动量”下拉列表框中选择 Second Order Upwind，在“湍流动能”下拉列表框中选择 First Order Upwind，在“湍流耗散率”下拉列表框中选择 First Order Upwind，其余设置如图 4-48 所示。

图 4-48 “求解方法”任务页面

4.5.2 控制设置

1）在浏览树中双击“求解”→“控制”选项，打开“解决方案控制”任务页面，如图 4-49 所示，可以进行“亚松弛因子”、“方程”、“限值”及“高级”等设置。“亚松弛因子”代表求解迭代计算方程前的因子，因此原则上保持默认即可。

2）在“解决方案控制”任务页面中单击“方程”按钮，弹出“方程”对话框，如图 4-50 所示。可以设置求解迭代过程中需要同时求解的方程数量，此处保持默认。

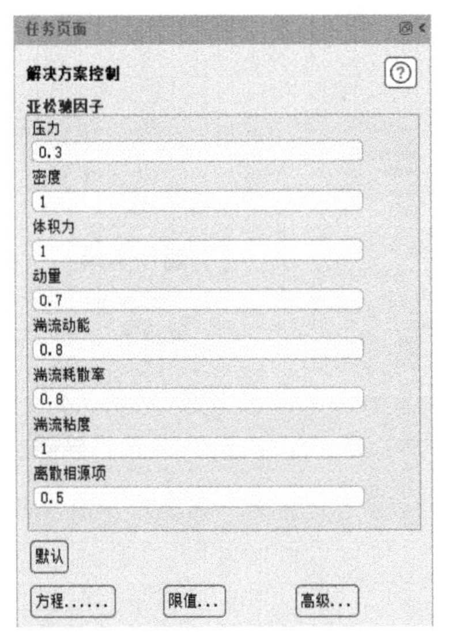

图 4-49 “解决方案控制”任务页面

图 4-50 “方程”对话框

4.5.3 残差设置

1）在浏览树中双击“求解”→“计算监控”→“残差”选项，弹出“残差监控器”对话框，如图 4-51 所示。

2）在“迭代曲线显示最大步数”处输入 1000，在“存储的最大迭代步数”处输入 1000，“绝对标准”值保持默认。“绝对标准”值代表计算精度，如果需要较高的计算精度，将对应变量的数值减小即可。单击 OK 按钮保存设置。

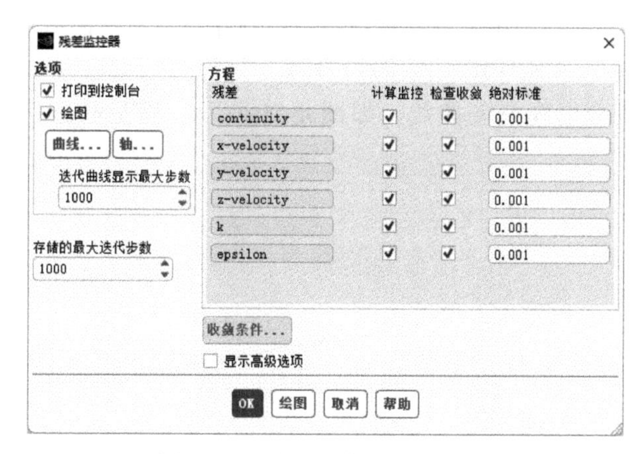

图 4-51 “残差监控器”对话框

4.5.4 初始化设置

1）在浏览树中双击“求解”→“初始化”选项，打开“解决方案初始化”任务页面，如图 4-52 所示。

2）在“初始化方法”处选择“混合初始化（Hybrid Initialization）”。混合初始化比较适合初学者，即以软件推荐的数值进行初始化，不需要人为定义任何初始化相关的参数。

3）单击“解决方案初始化”对话框的“初始化”按钮进行初始化。

图 4-52 “解决方案初始化”任务页面

4.5.5 计算设置

1）在浏览树中双击“求解”→“运行计算”选项，打开“运行计算”任务页面，如图 4-53 所示。单击“检查 Case”按钮，则 Fluent 软件会自动进行 Case 设置检查，如存在优化设置建议，将弹出图 4-54 所示的 Case Check 对话框，若提示模型及求解器设置可以进行优化，单击“应用”按钮即可接受软件的优化建议。本案例不接受，单击“关闭”按钮退出。

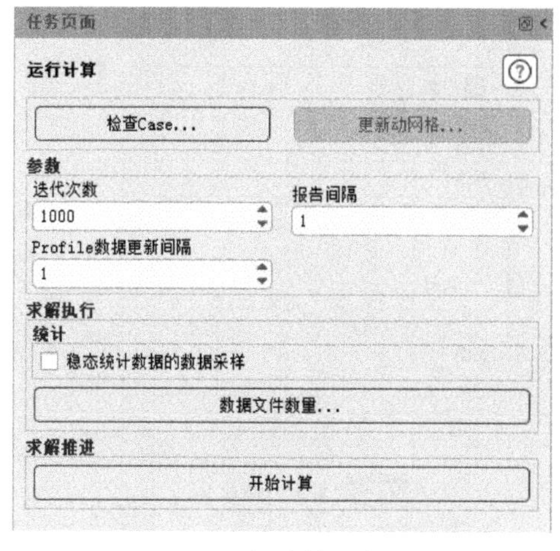

图 4-53 “运行计算”任务页面

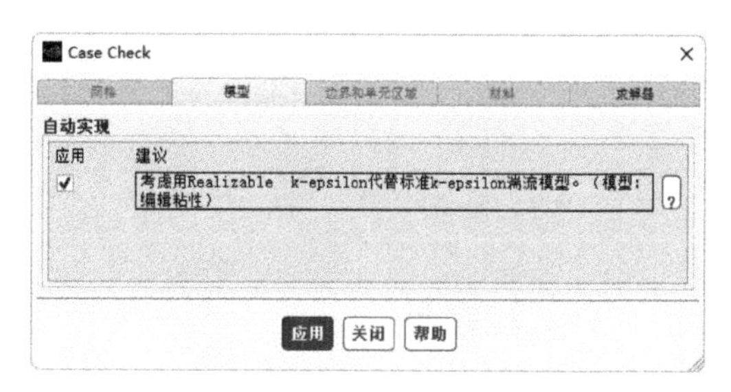

图 4-54 Case Check 对话框

2）在“迭代次数”处输入 1000，代表求解迭代 1000 步，如迭代 1000 步后计算未收敛，则可以增加迭代次数。单击“开始计算”按钮进行计算。

3）计算开始后，则会出现残差曲线，如图 4-55 所示，满足收敛精度后，就会自动停止计算。

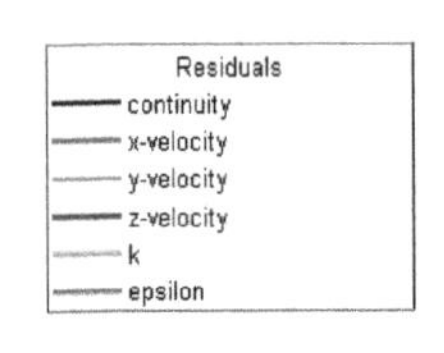

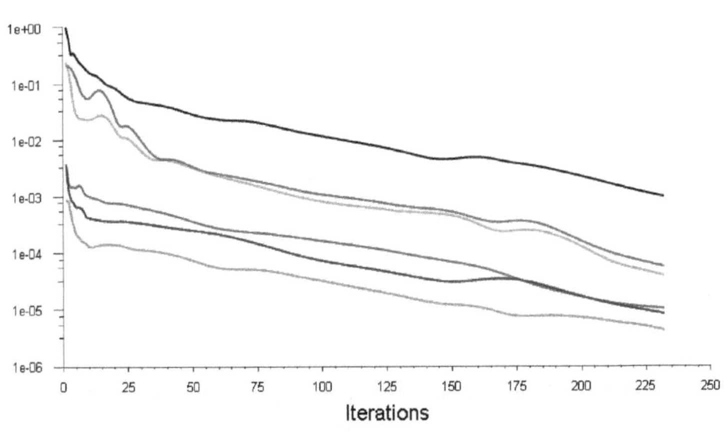

图 4-55　残差曲线

4.6　结果及分析

后处理对于结果分析非常重要，下面将介绍如何创建分析截面，并进行速度、侵蚀速率云图显示及数据后处理分析。

4.6.1　创建分析截面

为了更好地进行结果分析，下面将创建分析截面 y=0，具体操作步骤如下。

1）在浏览树中右击“结果”→“表面”选项，在弹出的快捷菜单中选择“创建”→“平面”命令，如图 4-56 所示，弹出“平面”对话框。

2）在“新面名称”处输入 y=0，在“方法”下拉列表框中选择 ZX Plane，在 Y 处输入 0，单击“创建”按钮完成平面 y=0 的创建，如图 4-57 所示。

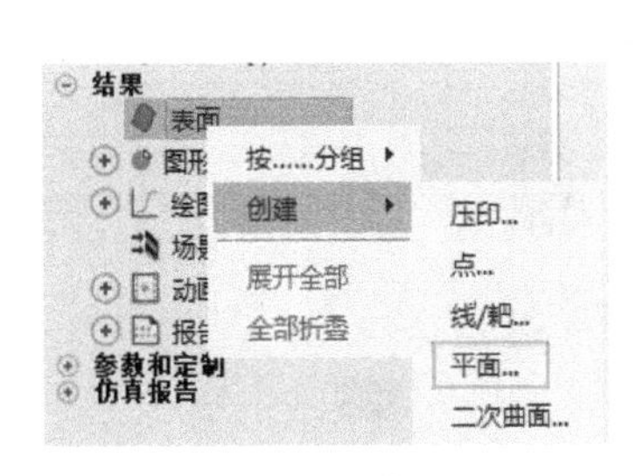

图 4-56　创建平面

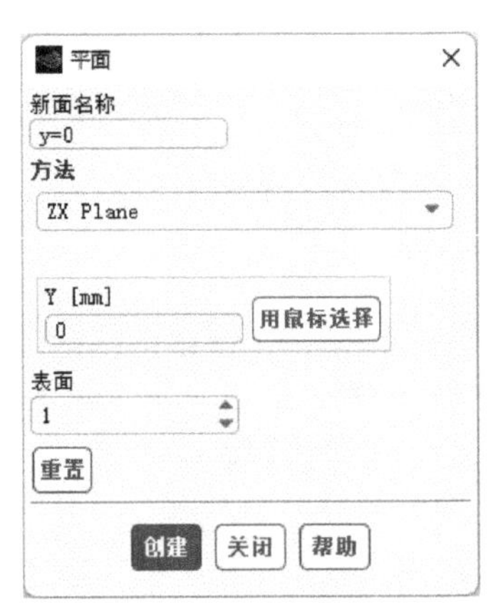

图 4-57　“平面”对话框

4.6.2 y=0 截面速度云图分析

分析截面创建完成后，下一步进行速度云图显示，具体操作步骤如下。

在浏览树中双击“结果”→“图形”→“云图”选项，弹出“云图”对话框，如图 4-58 所示。在“云图名称”处输入 velocity-y-0，在“选项”处选择“填充”、“节点值”、“边界值”、“全局范围”及“自动范围”，在“着色变量”处选择 Velocity 及 Velocity Magnitude，在“表面”处选择 y=0，单击“保存/显示”按钮，则显示出 y=0 截面的速度云图，如图 4-59 所示。

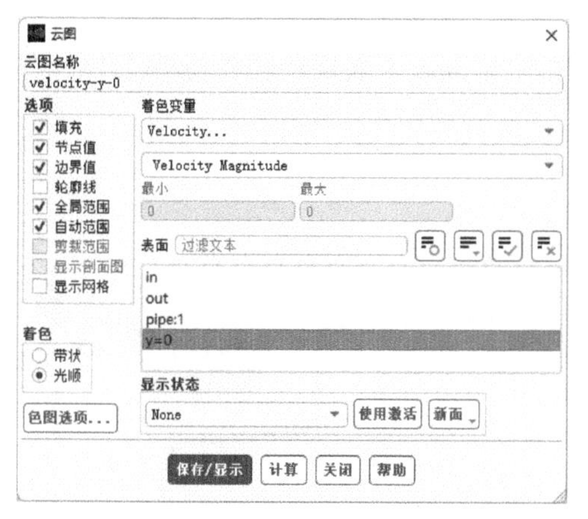

图 4-58 y=0 截面速度云图设置

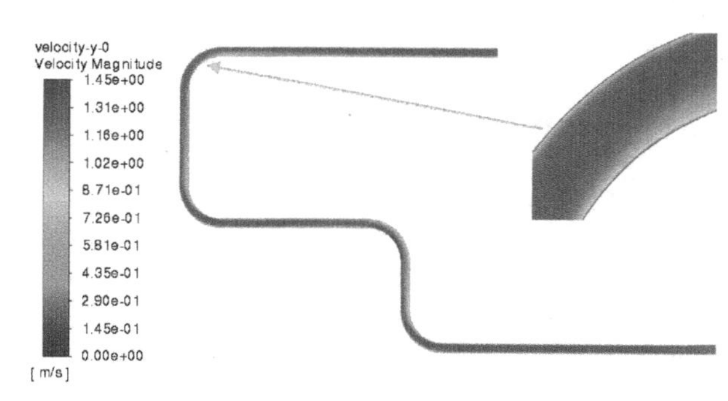

图 4-59 y=0 截面速度云图

由图 4-59 可知，由于流道为弯曲结构，在贴近管道壁面处速度较慢，存在边界层效应，因此在进行网格划分时需要对边界进行局部加密，以便更好地捕捉壁面特性。

4.6.3 管道壁面侵蚀速率（Generic）云图分析

在浏览树中双击“结果”→“图形”→“云图”选项，弹出“云图”对话框，如图 4-60 所示。在“云图名称”处输入 generic-pipe，在“选项”处选择“填充”、“节点值”、“全局范围”及“自动范围”，在“着色变量”处选择 Discrete Phase Variables 及 DPM Erosion Rate（Generic），在“表面”处选择 pipe:1，单击“保存/显示”按钮，则显示出 pipe:1 表面的侵蚀速率云图，如图 4-61 所示。

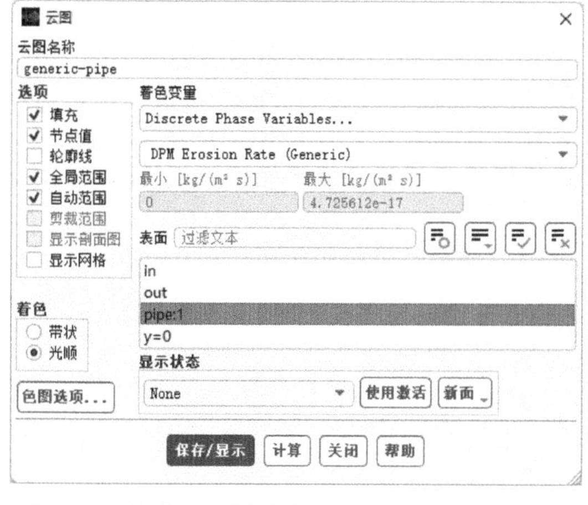

图 4-60 管道壁面侵蚀速率（Generic）云图设置

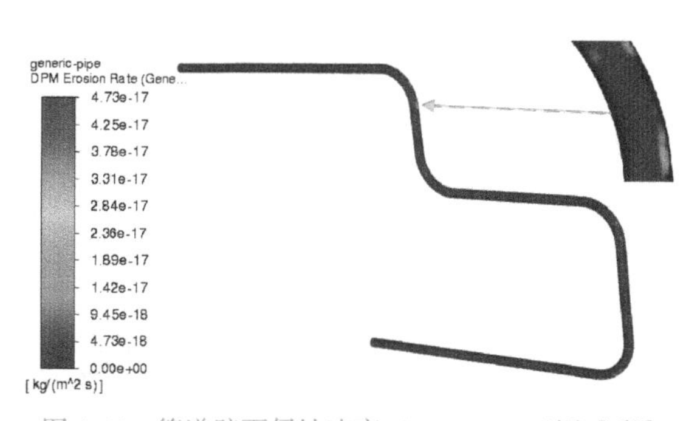

图 4-61 管道壁面侵蚀速率（Generic）云图【彩】

由图 4-61 可知，DPM Erosion Rate（Generic）数值为 4.73e-17，通过云图局部放大可以发现，在管道弯道处的侵蚀速率较大，主要原因是弯道处速度较大，颗粒由于弯道处离心力影响而与壁面碰撞强烈。

4.6.4 管道壁面侵蚀速率（Finnie）云图分析

在浏览树中双击“结果”→“图形”→“云图”选项，弹出“云图”对话框，如图 4-62 所示。在“云图名称”处输入 finnie-pipe，在“选项”处选择“填充”、“节点值”、“全局范围”及“自动范围”，在“着色变量”处选择 Discrete Phase Variables 及 DPM Erosion Rate（Finnie），在“表面”处选择 pipe:1，单击“保存/显示”按钮，则显示出 pipe:1 表面的侵蚀速率云图，如图 4-63 所示。

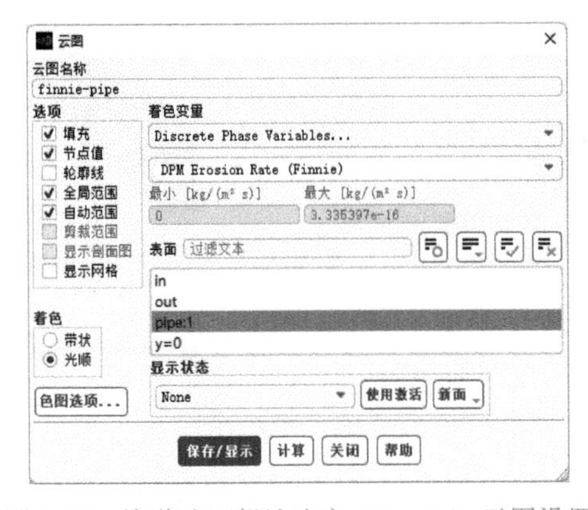

图 4-62 管道壁面侵蚀速率（Finnie）云图设置

图 4-63 管道壁面侵蚀速率（Finnie）云图【彩】

由图 4-63 可知，DPM Erosion Rate（Finnie）数值为 3.34e-16，通过云图局部放大可以发现，在管道弯道处的侵蚀速率较大，主要原因是弯道处速度较大，颗粒由于弯道处离心力影响而与壁面碰撞强烈。

4.6.5 计算结果数据后处理分析

在完成云图定性分析后，基于计算结果进行定量分析也非常重要，计算结果数据定量分析的具体操作步骤如下。

在浏览树中双击“结果”→“报告”→“表面积分”选项，弹出“表面积分”对话框，如图 4-64

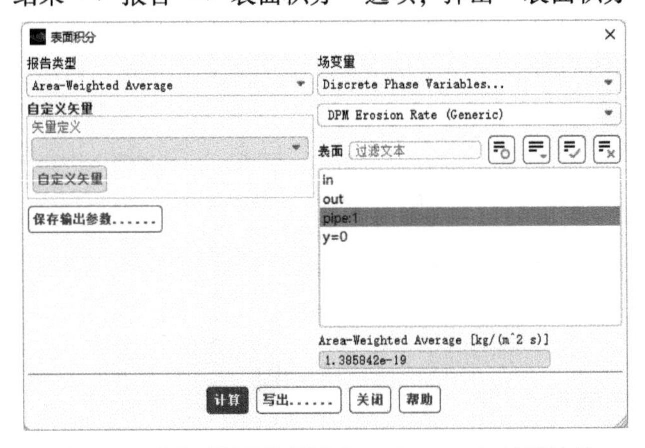

图 4-64 管道面积平均侵蚀速率（Generic）计算结果

所示。在“报告类型”中选择 Area-Weighted Average（面平均），在“场变量”里选择 Discrete Phase Variables 及 DPM Erosion Rate（Generic），在“表面”处选择 pipe:1，单击“计算”按钮得出管道面积平均侵蚀速率（Generic）为 1.386×10^{-19}kg/（$m^2\cdot s$）。

4.7 本章小结

本章以简化污水管道冲刷侵蚀分析为例，详细讲解了几何模型前处理、网格划分、设置、求解及结果查看和分析，重点说明了颗粒离散相模型及管道侵蚀模型参数设置等内容。通过本章学习，可以快速掌握进行管道内输送颗粒流体冲刷侵蚀的校核分析。

第5章

汽车行驶过程噪声特性模拟

操作视频

随着智能电动汽车的快速发展，人们对其驾驶舒适性提出了更高的要求，汽车的 NVH 设计分析就显得尤为重要。其中的 N 是指汽车行驶噪声，而风噪是噪声的重要组成部分，因此本章以汽车行驶过程中的噪声特性模拟分析为例，介绍如何进行车辆行驶的等效处理及噪声的仿真计算。

本章知识要点如下。

1）学习如何进行宽频噪声模型设置。

2）学习如何进行湍流模型设置。

3）学习如何进行噪声模型结果后处理分析。

5.1 案例简介

本章以赛车为研究对象，在赛车模型外部创建流体域，用风的流动来等效赛车行驶，外部计算域左侧为速度入口，右侧为压力出口，如图 5-1 所示。应用 Fluent 软件进行车辆行驶过程中的噪声分布分析。

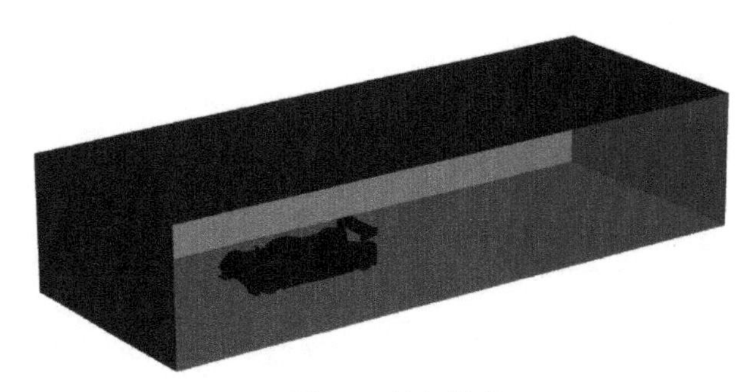

图 5-1 几何模型

5.2 几何模型前处理

5.2.1 创建分析项目

1）在 Windows 系统下执行 “开始”→“所有程序”→ANSYS 2022→Workbench 2022 命令，启动 ANSYS Workbench 2022，进入 Workbench 主界面。

2）在 Workbench 主界面的工具箱中双击 “组件系统”→“几何结构” 选项，即可在项目管理区创建分析项目 A，如图 5-2 所示。

3）在工具箱中的“组件系统”→“Fluent（带 Fluent 网格剖分）”上按住鼠标左键拖动到项目管理区中，当项目 A 的 A2“几何结构”呈红色高亮显示时，放开鼠标创建项目 B，此时相关联的数据可共享，如图 5-3 所示。

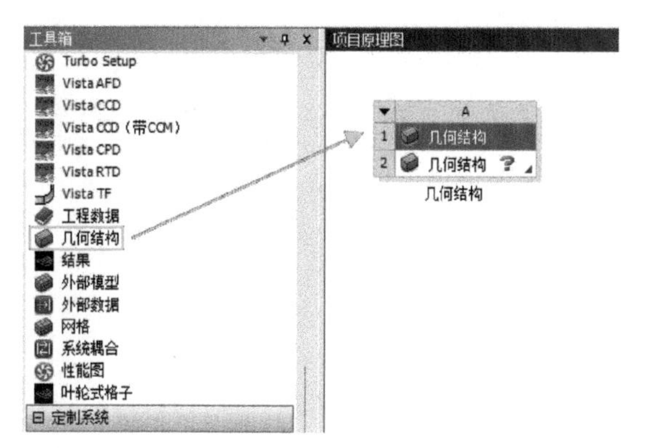

图 5-2 创建几何结构

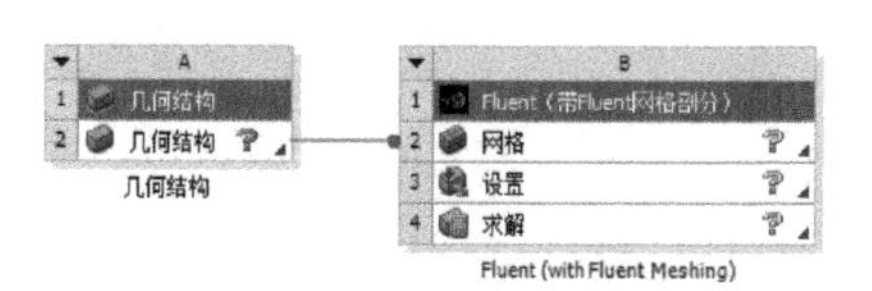

图 5-3 创建分析项目 B

5.2.2 导入几何模型

1）在 A2 栏“几何结构”上右击，在弹出的快捷菜单中选择“导入几何模型”→“浏览”命令，如图 5-4 所示，此时会弹出“打开”对话框。

2）在“打开”对话框中选择 Acoustics，导入 Acoustics 几何模型文件，如图 5-5 所示，此时 A2 栏“几何结构”后的 ? 变为 ✓，表示实体模型已经存在。

图 5-4 导入几何模型

图 5-5 “打开”对话框

3）双击项目 A 中的 A2 栏“几何结构”，会进入“A：几何结构-Geom-SpaceClaim”界面，显示的几何模型如图 5-6 所示。本例中无须进行几何模型修改。

4）单击“群组”按钮，则显示图 5-7 所示的边界条件名称，本例已经完成了边界条件命名，因此不需要进行修改，如需修改边界条件，则在此处进行设置。

5）单击“A：几何结构-Geom-SpaceClaim”界面右上角的“关闭”按钮，返回 Workbench 主界面。

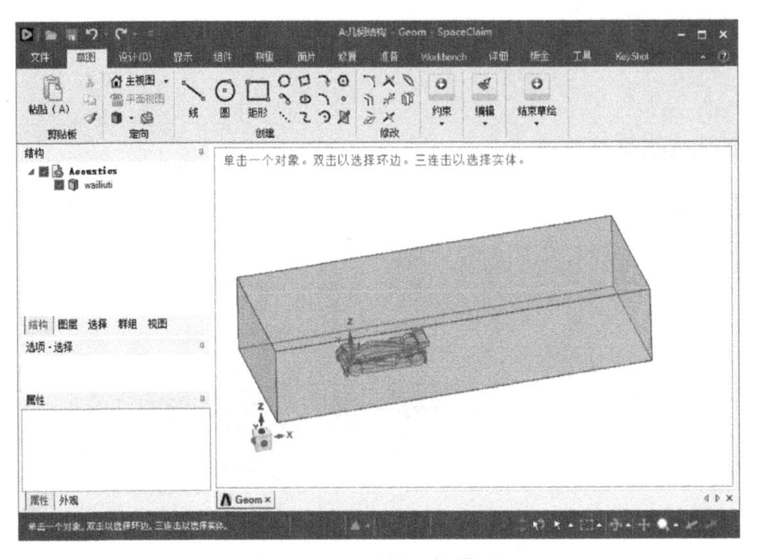

图 5-6　显示的几何模型

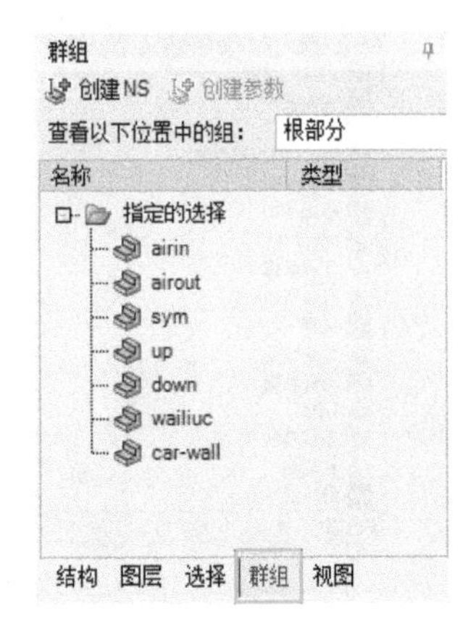

图 5-7　边界条件设置界面

5.3　网格划分

1）双击项目管理区项目 B 中的 B2 栏“网格”选项，进入网格划分启动界面。图 5-8 所示设置为计算双精度、读取网格后显示网格、网格划分及计算求解选用 6 核并行计算。

2）单击 Start 按钮进入 B:Fluent（with Fluent Meshing）界面，在该界面下即可进行网格的划分、边界条件的设置等操作，如图 5-9 所示。

图 5-8　网格划分启动界面

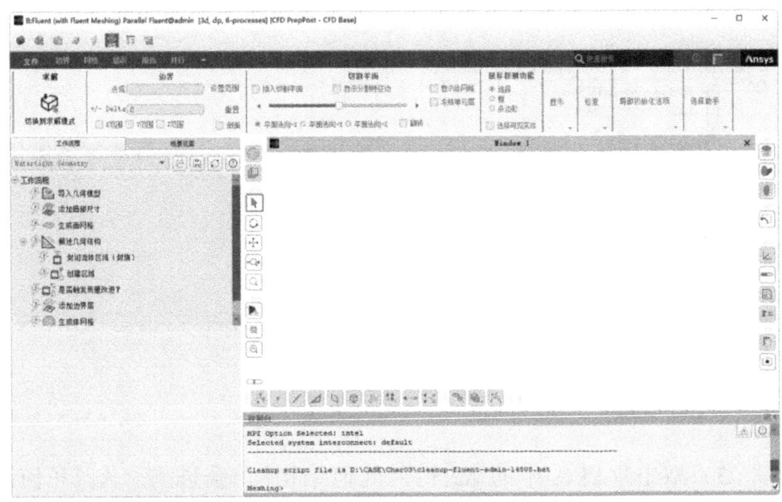

图 5-9　B:Fluent（with Fluent Meshing）界面

3）在左侧浏览树中单击“工作流程”→“导入几何模型”选项，在打开的面板中单击“导入几何模型”按钮，即可将几何模型导入，如图 5-10 所示。导入的几何模型如图 5-11 所示。

4）继续在浏览树中单击“工作流程”→“添加局部尺寸”选项，在打开的面板中单击“更新”按钮，如图 5-12 所示。

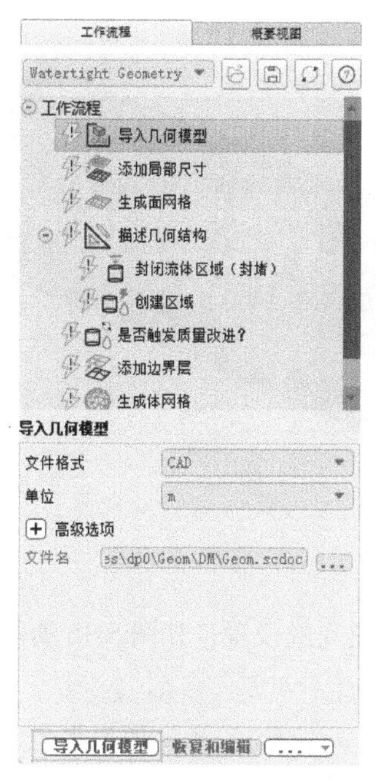

图 5-10　几何模型导入设置界面

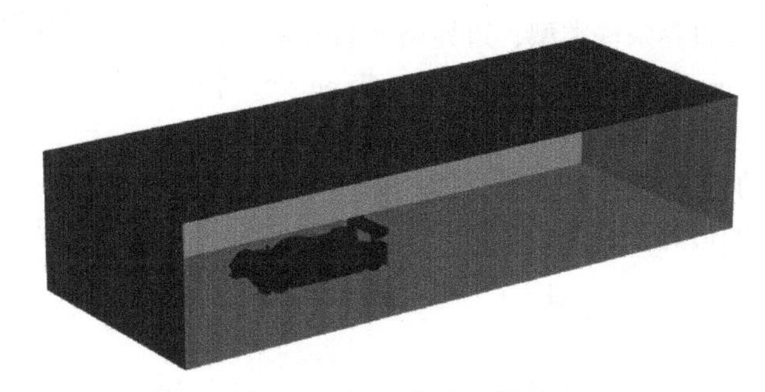

图 5-11　导入的几何模型

5）在浏览树中单击“工作流程”→“生成面网格”选项，在打开的面板中设置面网格划分参数，在 Minimum Size 处输入 0.01，在 Maximum Size 处输入 0.4，在“增长率”处输入 1.2，打开“高级选项”，在“质量优化的偏度限值”处输入 0.8，在“基于坍塌方法改进质量的偏斜度阈值”处输入 0.8，其他参数保持默认设置。单击“生成面网格”按钮即可进行面网格划分，如图 5-13 所示。

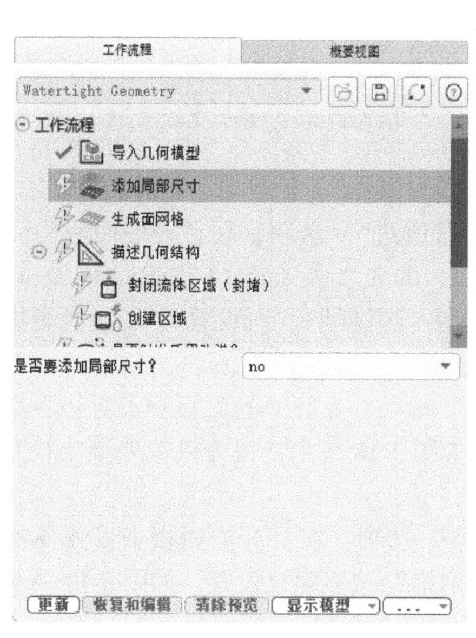

图 5-12　添加局部尺寸

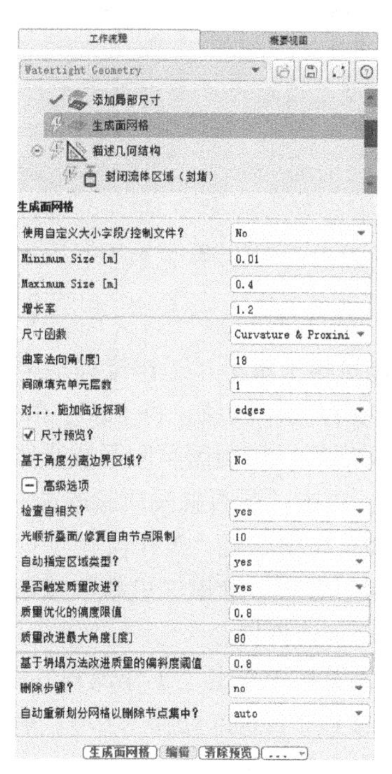

图 5-13　生成面网格

划分好的面网格如图 5-14 所示。

6）在浏览树中单击“工作流程”→“描述几何结构”选项，在打开的面板中设置几何结构参数。因为几何模型在 SpaceClaim 内已经完成了拓扑共享，所以不需要应用共享拓扑。具体设置如图 5-15 所示，单击“描述几何结构”按钮完成设置。

7）在浏览树中单击“工作流程”→“描述几何结构”→“更新边界”选项，在打开的面板中设置边界条件类型，边界条件名称建议在 SpaceClaim 中确定。在 Boundary Type 处，将 airin 的边界条件类型修改为 Velocity-inlet，将 airout 的边界条件类型修改为 pressure-outlet，将 sym 的边界条件类型修改为 symmetry，单击“更新边界”按钮完成设置，如图 5-16 所示。

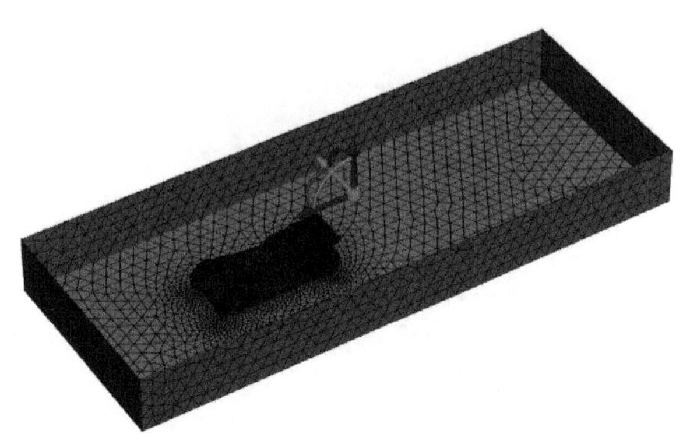

图 5-14　面网格划分效果图

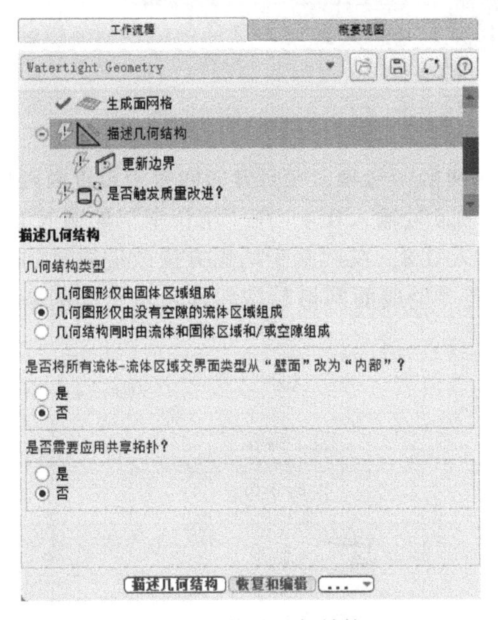

图 5-15　描述几何结构

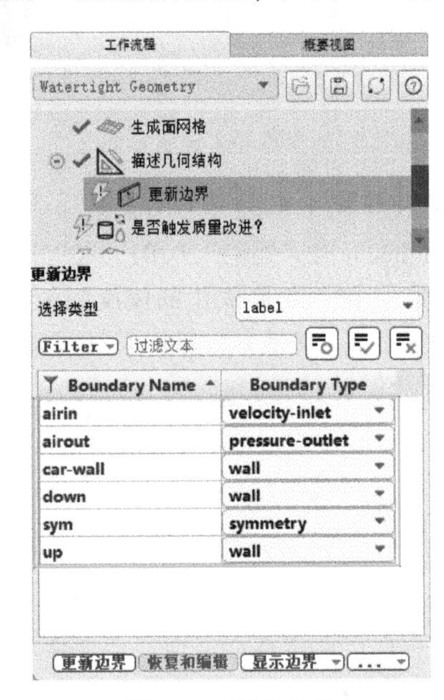

图 5-16　更新边界

8）在浏览树中单击“工作流程”→“是否触发质量改进?”选项，在打开的面板中设置区域为固体区域或者流体区域。将 fluid、fluid_1、fluid_2、fluid_3 及 fluid_4 的 Region Type 设置为 dead，因为软件默认将封闭空间形成流体域（汽车模型内部区域），所设置为 dead 代表将流体区域进行抑制。单击“是否触发质量改进?”按钮完成设置，如图 5-17 所示。

9）在浏览树中单击“工作流程”→“添加边界层”选项，在打开的面板中设置边界层，右击“添加边界层”选项，选择“更新”按钮完成设置，如图 5-18 所示，因为汽车外形比较复杂，因此本案例不添加边界层。

10）在浏览树中单击“工作流程”→“生成体网格”选项，在打开的面板中设置体网格划分参数，在 Max Cell Length 处输入 0.5，单击“生成体网格”按钮完成设置，如图 5-19 所示。生成的体网格如图 5-20 所示。

图 5-17　选择是否触发质量改进

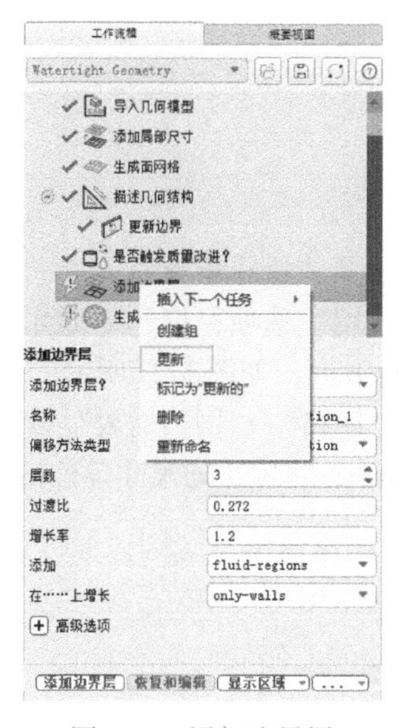

图 5-18　添加边界层

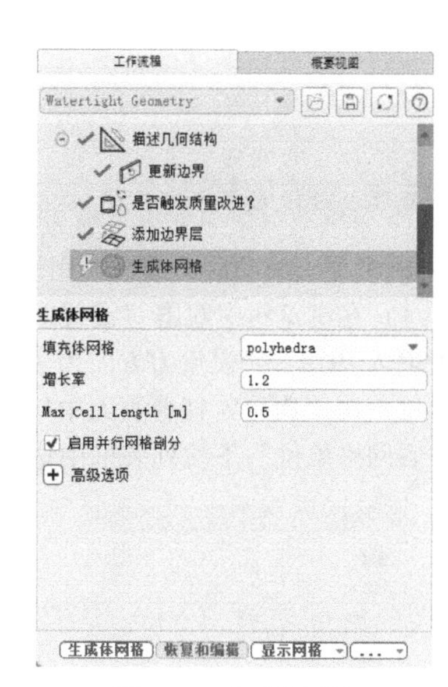

图 5-19　生成体网格

11）在 Fluent 界面上方的选项卡中单击“求解”→“切换到求解模式”按钮，如图 5-21 所示，打开 Fluent 求解设置界面，如图 5-22 所示。

图 5-20　体网格划分效果图

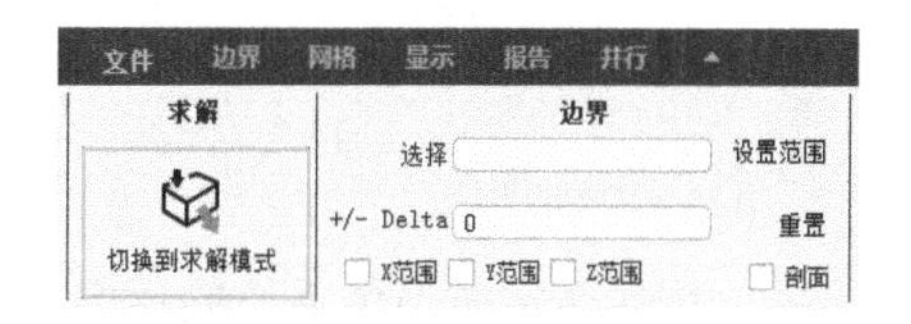

图 5-21　切换到求解模式

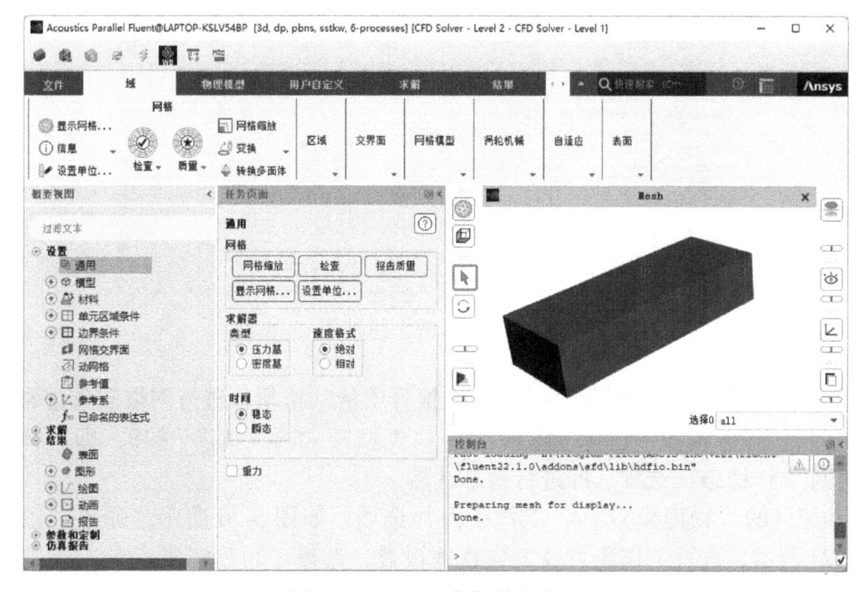

图 5-22　Fluent 求解设置界面

5.4 设置

5.4.1 通用设置

网格导入成功后，进行通用设置，具体操作步骤如下。

1）在浏览树中双击“设置”→“通用”选项，打开“通用”任务页面，选择“重力”，并在 z 处输入−9.8，代表重力方向为 z 的负方向，如图 5-23 所示。

2）在“通用”任务页面中单击“网格”→“网格缩放”按钮，弹出“缩放网格”对话框，在“查看网格单位”下拉列表框中选择 mm，将默认的尺寸单位由 m 改为 mm，如图 5-24 所示。

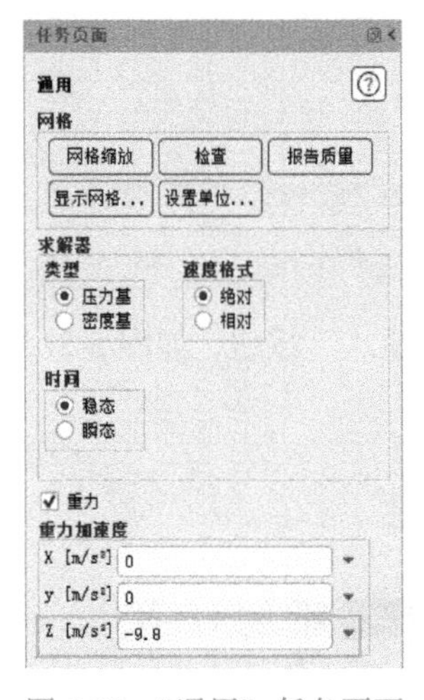

图 5-23 “通用”任务页面

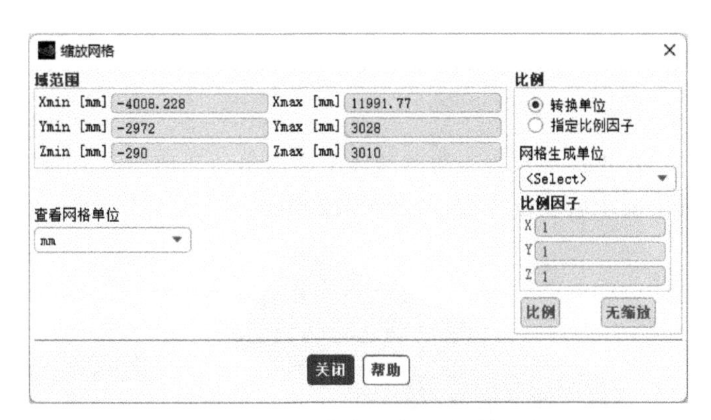

图 5-24 “缩放网格”对话框

3）在“通用”任务页面中单击“网格”→“检查”按钮，检查网格划分是否存在问题，此时会在“控制台”显示详细的网格信息，如图 5-25 所示，可以查看导入网格的尺寸。

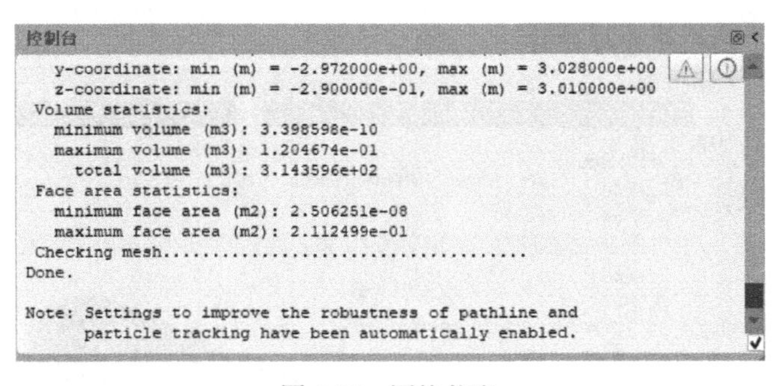

图 5-25 网格信息

4）在“通用”任务页面中单击“网格”→“报告质量”按钮，进行网格质量查看。

5）在“通用”任务页面中选择“求解器”→“类型”→“压力基”选项，即选择基于压力求解；选择“时间”→“稳态”选项，即进行稳态计算。

6）单击功能区的“物理模型”→“工作条件”选项，如图 5-26 所示，弹出“工作条件”对话框，如图 5-27 所示，进行工作压力及工作密度设置，选择“可变密度参数”下的“指定的操作密度”选项，并在“工作密度”处输入 1.225。

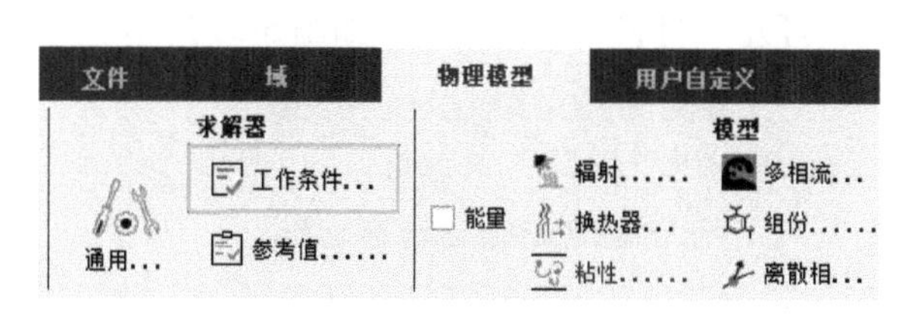

图 5-26 “工作条件”选项

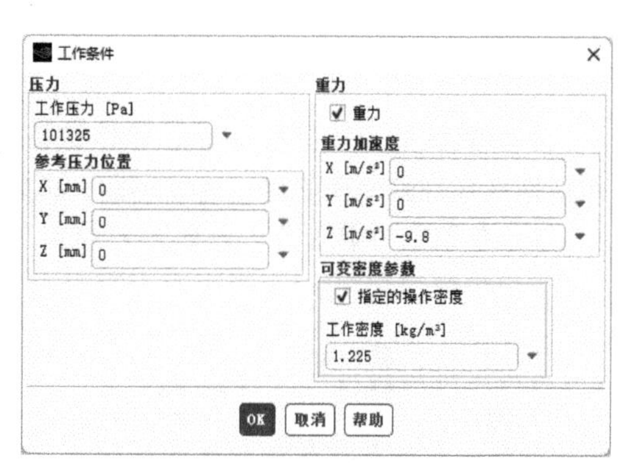

图 5-27 “工作条件”对话框

5.4.2 模型设置

通过对汽车行驶噪声问题的物理过程分析可知，需要设置汽车行驶流动模型及噪声模型，通过计算雷诺数，判断流动状态为湍流，具体操作步骤如下。

1）在浏览树中双击“设置”→“模型”选项，打开“模型”任务页面，如图 5-28 所示。

2）在浏览树中双击“模型”→“粘性”选项，弹出“粘性模型”对话框，进行流动模型设置。在“模型”下选择 k-epsilon（2 eqn），在“k-epsilon 模型”下选择 Standard，在“壁面函数”下选择“标准壁面函数（SWF）”，其余参数保持默认，如图 5-29 所示，单击 OK 按钮保存设置。

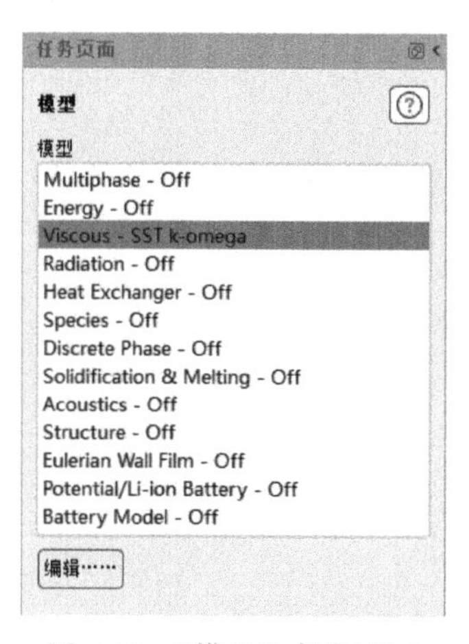

图 5-28 “模型”任务页面

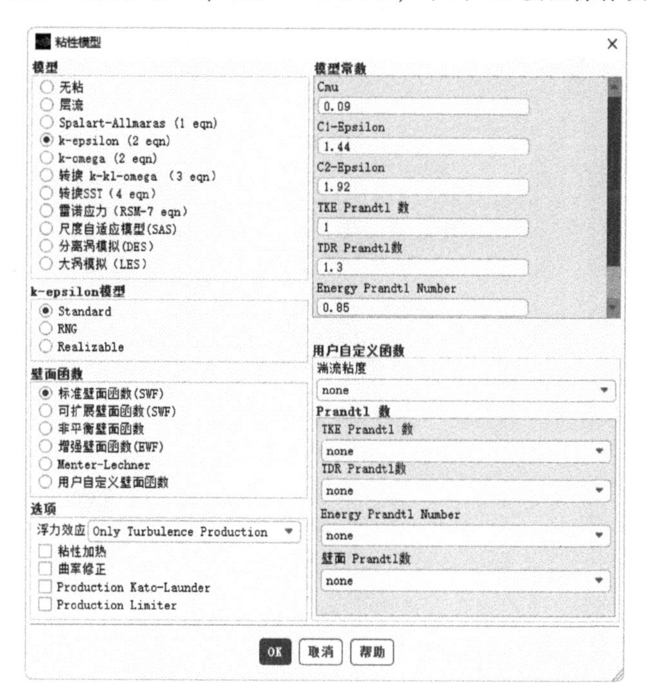

图 5-29 “粘性模型”对话框

3）在浏览树中双击“模型”→“声学”选项，弹出“声学模型”对话框，进行声学模型设置。在“模型”下选择“宽频噪声模型”，在“远场密度”处输入 1.225，在“远场声速”处输入 340，在“参考声功率”处输入 5e-10，在“实际极点的数量”处输入 100，在“傅立叶模式的数量”处输入 50，如图 5-30 所示，单击 OK 按钮保存设置。

5.4.3 材料设置

软件默认的流体材料是 air，固体材料为 aluminum。因为本案例是模拟汽车在空气中行驶，因此根据汽车行驶所在的海拔高度不同，可以对空气的材料属性进行修改，具体如下。

1）在浏览树中双击“设置”→“材料”选项，打开“材料”任务页面，如图 5-31 所示。

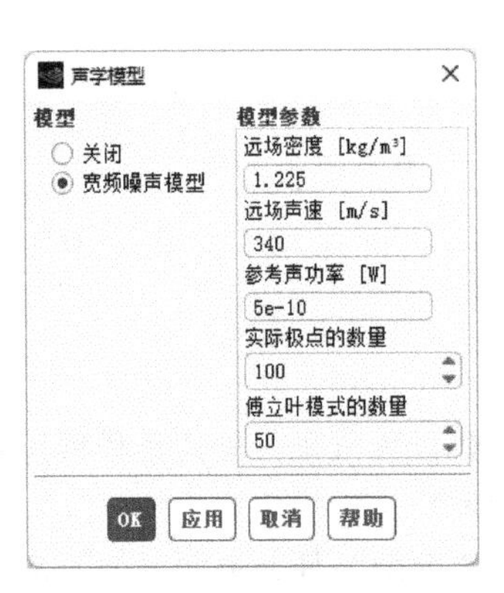

图 5-30 “声学模型”对话框

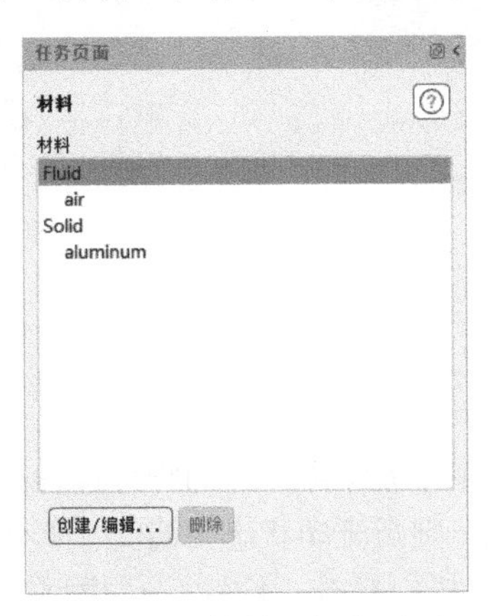

图 5-31 “材料”任务页面

2）在浏览树中双击“材料”→Fluid→air，弹出“创建/编辑材料”对话框，如图 5-32 所示，此处可以进行空气材料密度、粘度等参数的修改，本案例保持默认参数不变。

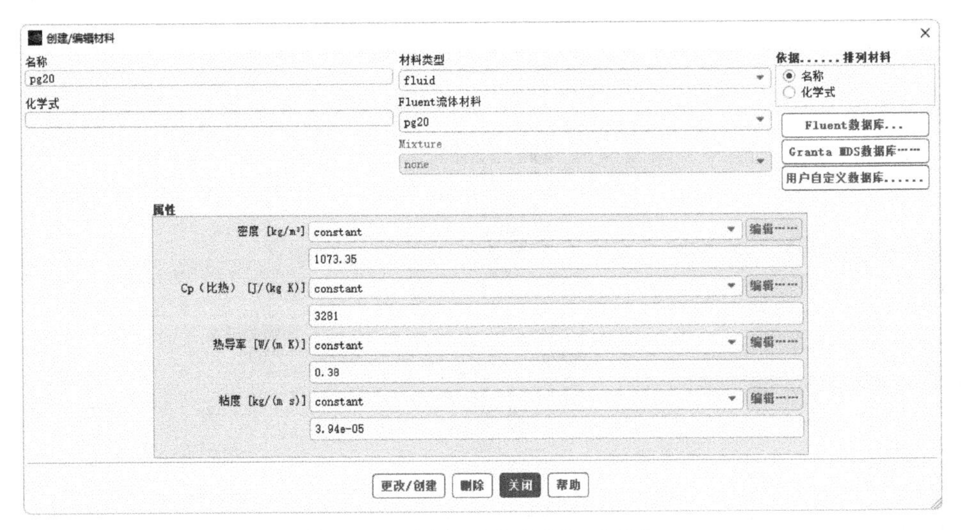

图 5-32 “创建/编辑材料”对话框

5.4.4 单元区域条件设置

Fluent 默认流体区域内的材料为 air，因此不需要进行修改，查看的步骤如下。

1）在浏览树中双击“设置”→“单元区域条件”选项，打开“单元区域条件”任务页面，如图 5-33 所示。

2）在“单元区域条件”任务页面中单击 wailiuc 选项，弹出“流体”对话框，可以看出“材料名称”处的材料为 air，此处不需要进行流体材料修改，如图 5-34 所示。

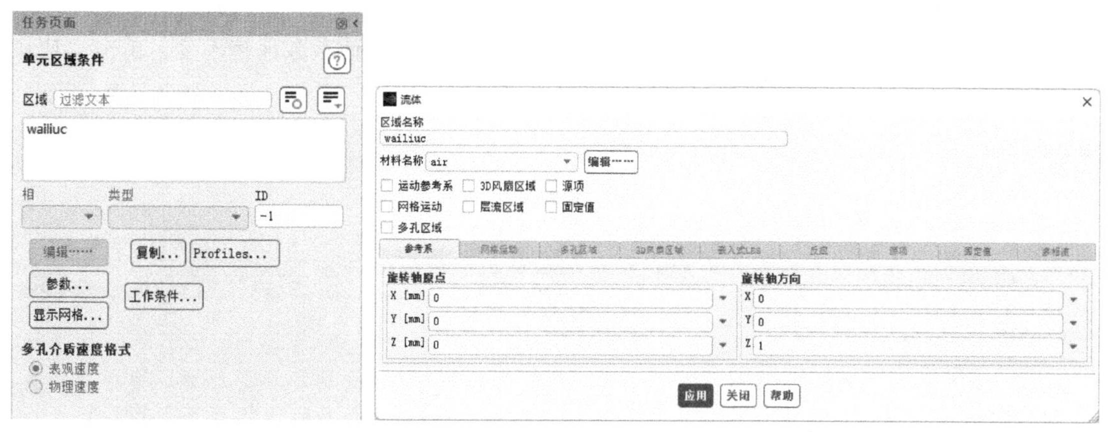

图 5-33 “单元区域条件”任务页面　　图 5-34 “流体”对话框

5.4.5 边界条件设置

汽车行驶过程中主要涉及空气流动入口、空气流动出口等边界条件，具体操作步骤如下。

1）在浏览树中双击“设置”→“边界条件”选项，打开“边界条件”任务页面，如图 5-35 所示。

2）在“边界条件”任务页面中双击 airin 选项，弹出“速度入口”对话框，如图 5-36 所示，在“速度大小”处输入 20，代表入口速度为 20m/s，在“设置”处选择 Intensity and Viscosity Ratio，在“湍流强度”处输入 5，在“湍流粘度比”处输入 10，单击“应用”按钮保存。

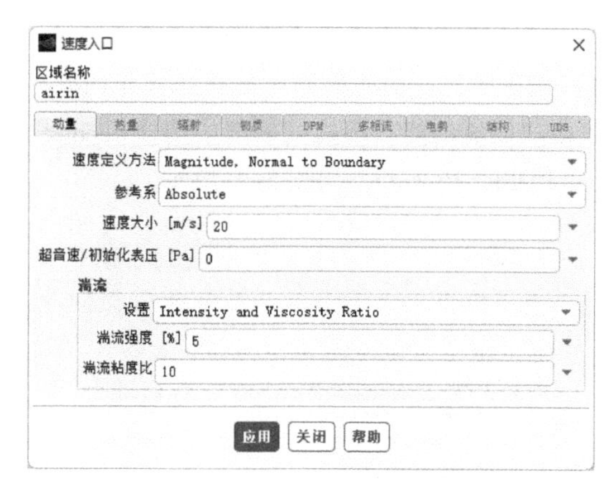

图 5-35 “边界条件”任务页面　　图 5-36 速度入口速度设置

3）在“边界条件”任务页面中双击 airout 选项，弹出“压力出口”对话框，如图 5-37 所示，在“表压”处输入 0，代表出口压力为标准大气压，在“设置”处选择 Intensity and Viscosity Ratio，在“回流湍流强度”处输入 5，在“回流湍流粘度比”处输入 10，单击“应用”按钮保存。

4）在“边界条件”任务页面中双击 up 选项，弹出“壁面”对话框，如图 5-38 所示。切换到“动量”选项卡，在“剪切条件”下选择“指定剪切力”，其他参数保持不变，单击“应用”按钮保存。

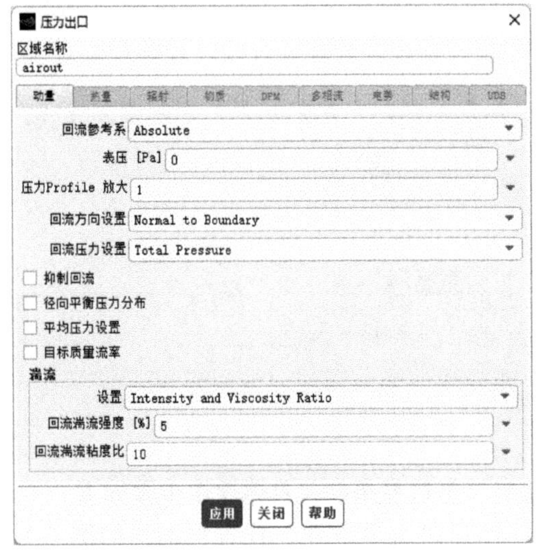

图 5-37 “压力出口”对话框

图 5-38 “壁面”对话框

5.5 求解

5.5.1 方法设置

求解方法对结果的计算精度影响很大，需要合理设置。

1）在浏览树中双击“求解”→“方法”选项，打开“求解方法”任务页面。

2）在“方案”下拉列表框中选择 SIMPLE，在“梯度”下拉列表框中选择 Least Squares Cell Based，在“压力”下拉列表框中选择 Second Order，在“动量”下拉列表框中选择 Second Order Upwind，在“湍流动能”下拉列表框中选择 Second Order Upwind，在“比耗散率”下拉列表框中选择 Second Order Upwind，如图 5-39 所示。

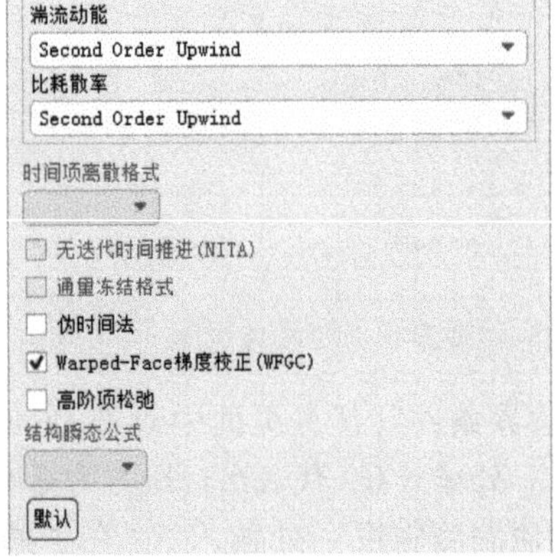

图 5-39 “求解方法”任务页面

5.5.2 控制设置

1）在浏览树中双击“求解”→“控制”选项，打开“解决方案控制”任务页面，如图 5-40 所示，可以进行“亚松弛因子”、“方程”、“限值”及“高级”等选项设置。“亚松弛因子”代表求解迭代计算方程前的因子，因此原则上保持默认即可。如果计算过程中发现残差曲线收敛特性较差，则可以将对应变量的“亚松弛因子”减小，但也不能太小，否则会引起计算结果失真。

2）在“解决方案控制”任务页面中单击“方程”按钮，弹出“方程”对话框，如图 5-41 所示。可以设置求解迭代过程中需要同时求解的方程数量，此处保持默认。

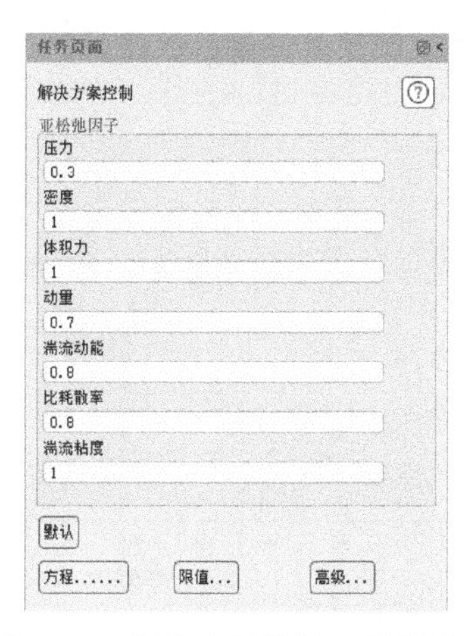

图 5-40 “解决方案控制”任务页面

图 5-41 “方程”对话框

5.5.3 残差设置

1）在浏览树中双击“求解”→“计算监控”→“残差”选项，弹出“残差监控器”对话框，如图 5-42 所示。

2）在“迭代曲线显示最大步数”处输入 1000，在“存储的最大迭代步数”处输入 1000，“绝对标准”值保持默认。

3）单击 OK 按钮，保存残差监控器设置。

5.5.4 初始化设置

1）在浏览树中双击“求解”→“初始化”选项，打开“解决方案初始化”任务页面，如图 5-43所示。

图 5-42 “残差监控器”对话框

图 5-43 “解决方案初始化”任务页面

2）在“初始化方法”处选择“混合初始化（Hybrid Initialization）”，单击“初始化”按钮进行初始化即可。

5.5.5 计算设置

1）在浏览树中双击“求解”→“运行计算”选项，打开“运行计算”任务页面，如图 5-44 所示。

2）在“迭代次数”处输入 1000，代表求解迭代 1000 步，如迭代 1000 步后计算未收敛，则可以增加迭代次数。单击“开始计算”按钮进行计算。

3）计算开始后，则会出现残差曲线，如图 5-45 所示，满足收敛精度后，则会自动停止计算。因为本案例网格未做无关性分析，因此计算收敛精度一般。

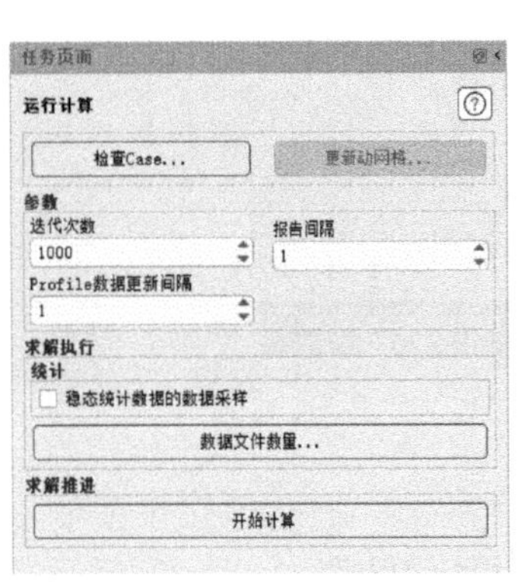

图 5-44 “运行计算”任务页面

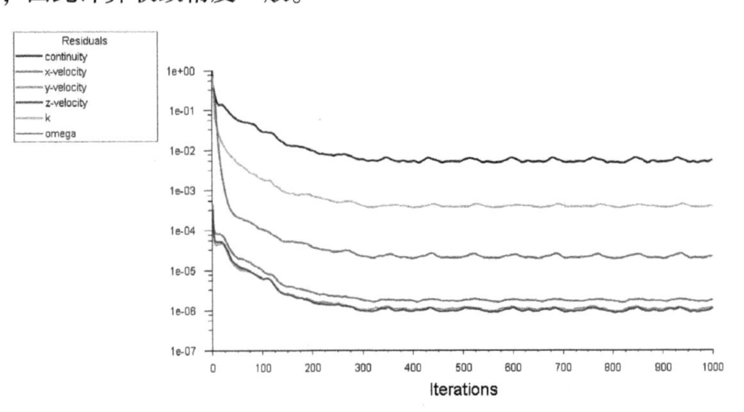

图 5-45 残差曲线

5.6 结果及分析

后处理对于结果分析非常重要，下面将介绍如何创建分析截面，并进行速度、动压、噪声云图显示及数据后处理分析。

5.6.1 创建分析截面

为了更好地进行结果分析，下面将创建分析截面 y=28（中间截面），具体操作步骤如下。

1）在浏览树中右击“结果”→“表面”选项，在弹出的快捷菜单中选择“创建”→“平面”命令，如图 5-46 所示，弹出“平面”对话框。

2）在“新面名称”处输入 y=28，在“方法”下拉列表框中选择 ZX Plane，在 Y 处输入 28，单击“创建”按钮完成截面 y=28 的创建，如图 5-47 所示。

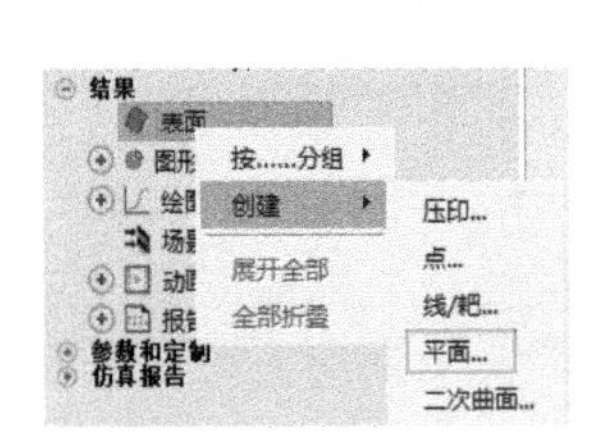

图 5-46 创建平面

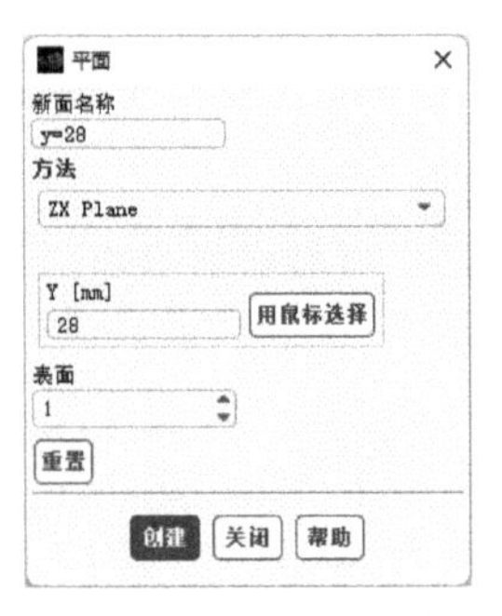

图 5-47 “平面”对话框

5.6.2 y=28 截面速度云图分析

分析截面创建完成后，下一步进行速度云图显示，具体操作步骤如下。

1）在浏览树中双击“结果”→“图形”→“云图”选项，弹出“云图”对话框，如图 5-48 所示。在“云图名称”处输入 velocity-y-28，在“选项”处选择“填充”、“节点值”、“边界值”、“轮廓线”、“全局范围”及“自动范围”，在“着色变量”处选择 Velocity 及 Velocity Magnitude，在“表面”处选择 y = 28，单击“保存/显示”按钮，则显示出 y=28 截面的速度云图，如图 5-49 所示。

由图 5-49 可知，由于汽车外形几何结构影响，导致在汽车尾翼处风速较大，最大速度为 38.9m/s，后续可以通过优化汽车外形来降低风速。

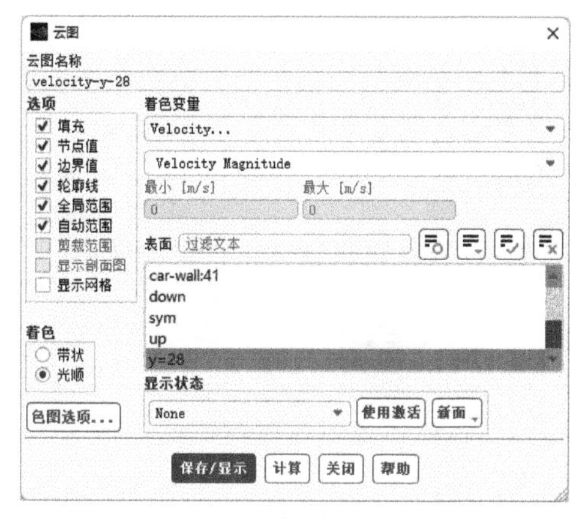

图 5-48　y=28 截面速度云图设置

图 5-49　y=28 截面速度云图【彩】

2）选择“云图”对话框“选项”处的“显示网格”，弹出“网格显示”对话框，在“选项”处选择“边”，在“边类型”处选择“轮廓”，在“表面”选项处选择除了 y=28 之外的所有面，如图 5-50 所示，单击“显示”按钮，则显示如图 5-51 所示。

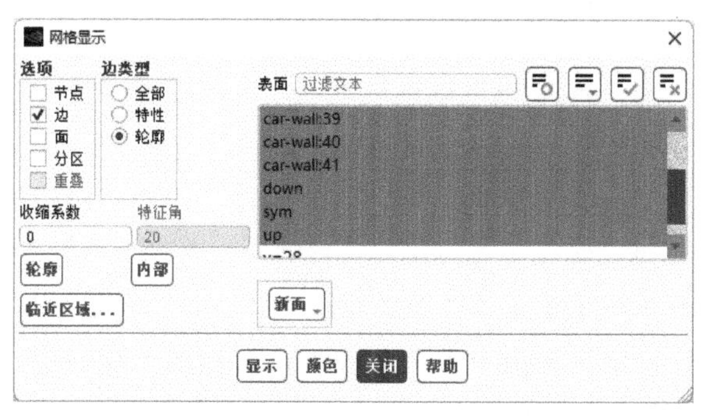

图 5-50　“网格显示”对话框

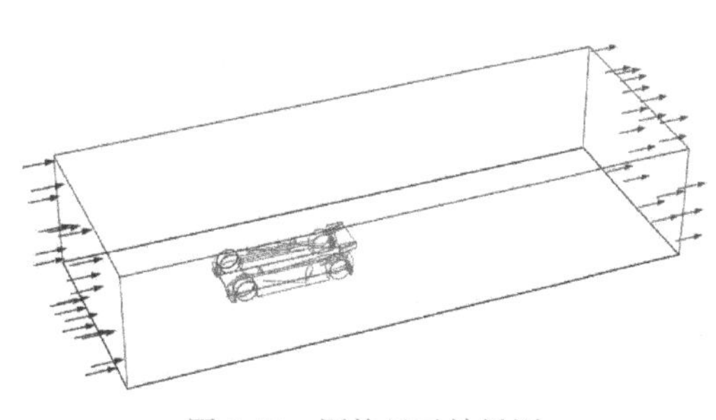

图 5-51　网格显示效果图

3）在“云图”对话框中，取消选择“选项”处的“填充”，并单击“保存/显示”按钮，如图 5-52 所示，显示出来的速度等值线云图如图 5-53 所示。

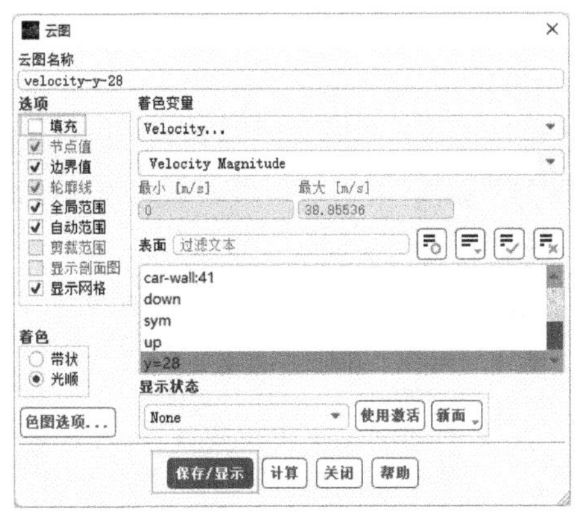

图 5-52 y=28 截面速度等值线云图设置

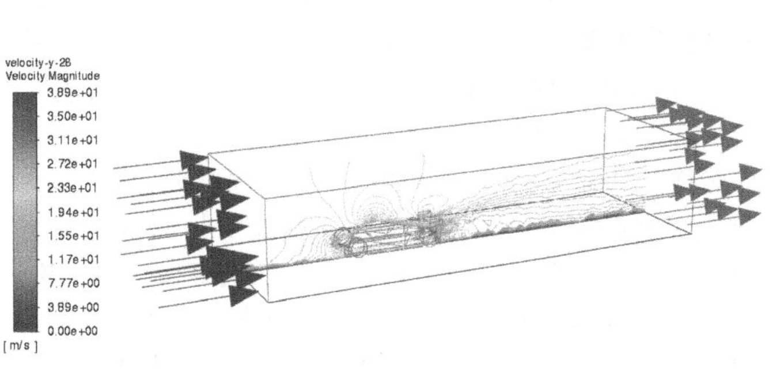

图 5-53 y=28 截面速度等值线云图【彩】

5.6.3 y=28 截面动压云图分析

在浏览树中双击“结果”→“图形”→“云图”选项，弹出“云图”对话框，如图 5-54 所示。在“云图名称”处输入 pressure-y-28，在“选项”处选择“填充”、“节点值”、“全局范围”及“自动范围”，在“着色变量”处选择 Pressure 及 Dynamic Pressure，在“表面”处选择 y=28，单击“保存/显示”按钮，则显示出 y=28 截面的动压云图，如图 5-55 所示。

由图 5-55 动压云图分布可知，在速度较大的地方，动压较小，分布规律与速度分布规律相对应，而且汽车后侧动压并未充分发展，因此对于类似分析，需要加大外部流体域进行对比分析。

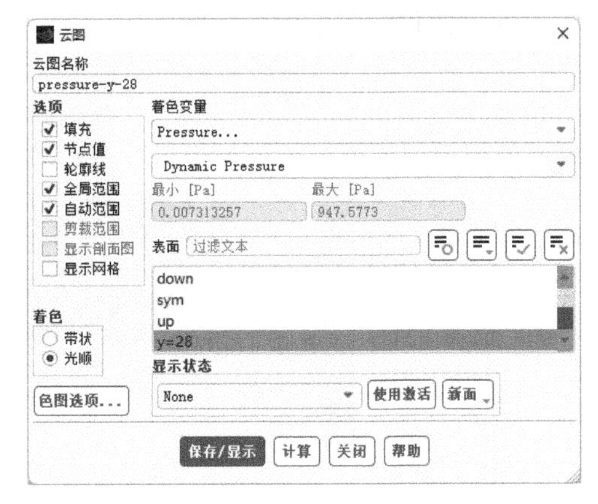

图 5-54 y=28 截面动压云图设置

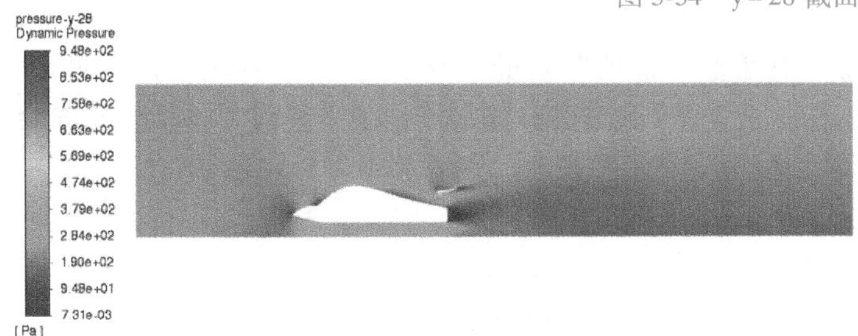

图 5-55 y=28 截面动压云图【彩】

5.6.4 汽车表面噪声云图分析

在浏览树中双击“结果”→“图形”→“云图”选项，弹出“云图”对话框，如图 5-56 所示。在“云图名称”处输入 acoustics-carwall，在“选项”处选择“填充”、“节点值”、“全局范围”及“自动范围”，在“着色变量”处选择 Acoustics 及 Acoustics Power Level（dB），在“表面”处选择 car-wall 等，单击“保存/显示”按钮，则显示噪声云图，如图 5-57 所示。

由图 5-57 可知，汽车行驶时最大噪声为 41.4 dB，在后视镜及后轮处噪声水平较高。

图 5-56 噪声云图设置

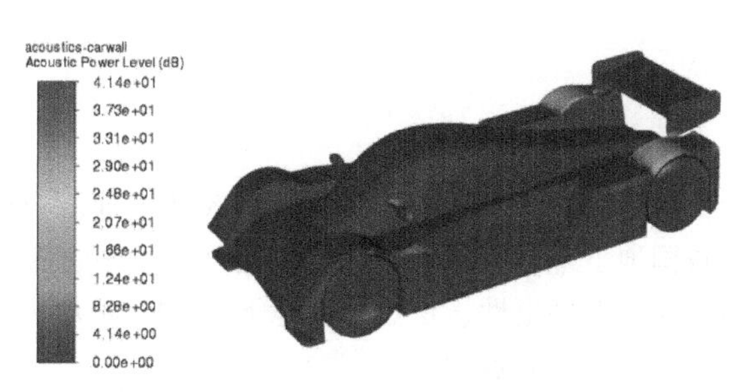

图 5-57 噪声云图【彩】

5.6.5 计算结果数据后处理分析

在浏览树中双击“结果”→“报告”→“表面积分”选项，弹出“表面积分”对话框，如图 5-58 所示。在“报告类型”中选择 Area-Weighted Average（面平均），在“场变量”里选择 Acoustics及 Acoustic Power Level（dB），在“表面”处选择 car-wall 等表面，单击“计算”按钮得出汽车表面面积平均噪声为 0.327dB。

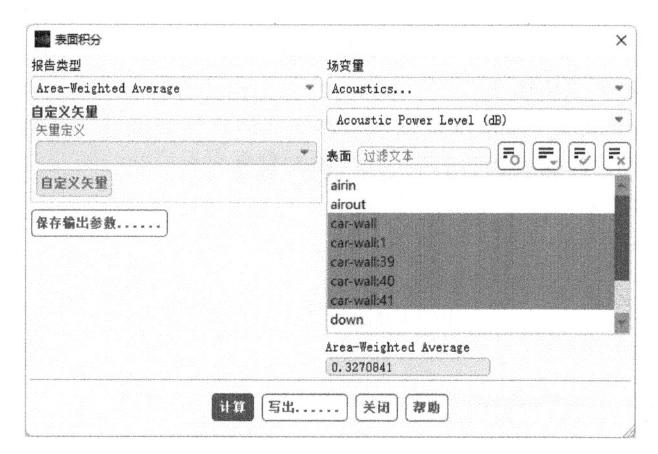

图 5-58 汽车表面面积平均噪声计算结果

5.7 本章小结

本章以汽车行驶过程中的噪声分析为例，详细讲解了几何模型前处理、网格划分、设置、求解及结果查看和分析，重点说明了噪声模型的处理设置。通过本章学习，可以掌握进行汽车行驶过程中噪声分析的方法。

第6章 地下综合管廊天然气管道泄漏模拟

操作视频

地下综合管廊的建设有利于有效利用地下空间资源，是保障城市安全运行的重要基础设施。但我国地下综合管廊管理规范缺乏科学可靠的依据，天然气管道泄漏分析研究不足，因此如何运用 Fluent 软件定性、定量分析地下综合管廊天然气管道泄漏特性就显得尤为重要。

本章知识要点如下。

1）学习如何进行瞬态计算设置。

2）学习如何进行组份模型设置。

3）学习如何进行瞬态计算结果监测及结果分析。

6.1 案例简介

本章以地下综合管廊天然气管道为研究对象，对管道损坏后的甲烷气体瞬态泄漏过程进行分析。地下综合管廊的几何结构如图 6-1 所示，地下综合管廊截面尺寸为 1.8m×3.5m，输气管直径 DN=0.3m，纵向长度 Z=50m。进风口尺寸为 1m×1m，其距离左侧防火隔离墙 5m，出风口尺寸为 1m×1m，距离右侧防火隔离墙 5m。

仿真模型进行一定的简化后如图 6-2 所示。将送风机进风口简化为速度入口，将引风机排风口简化为压力出口。应用 Fluent 软件进行天然气泄漏瞬态过程分析。

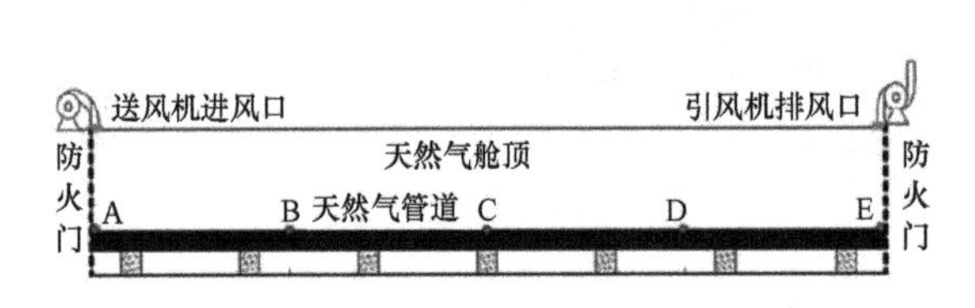

图 6-1 地下综合管廊纵向结构示意图

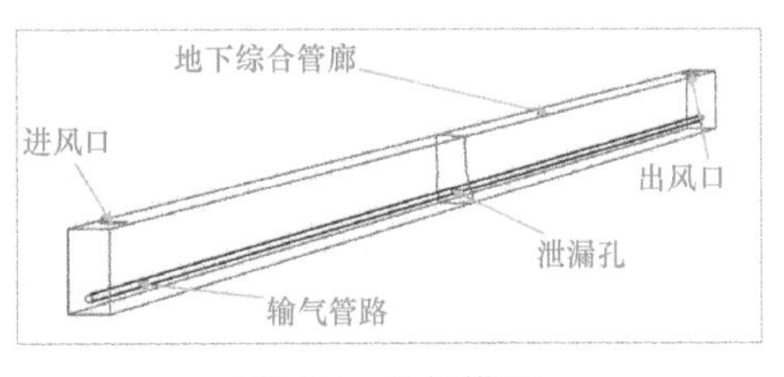

图 6-2 几何模型

6.2 几何模型前处理

6.2.1 创建分析项目

1）在 Windows 系统下执行“开始”→“所有程序”→ANSYS 2022→Workbench 2022 命令，启动 ANSYS Workbench 2022，进入 Workbench 主界面。

2）在 Workbench 主界面的工具箱中双击“组件系统”→“几何结构”选项，即可在项目管理区创建分析项目 A，如图 6-3 所示。

3）在工具箱中的“组件系统”→“Fluent（带 Fluent 网格剖分）”上按住鼠标左键拖动到项目管理区中，当项目 A 的 A2“几何结构”呈红色高亮显示时，放开鼠标创建项目 B，此时相关联的数据可共享，如图 6-4 所示。

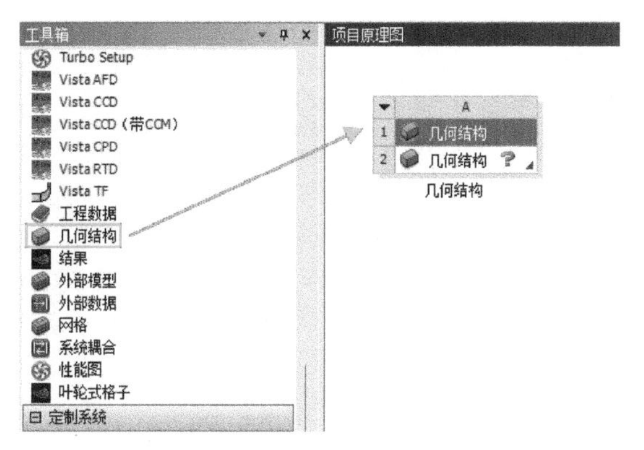

图 6-3　创建几何结构

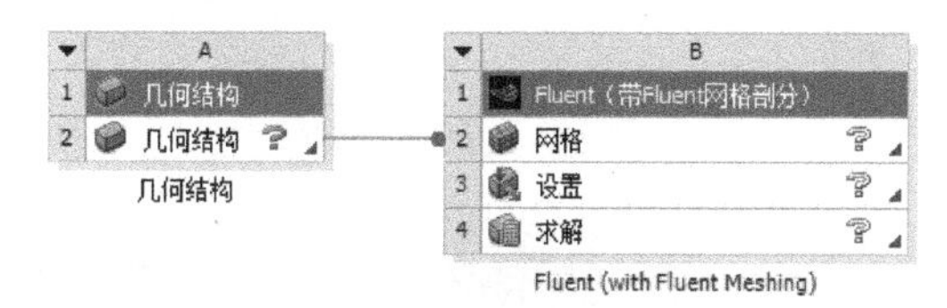

图 6-4　创建分析项目 B

6.2.2　导入几何模型

1）在 A2 栏“几何结构”上右击，在弹出的快捷菜单中选择“导入几何模型”→“浏览”命令，如图 6-5 所示，此时会弹出“打开”对话框。

2）在“打开”对话框中选择 Char06，导入 Char06 几何模型文件，如图 6-6 所示，此时 A2 栏“几何结构”后的 ? 变为 ✓，表示实体模型已经存在。

图 6-5　导入几何模型

图 6-6　“打开”对话框

3）双击项目 A 中的 A2 栏“几何结构”，会进入“A：几何结构-Geom-SpaceClaim”界面，显示的几何模型如图 6-7 所示。本例中无须进行几何模型修改操作。

4）单击“群组”按钮，则显示图 6-8 所示的边界条件，本例已经完成了边界条件命名，因此不需要进行修改，如需修改边界条件，则在此处进行设置。

5）单击“A：几何结构-Geom-SpaceClaim”界面右上角的“关闭”按钮，返回 Workbench 主界面。

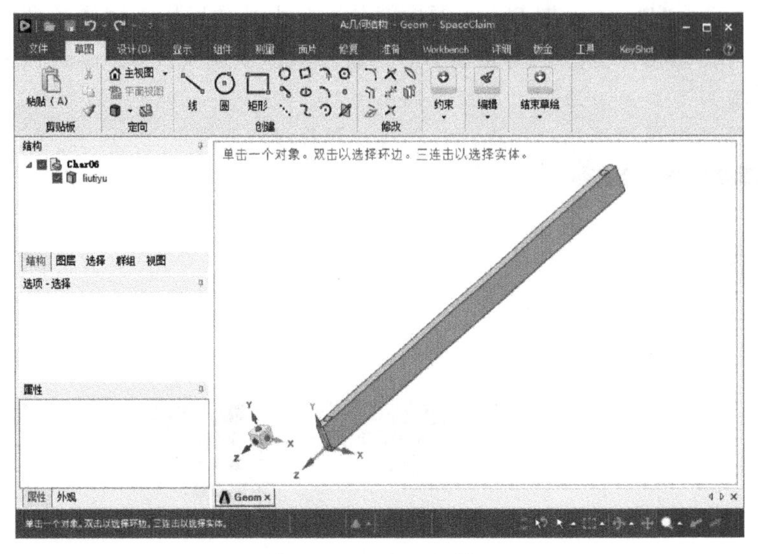

图 6-7　显示的几何模型

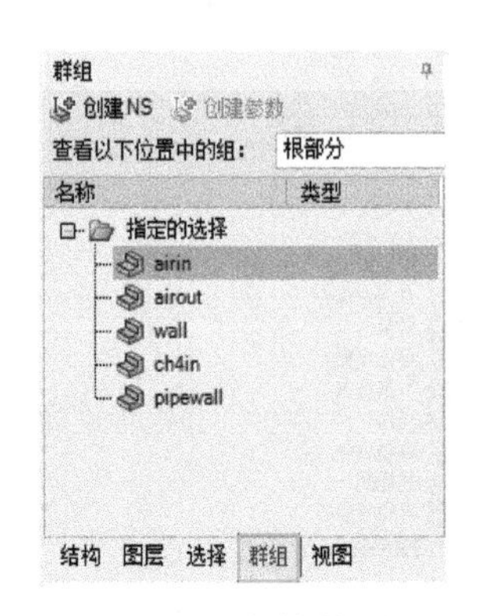

图 6-8　边界条件设置界面

6.3　网格划分

1）双击项目管理区项目 B 中的 B2 栏“网格”选项，进入网格划分启动界面，图 6-9 所示设置为计算双精度、读取网格后显示网格、网格划分及计算求解选用 6 核并行计算。

2）单击 Start 按钮进入 B:Fluent（with Fluent Meshing）界面，在该界面下即可进行网格的划分、边界条件的设置等操作，如图 6-10 所示。

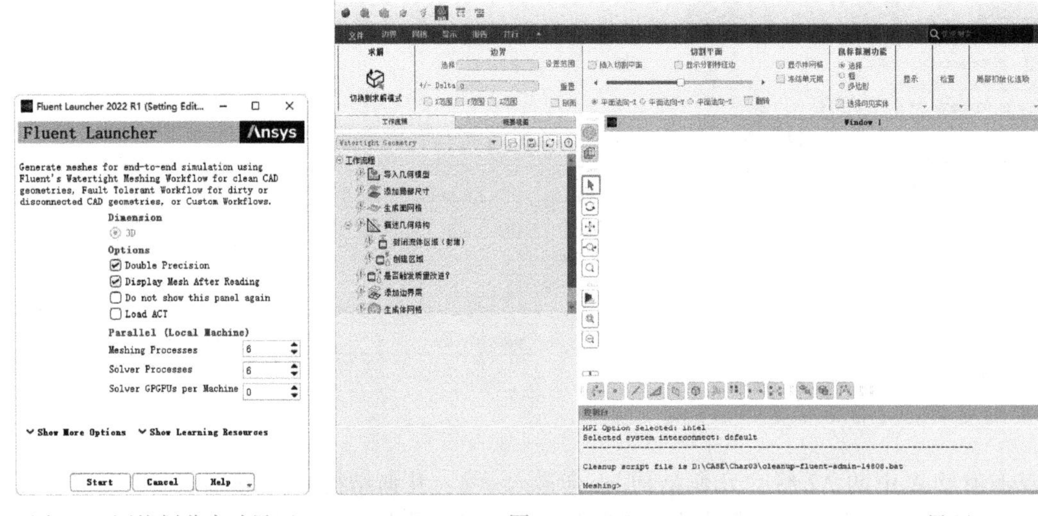

图 6-9　网格划分启动界面　　　　图 6-10　B:Fluent（with Fluent Meshing）界面

3）在左侧浏览树中单击“工作流程”→“导入几何模型”选项，在打开的面板中单击“导入几何模型”按钮，即可将几何模型导入，如图 6-11 所示。导入的几何模型如图 6-12 所示。

4）继续在浏览树中单击“工作流程”→“添加局部尺寸”选项，在打开的面板中单击“更新”按钮，如图 6-13 所示。

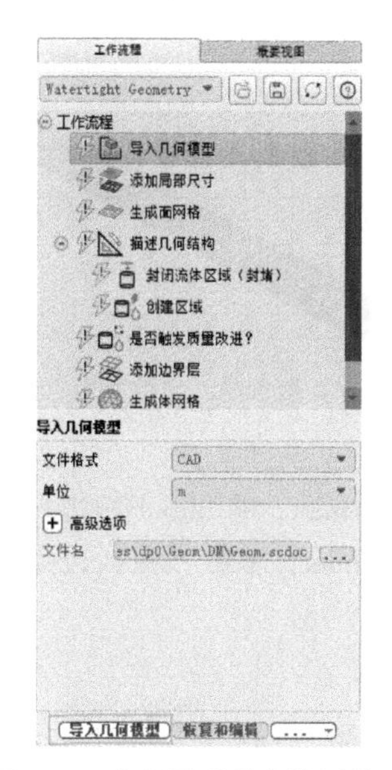

图 6-11 几何模型导入设置界面

图 6-12 导入的几何模型

5）在浏览树中单击“工作流程”→“生成面网格”选项，在打开的面板中设置面网格划分参数，在 Minimum Size 处输入 0.0025，在 Maximum Size 处输入 0.5，在“增长率”处输入 1.2，打开“高级选项”，在“质量优化的偏度限值”处输入 0.8，在“基于坍塌方法改进质量的偏斜度阈值”处输入 0.8，其他参数保持默认设置。单击“生成面网格”按钮即可进行面网格划分，如图 6-14 所示。

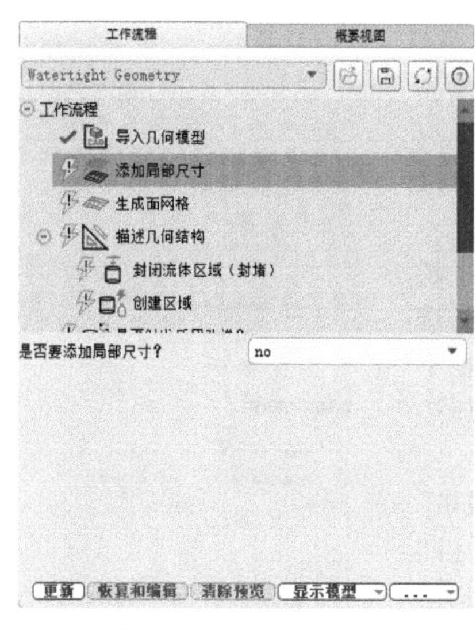

图 6-13 添加局部尺寸

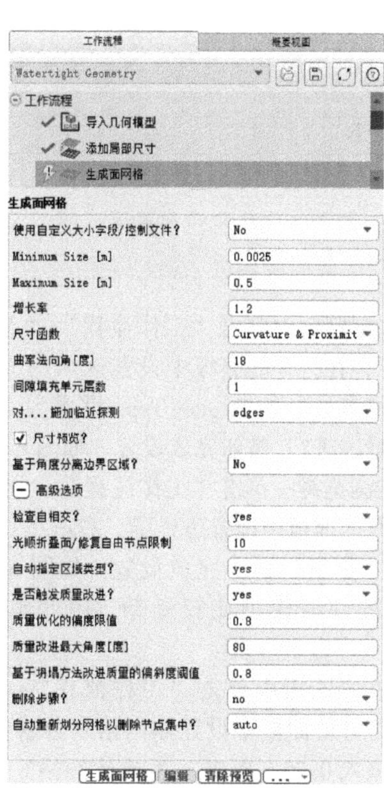

图 6-14 生成面网格

划分好的面网格如图 6-15 所示。

图 6-15　面网格划分效果图

6）在浏览树中单击“工作流程”→“描述几何结构”选项，在打开的面板中设置几何结构参数。因为几何模型在 SpaceClaim 内已经完成了拓扑共享，所以此处不需要应用共享拓扑。具体设置如图 6-16 所示，单击“描述几何结构”按钮完成设置。

7）在浏览树中单击“工作流程”→“描述几何结构”→“更新边界”选项，在打开的面板中设置边界条件类型，边界条件名称建议在 SpaceClaim 中进行设置。

在 Boundary Type 处，将 airin 的边界条件类型修改为 velocity-inlet，将 airout 的边界条件类型修改为 pressure-outlet，将 ch4in 的边界条件类型修改为 mass-flow-inlet，单击“更新边界”按钮完成设置，如图 6-17 所示。

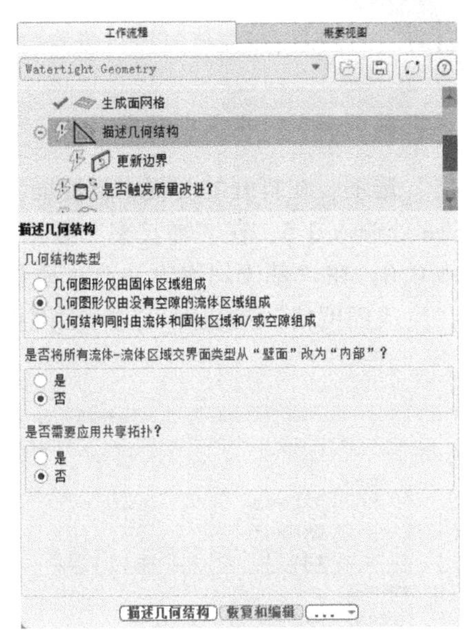

图 6-16　描述几何结构

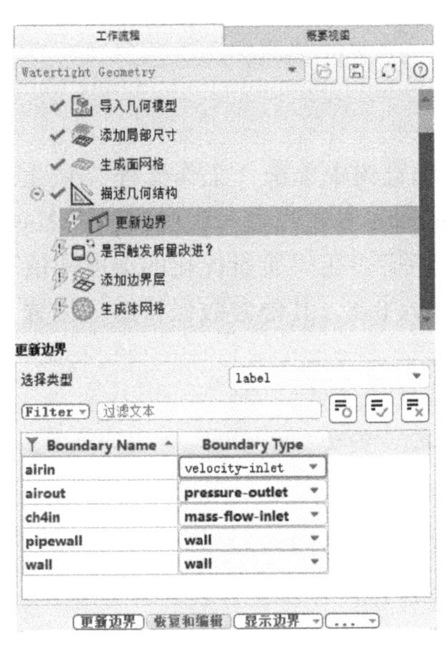

图 6-17　更新边界

8）在浏览树中单击“工作流程”→“是否触发质量改进？”选项，在打开的面板中设置区域为固体区域或者流体区域。将 liutiyu 的 Region Type 设置为 fluid，单击“是否触发质量改进？”按钮完成设置，如图 6-18 所示。

9）在浏览树中单击“工作流程”→“添加边界层”选项，在打开的面板中设置边界层，右击“添加边界层”选项，选择“更新”命令完成设置，如图 6-19 所示。地下综合管廊的几何模型比较复杂，因此本案例不添加边界层。

10）在浏览树中单击“工作流程”→“生成体网格”选项，在打开的面板中设置体网格划分参数，在 Max Cell Length 处输入 0.25，单击“生成体网格”按钮完成设置，如图 6-20 所示。生成的体网格如图 6-21 所示。

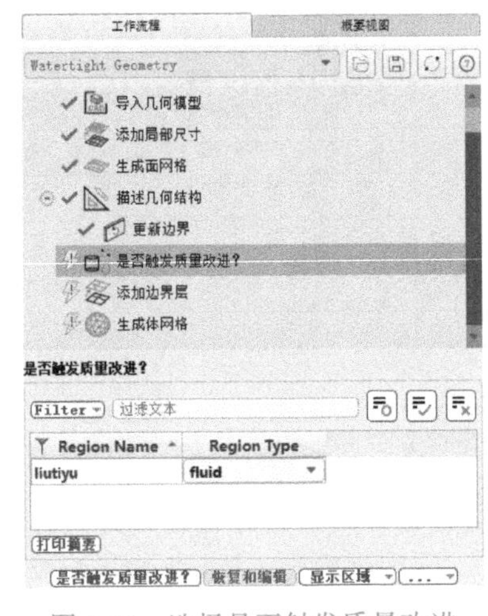

图 6-18　选择是否触发质量改进

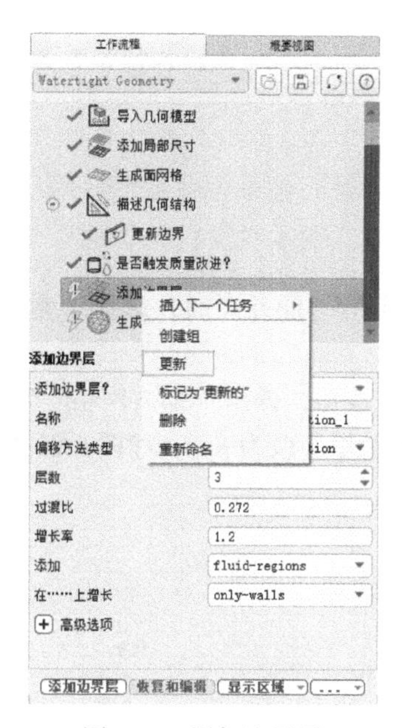

图 6-19　添加边界层

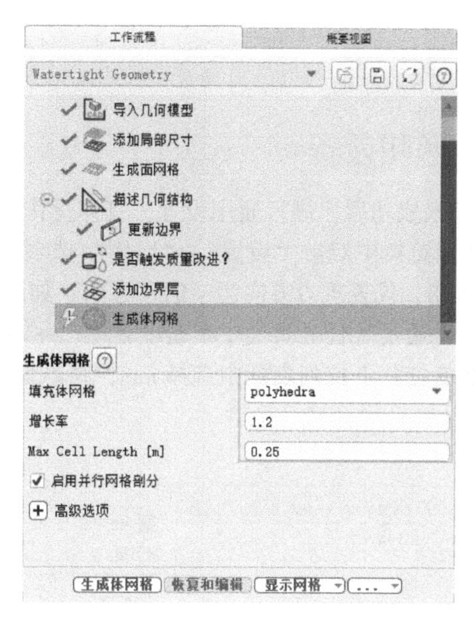

图 6-20　生成体网格

11）在 Fluent 界面上方的选项卡中单击“求解”→“切换到求解模式”按钮，如图 6-22 所示，打开 Fluent 求解设置界面，如图 6-23 所示。

图 6-21　体网格划分效果图

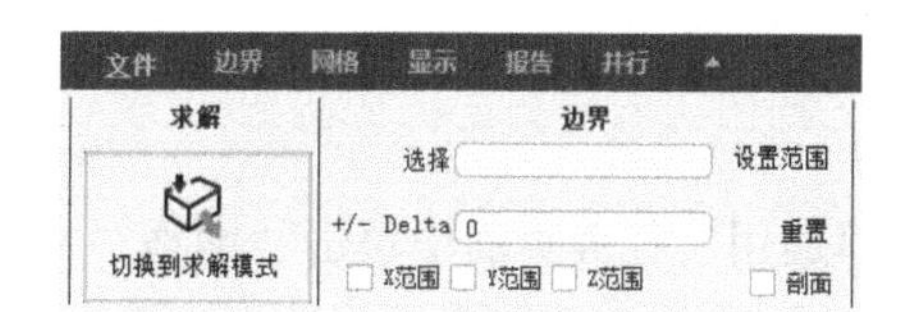

图 6-22　切换到求解模式

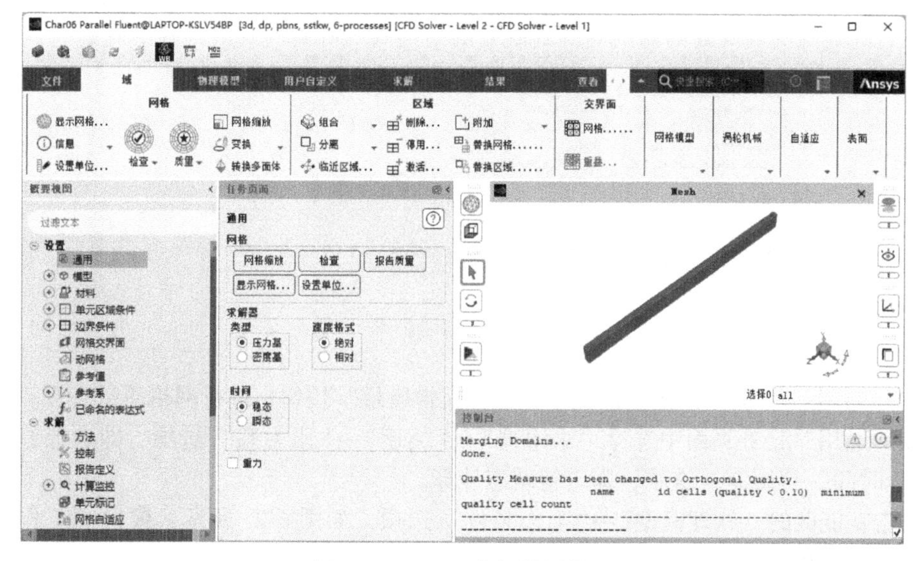

图 6-23　Fluent 求解设置界面

6.4 设置

6.4.1 通用设置

网格导入成功后，进行通用设置，具体操作步骤如下。

1）在浏览树中双击“设置”→“通用”选项，打开“通用”任务页面，选择“重力”，并在 y 处输入-9.8，代表重力方向为 y 的负方向，如图 6-24 所示。

2）在“通用”任务页面中单击“网格”→“网格缩放”按钮，弹出“缩放网格”对话框，在“查看网格单位”下拉列表框中选择 mm，将默认的尺寸单位由 m 改为 mm，如图 6-25 所示。

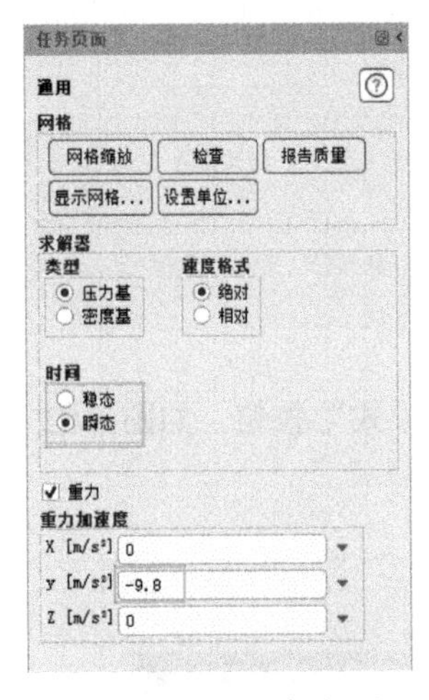

图 6-24 “通用”任务页面

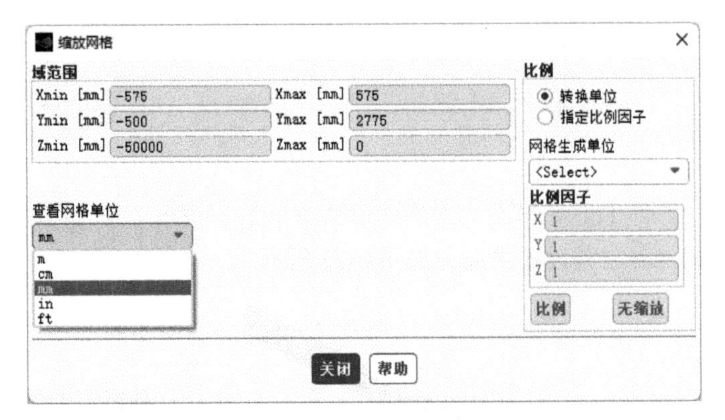

图 6-25 “缩放网格”对话框

3）在“通用”任务页面中单击“网格”→“检查”按钮，检查网格划分是否存在问题，此时会在“控制台”显示详细的网格信息，如图 6-26 所示，可以查看导入网格的尺寸。

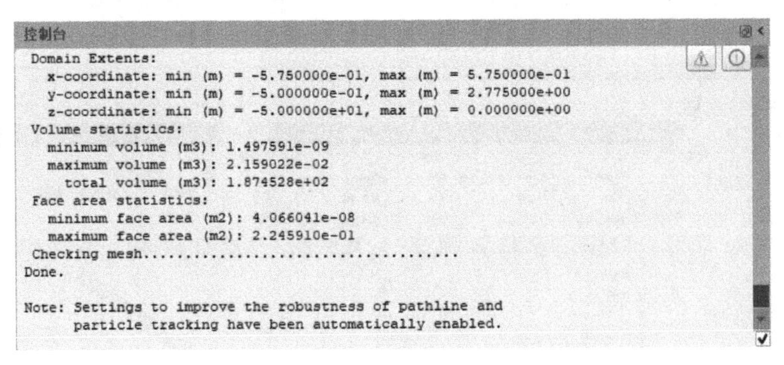

图 6-26 网格信息

4）在“通用”任务页面中单击“网格”→“报告质量”按钮，进行网格质量查看。

5）在“通用”任务页面中选择“求解器”→“类型”→“压力基”选项，即选择基于压力求解；选择“时间”→“瞬态”选项，即进行瞬态计算。

6）单击功能区的“物理模型”→“工作条件”选项，如图 6-27 所示，弹出“工作条件”对话框，如图 6-28 所示，进行工作压力设置。

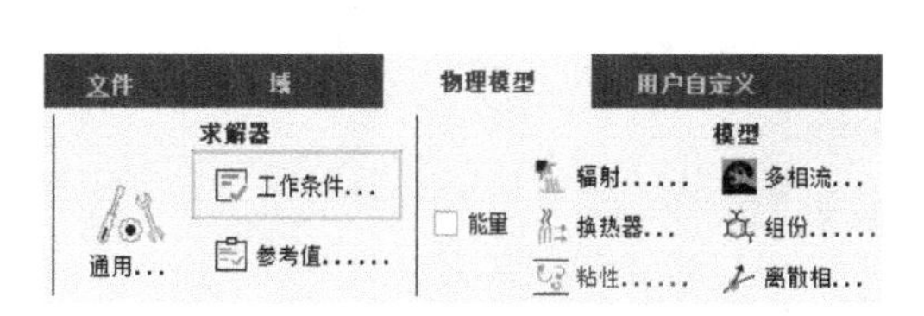

图 6-27 “工作条件”选项

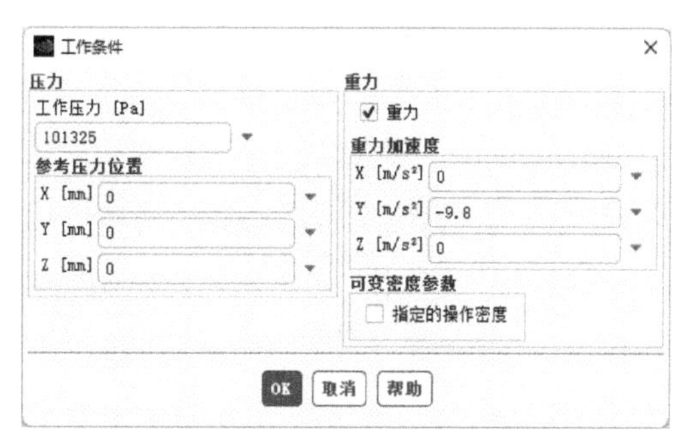

图 6-28 “工作条件”对话框

6.4.2 模型设置

通过对天然气泄漏问题的物理过程分析可知，需要设置气体泄漏流动模型及组份模型，通过计算雷诺数，判断管道内部流动状态为湍流，具体操作步骤如下。

1）在浏览树中双击“设置”→“模型”选项，打开“模型”任务页面，如图 6-29 所示。

2）在浏览树中双击“模型”→“粘性”选项，弹出“粘性模型”对话框，进行流动模型设置。在“模型”下选择 k-epsilon（2 eqn），在“k-epsilon 模型”下选择 Standard，在“壁面函数”下选择“标准壁面函数（SWF）”，其余参数保持默认，如图 6-30 所示，单击 OK 按钮保存设置。

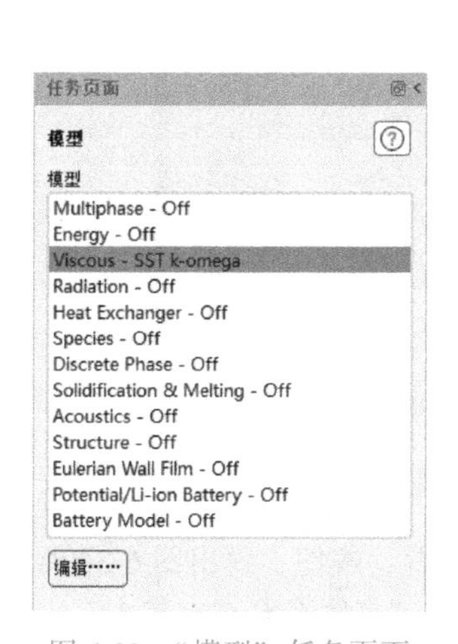

图 6-29 “模型”任务页面

图 6-30 “粘性模型”对话框

3）在浏览树中双击“模型”→“组份”选项，弹出“组份模型”对话框，进行组份模型设置。在“模型”下选择“组份传递”，在“选项”处选择“入口扩散”及“扩散能量源项”，在“混合材料”下拉列表框里选择 methane-air，如图 6-31 所示，单击 OK 按钮保存设置。

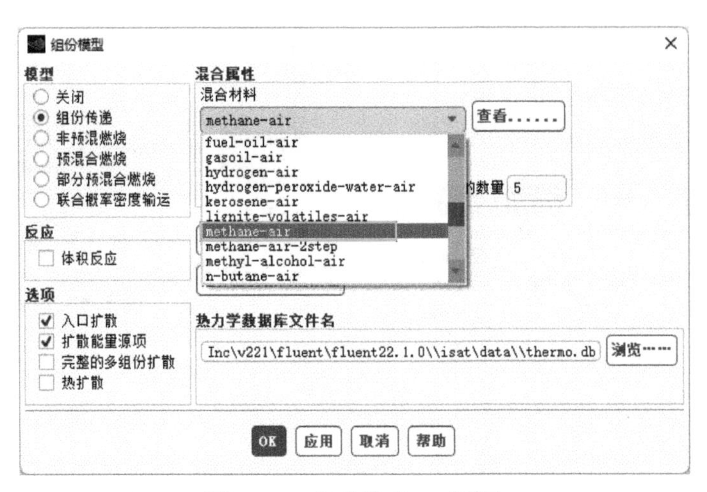

图 6-31 “组份模型”对话框

6.4.3 材料设置

软件默认的流体材料是 air，固体材料为 aluminum。因为本案例是模拟甲烷在地下综合管廊里的泄漏特性，因此需要对流体的材料属性进行修改，具体如下。

1）在浏览树中双击“设置”→“材料”选项，打开“材料”任务页面，如图 6-32 所示。

2）在浏览树中双击“材料”→Mixture→methane-air，打开“创建/编辑材料”对话框，如图 6-33 所示，此处可以进行混合物组份及其密度、粘度等参数的修改。

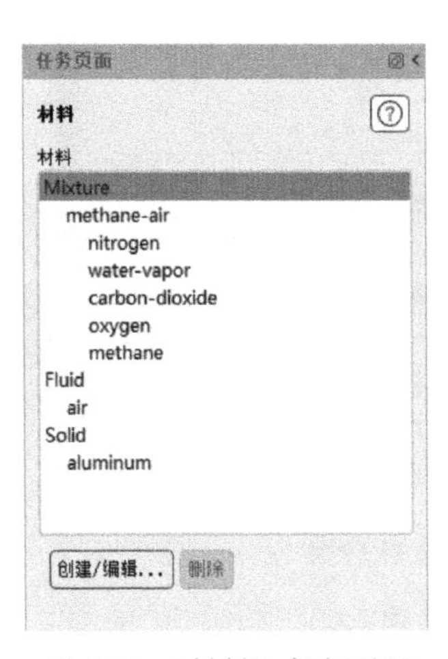

图 6-32 “材料”任务页面

图 6-33 “创建/编辑材料”对话框

3）单击“创建/编辑材料”对话框“混合物组份”右侧的“编辑”按钮，弹出图 6-34 所示的“物质”对话框，此处可以设置混合物组份的组成。本案例考虑甲烷气体泄漏在空气中，因此需要设置选定组份内只有 ch4 及 air，在“可用材料”处选择 air，单击“添加”按钮，则将 air 添加到“选定的组份”内，如图 6-35 所示。选择“选定的组份”内的 h2o，单击“删除”按钮删除，用相同的操作依次删除 o2、co2 及 n2，注意需要将 air 设置为最后的组份，设置完成后如图 6-36 所示。

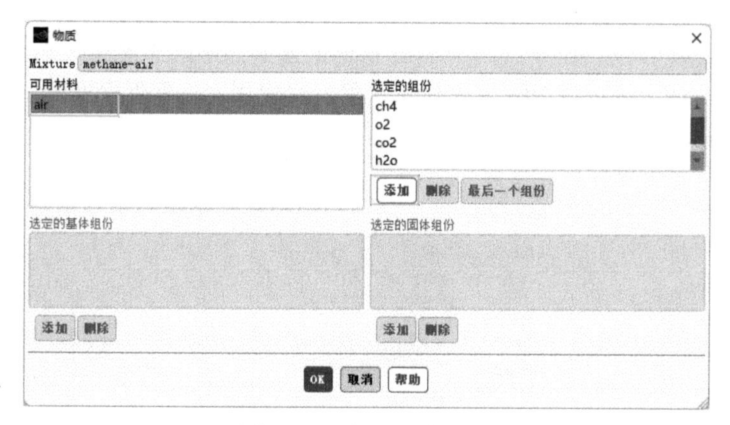

图 6-34 “物质”对话框

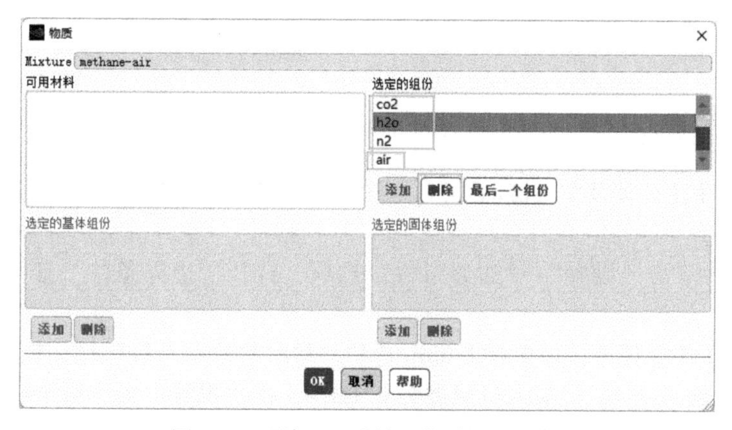

图 6-35 添加 air 后的“物质”对话框

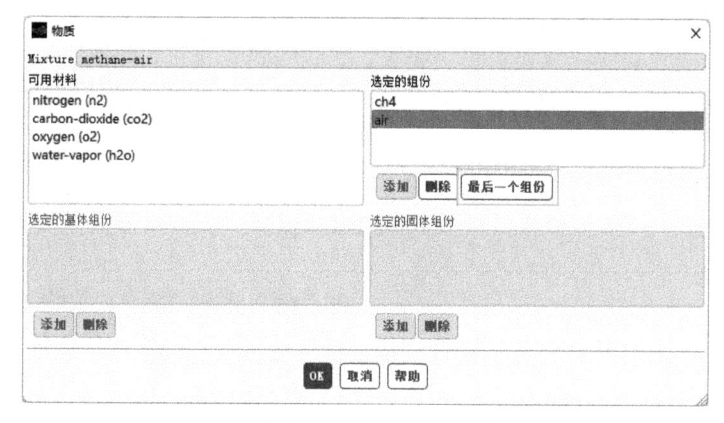

图 6-36 删除多余气体后的“物质”对话框

6.4.4 单元区域条件设置

Fluent 默认流体单元区域内材料为空气，因此需要进行修改，修改的步骤如下。

1）在浏览树中双击“设置”→“单元区域条件”选项，打开“单元区域条件”任务页面，如

图 6-37 所示。

2）在“单元区域条件”任务页面中单击 liutiyu 选项，弹出“流体”对话框，在“材料名称”处选择材料为 methane-air，如图 6-38 所示，单击“应用”按钮保存退出。

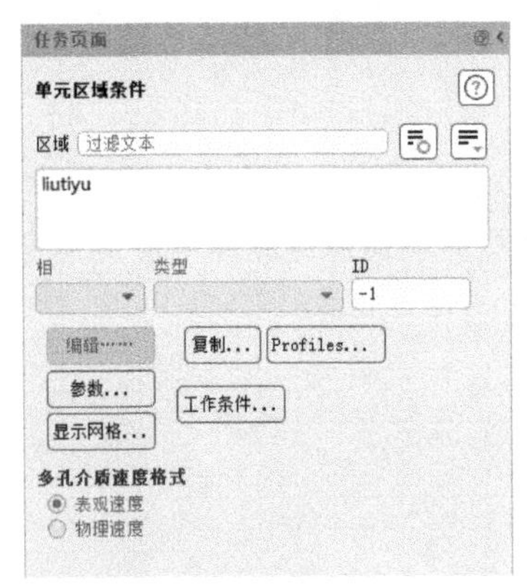

图 6-37 “单元区域条件”任务页面

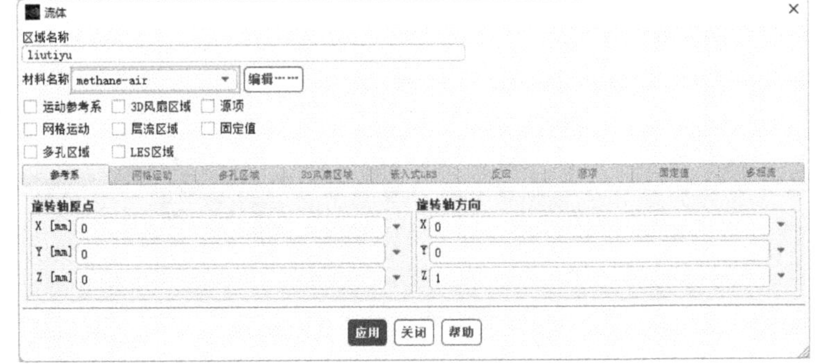

图 6-38 “流体”对话框

6.4.5 边界条件设置

甲烷泄漏过程中主要涉及空气流动入口、空气流动出口及甲烷泄漏入口等边界条件，具体操作步骤如下。

1）在浏览树中双击“设置”→“边界条件”选项，打开“边界条件”任务页面，如图 6-39 所示。

2）在“边界条件”任务页面中双击 airin 选项，弹出“速度入口”对话框，如图 6-40 所示，在“速度大小”处输入 2.1，代表入口速度为 2.1m/s，在“设置”处选择 Intensity and Viscosity Ratio，在“湍流强度”处输入 5，在“湍流粘度比”处输入 10；切换到“热量”选项卡，在“温度”处输入 300，如图 6-41 所示；切换到“物质”选项卡，在 ch4 处输入 0，代表空气入口进入的全部为空气，如图 6-42 所示，单击“应用”按钮保存。

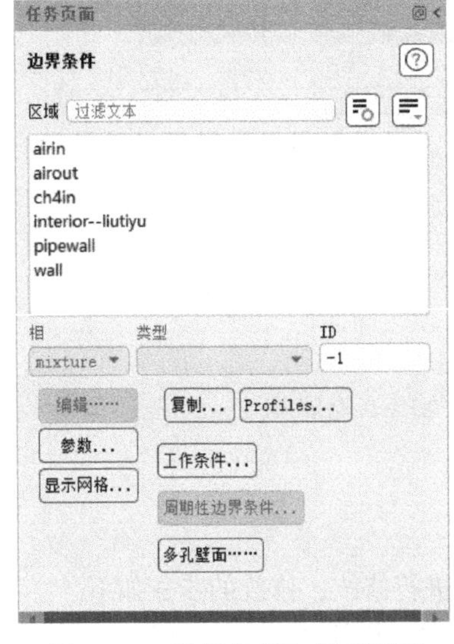

图 6-39 “边界条件”任务页面

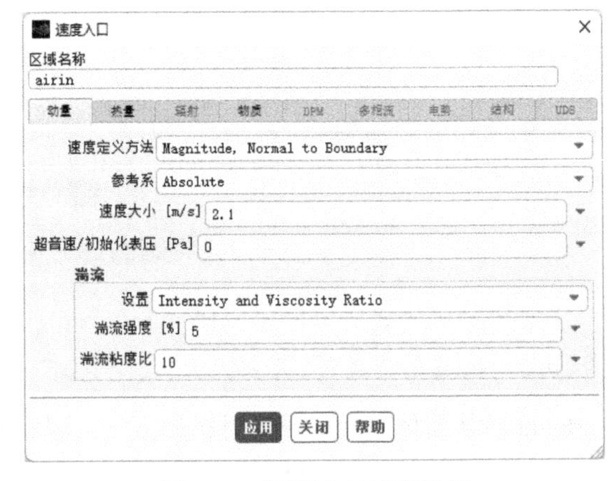

图 6-40 速度入口速度设置

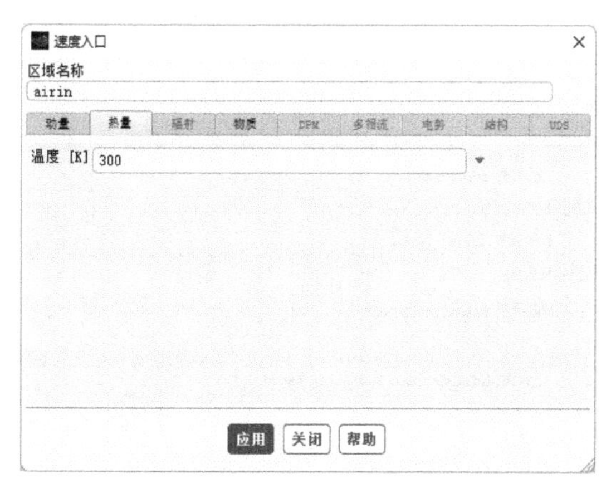

图 6-41　速度入口温度设置

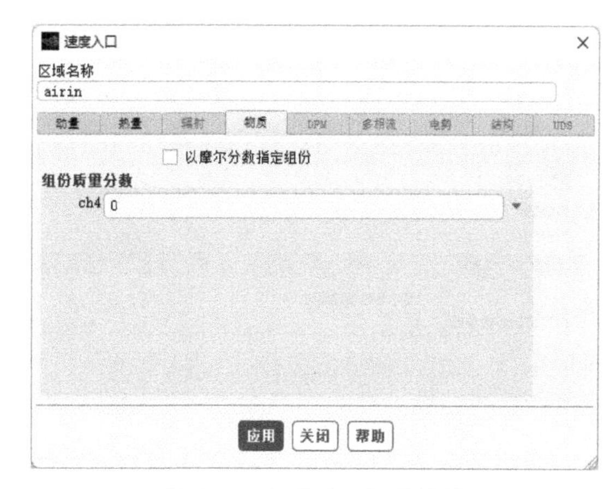

图 6-42　速度入口组份设置

3）在“边界条件”任务页面中双击 airout 选项，弹出“压力出口”对话框，如图 6-43 所示，在“表压”处输入 0，代表出口压力为标准大气压，在“设置”处选择 Intensity and Viscosity Ratio，在“回流湍流强度”处输入 5，在“回流湍流粘度比”处输入 10；切换到“热量”选项卡，在“回流总温”处输入 300，如图 6-44 所示；切换到“物质”选项卡，在 ch4 处输入 0，代表假如出现出口空气回流，则回流的气体组份全部为空气，如图 6-45 所示，单击“应用”按钮保存。

图 6-43　“压力出口”对话框

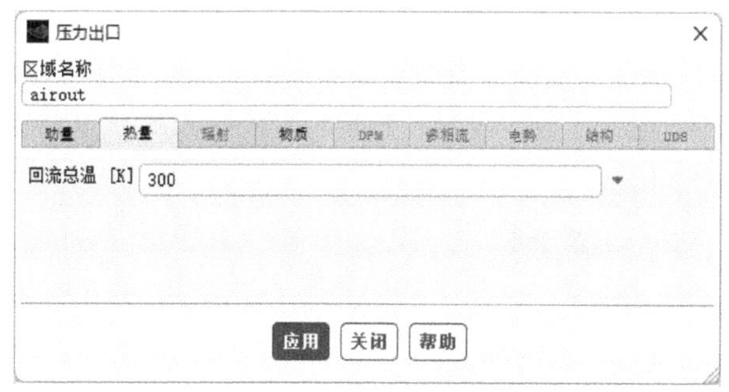

图 6-44　压力出口温度设置

4）在“边界条件”任务页面中双击 ch4in 选项，弹出“质量流入口”对话框，如图 6-46 所示。以泄漏孔径 10mm，输气管道内压力 0. 5MPa 为例进行换算，在“质量流率”处输入 0. 006，在“设置”处选择 Intensity and Viscosity Ratio，在“湍流强度”处输入 5，在“湍流粘度比”处输入 10；切换到“热量”选项卡，在“总温度”处输入 323. 15，如图 6-47 所示；切换到“物质”选项卡，在 ch4 处输入 1，代表入口全部为 ch4，如图 6-48 所示，单击“应用”按钮保存。

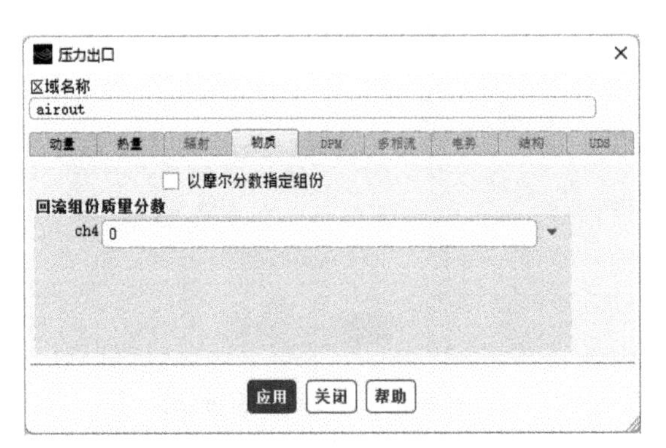

图 6-45　压力出口组份设置

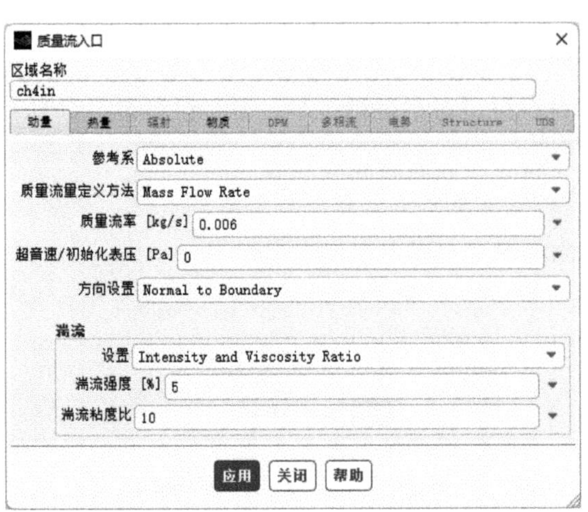

图 6-46　“质量流入口”对话框

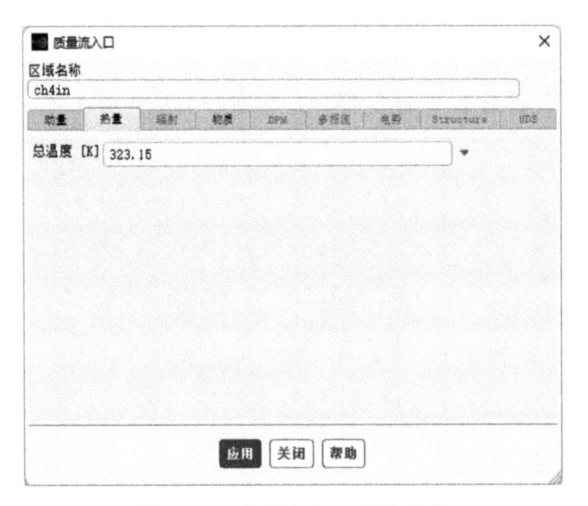

图 6-47　质量流入口温度设置

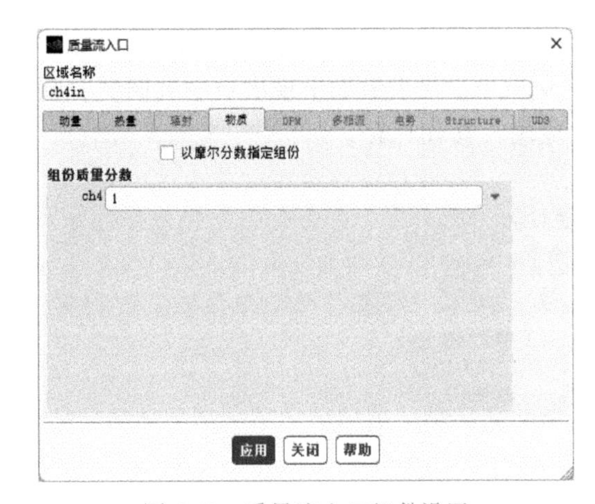

图 6-48　质量流入口组份设置

6.5　求解

6.5.1　方法设置

求解方法对结果的计算精度影响很大，需要合理设置。

1）在浏览树中双击“求解”→“方法”选项，打开“求解方法”任务页面。

2）在“方案”下拉列表框中选择 SIMPLE，在“梯度”下拉列表框中选择 Least Squares Cell Based，在“压力”下拉列表框中选择 Second Order，在“动量”下拉列表框中选择 Second Order Upwind，在“湍流动能”下拉列表框中选择 Second Order Upwind，在“湍流耗散率”下拉列表框中选择 Second Order Upwind，在 ch4 处选择 Second Order Upwind，在“能量”下拉列表框中选择 Second Order Upwind，如图 6-49 所示。

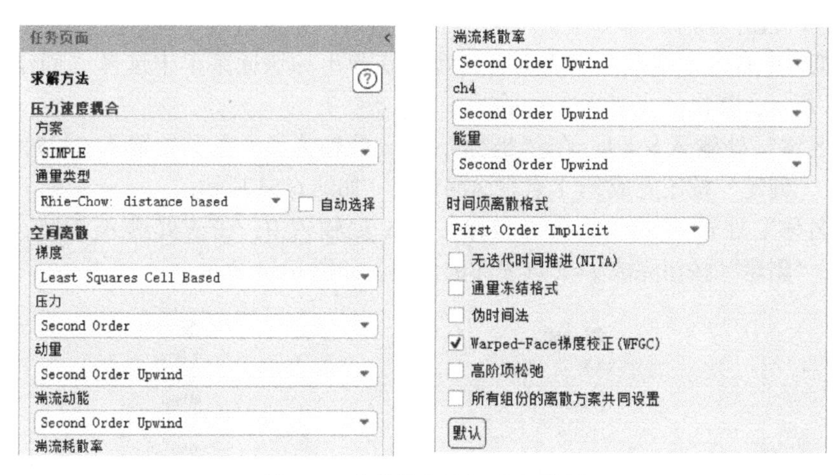

图 6-49 “求解方法”任务页面

6.5.2 控制设置

1）在浏览树中双击“求解”→“控制”选项，打开“解决方案控制”任务页面，如图 6-50 所示，可以进行“亚松弛因子”“方程”“限值”及“高级”等选项设置。“亚松弛因子”代表求解迭代计算方程前的因子，因此原则上保持默认即可。

2）在“解决方案控制”任务页面单击“方程”按钮，弹出“方程”对话框，如图 6-51 所示。此处可以设置求解迭代过程中需要同时求解的方程数量，此处保持默认，如果后续需要计算流场稳定后再出现甲烷泄漏，则可以先不选择 ch4 方程求解。

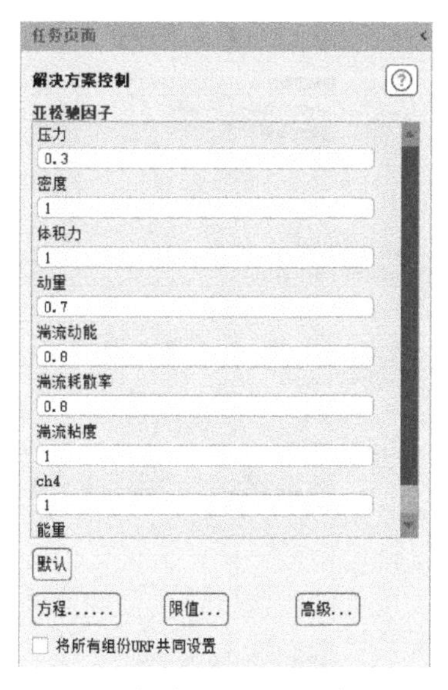

图 6-50 “解决方案控制”任务页面

图 6-51 “方程”对话框

6.5.3 参数监测设置

本案例监测距离地下综合管廊顶部 0.3m 的位置，在 z 方向设置了两个监测点，依次为泄漏孔右侧 z=0m 及 z=10m，监测量为监测点的甲烷平均质量浓度，因此需要先创建两个监测点，然后进行监测变量设置，具体操作如下。

1）在浏览树中右击“结果”→“表面”选项，在弹出的快捷菜单中选择“创建”→“点”命令，如图 6-52 所示，弹出“点表面”对话框。

2）在“名称”处输入 z=1，在“坐标”下 x 处输入 0，在 y 处输入 2445，在 z 处输入 -25000，单击“创建”按钮完成 z=1 点表面的创建，如图 6-53 所示。

3）在“名称”处输入 z=2，在“坐标”下 x 处输入 0，在 y 处输入 2445，在 z 处输入 -15000，单击“创建”按钮完成 z=2 点表面的创建，如图 6-54 所示。

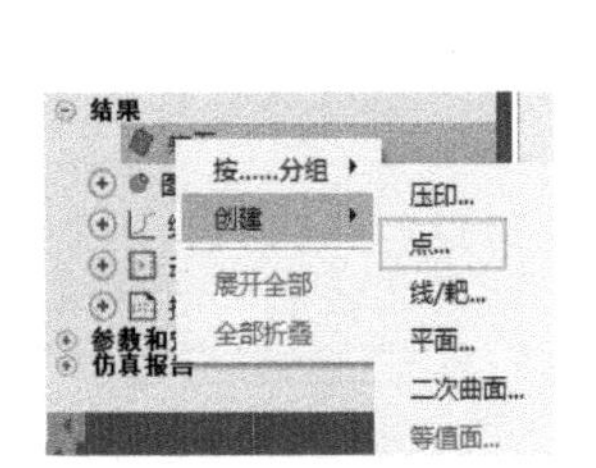

图 6-52　创建点表面

图 6-53　z=1 点表面设置

图 6-54　z=2 点表面设置

4）在浏览树中右击“求解”→“报告定义”选项，在弹出的快捷菜单中选择“创建”→“表面报告”→“面积加权平均值”命令，如图 6-55 所示，弹出“表面报告定义”对话框，在“名称”处输入 z=1，“场变量”选择 Species 及 Mass fraction of ch4，在“创建”处选择“报告文件”及“报告图”，在“表面”处选择 z=1，如图 6-56 所示，单击 OK 按钮保存退出。

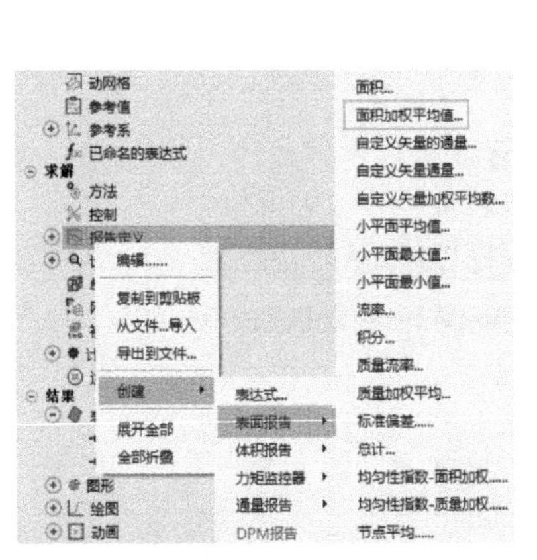

图 6-55　报告文件设置

图 6-56　z=1 点表面报告定义设置

5）参照步骤 4）设置 z=2 点表面的变量监测，在“名称”处输入 z=2，“场变量”选择 Species 及 Mass fraction of ch4，在“创建”处选择“报告文件”及“报告图”，在“表面”处选择 z=2，如图 6-57 所示，单击 OK 按钮保存退出。

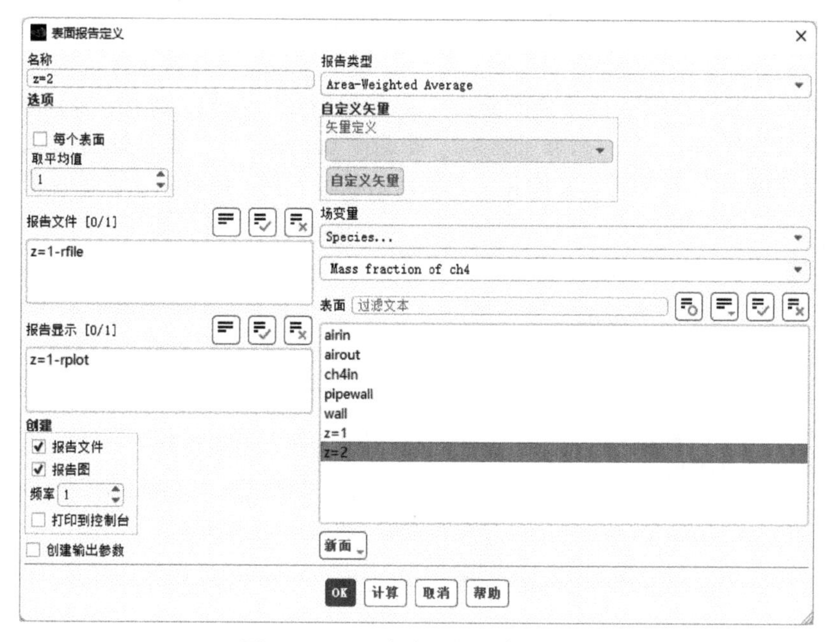
图 6-57　z=2 点表面报告定义设置

6.5.4　残差设置

1）在浏览树中双击“求解”→“计算监控”→“残差”选项，弹出“残差监控器”对话框，如图 6-58 所示。

2）在“迭代曲线显示最大步数”处输入 1000，在“存储的最大迭代步数”处输入 1000，“绝对标准”值保持默认。

3）单击 OK 按钮，保存残差监控器设置。

6.5.5　初始化设置

1）在浏览树中双击“求解”→“初始化”选项，打开“解决方案初始化”任务页面，如图 6-59 所示。

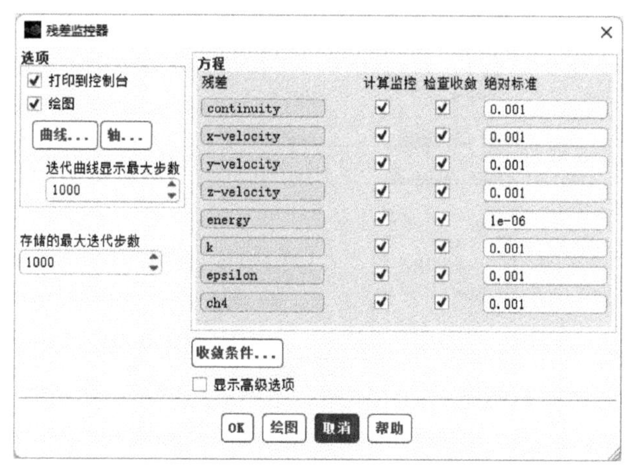
图 6-58　“残差监控器”对话框

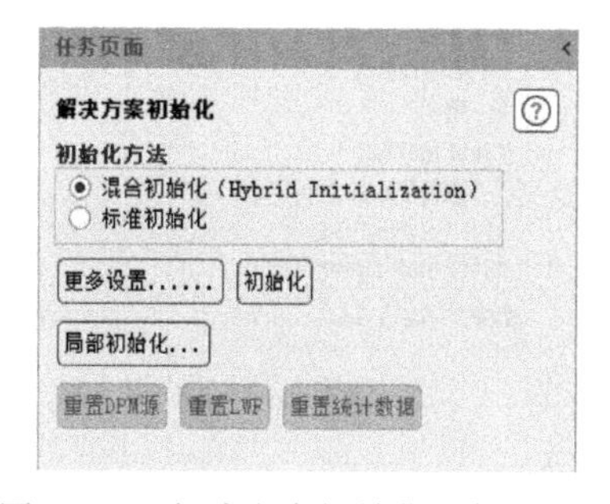
图 6-59　“解决方案初始化”任务页面

2）在“初始化方法”处选择“混合初始化（Hybrid Initialization）”，单击“初始化”按钮进行初始化。

3）在“解决方案初始化”任务页面单击“局部初始化”按钮，弹出“局部初始化”对话框，在 Variable 处选择 ch4，在“待修补区域”处选择 liutiyu，在“值”处输入 0，如图 6-60 所示，单击“局部初始化”按钮进行初始化，表示初始状态下整个地下综合管廊内无甲烷气体。

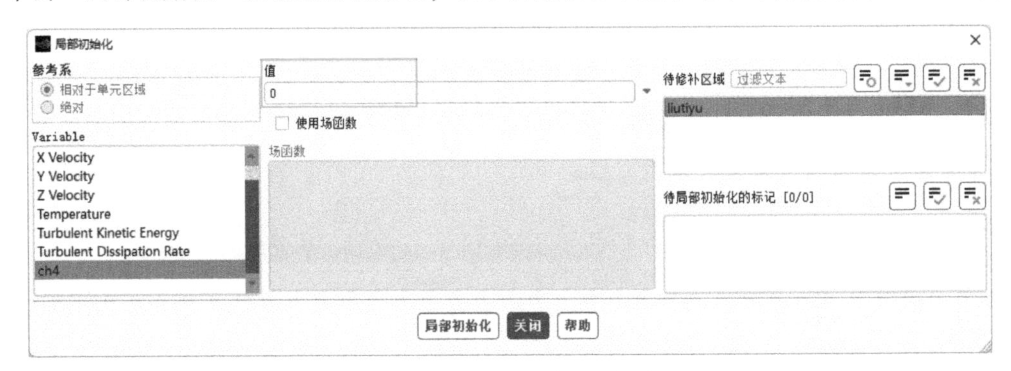

图 6-60 “局部初始化”对话框

6.5.6 计算设置

1）在浏览树中双击“求解”→“计算设置”→“自动保存（每次迭代）”选项，弹出“自动保存”对话框，如图 6-61 所示。在“保存数据文件间隔”处可以输入 100，代表迭代 100 个时间步保存一次结果。

2）在浏览树中双击“求解”→“运行计算”选项，打开“运行计算”任务页面，如图 6-62 所示。在“类型”下选择 Fixed，在“时间步数”下设置总共迭代的时间步数为 200，在“时间步长”处输入瞬态时间步长为 0.5，时间步数乘以时间步长为瞬态计算的总时间，此处为 100s。时间步长设置的数值越小，则计算结果越精确，但是计算所花费的时间也越长，因此时间步长的选取需要综合考虑。单击“开始计算”按钮进行计算。

图 6-61 “自动保存”对话框

图 6-62 “运行计算”任务页面

3）计算开始后，会出现残差曲线，如图 6-63 所示。残差曲线呈现波动性变化，主要是因为瞬态计算均在单个时间步长内进行迭代。当计算达到设定迭代次数后，则会自动停止。

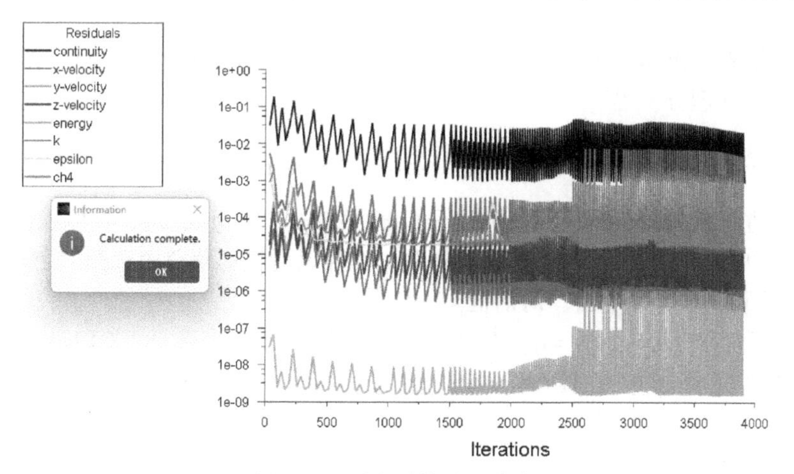

图 6-63　瞬态计算残差曲线

4）计算开始后，会出现 z = 1 及 z = 2 点表面的监测变量曲线，如图 6-64 及图 6-65 所示。前面设置了保存计算文件，保存格式为 . out 文件，之后可以用 Excel 打开进行数据处理。

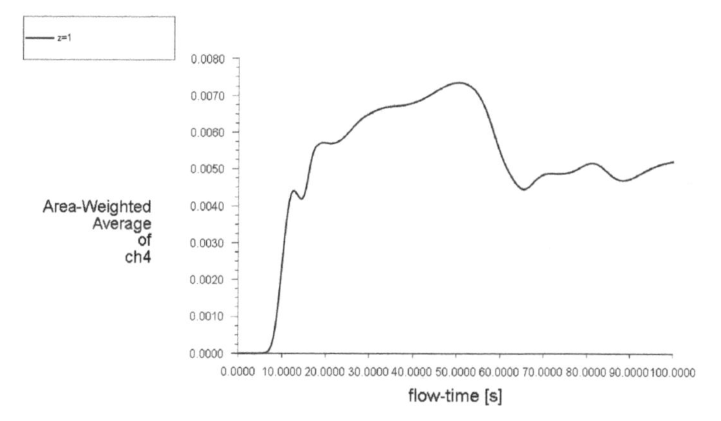

图 6-64　z = 1 点表面监测变量数据随时间变化图

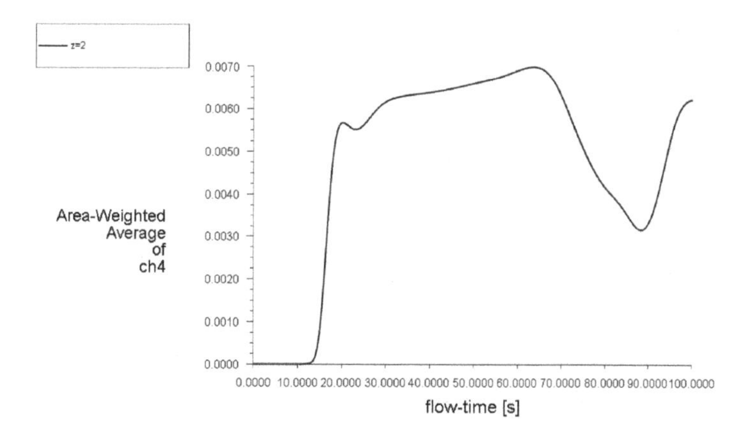

图 6-65　z = 2 点表面监测变量数据随时间变化图

6.6 结果及分析

后处理对于结果分析非常重要，下面将介绍如何创建分析截面，并进行速度、组份浓度云图显示及瞬态数据后处理分析等。

6.6.1 创建分析截面

为了更好地进行结果分析，下面将创建分析截面 x=0（中间截面），具体操作步骤如下。

1）在浏览树中右击“结果”→“表面”选项，在弹出的快捷菜单中选择“创建”→“平面”命令，如图 6-66 所示，弹出“平面”对话框。

2）在“新面名称”处输入 x=0，在“方法”下拉列表框中选择 YZ Plane，在 X 处输入 0，单击“创建”按钮完成 x=0 截面创建，如图 6-67 所示。

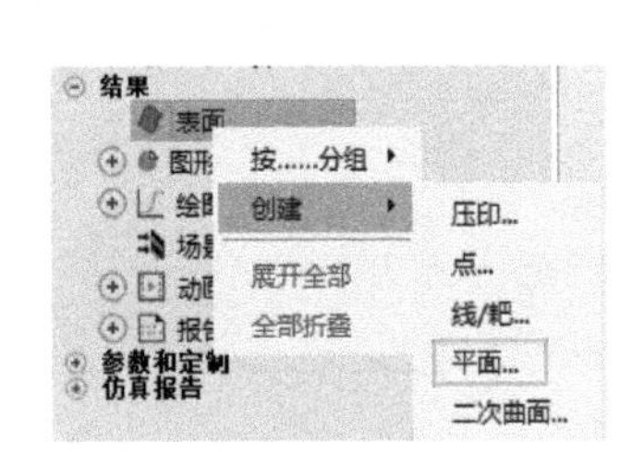

图 6-66　创建平面

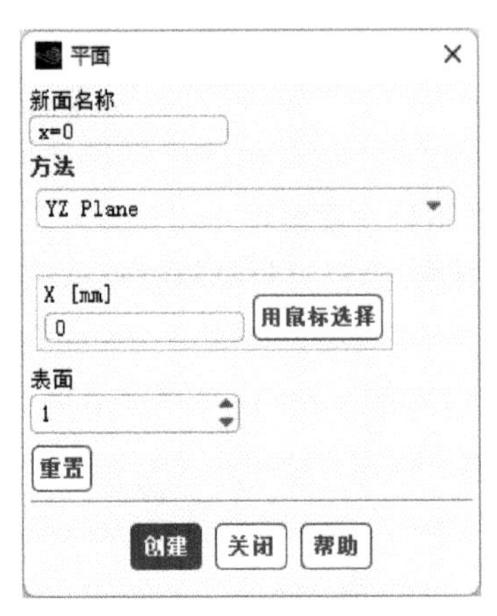

图 6-67　“平面”对话框

6.6.2 x=0 截面速度云图分析

分析截面创建完成后，下一步进行速度云图显示，具体操作步骤如下。

在浏览树中双击“结果”→“图形”→“云图”选项，弹出“云图”对话框，如图 6-68 所示。在“云图名称”处输入 velocity-x-0，在“选项”处选择“填充”、“节点值”、“边界值”、“全局范围”及“自动范围”，在“着色变量”处选择 Velocity 及 Velocity Magnitude，在“表面”处选择 x=0，单击“保存/显示”按钮，则显示出 x=0 截面的速度云图，如图 6-69 所示。

由图 6-69 可知，由于泄漏孔径较小，导致在泄漏孔处泄漏速度较大，最大速度为 14.2m/s，且由于地下综合管廊内速度较低，对泄漏喷射速度方向影响较小。

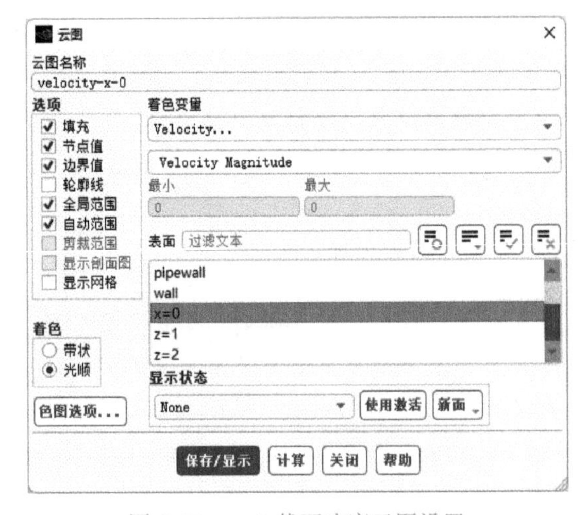

图 6-68　x=0 截面速度云图设置

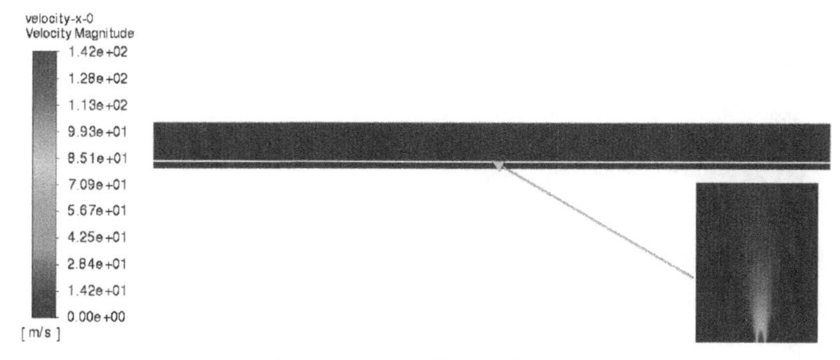

图 6-69　x=0 截面速度云图

6.6.3　x=0 截面甲烷质量分数云图分析

1）在浏览树中双击“结果”→“图形”→“云图”选项，弹出“云图”对话框，如图 6-70 所示。在“云图名称”处输入 species-ch4-x-0，在选项处选择“填充”、“节点值”及“边界值”，在“着色变量”处选择 Species 及 Mass fraction of ch4，在“表面”处选择x=0，单击“保存/显示”按钮，则显示出 x=0 截面的甲烷质量分数云图，如图 6-71 所示。

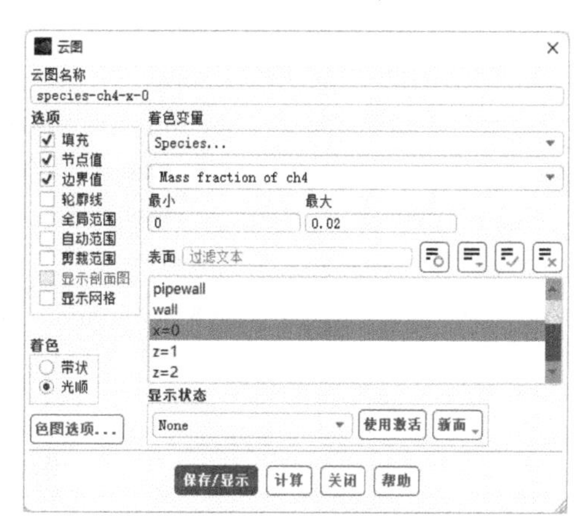

图 6-70　x=0 截面甲烷质量分数云图设置

由甲烷质量分数云图分布可知，在泄漏孔处甲烷的质量分数最高，随着泄漏时间增加，甲烷逐步向综合管廊上方流动，随着综合管廊内吹风机的启动，泄漏出来的甲烷主要向泄漏点的下游扩散。对于显示范围，目前是按照 0.02 来进行设置的，后续分析时，此数值可以按照人体承受的危险上限或者爆炸极限来设置，以便观察存在危险的区域范围。

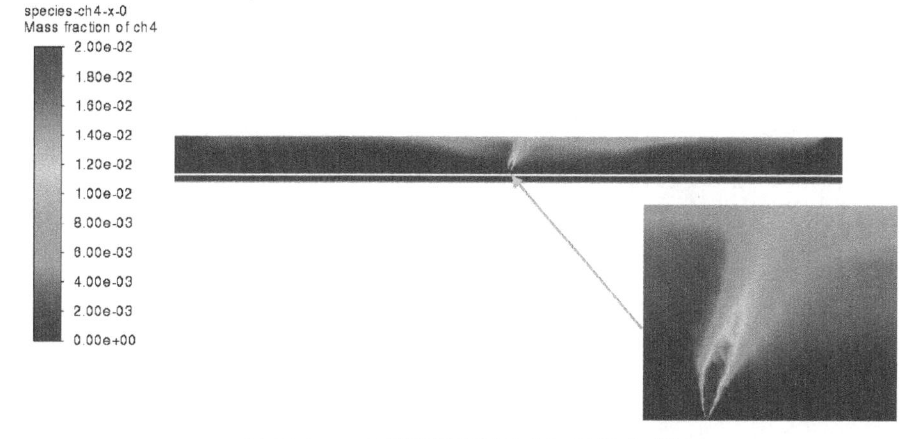

图 6-71　x=0 截面甲烷质量分数云图【彩】

2）选择“云图”对话框中“选项”处的“显示网格”，弹出“网格显示”对话框，在“选项”处选择“边”，在“边类型”处选择“轮廓”，在“表面”处选择 pipewall 及 wall，如图 6-72 所示，单击“显示”按钮，则显示如图 6-73 所示。

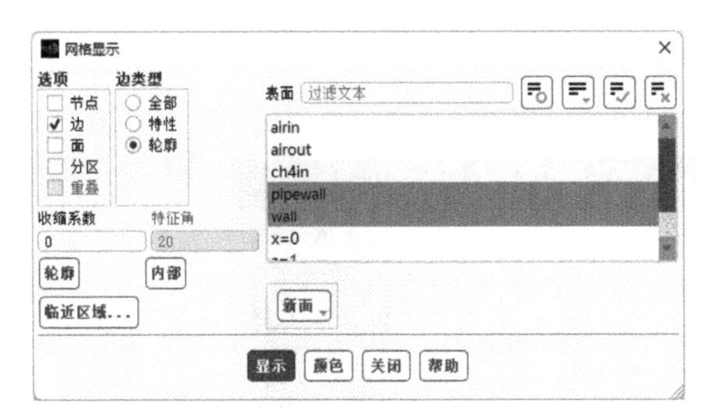

图 6-72 “网格显示”对话框

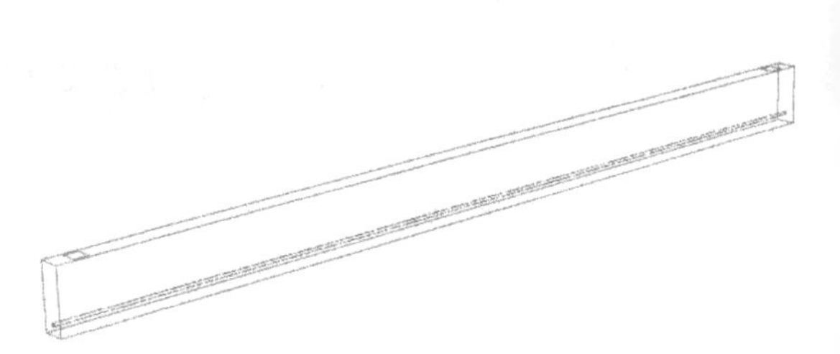

图 6-73 网格显示效果图

3）在“云图”对话框中，取消选择“选项”处的“填充”，并单击“保存/显示”按钮，如图 6-74 所示，显示出来的甲烷质量分数等值线云图如图 6-75 所示。

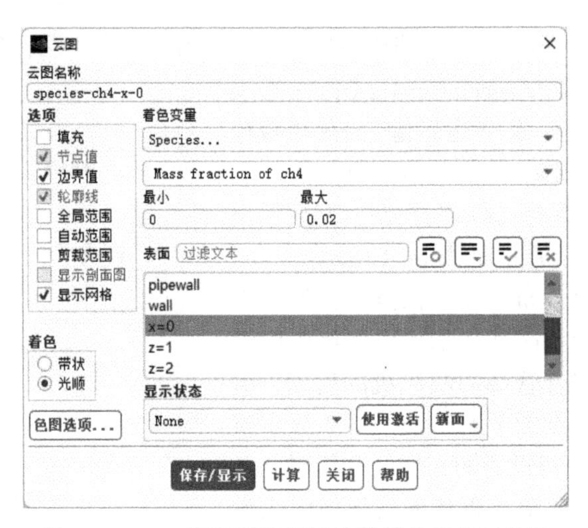

图 6-74 x=0 截面甲烷质量分数等值线云图设置

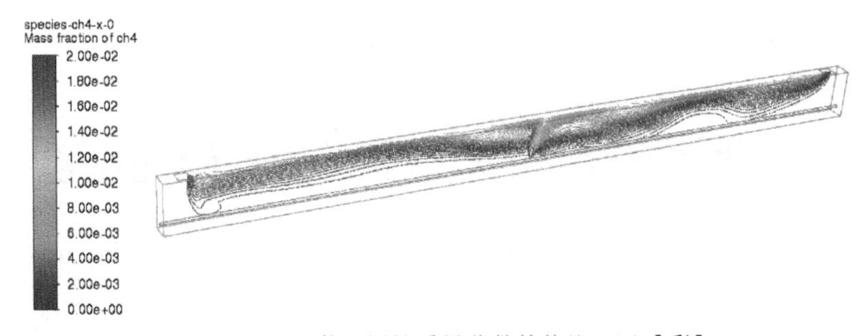

图 6-75 x=0 截面甲烷质量分数等值线云图【彩】

6.6.4 计算结果数据后处理分析

在浏览树中双击“结果”→“报告”→“体积积分”选项，弹出“体积积分”对话框，如图 6-76 所示。在“报告类型”中选择“质量平均”，在“场变量”里选择 Species 及 Mass fraction of ch4，在“单元区域”处选择 liutiyu，单击“计算”按钮得出地下综合管廊内甲烷的质量平均分数为 0.0015。

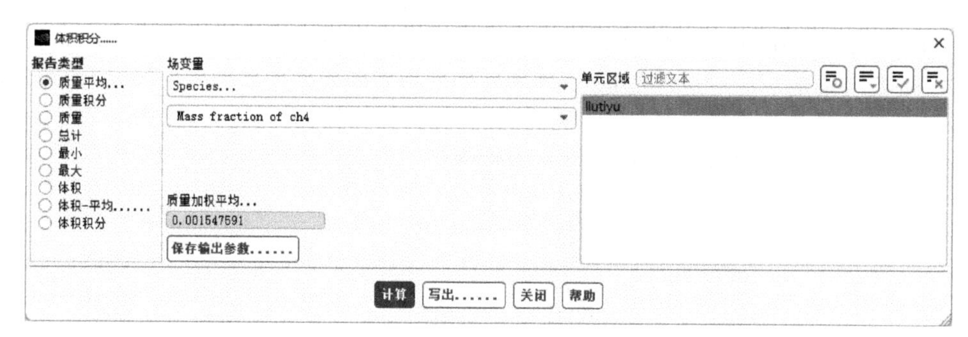

图 6-76　甲烷质量平均分数计算结果

6.6.5　监测变量数据后处理分析

1）在桌面新建一个 Excel 文件并打开，在菜单栏执行“文件”→“打开”命令，弹出“打开”对话框，找到 z=1-rfile. out 文件，此处注意，需要将文件类型修改为“所有文件”，如图 6-77 所示，单击“打开”按钮。

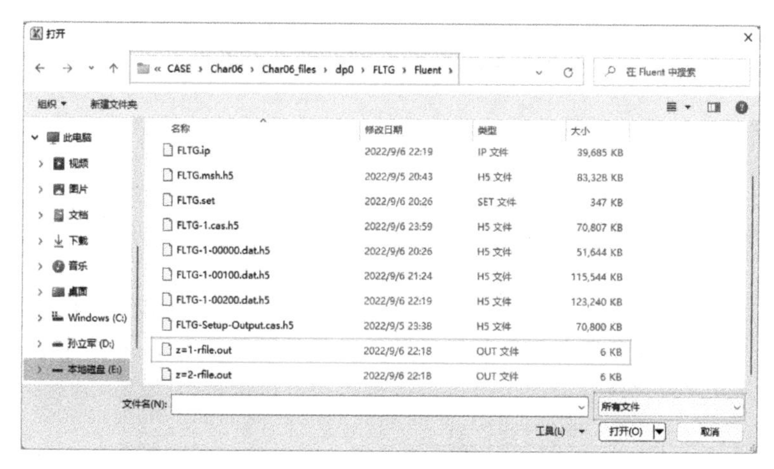

图 6-77　“打开”对话框

2）此时会出现图 6-78 所示的“文本导入向导-第 1 步，共 3 步”对话框，保持默认设置，单击“下一步”按钮。

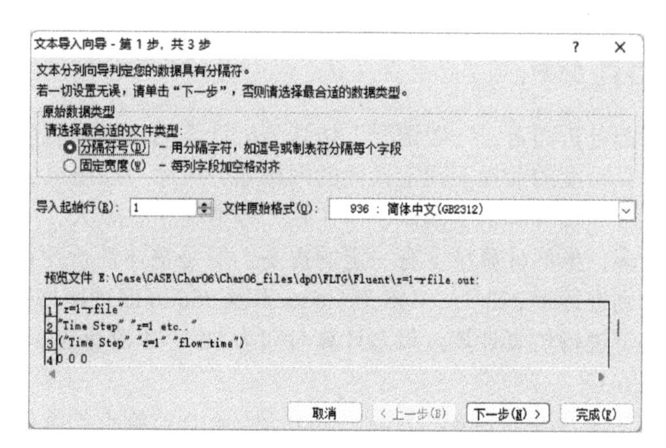

图 6-78　“文本导入向导-第 1 步，共 3 步”对话框

3）此时会出现图 6-79 所示的“文本导入向导-第 2 步，共 3 步”对话框，在“分隔符号”处选择“空格”，单击“下一步”按钮。

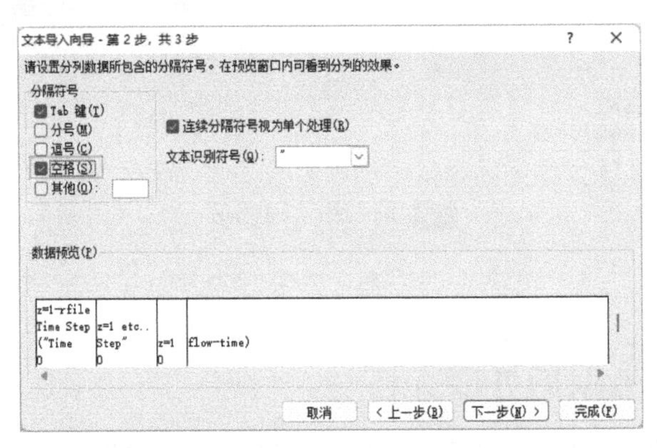

图 6-79 “文本导入向导-第 2 步，共 3 步”对话框

4）此时会出现图 6-80 所示的“文本导入向导-第 3 步，共 3 步”对话框，此处保持默认设置，单击“完成”按钮。

5）此时 z=1 监测点的变量数据在 Excel 文件中打开，如图 6-81 所示，可以在 Excel 软件中进行分析。

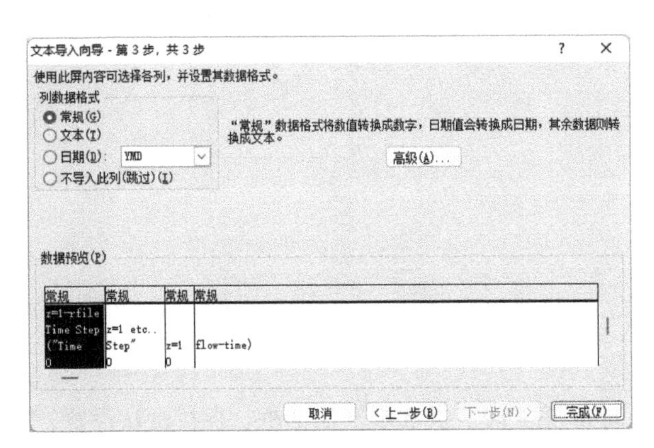

图 6-80 “文本导入向导-第 3 步，共 3 步”对话框

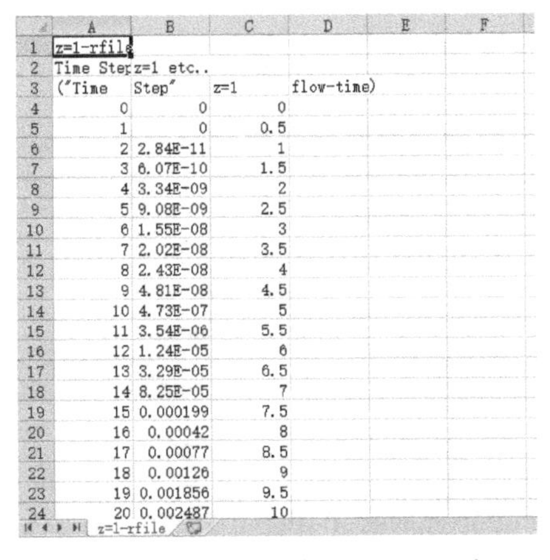

	A	B	C	D
1	z=1-rfile			
2	Time Step	z=1 etc..		
3	("Time	Step"	z=1	flow-time)
4	0	0	0	
5	1	0	0.5	
6	2	2.84E-11	1	
7	3	6.07E-10	1.5	
8	4	3.34E-09	2	
9	5	9.08E-09	2.5	
10	6	1.55E-08	3	
11	7	2.02E-08	3.5	
12	8	2.43E-08	4	
13	9	4.81E-08	4.5	
14	10	4.73E-07	5	
15	11	3.54E-06	5.5	
16	12	1.24E-05	6	
17	13	3.29E-05	6.5	
18	14	8.25E-05	7	
19	15	0.000199	7.5	
20	16	0.00042	8	
21	17	0.00077	8.5	
22	18	0.00126	9	
23	19	0.001856	9.5	
24	20	0.002487	10	

图 6-81 监测点数据导入 Excel 中

6.6.6 网格无关性分析

对于甲烷泄漏等瞬态分析而言，一般情况下仿真分析计算的工况数很多，因此需要进行网格无关性对比，在保证计算精度的前提下确定最优的网格划分尺寸，以便减少计算工作量。

网格尺寸过大，则会导致计算精度偏低，与实际工程情况相差较大，如果网格尺寸过小，则会导致计算网格数量太多，虽然计算精度有一定的提高，但是整体性价比很低，因此本例在简化几何模型的基础上，分别进行了 323 万、445 万、583 万及 756 万四种网格数量划分，并在相同边界条件及模型设置条件下进行仿真计算，瞬态计算时间为 50s，以测量点 z=0、z=10 的甲烷浓度值为例，对比结果见表 6-1。

可见，当网格数由 323 万增加到 445 万时，z=0 及 z=10 监测点的浓度降低，但当网格数由 445 万变成 583 万时，监测点的甲烷浓度继续降低，但是降低趋势变缓了，由 583 万网格增加至

756 万时，甲烷质量分数降低的数值几乎可以忽略。因此综合考虑计算精度，仿真的网格数控制在 583 万左右。

表 6-1 不同网格尺寸下监测点计算数据对比

序　号	网格总数/万	z=0 监测点	z=10 监测点
1	323	0.0177%	0.0225%
2	445	0.0147%	0.0194%
3	583	0.0137%	0.0176%
4	756	0.0133%	0.0163%

6.6.7 瞬态时间步长无关性分析

在进行网格无关性验证后，再进行瞬态时间步长的对比分析。对于瞬态计算而言，影响计算精度的另外一个因素就是时间步长，因此本例进行 0.5s、1s、2s 三种瞬态时间步长的对比分析。

图 6-82 所示为三种时间步长对应的地下综合管廊内甲烷平均质量分数，随着泄漏时间的增加，地下综合管廊内甲烷质量分数增加，但是不同时间步长对于综合走廊内甲烷质量分数的平均值影响不大。

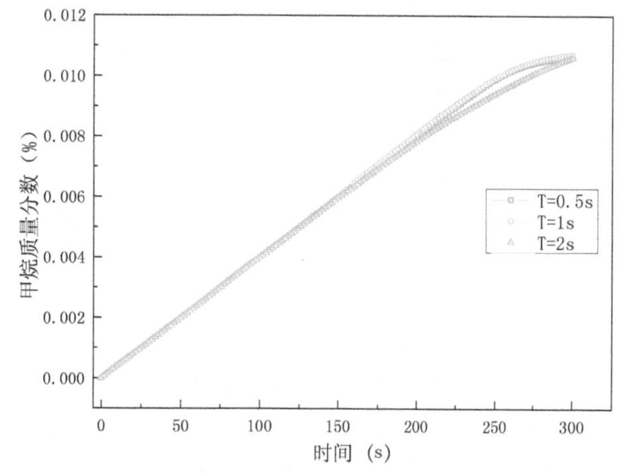

图 6-82 三种时间步长对应的地下综合管廊内甲烷平均质量分数

z=0 及 z=10 监测点在不同时间步长下的计算结果见表 6-2。由表可知，不同时间步长下，监测点数据差异很小。后续进行类似瞬态计算问题时，需要进行瞬态时间步长无关性验证，以便确定最合适的瞬态时间步长。

表 6-2 不同时间步长下监测点计算数据对比

序　号	网格总数/万	时间步长/s	z=0 监测点	z=10 监测点
1	583	0.5	0.0137%	0.0176%
2	583	1	0.0139%	0.0181%
3	583	2	0.0142%	0.0184%

6.7 本章小结

本章以地下综合管廊天然气管道泄漏分析为例，详细讲解了几何模型前处理、网格划分、设置、求解及结果查看和分析，重点说明了组份模型设置、瞬态计算监测变量设置、网格无关性分析及瞬态时间步长无关性分析等过程。通过本章学习，可以掌握气体泄漏瞬态过程中的扩散浓度分析方法。

第7章 高压直流输电阀厅内温度分布特性模拟

操作视频

高压直流输电能实现广域范围内跨地区电网的智能互联，是区域电力市场物理基础的重要组成部分。换流阀作为高压直流输电系统中的核心装备，布置于换流阀阀厅内部，阀厅内温度的均匀分布对换流阀的可靠性运行十分重要，因此如何运用Fluent软件来定性、定量分析高压直流输电阀厅内的温度分布特性就显得尤为重要。本章将介绍如何进行高压直流输电阀厅空调进/出风口设置、阀模块热源等效处理及仿真计算。

本章知识要点如下。

1）学习如何进行热源等效计算设置。

2）学习如何进行边界条件设置。

3）学习如何进行计算结果监测及结果分析。

7.1 案例简介

本章以高压直流输电阀厅为研究对象，对其内部温度分布进行分析。换流阀布置在阀厅中间位置，由6个桥臂组成，每个桥臂由两个阀塔串联组成，换流阀的总发热量为800kW，空调总进风量为160000m^3/h，阀厅内空调进风口、出风口及换流阀的布置如图7-1所示，将空调进风口简化为速度入口，将空调出风口简化为压力出口。应用Fluent软件进行高压直流输电阀厅内的温度分布分析。

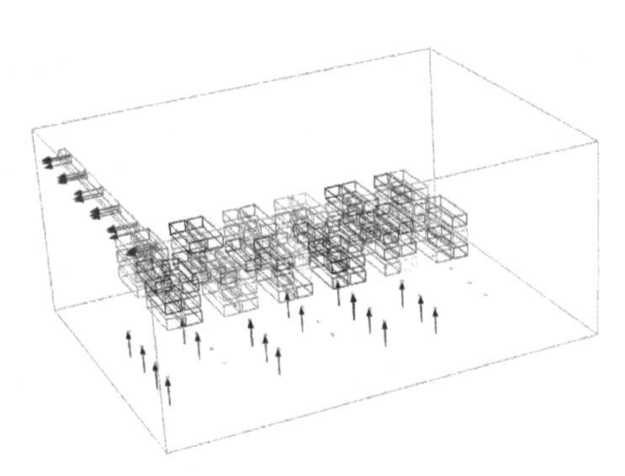

图7-1 几何模型

7.2 几何模型前处理

7.2.1 创建分析项目

1）在Windows系统下执行“开始”→“所有程序”→ANSYS 2022→Workbench 2022命令，启动ANSYS Workbench 2022，进入Workbench主界面。

2）在Workbench主界面的工具箱中双击“组件系统”→“几何结构”选项，即可在项目管理区创建分析项目A，如图7-2所示。

3）在工具箱中的“组件系统”→“Fluent（带Fluent网格剖分）”上按住鼠标左键拖动到项目管理区中，当项目A的A2“几何结构”呈红色高亮显示时，放开鼠标创建项目B，此时相关联的数据可共享，如图7-3所示。

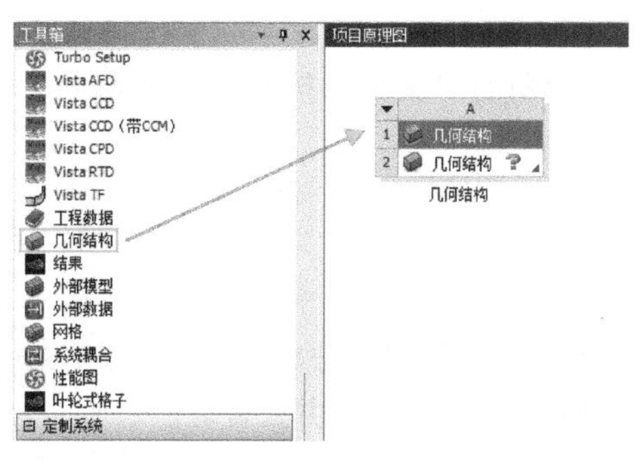

图 7-2　创建几何结构

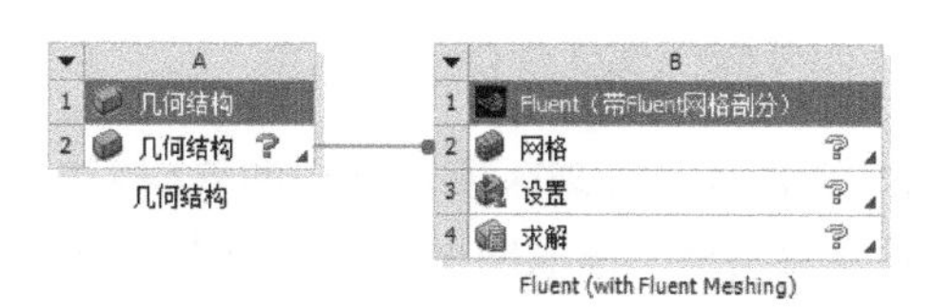

图 7-3　创建分析项目 B

7.2.2　导入几何模型

1）在 A2 栏“几何结构”上右击，在弹出的快捷菜单中选择“导入几何模型”→“浏览”命令，如图 7-4 所示，此时会弹出“打开”对话框。

2）在“打开”对话框中选择 Char07，导入 Char07 几何模型文件，如图 7-5 所示，此时 A2 栏“几何结构”后的 ? 变为 ✓，表示实体模型已经存在。

图 7-4　导入几何模型

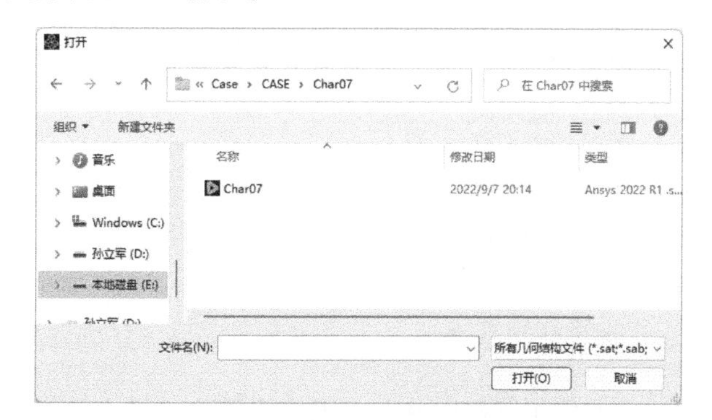

图 7-5　“打开”对话框

3）双击项目 A 中的 A2 栏“几何结构”，会进入“A：几何结构-Geom-SpaceClaim”界面，显示的几何模型如图 7-6 所示。本例中无须进行几何模型修改。

4）单击“群组”按钮，则显示图 7-7 所示的边界条件，本例已经完成了边界条件命名，因

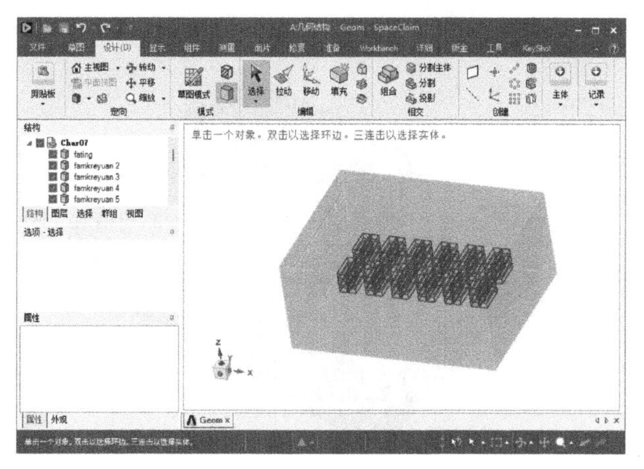

图 7-6　显示的几何模型

图 7-7　边界条件设置界面

此不需要进行修改，如需要修改边界条件，则在此处进行设置。

5）单击“A：几何结构-Geom-SpaceClaim”界面右上角的“关闭”按钮，返回 Workbench 主界面。

7.3 网格划分

1）双击项目管理区项目 B 中的 B2 栏“网格”选项，进入网格划分启动界面。图 7-8 所示设置为计算双精度、读取网格后显示网格、网格划分及计算求解选用 6 核并行计算。

2）单击 Start 按钮进入 B:Fluent（with Fluent Meshing）界面，在该界面下即可进行网格的划分、边界条件的设置等操作，如图 7-9 所示。

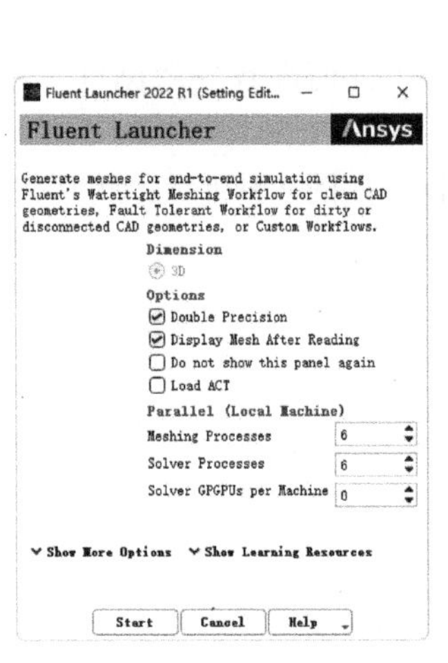

图 7-8 网格划分启动界面

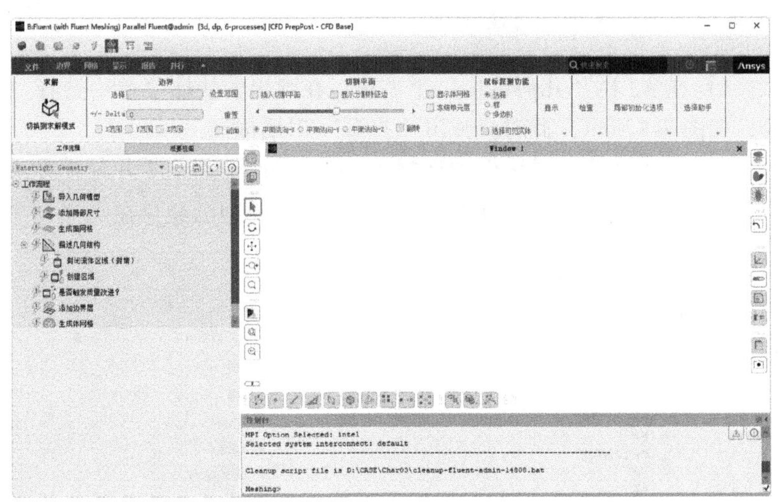

图 7-9 B:Fluent（with Fluent Meshing）界面

3）在左侧浏览树中单击“工作流程”→“导入几何模型”选项，在打开的面板中单击“导入几何模型”按钮，即可将几何模型导入，如图 7-10 所示。导入的几何模型如图 7-11 所示。

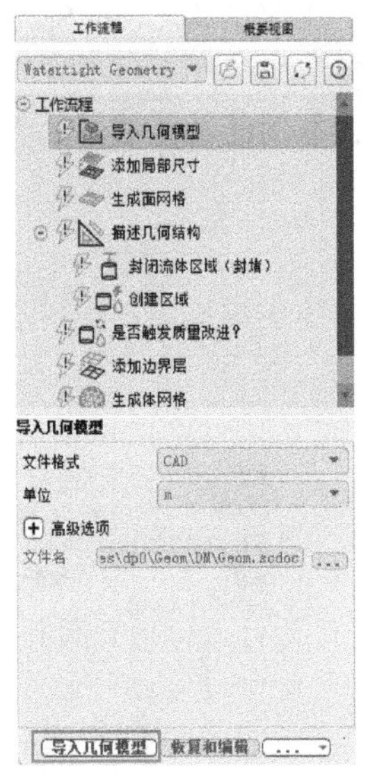

图 7-10 几何模型导入设置界面

图 7-11 导入的几何模型

4）继续在浏览树中单击“工作流程”→“添加局部尺寸”选项，在打开的面板中单击“更新”按钮，如图 7-12 所示。

5）在浏览树中单击“工作流程”→“生成面网格”选项，在打开的面板中设置面网格划分参数，在 Minimum Size 处输入 0.05，在 Maximum Size 处输入 2，在“增长率”处输入 1.2，打开“高级选项”，在“质量优化的偏度限值”处输入 0.8，在“基于坍塌方法改进质量的偏斜度阈值”处输入 0.8，其他参数保持默认设置。单击“生成面网格”按钮即可进行面网格划分，如图 7-13 所示。

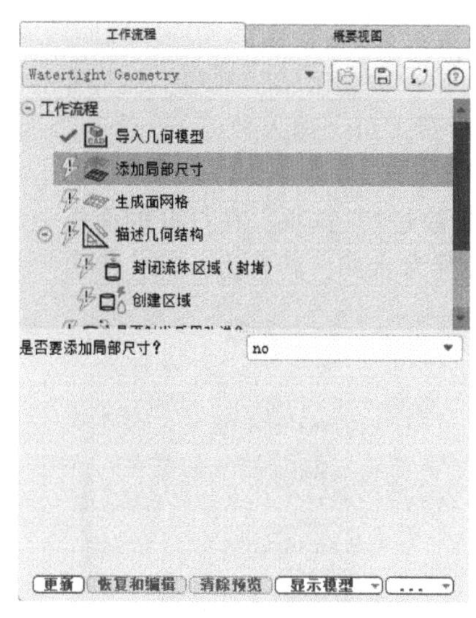

图 7-12　添加局部尺寸

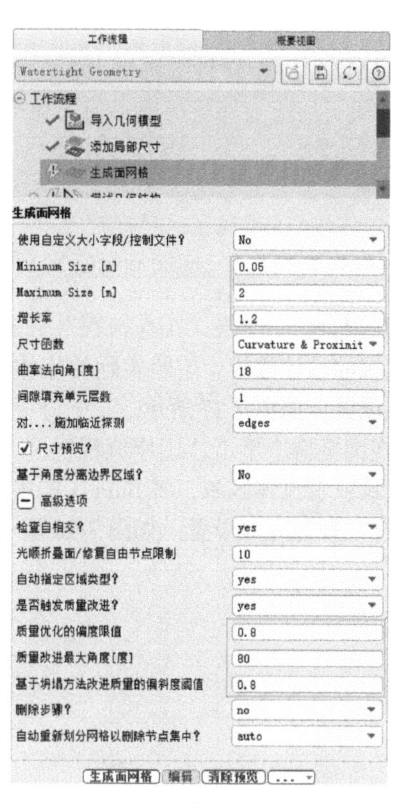

图 7-13　生成面网格

划分好的面网格如图 7-14 所示。

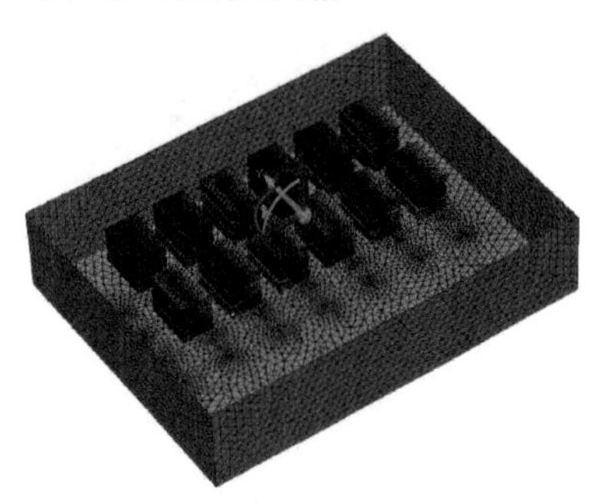

图 7-14　面网格划分效果图

6）在浏览树中单击“工作流程”→“描述几何结构”选项，在打开的面板中设置几何结构参数。因为几何模型在 SpaceClaim 内已经完成了拓扑共享，所以此处无须应用共享拓扑。具体设置如图 7-15 所示，单击“描述几何结构”按钮完成设置。

7）在浏览树中单击“工作流程”→“描述几何结构”→“更新边界”选项，在打开的面板中设置边界条件类型，边界条件名称建议在 SpaceClaim 中设置。

在 Boundary Type 处，将 airin 的边界条件类型修改为 velocity-inlet，将 airout 的边界条件类型修改为 pressure-outlet，将 fatingwall 的边界条件类型修改为 wall，单击“更新边界”按钮完成设置，如图 7-16 所示。

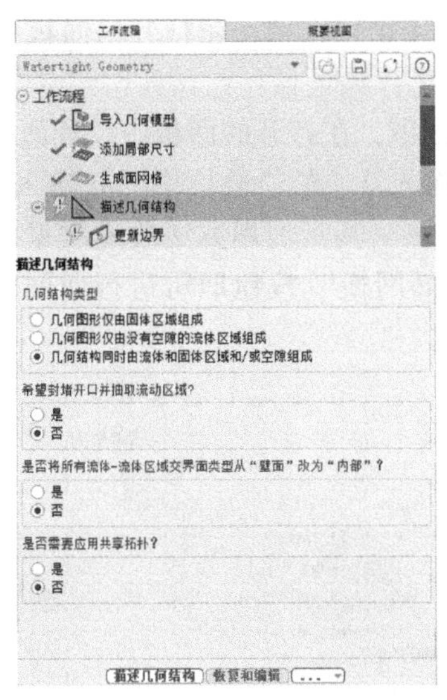

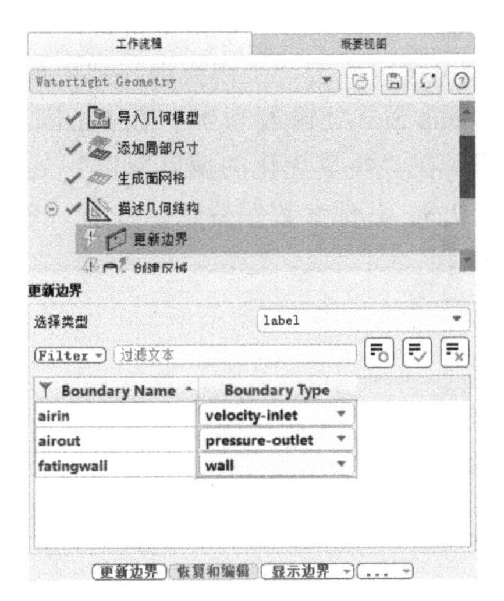

图 7-15　描述几何结构

图 7-16　更新边界

8）在浏览树中单击“工作流程”→“描述几何结构”→“创建区域”选项，在打开的面板中设置流体区域的估计数量，按照实际的流体域数量进行设置即可。输入数值 1，单击“创建区域”按钮完成设置，如图 7-17 所示。

9）在浏览树中单击“工作流程”→“是否触发质量改进?”选项，在打开的面板中设置区域为固体区域或者流体区域，将 fluid:1 的 Region Type 设置为 dead，其余为 solid，单击“是否触发质量改进?”按钮完成设置，如图 7-18 所示。

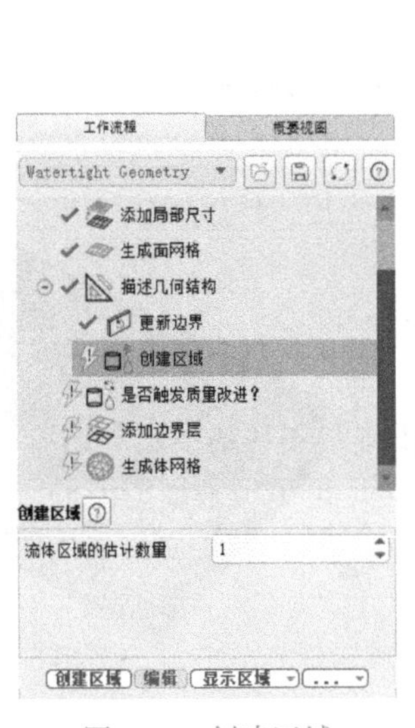

图 7-17　创建区域

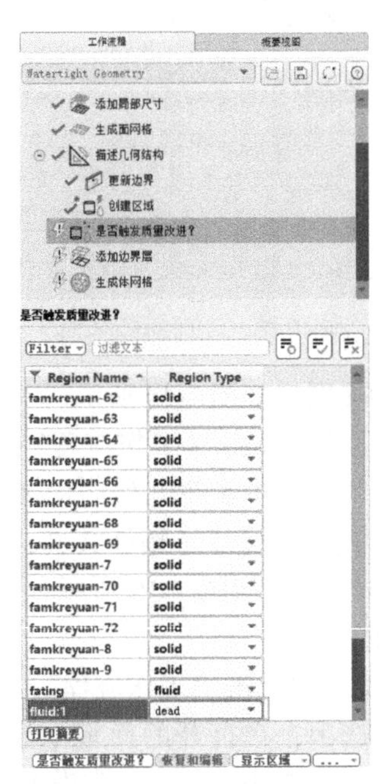

图 7-18　选择是否触发质量改进

10）在浏览树中单击“工作流程”→“添加边界层”选项，在打开的面板中设置边界层，右击“添加边界层”选项，选择“更新”命令完成设置，如图 7-19 所示。本案例不添加边界层。

11）在浏览树中单击“工作流程”→“生成体网格”选项，在打开的面板中体网格划分设置参数，在 Max Cell Length 处输入 2，单击“生成体网格”按钮完成设置，如图 7-20 所示。生成的体网格如图 7-21 所示。

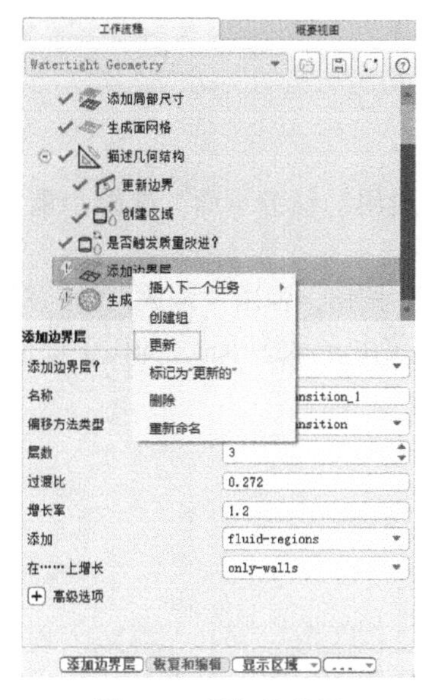

图 7-19　添加边界层

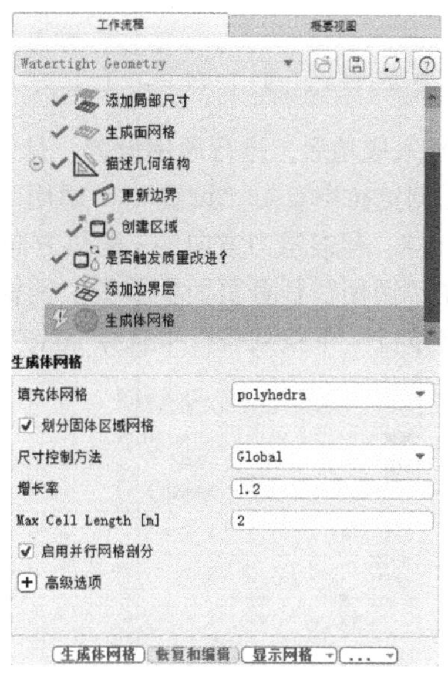

图 7-20　生成体网格

12）在 Fluent 界面上方的选项卡中单击“求解”→“切换到求解模式”按钮，如图 7-22 所示，打开 Fluent 求解设置界面，如图 7-23 所示。

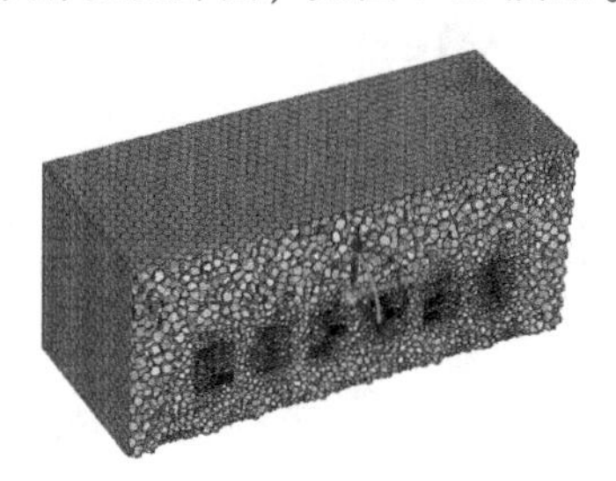

图 7-21　体网格划分效果图

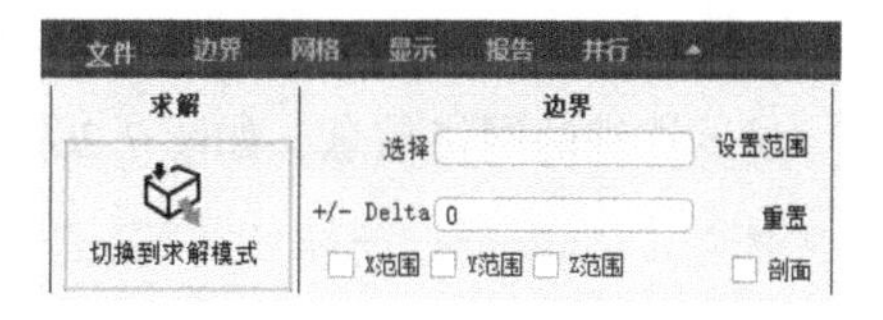

图 7-22　切换到求解模式

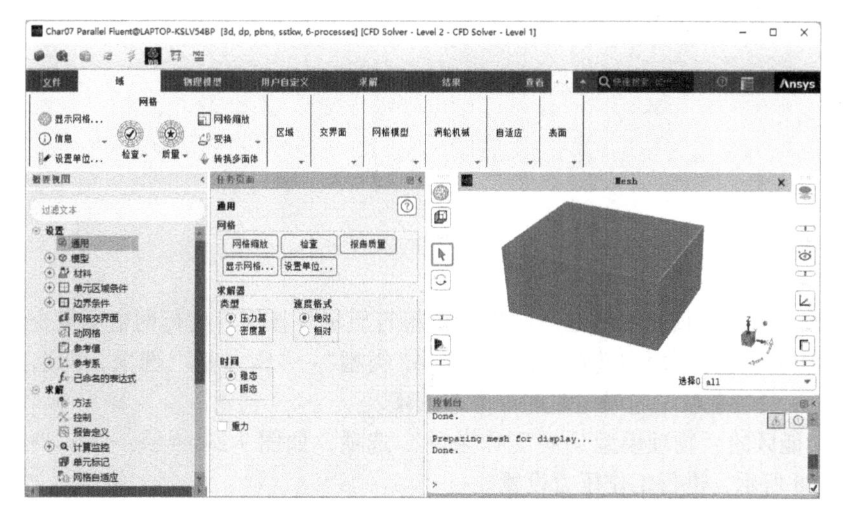

图 7-23　Fluent 求解设置界面

7.4 设置

7.4.1 通用设置

网格导入成功后，进行通用设置，具体操作步骤如下。

1）在浏览树中双击“设置”→“通用”选项，打开“通用”任务页面，选择“重力”，并在z处输入-9.8，代表重力方向为z的负方向，如图7-24所示。

2）在“通用”任务页面中单击“网格”→“网格缩放”按钮，弹出“缩放网格”对话框，在“查看网格单位”下拉列表框中选择mm，将默认的尺寸单位由m改为mm，如图7-25所示。

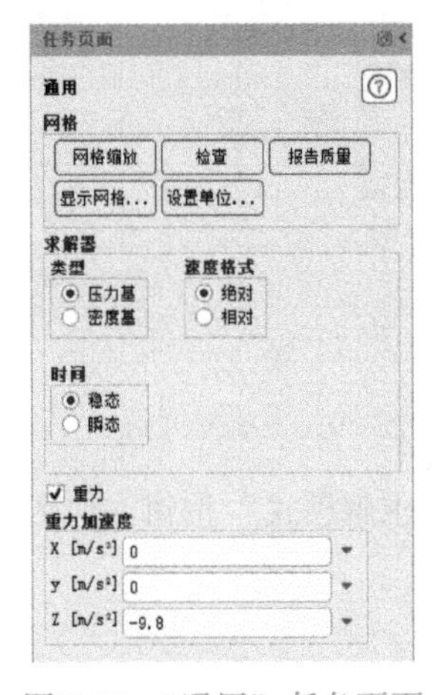

图7-24 “通用”任务页面

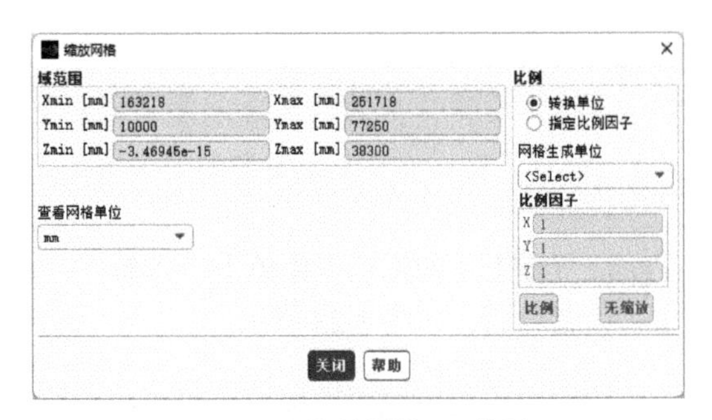

图7-25 “缩放网格”对话框

3）在“通用”任务页面中单击“网格”→“检查”按钮，检查网格划分是否存在问题，此时会在“控制台”显示详细的网格信息，如图7-26所示，可以查看导入网格的尺寸。

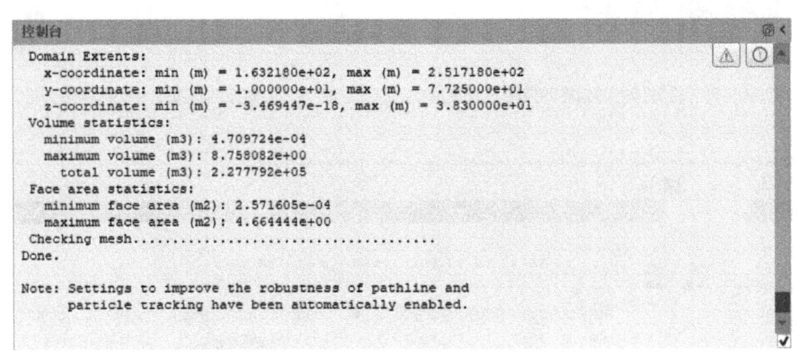

图7-26 网格信息

4）在“通用”任务页面中单击“网格”→“报告质量”按钮，进行网格质量查看。

5）在“通用”任务页面中选择“求解器”→“类型”→“压力基”选项，即选择基于压力求解；选择“时间”→“稳态”选项，即进行稳态计算。

6）单击功能区的“物理模型”→“工作条件”选项，如图7-27所示，弹出“工作条件”对话框，如图7-28所示，进行工作压力设置。

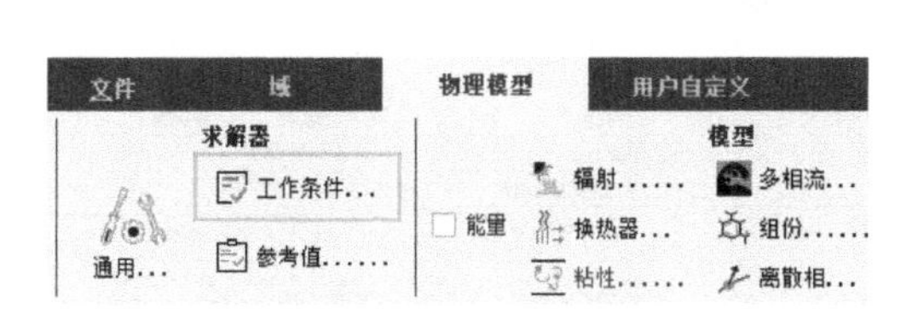

图 7-27 “工作条件”选项

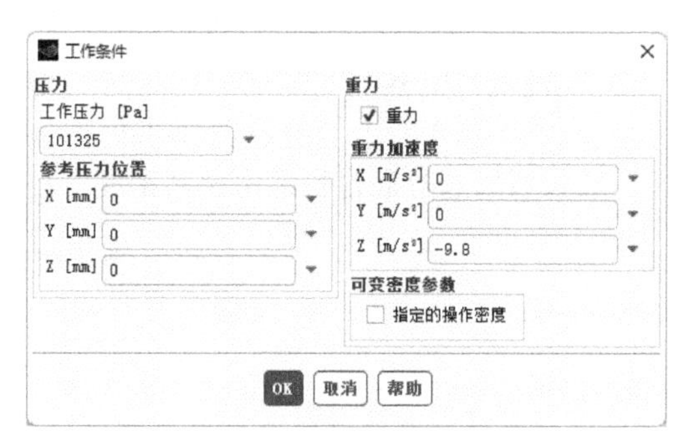

图 7-28 “工作条件”对话框

7.4.2 模型设置

通过对高压直流输电阀厅内温度分析问题的物理过程分析可知，需要设置空气流动模型及能量模型。通过计算雷诺数，判断阀厅内部流动状态为湍流，具体操作步骤如下。

1）在浏览树中双击“设置”→“模型”选项，打开“模型”任务页面，如图 7-29 所示。

2）在浏览树中双击“模型”→“粘性”选项，弹出“粘性模型”对话框，进行流动模型设置。在“模型”下选择 k-epsilon（2 eqn），在“k-epsilon 模型”下选择 Standard，在“壁面函数”下选择“增强壁面函数（EWF）”，其余参数保持默认，如图 7-30 所示，单击 OK 按钮保存设置。

3）在浏览树中双击“模型”→“能量”选项，打开“能量”对话框，如图 7-31 所示，单击 OK 按钮保存设置。

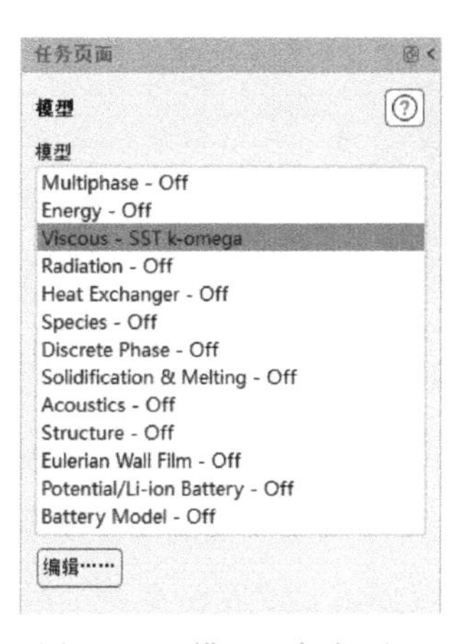

图 7-29 “模型”任务页面

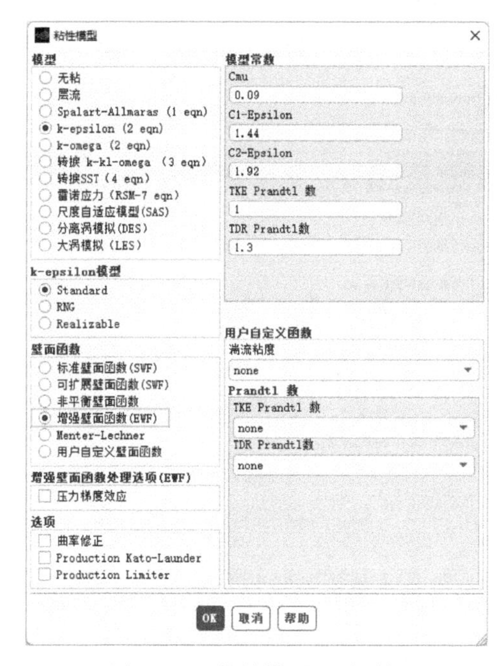

图 7-30 “粘性模型”对话框

图 7-31 “能量”对话框

7.4.3 材料设置

软件默认的流体材料是 air，固体材料为 aluminum。本案例是模拟换流阀在阀厅内的温度分布特性，因此需要新增换流阀等效发热部件的材料属性，具体如下。

1）在浏览树中双击“设置”→“材料”选项，打开“材料”任务页面，如图 7-32 所示。

2）在浏览树中双击“材料”→Solid→aluminum，打开“创建/编辑材料”对话框，如图 7-33 所示，此处可以进行混合物组份及其密度、粘度等参数的修改。

图 7-32 “材料”任务页面

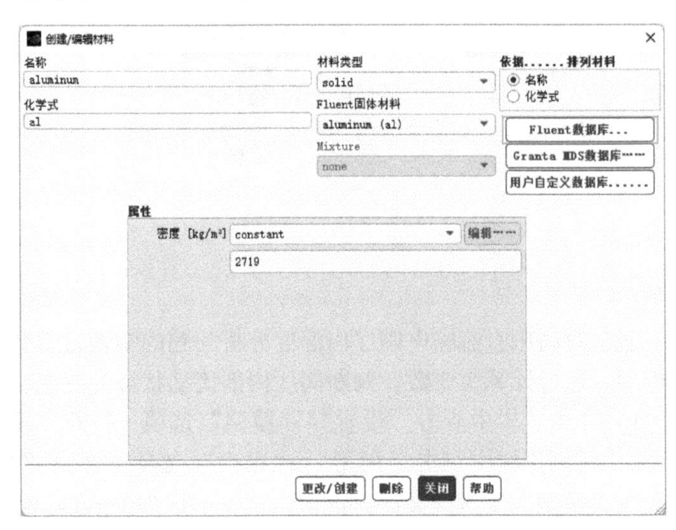

图 7-33 “创建/编辑材料”对话框

3）单击“创建/编辑材料”对话框中的“Fluent 数据库”按钮，弹出图 7-34 所示的“物质”对话框，在“材料类型”处选择 solid，在“Fluent 固体材料”处选择 copper（cu），此时可以查看铜的材料参数，单击“复制”按钮将材料进行复制，单击“关闭”按钮退出。

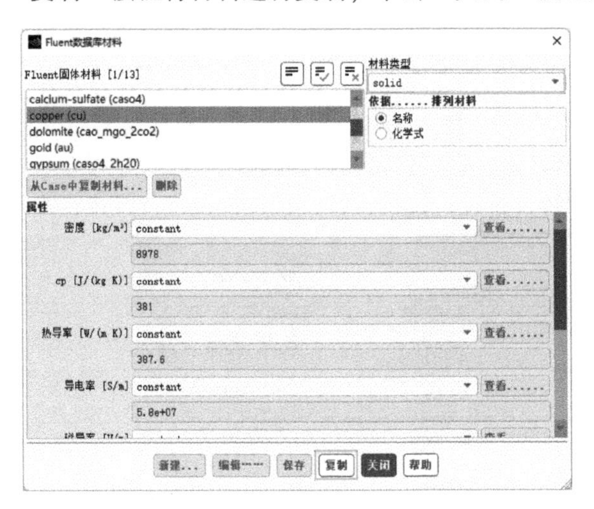

图 7-34 “Fluent 数据库材料”对话框

7.4.4 单元区域条件设置

高压直流输电换流阀在运行过程中会产生热量，主要源于其内部的晶闸管、均压电阻及饱和电抗器等，如果将这些器件进行 1∶1 建模，则建模及网格划分工作量等非常大，因此本案例将换流阀模块简化成一个整体，并进行内热源发热设置，具体操作步骤如下。

1）在浏览树中双击“设置”→“单元区域条件”选项，打开“单元区域条件”任务页面，如图 7-35 所示。

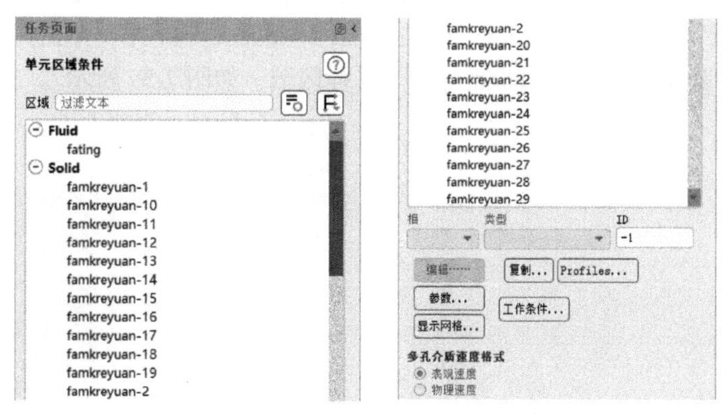

图 7-35 “单元区域条件”任务页面

2）在“单元区域条件”任务页面中单击 Fluid→fating 选项，弹出“流体”对话框，可以看出“材料名称”处的材料为 air，此处不需要进行流体材料修改，如图 7-36 所示。

3）在“单元区域条件”任务页面中单击 Solid→famkreyuan-1 选项，弹出“固体”对话框，如图 7-37 所示。在“材料名称”下拉列表框中选择 copper，勾选“源项”复选框，并切换到“源项”选项卡，单击“编辑”按钮，此时弹出“能量源项”对话框。在“能量源项数量”处选择 1，并在下方输入 138.02，如图 7-38 所示，单击 OK 按钮返回“固体”对话框，单击“应用”按钮保存退出。

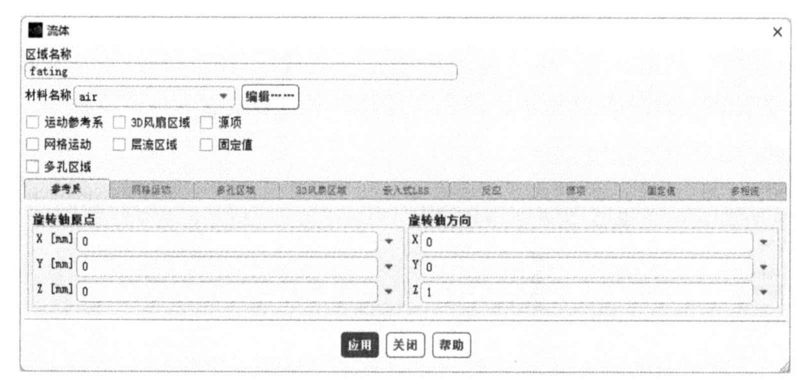

图 7-36 “流体”对话框

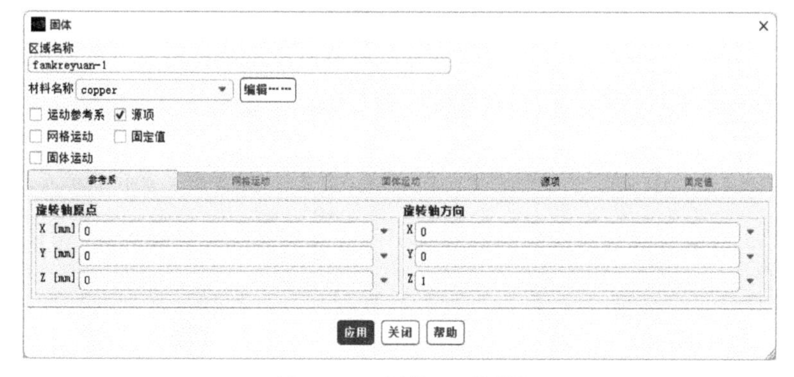

图 7-37 “固体”对话框

4）因为模型中有很多一样的设置，因此采用“复制”按钮可以提高设置效率。在“单元区域条件”任务页面中单击“复制”按钮，弹出“复制条件”对话框。在“从单元区域”内选择famkreyuan-1，在“到单元区域”处选择famkreyuan-2～famkreyuan-72，单击“复制”按钮，则将famkreyuan-1区域内设置的发热量全部复制到了选择区域，如图7-39所示。

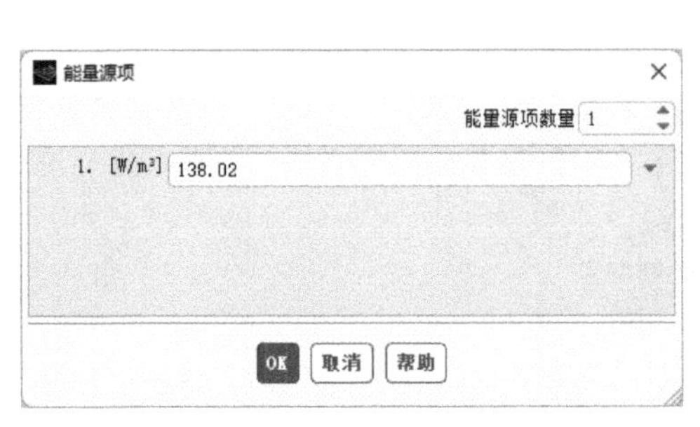

图7-38 “能量源项”对话框

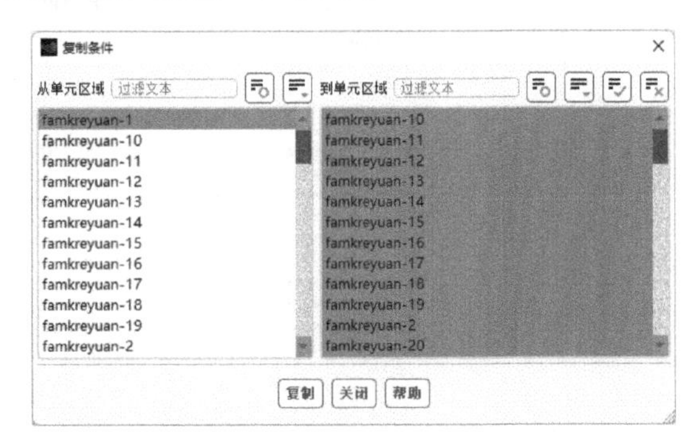

图7-39 “复制条件”对话框

7.4.5 边界条件设置

阀厅内换流阀温度分析的过程主要涉及空气流动入口、空气流动出口、阀组件耦合传热面及阀厅四周墙体等边界条件，具体操作步骤如下。

1）在浏览树中双击“设置”→“边界条件”选项，打开“边界条件”任务页面，如图7-40所示。

2）在“边界条件”任务页面中双击airin选项，弹出“速度入口”对话框，如图7-41所示，在“速度大小”处输入9.8，代表入口速度为9.8m/s，在“设置”处选择Intensity and Viscosity Ratio，在“湍流强度”处输入5，在“湍流粘度比”处输入10；切换到“热量”选项卡，在“温度”处输入290.15，如图7-42所示，单击“应用”按钮保存。

图7-40 “边界条件”任务页面

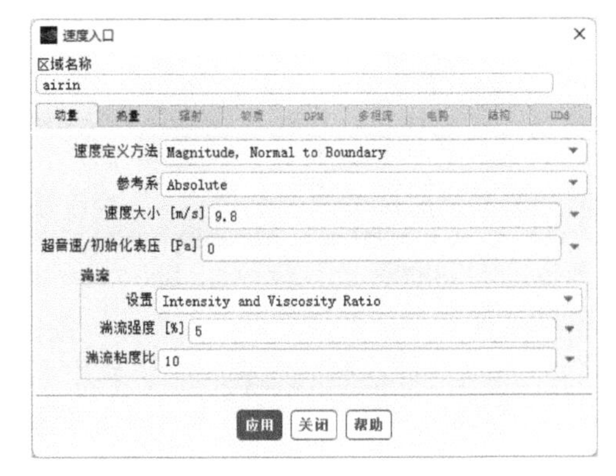

图7-41 速度入口速度设置

3）在“边界条件”任务页面中双击 airout 选项，弹出“压力出口”对话框，如图 7-43 所示，在“表压”处输入 0，代表出口压力为标准大气压，在“设置”处选择 Intensity and Viscosity Ratio，在“回流湍流强度”处输入 5，在“回流湍流粘度比”处输入 10；切换到“热量”选项卡，在“回流总温”处输入 300，如图 7-44 所示，单击“应用”按钮保存。

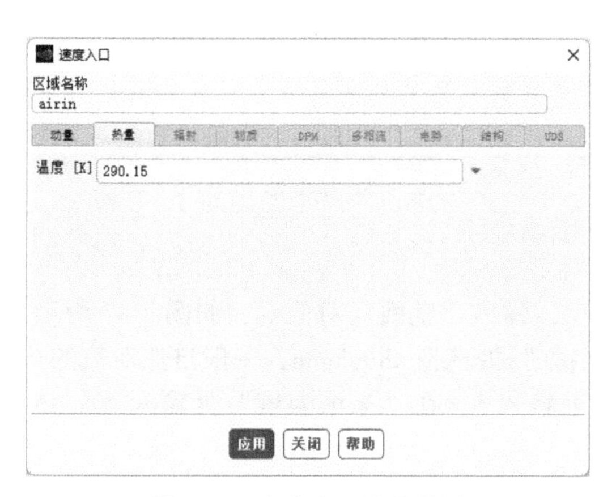

图 7-42　速度入口温度设置

图 7-43　“压力出口”对话框

4）在“边界条件”任务页面中双击 famkreyuan-1-fating 选项，弹出“壁面”对话框，如图 7-45 所示。在“传热相关边界条件”处选择“耦合”，在“材料名称”处选择 copper，单击“应用”按钮保存。

5）因为模型中有很多一样的边界设置，因此采用“复制”按钮可以提高设置效率。在“边界条件”任务页面中单击“复制”按钮，弹出“复制条件”对话框。在“从边界区域”处选择 famkreyuan-1-fating，在“到边界区域”处选择除

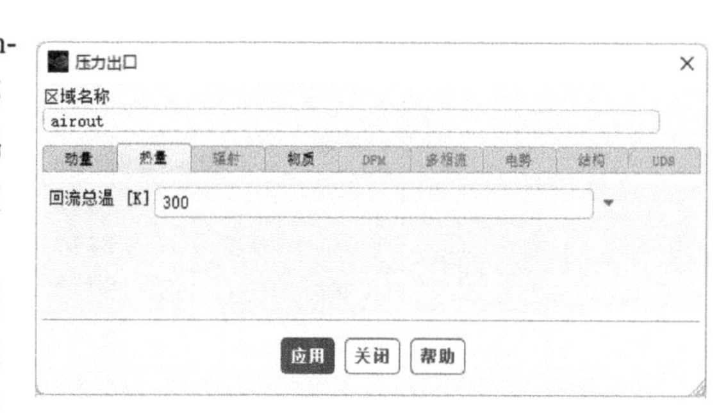

图 7-44　压力出口温度设置

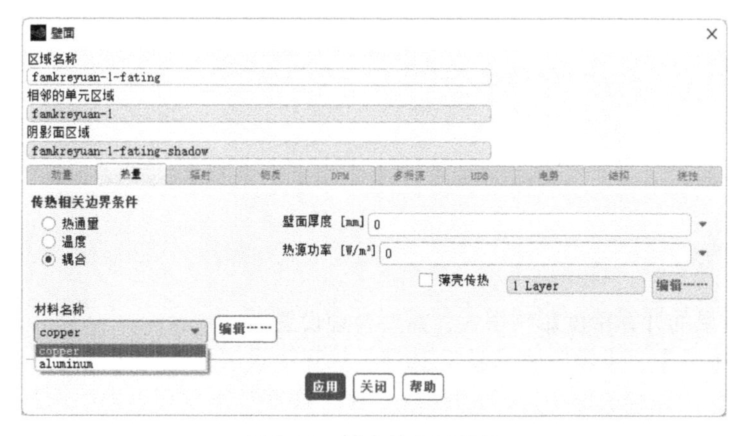

图 7-45　耦合传热面设置

famkreyuan-1-fating 外的所有壁面，单击“复制”按钮，则将 famkreyuan-1-fating 内设置的边界条件参数全部复制到了选择边界，如图 7-46 所示。

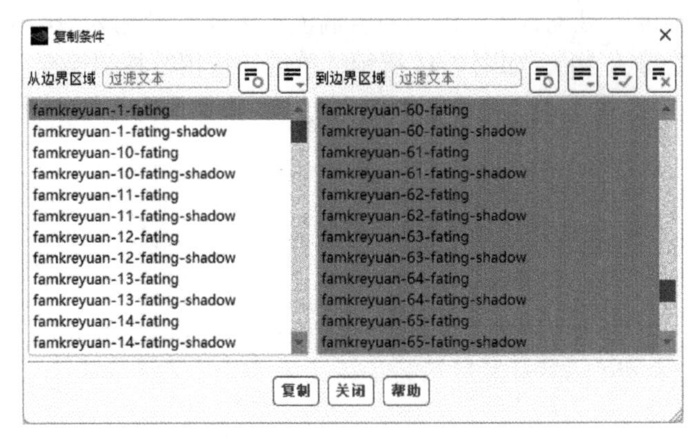

图 7-46　耦合传热面复制条件设置

6）在“边界条件”任务页面中双击 fatingwall 选项，弹出“壁面”对话框，如图 7-47 所示。在“传热相关边界条件”处选择“对流”，在“材料名称”处选择 aluminum，一般自然对流的传热系数为 2^{-10}W/m^2·K，因此本案例在“传热系数”处输入 5，在“来流温度”处输入 298.15，单击“应用”按钮保存。

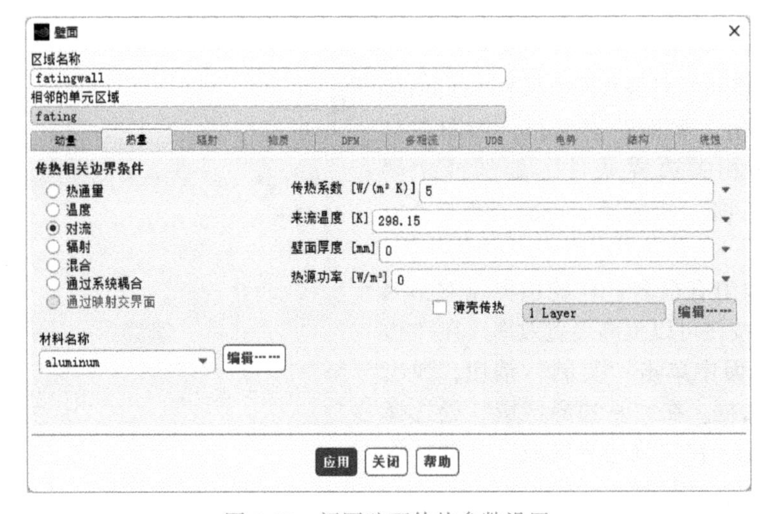

图 7-47　阀厅壁面传热参数设置

7.5　求解

7.5.1　方法设置

求解方法对结果的计算精度影响很大，需要合理设置。

1）在浏览树中双击“求解”→“方法”选项，打开“求解方法”任务页面。

2）在“方案”下拉列表框中选择 SIMPLE，在“梯度”下拉列表框中选择 Least Squares Cell Based，在“压力”下拉列表框中选择 Second Order，在“动量”下拉列表框中选择 Second Order

Upwind，在“湍流动能”下拉列表框中选择 Second Order Upwind，在“湍流耗散率”下拉列表框中选择 Second Order Upwind，在“能量”下拉列表框中选择 Second Order Upwind，如图 7-48 所示。

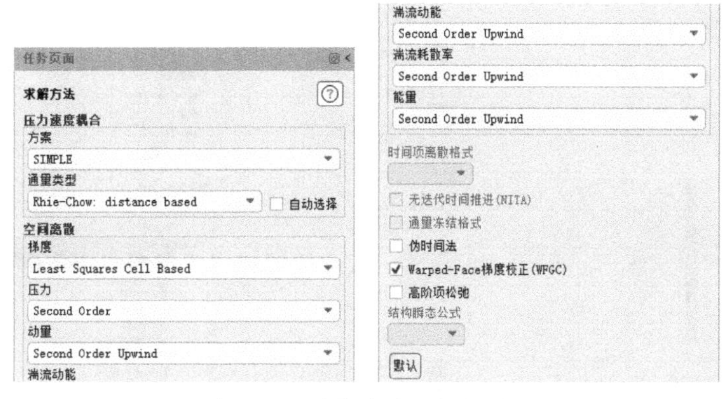

图 7-48 “求解方法”任务页面

7.5.2 控制设置

1）在浏览树中双击“求解”→“控制”选项，打开“解决方案控制”任务页面，如图 7-49 所示，可以进行“亚松弛因子”、“方程”、“限值”及“高级”等选项设置。“亚松弛因子”代表求解迭代计算方程前的因子，因此原则上保持默认即可。

2）在“解决方案控制”任务页面中单击“方程”按钮，弹出“方程”对话框，如图 7-50 所示。此处可以设置求解迭代过程中需要同时求解的方程数量，这里保持默认，如果后续需要等计算流场稳定后再进行散热分析，则可以先不选择 Energy 方程求解。

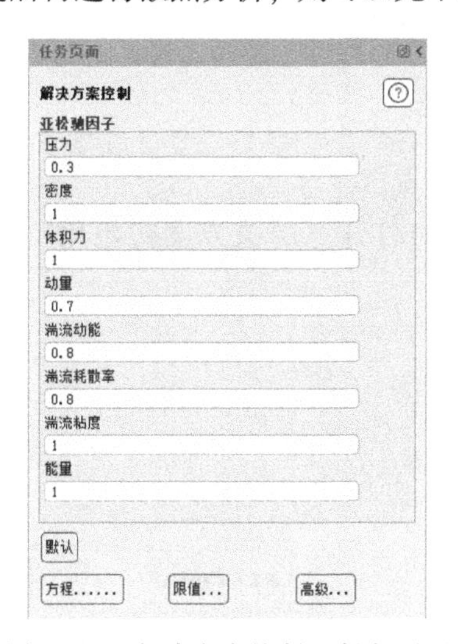

图 7-49 “解决方案控制”任务页面

图 7-50 “方程”对话框

7.5.3 参数监测设置

本案例需要对阀厅内阀模块的体积平均温度进行监测，具体操作如下。

在浏览树中右击“求解”→“报告定义”选项，在弹出的快捷菜单中选择“创建”→“体积报告”→“体积-平均”命令，如图 7-51 所示，弹出“体积报告定义”对话框，在“名称”处输入 famkreyuan-1，在“场变量”处选择 Temperature 及 Static Temperature，在“创建”处选择“报告文件”及“报告图”，在“单元区域”处选择 famkreyuan-1，如图 7-52 所示，单击 OK 按钮保存退出。

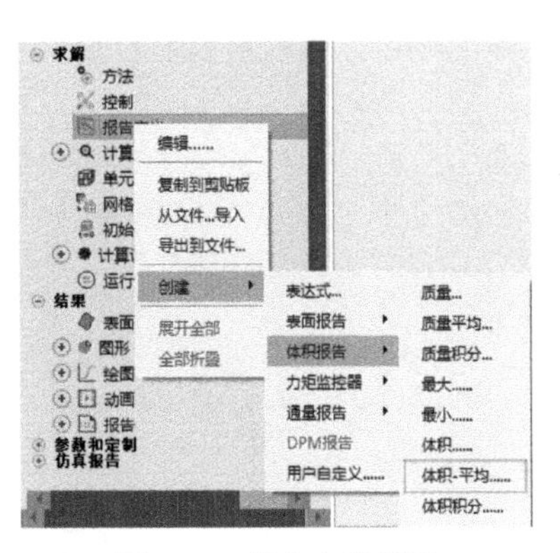

图 7-51　报告文件设置

图 7-52　famkreyuan-1 体积报告定义

7.5.4　残差设置

1）在浏览树中双击“求解”→“计算监控”→“残差”选项，弹出“残差监控器”对话框，如图 7-53 所示。

2）在“迭代曲线显示最大步数”处输入 1000，在“存储的最大迭代步数”处输入 1000，“绝对标准”值保持默认。

3）单击 OK 按钮，保存残差监控器设置。

7.5.5　初始化设置

1）在浏览树中双击“求解”→“初始化”选项，打开“解决方案初始化”任务页面，如图 7-54 所示。

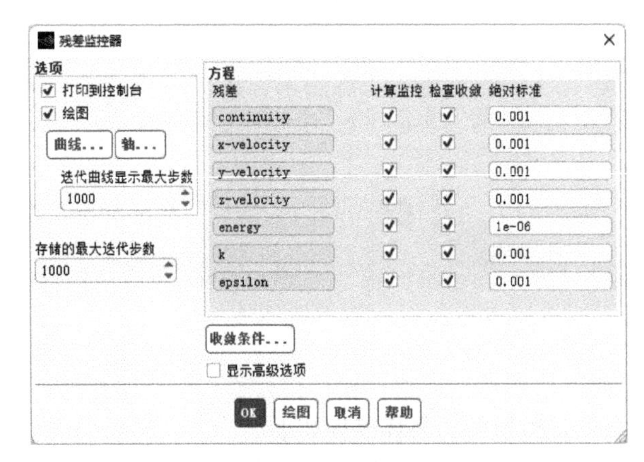

图 7-53　“残差监控器”对话框

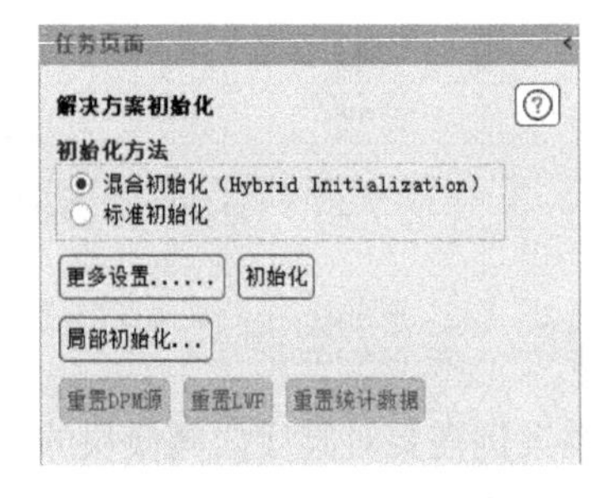

图 7-54　“解决方案初始化”任务页面

2）在“初始化方法”处选择“混合初始化（Hybrid Initialization）”，单击“初始化”按钮进行初始化。

3）单击“局部初始化”按钮，弹出“局部初始化”对话框，在 Variable 处选择 Temperature，在“待修补区域”处选择所有区域，在“值”处输入 298.15，如图 7-55 所示，单击“局部初始化”按钮进行初始化，表示初始状态下整个阀厅内部所有器件温度为 298.15K。

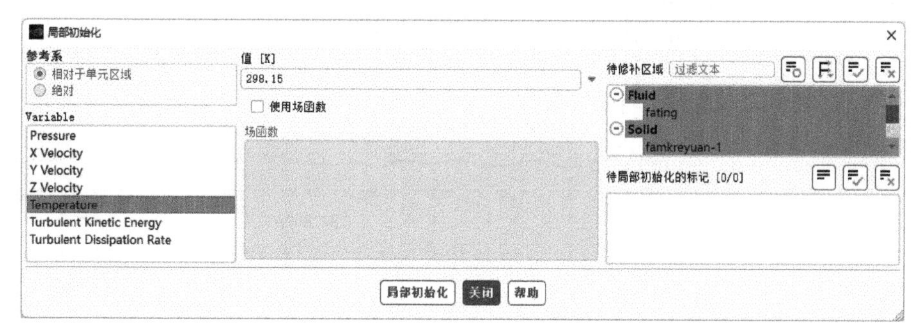

图 7-55 “局部初始化”对话框

7.5.6 计算设置

1）在浏览树中双击“求解”→“运行计算”选项，打开“运行计算”任务页面，如图 7-56 所示。在“迭代次数”处输入 1000，代表求解迭代 1000 步，如迭代 1000 步后计算未收敛，则可以增加迭代步数。单击“开始计算”按钮进行计算。

2）计算开始后，会出现残差曲线，如图 7-57 所示，残差曲线呈现波动性变化，主要是网格精度不高所致。当计算达到设定迭代次数后，就会自动停止。

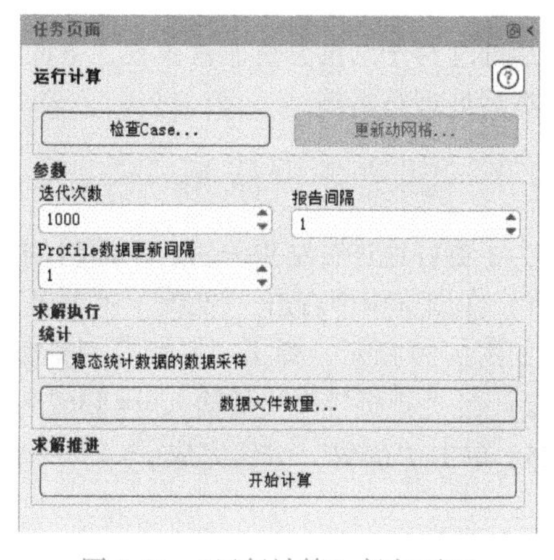

图 7-56 “运行计算”任务页面

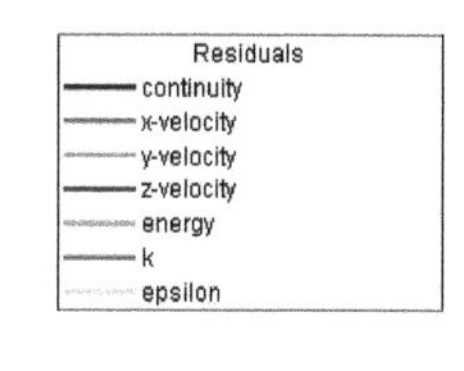

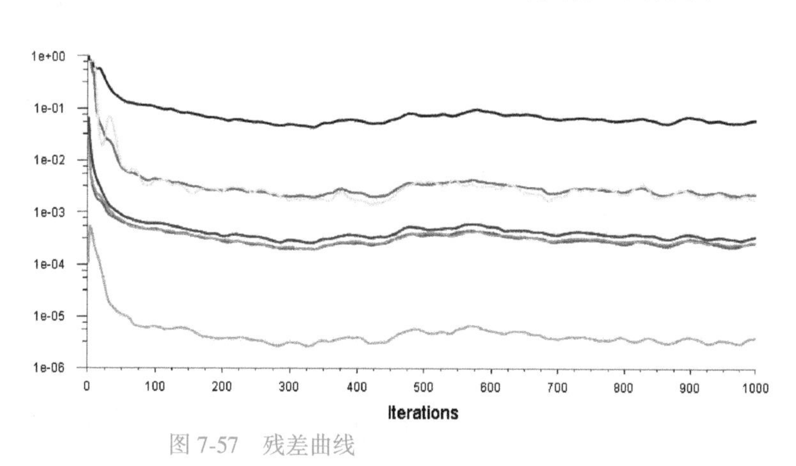

图 7-57 残差曲线

3）计算开始后，则会出现 famkreyuan-1 体积平均监测温度曲线，如图 7-58 所示。前面设置了自动保存计算文件，保存格式为 .out 文件，之后可以用 Excel 打开进行数据处理。

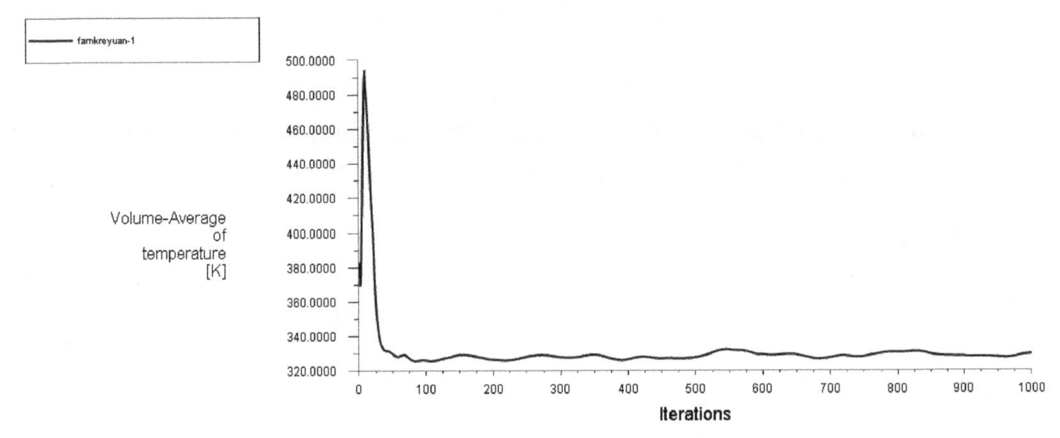

图 7-58　famkreyuan-1 体积平均监测温度曲线

7.6　结果及分析

后处理对于结果分析非常重要，下面将介绍如何创建分析截面，并进行速度、温度云图显示及数据后处理分析等。

7.6.1　创建分析截面

为了更好地进行结果分析，下面将创建分析截面 y=43625（中间截面），具体操作步骤如下。

1）在浏览树中右击“结果”→“表面”选项，在弹出的快捷菜单中选择“创建”→“平面”命令，如图 7-59 所示，弹出“平面”对话框。

2）在“新面名称”处输入 y=43625，在“方法”下拉列表框中选择 ZX Plane，在 Y 处输入 43625，单击“创建”按钮完成 y=43625 截面创建，如图 7-60 所示。

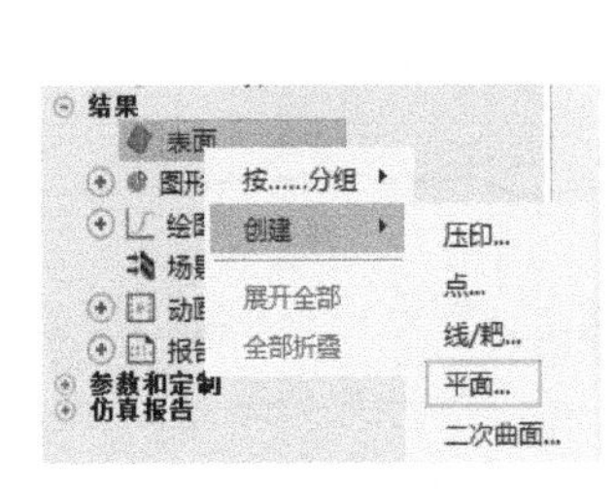

图 7-59　创建平面

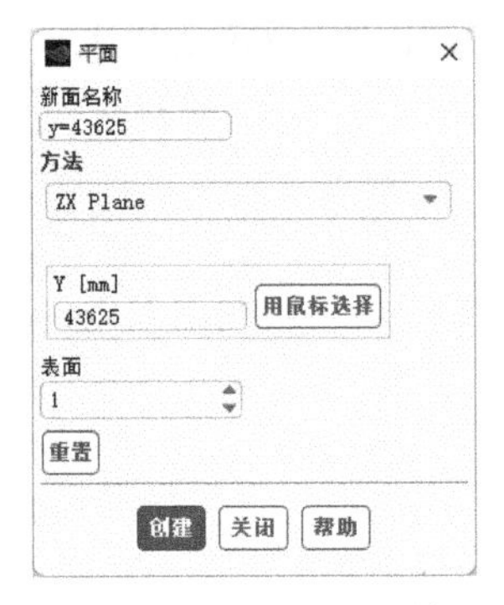

图 7-60　“平面”对话框

7.6.2　y=43625 截面速度云图分析

分析截面创建完成后，下一步进行速度、温度云图显示，具体操作步骤如下。

在浏览树中双击“结果”→“图形”→“云图”选项，弹出“云图”对话框，如图 7-61 所示。在“云图名称”处输入 velocity-y-43625，在“选项”处选择“填充”、“节点值”、“边界值”、“全局范围”及“自动范围”，在“着色变量”处选择 Velocity 及 Velocity Magnitude，在“表面”

处选择 y = 43625，单击“保存/显示”按钮，则显示出 y = 43625 截面的速度云图，如图 7-62 所示。

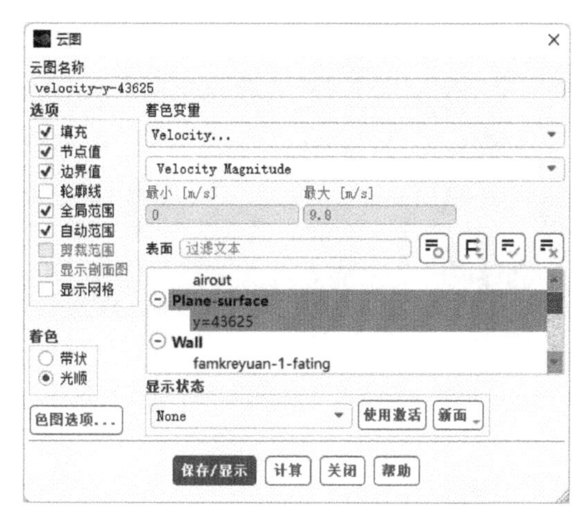

图 7-61　y = 43625 截面速度云图设置

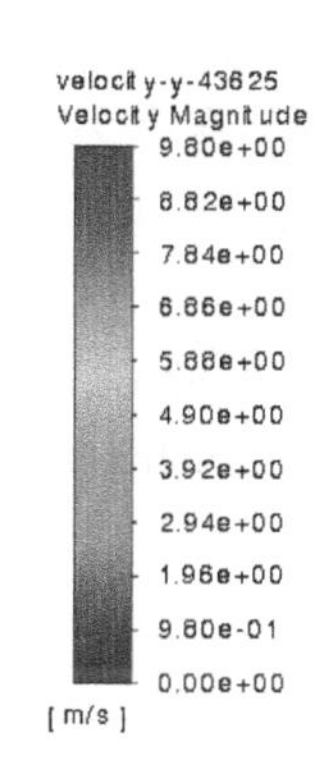

图 7-62　y = 43625 截面速度云图

由图 7-62 可知，由于空调入口速度较大，吹入的空调冷风可以吹到阀模块上方，且速度存在衰减，最大速度数值为 9.8m/s。

7.6.3　y = 43625 截面温度云图分析

在浏览树中双击“结果”→“图形”→“云图”选项，弹出“云图”对话框，如图 7-63 所示。在“云图名称”处输入 temperature-y-43625，在“选项”处选择“填充”、“节点值”、“边界值”及“自动范围”，在“着色变量”处选择 Temperature 及 Static Temperature，在“表面”处选择 y = 43625，单击“保存/显示”按钮，则显示出 y = 43625 截面的温度云图，如图 7-64 所示。

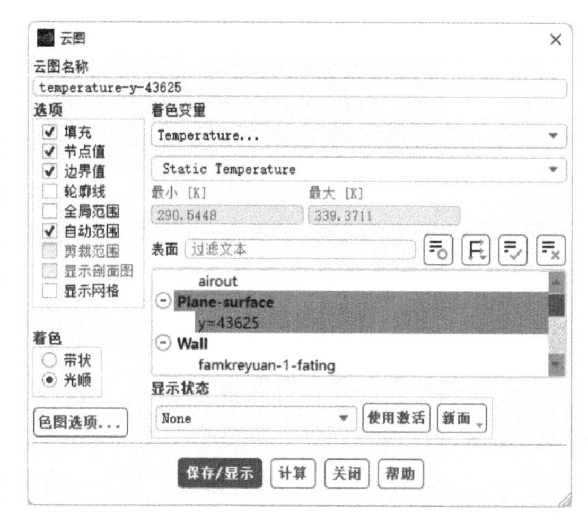

图 7-63　y = 43625 截面温度云图设置

由图 7-64 所示的温度云图分布可知，阀厅内阀组件最高温度为 339K，即 64℃左右，且位于空调冷风未吹到的位置，因此后续可以进行空调冷风进风口位置调整对比分析。

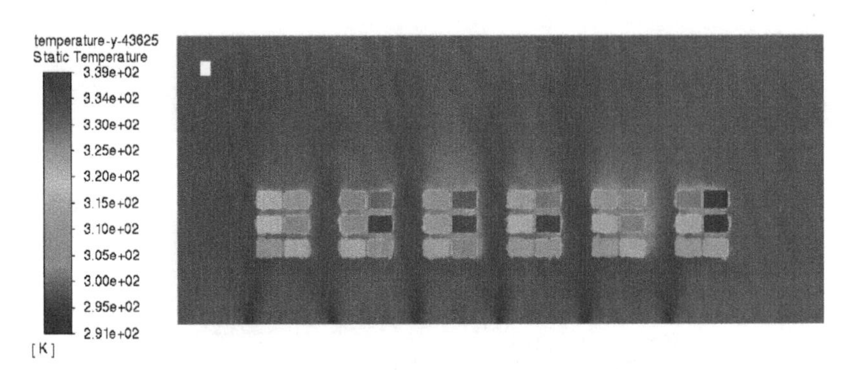

图 7-64　y＝43625 截面温度云图【彩】

7.6.4　阀厅温度云图分析

1）在浏览树中双击“结果”→“图形”→“云图”选项，弹出“云图”对话框，如图 7-65 所示。在“云图名称”处输入 temperature-all，在“选项”处选择“填充”、“节点值”、“边界值”及“自动范围”，在“着色变量”处选择 Temperature 及 Static Temperature，在“表面”处选择 famkreyuan-1-fating～famkreyuan-72-fating 及对应的 shadow 面，单击“保存/显示”按钮，则显示出阀组件的温度云图，如图 7-66 所示。

由图 7-66 所示的温度云图分布可知，阀厅内阀组件最高温度为 356K，即 83℃左右，超出允许的温度范围，由速度分析可知此处空调冷风较难吹到，因此后续可以进行空调冷风进风口位置调整优化分析。

图 7-65　阀组件温度云图设置

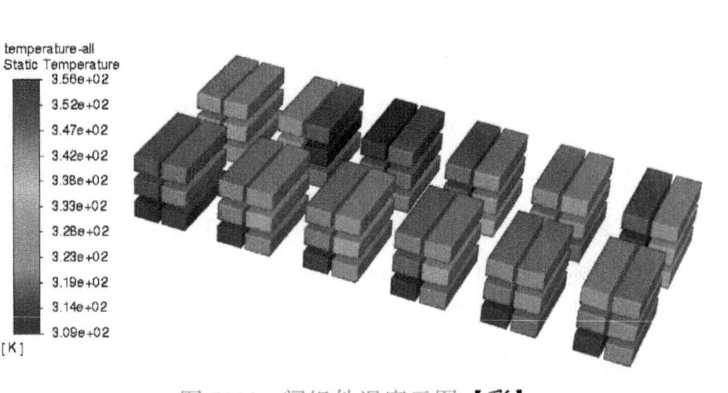

图 7-66　阀组件温度云图【彩】

2）选择“云图”对话框“选项”处的“显示网格”，弹出“网格显示”对话框，在“选项”处选择“边”，在“边类型”处选择“轮廓”，在“表面”选项处选择 Wall 下的所有面，如图 7-67 所示，单击“显示”按钮，则显示如图 7-68 所示。

3）在“云图”对话框中，单击“保存/显示”按钮，显示出来的温度云图如图 7-69 所示。

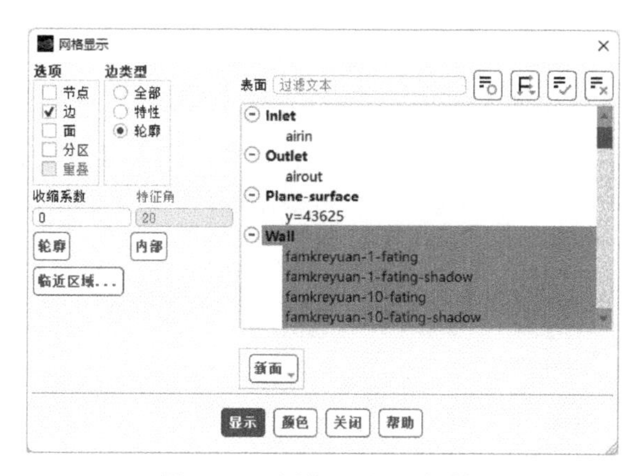

图 7-67 “网格显示”对话框

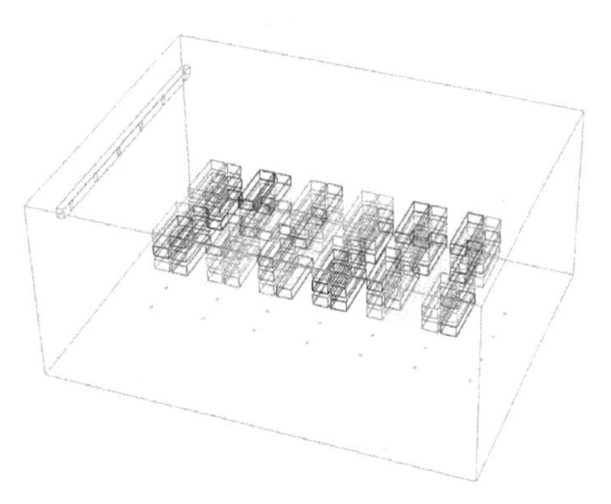

图 7-68 网格显示效果图

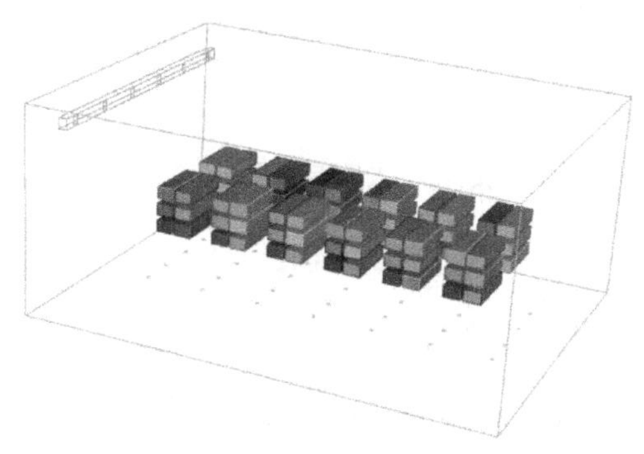

图 7-69 阀组件温度云图

7.6.5 计算结果数据后处理分析

在浏览树中双击“结果”→“报告”→“体积积分”选项，弹出“体积积分”对话框，如图 7-70 所示。在“报告类型”中选择“体积-平均”，在“场变量”里选择 Temperature 及 Static Temperature，在“单元区域”处选择 fating，单击“计算”按钮得出阀厅内空气的体积平均温度为 299.5K。

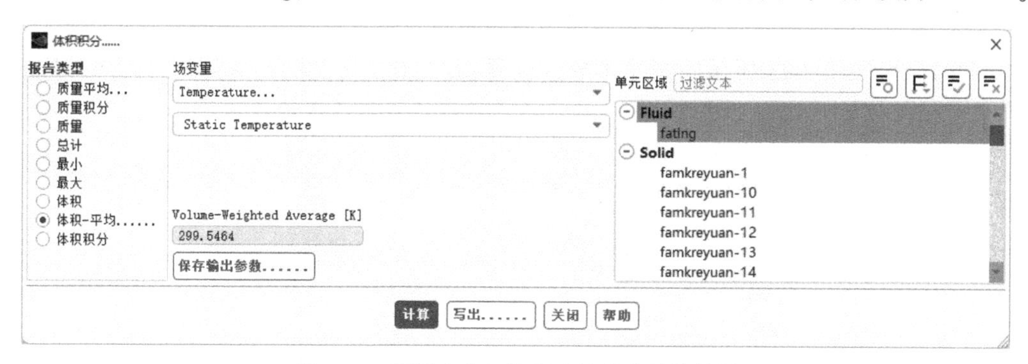

图 7-70 阀厅内空气体积平均温度计算结果

7.6.6 监测变量数据后处理分析

1）在桌面新建一个 Excel 文件并打开 Excel，在菜单栏执行“文件”→“打开”命令，弹出

“打开”对话框，找到 famkreyuan-1-rfile. out 文件，注意，需要将文件类型修改为“所有文件”，如图 7-71 所示，单击“打开”按钮。

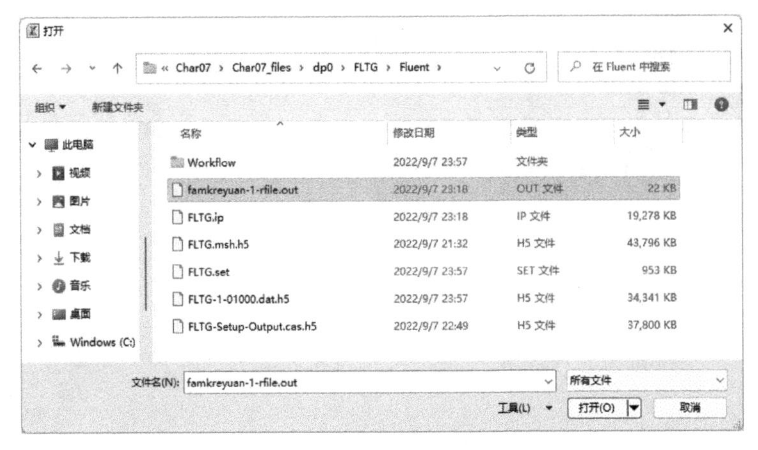

图 7-71 “打开”对话框

2）此时会出现图 7-72 所示的“文本导入向导-第 1 步，共 3 步”对话框，保持默认设置，单击“下一步”按钮。

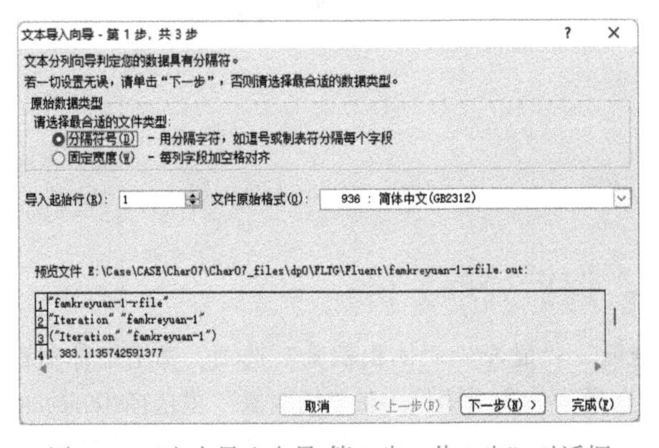

图 7-72 “文本导入向导-第 1 步，共 3 步”对话框

3）此时会出现图 7-73 所示的“文本导入向导-第 2 步，共 3 步”对话框，在“分隔符号”处选择“空格”，单击“下一步”按钮。

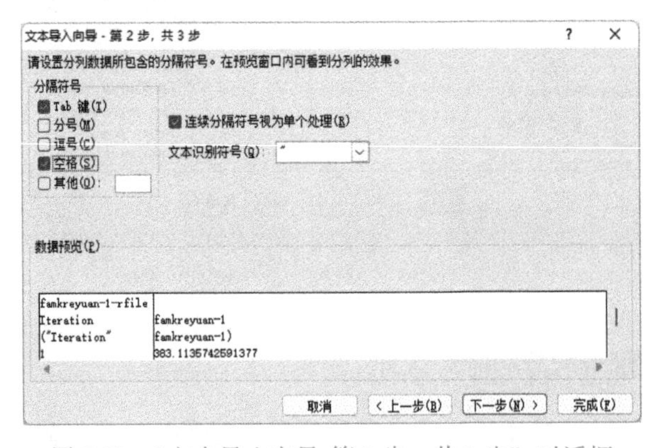

图 7-73 “文本导入向导-第 2 步，共 3 步”对话框

4）此时会出现图 7-74 所示的“文本导入向导-第 3 步，共 3 步”对话框，此处保持默认选择，单击“完成”按钮。

5）此时监测变量数据在 Excel 文件中打开，如图 7-75 所示，进而可以将数据在 Excel 文件中进行分析。

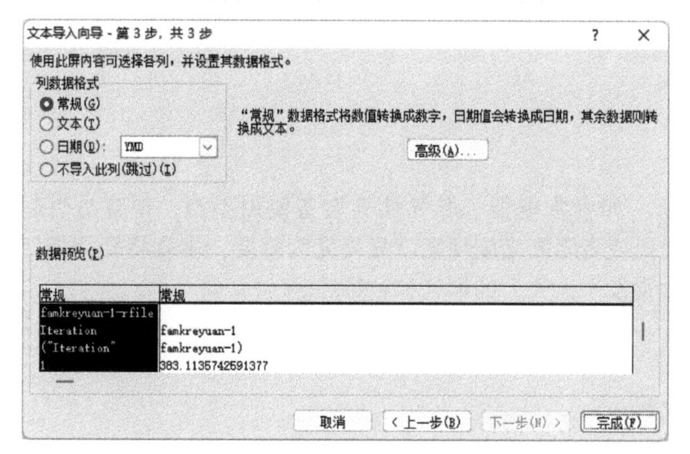

图 7-74 “文本导入向导-第 3 步，共 3 步”对话框

	A	B	C	D
1	famkreyuan-1-rfile			
2	Iteration	famkreyuan-1		
3	("Iteration'	famkreyuan-1)		
4	1	383.1135743		
5	2	369.2000726		
6	3	372.2886421		
7	4	397.5545904		
8	5	416.9406408		
9	6	446.7796739		
10	7	466.2027481		
11	8	485.7643676		
12	9	494.3548515		
13	10	484.4293563		
14	11	479.0922616		
15	12	472.9252185		
16	13	466.1013257		
17	14	458.4892631		
18	15	448.4619824		
19	16	438.1877696		
20	17	428.1624885		
21	18	419.2346512		
22	19	411.6426883		
23	20	405.1368256		
24	21	398.0228562		

famkreyuan-1-rfile

图 7-75 监测点数据导入 Excel 中

7.7 本章小结

本章以高压直流输电阀厅内温度分布分析为例，详细讲解了几何模型前处理、网格划分、设置、求解及结果查看和分析，重点说明了阀模块热源等效处理、空调边界条件的等效处理等。通过本章学习，可以掌握高压直流输电阀厅类相关空调进风口位置优化工程问题的分析方法。

第8章

高校食堂发生火灾后烟气扩散特性模拟

高校食堂作为人员密集型活动场所，如食堂电器、燃气灶等设备使用不当，很容易引起火灾。因此提前制订发生火灾后的紧急通风或者阻断措施预案就显得尤为重要，本章将介绍如何运用 Fluent 软件来定性、定量分析高效食堂发生火灾后的烟气扩散特性。

本章知识要点如下。

1）学习如何进行燃烧源等效设置。

2）学习如何进行烟气扩散模型设置。

3）学习如何进行瞬态计算及结果分析。

8.1 案例简介

本章以某高校食堂为研究对象，对其发生火灾后的烟气扩散特性进行分析。高校食堂简化模型如图 8-1 所示，燃烧源位于食堂一层的厨房内部，将其简化为 1m×1m×1m 的立方体，设置 5 个面为燃烧产生烟气的速度入口，食堂窗户位于食堂两侧，简化处理为速度入口及压力出口，食堂内部桌椅简化为 1.5m×1.8m 的长方体。

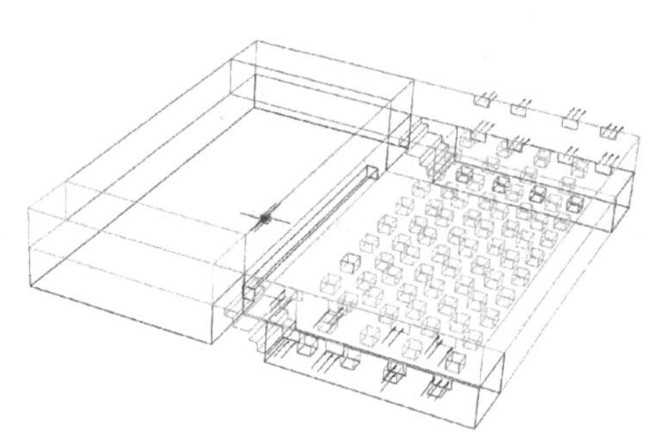

图 8-1　几何模型

8.2 几何模型前处理

8.2.1 创建分析项目

1）在 Windows 系统下执行“开始”→“所有程序”→ANSYS 2022→Workbench 2022 命令，启动 ANSYS Workbench 2022，进入 Workbench 主界面。

2）在 Workbench 主界面的工具箱中双击“组件系统”→“几何结构”选项，即可在项目管理区创建分析项目 A，如图 8-2 所示。

3）在工具箱中的“组件系统”→“Fluent（带 Fluent 网格剖分）”上按住鼠标左键拖动到项目管理区中，当项目 A 的 A2“几何结构”呈红色高亮显示时，放开鼠标创建项目 B，此时相关联的数据可共享，如图 8-3 所示。

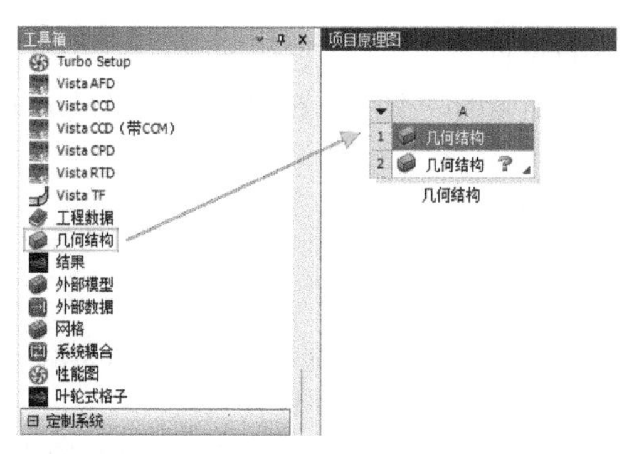

图 8-2　创建几何结构

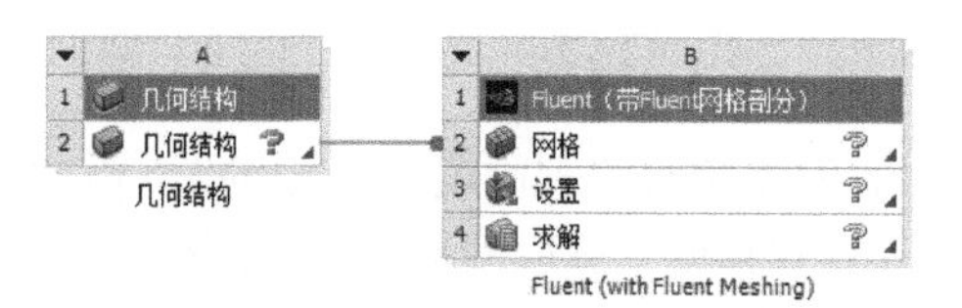

图 8-3　创建分析项目 B

8.2.2　导入几何模型

1）在 A2 栏“几何结构”上右击，在弹出的快捷菜单中选择“导入几何模型”→“浏览”命令，如图 8-4 所示，此时会弹出“打开”对话框。

2）在“打开”对话框中选择 Char08，导入 Char08 几何模型文件，如图 8-5 所示，此时 A2 栏“几何结构”后的 ? 变为 ✓，表示实体模型已经存在。

图 8-4　导入几何模型

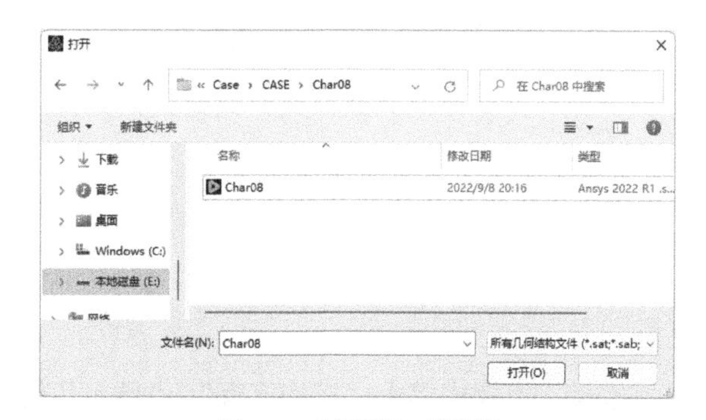

图 8-5　“打开”对话框

3）双击项目 A 中的 A2 栏“几何结构”，会进入“A：几何结构-Geom-SpaceClaim”界面，显示的几何模型如图 8-6 所示。本例中无须进行几何模型修改。

4）单击“群组”按钮，则显示图 8-7 所示的边界条件，本例已经完成了边界条件命名，因

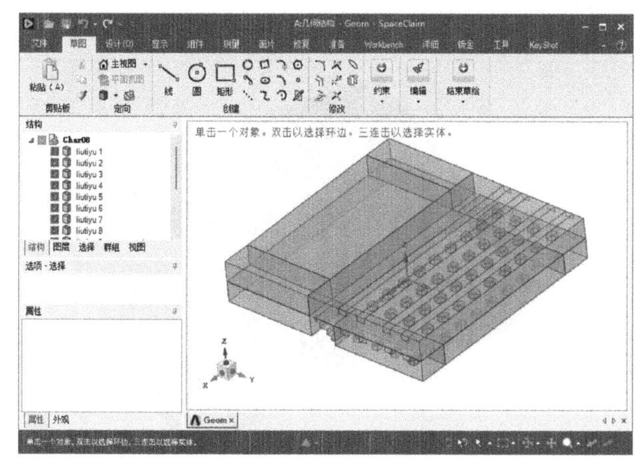

图 8-6　显示的几何模型

图 8-7　边界条件设置界面

此不需要进行修改，如需修改边界条件，则在此处进行设置。

5）单击“A：几何结构-Geom-SpaceClaim”界面右上角的“关闭”按钮，返回 Workbench 主界面。

8.3 网格划分

1）双击项目管理区项目 B 中的 B2 栏“网格”选项，进入网格划分启动界面。图 8-8 所示设置为计算双精度、读取网格后显示网格、网格划分及计算求解选用 6 核并行计算。

2）单击 Start 按钮进入 B：Fluent（with Fluent Meshing）界面，在该界面下即可进行网格的划分、边界条件的设置等操作，如图 8-9 所示。

图 8-8 网格划分启动界面

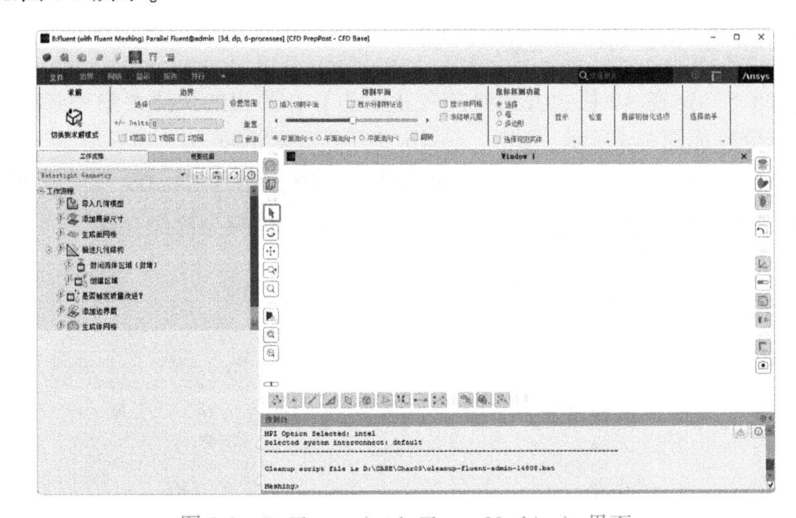

图 8-9 B：Fluent（with Fluent Meshing）界面

3）在左侧浏览树中单击“工作流程”→“导入几何模型”选项，在打开的面板中单击“导入几何模型”按钮，即可将几何模型导入，如图 8-10 所示，导入的几何模型如图 8-11 所示。

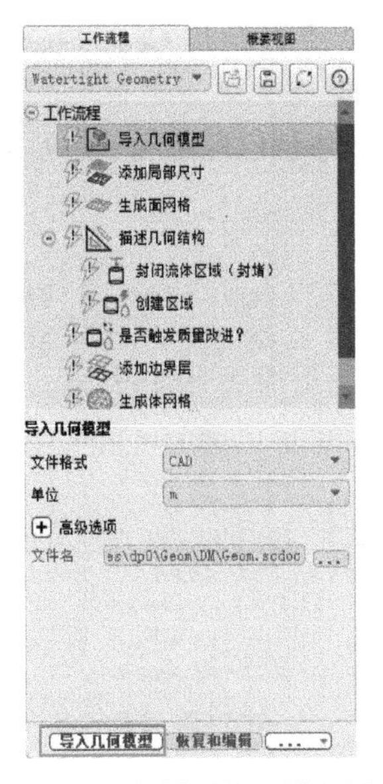

图 8-10 几何模型导入设置界面

图 8-11 导入的几何模型

4）继续在浏览树中单击“工作流程”→“添加局部尺寸”选项，在打开的面板中单击“更新”按钮，如图 8-12 所示。

5）在浏览树中单击“工作流程”→“生成面网格”选项，在打开的面板中设置面网格划分参数，在 Minimum Size 处输入 50，在 Maximum Size 处输入 1000，因为建模的尺寸选取较大，所以此处网格划分尺寸较大，后续在 Fluent 中可以进行修改。在“增长率”处输入 1.2，打开“高级选项”，在“质量优化的偏度限值”处输入 0.8，在“基于坍塌方法改进质量的偏斜度阈值”处输入 0.8，其他参数保持默认设置。单击“生成面网格”按钮即可进行面网格划分，如图 8-13 所示。

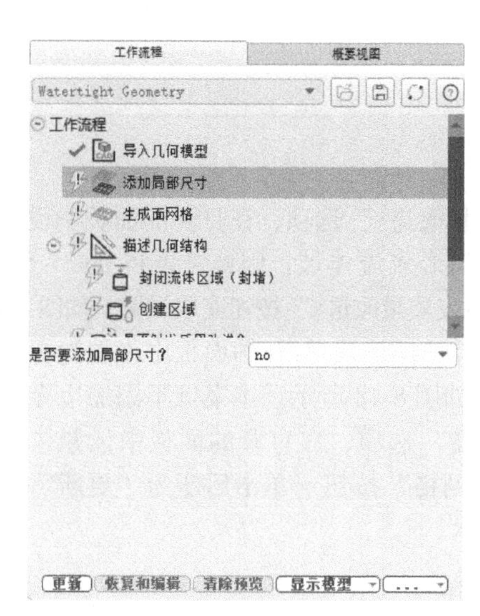

图 8-12　添加局部尺寸

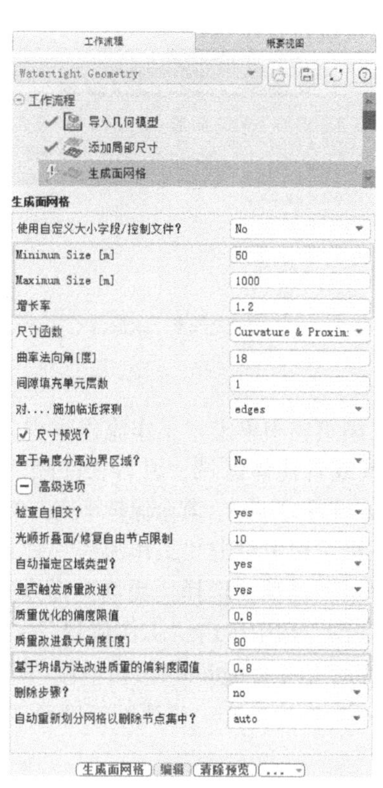

图 8-13　生成面网格

划分好的面网格如图 8-14 所示。

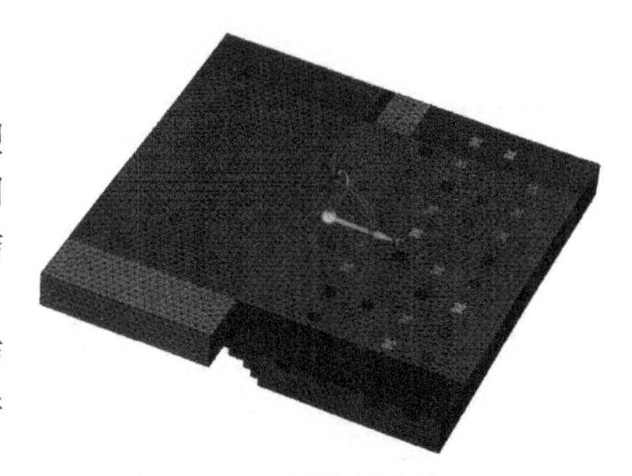
图 8-14　面网格划分效果图

6）在浏览树中单击“工作流程”→“描述几何结构”选项，在打开的面板中设置几何结构参数。因为几何模型在 SpaceClaim 内已经完成了拓扑共享，所以此处无须应用共享拓扑。具体设置如图 8-15 所示，单击“描述几何结构”按钮完成设置。

7）在浏览树中单击“工作流程”→“描述几何结构”→“更新边界”选项，在打开的面板中设置边界条件类型，边界条件名称建议在 SpaceClaim 中进行设置。

在 Boundary Type 处，将 airin1、airin2 及 yanqiin 的边界条件类型修改为 velocity-inlet，将 out1 及 out2 的边界条件类型修改为 pressure-outlet，将其他的边界条件类型修改为 wall，单击“更新边界”按钮（单击后变为“更新”按钮）完成设置，如图 8-16 所示。

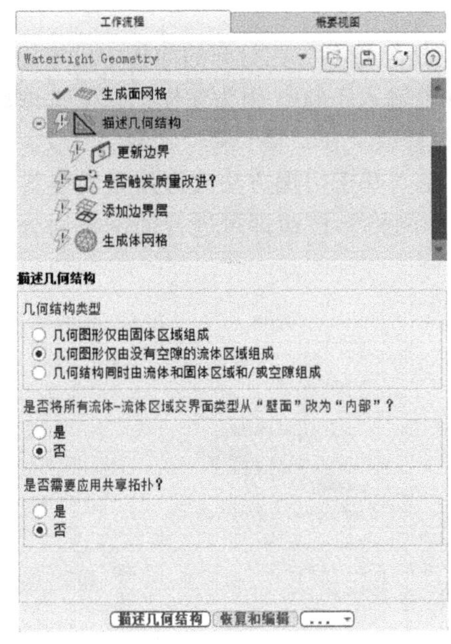

图 8-15　描述几何结构

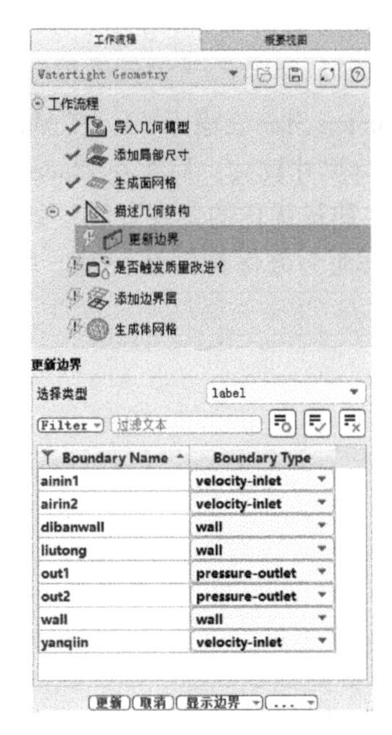

图 8-16　更新边界

8）在浏览树中单击“工作流程”→“是否触发质量改进?”选项，在打开的面板中设置区域的为固体区域或者流体区域，因为软件默认将封闭空间形成流体域，因此需要将 fluid～fluid_35 的 Region Type 设置为 dead，其余保持不变，单击“是否触发质量改进?”按钮完成设置，如图 8-17 所示。

9）在浏览树中单击“工作流程”→“添加边界层”选项，在打开的面板中设置边界层，右击“添加边界层”选项，选择“更新”命令完成设置，如图 8-18 所示。本案例不添加边界层。

10）在浏览树中单击“工作流程”→“生成体网格”选项，在打开的面板中设置体网格划分参数，在 Max Cell Length 处输入 500，单击“生成体网格”按钮（单击后变为“更新”按钮）完成设置，如图 8-19 所示。生成的体网格如图 8-20 所示。

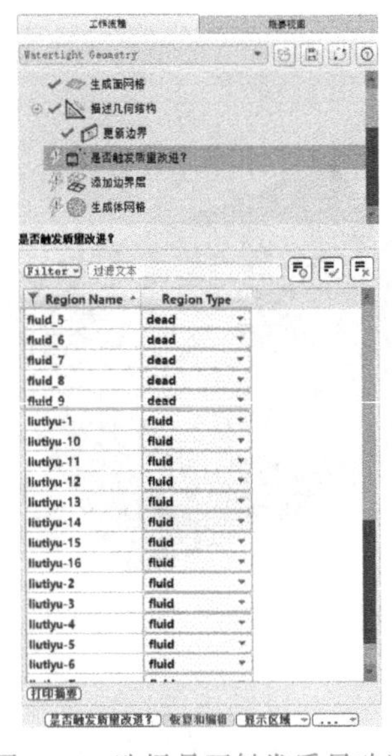

图 8-17　选择是否触发质量改进

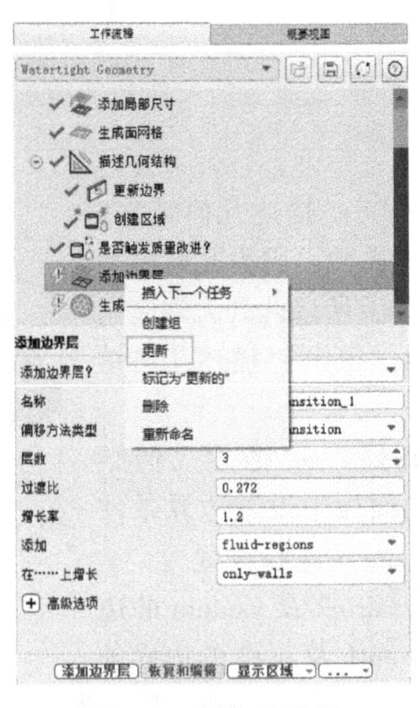

图 8-18　添加边界层

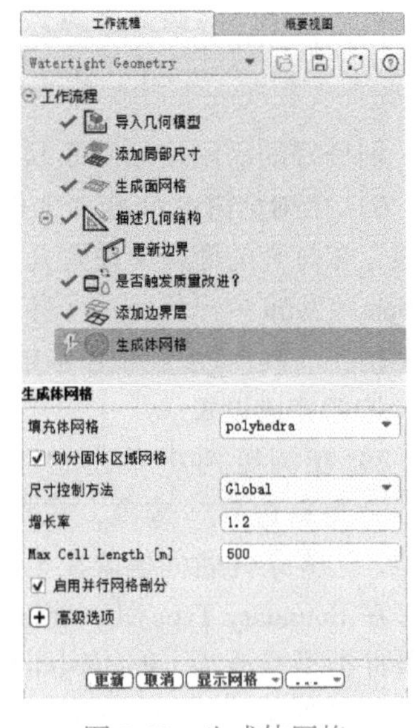

图 8-19　生成体网格

11）在 Fluent 界面上方的选项卡中单击“求解”→“切换到求解模式”按钮，如图 8-21 所示，打开 Fluent 求解设置界面，如图 8-22 所示。

图 8-20　体网格划分效果图

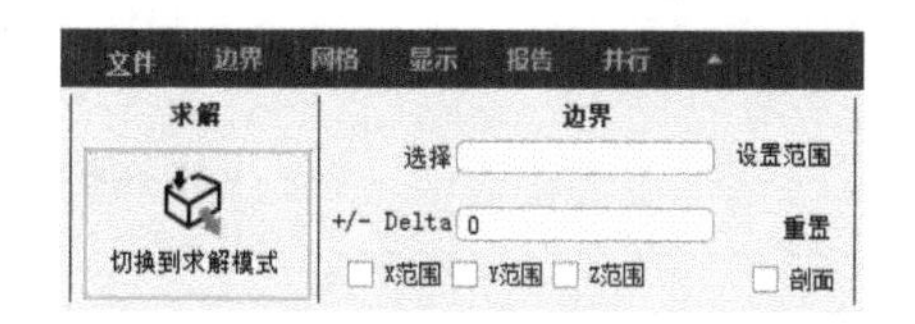

图 8-21　切换到求解模式

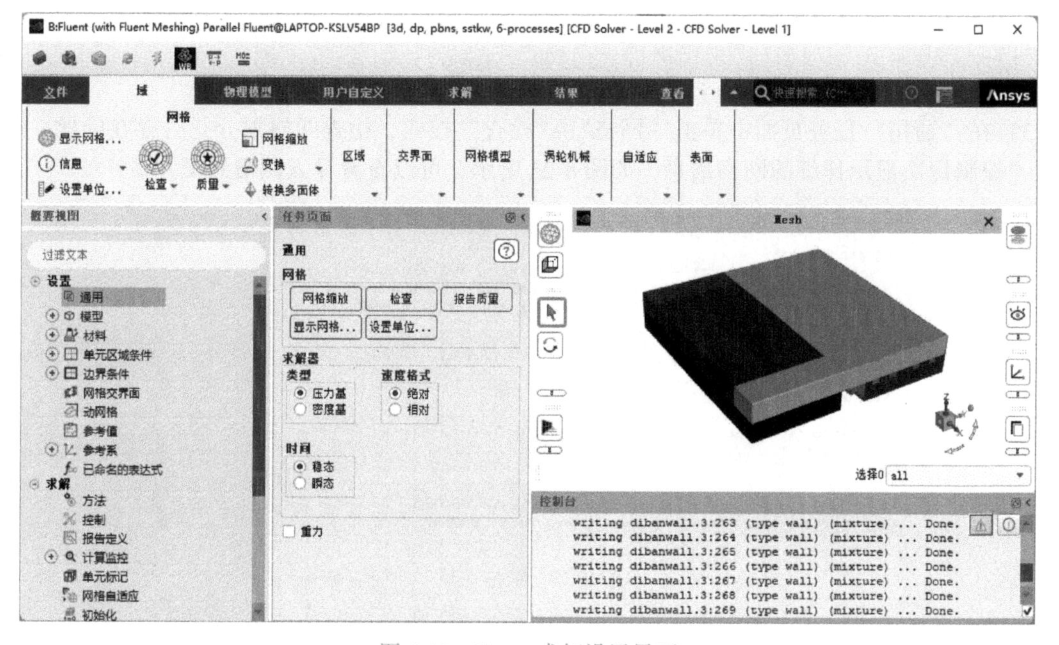

图 8-22　Fluent 求解设置界面

8.4　设置

8.4.1　通用设置

网格导入成功后，进行通用设置，具体操作步骤如下。

1）在浏览树中双击“设置”→“通用”选项，打开“通用”任务页面，选择“重力”，并在 z 处输入-9.8，代表重力方向为 z 的负方向，如图 8-23 所示。

2）在“通用”任务页面中单击“网格”→“网格缩放”按钮，弹出“缩放网格”对话框，在“查看网格单位”下拉列表框中选择 mm，将默认的尺寸单位由 m 改为 mm，在“比例”选项处选择“指定比例因子”，并在“比例因子”X、Y、Z 处输入 0.001、0.001、0.001，单击“比例”按钮进行缩放，缩放后如图 8-24 所示。

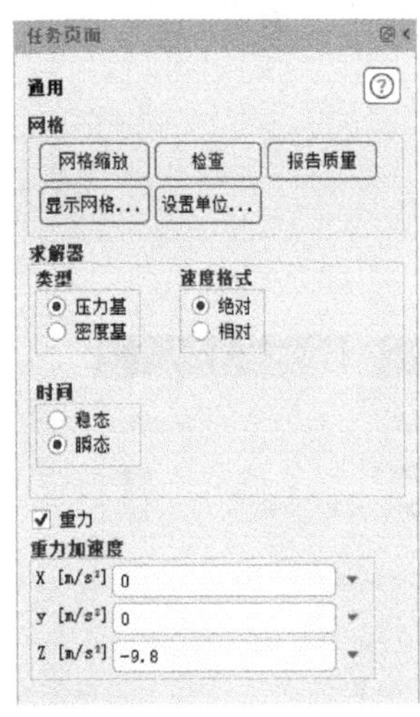

图 8-23 “通用”任务页面

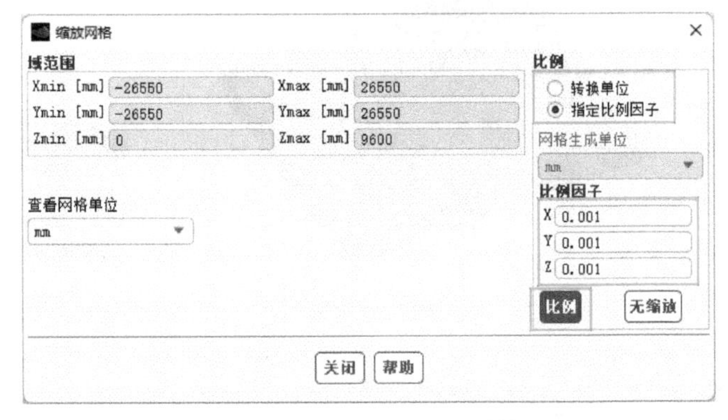

图 8-24 “缩放网格”对话框

3）在“通用”任务页面中单击“网格”→“检查”按钮，检查网格划分是否存在问题，此时会在“控制台”显示详细的网格信息，如图 8-25 所示，可以查看导入网格的尺寸。

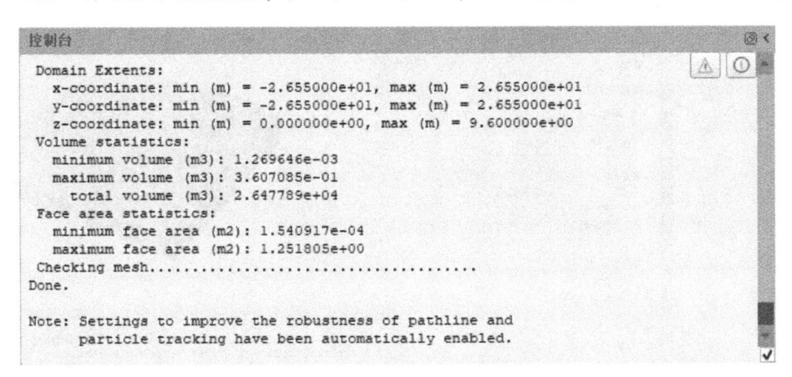

图 8-25 网格信息

4）在“通用”任务页面中单击“网格”→“报告质量”按钮，进行网格质量查看。

5）在“通用”任务页面中选择“求解器”→“类型”→“压力基”选项，即选择基于压力求解；选择“时间”→“瞬态”选项，即进行瞬态计算。

6）单击功能区的“物理模型”→“工作条件”选项，如图 8-26 所示，弹出“工作条件”对话框，如图 8-27 所示，进行工作压力设置。

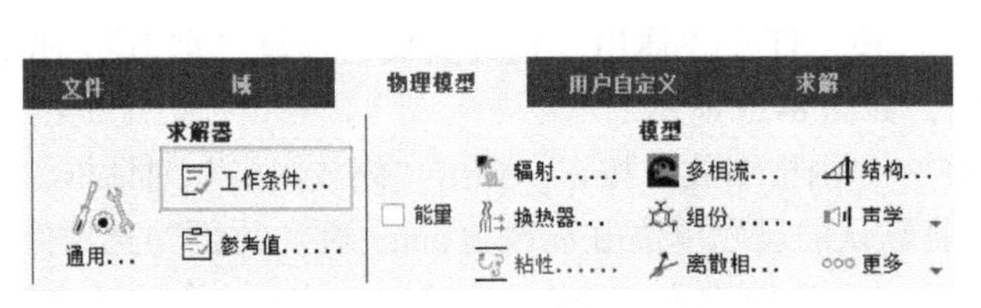

图 8-26 “工作条件”选项

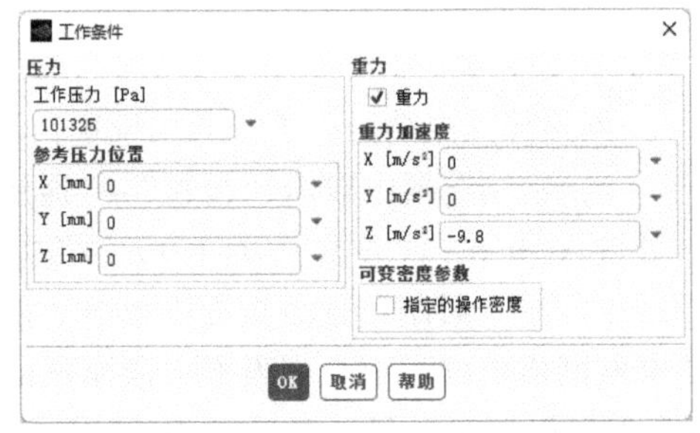

图 8-27 “工作条件”对话框

8.4.2 模型设置

通过对高校食堂发生火灾后烟气扩散问题的物理过程分析可知，需要设置烟气扩散流动模型及组份模型。通过计算雷诺数，判断管道内部流动状态为湍流，具体操作步骤如下。

1）在浏览树中双击“设置”→“模型”选项，打开“模型”任务页面，如图 8-28 所示。

2）在浏览树中双击“模型”→“粘性”选项，弹出“粘性模型”对话框，进行流动模型设置。在“模型”下选择 k-epsilon（2 eqn），在“k-epsilon 模型”下选择 Standard，在“壁面函数”下选择“标准壁面函数（SWF）”，其余参数保持默认，如图 8-29 所示，单击 OK 按钮保存设置。

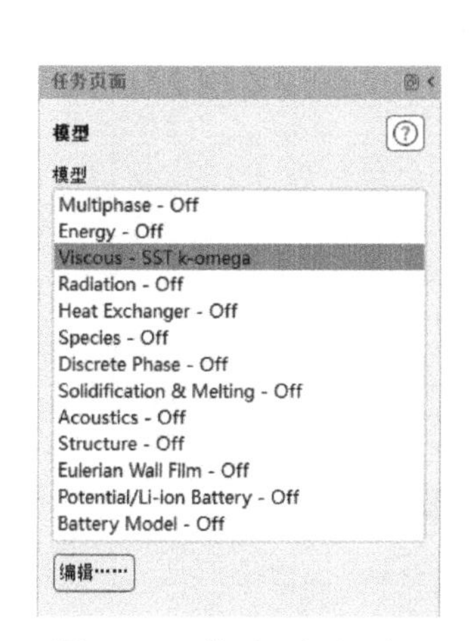

图 8-28 “模型”任务页面

图 8-29 “粘性模型”对话框

3）在浏览树中双击“模型”→“组份”选项，弹出“组份模型”对话框，进行组份模型设置。在“模型”下选择“组份传递”，在“选项”处选择“扩散能量源项”，在“混合材料”下拉列表框里选择 carbon-monoxide-air，如图 8-30 所示，单击 OK 按钮保存设置。

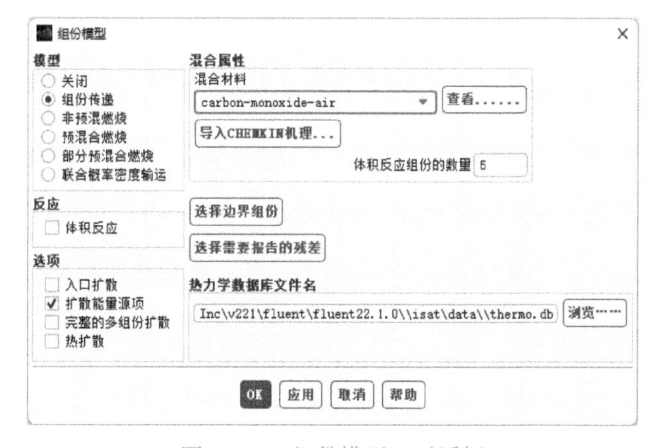

图 8-30 “组份模型”对话框

注意：打开组份模型后，会自动开启能量方程。

8.4.3 材料设置

软件默认的流体材料是 air，固体材料为 aluminum。本案例是模拟高校食堂发生火灾后的烟气扩散特性，因此需要进行混合物组份材料修改，具体如下。

1）在浏览树中双击“设置”→“材料”选项，打开“材料”任务页面，如图 8-31 所示。

2）在浏览树中双击“材料”→Mixture→carbon-monoxide-air，打开“创建/编辑材料”对话框，如图 8-32 所示，此处可以进行混合物组份、密度、粘度等参数的修改，其中，质量扩散率对于烟气扩散特性影响较大，原则上此参数需要测试或者根据仿真结果进行修正。

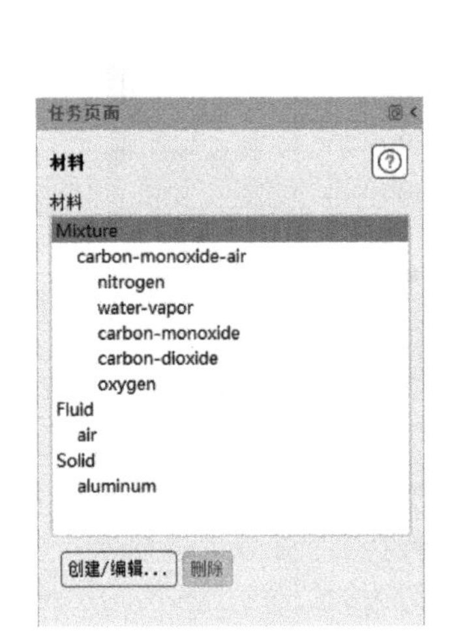

图 8-31 “材料”任务页面

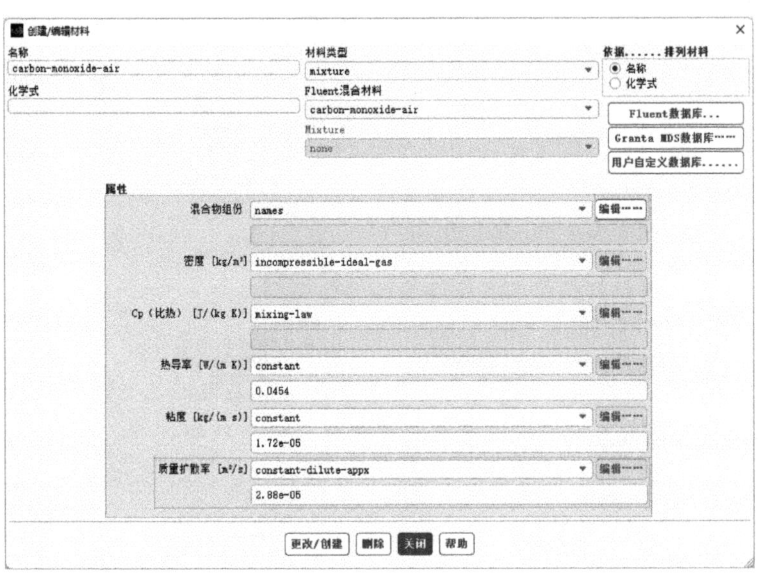

图 8-32 “创建/编辑材料”对话框

3）单击“创建/编辑材料”对话框中的“编辑”按钮，弹出图 8-33 所示的“物质”对话框，此处可以进行混合物组份的修改。考虑燃烧烟气在空气中扩散，需要设置“选定的组份”为 co2、co 及 air。在“可用材料”处选择 air，单击“添加”按钮，则将 air 添加到“选定的组份”

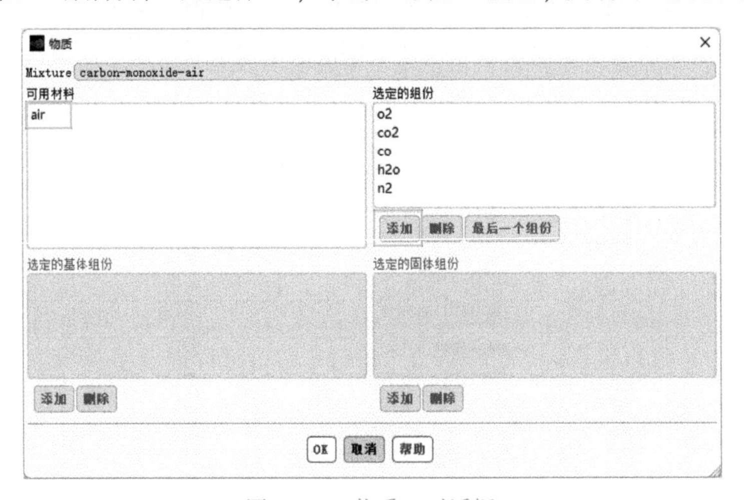

图 8-33 “物质”对话框

中，如图8-34所示。选择“选定的组份”内的o2，单击“删除”按钮删除，用相同的操作依次删除h2o及n2，注意需要将air设置为最后的组份，设置完成后如图8-35所示。

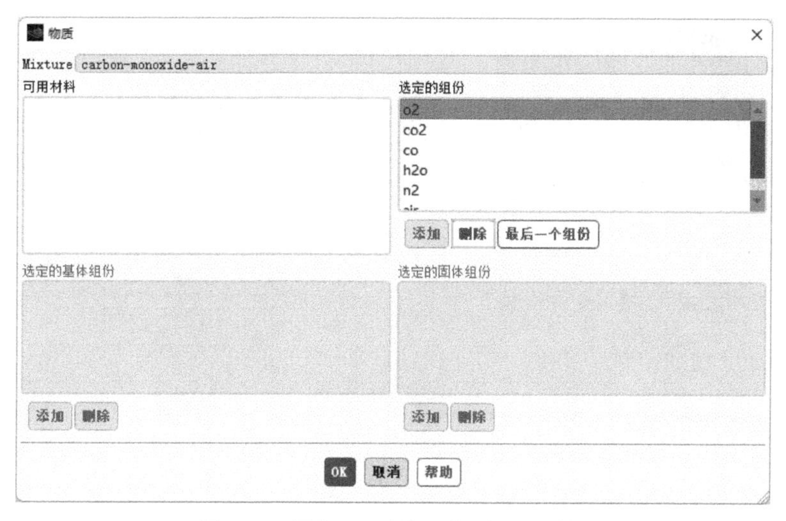

图8-34 添加air后的“物质”对话框

图8-35 删除多余气体后的“物质”对话框

8.4.4 单元区域条件设置

Fluent默认流体单元区域内的材料为空气，因此需要进行修改，具体步骤如下。

1）在浏览树中双击“设置”→“单元区域条件”选项，打开“单元区域条件”任务页面，如图8-36所示，发现“区域”下多了deskwall及fluid_27两个区域，可能原因是划分网格时没有将全部新增的流体域进行抑制，因此需要删除。

2）在浏览树中右击“设置”→“单元区域条件”→“固体”→fluid_27选项，在弹出的快捷菜单中选择“删除”，从而将该区域删除，如图8-37所示，用同样的操作将deskwall这个区域也删除。

3）在“单元区域条件”任务页面中双击liutiyu-1选项，弹出“流体”对话框，在“材料名称”处选择carbon-monoxide-air，如图8-38所示，单击“应用”按钮保存退出。

图 8-36 “单元区域条件”任务页面

图 8-37 删除单元区域

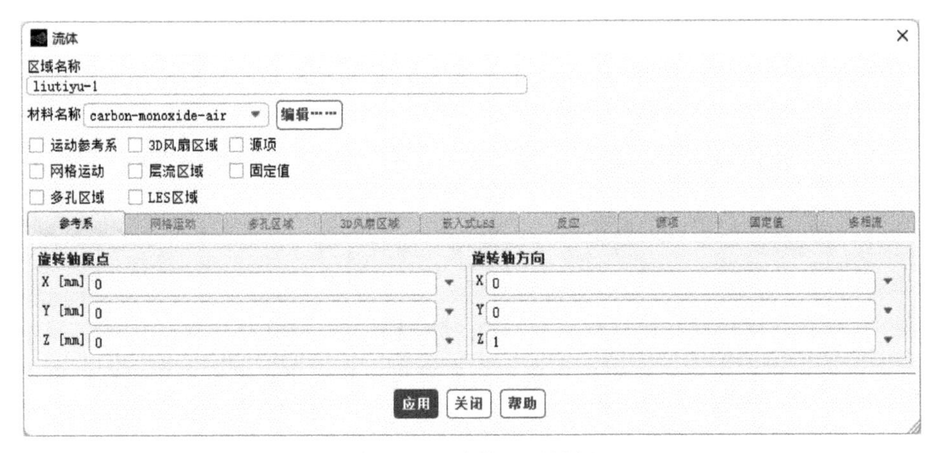

图 8-38 “流体”对话框

4）在“单元区域条件”任务页面中单击“复制”按钮，弹出“复制条件”对话框。在“从单元区域”处选择 liutiyu-1，在“到单元区域”处选择 liutiyu-2～liutiyu-10，单击“复制”按钮，则将 liutiyu-1 区域内设置的材料属性全部复制到了选择区域，如图 8-39 所示。

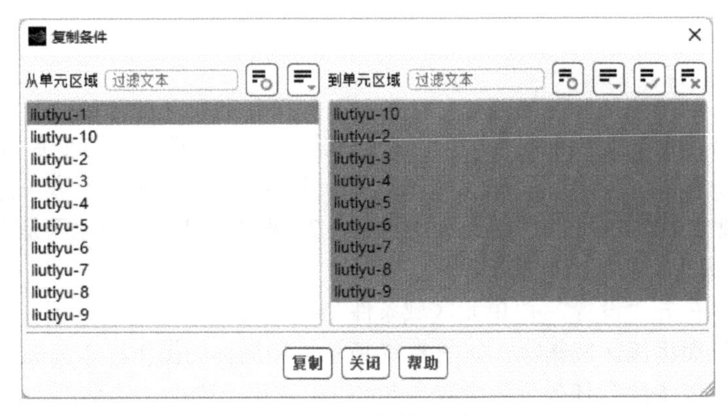

图 8-39 “复制条件”对话框

8.4.5 边界条件设置

火灾后烟气扩散过程中主要涉及空气流动入口、空气流动出口及烟气产生速度入口等边界条件，具体操作步骤如下。

1）在浏览树中双击“设置”→“边界条件”选项，打开“边界条件”任务页面，如图 8-40 所示。

2）在“边界条件”任务页面中双击 airin1 选项，弹出“速度入口”对话框，如图 8-41 所示，在“速度大小”处输入 2，代表入口速度为 2m/s，在“设置”处选择 Intensity and Viscosity Ratio，在“湍流强度”处输入 5，在“湍流粘度比”处输入 10；切换到“热量”选项卡，在“温度”处输入 300，如图 8-42 所示；切换到“物质”选项卡，在“组份质量分数”co2、co 处输入 0，代表入口均为空气，如图 8-43 所示，单击“应用”按钮保存。

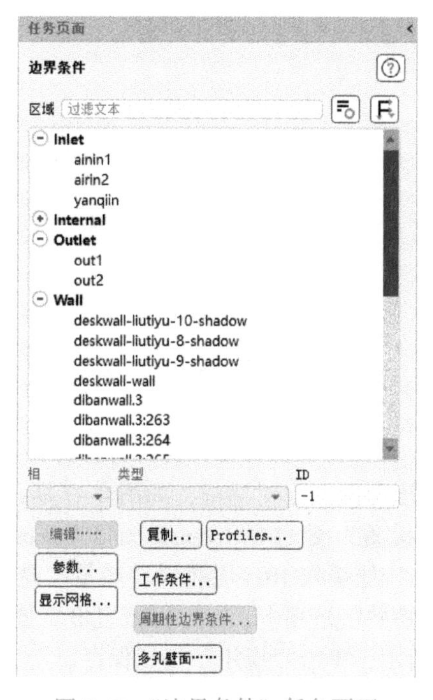

图 8-40 “边界条件”任务页面

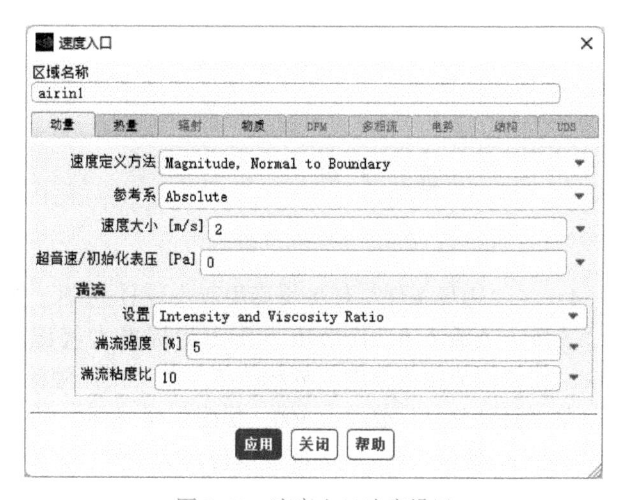

图 8-41 速度入口速度设置

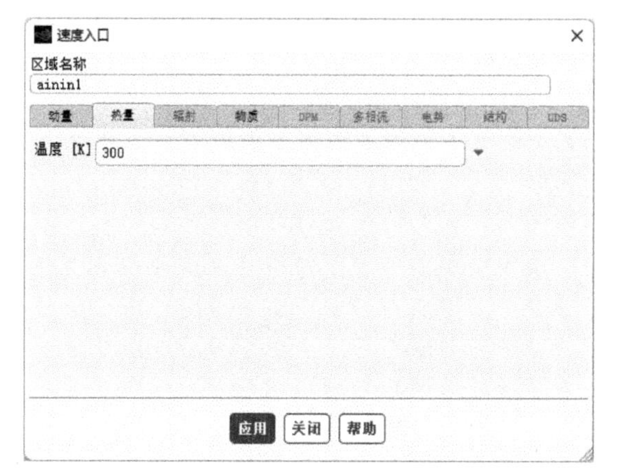

图 8-42 速度入口温度设置

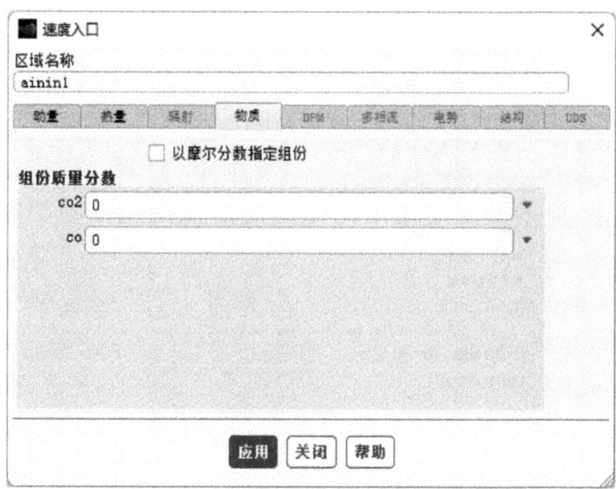

图 8-43 速度入口组份设置

3）在“边界条件”任务页面中双击 airin2 选项，弹出“速度入口”对话框，如图 8-44 所示，在“速度大小”处输入 1.2，代表入口速度为 1.2m/s，在“设置”处选择 Intensity and Viscosity Ratio，在“湍流强度”处输入 5，在“湍流粘度比”处输入 10；切换到“热量”选项卡，在“温度”处输入 300，如图 8-45 所示；切换到“物质”选项卡，在“组份质量分数”co2、co 处输入 0，代表入口均为空气，如图 8-46 所示，单击“应用”按钮保存。

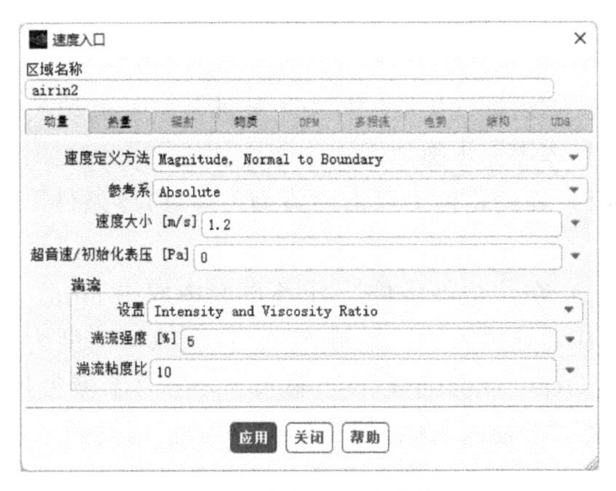

图 8-44　速度入口速度设置

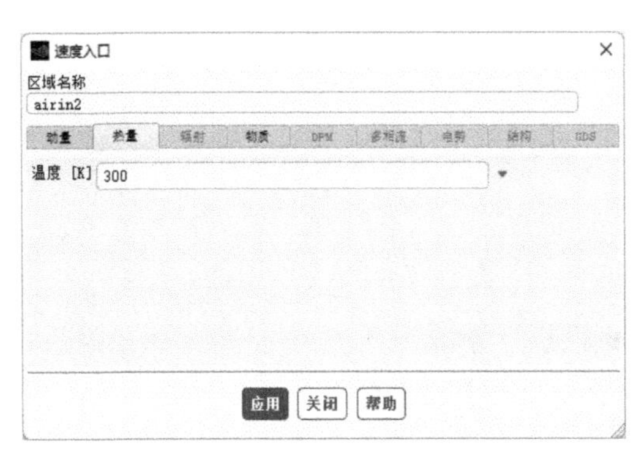

图 8-45　速度入口温度设置

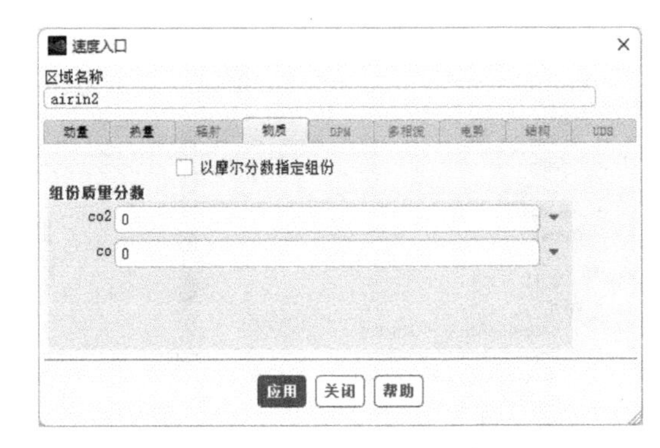

图 8-46　速度入口组份设置

4）在“边界条件”任务页面中双击 out1 选项，弹出“压力出口”对话框，如图 8-47 所示，在“表压”处输入 0，代表出口压力为标准大气压，在“设置”处选择 Intensity and Viscosity Ratio，在“回流湍流强度”处输入 5，在“回流湍流粘度比”处输入 10；切换到“热量”选项卡，在“回流总温”处输入 300，如图 8-48 所示；切换至“物质”选项卡，在“回流组份质量分数”co2、co 处输入 0，代表回流组份均为空气，如图 8-49 所示，单击“应用”按钮保存。

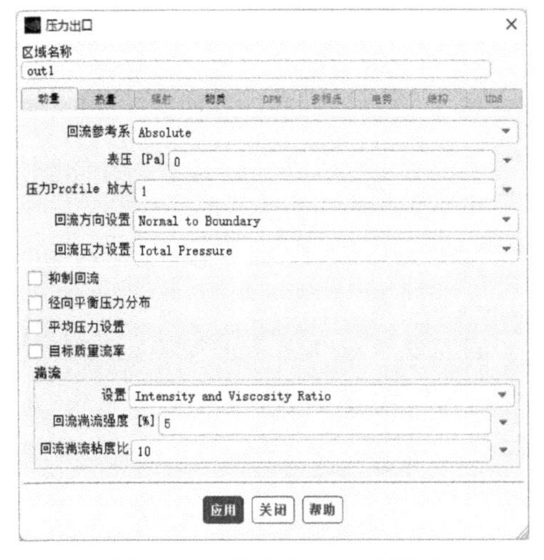

图 8-47　“压力出口”对话框

图 8-48　压力出口温度设置

5）在“边界条件”任务页面中单击“复制”按钮，弹出“复制条件”对话框。在“从边界区域”处选择 out1，在“到边界区域”处选择 out2，单击“复制”按钮，则将 out1 内设置的边界条件参数全部复制到了选择边界，如图 8-50 所示。

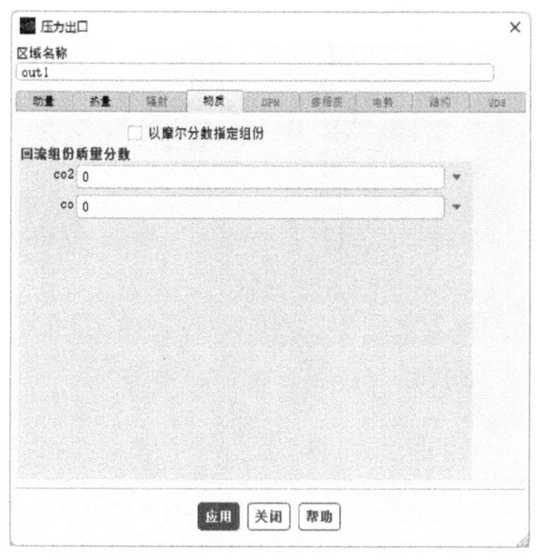

图 8-49　压力出口温度设置

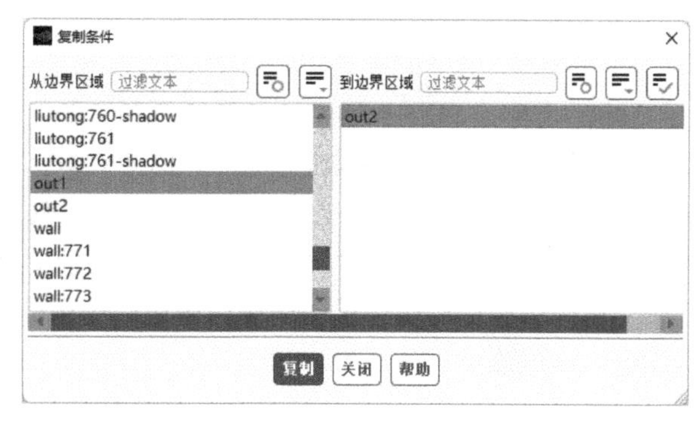

图 8-50　“复制条件”对话框

6）在“边界条件”任务页面中双击 yanqiin 选项，弹出“速度入口”对话框，如图 8-51 所示。在“速度大小”处输入 7，代表入口速度为 7m/s，在“设置”处选择 Intensity and Viscosity Ratio，在“湍流强度”处输入 5，在“湍流粘度比”处输入 10；切换到“热量”选项卡，在“温度”处输入 673.15，如图 8-52 所示；切换到“物质”选项卡，在 co2 处输入 0.9，在 co 处输入 0.1，代表烟气入口由 90%的 CO_2 及 10%的 CO 气体混合组成，如图 8-53 所示，单击“应用”按钮保存。

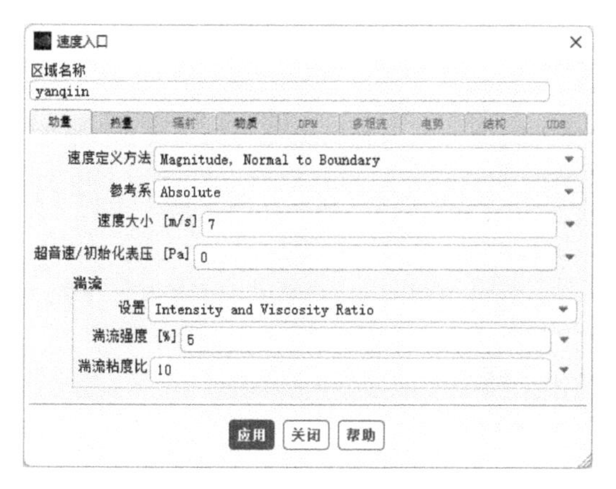

图 8-51　“速度入口”对话框

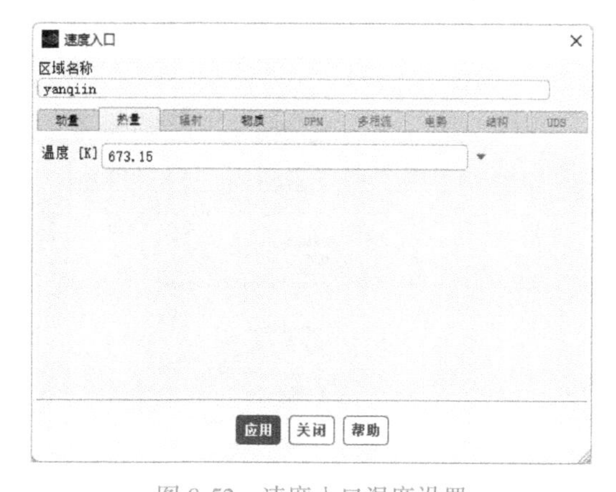

图 8-52　速度入口温度设置

7）在浏览树中右击“边界条件”→“壁面”下所有包含 liutong 的面，如图 8-54 所示，在弹出的快捷菜单中选择“类型”→“内部”，则将所有选择面的类型由“壁面”改为“内部”流通面。此处修改主要是因为模型由很多流体域组成，Fluent Meshing 在进行共节点时，会自动将这些交界面处理成耦合面，如 shadow 面。

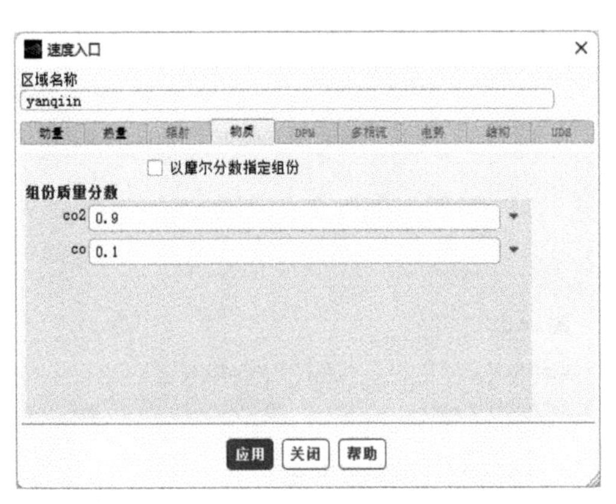

图 8-53　速度入口组份设置

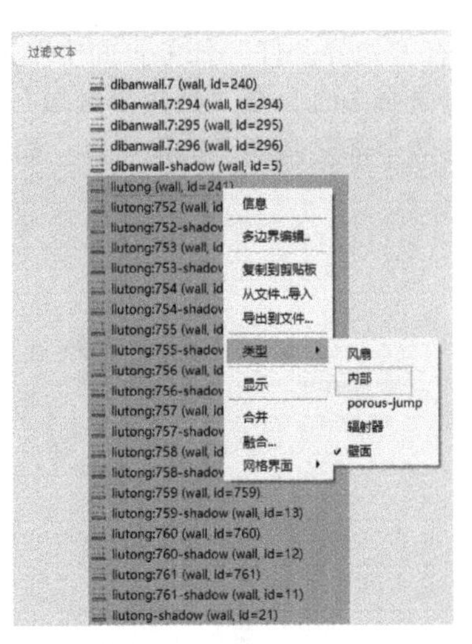

图 8-54　边界类型修改示意图

8.5　求解

8.5.1　方法设置

求解方法对结果的计算精度影响很大，需要合理设置。

1）在浏览树中双击“求解”→“方法”选项，打开“求解方法”任务页面。

2）在“方案”下拉列表框中选择 SIMPLE，在“梯度”下拉列表框中选择 Least Squares Cell Based，在“压力”下拉列表框中选择 Second Order，在“动量”下拉列表框中选择 Second Order Upwind，在“湍流动能”下拉列表框中选择 Second Order Upwind，在“湍流耗散率”下拉列表框中选择 Second Order Upwind，在“能量”下拉列表框中选择 Second Order Upwind，如图 8-55 所示。

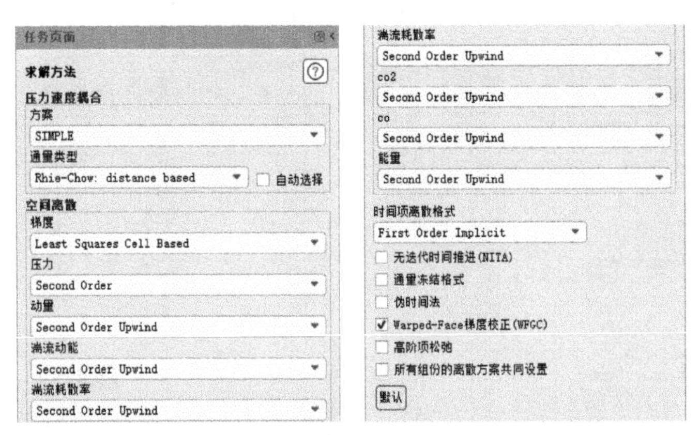

图 8-55　“求解方法”任务页面

8.5.2　控制设置

1）在浏览树中双击“求解”→“控制”选项，打开“解决方案控制”任务页面，如图 8-56

所示，可以进行“亚松弛因子”、“方程”、“限值”及“高级”等选项设置。“亚松弛因子”代表求解迭代计算方程前的因子，因此原则上保持默认即可。

2）在“解决方案控制”任务页面中单击“方程”按钮，弹出“方程”对话框。此处可以设置求解迭代过程中需要同时求解的方程数量，这里保持默认，如果后续需要计算流场稳定后再进行烟气扩散分析，则可以先不选择 co2 及 co 方程求解，如图 8-57 所示，此处要选择。

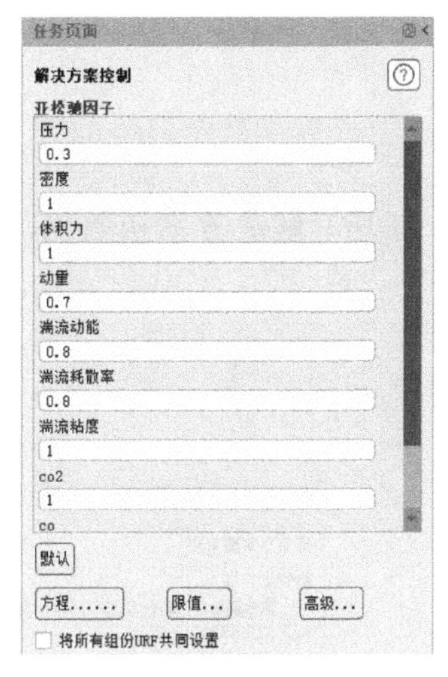

图 8-56 “解决方案控制”任务页面

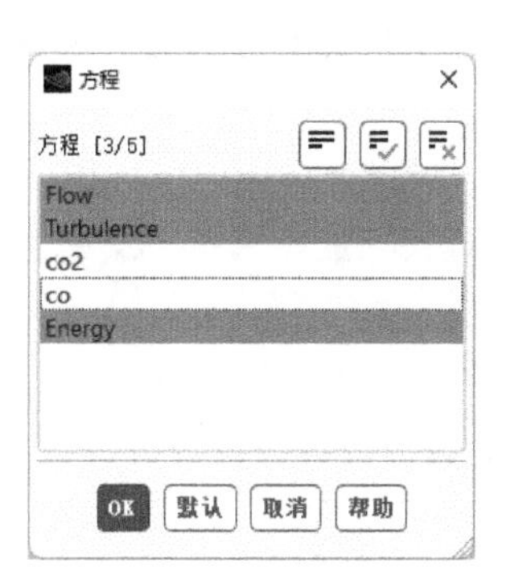

图 8-57 “方程”对话框

8.5.3 参数监测设置

本案例需要对食堂内 CO 的体积平均浓度进行监测，具体操作如下。

在浏览树中右击“求解”→“报告定义”选项，在弹出的快捷菜单中选择“创建”→“体积报告”→“体积-平均”命令，如图 8-58 所示，弹出“体积报告定义”对话框，在“名称”处输入 species-co2，在“场变量”处选择 Species 及 Mass fraction of co2，在“创建”处选择“报告文件”及“报告图”，在“单元区域”处选择 liutiyu-1 ~ liutiyu-10，如图 8-59 所示，单击 OK 按钮保存退出。

如果需要监测单独区域或者监测 CO 气体的质量浓度，也可以参照上述做法进行设置。

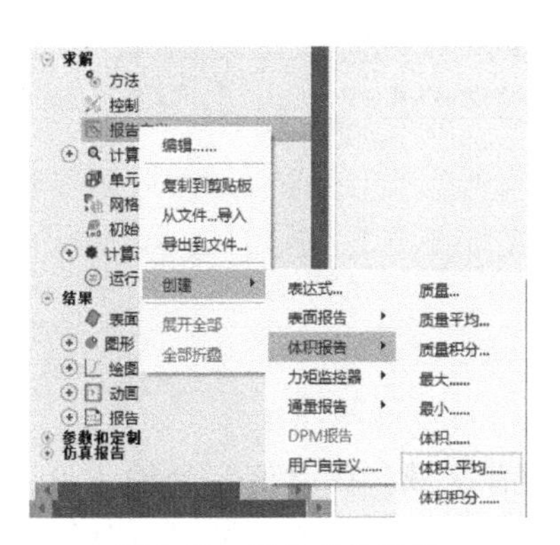

图 8-58 报告文件设置

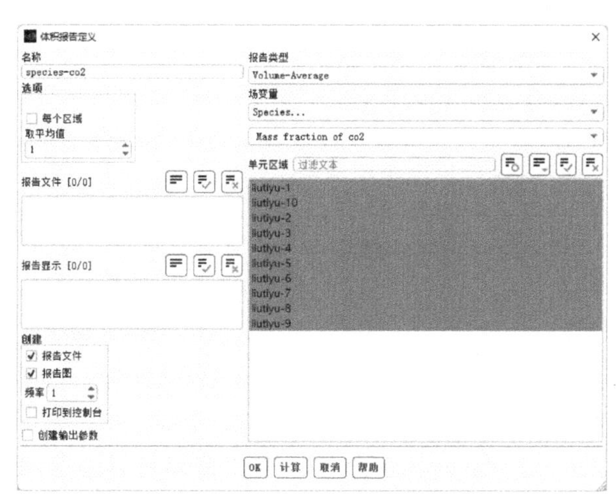

图 8-59 食堂内体积报告定义设置

8.5.4 残差设置

1）在浏览树中双击“求解”→“计算监控”→“残差”选项，弹出“残差监控器”对话框，如图 8-60 所示。

2）在“迭代曲线显示最大步数”处输入 1000，在“存储的最大迭代步数”处输入 1000，“绝对标准”值保持默认。

3）单击 OK 按钮，保存残差监控器设置。

8.5.5 初始化设置

1）在浏览树中双击“求解”→“初始化”选项，打开“解决方案初始化”任务页面，如图 8-61 所示。

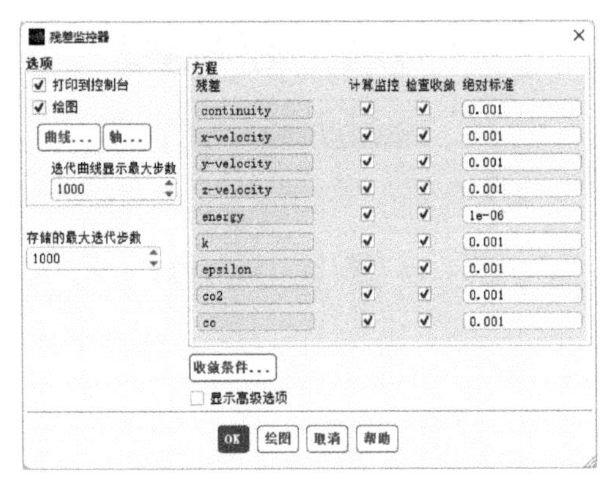

图 8-60 “残差监控器”对话框

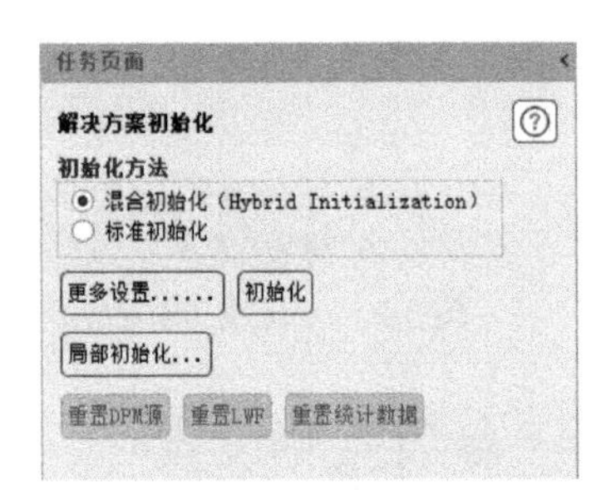

图 8-61 “解决方案初始化”任务页面

2）在“初始化方法”处选择“混合初始化（Hybrid Initialization）”，单击“初始化”按钮进行初始化。

3）在“解决方案初始化”任务页面单击“局部初始化”按钮，弹出“局部初始化”对话框，在 Variable 处选择 co2，在“待修补区域”处选择所有区域，在“值”处输入 0，如图 8-62 所示，单击“局部初始化”按钮进行初始化，即初始状态下整个食堂内部没有 CO_2 气体。

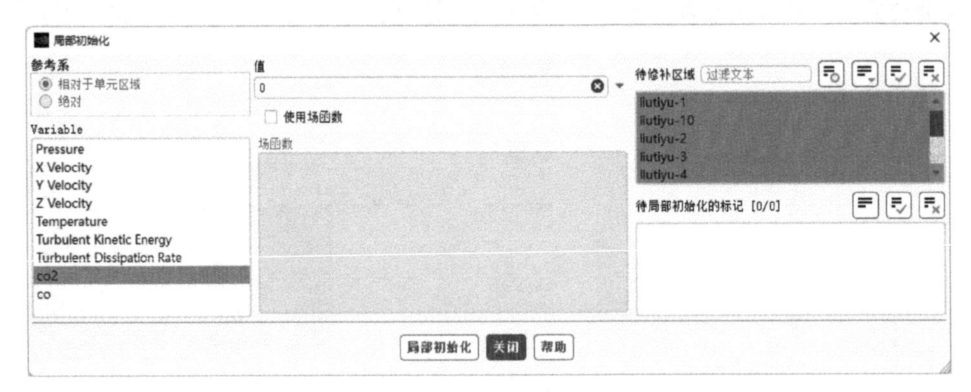

图 8-62 CO_2“局部初始化”对话框

4）在 Variable 处选择 co，在“待修补区域”处选择所有区域，在“值”处输入 0，如图 8-63 所示，单击“局部初始化”按钮进行初始化，即初始状态下整个食堂内部没有 CO 气体。

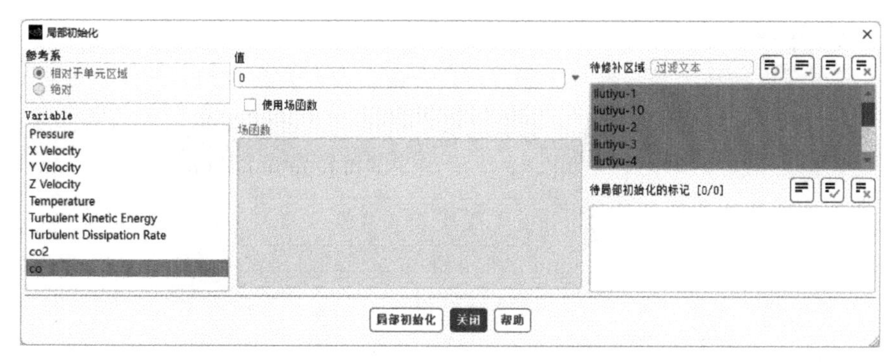

图 8-63　CO“局部初始化”对话框

注意：针对多种组份的扩散分析，在进行局部初始化时，需要进行多次。

8.5.6　计算设置

1）在浏览树中双击“求解”→“计算设置”→“自动保存（每次迭代）”选项，弹出“自动保存”对话框，如图 8-64 所示。在“保存数据文件间隔”处可以输入 50，代表每迭代 50 个时间步就保存一次结果。

2）在浏览树中双击“求解”→“运行计算”选项，打开“运行计算”任务页面，如图 8-65 所示。在“类型”下选择 Fixed，在“时间步数”下设置总迭代时间步数为 100，在“时间步长”处输入瞬态时间步长为 1，时间步数乘以时间步长为瞬态计算总时间，图 8-65 所示为 100s。时间步长设置的数值越小，则计算结果越精确，但是计算所花费的时间也越长，因此时间步长的选取需要综合考虑。单击“开始计算”按钮进行计算。

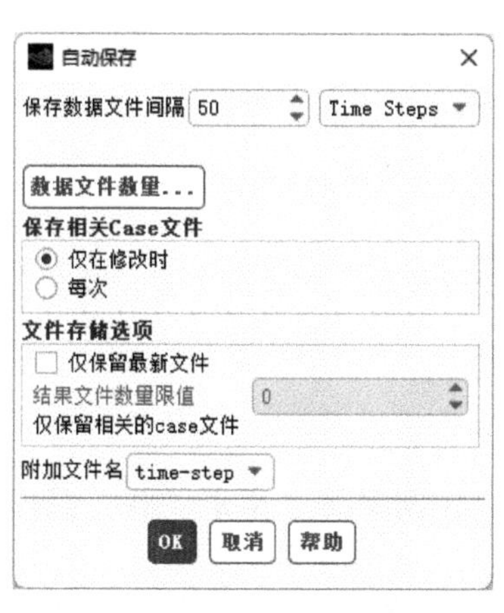

图 8-64　“自动保存”对话框

图 8-65　“运行计算”任务页面

3）计算开始后，则会出现残差曲线，如图 8-66 所示，残差曲线呈现波动性变化，主要是瞬态计算均在单个时间步长内进行迭代。当计算达到设定迭代次数后，就会自动停止。

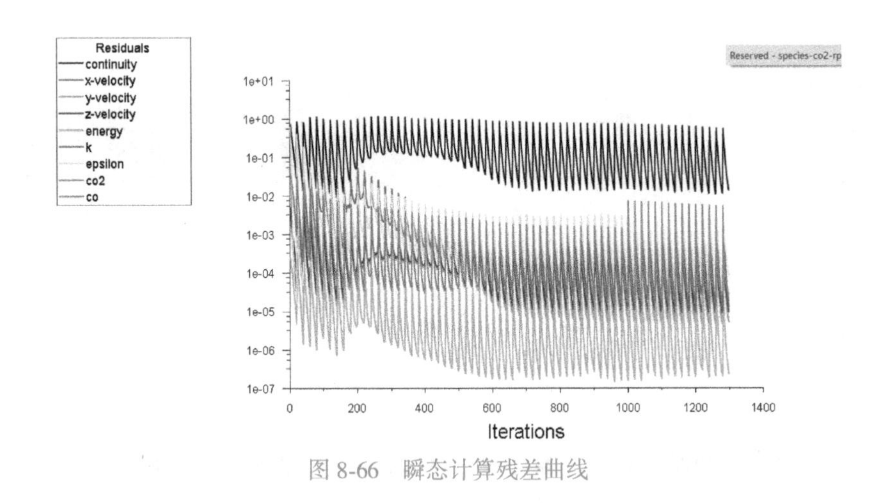

图 8-66　瞬态计算残差曲线

4）计算开始后，会出现食堂体积平均 CO_2 气体监测变量曲线，如图 8-67 所示，监测变量曲线数据随时间变化。前面设置了自动保存计算文件，保存文件的格式为 . out，之后可以用 Excel 打开进行数据处理。

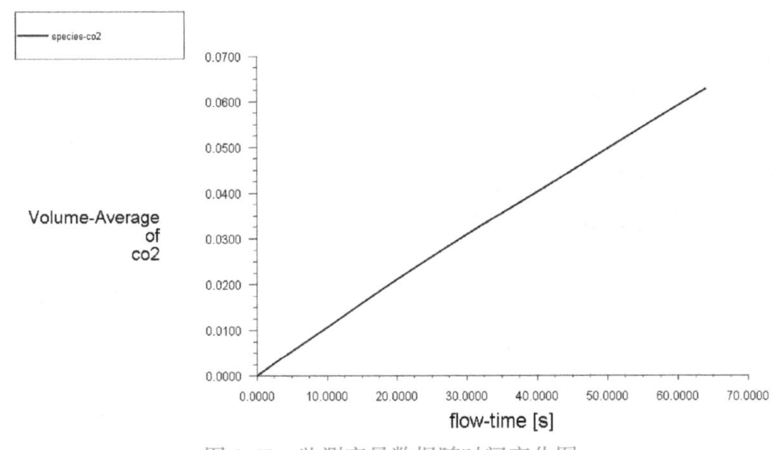

图 8-67　监测变量数据随时间变化图

8.6　结果及分析

后处理对于结果分析非常重要，下面将介绍如何创建分析截面，并进行速度、温度、质量分数云图显示及数据后处理分析等。

8.6.1　创建分析截面

为了更好地进行结果分析，下面将创建分析截面 x = 0（中间截面）及 z = 1500，具体操作步骤如下。

1）在浏览树中右击“结果”→“表面”选项，在弹出的快捷菜单中选择“创建”→“平面”命令，如图 8-68 所示，弹出“平面”对话框。

2）在“新面名称”处输入 x = 0，在“方法”下拉列表框中选择 YZ Plane，在 X 处输入 0，单击“创建”按钮完成 x = 0 截面创建，如图 8-69 所示。

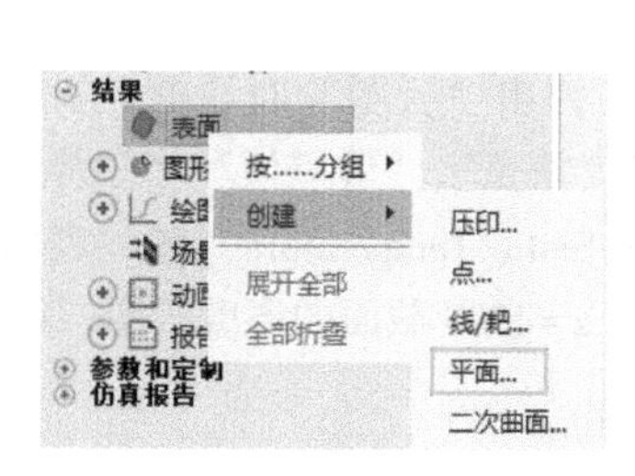

图 8-68　创建平面

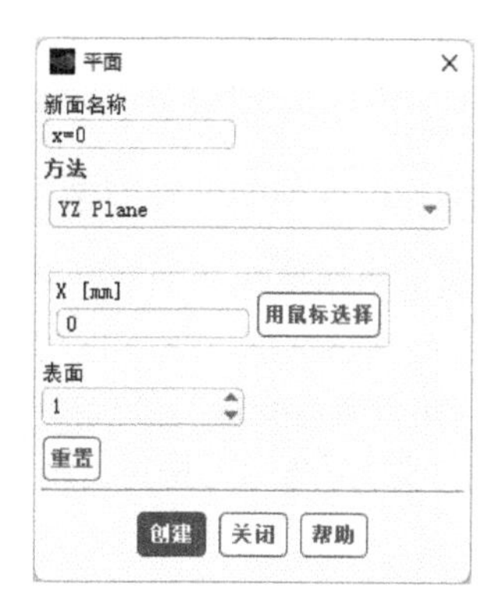

图 8-69　x=0 “平面” 对话框

3）在 “新面名称” 处输入 z=1500，在 “方法” 下拉列表框中选择 XY Plane，在 Z 处输入 1500，单击 “创建” 按钮完成 z=1500 截面创建，如图 8-70 所示，z=1500 截面示意如图 8-71 所示。

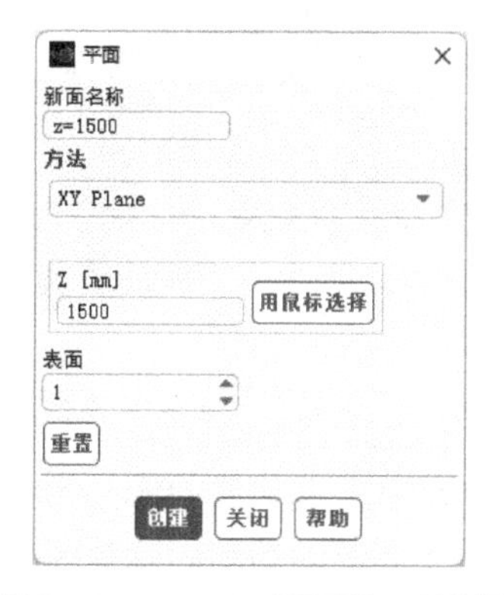

图 8-70　z=1500 “平面” 对话框

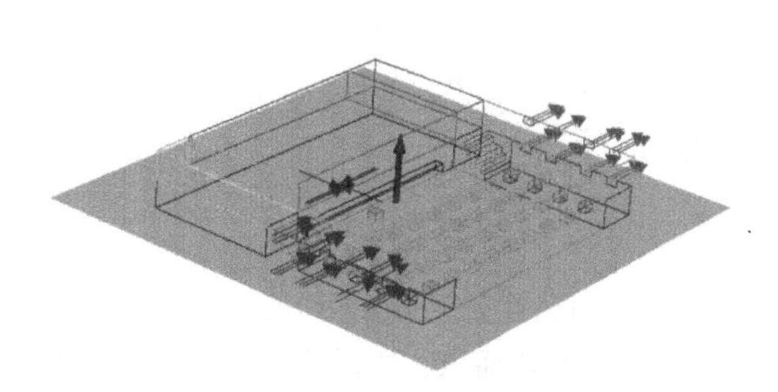

图 8-71　z=1500 截面示意图

8.6.2　xz 截面速度云图分析

分析截面创建完成后，下一步进行云图显示，具体操作步骤如下。

在浏览树中双击 “结果”→“图形”→“云图” 选项，弹出 “云图” 对话框，如图 8-72 所示。在 “云图名称” 处输入 velocity-xz，在 “选项” 处选择 “填充”、“节点值”、“边界值”、“全局范围” 及 “自动范围”，在 “着色变量” 处选择 Velocity 及 Velocity Magnitude，在 “表面” 处选择 x=0 及 z=1500，单击 “保存/显示” 按钮，则显示出 x=0 及 z=1500 截面的速度云图，如图 8-73 所示。

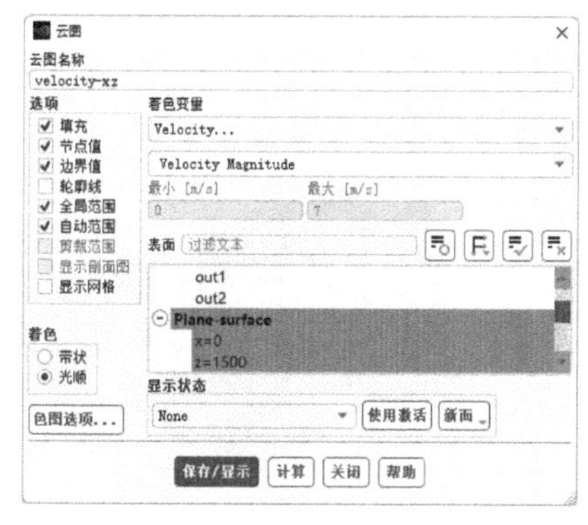

图 8-72　xz 截面速度云图设置

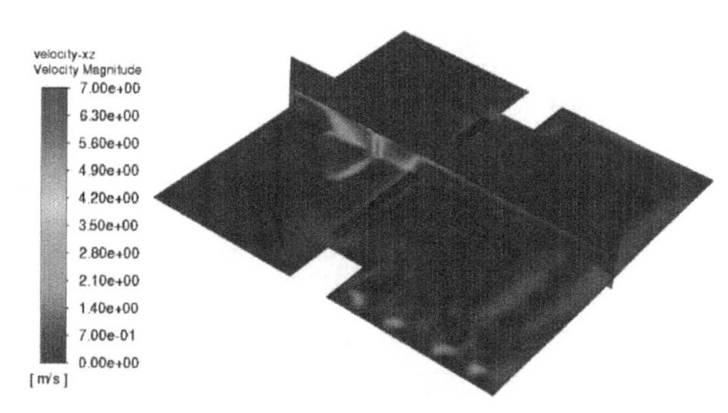

图 8-73　xz 截面速度云图【彩】

由图 8-73 可知，由于燃烧产生的烟气速度较大，所以在食堂内部烟气速度较大，且厨房内部并未考虑抽烟机开启，因此在厨房内部几乎无空气流动。就餐区由于有窗户通风，所以有空气流动。

8.6.3　xz 截面温度云图分析

在浏览树中双击“结果”→“图形”→“云图”选项，弹出“云图”对话框，如图 8-74 所示。在“云图名称”处输入 temperature-xz，在“选项”处选择“填充”、“节点值”、“边界值”“全局范围”及“自动范围”，在“着色变量”处选择 Temperature 及 Static Temperature，在“表面”处选择 x=0 及 z=1500，单击“保存/显示”按钮，则显示出 x=0 及 z=1500 截面的温度云图，如图 8-75 所示。

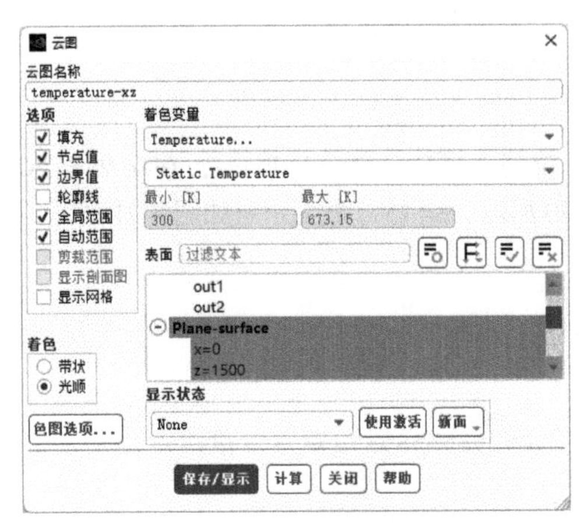

图 8-74　xz 截面温度云图设置

图 8-75　xz 截面温度云图【彩】

由图 8-75 所示的温度云图分布可知，食堂内最高温度为 673K，且位于燃烧火源等效位置，由于食堂内厨房区域并未通风，所以整个厨房内部温度非常高，高温的烟气向就餐区扩散，由于有窗户通风，所以高温烟气主要位于顶部区域，因此后续可以进行厨房内部开启通风对比分析。

8.6.4　xz 截面 CO_2 质量分数云图分析

1）在浏览树中双击“结果”→“图形”→“云图”选项，弹出“云图”对话框，如图 8-76 所示。在“云图名称”处输入 species-co2-xz，在“选项”处选择“填充”、“节点值”、“边界值”、“全局范围”及“自动范围”，在“着色变量”处选择 Species 及 Mass fraction of co2，在“表面”处选择 x=0 及 z=1500，单击“保存/显示”按钮，则显示出 x=0 及 z=1500 截面的 CO_2 质量分数云图，如图 8-77 所示。

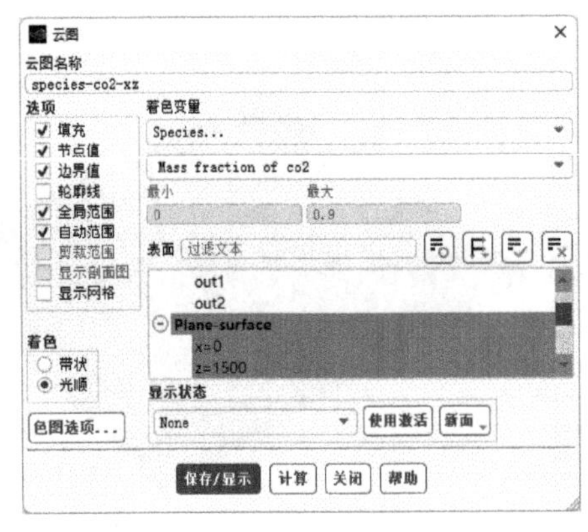

图 8-76　xz 截面 CO_2 质量分数云图设置

图 8-77　xz 截面 CO_2 质量分数云图【彩】

由图 8-77 所示 CO_2质量分数云图分布可知，燃烧处 CO_2的质量分数最高，随着扩散时间增加，CO_2气体逐步向厨房四周及就餐区扩散，厨房内部由于未开启通风，所以 CO_2质量分数非常高，而就餐区则相对较好，由此可见当火灾发生时，及时启动排烟措施的重要性。

2）选择“云图”对话框“选项”处的“显示网格”，弹出“网格显示”对话框，在“选项”处选择“边”，在“边类型”处选择“轮廓”，在“表面”选项处选择除了速度入口、出口及分析截面之外的所有面，如图 8-78 所示，单击“显示”按钮，则显示如图 8-79 所示。

图 8-78 “网格显示”对话框

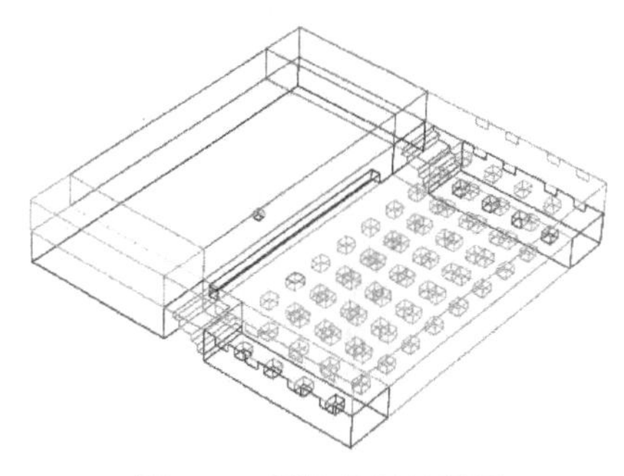

图 8-79 网格显示效果图

3）在“云图”对话框中，取消选择“选项”处的“填充”，并单击“保存/显示”按钮，如图 8-80 所示，显示出来的 CO_2质量分数等值线云图如图 8-81 所示。

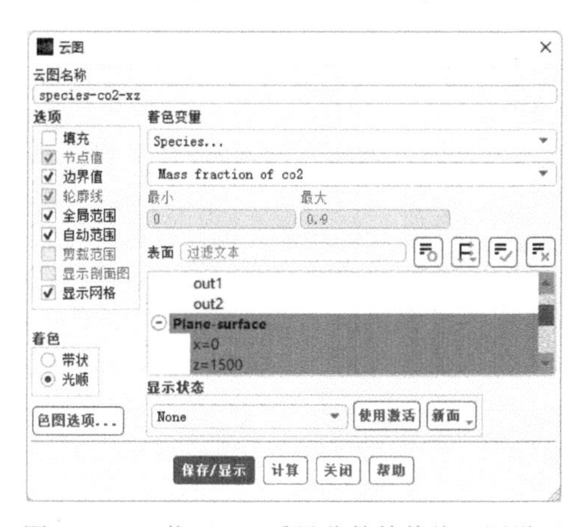

图 8-80 xz 截面 CO_2质量分数等值线云图设置

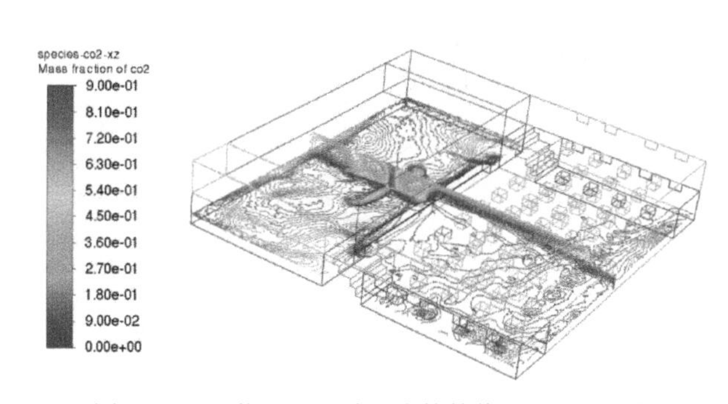

图 8-81 xz 截面 CO_2质量分数等值线云图【彩】

8.6.5 计算结果数据后处理分析

在浏览树中双击“结果”→“报告”→“体积积分”选项，弹出“体积积分”对话框，如图 8-82

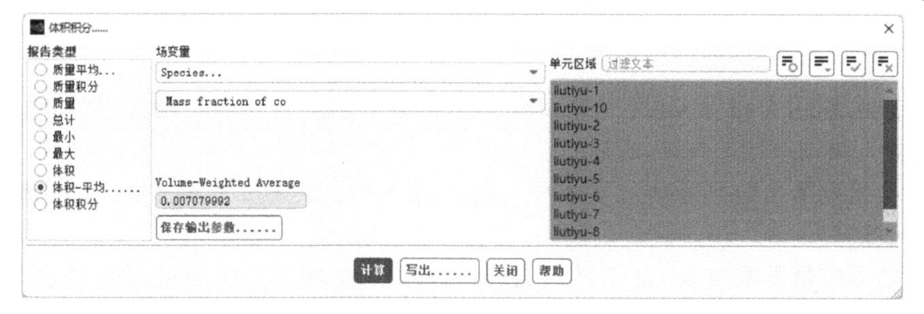

图 8-82 食堂内 CO 体积平均质量分数计算结果

所示。在“报告类型”中选择“体积-平均”，在“场变量”里选择 Species 及 Mass fraction of co，在“单元区域”处选择所有区域，单击“计算”按钮得出食堂内 CO 体积平均质量分数为 0.007。

8.6.6 监测变量数据后处理分析

1）在桌面新建一个 Excel 文件并打开，在菜单栏执行“文件”→“打开”命令，弹出“打开”对话框，找到 species-co2-rfile. out 文件，注意，需要将文件类型修改为“所有文件”，如图 8-83 所示，单击“打开”按钮。

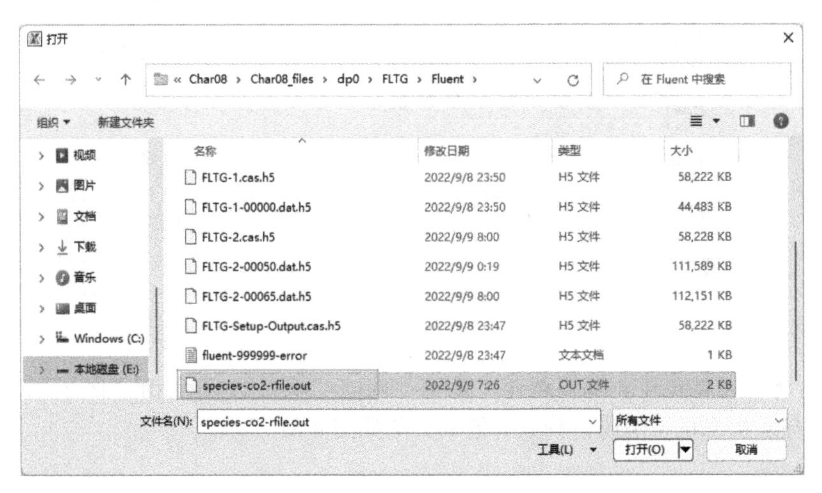

图 8-83 “打开”对话框

2）此时会出现图 8-84 所示的“文本导入向导-第 1 步，共 3 步”对话框，保持默认设置，单击“下一步”按钮。

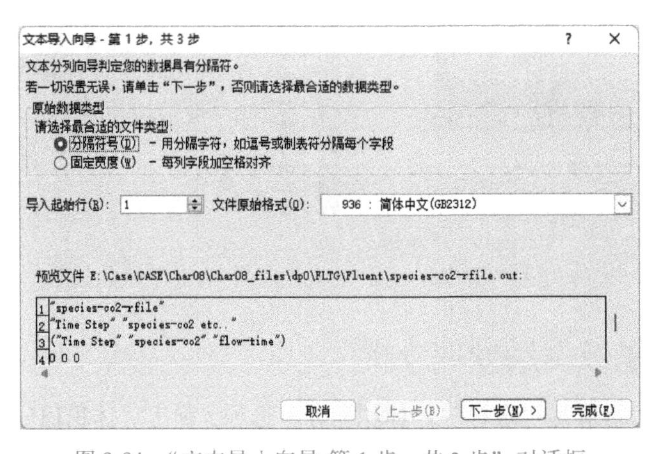

图 8-84 “文本导入向导-第 1 步，共 3 步”对话框

3）此时会出现图 8-85 所示的“文本导入向导-第 2 步，共 3 步”对话框，在“分隔符号”处选择“空格”，单击“下一步”按钮。

4）此时会出现图 8-86 所示的“文本导入向导-第 3 步，共 3 步”对话框，保持默认选择，单击“完成”按钮。

5）此时监测变量数据在 Excel 文件中打开，如图 8-87 所示，进而可以在 Excel 文件中进行分析。

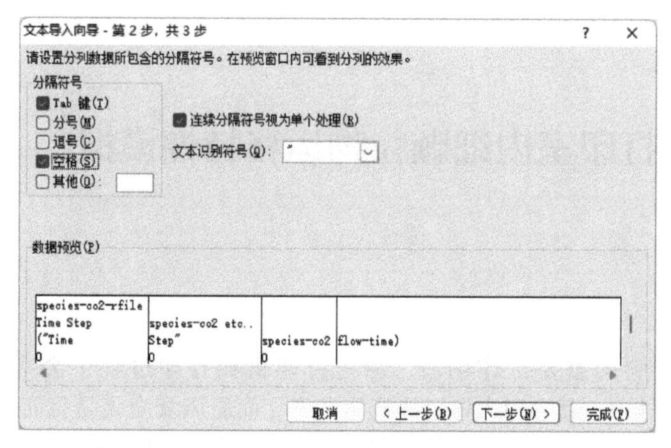

图 8-85 “文本导入向导-第 2 步，共 3 步”对话框

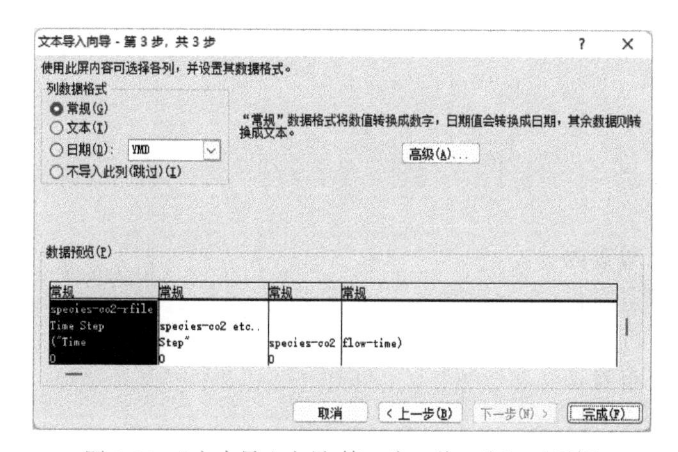

图 8-86 “文本导入向导-第 3 步，共 3 步”对话框

	A	B	C	D	E
1	species-co2-rfile				
2	Time Step	species-co2 etc..			
3	("Time	Step"	species-c	flow-time)	
4	0	0	0		
5	1	0.001096	1		
6	2	0.002208	2		
7	3	0.003295	3		
8	4	0.004365	4		
9	5	0.005424	5		
10	6	0.006479	6		
11	7	0.007531	7		
12	8	0.008584	8		
13	9	0.009636	9		
14	10	0.010689	10		
15	11	0.01174	11		
16	12	0.012789	12		
17	13	0.013836	13		
18	14	0.014882	14		
19	15	0.015926	15		
20	16	0.016967	16		
21	17	0.018005	17		
22	18	0.01904	18		
23	19	0.020071	19		
24	20	0.021096	20		

species-co2-rfile

图 8-87 监测数据导入 Excel 中

8.7 本章小结

本章以高校食堂发生火灾后的烟气扩散特性研究为例，详细讲解了几何模型前处理、网格划分、设置、求解及结果查看和分析，重点说明了组份模型、瞬态计算监测变量的设置及瞬态结果后处理等。通过本章学习，可以掌握火灾烟气扩散特性的分析方法。

第 9 章 打印室内细颗粒物运移特性模拟

操作视频

打印室是打印资料的重要工作场所，但是打印机在打印过程中会产生大量的细颗粒物（PM2.5），一旦吸入体内，就会对人体健康产生危害，而通风及净化是目前控制细颗粒物的主要手段，因此本章以某打印室内细颗粒物的运移特性研究为讲解案例。

本章知识要点如下。

1）学习如何进行细颗粒物等效设置。

2）学习如何进行离散相模型设置。

3）学习如何进行计算结果分析。

9.1 案例简介

本章以某打印室为研究对象，对打印室内PM2.5颗粒的运移特性进行分析。打印室简化模型如图9-1所示，将房间内的家具进行等效处理，打印机放在桌子上。在打印机上布置了一个等效的PM2.5散发面源，其尺寸（长×宽）为0.45m×0.15m。根据文献资料，PM2.5泄漏量为2.4mg/h，密度为1000kg/m^3，粒径为2.5×10^{-6}m。应用Fluent软件进行打印室内细颗粒物运移特性模拟分析。

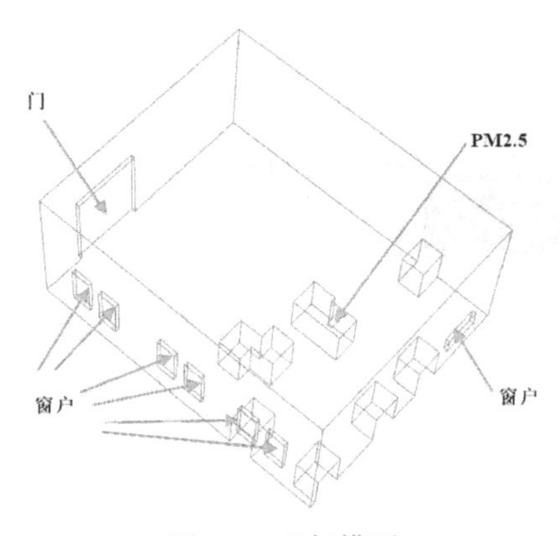

图9-1 几何模型

9.2 几何模型前处理

9.2.1 创建分析项目

1）在Windows系统下执行“开始”→“所有程序”→ANSYS 2022→Workbench 2022命令，启动ANSYS Workbench 2022，进入Workbench主界面。

2）在Workbench主界面的工具箱中双击“组件系统”→“几何结构”选项，即可在项目管理区创建分析项目A，如图9-2所示。

3）在工具箱中的“组件系统”→“Fluent（带Fluent网格剖分）”上按住鼠标左键拖动到项目管理区中，当项目A的A2“几何结构”呈红色高亮显示时，放开鼠标创建项目B，此时相关联的数据可共享，如图9-3所示。

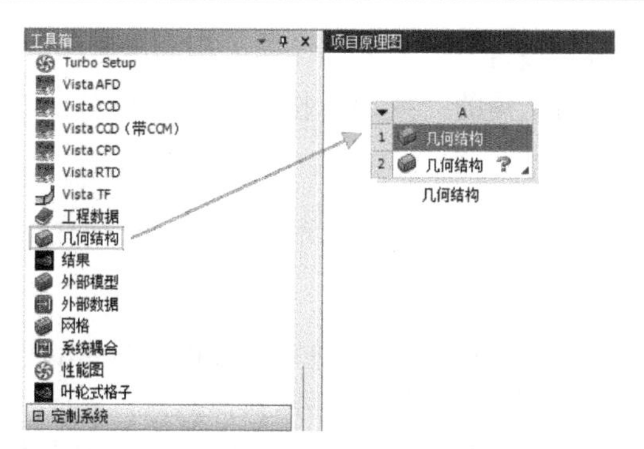

图 9-2　创建几何结构

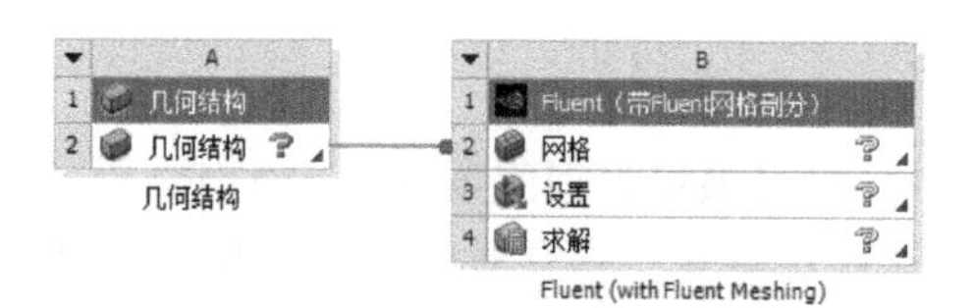

图 9-3　创建分析项目 B

9.2.2　导入几何模型

1）在 A2 栏“几何结构”上右击，在弹出的快捷菜单中选择“导入几何模型”→“浏览”命令，如图 9-4 所示，此时会弹出“打开”对话框。

2）在“打开”对话框中选择 Char09，导入 Char09 几何模型文件，如图 9-5 所示，此时 A2 栏“几何结构”后的 ? 变为 ✓，表示实体模型已经存在。

图 9-4　导入几何模型

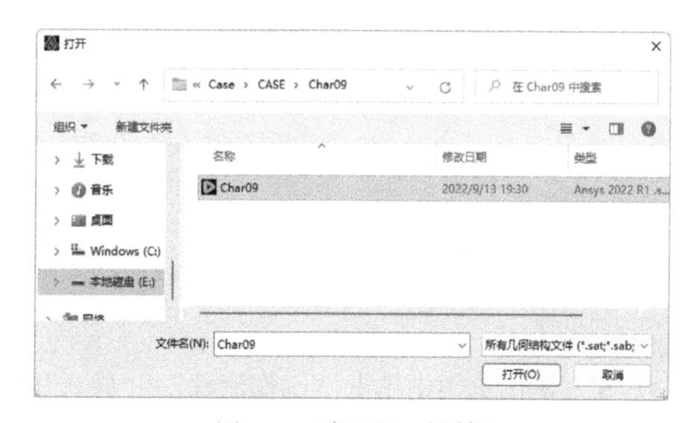

图 9-5　“打开”对话框

3）双击项目 A 中的 A2 栏“几何结构”，会进入“A：几何结构-Geom-SpaceClaim”界面，显示的几何模型如图 9-6 所示。本例中无须进行几何模型修改。

4）单击“群组”按钮，则显示图 9-7 所示的边界条件，本例已经完成了边界条件命名，因

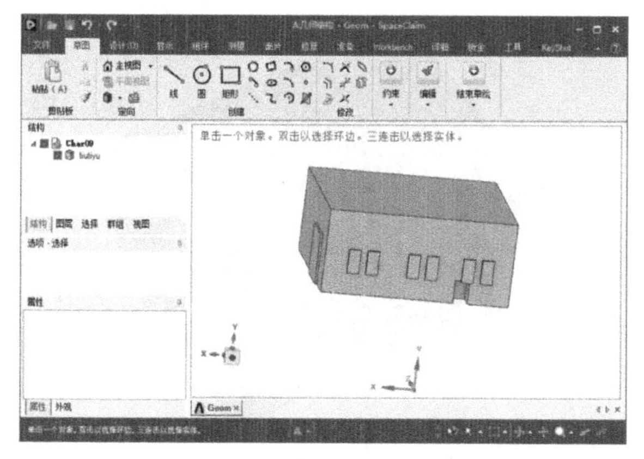

图 9-6　显示的几何模型

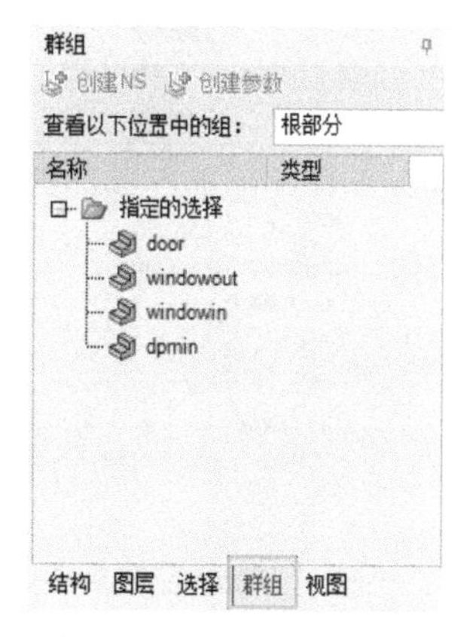

图 9-7　边界条件设置界面

此不需要进行修改，如需修改边界条件，则在此处进行设置。

5）单击“A：几何结构-Geom-SpaceClaim”界面右上角的“关闭”按钮，返回 Workbench 主界面。

9.3 网格划分

1）双击项目管理区项目 B 中的 B2 栏“网格”选项，进入网格划分启动界面。图 9-8 所示设置为计算双精度、读取网格后显示网格、网格划分及计算求解选用 6 核并行计算。

2）单击 Start 按钮进入 B:Fluent（with Fluent Meshing）界面，在该界面下即可进行网格的划分、边界条件的设置等操作，如图 9-9 所示。

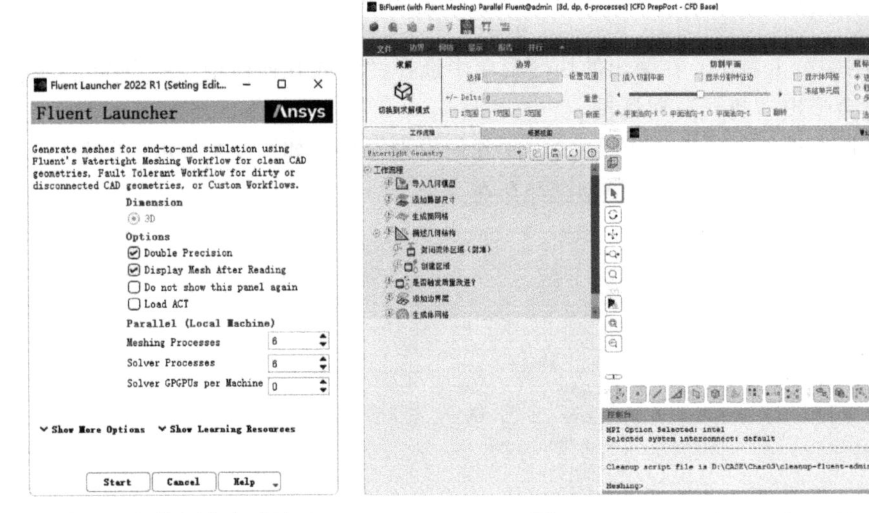

图 9-8　网格划分启动界面　　　　图 9-9　B:Fluent（with Fluent Meshing）界面

3）在左侧浏览树中单击“工作流程”→“导入几何模型”选项，在打开的面板中单击“导入几何模型”按钮，即可将几何模型导入，如图 9-10 所示，导入的几何模型如图 9-11 所示。

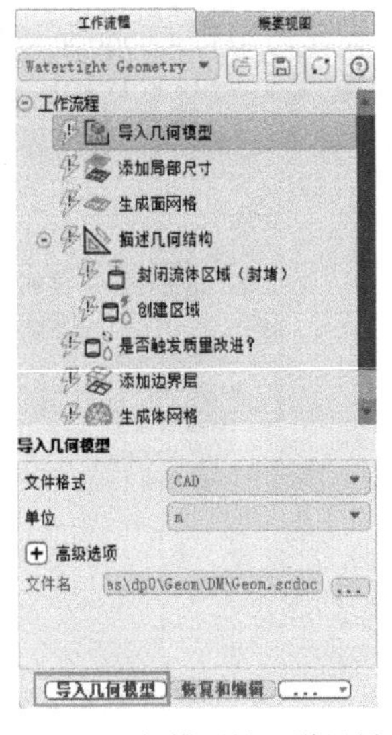

图 9-10　几何模型导入设置界面

图 9-11　导入的几何模型

4）继续在浏览树中单击“工作流程”→“添加局部尺寸”选项，在打开的面板中设置局部尺寸参数，在 Target Mesh Size 处输入 0.005，在“选择依据”处选择 label，在下面选择 dpmin，单击“添加局部尺寸”按钮（单击后变为“更新”按钮）进行添加，如图 9-12 所示。

5）在浏览树中单击“工作流程”→“生成面网格”选项，在打开的面板中设置面网格划分参数，在 Minimum Size 处输入 0.005，在 Maximum Size 处输入 0.1，在“增长率”处输入 1.2。打开“高级选项”，在“质量优化的偏度限值”处输入 0.8，在“基于坍塌方法改进质量的偏斜度阈值”处输入 0.8，其他参数保持默认设置。单击“生成面网格”按钮即可进行面网格划分，如图 9-13所示。划分好的面网格如图 9-14 所示。

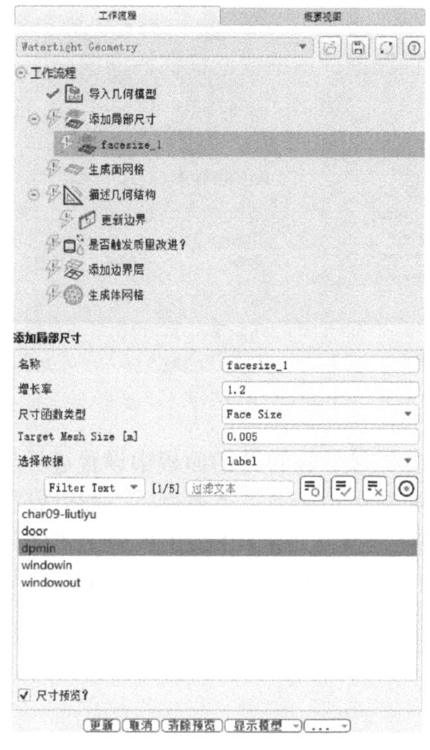

图 9-12　添加局部尺寸

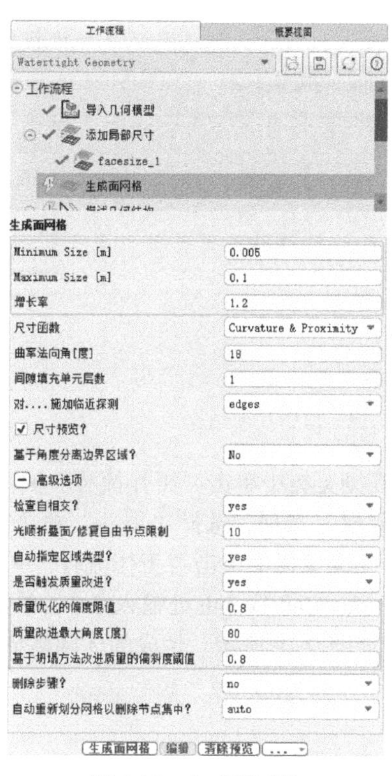

图 9-13　生成面网格

6）在浏览树中单击“工作流程”→“描述几何结构”选项，在打开的面板中设置几何结构参数。因为几何模型在 SpaceClaim 内已经完成了拓扑共享，所以此处无须应用共享拓扑。具体设置如图 9-15 所示，单击“描述几何结构”按钮完成设置。

7）在浏览树中单击“工作流程”→“描述几何结构”→“更新边界”选项，在打开的面板中设置边界条件类型，边界条件名称建议在 SpaceClaim 中进行设置。

在 Boundary Type 处将 windowin 的边界条件类型修改为 pressure-inlet，将 windowout 及 door 的边界条件类型修改为 pressure-outlet，将 dpmin 的边界条件类型修改为 velocity-inlet，单击“更新边界”按钮完成设置，如图 9-16 所示。

图 9-14　面网格划分效果图

8）在浏览树中单击“工作流程”→“是否触发质量改进?”选项，在打开的面板中设置区域的属性，保持参数不变，单击“是否触发质量改进?”按钮完成设置，如图 9-17 所示。

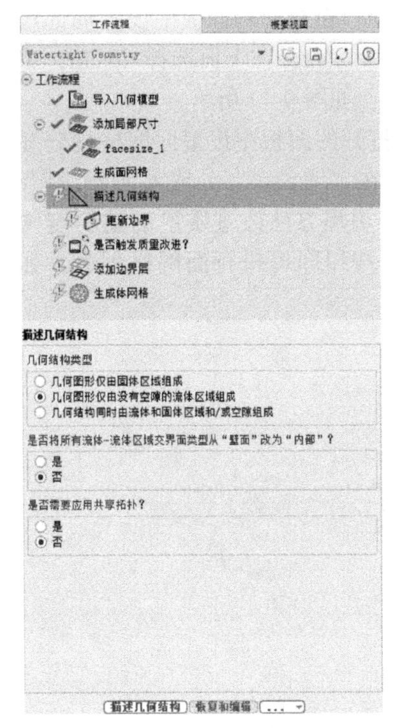

图 9-15　描述几何结构

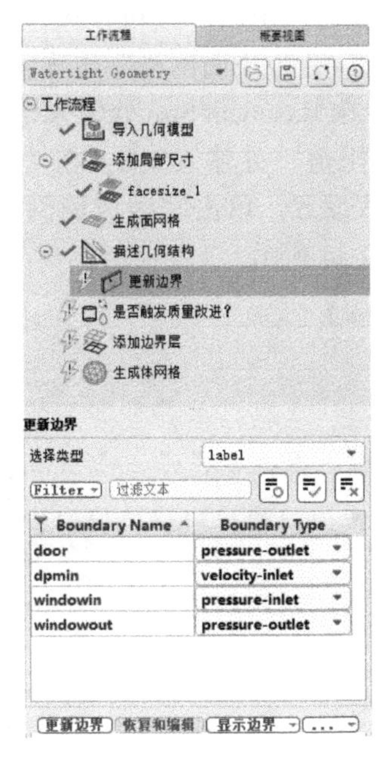
图 9-16　更新边界

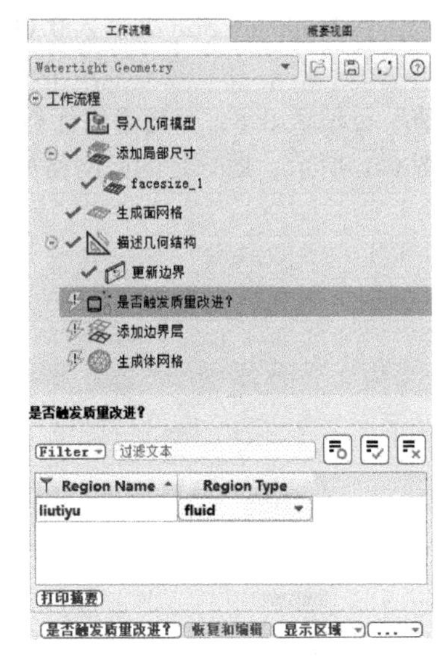
图 9-17　选择是否触发质量改进

9）在浏览树中单击“工作流程”→“添加边界层”选项，在打开的面板中设置边界层，右击“添加边界层”选项，选择“更新”命令完成设置，如图 9-18 所示。本案例不添加边界层。

10）在浏览树中单击“工作流程”→“生成体网格”选项，在打开的面板中设置体网格划分参数，在 Max Cell Length 处输入 0.1，单击“生成体网格”按钮（单击后变为“更新”按钮）完成设置，如图 9-19 所示。生成的体网格如图 9-20 所示。

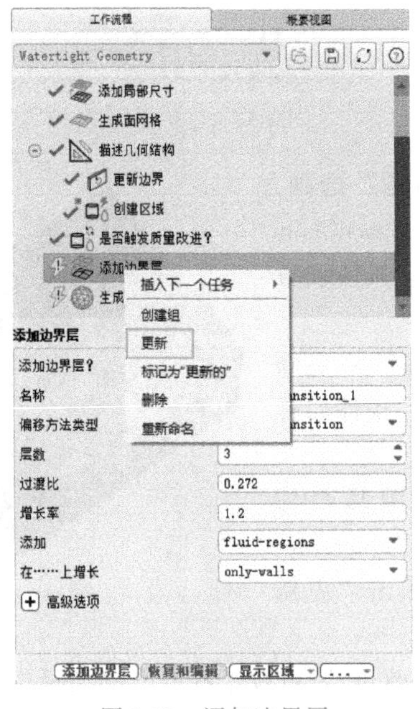
图 9-18　添加边界层

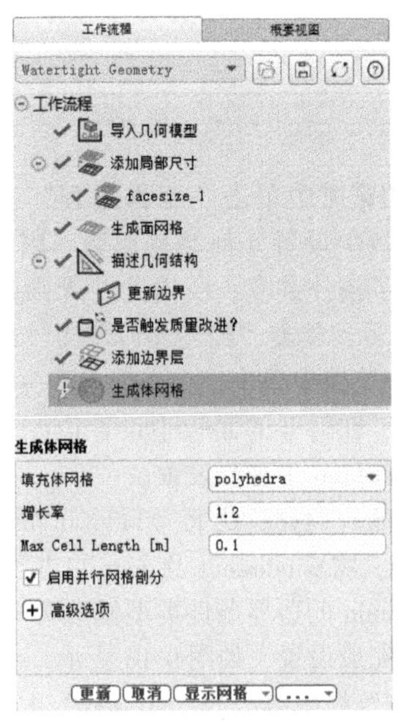
图 9-19　生成体网格

11）在 Fluent 界面上方的选项卡中单击“求解”→“切换到求解模式”按钮，如图 9-21 所示，打开 Fluent 求解设置界面，如图 9-22 所示。

图 9-20　体网格划分效果图

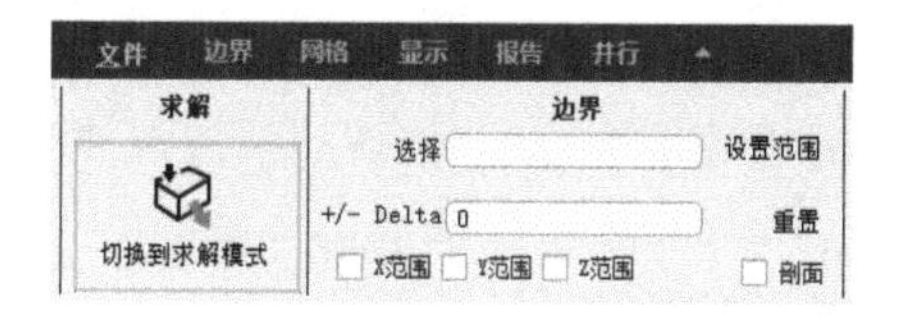

图 9-21　切换到求解模式

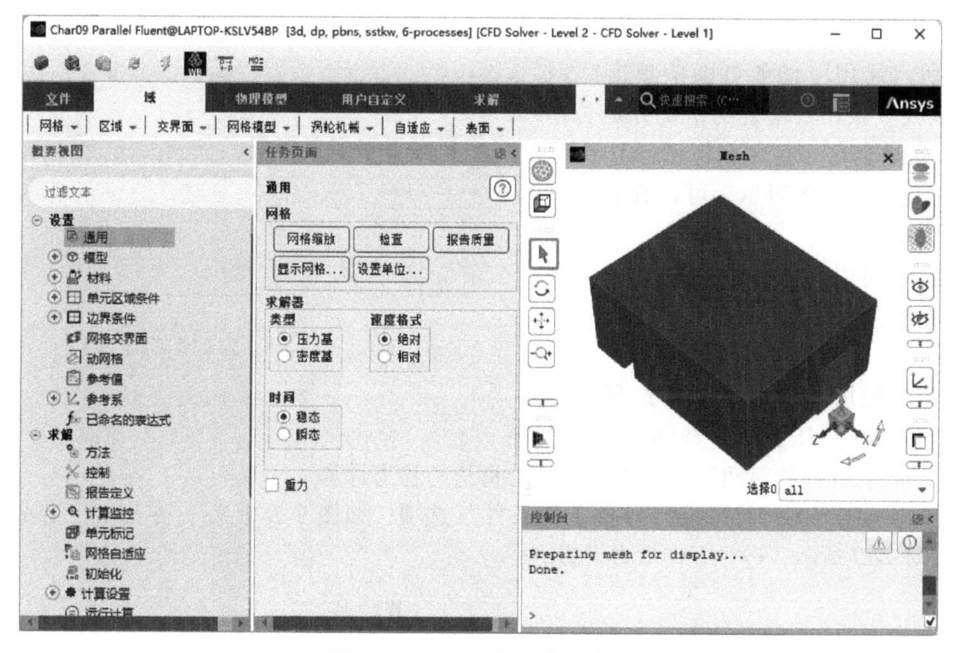

图 9-22　Fluent 求解设置界面

9.4　设置

9.4.1　通用设置

网格导入成功后，进行通用设置，具体操作步骤如下。

1）在浏览树中双击“设置”→“通用”选项，打开“通用”任务页面，选择“重力”，并在 y 处输入-9.8，代表重力方向为 z 的负方向，如图 9-23 所示。

2）在“通用”任务页面中单击“网格”→“网格缩放”按钮，弹出“缩放网格”对话框，在“查看网格单位”下拉列表框中选择 mm，将默认的尺寸单位由 m 改为 mm，如图 9-24 所示。

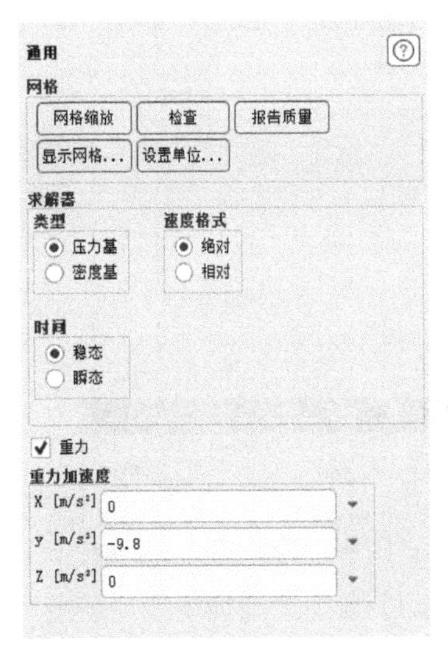

图 9-23 “通用”任务页面

图 9-24 “缩放网格”对话框

3）在“通用”任务页面中单击“网格”→“检查”按钮，检查网格划分是否存在问题，此时会在“控制台”显示详细的网格信息，如图 9-25 所示，可以查看导入网格的尺寸。

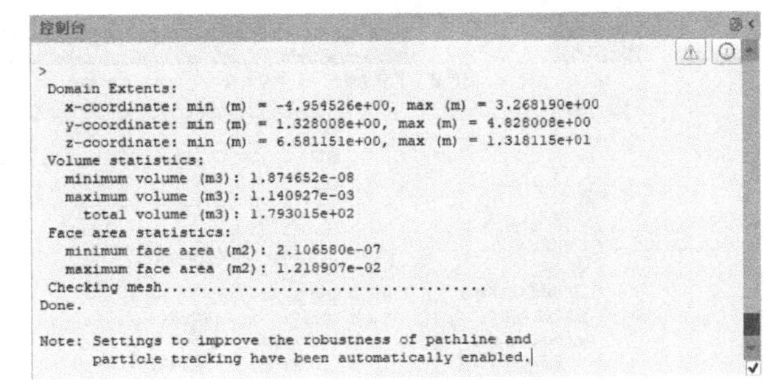
```
控制台
>
 Domain Extents:
   x-coordinate: min (m) = -4.954526e+00, max (m) = 3.268190e+00
   y-coordinate: min (m) = 1.328008e+00, max (m) = 4.828008e+00
   z-coordinate: min (m) = 6.581151e+00, max (m) = 1.318115e+01
 Volume statistics:
   minimum volume (m3): 1.874652e-08
   maximum volume (m3): 1.140927e-03
     total volume (m3): 1.793015e+02
 Face area statistics:
   minimum face area (m2): 2.106580e-07
   maximum face area (m2): 1.218907e-02
 Checking mesh...................................
Done.

Note: Settings to improve the robustness of pathline and
      particle tracking have been automatically enabled.
```

图 9-25 网格信息

4）在“通用”任务页面中单击“网格”→“报告质量”按钮，进行网格质量查看。

5）在“通用”任务页面中选择“求解器”→“类型”→“压力基”选项，即选择基于压力求解；选择“时间”→“稳态”选项，即进行稳态计算。

6）单击功能区的“物理模型”→“工作条件”选项，如图 9-26 所示，弹出“工作条件”对话框，如图 9-27 所示，进行工作压力设置。

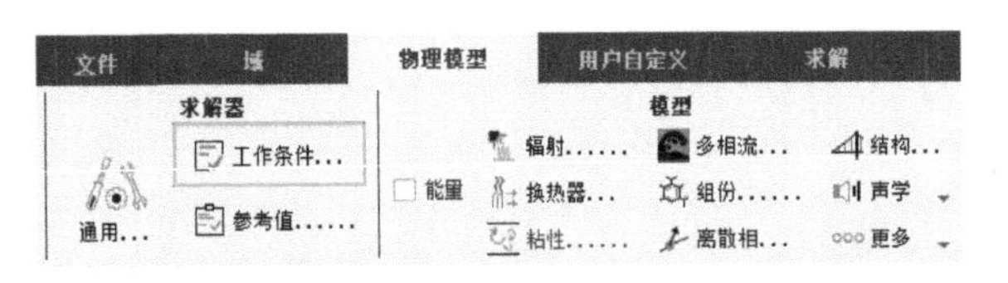

图 9-26 “工作条件”选项

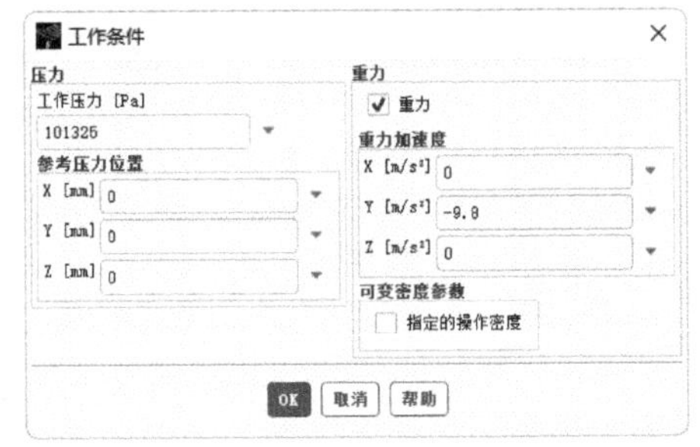

图 9-27 “工作条件”对话框

9.4.2 模型设置

通过对打印室内细颗粒物运移特性问题的物理过程分析可知，需要设置空气流动模型及颗粒离散相模型。通过计算雷诺数，判断房间内部流动状态为湍流，具体操作步骤如下。

1）在浏览树中双击“设置”→“模型”选项，打开“模型”任务页面，如图 9-28 所示。

2）在浏览树中双击“模型”→“粘性”选项，弹出“粘性模型”对话框，进行流动模型设置。在“模型”下选择k-epsilon（2 eqn），在“k-epsilon模型”下选择Standard，在“壁面函数”下选择“标准壁面函数（SWF）”，其余参数保持默认，如图9-29所示，单击OK按钮保存设置。

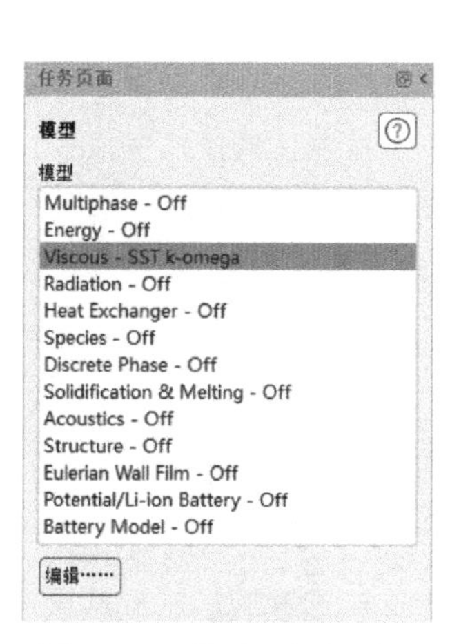

图9-28 “模型”任务页面

图9-29 “粘性模型”对话框

3）在浏览树中双击“模型”→“离散相”选项，弹出“离散相模型”对话框，进行离散相模型设置。在“交互”处选择“与连续相的交互”，在“DPM迭代间隔”处输入10，如图9-30所示。

4）切换到“物理模型”选项卡，考虑PM2.5颗粒在空气中运动时的萨夫曼升力及虚拟质量力，选择“萨夫曼升力”及“虚拟质量力”，“虚拟质量力因数”设置为0.5，如图9-31所示。

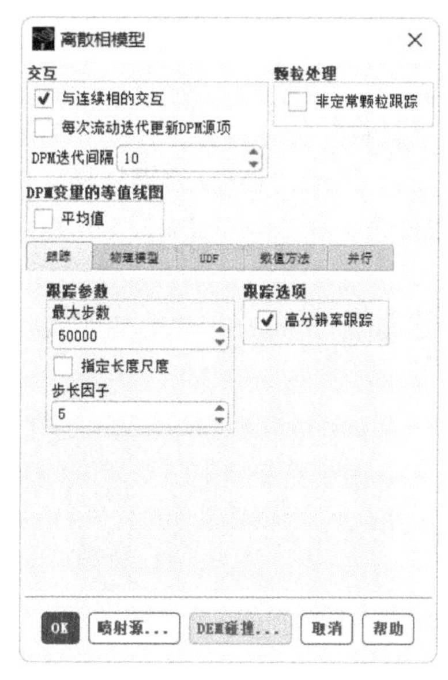

图9-30 “离散相模型”对话框

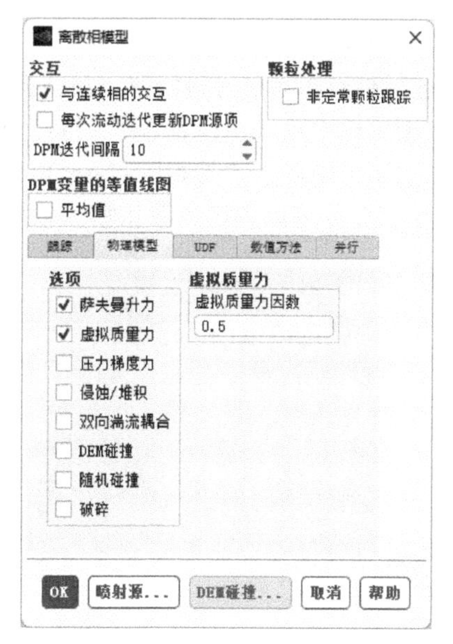

图9-31 “物理模型”选项卡

5）在浏览树中双击“模型”→“离散相”→“喷射源”选项，弹出图 9-32 所示的“喷射源”对话框，可以进行喷射源的创建、删除和复制等操作。

6）在“喷射源”对话框中单击“创建”按钮，弹出图 9-33 所示的“设置喷射源属性”对话框，在“喷射源类型”处选择 surface，在 Injection Surfaces 处选择 dpmin，在 Diameter 处输入 0.0025，在“总流量”处输入 6.7e-10，代表颗粒喷入量为 6.7×10^{-10} kg/s，单击 OK 按钮保存退出。

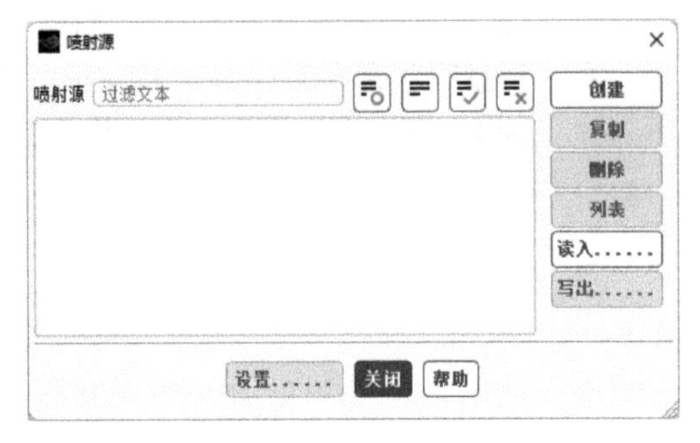

图 9-32 “喷射源”对话框

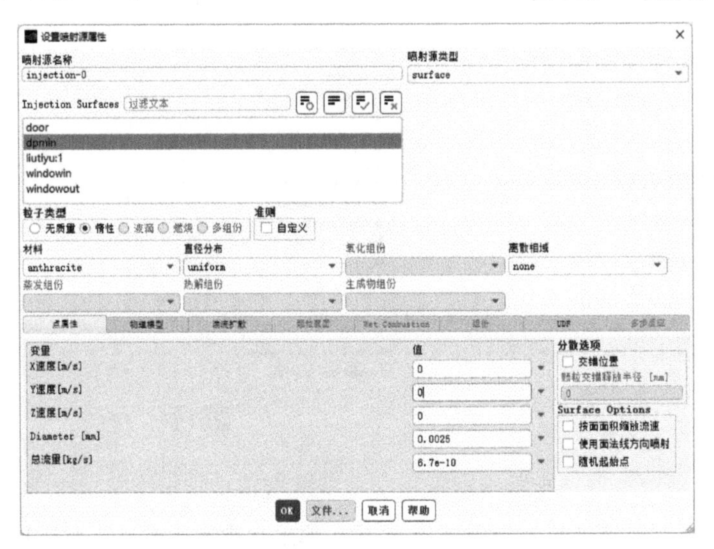

图 9-33 “设置喷射源属性”对话框

9.4.3 材料设置

软件默认的流体材料是 air，固体材料为 aluminum。本案例是模拟 PM2.5 颗粒的运移特性，因此需要进行离散相颗粒材料修改，具体操作步骤如下。

1）在浏览树中双击“设置”→“材料”选项，打开“材料”任务页面，如图 9-34 所示。

2）在浏览树中双击“材料”→Inert Particle→anthracite，弹出“创建/编辑材料”对话框，如图 9-35 所示，此处可以进行离散相喷入物质的密度参数修改。密度对于 PM2.5 颗粒的运移特性

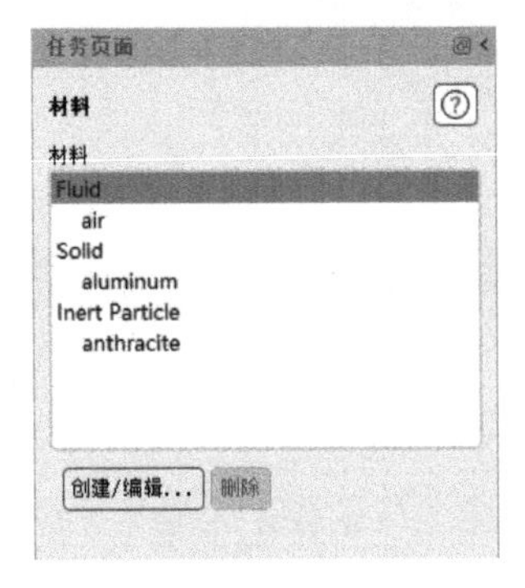

图 9-34 “材料”任务页面

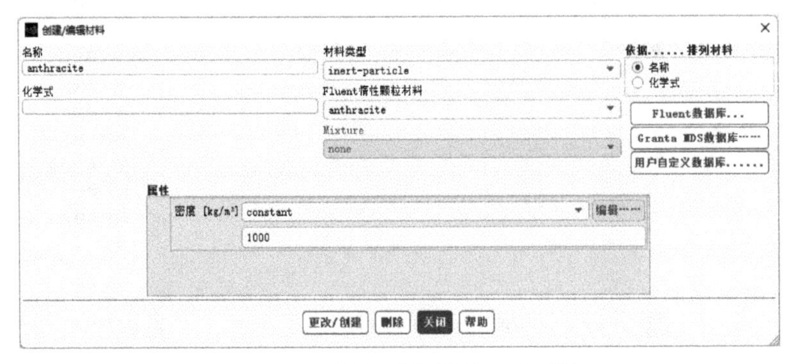

图 9-35 “创建/编辑材料”对话框

影响较大，原则上需要测试确定，本案例将密度修改为 1000。

9.4.4 单元区域条件设置

Fluent 默认流体单元区域内材料为空气，因此不需要进行修改，查看的具体操作步骤如下。

1）在浏览树中双击“设置”→“单元区域条件”选项，打开“单元区域条件”任务页面，如图 9-36 所示。

2）在“单元区域条件”任务页面中单击 liutiyu 选项，弹出“流体”对话框，可以看出“材料名称”处的材料为 air，此处不需要进行流体材料修改，如图 9-37 所示。

图 9-36 “单元区域条件”任务页面

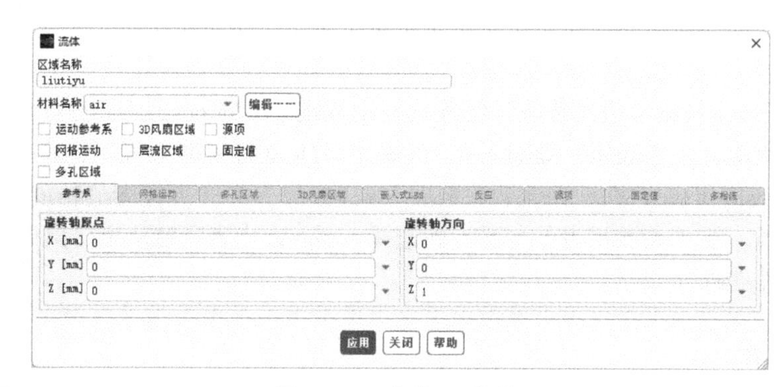

图 9-37 “流体”对话框

9.4.5 边界条件设置

打印室内细颗粒物运移扩散过程中主要涉及空气流动入口、空气流动出口及离散相速度入口等边界条件，具体操作步骤如下。

1）在浏览树中双击“设置”→“边界条件”选项，打开“边界条件”任务页面，如图 9-38 所示。

2）在“边界条件”任务页面中双击 windowin 选项，弹出“速度入口”对话框，如图 9-39 所示，在“速度大小”处输入 0.5，代表窗户入口速度大小为 0.5m/s，在“设置”处选择 Intensity and Viscosity Ratio，在“湍流强度”处输入 5，在“湍流粘度比”处输入 10；切换到 DPM 选项卡，在“离散相边界类型”处选择 escape，如图 9-40 所示，单击“应用”按钮保存。

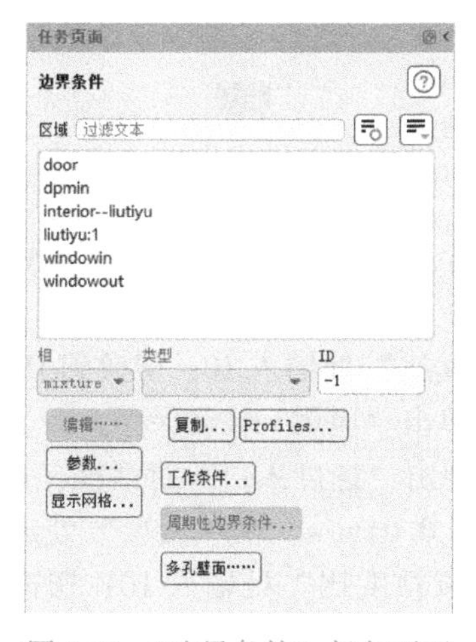

图 9-38 “边界条件”任务页面

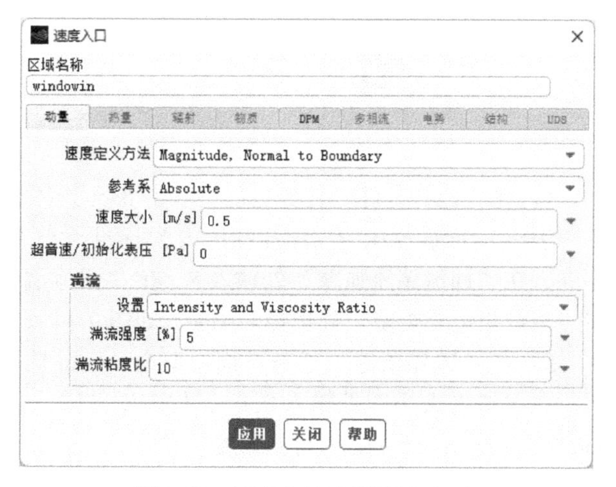

图 9-39 速度入口速度设置（一）

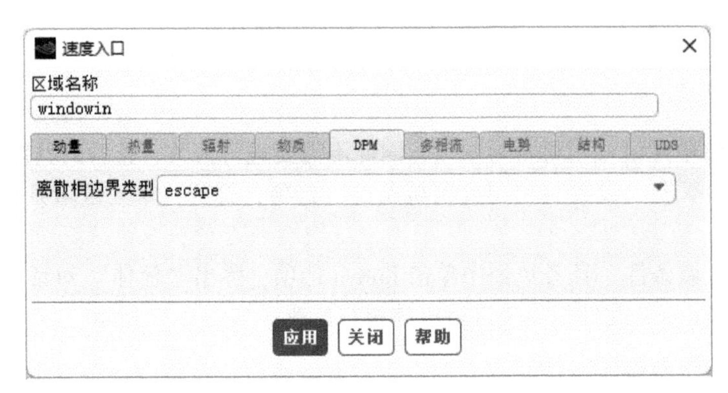

图 9-40 速度入口离散相边界类型设置（一）

3）在“边界条件”任务页面中双击 windowout 选项，弹出“压力出口”对话框，如图 9-41 所示，在“表压”处输入 0，代表出口压力为标准大气压，在“设置”处选择 Intensity and Viscosity Ratio，在“回流湍流强度”处输入 5，在“回流湍流粘度比”处输入 10；切换到 DPM 选项卡，在“离散相边界类型”处选择 escape，代表颗粒从出口离开，如图 9-42 所示，单击“应用”按钮保存。

图 9-41 “压力出口”对话框（一）

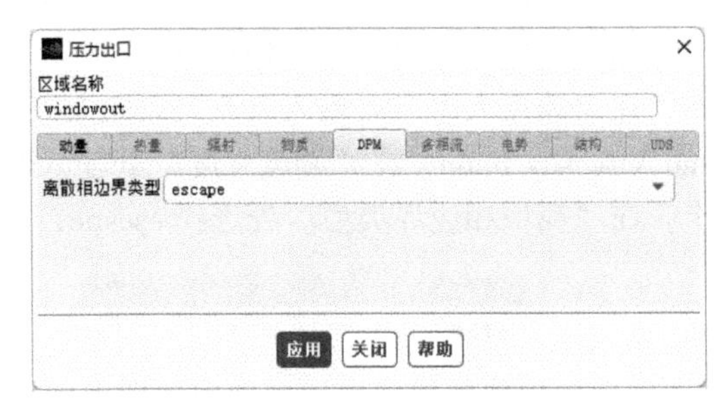

图 9-42 压力出口离散相边界类型设置（一）

4）在“边界条件”任务页面中双击 door 选项，弹出“压力出口”对话框，如图 9-43 所示，在“表压”处输入 0，代表出口压力为标准大气压，在“设置”处选择 Intensity and Viscosity Ratio，在“回流湍流强度”处输入 5，在“回流湍流粘度比”处输入 10；切换到 DPM 选项卡，在“离散相边界类型”处选择 escape，如图 9-44 所示，单击“应用”按钮保存。

5）在“边界条件”任务页面中双击 dpmin 选项，弹出“速度入口”对话框，如图 9-45 所示。在“速度大小”处输入 0.01，代表颗粒喷入速度为 0.01m/s，在“设置”处选择 Intensity and Viscosity Ratio，在“湍流强度”处输入 5，在“湍流粘度比”处输入 10；切换到 DPM 选项卡，在“离散相边界类型”处选择 escape，如图 9-46 所示，单击“应用”按钮保存。

图 9-43 “压力出口”对话框（二）

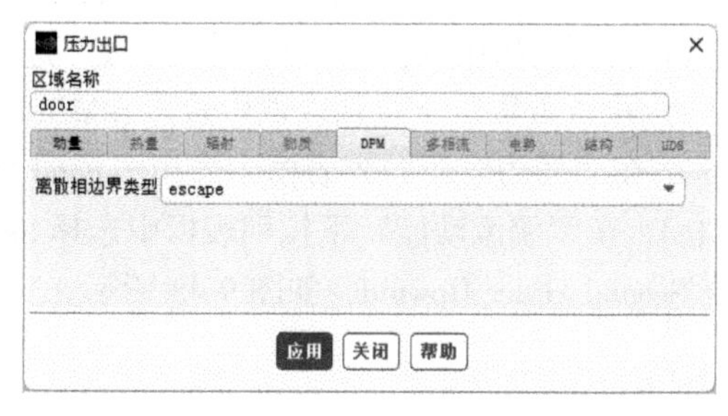

图 9-44 压力出口离散相边界类型设置（二）

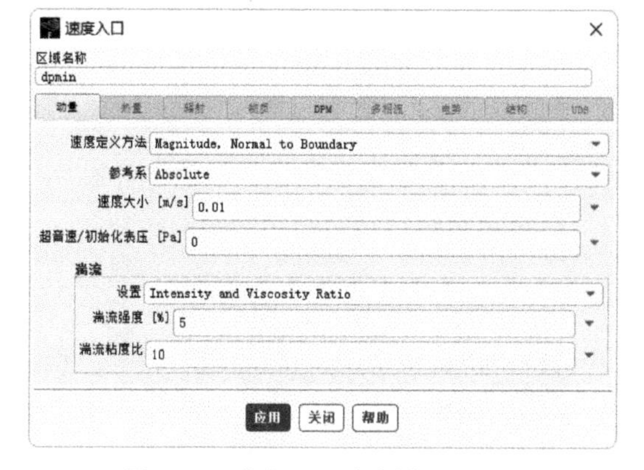

图 9-45 速度入口速度设置（二）

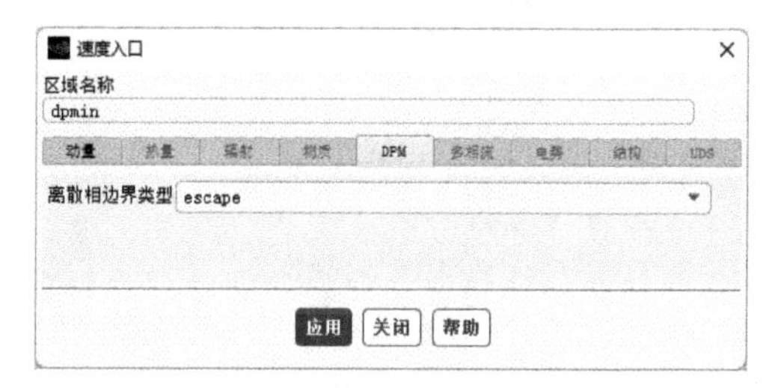

图 9-46 速度入口离散相边界类型设置（二）

6）在“边界条件”任务页面中双击 liutiyu:1 选项，弹出“壁面”对话框，如图 9-47 所示，切换到 DPM 选项卡，在“离散相模型条件”处选择 reflect，代表颗粒碰撞壁面后会被反射，单击“应用”按钮保存。

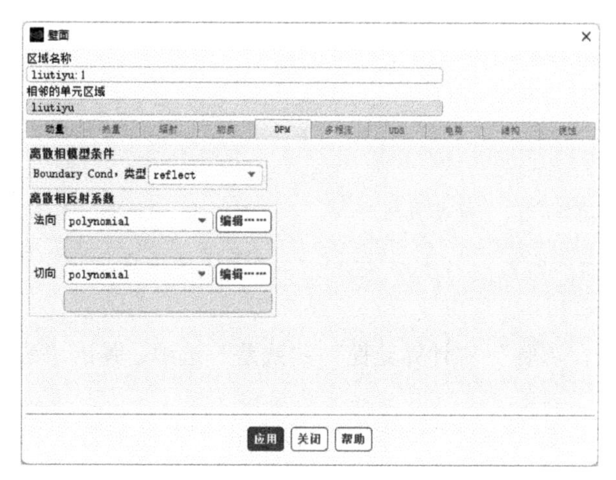

图 9-47 “壁面”对话框

9.5 求解

9.5.1 方法设置

求解方法对结果的计算精度影响很大，需要合理设置。

1）在浏览树中双击“求解”→“方法”选项，打开“求解方法”任务页面。

2）在“方案”下拉列表框中选择 SIMPLE，在“梯度”下拉列表框中选择 Least Squares Cell Based，在“压力”下拉列表框中选择 Second Order，在“动量”下拉列表框中选择 Second Order Upwind，在“湍流动能”下拉列表框中选择 Second Order Upwind，在“比耗散率”下拉列表框中选择 Second Order Upwind，如图 9-48 所示。

9.5.2 控制设置

在浏览树中双击“求解”→“控制”选项，打开“解决方案控制”任务页面，如图 9-49 所示，可以进行“亚松弛因子”、“方程”、“限值”及“高级”等选项设置。“亚松弛因子”代表求解迭代计算方程前的因子，因此原则上保持默认即可。

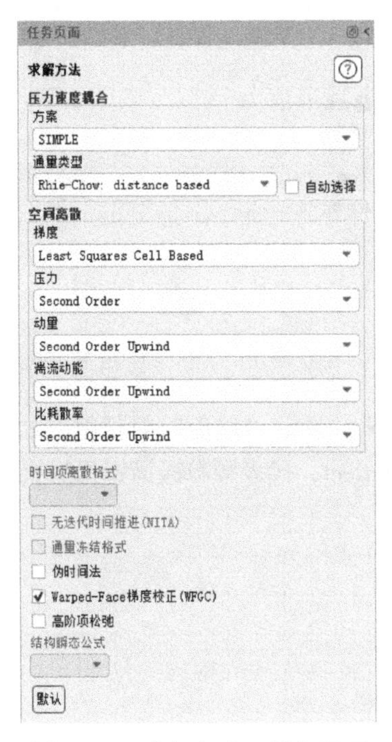

图 9-48 “求解方法”任务页面

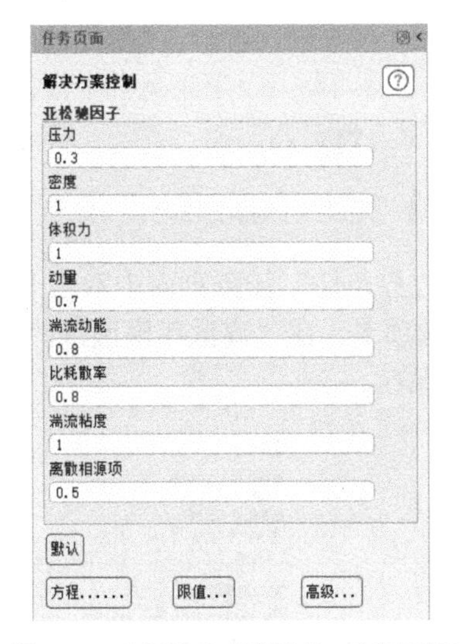

图 9-49 “解决方案控制”任务页面

9.5.3 残差设置

1）在浏览树中双击“求解”→“计算监控”→“残差”选项，弹出“残差监控器”对话框，如图 9-50 所示。

2）在“迭代曲线显示最大步数”处输入 1000，在“存储的最大迭代步数”处输入 1000，“绝对标准”值保持默认。

图 9-50 “残差监控器”对话框

3）单击 OK 按钮，保存残差监控器设置。

9.5.4 初始化设置

1）在浏览树中双击“求解”→“初始化”选项，打开“解决方案初始化”任务页面，如图 9-51 所示。

2）在“初始化方法”处选择“混合初始化（Hybrid Initialization）”，单击“初始化”按钮进行初始化。

9.5.5 计算设置

对于离散相模型计算，一般情况下需要先计算流场，再开启离散相模型，因此需要先将离散相模型关闭，再重新初始化，待流场计算收敛后，再开启离散相模型进行计算，具体操作步骤可以参考上述设置。

1）在浏览树中双击“求解”→“运行计算”选项，打开“运行计算”任务页面，如图 9-52 所示。在“迭代次数”处输入 600，代表求解迭代 600 步，如迭代 600 步后计算未收敛，则可以增加迭代次数。单击“开始计算”按钮进行计算。

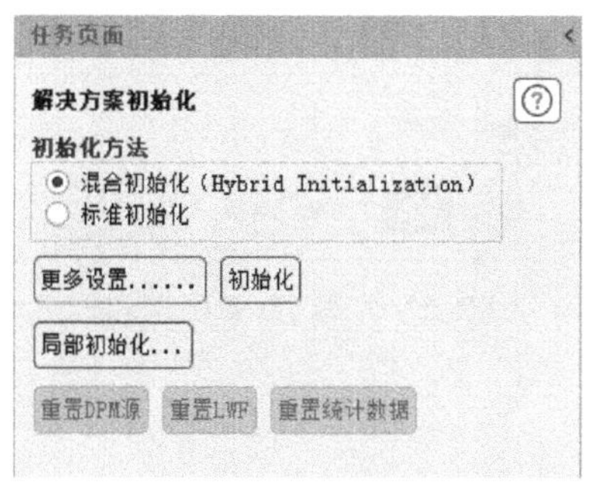

图 9-51 “解决方案初始化”任务页面

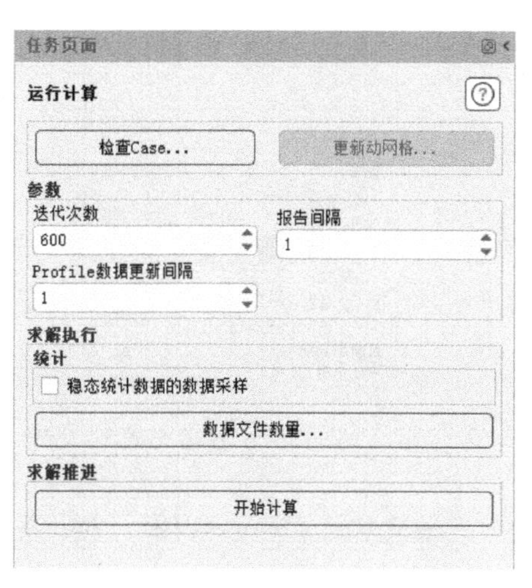

图 9-52 “运行计算”任务页面

2）计算开始后，则会出现残差曲线，如图 9-53 所示，当计算达到设定迭代次数后，就会自动停止。

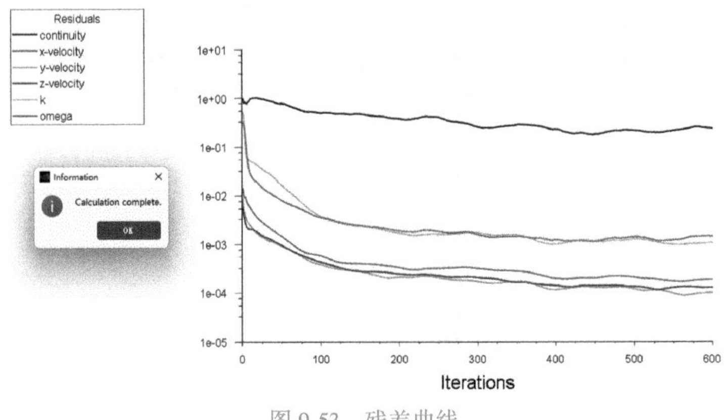

图 9-53 残差曲线

3）开启离散相模型后，继续迭代 200 步后停止计算。

9.6 结果及分析

后处理对于结果分析非常重要，下面将介绍如何创建分析截面，并进行速度、颗粒浓度云图显示颗粒运动轨迹分析及数据后处理分析。

9.6.1 创建分析截面

为了更好地进行结果分析，下面将创建分析截面 y=2400，具体操作步骤如下。

1）在浏览树中右击“结果”→“表面”选项，在弹出的快捷菜单中选择“创建”→“平面”命令，如图 9-54 所示，弹出“平面”对话框。

2）在“新面名称”处输入 y=2400，在“方法”下拉列表框中选择 ZX Plane，在 Y 处输入 2400，单击“创建”按钮完成 y=2400 截面创建，如图 9-55 所示。

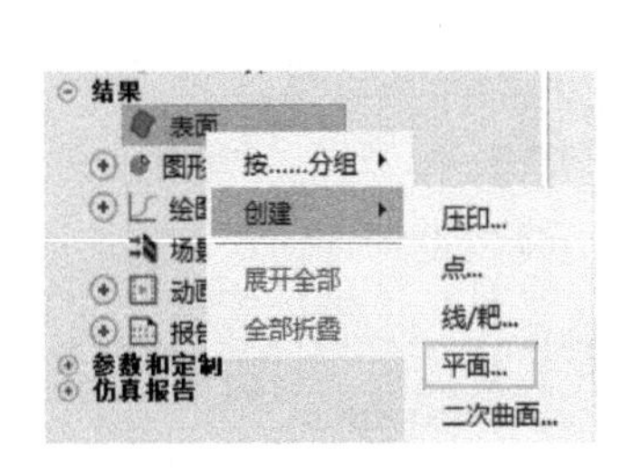

图 9-54 创建平面

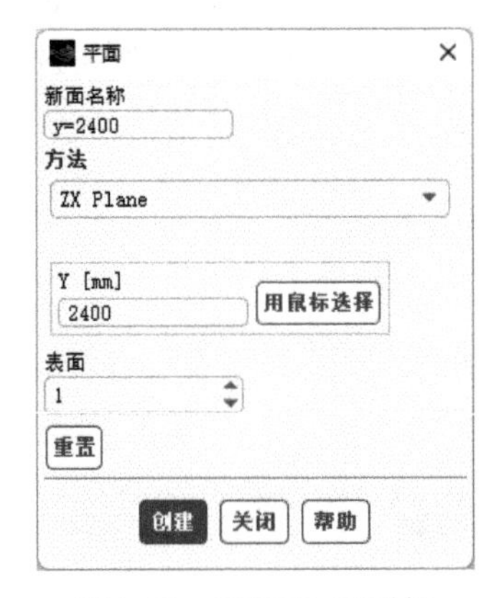

图 9-55 “平面”对话框

9.6.2 y=2400 截面速度云图分析

分析截面创建完成后，下一步进行速度云图显示，具体操作步骤如下。

在浏览树中双击“结果”→“图形”→“云图”选项，弹出“云图”对话框，如图 9-56 所示。在“云图名称”处输入 velocity-y-2400，在“选项”处选择“填充”、“节点值”、“边界值”及“自动范围”，在“着色变量”处选择 Velocity 及 Velocity Magnitude，在“表面”处选择 y = 2400，单击“保存/显示”按钮，则显示出 y = 2400 截面的速度云图，如图 9-57 所示。

由图 9-57 可知，由于窗户入口为速度入口，所以可以明显看出空气从窗户入口垂直流入，由于颗粒喷出，颗粒喷出速度也较大。

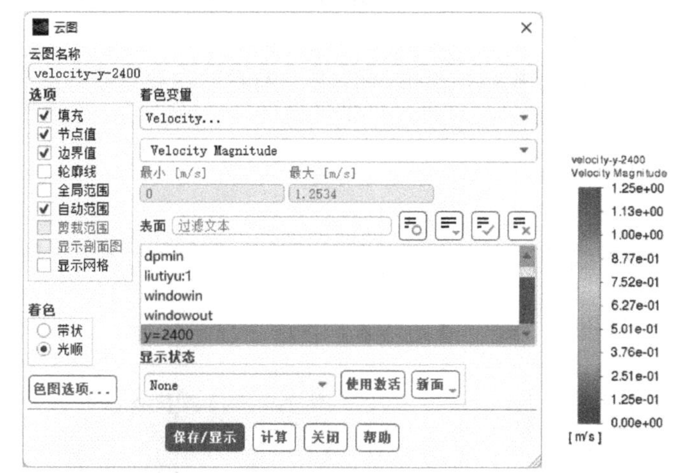

图 9-56 y = 2400 截面速度云图设置

图 9-57 y = 2400 截面速度云图【彩】

9.6.3 y = 2400 截面颗粒浓度云图分析

在浏览树中双击“结果”→“图形”→“云图”选项，弹出“云图”对话框，如图 9-58 所示。在“云图名称”处输入 dpm-y-2400，在“选项”处选择“填充”及“节点值”，在“着色变量”处选择 Discrete Phase Variables 及 DPM Concentration，在“表面”处选择 y = 2400，单击“保存/显示”按钮，则显示出 y = 2400 截面的颗粒浓度云图，如图 9-59 所示。

由图 9-59 所示的颗粒浓度云图分布可知，最大颗粒浓度不超过 1e-7，可以明显看出当窗户入口有空气流入时，整个打印室内的颗粒浓度较低，且颗粒向窗户出口方向运移扩散。

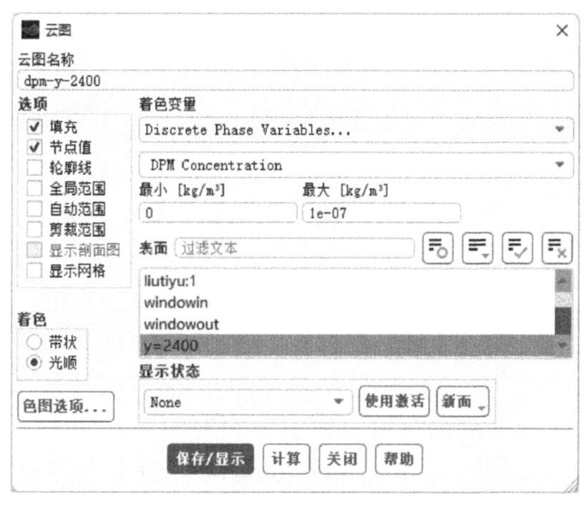

图 9-58 y = 2400 截面颗粒浓度云图设置

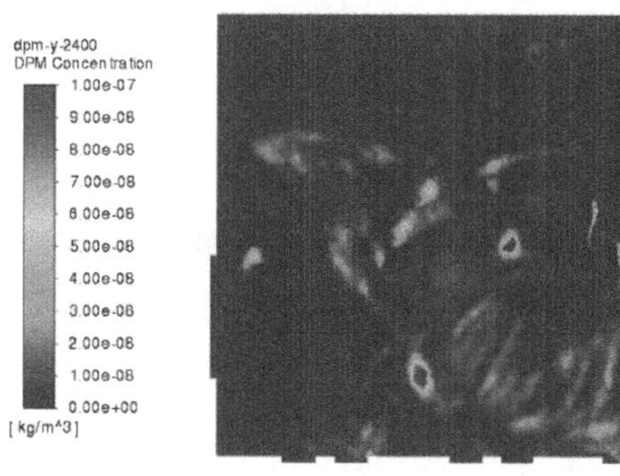

图 9-59 y = 2400 截面颗粒浓度云图【彩】

9.6.4 颗粒运动轨迹分析

1）在浏览树中双击“结果”→“图形”→“颗粒轨迹”选项，弹出“颗粒轨迹”对话框，如图 9-60 所示。在“颗粒轨迹名称”处输入 particle-tracks-1，在“选项”处选择“节点值”及“自动范围”，在“着色变量”处选择 Particle Variables 及 Particle Residence Time，在“跳过”处输入 50，以减少显示颗粒的数量，在“粗化”处输入 2（线的粗细），在“从喷射源释放”处选择 injection-0，单击“保存/显示”按钮，则显示出颗粒运动轨迹，如图 9-61 所示。

由图 9-61 可知，不同的颗粒在打印室内运动轨迹及停留的时间是不一样的，主要是受外部风速的影响。

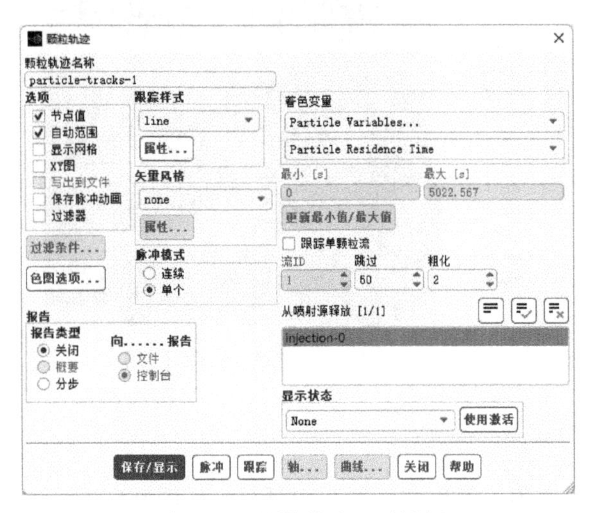

图 9-60 “颗粒轨迹”对话框

图 9-61 颗粒运动轨迹（一）【彩】

2）选择“颗粒轨迹”对话框“选项”处的“显示网格”，弹出“网格显示”对话框，在“选项”处选择“边”，在“边类型”处选择“轮廓”，在“表面”处选择 liutiyu:1，如图 9-62 所示，单击“显示”按钮，则显示如图 9-63 所示。

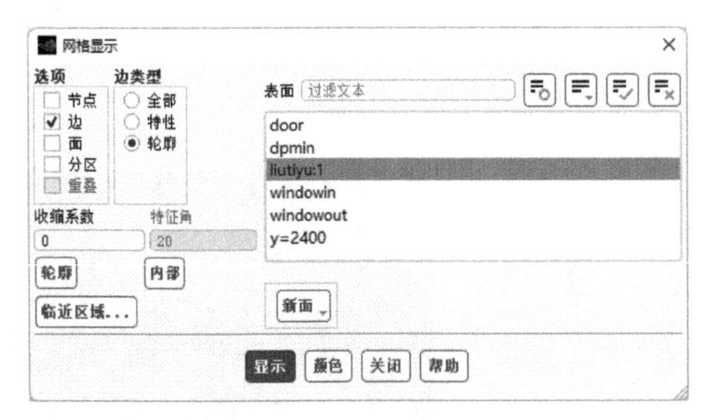

图 9-62 “网格显示”对话框

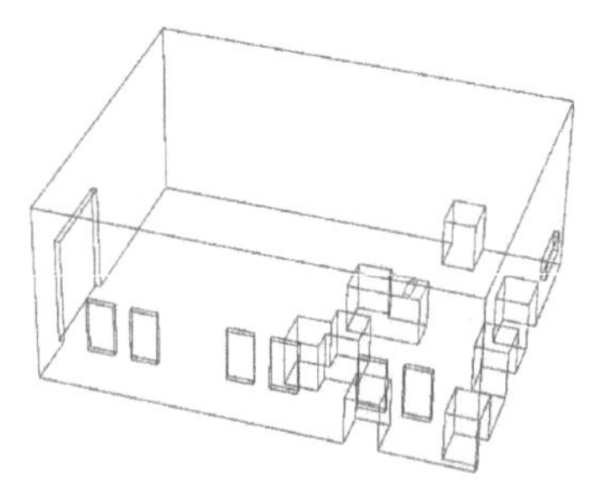

图 9-63 网格显示效果图

3）在“颗粒轨迹”对话框中单击“保存/显示”按钮，显示出的颗粒运动轨迹如图 9-64 所示。

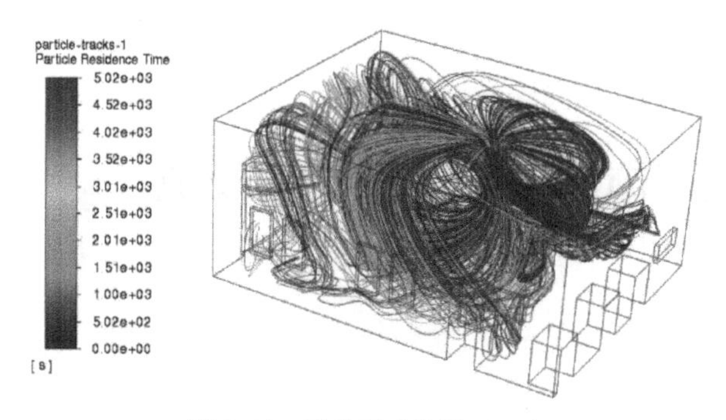

图 9-64 颗粒运动轨迹（二）

9.6.5 计算结果数据后处理分析

在浏览树中双击“结果”→“报告”→“体积积分”选项，弹出“体积积分”对话框，如图 9-65 所示。在“报告类型”中选择“体积-平均”，在“场变量”里选择 Discrete Phase Variables 及 DPM Concentration，在“单元区域”处选择所有区域，单击“计算”按钮得出离散相颗粒体积平均质量分数为 4. 16e-9。

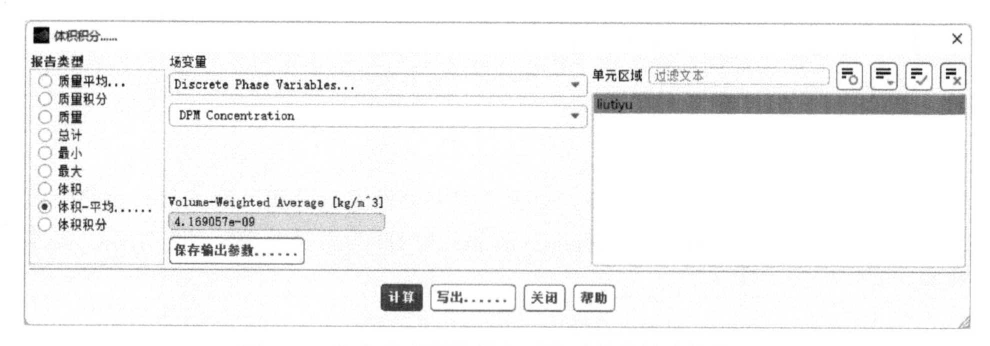

图 9-65 打印室内颗粒体积平均质量分数计算结果

9.7 本章小结

本章以打印室内细颗粒物的运移特性研究为例，详细讲解了几何模型前处理、网格划分、设置、求解及结果查看和分析，重点说明了离散相模型的设置及结果后处理等。通过本章学习，可以掌握进行细颗粒物运移特性分析的方法。

第10章 地下市政供热管道泄漏模拟

操作视频

地下管网供热具有成本低、节省能源、安全性高及供给稳定等优点，应用十分普遍。但是近年来，城市供热管道由于老化、腐蚀等问题，常常发生泄漏，不仅浪费了大量的水资源，而且严重影响人们的正常生产和生活，并对土壤内的生态分布造成影响。因此如何运用 Fluent 软件来定性、定量分析地下市政供热管道泄漏特性就显得尤为重要。本章以地下市政供热管道泄漏模拟为例，介绍如何运用多孔介质模型进行分析计算。

本章知识要点如下。

1）学习如何进行瞬态计算设置。

2）学习如何进行多孔介质模型设置。

3）学习如何进行瞬态结果后处理分析。

10.1 案例简介

本章以地下市政供热管道为研究对象，对管道泄漏特性进行分析。地下市政供热管道简化模型如图 10-1 所示，输水管道内径 D1 = 800mm，泄漏孔径 D2 为直径的 3%，即 24mm，输水管道埋地深度为 3m。

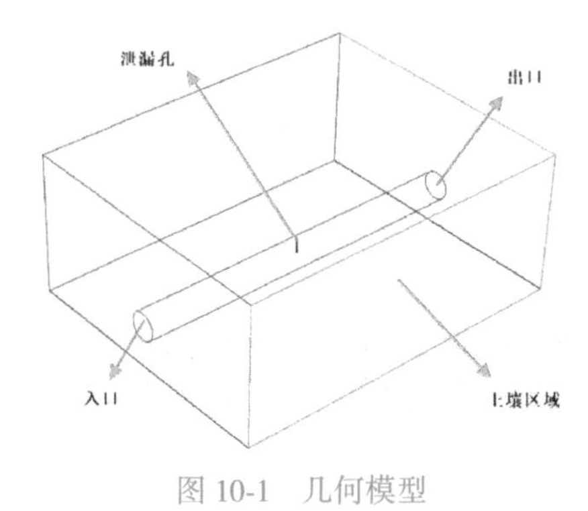

图 10-1 几何模型

10.2 几何模型前处理

10.2.1 创建分析项目

1）在 Windows 系统下执行“开始”→“所有程序”→ANSYS 2022→Workbench 2022 命令，启动 ANSYS Workbench 2022，进入 Workbench 主界面。

2）在 Workbench 主界面的工具箱中双击“组件系统”→“几何结构”选项，即可在项目管理区创建分析项目 A，如图 10-2 所示。

3）在工具箱中的“组件系统”→“Fluent（带 Fluent 网格剖分）”上按住鼠标左键拖动到项目管理区中，当项目 A 的 A2“几何结构”呈红色高亮显示时，放开鼠标创建项目 B，此时相关联的数据可共享，如图 10-3 所示。

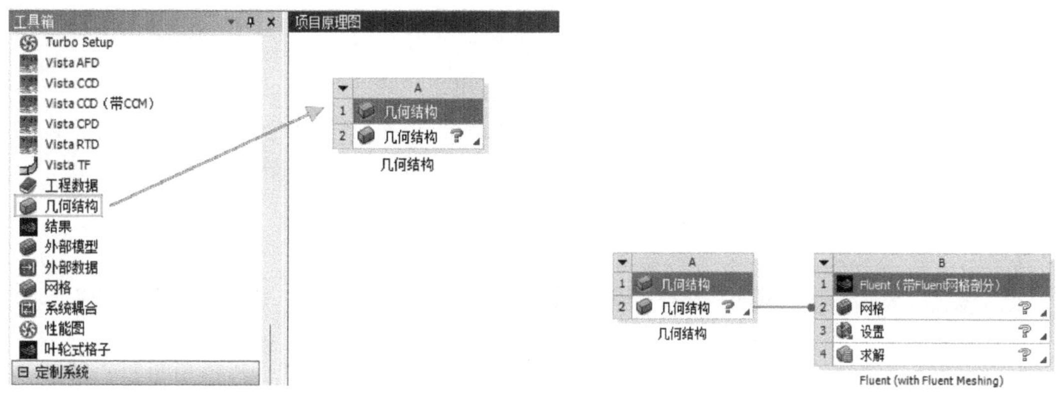

图 10-2　创建几何结构　　　　图 10-3　创建分析项目 B

10.2.2　导入几何模型

1）在 A2 栏“几何结构”上右击，在弹出的快捷菜单中选择“导入几何模型”→“浏览”命令，如图 10-4 所示，此时会弹出“打开”对话框。

2）在“打开”对话框中选择 Char10，导入 Char10 几何模型文件，如图 10-5 所示，此时 A2 栏“几何结构”后的 ? 变为 ✓，表示实体模型已经存在。

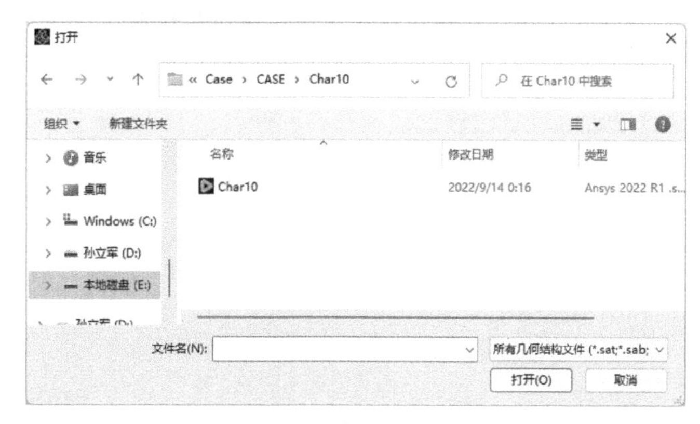

图 10-4　导入几何模型　　　　图 10-5　“打开”对话框

3）双击项目 A 中的 A2 栏“几何结构”，会进入“A：几何结构-Geom-SpaceClaim”界面，显示的几何模型如图 10-6 所示。本例中无须进行几何模型修改。

4）单击“群组”按钮，则显示图 10-7 所示的边界条件，本例已经完成了边界条件命名，因此不需要进行修改，如需要修改，则在此处进行设置。

5）单击“A：几何结构-Geom-SpaceClaim”界面右上角的“关闭”按钮，返回 Workbench 主界面。

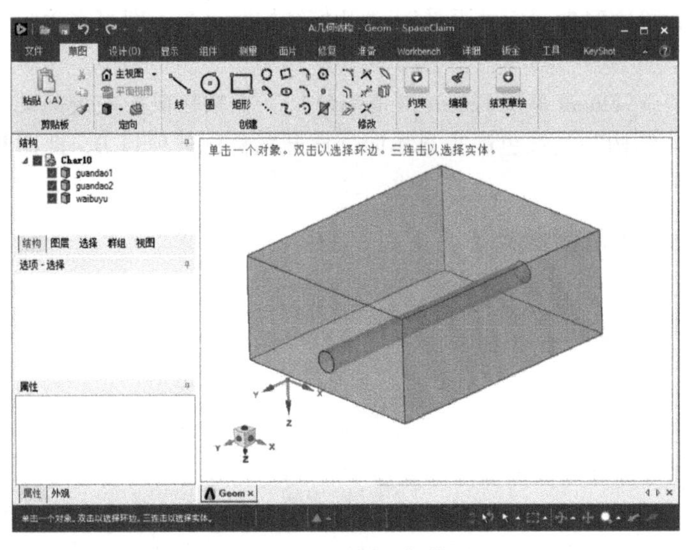

图 10-6　显示的几何模型

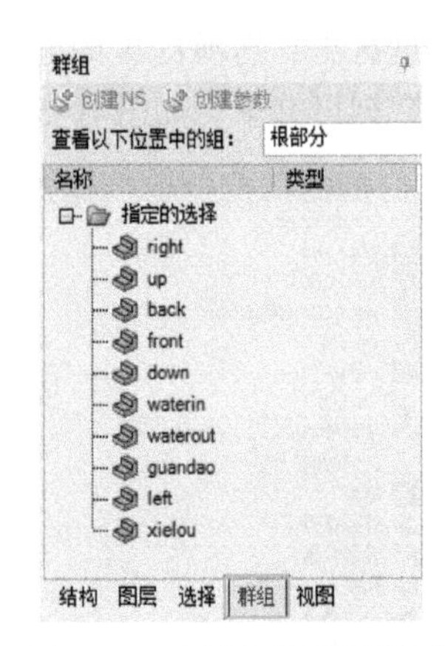

图 10-7　边界条件设置界面

10.3　网格划分

1）双击项目管理区项目 B 中的 B2 栏“网格”选项，进入网格划分启动界面。图 10-8 所示设置为计算双精度、读取网格后显示网格、网格划分及计算求解选用 6 核并行计算。

2）单击 Start 按钮进入 B:Fluent（with Fluent Meshing）界面，在该界面下即可进行网格的划分、边界条件的设置等操作，如图 10-9 所示。

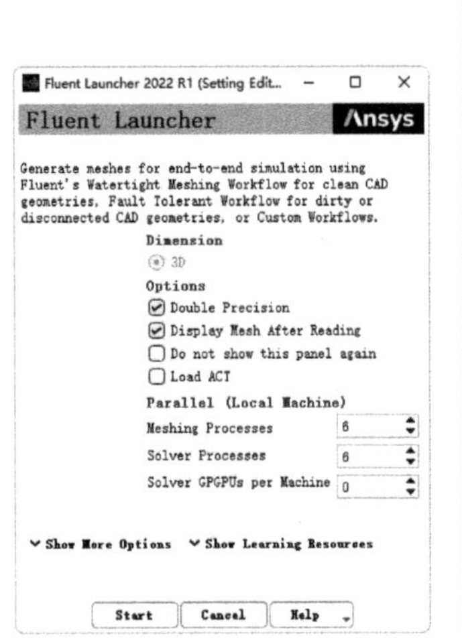

图 10-8　网格划分启动界面

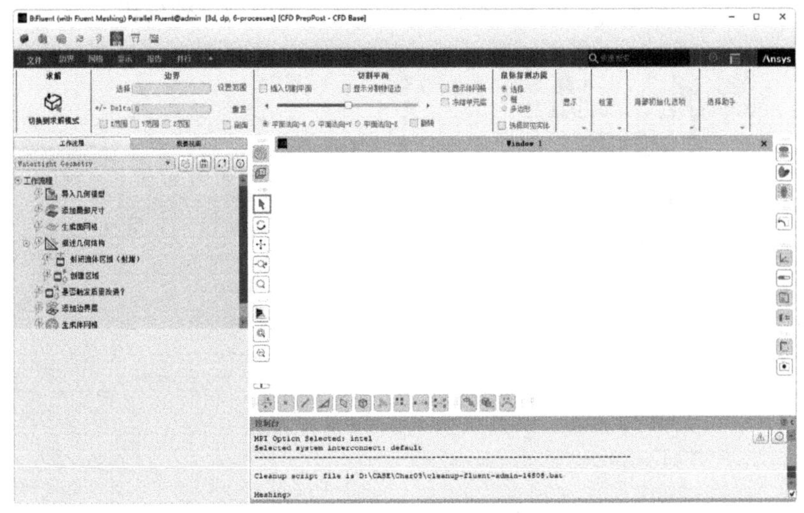

图 10-9　B:Fluent（with Fluent Meshing）界面

3）在左侧浏览树中单击“工作流程”→“导入几何模型”选项，在打开的面板中单击“导入几何模型”按钮，即可将几何模型导入，如图 10-10 所示，导入的几何模型如图 10-11 所示。

4）继续在浏览树中单击“工作流程”→“添加局部尺寸”选项，在打开的面板中设置局部尺寸参数，在 Target Mesh Size 处输入 0.002，在“选择依据”处选择 label，在下面选择 xielou，单击“添加局部尺寸”按钮进行添加，如图 10-12 所示。

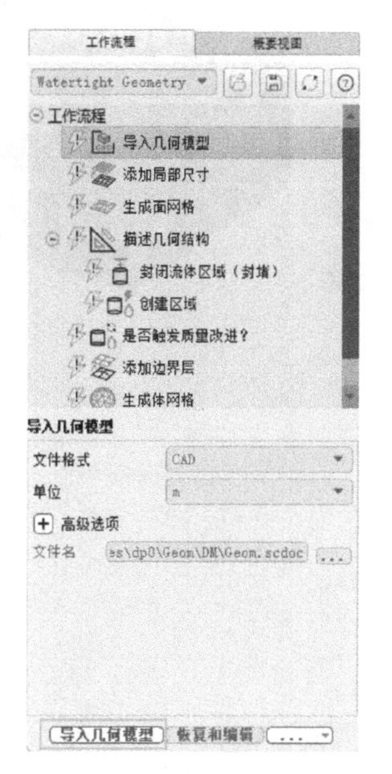

图 10-10　几何模型导入设置界面

图 10-11　导入的几何模型

5）在浏览树中单击“工作流程”→“生成面网格”选项，在打开的面板中设置面网格划分参数，在 Minimum Size 处输入 0. 008，在 Maximum Size 处输入 0. 25，在“增长率”处输入 1. 2，打开“高级选项”，在“质量优化的偏度限值”处输入 0. 8，在“基于坍塌方法改进质量的偏斜度阈值”处输入 0. 8，其他参数保持默认设置。单击“生成面网格”按钮即可进行面网格划分，如图 10-13 所示。

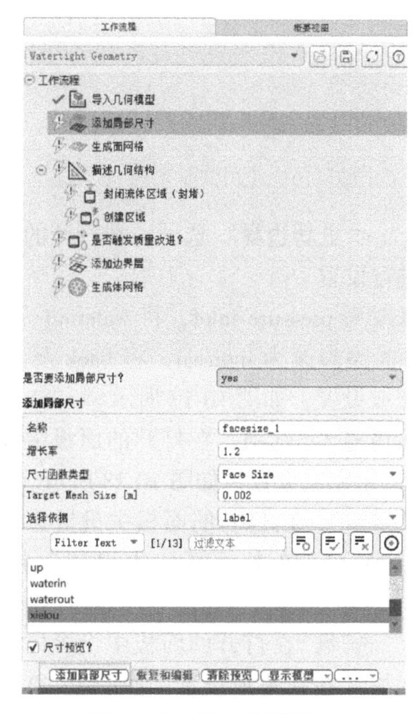

图 10-12　添加局部尺寸

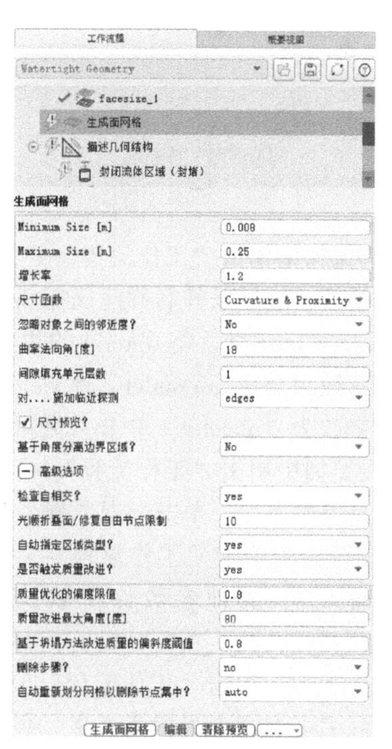

图 10-13　生成面网格

划分好的面网格如图 10-14 所示。

图 10-14　面网格划分效果图

6）在浏览树中单击“工作流程”→“描述几何结构”选项，在打开的面板中设置几何结构参数。因为本案例建模时设置了 3 个流体域，且未在 SpaceClaim 内进行共享拓扑设置，因此此处需要进行共享拓扑。在“是否需要应用共享拓扑?”选项下选择“是”，具体设置如图 10-15 所示，单击“描述几何结构”按钮完成设置。在打开的“使用共享拓扑”面板中保持默认设置，单击“使用共享拓扑”按钮，如图 10-16 所示。

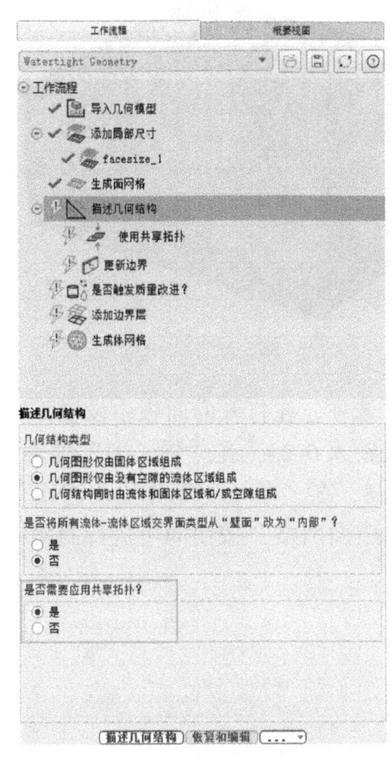

图 10-15　描述几何结构

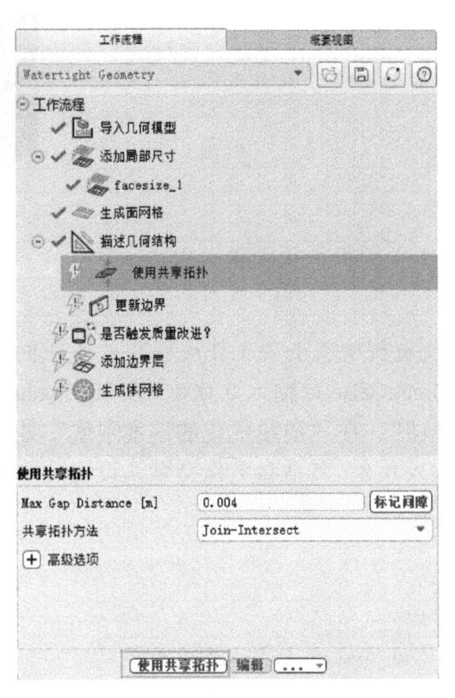

图 10-16　使用共享拓扑

7）在浏览树中单击“工作流程”→“描述几何结构”→“更新边界”选项，在打开的面板中设置边界条件类型，边界条件名称建议在 SpaceClaim 中进行设置。

在 Boundary Type 处，将 waterin 的边界条件类型修改为 pressure-inlet，将 waterout 及 up 的边界条件类型修改为 pressure-outlet，将 xielou 的边界条件类型修改为 internal，将 back 及 front 的边界条件类型修改为 symmetry，单击“更新边界”按钮完成设置，如图 10-17 所示。

8）在浏览树中单击“工作流程”→“是否触发质量改进?”选项，在打开的面板中设置区域的属性，保持参数不变，单击“是否触发质量改进?”按钮完成设置，如图 10-18 所示。

9）在浏览树中单击“工作流程”→“添加边界层”选项，在打开的面板中设置边界层，在“层数”处输入 5，其他参数保持默认，如图 10-19 所示，单击“添加边界层”按钮完成设置。

10）在浏览树中单击“工作流程”→“生成体网格”选项，在打开的面板中设置体网格划分参数，在 Max Cell Length 处输入 0.2，单击“生成体网格”按钮完成设置，如图 10-20 所示。生成的体网格如图 10-21 所示。

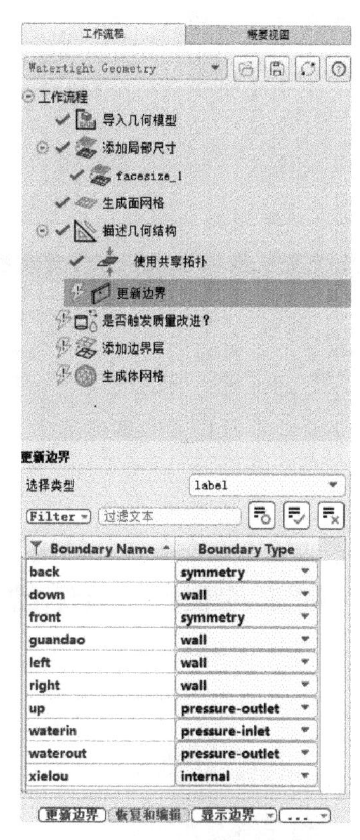

图 10-17　更新边界

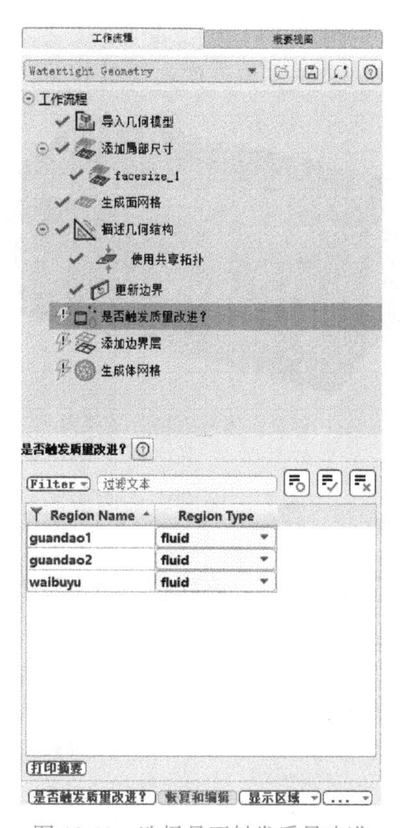

图 10-18　选择是否触发质量改进

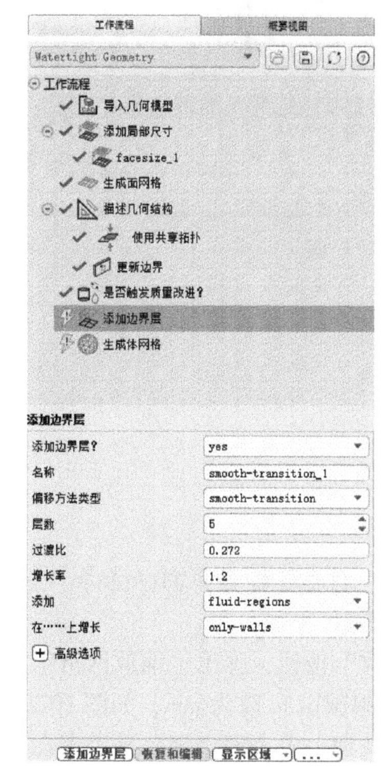

图 10-19　添加边界层

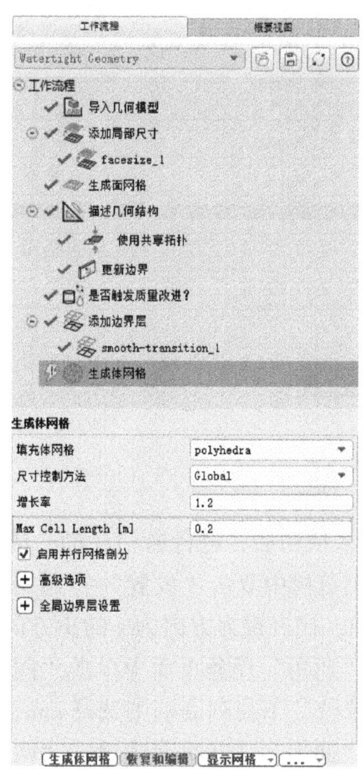

图 10-20　生成体网格

11）在 Fluent 界面上方的选项卡中单击“求解”→“切换到求解模式”按钮，如图 10-22 所示，打开 Fluent 求解设置界面，如图 10-23 所示。

图 10-21　体网格划分效果图

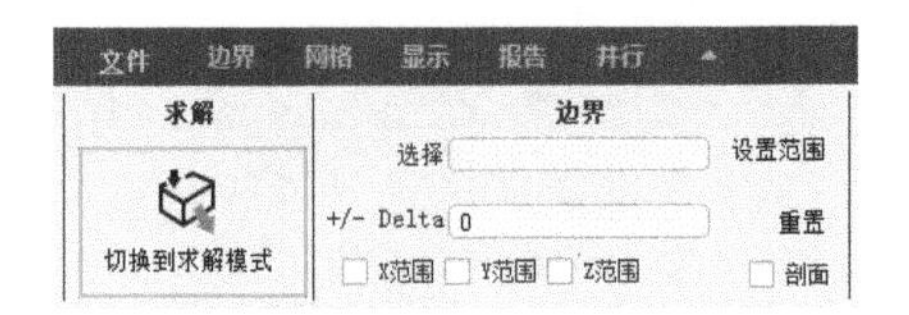

图 10-22　切换到求解模式

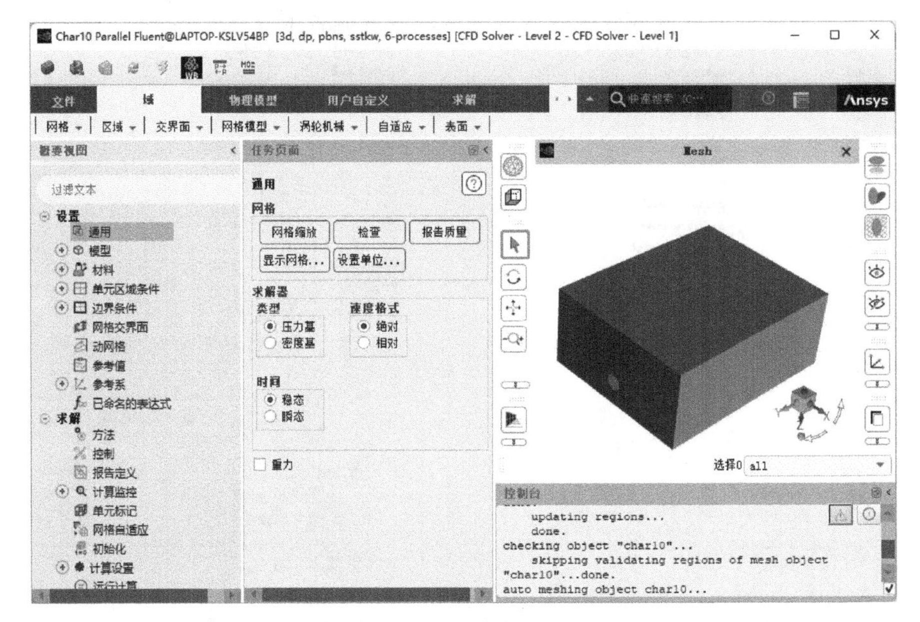

图 10-23　Fluent 求解设置界面

10.4　设置

10.4.1　通用设置

网格导入成功后，进行通用设置，具体操作步骤如下。

1）在浏览树中双击“设置”→“通用”选项，打开“通用”任务页面，选择“重力”，并在 z 处输入 9.8，代表重力方向为 z 的正方向，如图 10-24 所示。

2）在“通用”任务页面中单击“网格”→“网格缩放”按钮，弹出“缩放网格”对话框，在“查看网格单位”下拉列表框中选择 mm，将默认的尺寸单位由 m 改为 mm，如图 10-25 所示。

3）在“通用”任务页面中单击“网格”→“检查”按钮，检查网格划分是否存在问题，此时会在“控制台”显示详细的网格信息，如图 10-26 所示，可以查看知道导入网格的尺寸。

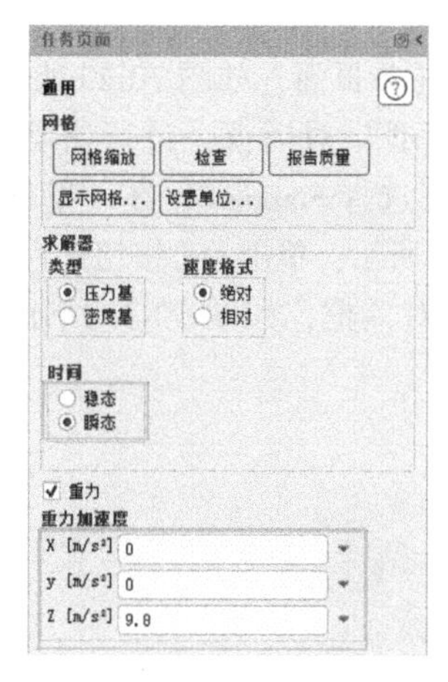

图 10-24 “通用”任务页面

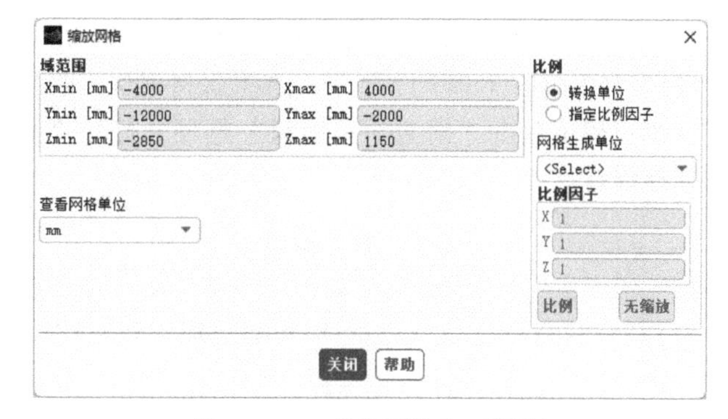

图 10-25 “缩放网格”对话框

```
控制台
>
 Domain Extents:
   x-coordinate: min (m) = -4.000000e+00, max (m) = 4.000000e+00
   y-coordinate: min (m) = -1.200000e+01, max (m) = -2.000000e+00
   z-coordinate: min (m) = -2.850000e+00, max (m) = 1.150000e+00
 Volume statistics:
   minimum volume (m3): 2.929374e-10
   maximum volume (m3): 8.677935e-03
     total volume (m3): 3.200000e+02
 Face area statistics:
   minimum face area (m2): 1.864572e-08
   maximum face area (m2): 7.857855e-02
 Checking mesh......................................
Done.

Note: Settings to improve the robustness of pathline and
      particle tracking have been automatically enabled.
```

图 10-26 网格信息

4）在“通用”任务页面中单击“网格”→“报告质量”按钮，进行网格质量查看。

5）在“通用”任务页面中选择“求解器”→“类型”→“压力基”选项，即选择基于压力求解；选择“时间”→“瞬态”选项，即进行瞬态计算。

6）单击功能区的“物理模型”→“工作条件”选项，如图 10-27 所示，弹出“工作条件”对话框，进行工作压力设置，如图 10-28 所示。

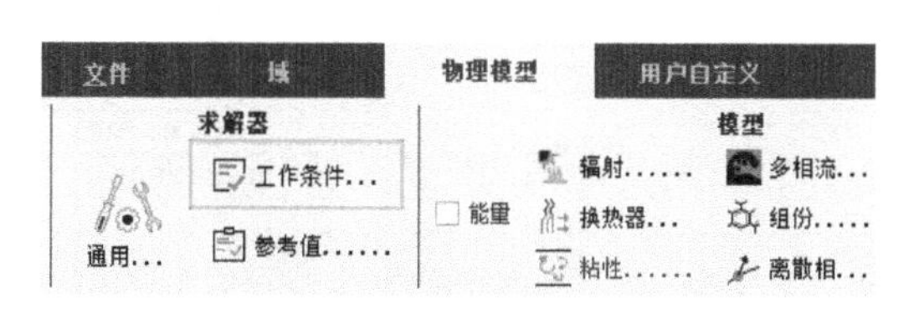

图 10-27 “工作条件”选项

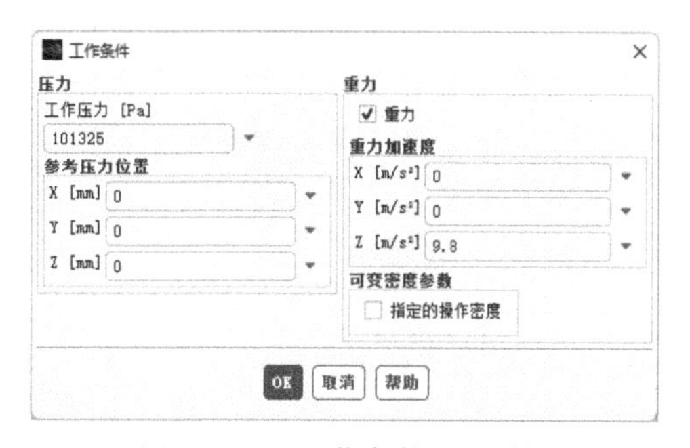

图 10-28 “工作条件”对话框

10.4.2 模型设置

通过对地下市政供热管道泄漏模拟过程的分析可知，需要设置水流动模型及能量方程。通过计算雷诺数，判断管道内部流动状态为湍流，具体操作步骤如下。

1）在浏览树中双击“设置”→“模型”选项，打开“模型”任务页面，如图 10-29 所示。

2）在浏览树中双击“模型”→“粘性”选项，弹出“粘性模型”对话框，进行流动模型设置。在“模型”下选择 k-epsilon（2 eqn），在“k-epsilon 模型”下选择 Standard，在“壁面函数”下选择“标准壁面函数（SWF）”，其余参数保持默认，如图 10-30 所示，单击 OK 按钮保存设置。

3）在浏览树中双击“模型”→“能量”选项，打开“能量”对话框，如图 10-31 所示，单击 OK 按钮保存设置。

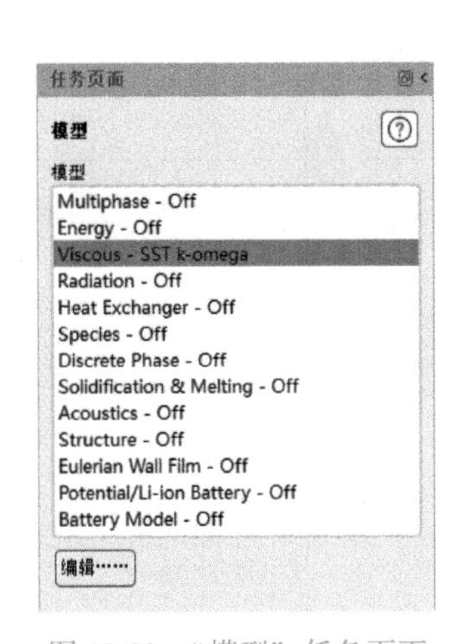

图 10-29 “模型”任务页面

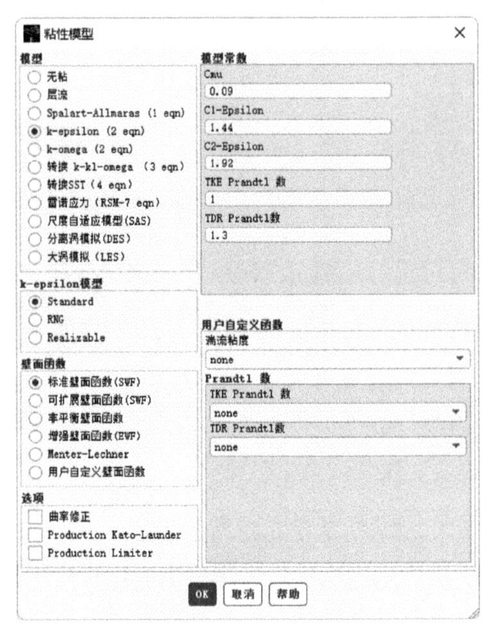

图 10-30 “粘性模型”对话框

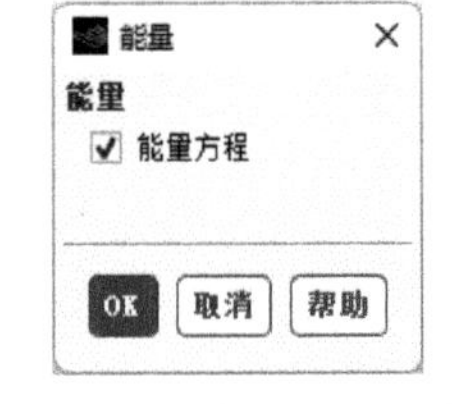

图 10-31 “能量”对话框

10.4.3 材料设置

软件默认的流体材料是 air，固体材料为 aluminum。本案例是地下市政供水管道泄漏模拟分析，因此需要进行水及土壤材料的增加，具体如下。

1）在浏览树中双击“设置”→“材料”选项，打开“材料”任务页面，如图 10-32 所示。

2）在浏览树中双击“材料”→Fluid→air，弹出“创建/编辑材料”对话框，如图 10-33 所示。

图 10-32 “材料”任务页面

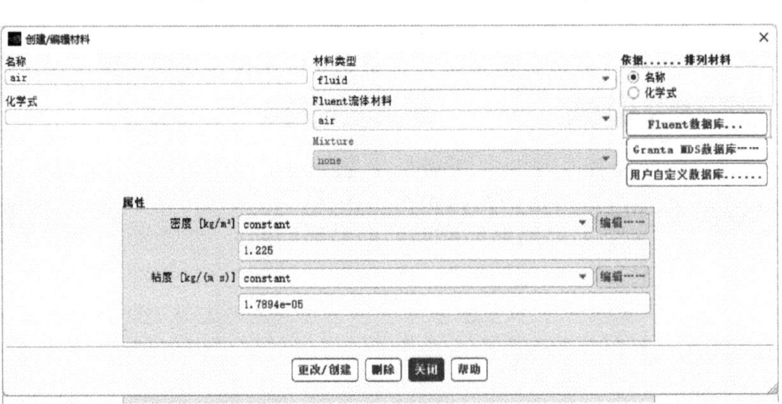

图 10-33 “创建/编辑材料”对话框

3）单击“Fluent 数据库”，弹出“Fluent 数据库材料”对话框，在“材料类型”下选择 fluid，在“Fluent 流体材料”下选择 water-liquid，单击“复制”按钮，则完成 water-liquid 材料的添加，如图 10-34 所示。

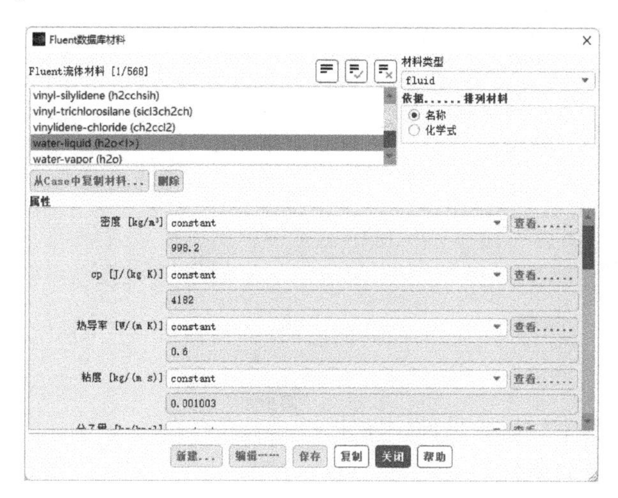

图 10-34 “Fluent 数据库材料”对话框

4）在浏览树中双击“材料”→Solid→aluminum，弹出“创建/编辑材料”对话框，如图 10-35 所示。在“名称”处输入 turang，密度、热导率等参数按照图 10-35 所示数值进行修改，单击“更改/创建”按钮，弹出图 10-36 所示的确认对话框，单击 Yes 按钮完成材料创建，新建材料 turang 直接覆盖 aluminum 材料。

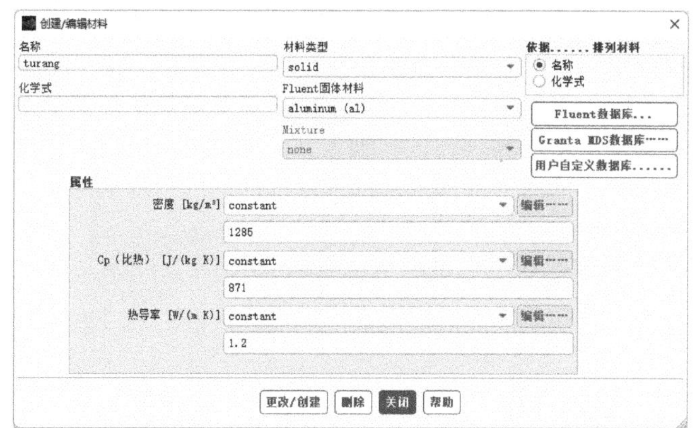

图 10-35 “创建/编辑材料”对话框

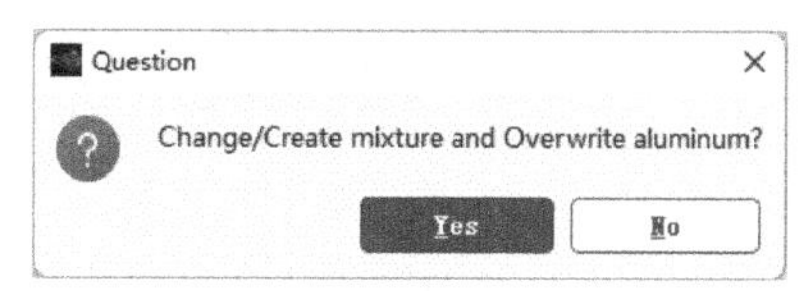

图 10-36 材料修改确认对话框

10.4.4 单元区域条件设置

Fluent 默认流体单元区域内材料为空气，因此需要进行流体域材料修改。此外，土壤区域等效处理成多孔介质区域也需要再次进行设置，具体步骤如下。

1）在浏览树中双击“设置”→“单元区域条件”选项，打开“单元区域条件”任务页面，如图 10-37 所示。

2）在“单元区域条件”任务页面中单击 Fluid→waibuyu 选项，弹出“流体”对话框，在“材料名称”处选择 water-liquid，将流体材料由 air 修改为 water-liquid，如图 10-38 所示。

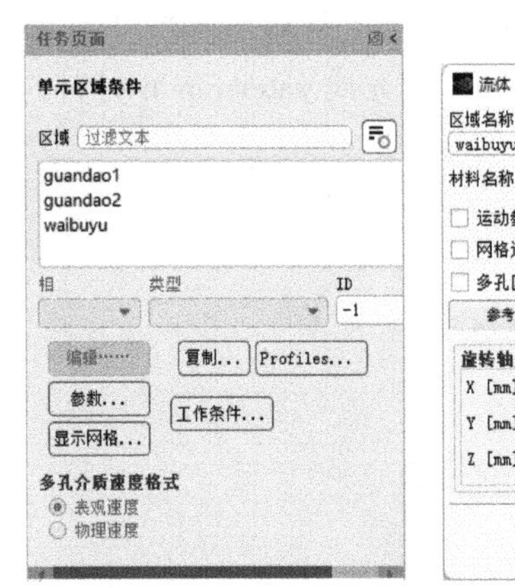

图 10-37 “单元区域条件”任务页面

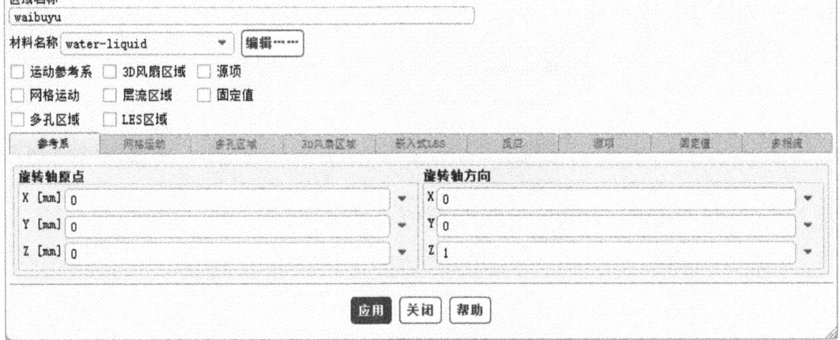

图 10-38 “流体”对话框

3）在“单元区域条件”任务页面中单击“复制”按钮，弹出“复制条件”对话框。在“从单元区域”处选择 waibuyu，在“到单元区域”处选择 guandao1 和 guandao2，单击“复制”按钮，则将 waibuyu 区域内设置的流体材料全部复制到了选择区域，如图 10-39 所示。

图 10-39 流体区域复制条件设置

4）在“单元区域条件”任务页面中单击 Fluid→waibuyu 选项，弹出“流体”对话框，切换到“多孔区域”选项卡，进行多孔区域参数设置。在“粘性阻力（逆绝对渗透率）”处输入 2e+10，在“惯性阻力”处输入 400000，在“孔隙率”处输入 0.5，在“固体材料名称”处选择 turang，如图 10-40 所示，单击“应用”按钮保存退出。

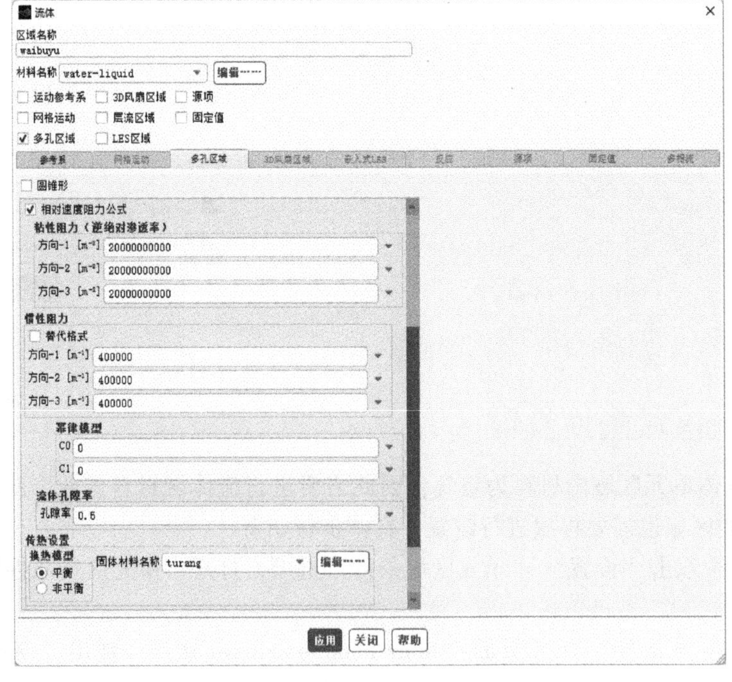

图 10-40 “多孔区域”选项卡

10.4.5 边界条件设置

地下市政供水管道泄漏过程中主要涉及市政水流动入口、市政水流动出口及离散相速度入口等边界条件，具体操作步骤如下。

1）在浏览树中双击“设置”→“边界条件”选项，打开“边界条件”任务页面，如图 10-41 所示。

2）在“边界条件”任务页面中双击 waterin 选项，弹出“压力进口”对话框，如图 10-42 所示，在“总压（表压）”处输入 405300，代表入口压力大小为 0.4MPa，在“设置”处选择 Intensity and Viscosity Ratio，在“湍流强度”处输入 5，在“湍流粘度比”处输入 10；切换到“热量”选项卡，在“总温度”处输入 353.15，如图 10-43 所示，单击“应用”按钮保存。

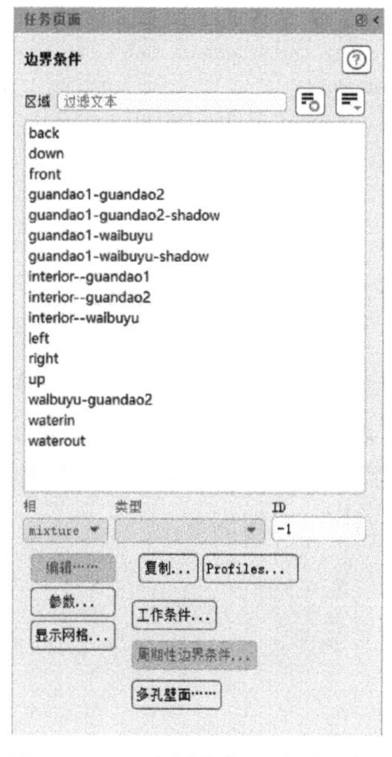

图 10-41 “边界条件”任务页面

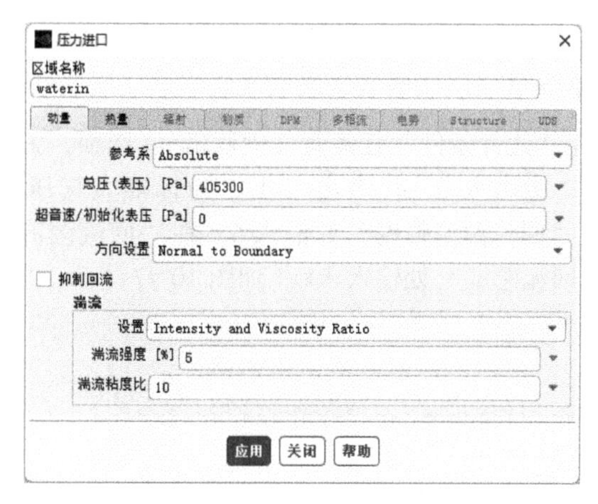

图 10-42 压力进口压力大小设置

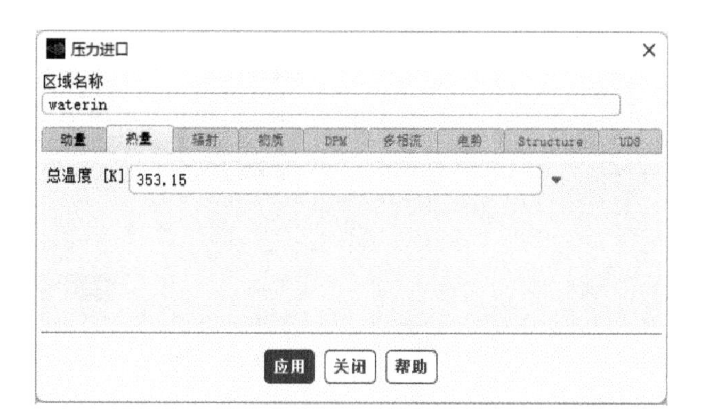

图 10-43 压力进口温度设置

3）在“边界条件”任务页面中双击 waterout 选项，弹出“压力出口”对话框，如图 10-44 所示，在“表压”处输入 403300，在“设置”处选择 Intensity and Viscosity Ratio，在“回流湍流强度”处输入 5，在“回流湍流粘度比”处输入 10；切换到“热量”选项卡，在“回流总温”处输入 300，如图 10-45 所示，单击“应用”按钮保存。

图 10-44 “压力出口”对话框（一）

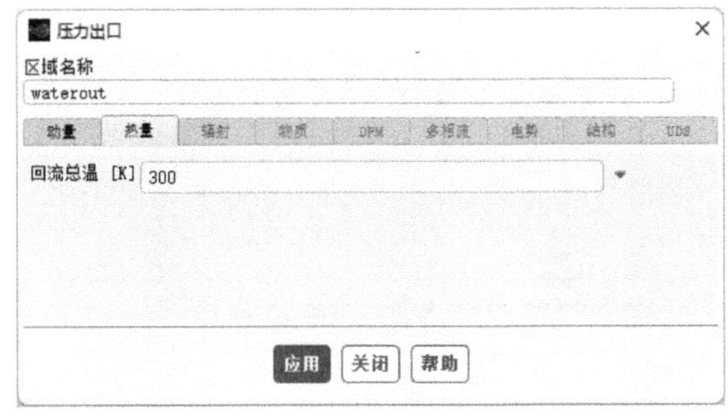

图 10-45 压力出口温度设置（一）

4）在“边界条件”任务页面中双击 up 选项，弹出“压力出口”对话框，如图 10-46 所示，在“表压”处输入 0，代表出口压力为标准大气压，在“设置”处选择 Intensity and Viscosity Ratio，在“回流湍流强度”处输入 5，在“回流湍流粘度比”处输入 10；切换到“热量”选项卡，在“回流总温”处输入 300，如图 10-47 所示，单击“应用”按钮保存。

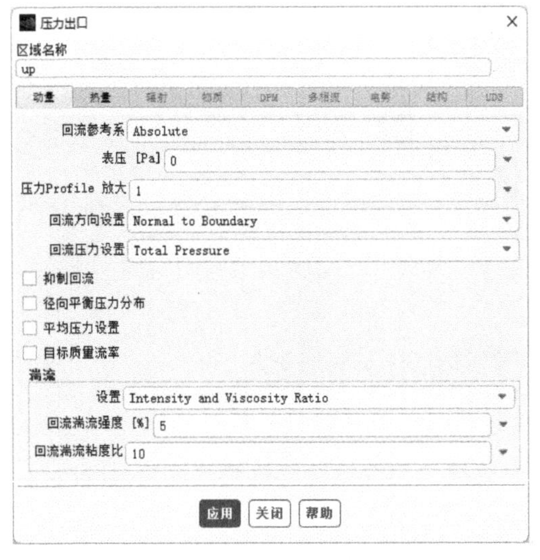

图 10-46 “压力出口”对话框（二）

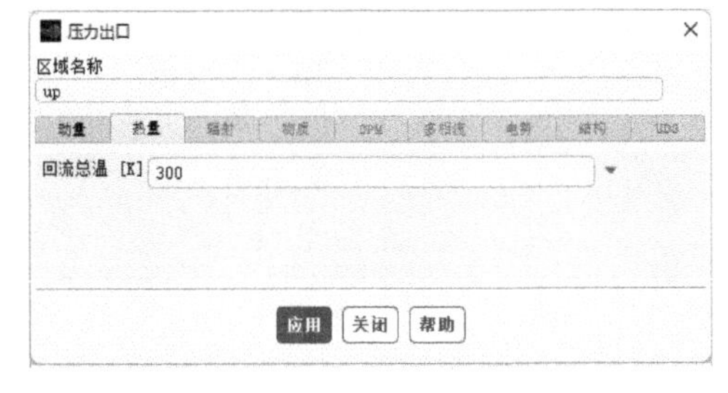

图 10-47 压力出口温度设置（二）

5）在浏览树中右击“边界条件”→“壁面”下的 guandao1-guandao2 面，如图 10-48 所示，在弹出的快捷菜单选择“Type”→“内部”，则将选择面的类型由“壁面”改为“内部”流通面。此处修改主要是因为模型由多个流体域组成，Fluent 在进行共节点时，会自动将这些交界面处理成耦合面，如 shadow 面。

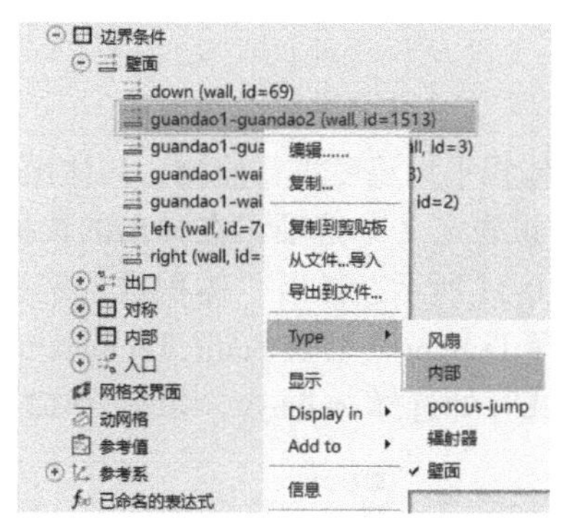

图 10-48 边界类型修改示意图

10.5 求解

10.5.1 方法设置

求解方法对结果的计算精度影响很大，需要合理设置。

1）在浏览树中双击“求解”→“方法”选项，打开“求解方法”任务页面。

2）在“方案”下拉列表框中选择 SIMPLE，在“梯度”下拉列表框中选择 Least Squares Cell Based，在“压力”下拉列表框中选择 Second Order，在“动量”下拉列表框中选择 Second Order Upwind，在“湍流动能”下拉列表框中选择 Second Order Upwind，在“湍流耗散率”下拉列表框中选择 Second Order Upwind，如图 10-49 所示。

10.5.2 控制设置

在浏览树中双击“求解”→“控制”选项，打开“解决方案控制”任务页面，如图 10-50 所示，可以进行“亚松弛因子”、“方程”、“限值”及“高级”等选项设置。“亚松弛因子”代表求解迭代计算方程前的因子，因此原则上保持默认即可。

图 10-49 “求解方法”任务页面

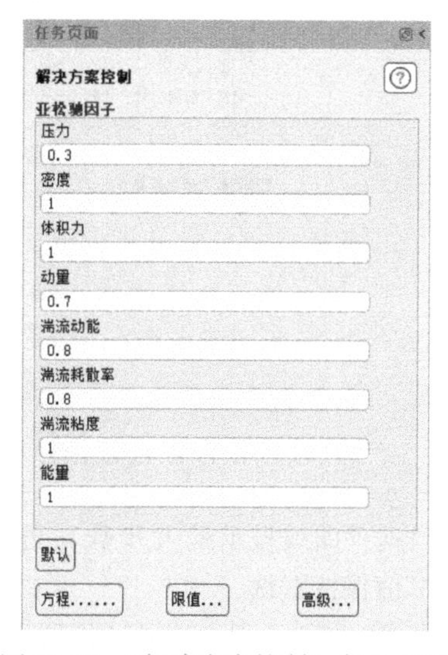

图 10-50 “解决方案控制”任务页面

10.5.3 参数监测设置

本案例需要对土壤区域内的体积平均温度进行监测，具体操作如下。

在浏览树中右击“求解”→“报告定义”选项，在弹出的快捷菜单中单击“创建”→“体积报告”→“体积-平均”命令，如图 10-51 所示，弹出“体积报告定义”对话框，在“名称”处输入 temperature，在“场变量”处选择 Temperature 及 Static Temperature，在“创建”处选择“报告文件”及“报告图”，在“单元区域”处选择 waibuyu，如图 10-52 所示，单击 OK 按钮保存退出。

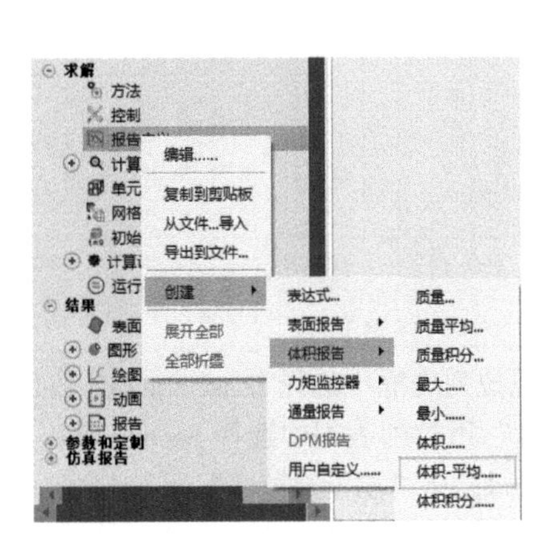

图 10-51　报告文件设置

图 10-52　土壤体积平均温度报告定义

10.5.4 残差设置

1）在浏览树中双击“求解”→“计算监控”→“残差”选项，弹出“残差监控器”对话框，如图 10-53 所示。

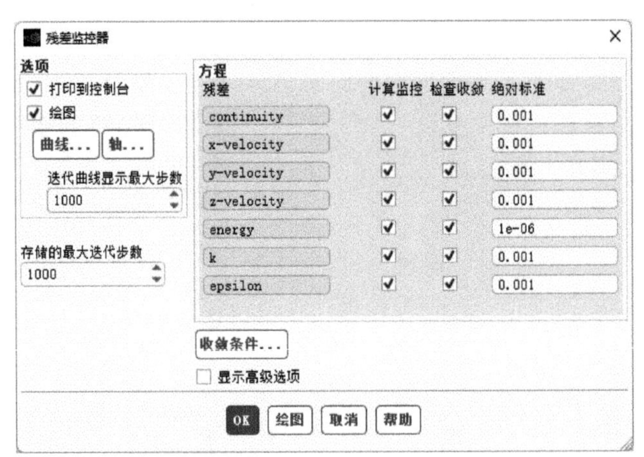

图 10-53　“残差监控器”对话框

2）在“迭代曲线显示最大步数”处输入 1000，在“存储的最大迭代步数”处输入 1000，“绝对标准”值保持默认。

3）单击 OK 按钮，保存残差监控器设置。

10.5.5 初始化设置

1）在浏览树中双击“求解”→“初始化”选项，打开“解决方案初始化”任务页面，如图10-54所示。

2）在“初始化方法”处选择“混合初始化（Hybrid Initialization）”，单击“初始化”按钮进行初始化。

3）在“解决方案初始化”任务页面单击“局部初始化”按钮，弹出“局部初始化”对话框，在Variable处选择Temperature，在“待修补区域”处选择waibuyu，在“值”处输入288.15，如图10-55所示，单击“局部初始化”按钮进行初始化，表示初始状态下土壤的平均温度为288.15K。

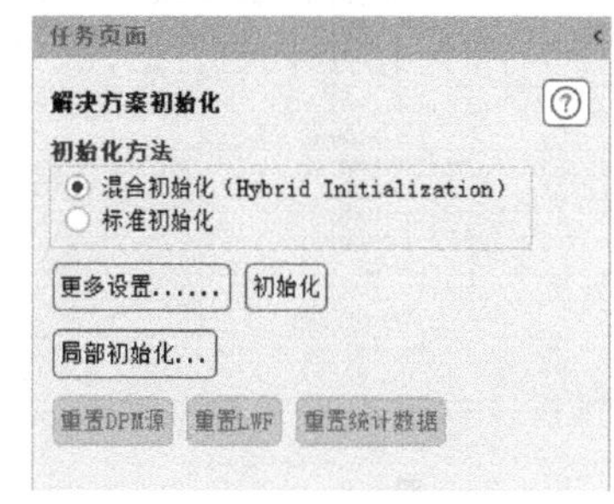

图10-54 “解决方案初始化”任务页面

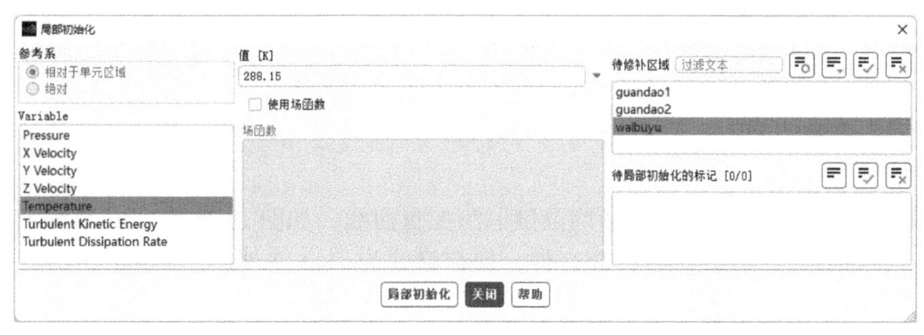

图10-55 “局部初始化”对话框

10.5.6 计算设置

1）在浏览树中双击“求解”→“计算设置”→“自动保存（每次迭代）”选项，弹出“自动保存”对话框，如图10-56所示。在“保存数据文件间隔”处可以输入30，代表每迭代30个时间步保存一次结果。

2）在浏览树中双击“求解”→“运行计算”选项，打开“运行计算”任务页面，如图10-57

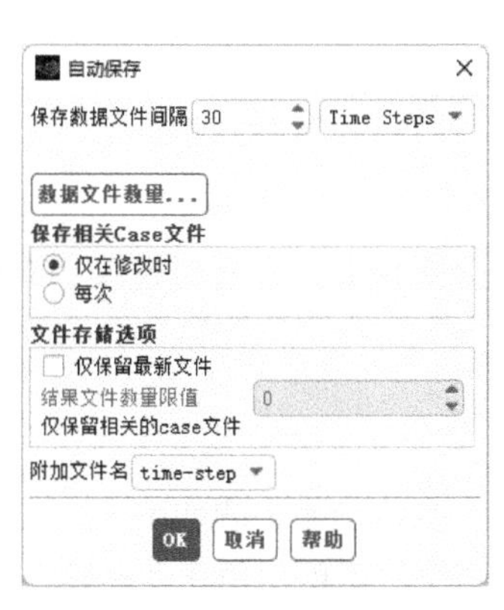

图10-56 “自动保存”对话框

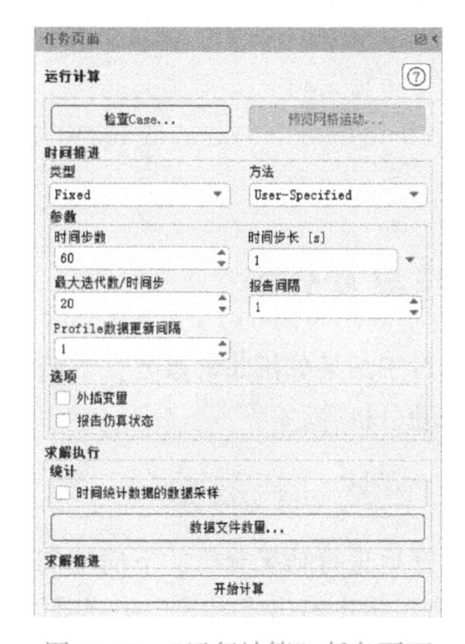

图10-57 “运行计算”任务页面

所示。在“类型”下选择 Fixed，在“时间步数”下设置总迭代时间步数为 60，在“时间步长”处输入瞬态时间步长为 1，时间步数乘以时间步长为瞬态计算的总时间，图 10-57 所示为 60s，单击“开始计算”按钮进行计算。

3）计算开始后，会出现残差曲线，如图 10-58 所示，残差曲线呈现波动性变化，因为瞬态计算均在单个时间步长内进行迭代。当计算达到设定迭代次数后，就会自动停止。

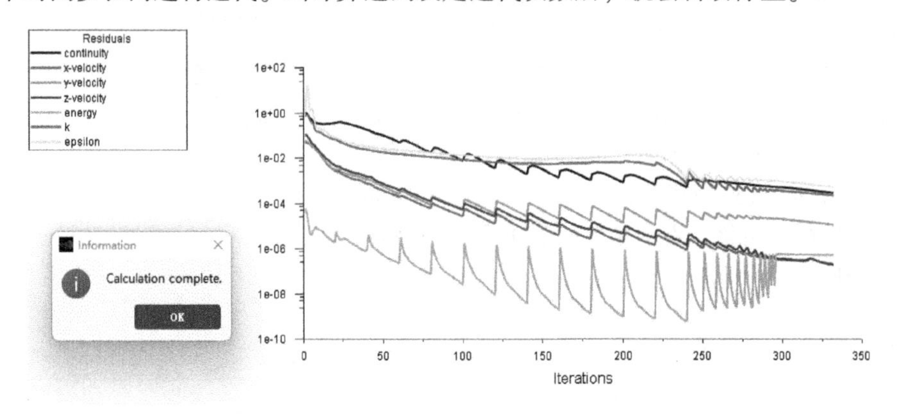

图 10-58 瞬态计算残差曲线

4）计算开始后，会出现土壤内平均温度监测变量曲线，如图 10-59 所示，监测变量曲线数据随时间变化。前面设置了自动保存计算文件，保存格式为 .out 文件，之后可以用 Excel 打开进行数据处理。

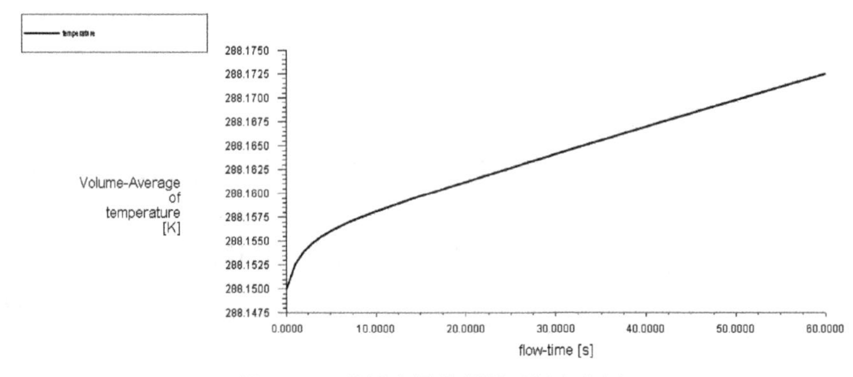

图 10-59 监测变量数据随时间变化图

10.6 结果及分析

后处理对于结果分析非常重要，下面将介绍如何创建分析截面，并进行速度、温度云图显示及数据后处理分析等。

10.6.1 创建分析截面

为了更好地进行结果分析，下面将创建分析截面 x=0，具体操作步骤如下。

1）在浏览树中右击“结果”→“表面”选项，在弹出的快捷菜单中选择“创建”→“平面”命令，如图 10-60 所示，弹出“平面”对话框。

2）在“新面名称”处输入 x=0，在“方法”下拉列表框中选择 YZ Plane，在 X 处输入 0，单击“创建”按钮完成 x=0 截面创建，如图 10-61 所示。

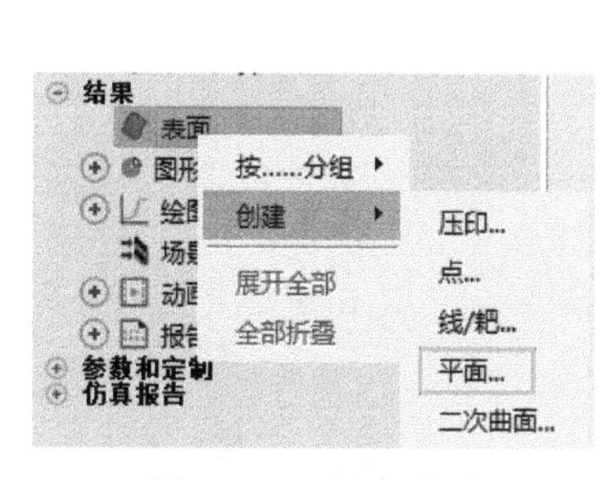

图 10-60 创建平面

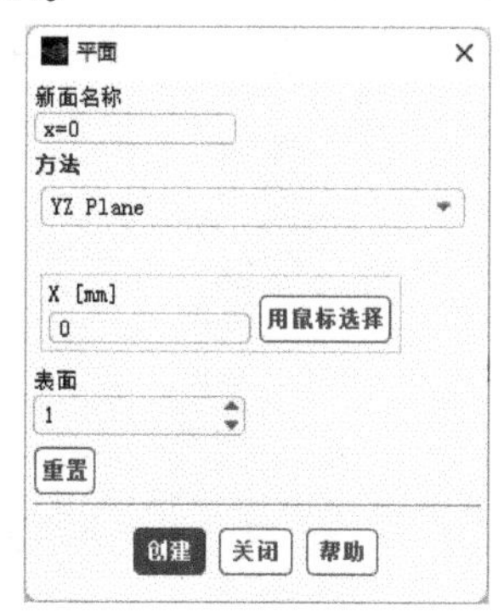

图 10-61 x=0“平面”对话框

10.6.2 x=0 截面速度云图分析

分析截面创建完成后，下一步进行速度、温度云图显示，具体操作步骤如下。

在浏览树中双击“结果”→“图形”→“云图”选项，弹出“云图”对话框，如图 10-62 所示。在“云图名称”处输入 velocity-x-0，在“选项”处选择“填充”、“节点值”、“边界值”、“全局范围”及“自动范围”，在“着色变量”处选择 Velocity 及 Velocity Magnitude，在“表面”处选择 x=0，单击“保存/显示”按钮，则显示出 x=0 截面的速度云图，如图 10-63 所示。

由图 10-63 可知，由于管道入口为压力入口，计算得出管道内的最大速度为 2.04m/s，因为受到土壤阻力作用，泄漏孔处速度数值较小，泄漏速度约为 0.4m/s。

图 10-62 x=0 截面速度云图设置

图 10-63 x=0 截面速度云图

10.6.3 x=0 截面温度云图分析

1）在浏览树中双击“结果”→“图形”→“云图”选项，弹出“云图”对话框，如图 10-64 所示。在“云图名称”处输入temperature-x-0，在“选项”处选择“填充”、“节点值”、“边界值”、“全局范围”及“自动范围”，在“着色变量”处选择Temperature及Static Temperature，在“表面”处选择x=0，单击“保存/显示”按钮，则显示出x=0截面的温度云图，如图10-65所示。

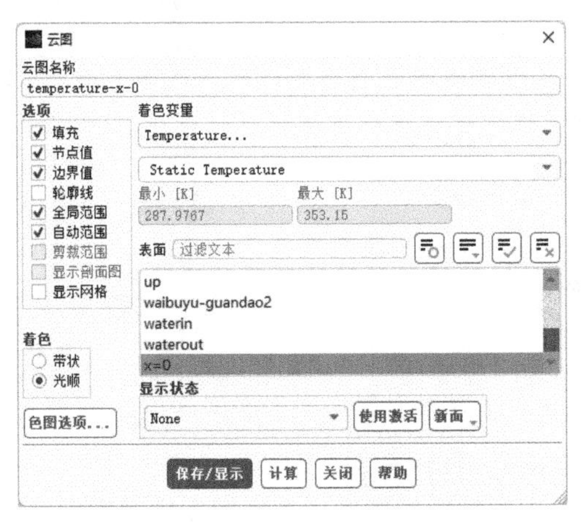

图10-64　x=0截面温度云图设置

图10-65　x=0截面温度云图（一）【彩】

由图10-65所示的温度云图分布可知，由于供热管道内输水温度较高，管道泄漏后土壤受到热水扩散的影响，温度逐渐升高，但仿真泄漏时间只有60s，所以温度影响范围较小。

2）选择“云图”对话框“选项”处的“显示网格”，弹出“网格显示”对话框，在“选项”处选择“边”，在“边类型”处选择“轮廓”，在“表面”处选择除x=0、waterin、waterout及up之外的所有面，如图10-66所示，单击“显示”按钮，则显示如图10-67所示。

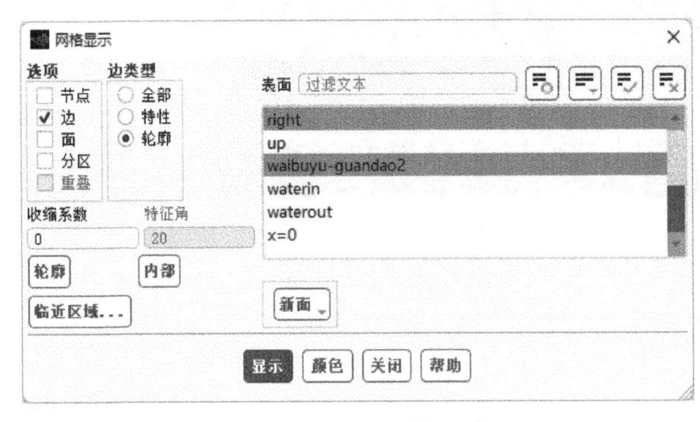

图10-66　“网格显示”对话框

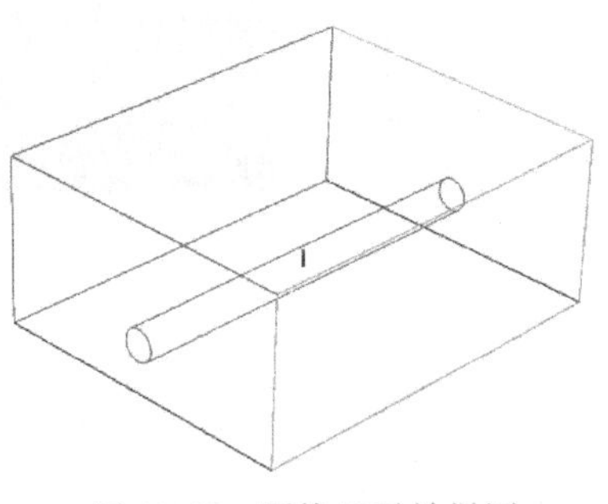

图10-67　网格显示效果图

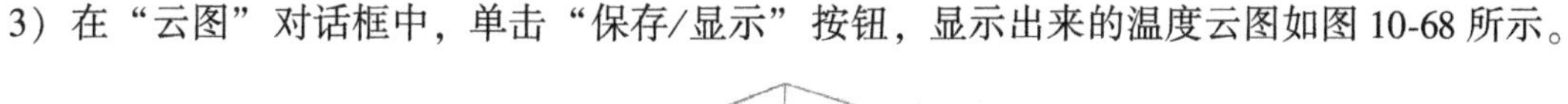

3）在“云图”对话框中，单击“保存/显示”按钮，显示出来的温度云图如图 10-68 所示。

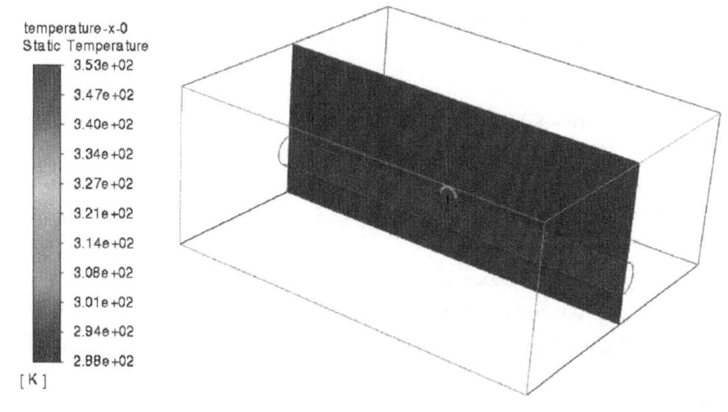

图 10-68　x=0 截面温度云图（二）

10.6.4　计算结果数据后处理分析

在浏览树中双击“结果”→“报告”→“体积积分”选项，弹出“体积积分”对话框，如图 10-69 所示。在“报告类型”中选择“体积-平均”，在“场变量”里选择 Temperature 及 Static Temperature，在“单元区域”处选择 waibuyu，单击“计算”按钮得出土壤区域体积平均温度为 288. 17K。

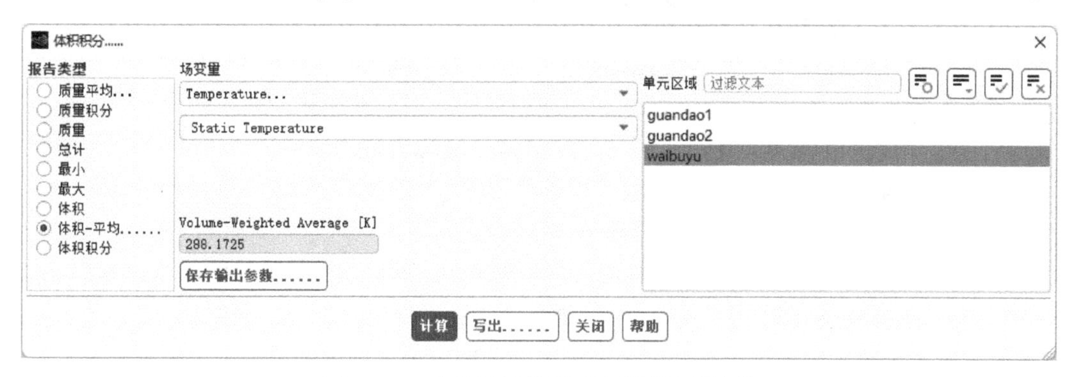

图 10-69　土壤区域体积平均温度计算结果

10.6.5　监测变量数据后处理分析

1）在桌面新建一个 Excel 文件并打开，在菜单栏执行“文件”→“打开”命令，弹出“打开”对话框，找到 temperature-rfile. out 文件，将文件类型修改为“所有文件”，如图 10-70 所示，单击“打开”按钮。

2）此时会出现图 10-71 所示的“文本导入向导-第 1 步，共 3 步”对话框，保持默认设置，单击“下一步”按钮。

3）此时会出现图 10-72 所示的“文本导入向导-第 2 步，共 3 步”对话框，在“分隔符号”处选择“空格”，单击“下一步”按钮。

4）此时会出现图 10-73 所示的“文本导入向导-第 3 步，共 3 步”对话框，保持默认选择，单击“完成”按钮继续。

5）此时监测变量数据在 Excel 文件中打开，如图 10-74 所示，进而可以在 Excel 文件中进行分析。

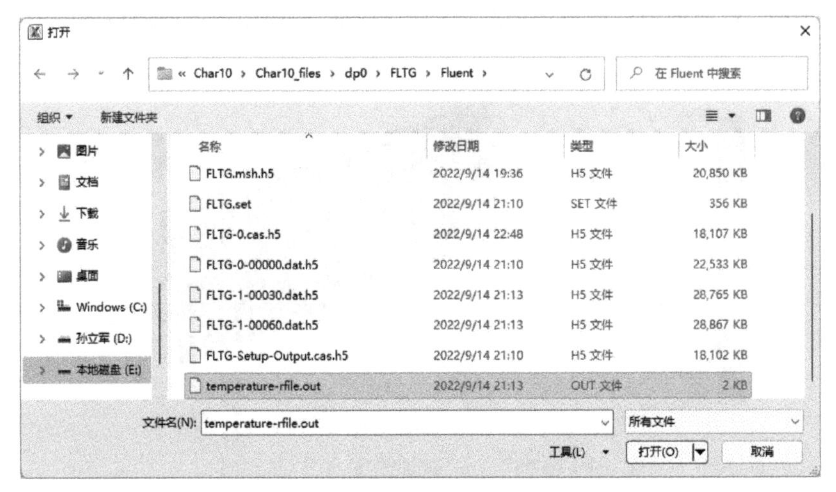

图 10-70 “打开”对话框

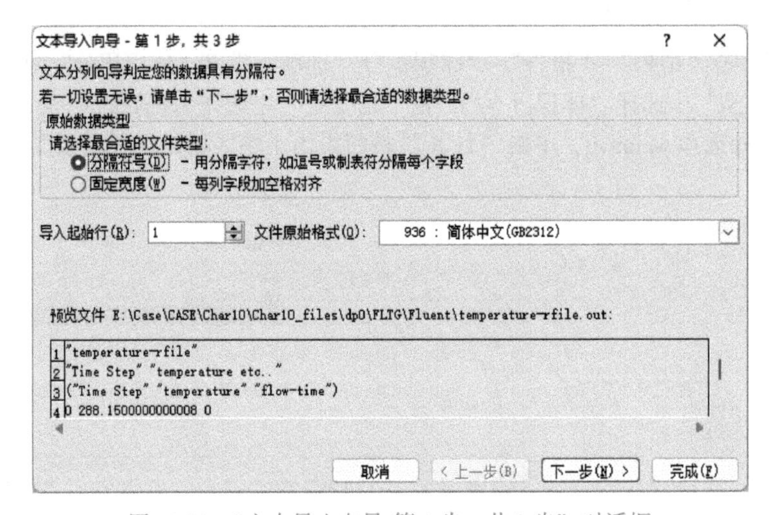

图 10-71 “文本导入向导-第 1 步，共 3 步”对话框

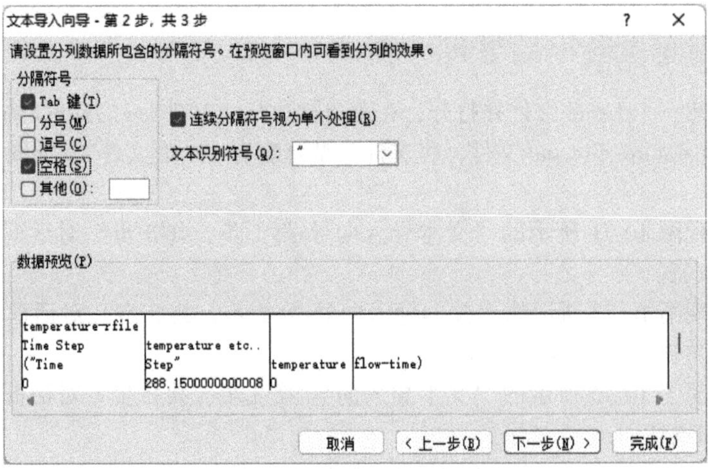

图 10-72 “文本导入向导-第 2 步，共 3 步”对话框

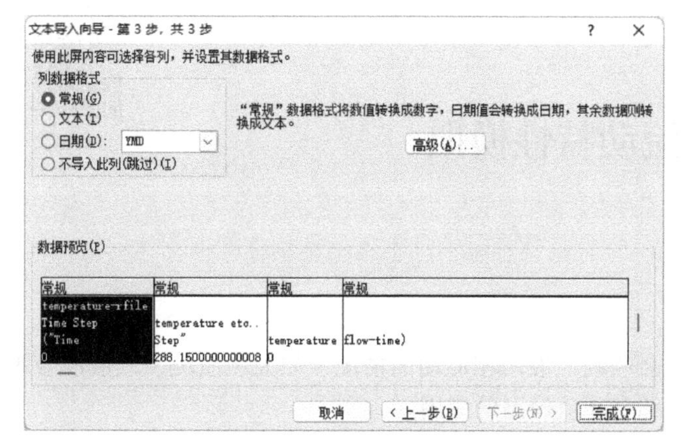

图 10-73 “文本导入向导-第 3 步，共 3 步”对话框

temperature-rfile			
Time Step	temperature etc..		
("Time	Step"	temperatu	flow-time)
0	288.15	0	
1	288.1526	1	
2	288.1539	2	
3	288.1548	3	
4	288.1555	4	
5	288.156	5	
6	288.1565	6	
7	288.157	7	
8	288.1574	8	
9	288.1578	9	
10	288.1581	10	
11	288.1584	11	
12	288.1588	12	
13	288.1591	13	
14	288.1594	14	
15	288.1597	15	
16	288.16	16	
17	288.1603	17	
18	288.1606	18	
19	288.1609	19	
20	288.1612	20	

图 10-74 监测数据导入 Excel 中

10.7 本章小结

本章以地下市政供热管道泄漏研究为例，详细讲解了几何模型前处理、网格划分、设置、求解及结果查看和分析，重点说明了多孔介质模型的设置及瞬态结果后处理等。通过本章学习，可以掌握进行地下市政供热管道泄漏相关案例的分析方法。

第 11 章

气液两相流动特性模拟

操作视频

在工程设计、建设过程中，经常会遇到气液两相流动的情况，如大坝溃堤、气液混合等。本章以气液两相流动特性分析为例，介绍多相流模型的应用。

本章知识要点如下。

1）学习如何进行瞬态计算设置。

2）学习如何进行多相流模型设置。

3）学习如何进行瞬态动画设置。

11.1 案例简介

本章以某气液混合器二维简化模型为研究对象，对气液两相流动及混合特性进行分析。气液混合器简化模型如图 11-1 所示，模型左侧为冷水入口，模型右侧为热水入口，模型底部中间为空气入口，模型左下角为出口。

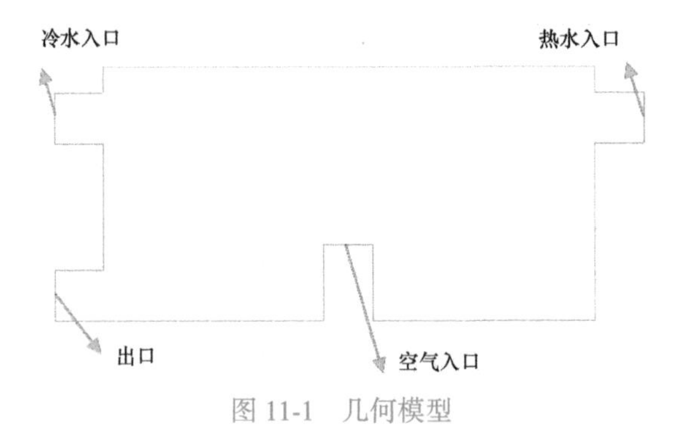

图 11-1 几何模型

11.2 项目创建及网格导入

11.2.1 创建分析项目

1）在 Windows 系统下执行“开始”→“所有程序”→ANSYS 2022→Workbench 2022 命令，启动 ANSYS Workbench 2022，进入 Workbench 主界面，并将 Workbench 工作目录进行修改保存。

2）在 Workbench 主界面的工具箱中双击“组件系统”→“ Fluent”选项，即可在项目管理区创建分析项目 A，如图 11-2 所示。

3）双击项目管理区项目 A 中的 A2 栏“设置”选项，进入 Fluent 启动界面。图 11-3 所示设置为计算双精度、读取网格后显示网格及计算求解选用 6 核并行计算。

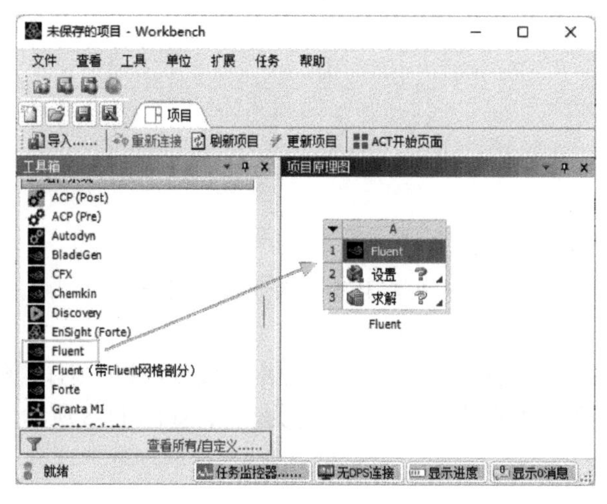

图 11-2 创建分析项目

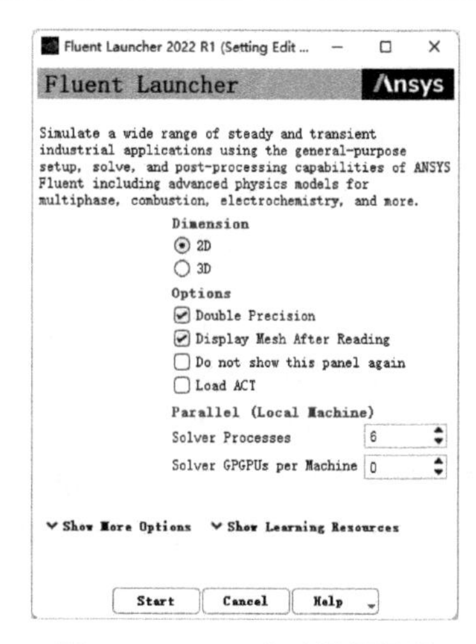

图 11-3 Fluent 启动设置界面

11.2.2 导入网格

启动 Fluent 软件后，选择“文件”→“导入”→“网格”命令，如图 11-4 所示，弹出图 11-5 所示的 Select File 对话框，选择扩展名为 . msh 的网格文件，单击 OK 按钮便可导入网格。导入网格后的 Fluent 界面如图 11-6 所示。

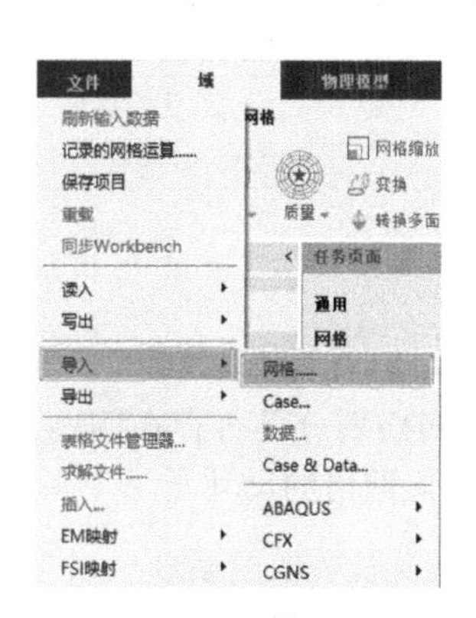

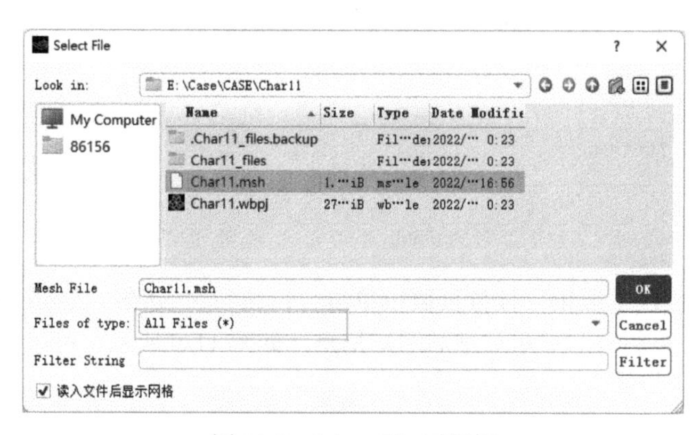

图 11-4 网格导入 图 11-5 Select File 对话框

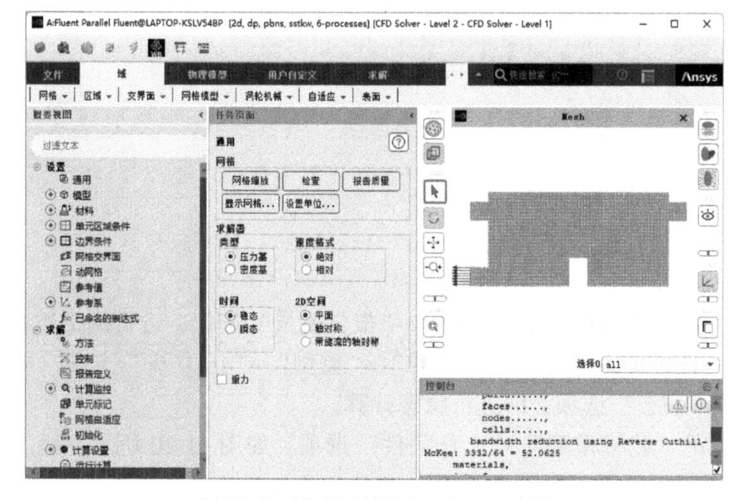

图 11-6 导入网格后的 Fluent 界面

11.3 设置

11.3.1 通用设置

网格导入成功后，进行通用设置，具体操作步骤如下。

1）在浏览树中双击“设置”→“通用”选项，打开“通用”任务页面，选择“重力”，并在 y 处输入-9.8，代表重力方向为 y 的负方向，如图 11-7 所示。

2）在“通用”任务页面中单击“网格”→“网格缩放”按钮，弹出“缩放网格”对话框，在“查看网格单位”下拉列表框中选择 mm，将默认的尺寸单位由 m 改为 mm，如图 11-8 所示。

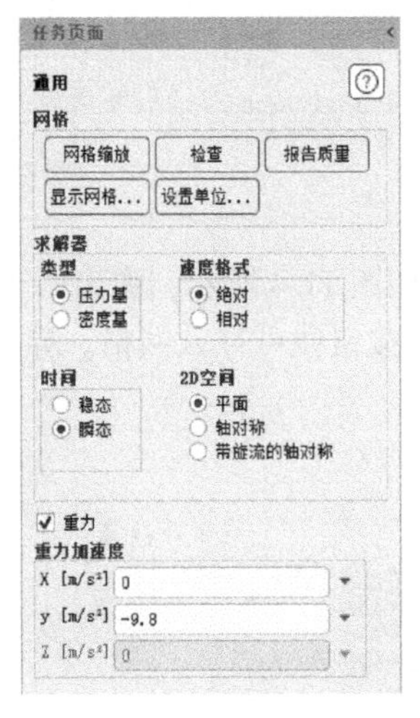

图 11-7 “通用”任务页面

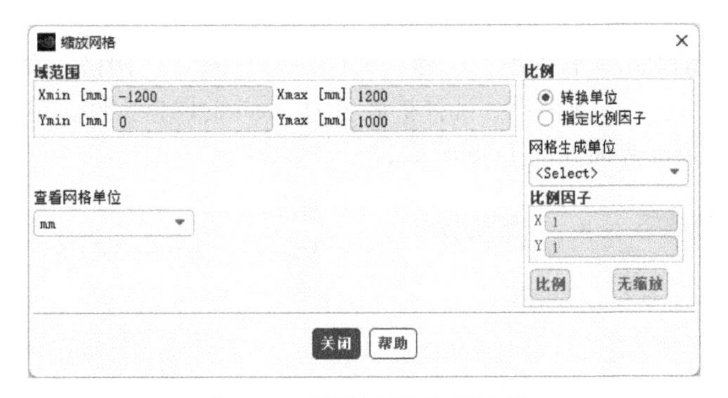

图 11-8 “缩放网格”对话框

3）在“通用”任务页面中单击“网格”→“检查”按钮，检查网格划分是否存在问题，此时会在“控制台”显示详细的网格信息，如图 11-9 所示，可以查看导入网格的尺寸。

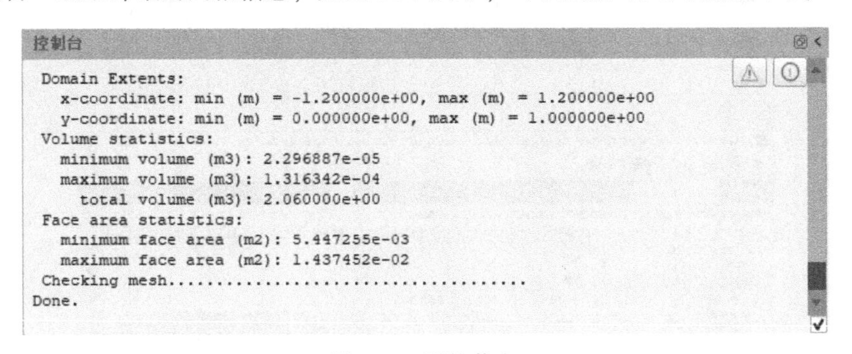
控制台

```
 Domain Extents:
   x-coordinate: min (m) = -1.200000e+00, max (m) = 1.200000e+00
   y-coordinate: min (m) = 0.000000e+00, max (m) = 1.000000e+00
 Volume statistics:
   minimum volume (m3): 2.296887e-05
   maximum volume (m3): 1.316342e-04
     total volume (m3): 2.060000e+00
 Face area statistics:
   minimum face area (m2): 5.447255e-03
   maximum face area (m2): 1.437452e-02
 Checking mesh.....................................
Done.
```

图 11-9 网格信息

4）在“通用”任务页面中单击“网格”→“报告质量”按钮，进行网格质量查看。

5）在“通用”任务页面中选择“求解器”→“类型”→“压力基”选项，即选择基于压力求解；选择“时间”→“瞬态”选项，即进行瞬态计算。

6）单击功能区的“物理模型”→“工作条件”选项，如图 11-10 所示，弹出“工作条件”对话框，如图 11-11 所示，进行工作压力设置。

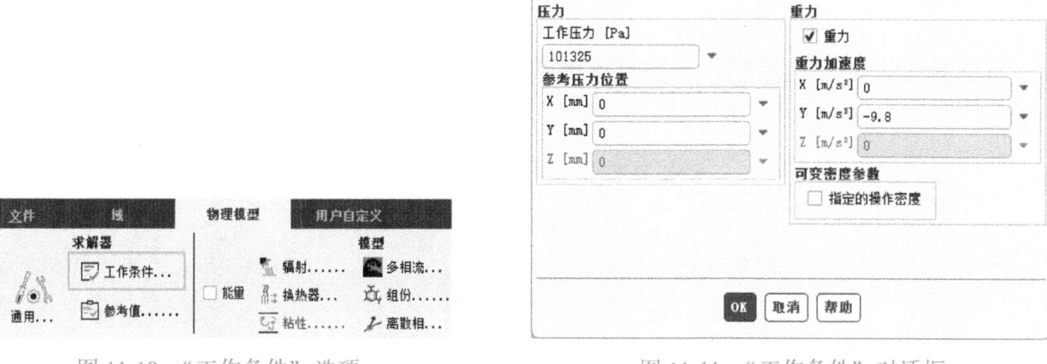

图 11-10 “工作条件”选项

图 11-11 “工作条件”对话框

11.3.2 材料设置

在多相流模型内需要指定对应相的材料属性，因此进行多相流模型仿真分析时，先进行材料属性的添加再进行模型的设置。

软件默认的流体材料是 air，固体材料为 aluminum。本案例是气液两相流动特性模拟分析，因此需要进行水材料的增加，具体如下。

1）在浏览树中双击“设置”→“材料”选项，打开“材料”任务页面，如图 11-12 所示。

2）在浏览树中双击“材料”→Fluid→air，弹出“创建/编辑材料”对话框，如图 11-13 所示。

图 11-12 “材料”任务页面

图 11-13 “创建/编辑材料”对话框

3）单击“Fluent 数据库”按钮，弹出“Fluent 数据库材料”对话框，在“材料类型”下选择 fluid，在“Fluent 流体材料”下选择 water-liquid，单击“复制”按钮，则完成 water-liquid 材料的添加，如图 11-14 所示。

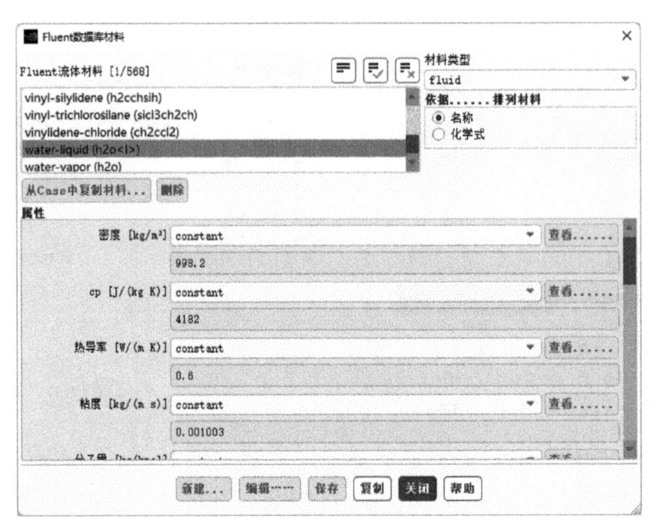

图 11-14 “Fluent 数据库材料”对话框

11.3.3 模型设置

通过对气液两相流动过程的分析可知，需要设置流动模型、多相流模型及能量方程。通过计算雷诺数，判断内部流动状态为湍流，具体操作步骤如下。

1）在浏览树中双击“设置”→“模型”选项，打开“模型”任务页面，如图 11-15 所示。

2）在浏览树中双击“模型”→“粘性”选项，弹出“粘性模型”对话框，进行流动模型设置。在“模型”下选择 k-epsilon（2 eqn），在“k-epsilon 模型”下选择 Standard，在“壁面函数”下选择“标准壁面函数（SWF）”，其余参数保持默认，如图 11-16 所示，单击 OK 按钮保存设置。

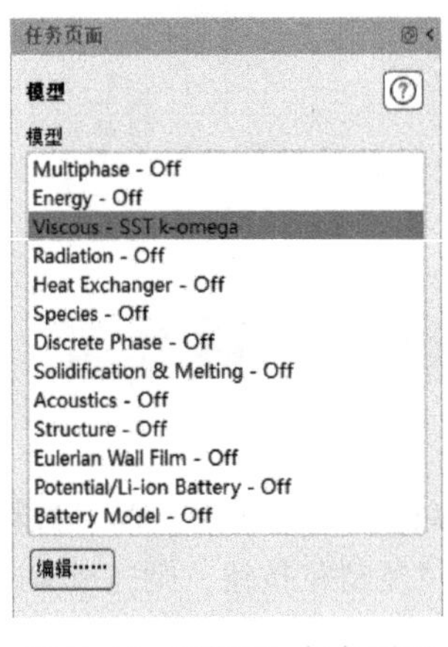

图 11-15 “模型”任务页面

图 11-16 “粘性模型”对话框

3）在浏览树中双击“模型”→“能量”选项，打开“能量”对话框，如图 11-17 所示，单击 OK 按钮保存设置。

图 11-17 “能量”对话框

4）在浏览树中双击“模型”→“多相流”选项，打开“多相流模型”对话框，在“模型”下选择 VOF，在“离散格式”下选择“显式”，其他参数保持默认，如图 11-18 所示，单击“应用”按钮完成设置。切换到“相”选项卡，将 water 设置为 phase-1，air 设置为 phase-2，单击“应用”按钮保存设置，如图 11-19 所示。切换到“相间相互作用”选项卡，在“表面张力系数”下拉列表框中选择 constant，并在数值处输入 0.072，在“全局选项”处选择“表面张力模型”，单击“应用”按钮保存设置，如图 11-20所示。

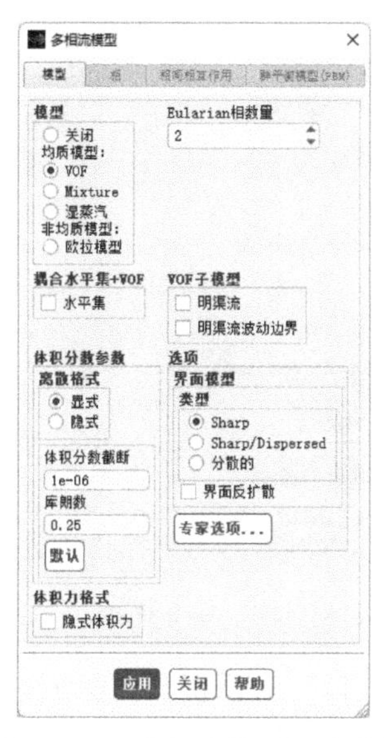

图 11-18 “多相流模型”对话框

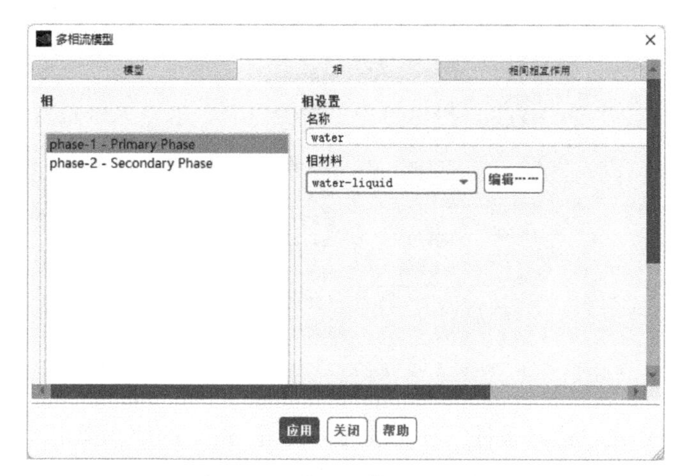

图 11-19 多相流模型材料设置

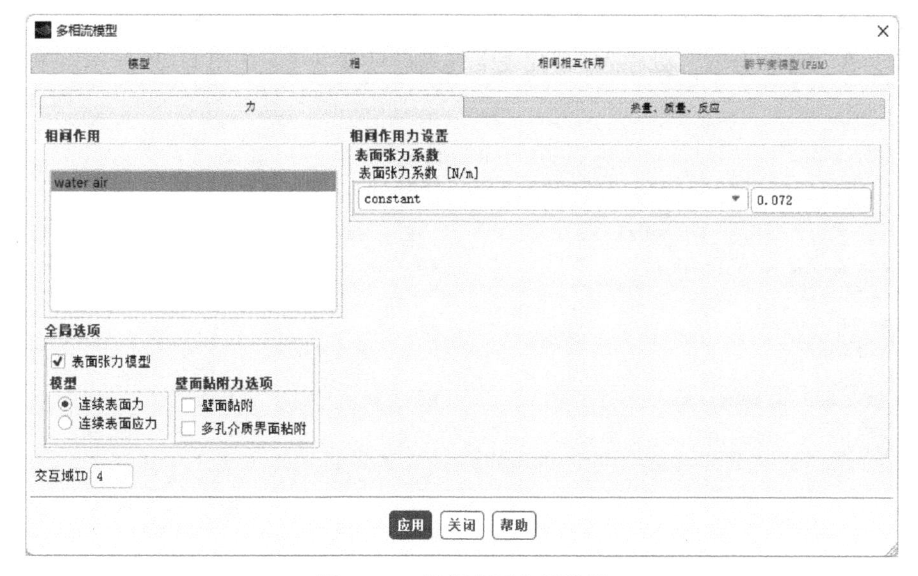

图 11-20 相间相互作用设置

11.3.4 边界条件设置

本案例主要涉及冷水入口、热水入口、空气入口及出口等边界条件，具体操作步骤如下。

1）在浏览树中右击“边界条件”→“壁面”下的 airin，如图 11-21 所示，在弹出的快捷菜单中选择“Type”→“速度入口”，则将选择面的类型由“壁面”改为“速度入口”。用相同的操作将 coolwaterin、hotwaterin 的边界条件类型也改为“速度入口”。

2）在浏览树中双击“设置”→“边界条件”选项，打开“边界条件”任务页面，如图 11-22 所示。

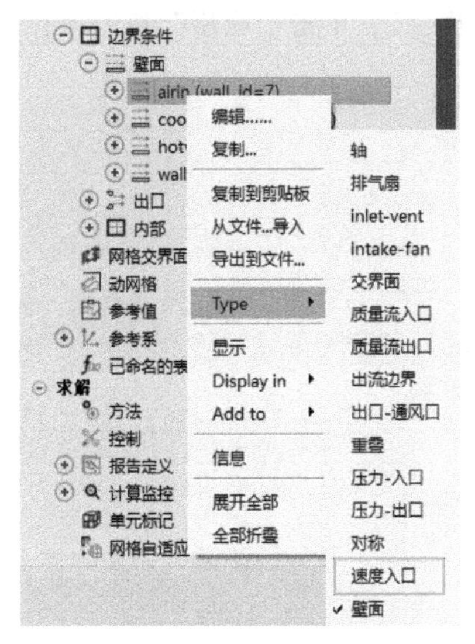

图 11-21 边界条类型修改示意图

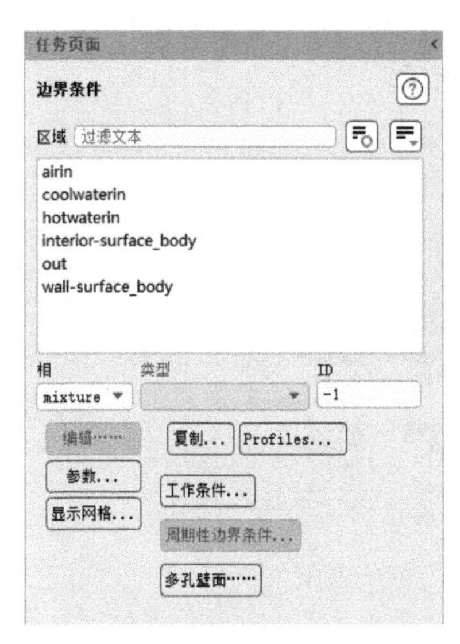

图 11-22 “边界条件”任务页面

3）在“边界条件”任务页面中双击 airin 选项，弹出“速度入口”对话框，如图 11-23 所示，在“速度大小”处输入 0.1，在“设置”处选择 Intensity and Hydraulic Diameter，在“湍流强度”处输入 5，在“水力直径”处输入 200；切换到“热量”选项卡，在“温度”处输入 298.15，如图 11-24 所示，单击“应用”按钮保存。在“相”下拉列表框中选择 air，打开“多相流”选项卡，在“体积分数”处输入 1，代表空气入口只有空气，如图 11-25 所示。单击“应用”按钮保存。

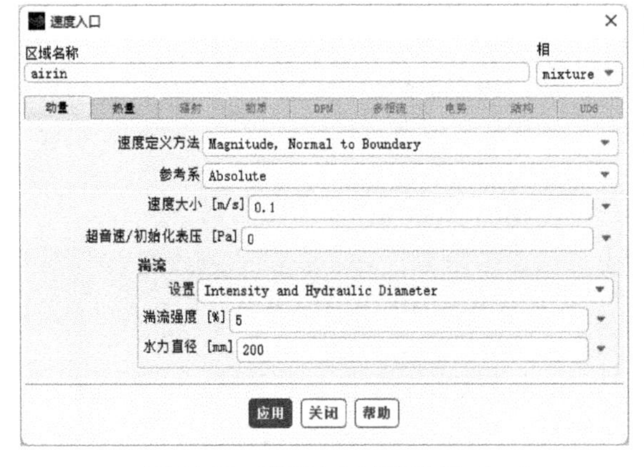

图 11-23 速度入口速度设置（一）

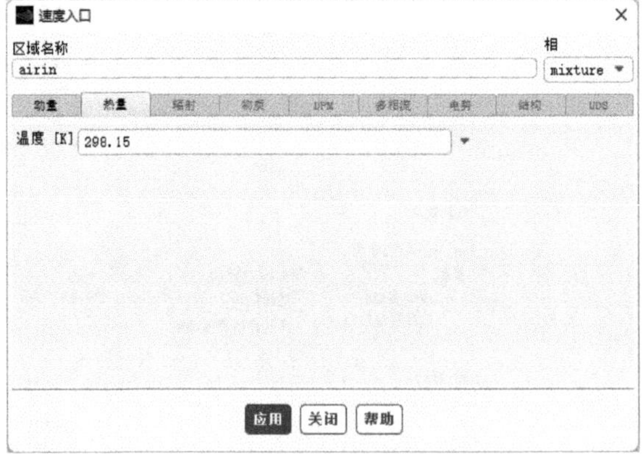

图 11-24 速度入口温度设置（一）

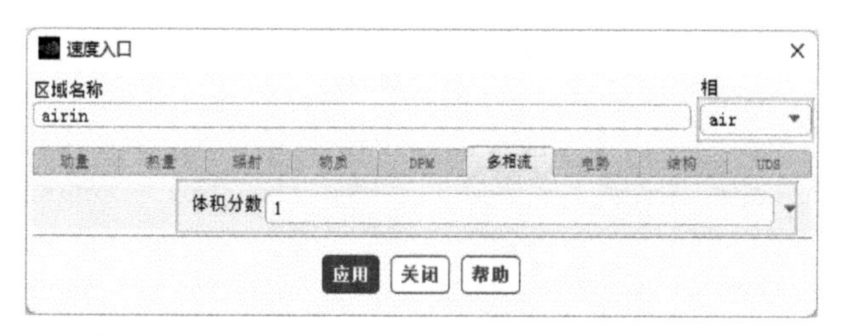

图 11-25　多相流参数设置（一）

4）在“边界条件”任务页面中双击 coolwaterin 选项，弹出“速度入口”对话框，如图 11-26 所示，在“速度大小”处输入 0.2，在“设置”处选择 Intensity and Hydraulic Diameter，在“湍流强度”处输入 5，在“水力直径”处输入 200；切换到“热量”选项卡，在“温度”处输入 298.15，如图 11-27 所示，单击“应用”按钮保存。在“相”下拉列表框中选择 air，打开“多相流”选项卡，在“体积分数”处输入 0，代表入口只有水，如图 11-28 所示。单击“应用”按钮保存。

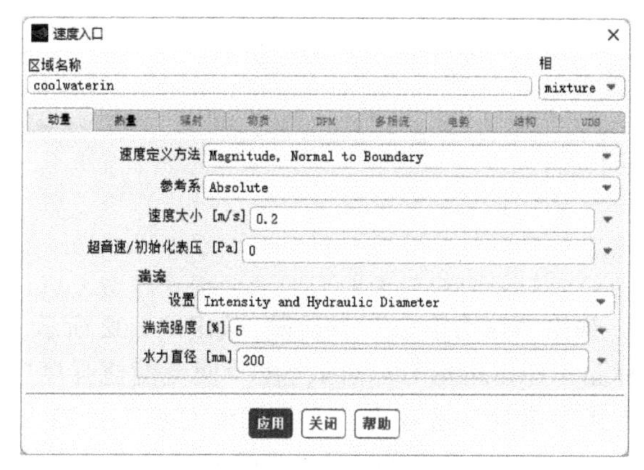

图 11-26　速度入口速度设置（二）

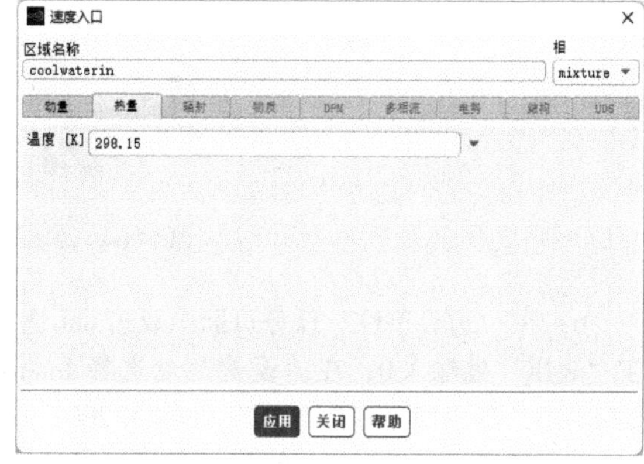

图 11-27　速度入口温度设置（二）

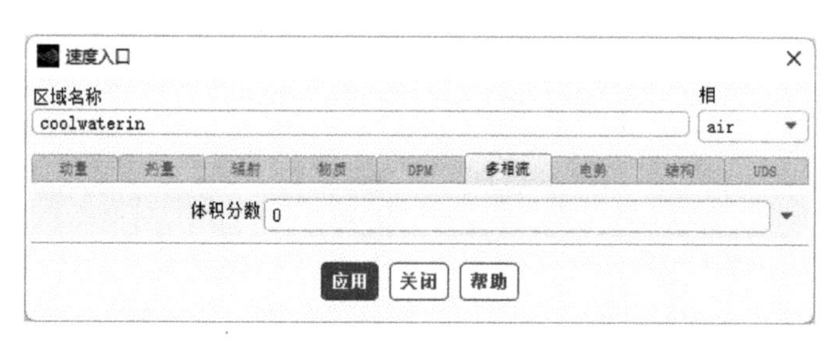

图 11-28　多相流参数设置（二）

5）在“边界条件”任务页面中双击 hotwaterin 选项，弹出“速度入口”对话框，如图 11-29 所示，在“速度大小”处输入 0.2，在“设置”处选择 Intensity and Hydraulic Diameter，在“湍流强度”处输入 5，在“水力直径”处输入 200；切换到“热量”选项卡，在“温度”处输入 373.15，如图 11-30 所示，单击“应用”按钮保存。在“相”下拉列表框中选择 air，打开“多相流”选项卡，在“体积分数”处输入 0，代表入口只有水，如图 11-31 所示。单击“应用”按钮保存。

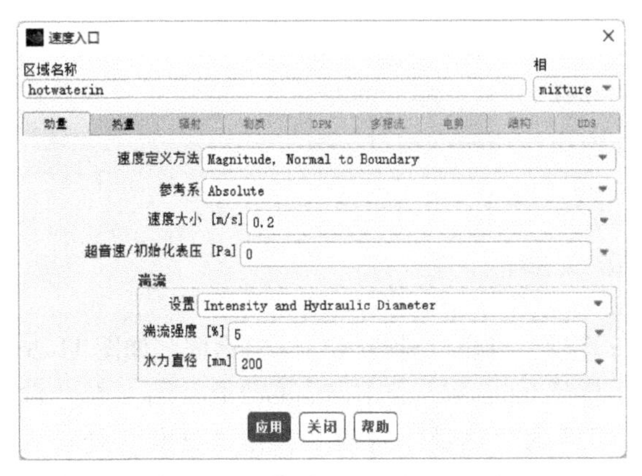

图 11-29　速度入口速度设置（三）

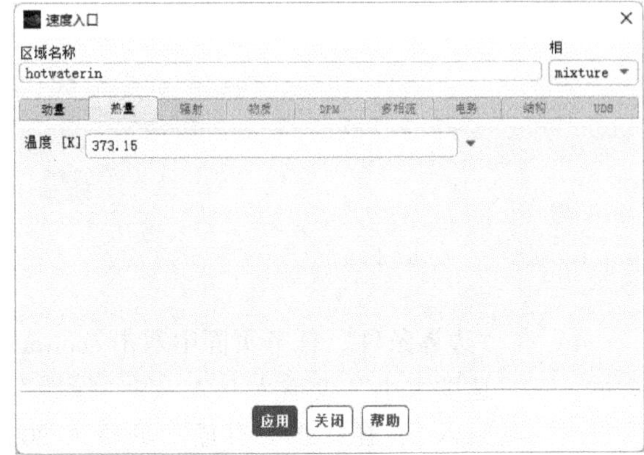

图 11-30　速度入口温度设置（三）

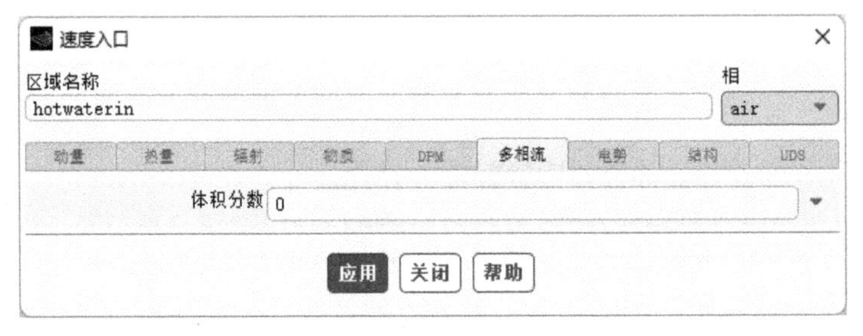

图 11-31　多相流参数设置（三）

6）在“边界条件”任务页面中双击 out 选项，弹出“压力出口”对话框，如图 11-32 所示，在“表压”处输入 0，在“设置”处选择 Intensity and Hydraulic Diameter，在“回流湍流强度”处输入 5，在“回流水力直径”处输入 200；切换到“热量”选项卡，在“回流总温”处输入 298.15，如图 11-33 所示，单击“应用”按钮保存。在“相”下拉列表框中选择 air，打开“多相流”选项卡，在“回流体积分数”处输入 0，代表压力回流只有水，如图 11-34 所示。单击“应用”按钮保存。

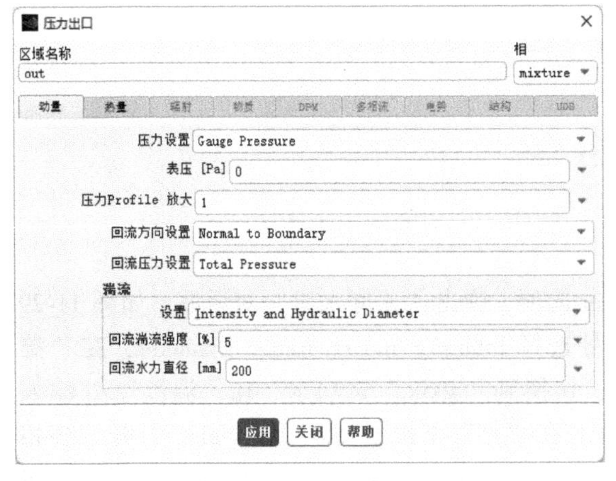

图 11-32　“压力出口”对话框

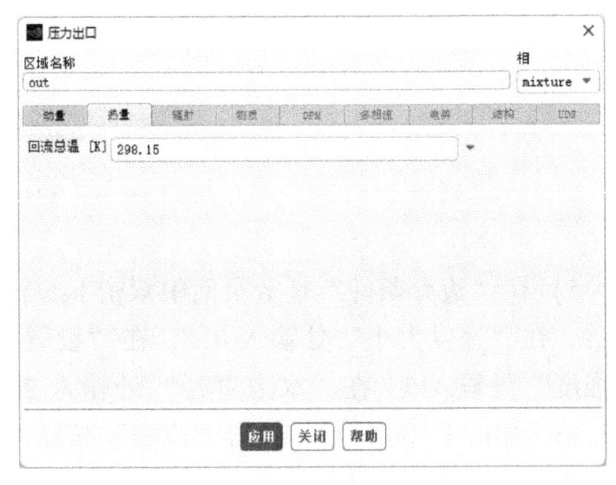

图 11-33　压力出口温度设置

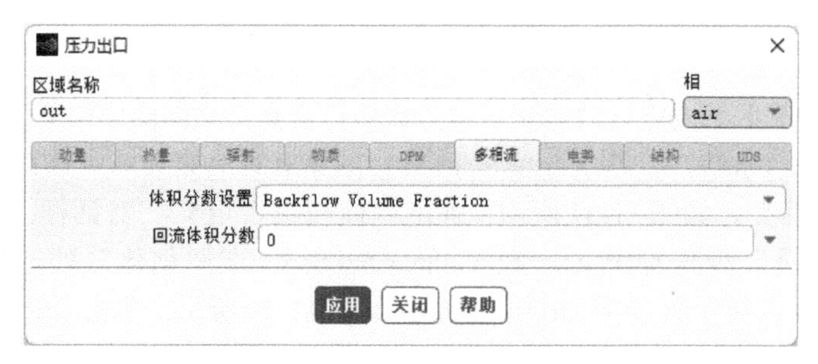

图 11-34　出口多相流参数设置

11.4　求解

11.4.1　方法设置

求解方法对结果的计算精度影响很大，需要合理设置。

1）在浏览树中双击“求解”→“方法”选项，打开“求解方法”任务页面。

2）在“方案”下拉列表框中选择 SIMPLE，在“梯度”下拉列表框中选择 Least Squares Cell Based，在“压力”下拉列表框中选择 PRESTO!，在“动量”下拉列表框中选择 Second Order Upwind，在“湍流动能”下拉列表框中选择 Second Order Upwind，在“湍流耗散率”下拉列表框中选择 Second Order Upwind，如图 11-35 所示。

11.4.2　控制设置

在浏览树中双击“求解”→“控制”选项，打开“解决方案控制”任务页面，如图 11-36 所示，可以进行“亚松弛因子”、“方程”、“限值”及“高级”等选项设置。“亚松弛因子”代表求解迭代计算方程前的因子，因此原则上保持默认即可。

图 11-35　“求解方法”任务页面

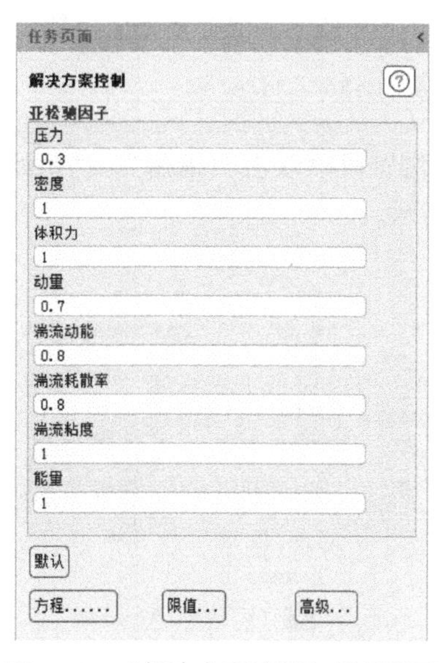

图 11-36　“解决方案控制”任务页面

11.4.3 参数监测设置

本案例需要对计算区域内空气的体积平均分数进行监测，具体操作如下。

在浏览树中右击“求解”→“报告定义”选项，在弹出的快捷菜单中选择“创建”→“体积报告”→“体积-平均”命令，如图 11-37 所示，弹出“体积报告定义”对话框，在“名称”处输入 phase-air，在“场变量”处选择 Phases 及 Volume fraction，在“创建”处选择“报告文件”及“报告图”，在“单元区域”处选择 surface_body，如图 11-38 所示，单击 OK 按钮保存退出。

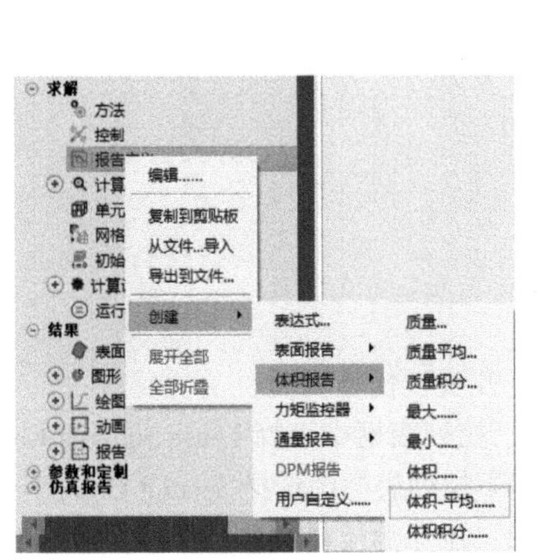

图 11-37 报告文件设置

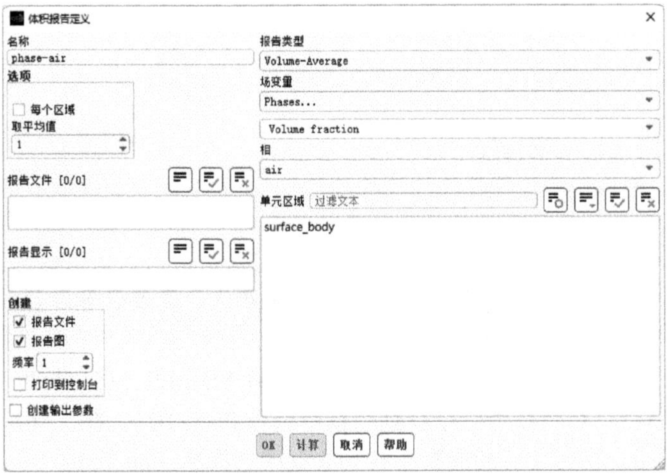

图 11-38 体积平均分数报告定义设置

11.4.4 残差设置

1）在浏览树中双击“求解”→“计算监控”→“残差”选项，弹出“残差监控器”对话框，如图 11-39 所示。

2）在“迭代曲线显示最大步数”处输入 1000，在“存储的最大迭代步数”处输入 1000，“绝对标准”值保持默认。

3）单击 OK 按钮，保存残差监控器设置。

11.4.5 初始化设置

1）在浏览树中双击“求解”→“初始化”选项，打开“解决方案初始化”任务页面，如图 11-40 所示。

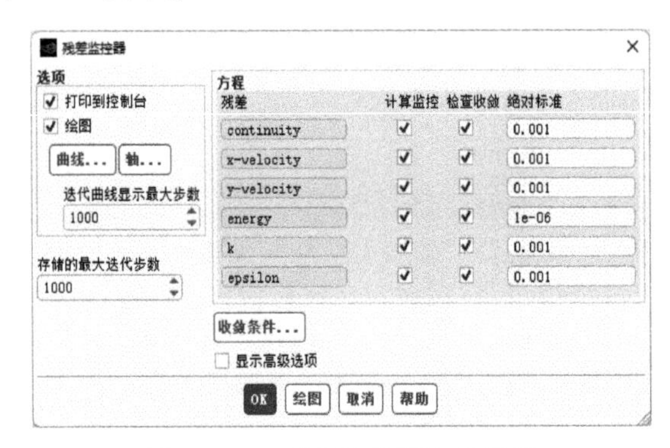

图 11-39 “残差监控器”对话框

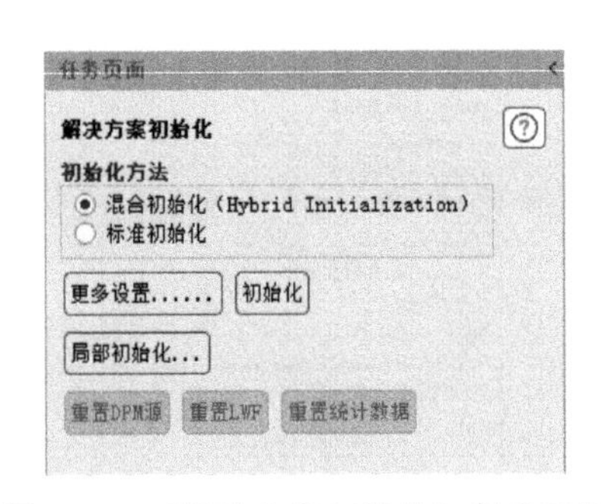

图 11-40 “解决方案初始化”任务页面

2）在“初始化方法”处选择“混合初始化（Hybrid Initialization）”，单击“初始化”按钮进行初始化。

3）在“解决方案初始化”任务页面单击“局部初始化”按钮，弹出“局部初始化”对话框，在 Variable 处选择 Temperature，在“待修补区域”处选择 surface_body，在“值”处输入 298.15，如图 11-41 所示，单击“局部初始化”按钮进行初始化，表示初始状态下平均温度为 298.15K。

图 11-41　温度“局部初始化”对话框

4）在“局部初始化”对话框“相”下拉列表框中选择 air，在 Variable 处选择 Volume Fraction，在“待修补区域”处选择 surface_body，在“值”处输入 0，如图 11-42 所示，单击“局部初始化”按钮进行初始化，表示初始状态下整个区域内都是水。

图 11-42　体积分数“局部初始化”对话框

11.4.6　动画设置

对于瞬态计算，动画能很好地展现计算过程，具体设置过程如下。

1）单击功能区的“求解”→“活动”→“创建”→“解决方案动画”选项，如图 11-43 所示，弹出“动画定义”对话框，如图 11-44 所示，在“记录间隔”处输入 10，代表每隔 10 个时间步保存一次图片，在“存储类型”处选择 JPEG Image，单击“新对象”后选择“云图”，弹出“云图”对话框，在“云图名称”处输入 phase-air，在“着色变量”处选择 Phases 及 Volume fraction，如图 11-45 所示，单击“保存/显示”按钮，则显示云图如图 11-46 所示。

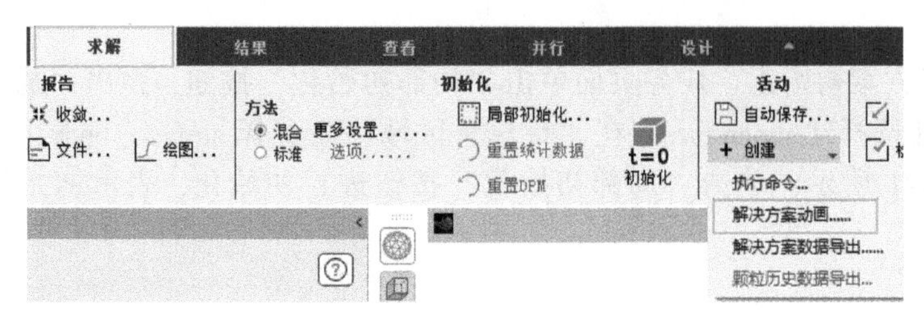

图 11-43　创建解决方案动画设置说明

图 11-44　“动画定义”对话框

图 11-45　“云图”对话框

2）在“动画定义”对话框“动画对象”处选择 phase-air，单击 OK 按钮完成动画创建，如图 11-47 所示。

图 11-46　初始时刻空气体积分数云图

图 11-47　选择动画对象

11.4.7 计算设置

1）在浏览树中双击“求解”→“计算设置”→“自动保存（每次迭代）”选项，弹出“自动保存”对话框，如图 11-48 所示。在“保存数据文件间隔”处可以输入 200，代表每迭代 200 个时间步保存一次结果。

2）在浏览树中双击“求解”→“运行计算”选项，打开“运行计算”任务页面，如图 11-49 所示。在“类型”下选择 Fixed，在“时间步数”下设置迭代的总时间步数为 600，在“时间步长”处输入瞬态时间步长为 0.02，时间步数乘以时间步长为瞬态计算的总时间，图 11-49 所示为 12s，单击“开始计算”按钮进行计算。

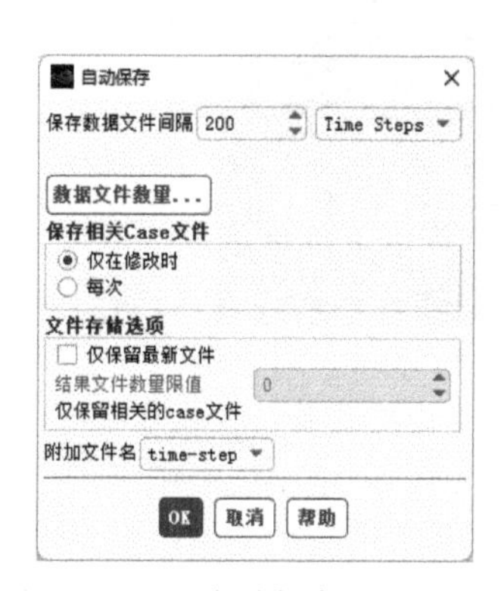

图 11-48 “自动保存”对话框

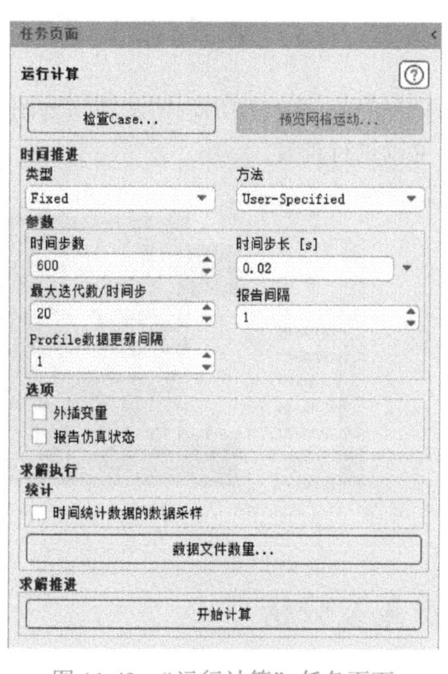

图 11-49 “运行计算”任务页面

3）计算开始后，会出现残差曲线，如图 11-50 所示，残差曲线呈现波动性变化，主要由于瞬态计算均在单个时间步长内进行迭代。当计算达到设定迭代次数后，就会自动停止。

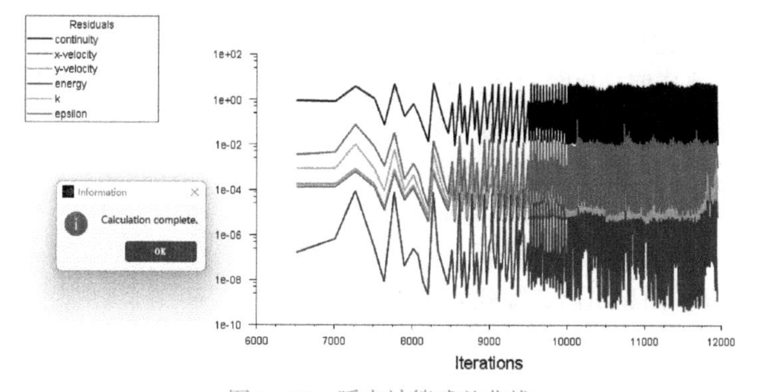

图 11-50 瞬态计算残差曲线

4）计算开始后，会出现计算域内平均体积分数监测变量曲线，如图 11-51 所示。前面设置了自动保存计算文件，保存格式为 .out 文件，之后可以用 Excel 打开进行数据处理。

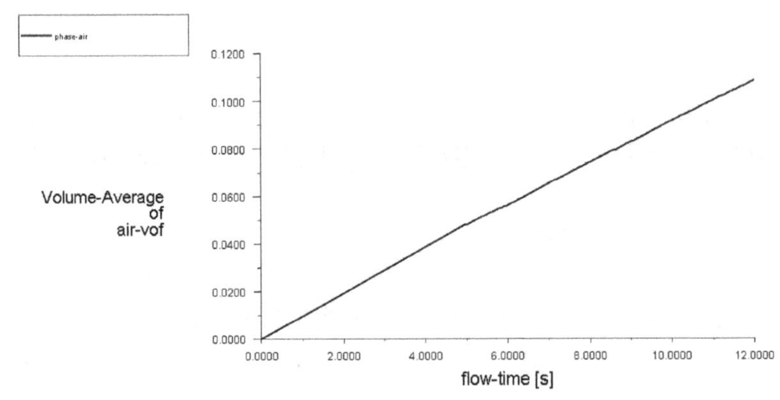

图 11-51　监测变量数据随时间变化图

5）计算开始后，会自动出现监测结果云图动画，如图 11-52 所示，各个时刻保存的图片在工作目录下，可以进行查看。

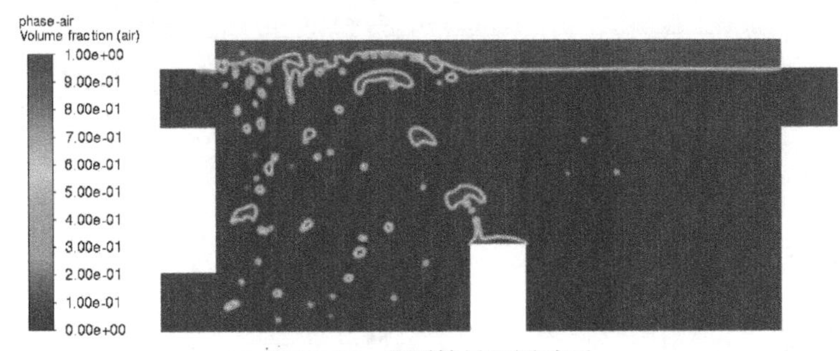

图 11-52　监测结果云图动画

11.5　结果及分析

后处理对于结果分析非常重要，下面将介绍如何进行速度、温度、空气相体积分数云图显示及数据后处理分析等。

11.5.1　速度云图分析

在浏览树中双击“结果”→“图形”→“云图”选项，弹出“云图”对话框，如图 11-53 所示。在“云图名称”处输入 velocity，在“选项”处选择“填充”、“节点值”、“边界值”、“全局范围”及“自动范围”，在“着色变量”处选择 Velocity 及 Velocity Magnitude，在“表面”处不需要选择，单击“保存/显示”按钮，则显示出二维截面的速度云图，如图 11-54 所示。

由图 11-54 可知，进入水中的空气受热水侧的影响向上运动，可以明显看出空气运动的速度范围，空气气泡向上运动与冷水入口的冷水相遇，此处形成流动旋涡。

图 11-53　速度云图设置

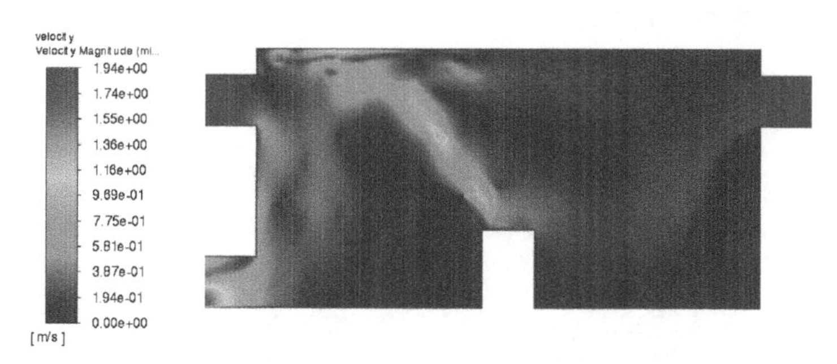

图 11-54 速度云图【彩】

11.5.2 温度云图分析

在浏览树中双击“结果”→“图形”→“云图”选项，弹出“云图”对话框，如图 11-55 所示。在“云图名称”处输入 temperature，在“选项”处选择“填充”、“节点值”、“边界值”、“全局范围”及“自动范围”，在“着色变量”处选择 Temperature 及 Static Temperature，在“表面”处不需要选择，单击“保存/显示”按钮，则显示出温度云图，如图 11-56 所示。

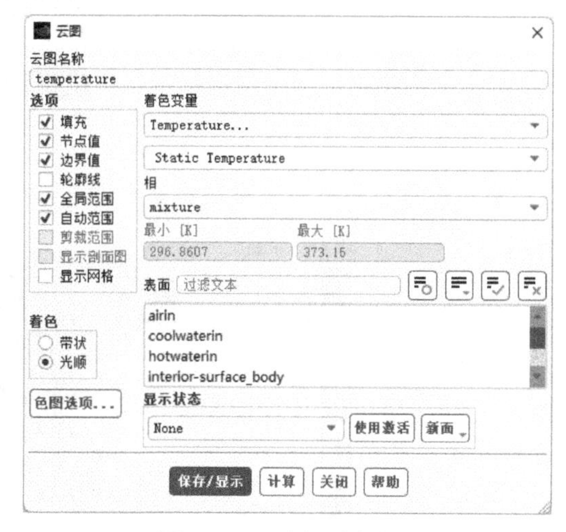

图 11-55 温度云图设置

由图 11-56 所示的温度云图分布可知，由于右侧为热水入口，进入区域的热水受重力作用而向下流动，受热扩散及空气运动的影响，左侧冷水也被逐渐加热。

图 11-56 温度云图【彩】

11.5.3 空气相体积分数云图分析

在浏览树中双击“结果”→“图形”→“云图”选项，弹出“云图”对话框，如图 11-57 所示。在“云图名称”处输入 phase-air1，在“选项”处选择“填充”、“节点值”、“边界值”、“全局范围”及“自动范围”，在“着色变量”处选择 Phases 及 Volume fraction，在“表面”处不需要选择，单击“保存/显示”按钮，则显示出空气相体积分数云图，如图 11-58 所示。

由图 11-58 所示的空气相体积分数云图分布可知，由于空气密度较小，空气进入计算域内形成气泡，且向上运动后聚集在上部。

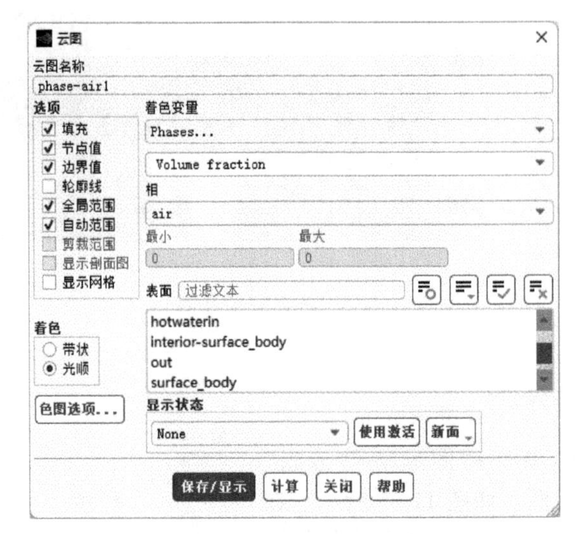

图 11-57　空气相体积分数云图设置

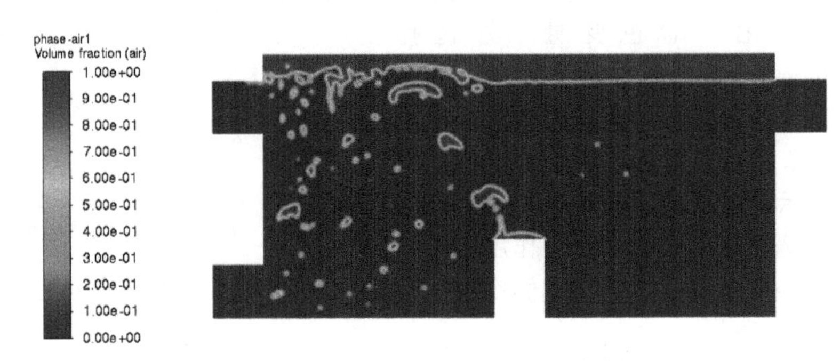

图 11-58　空气相体积分数云图【彩】

11.5.4　动画的保存

在浏览树中双击“结果”→“动画”→“播放”选项，弹出“云图”对话框，如图 11-59 所示。

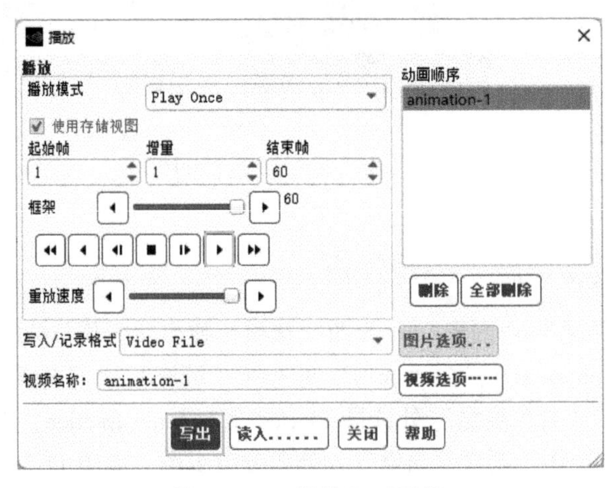

图 11-59　“播放”对话框

在“写入/记录格式”处选择 Video File，单击“写出”按钮保存动画视频。单击▶按钮进行动画视频播放。

11.5.5 计算结果数据后处理分析

在浏览树中双击“结果”→“报告”→“体积积分”选项，弹出“体积积分”对话框，如图 11-60 所示。在“报告类型”中选择“体积-平均”，在“场变量”里选择 Temperature 及 Static Temperature，在“单元区域”处选择 surface_body，单击“计算”按钮得出区域内体积平均温度为 316.46K。

图 11-60 计算区域体积平均温度计算结果

11.5.6 不同计算时刻结果分析

在菜单栏中单击“文件”→“导入”→“数据”选项，如图 11-61 所示，弹出 Select File 对话框，如图 11-62 所示。选择 Char11-1-00200. dat. h5 文件，单击 OK 按钮进行结果导入，此时再进行数据分析，则为非稳态迭代步数 200 对应的结果。

不同时刻的空气相体积分数云图显示如图 11-63 所示，图中为 t=4s。

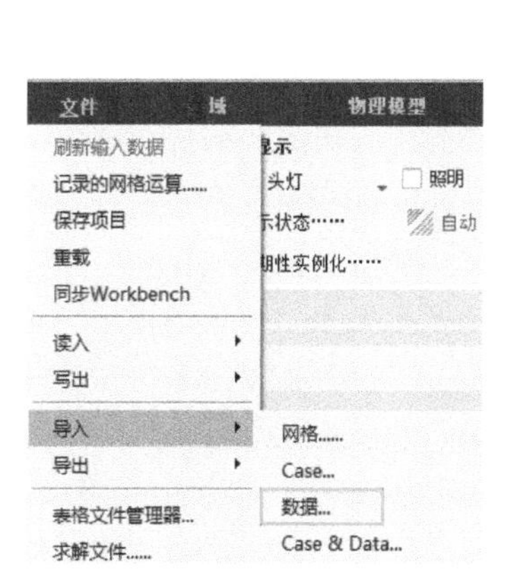

图 11-61 导入保存的结果

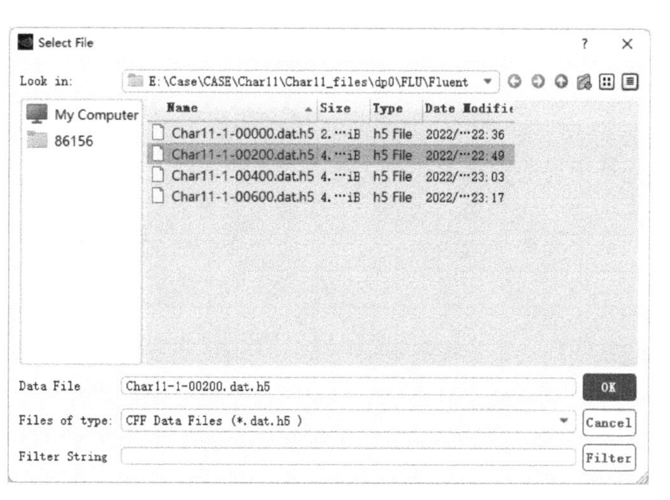

图 11-62 数据文件选择

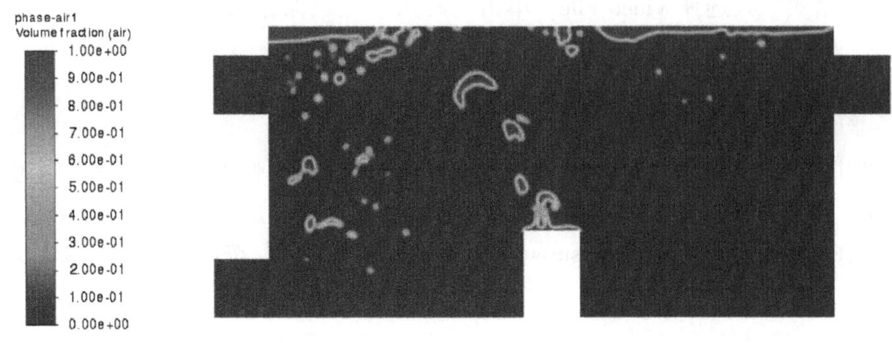

图 11-63　t=4s 时刻的空气相体积分数云图

11.6　本章小结

本章以气液两相流动特性研究为例，详细讲解了几何模型前处理、网格划分、设置、求解及结果查看和分析，重点说明了多相流模型设置及动画设置等过程。通过本章学习，可以掌握运用 VOF 模型进行多相流相关案例分析的方法。

第 12 章

烟气脱硝装置内氨气混合特性模拟

操作视频

随着碳中和目标的提出，对煤粉锅炉燃烧烟气排放的要求愈加严苛，因此需要对锅炉燃烧产生的烟气进行净化处理，因此本章以烟气脱硝装置内氨气混合特性分析为例进行讲解。

本章知识要点如下。

1）学习如何进行组份模型设置。

2）学习如何进行多孔介质模型设置。

3）学习如何进行结果后处理分析。

12.1 案例简介

本章以煤粉锅炉烟气脱硝装置为研究对象，对其内部氨气混合特性进行分析。煤粉锅炉烟气脱硝装置几何模型如图 12-1 所示，几何模型中包括喷氨格栅、催化剂层等。

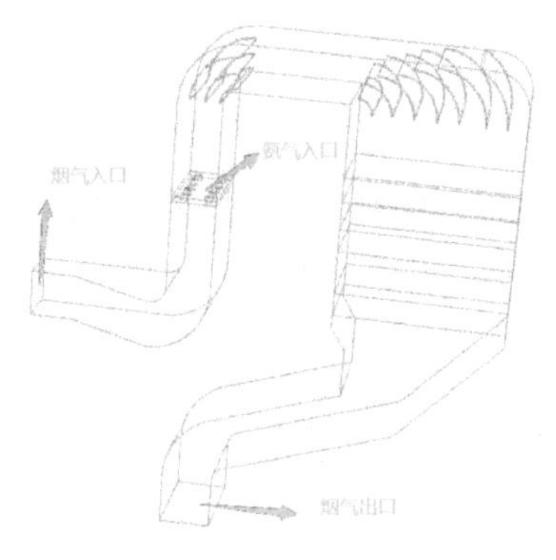

图 12-1 几何模型

12.2 几何模型前处理

12.2.1 创建分析项目

1）在 Windows 系统下执行“开始”→“所有程序”→ANSYS 2022→Workbench 2022 命令，启动 ANSYS Workbench 2022，进入 Workbench 主界面。

2）在 Workbench 主界面的工具箱中双击“组件系统”→“几何结构”选项，即可在项目管理区创建分析项目 A，如图 12-2 所示。

3）在工具箱中的“组件系统”→“网格”上按住鼠标左键拖动到项目管理区中，当项目 A 的

A2“几何结构”呈红色高亮显示时，放开鼠标创建项目 B，此时相关联的数据可共享，如图 12-3 所示。

4）在工具箱中的“组件系统”→“Fluent”上按住鼠标左键拖动到项目管理区中，当项目 B 的 B3“网格”呈红色高亮显示时，放开鼠标创建项目 C，此时相关联的数据可共享，如图 12-4 所示。

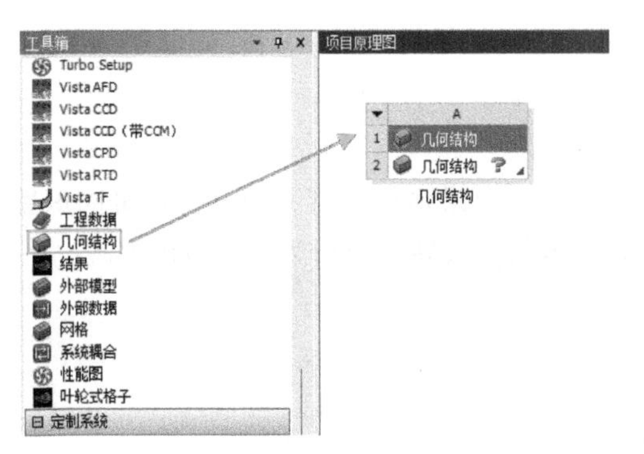

图 12-2 创建几何结构

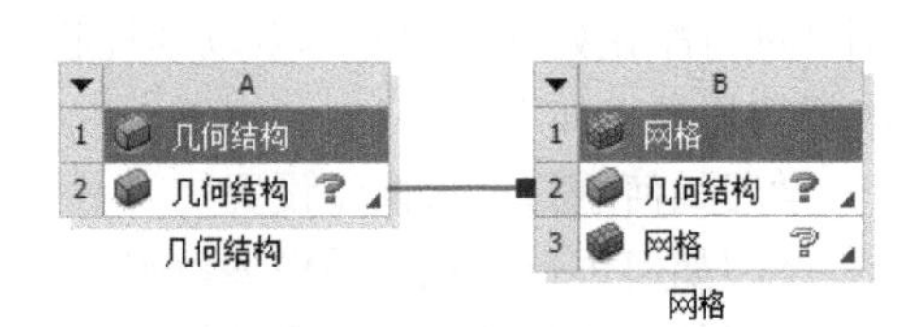

图 12-3 创建网格分析项目

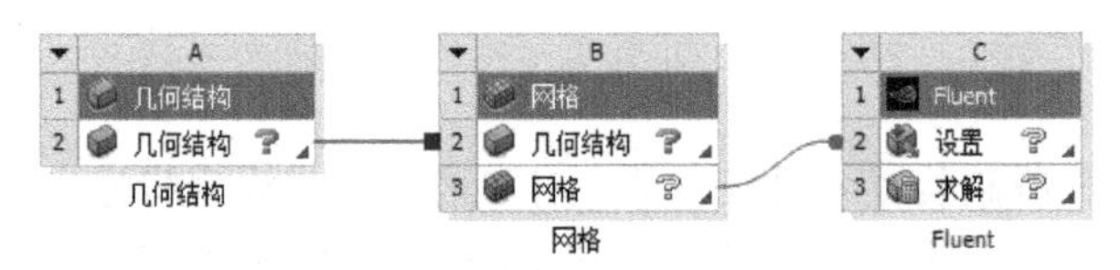

图 12-4 创建 Fluent 分析项目

12.2.2 导入几何模型

1）在 A2 栏“几何结构”上右击，在弹出的快捷菜单中选择“导入几何模型”→“浏览”命令，如图 12-5 所示，此时会弹出“打开”对话框。

2）在“打开”对话框中选择 Char12，导入 Char12 几何模型文件，如图 12-6 所示，此时 A2 栏“几何结构”后的 ? 变为 ✓，表示实体模型已经存在。

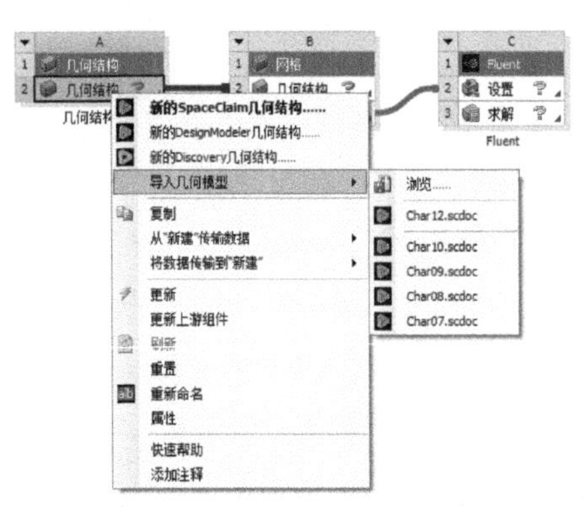

图 12-5 导入几何模型

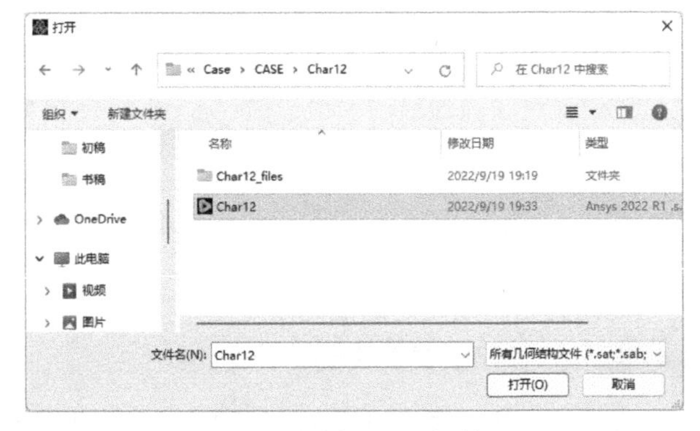

图 12-6 “打开”对话框

3）双击项目 A 中的 A2 栏“几何结构”，会进入“A：几何结构-Geom-SpaceClaim”界面，显示的几何模型如图 12-7 所示。本例中无须进行几何模型修改。

4）单击“群组”按钮，则显示图 12-8 所示的边界条件，本例已经完成了边界条件命名，因此不需要进行修改，如需修改，则在此处进行设置。

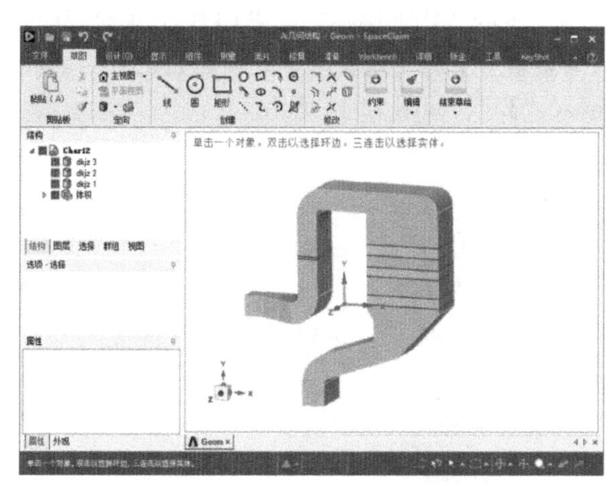

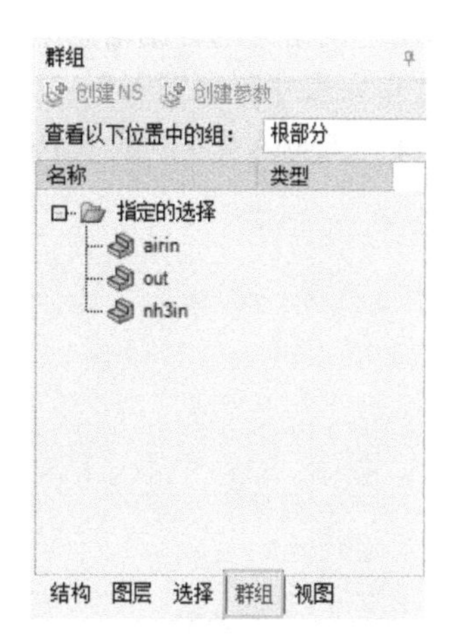

图 12-7　显示的几何模型　　图 12-8　边界条件设置界面

5）单击“A：几何结构-Geom-SpaceClaim”界面右上角的“关闭”按钮，返回 Workbench 主界面。

12.3　网格划分

1）双击项目管理区项目 B 中的 B3 栏“网格”选项，进入网格划分启动界面。在该界面下即可进行网格的划分、边界条件的设置等操作，如图 12-9 所示。

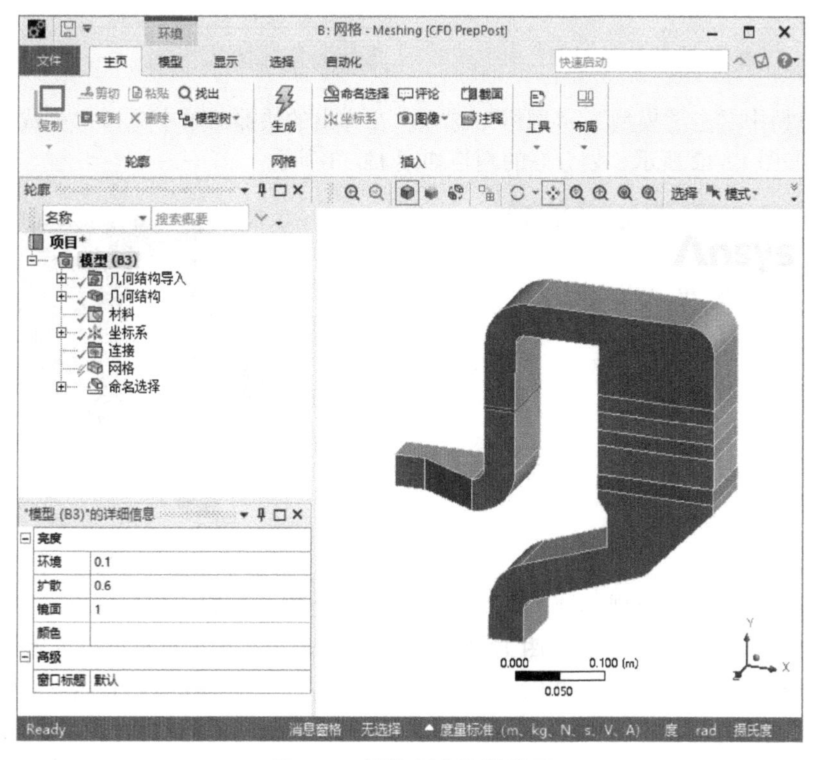

图 12-9　网格划分设置界面

2）在左侧浏览树中单击“模型”→“网格”选项，如图 12-10 所示。

3）在“网格”的详细信息中，“默认值”下的“物理偏好”改成 CFD，“求解器偏好”选择 Fluent，“单元尺寸”处输入 2e-3，在“尺寸调整”下的“增长率”处输入 1.1，在“质量”下的“目标偏度”处输入 0.7，在“平滑”处输入“高”，如图 12-11 所示。

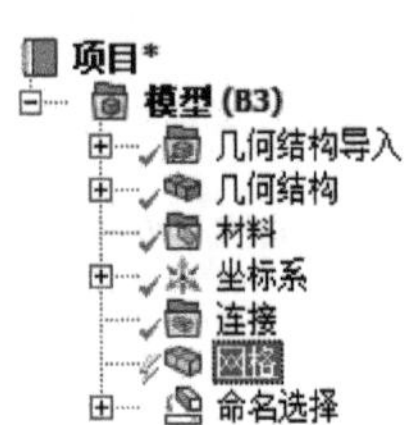
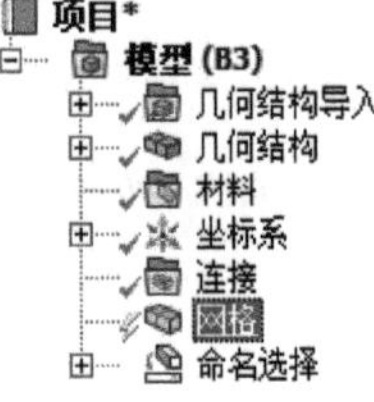

图 12-10 网格设置

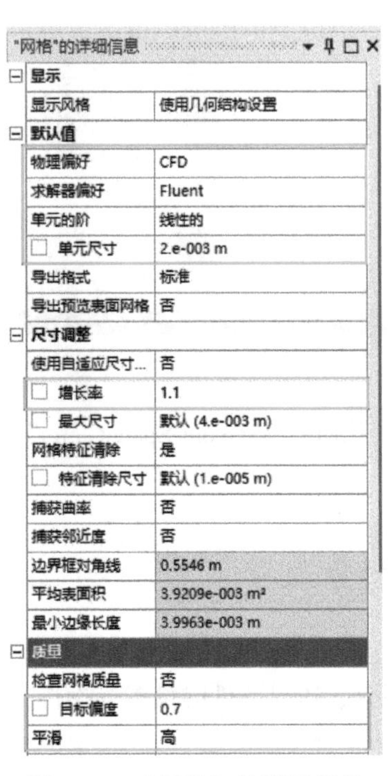

图 12-11 “网格”的详细信息

4）在浏览树中右击“模型”→“网格”选项，在弹出的快捷菜单中选择“生成网格”命令进行网格划分，如图 12-12 所示。划分好的网格如图 12-13 所示。

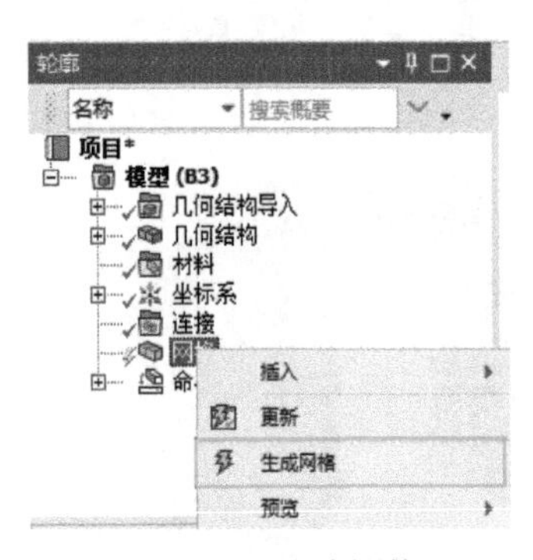

图 12-12 生成网格

图 12-13 面网格划分效果图

5）在浏览树中右击“模型”→“网格”选项，在弹出的快捷菜单中选择“更新”命令，将划分好的网格数据传输至 Fluent 中，如图 12-14 所示，此时可以关闭网格划分设置界面。

6）双击项目管理区项目 C 中的 C2 栏“设置”选项，进入 Fluent 启动设置界面。图 12-15 所示设置为计算双精度、读取网格后显示网格及计算求解选用 6 核并行计算。

7）单击 Start 按钮启动 Fluent，Fluent 求解设置界面如图 12-16 所示。

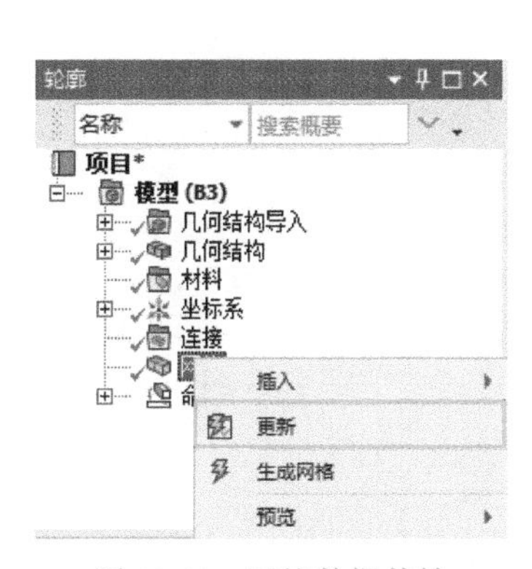

图 12-14　网格数据传输

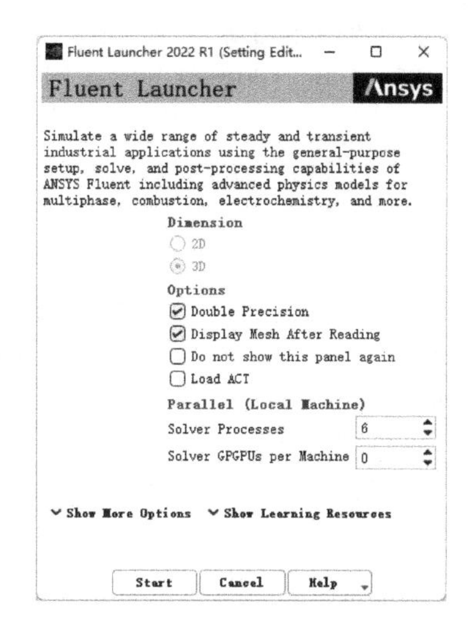

图 12-15　Fluent 启动设置界面

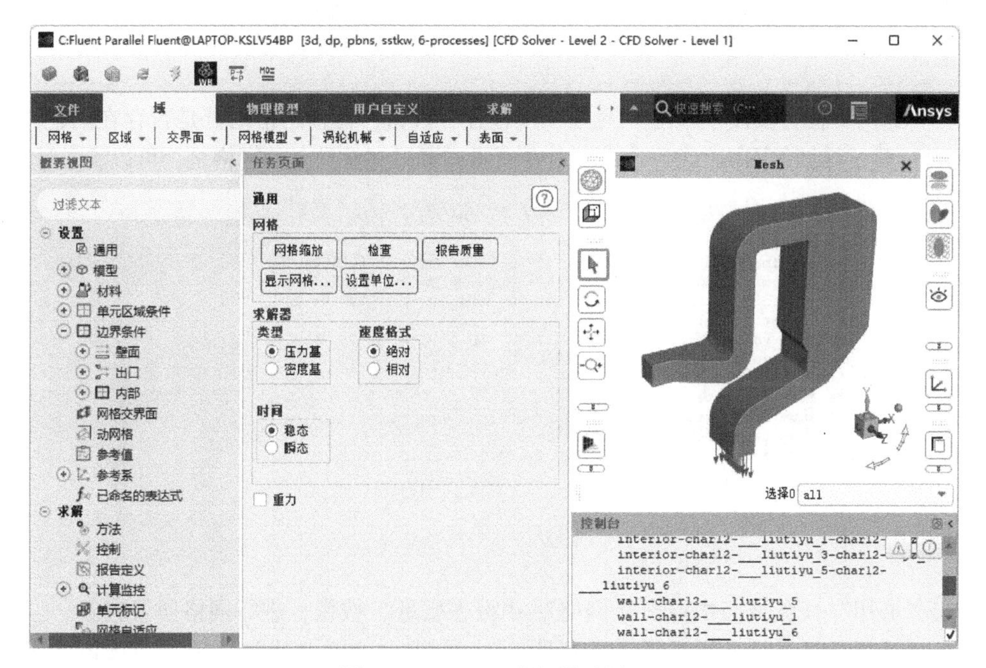

图 12-16　Fluent 求解设置界面

12.4　设置

12.4.1　通用设置

网格导入成功后，进行通用设置，具体操作步骤如下。

1）在浏览树中双击“设置”→“通用”选项，打开“通用”任务页面，选择“重力”，并在 y 处输入-9.8，代表重力方向为 y 的负方向，如图 12-17 所示。

2）在“通用”任务页面中单击“网格”→“网格缩放”按钮，弹出“缩放网格”对话框，在

“查看网格单位”下拉列表框中选择 m，在“比例”处选择“指定比例因子”，并在“比例因子”X、Y、Z 处输入 100、100、100，单击“比例”按钮进行缩放，如图 12-18 所示。

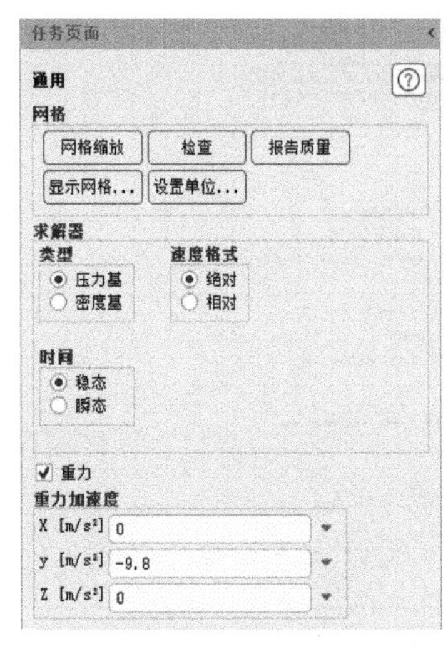

图 12-17 “通用”任务页面

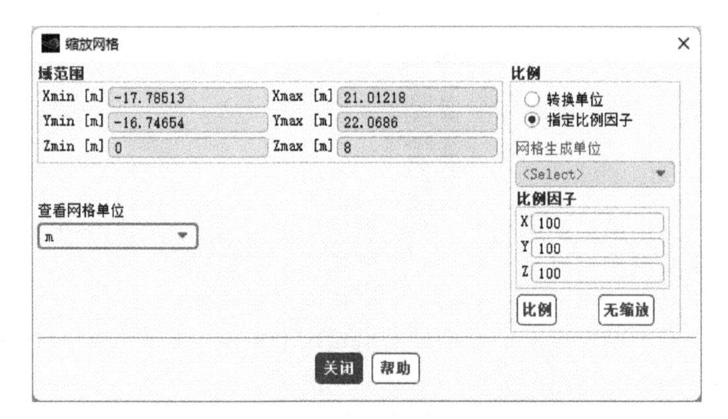

图 12-18 “缩放网格”对话框

3）在“通用”任务页面中单击“网格”→“检查”按钮，检查网格划分是否存在问题，此时会在“控制台”显示详细的网格信息，如图 12-19 所示，可以查看导入的网格是否可以满足计算要求。

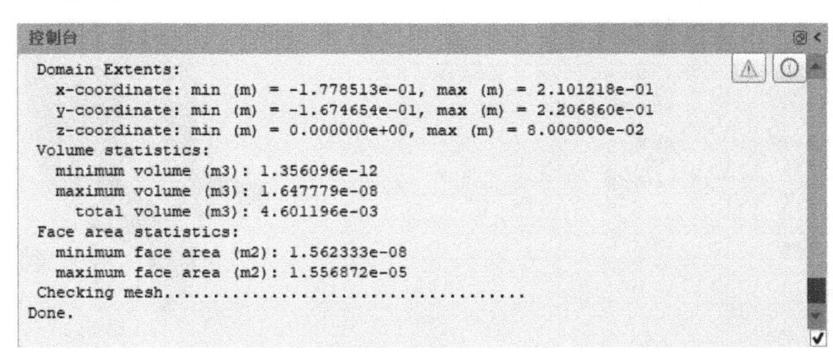

图 12-19 网格信息

4）在“通用”任务页面中单击“网格”→“报告质量”按钮，进行网格质量查看。

5）在“通用”任务页面中选择“求解器”→“类型”→“压力基”选项，即选择基于压力求解；选择“时间”→“稳态”选项，即进行稳态计算。

6）单击功能区的“物理模型”→“工作条件”选项，如图 12-20 所示，弹出“工作条件”对话框，如图 12-21 所示，进行工作压力设置。

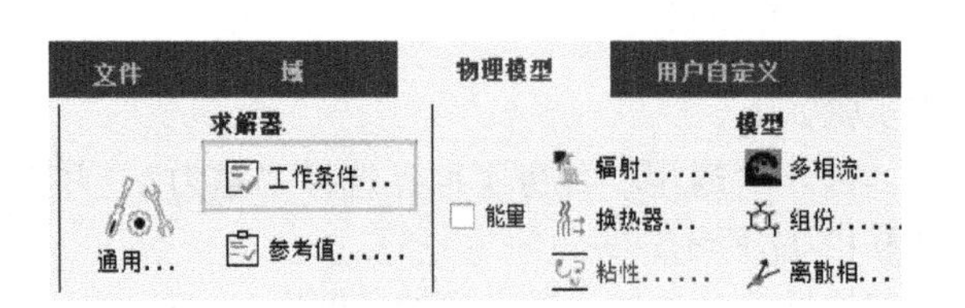

图 12-20 “工作条件”选项

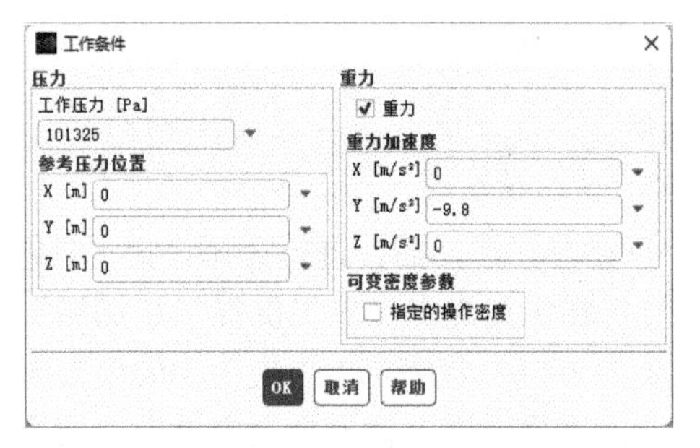

图 12-21 “工作条件”对话框

12.4.2 模型设置

通过对烟气运动过程的分析可知，需要设置烟气流动、传热模型及组份输送模型。通过计算雷诺数可知，烟气流动处于湍流状态，具体操作步骤如下。

1）在浏览树中双击“设置”→“模型”选项，打开“模型”任务页面，如图 12-22 所示。

2）在浏览树中双击“模型”→“粘性”选项，弹出“粘性模型”对话框，进行流动模型设置。在“模型”下选择 k-epsilon（2 eqn），在“k-epsilon 模型”下选择 Standard，在“壁面函数”下选择“标准壁面函数（SWF）”，其余参数保持默认，如图 12-23 所示，单击 OK 按钮保存设置。

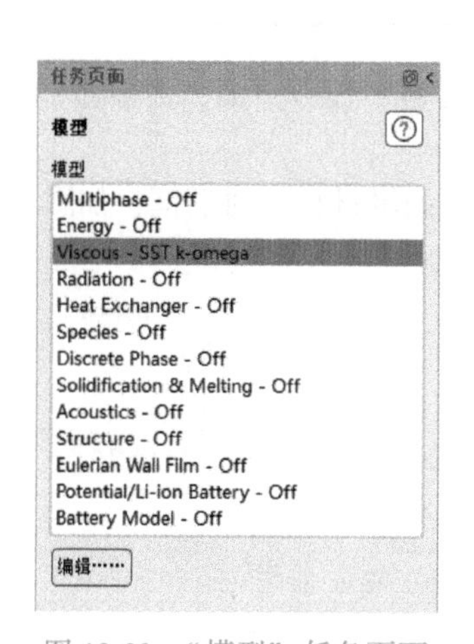

图 12-22 “模型”任务页面

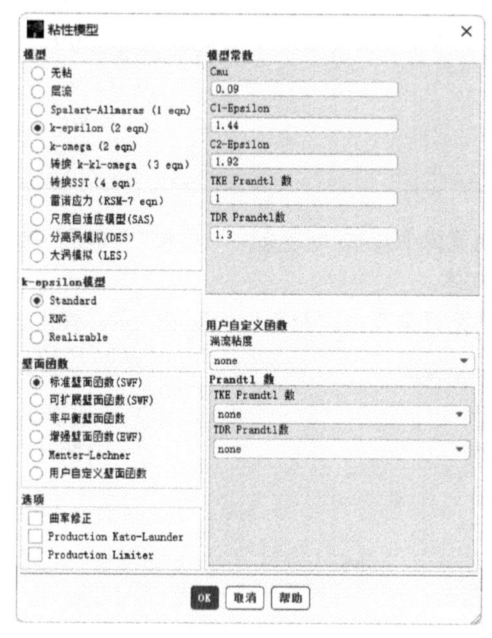

图 12-23 “粘性模型”对话框

3）在浏览树中双击“模型”→“能量”选项，打开“能量”对话框，如图 12-24 所示，单击 OK 按钮保存设置。

4）在浏览树中双击“模型”→“组份”选项，弹出“组份模型”对话框，进行组份模型设置。在“模型”下选择“组份传递”，在“选项”处选择“入口扩散”及“扩散能量源项”，在“混合材料”下拉列表框里选择 mixture-template，如图 12-25 所示，单击 OK 按钮保存设置。

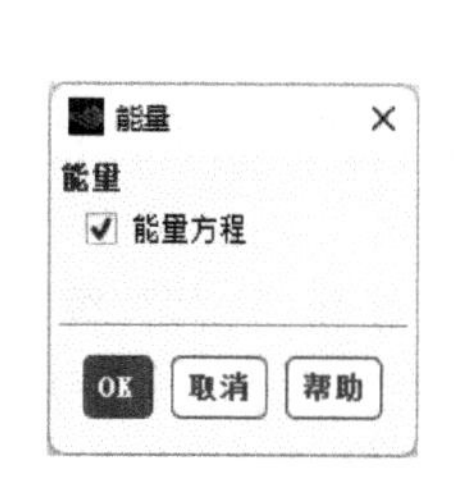

图 12-24 “能量”对话框

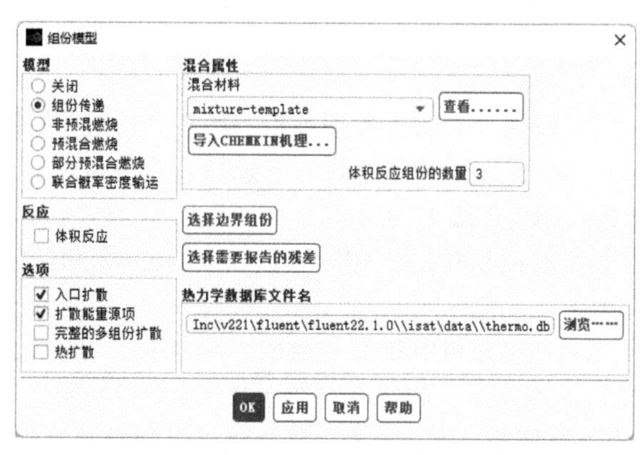

图 12-25 “组份模型”对话框

12.4.3 材料设置

软件默认的流体材料是air，固体材料为aluminum。本案例中具体烟气组份见表12-1，因此需要进行混合物组份材料修改，具体如下。

表12-1 烟气组份表

序 号	名 称	质量分数
1	N_2	0.74
2	CO_2	0.15
3	H_2O	0.077
4	O_2	0.032
5	SO_2	0.0006
6	NO	0.002

1）在浏览树中双击“设置”→“材料”选项，打开“材料”任务页面，需要添加CO_2、SO_2、NO及NH_3气体。

2）在浏览树中双击“材料”→Fluid→air，弹出“创建/编辑材料”对话框，如图12-26所示。

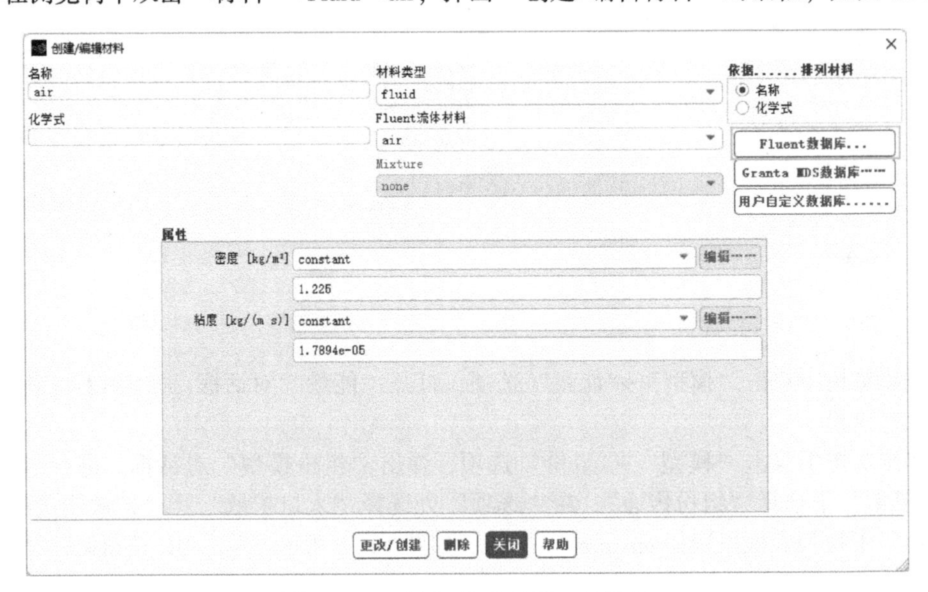

图12-26 “创建/编辑材料”对话框

3）单击“Fluent数据库”，弹出“Fluent数据库材料”对话框，在“材料类型”下选择fluid，在“Fluent流体材料”下选择carbon-dioxide（co2），单击“复制”按钮，则完成CO_2材料的添加，如图12-27所示。

4）参照步骤3），继续添加SO_2、NO及NH_3气体，添加完成的“材料”任务页面如图12-28所示。

5）在浏览树中双击“材料”→Mixture→mixture-template，打开“创建/编辑材料”对话框，如图12-29所示，此处可以进行混合物组份、密度、粘度等参数的修改，其中质量扩散率对氨气扩散特性影响较大，原则上需要测试得到或者根据仿真结果进行修正。

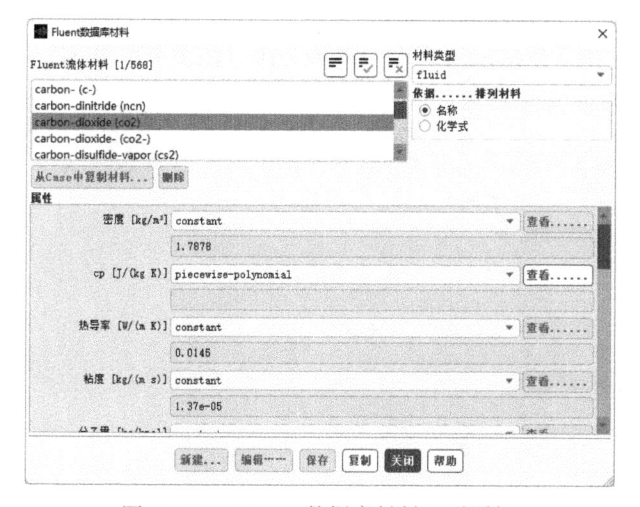

图 12-27 “Fluent 数据库材料”对话框

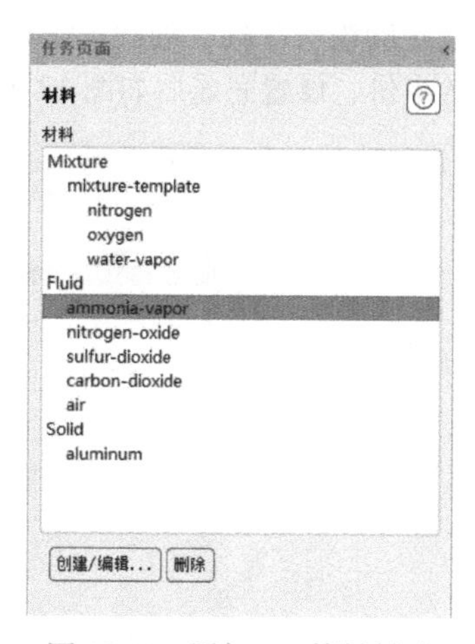

图 12-28 添加 SO_2 等材料后

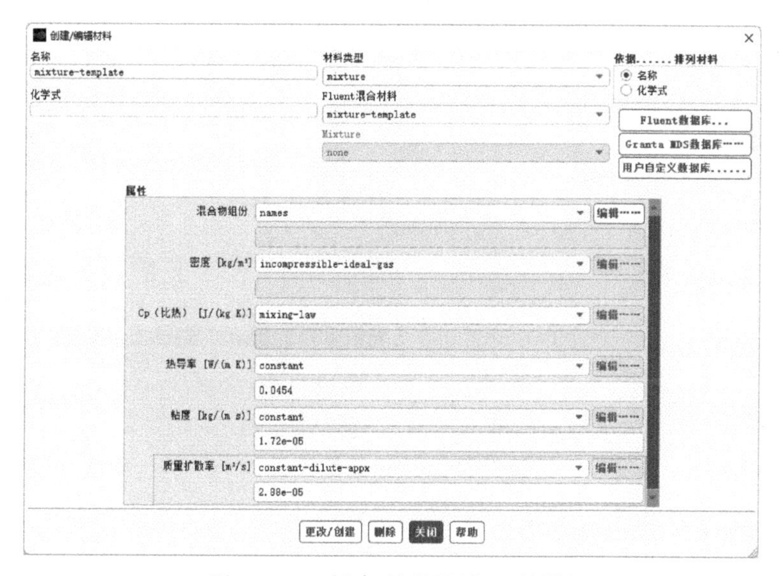

图 12-29 “创建/编辑材料”对话框

6）单击“创建/编辑材料”对话框“混合物组份”后的“编辑”按钮，弹出图 12-30 所示的

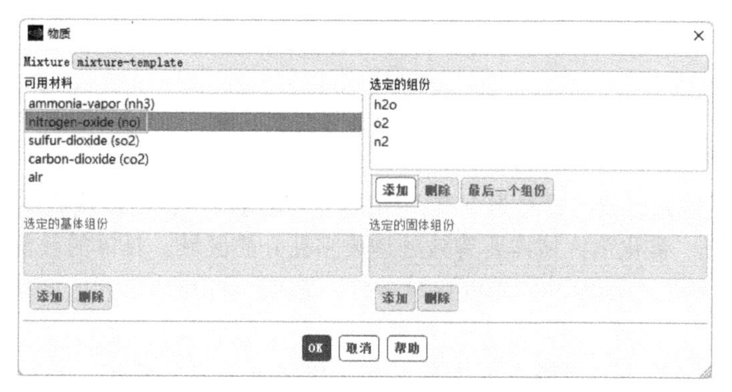

图 12-30 “物质”对话框（一）

“物质”对话框。在“可用材料”处选择 nitrogen-oxide（no），单击“添加”按钮，则将 NO 添加到“选定的组份”内，如图 12-31 所示。然后依次添加 CO_2、SO_2及 NH_3，注意需要将 NH_3设置为最后的组份，设置完成后如图 12-32 所示。

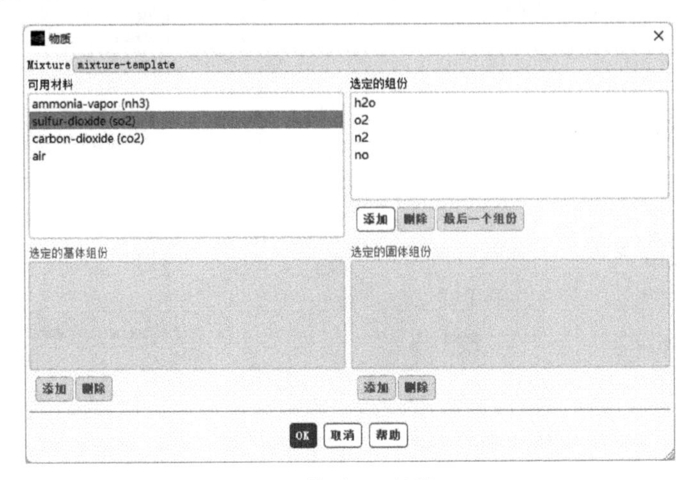

图 12-31 “物质”对话框（二）

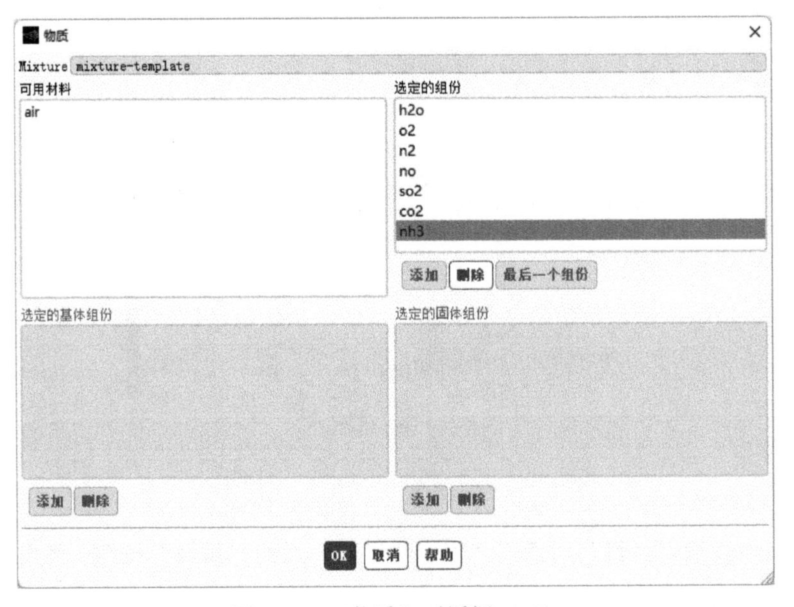

图 12-32 “物质”对话框（三）

12.4.4 单元区域条件设置

Fluent 默认流体单元区域内材料为空气，如果打开组份模型，则默认流体域内材料为混合物，因此不需要进行设置。催化剂区域需要等效处理成多孔介质区域，具体的设置步骤如下。

1）在浏览树中双击“设置”→“单元区域条件”选项，打开“单元区域条件”任务页面，如图 12-33 所示。

2）在“单元区域条件”任务页面中单击 char12-dkjz_1 项，弹出“流体”对话框，切换到“多孔区域”选项卡，则进行多孔区域参数设置。在“粘性阻力（逆绝对渗透率）”处输入

1.33，在“惯性阻力”处输入 91，在“孔隙率”处输入 1，如图 12-34 所示，单击“应用”按钮保存退出。

图 12-33 “单元区域条件”任务页面

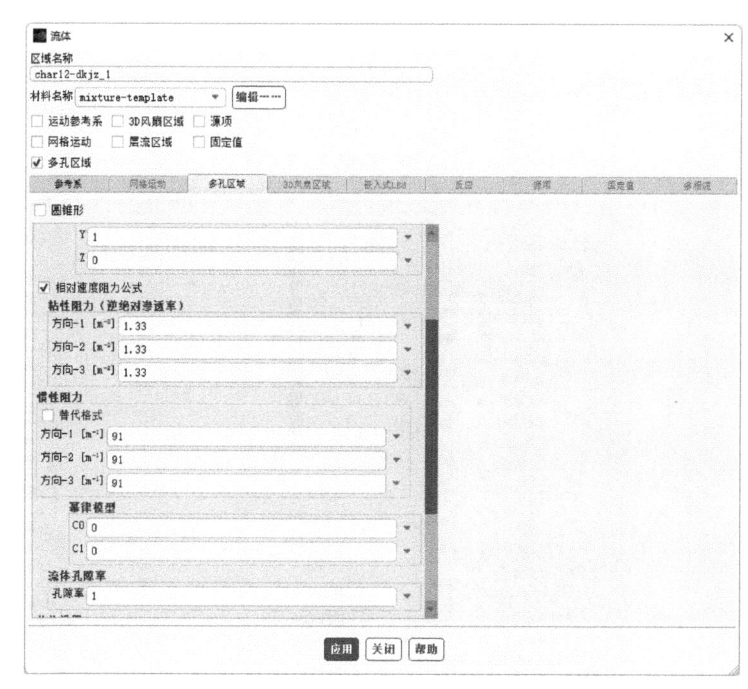

图 12-34 多孔区域设置

3）在“单元区域条件”任务页面中单击“复制”按钮，弹出“复制条件”对话框。在“从单元区域”处选择 char12-dkjz_1，在“到单元区域”处选择 char12-dkjz_2 和 char12-dkjz_3，单击“复制”按钮，则将 char12-dkjz_1 区域内设置的多孔介质参数全部复制到了选择区域，如图 12-35 所示。

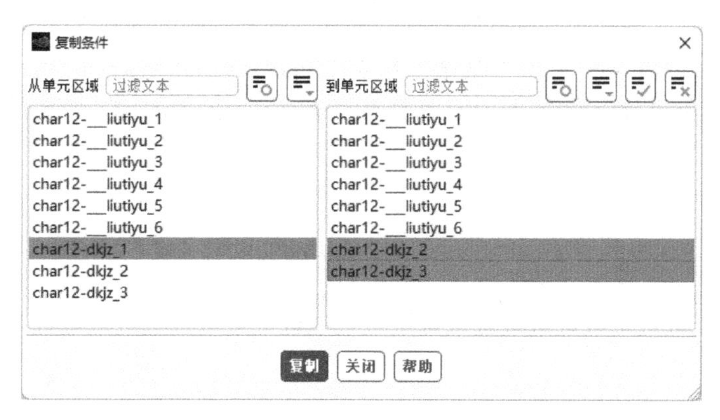

图 12-35 “复制条件”对话框

12.4.5 边界条件设置

边界条件设置分为烟气速度入口、氨气速度入口、压力出口及壁面等，具体操作步骤如下。

1）在浏览树中右击“边界条件”→“壁面”下的 airin 面，如图 12-36 所示，在弹出的快捷菜单中选择“Type”→“速度入口”，将选择面的类型由“壁面”改为“速度入口”。用相同的操作将 nh3in 的边界条件类型也改为“速度入口”。

2）在浏览树中双击“设置”→“边界条件”选项，打开“边界条件”任务页面，如图 12-37 所示。

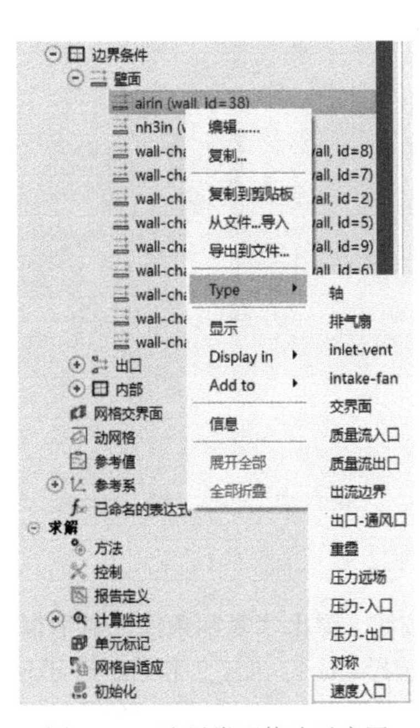

图 12-36　边界类型修改示意图

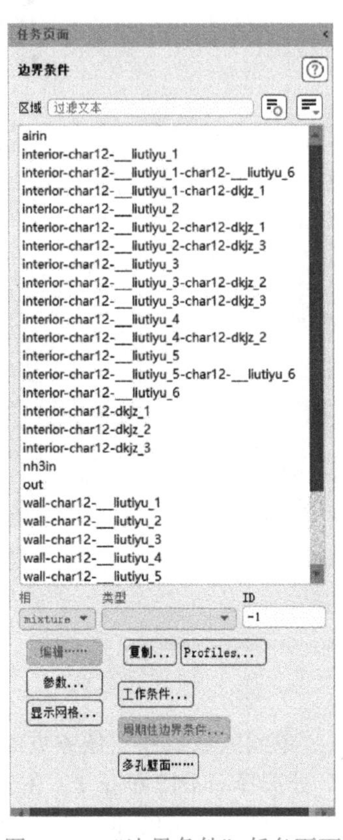

图 12-37　“边界条件”任务页面

3）在“边界条件”任务页面中双击 airin 选项，弹出“速度入口”对话框，如图 12-38 所示，在“速度大小”处输入 13，在“设置”处选择 Intensity and Viscosity Ratio，在“湍流强度”处输入 5，在“湍流粘度比”处输入 10；切换到“热量”选项卡，在“温度”处输入 650，如图 12-39所示，单击“应用”按钮保存。切换到“物质”选项卡，进行物质参数设置，如图 12-40所示，单击“应用”按钮保存。

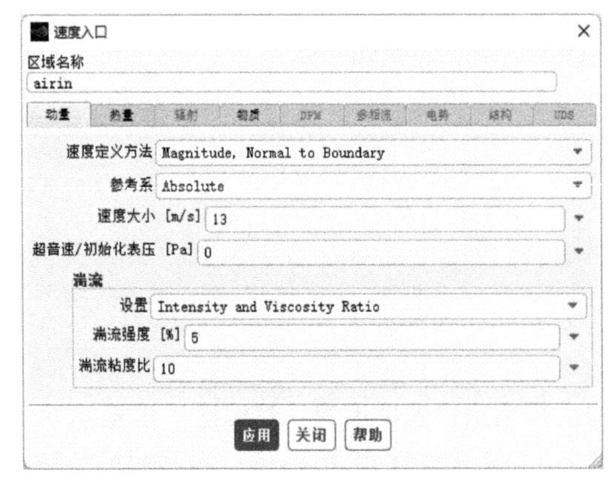

图 12-38　速度入口速度设置（一）

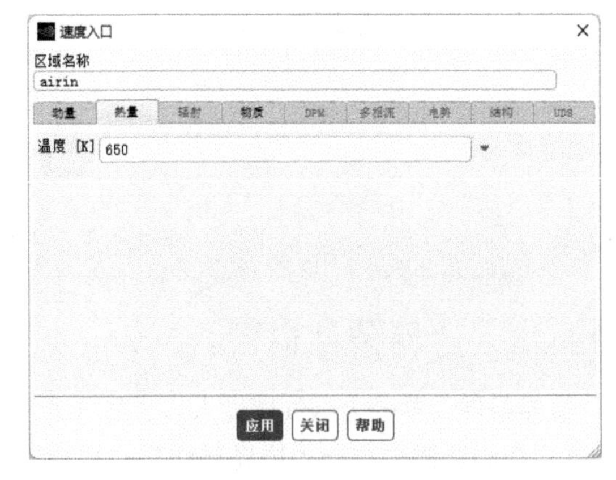

图 12-39　速度入口温度设置（一）

4）在“边界条件”任务页面中双击 nh3in 选项，弹出“速度入口”对话框，如图 12-41 所示，在“速度大小”处输入 8，在“设置”处选择 Intensity and Viscosity Ratio，在“湍流强度”处输入 5，在“湍流粘度比”处输入 10；切换到“热量”选项卡，在“温度”处输入 293.15，如图 12-42 所示，单击“应用”按钮保存；切换到“物质”选项卡，进行物质参数设置，如图 12-43 所示，所有组份比例之和等于 1，因此其他组份均设置为 0 代表氨气入口为纯氨气，单击“应用”按钮保存。

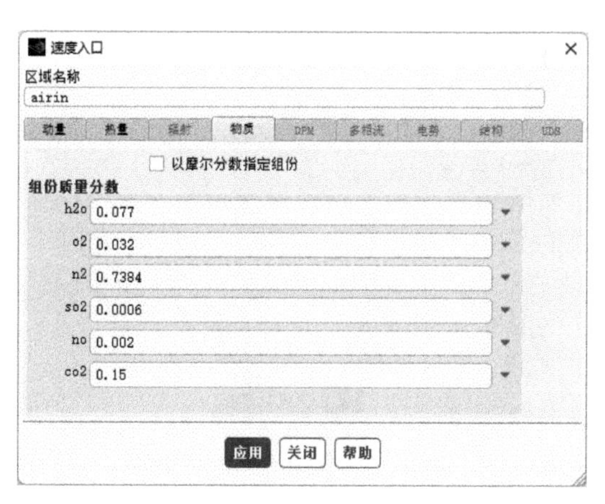

图 12-40　物质参数设置（一）

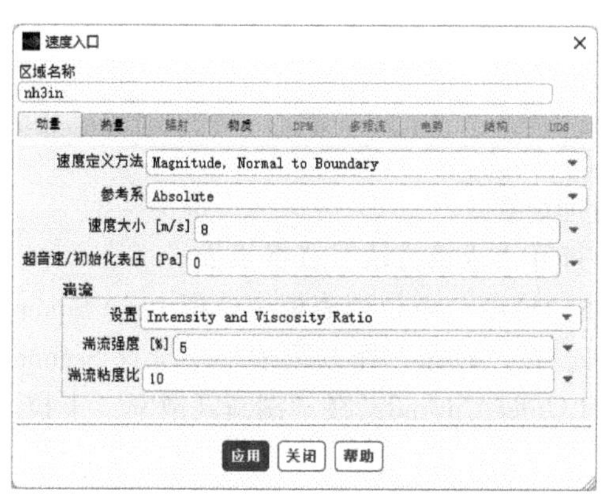

图 12-41　速度入口速度设置（二）

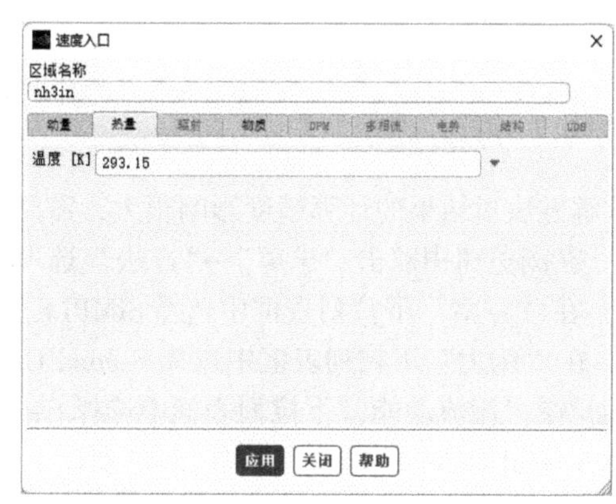

图 12-42　速度入口温度设置（二）

5）在“边界条件”任务页面中双击 out 选项，弹出“压力出口”对话框，如图 12-44 所示，在“表压”处输入 0，在“设置”处选择 Intensity and Viscosity Ratio，在“回流湍流强度”处输入 5，在“回流湍流粘度比”处输入 10；切换到“热量”选项卡，在“回流总温”处输入 300，如图 12-45 所示，单击“应用”按钮保存；切换到“物质”选项卡，进行物质参数设置，如图 12-46 所示，单击“应用”按钮保存。

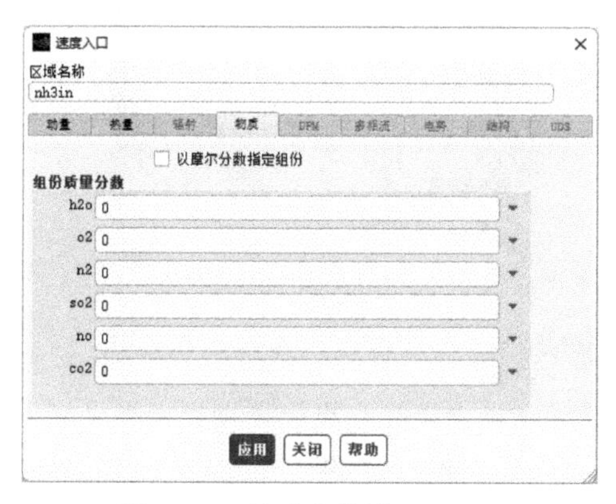

图 12-43　物质参数设置（二）

图 12-44　“压力出口”对话框

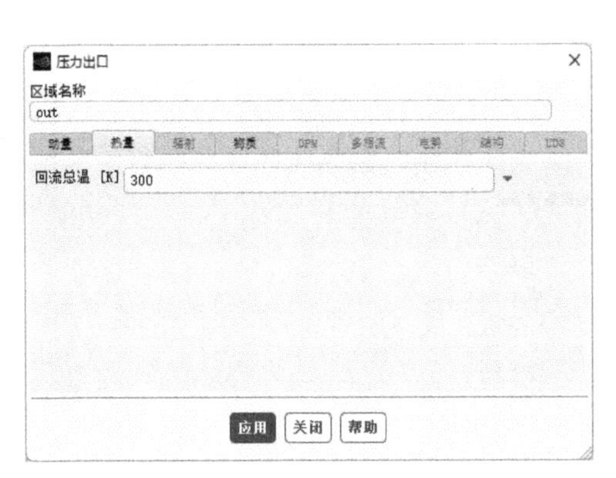

图 12-45　压力出口温度设置

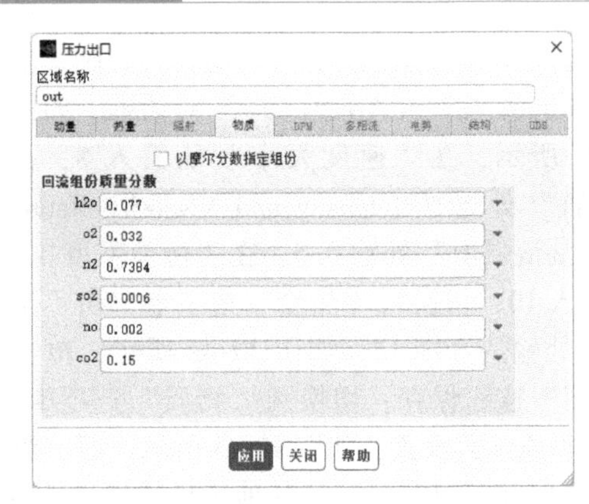

图 12-46　物质参数设置（三）

12.5　求解

12.5.1　方法设置

求解方法对结果的计算精度影响很大，需要合理设置。

1）在浏览树中双击“求解”→“方法”选项，打开“求解方法”任务页面。

2）在“方案”下拉列表框中选择 SIMPLE，在“梯度”下拉列表框中选择 Least Squares Cell Based，在“压力”下拉列表框中选择 Second Order，在“动量”下拉列表框中选择 Second Order Upwind，在“湍流动能”下拉列表框中选择 Second Order Upwind，在“湍流耗散率”下拉列表框中选择 Second Order Upwind，如图 12-47 所示。

12.5.2　控制设置

在浏览树中双击“求解”→“控制”选项，打开“解决方案控制”任务页面，如图 12-48 所示，

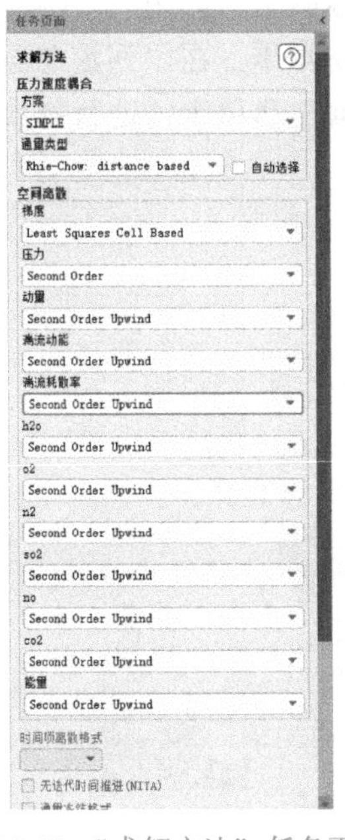

图 12-47　“求解方法”任务页面

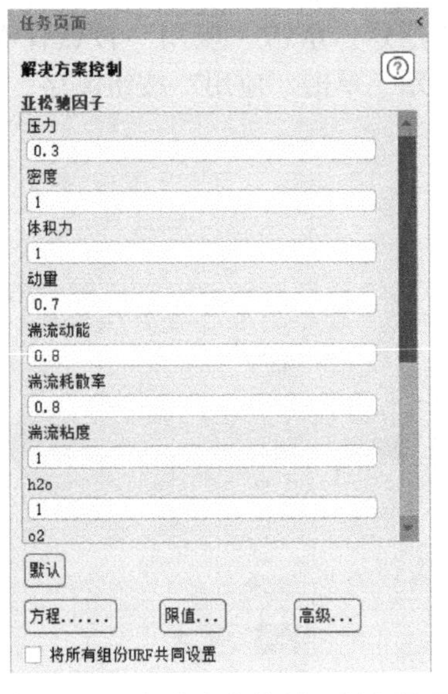

图 12-48　“解决方案控制”任务页面

可以进行“亚松弛因子”、“方程”、“限值”及“高级”等选项设置。“亚松弛因子”代表求解迭代计算方程前的因子，因此原则上保持默认即可。

12.5.3 参数监测设置

本案例需要对脱硝区域内的氨气体积平均分数进行监测，具体操作如下。

在浏览树中右击“求解”→“报告定义”选项，在弹出的快捷菜单中选择“创建”→“体积报告”→“体积-平均”命令，如图 12-49 所示，弹出“体积报告定义”对话框，在“名称”处输入 species-nh3，在“场变量”处选择 Species 及 Mass fraction of nh3，在“创建”处选择“报告文件”及“报告图”，在“单元区域”处选择所有区域，如图 12-50 所示，单击 OK 按钮保存退出。

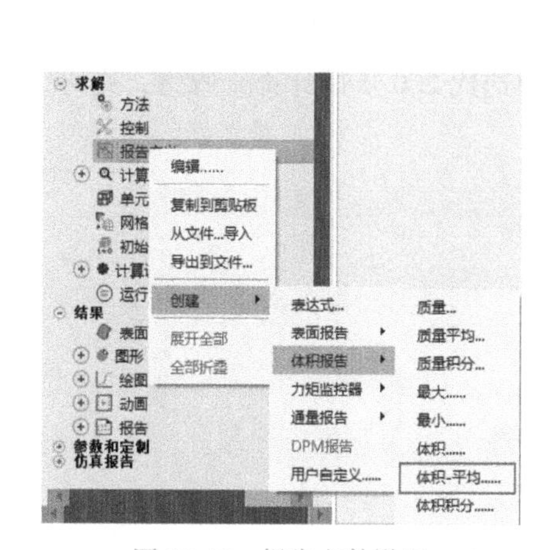

图 12-49　报告文件设置

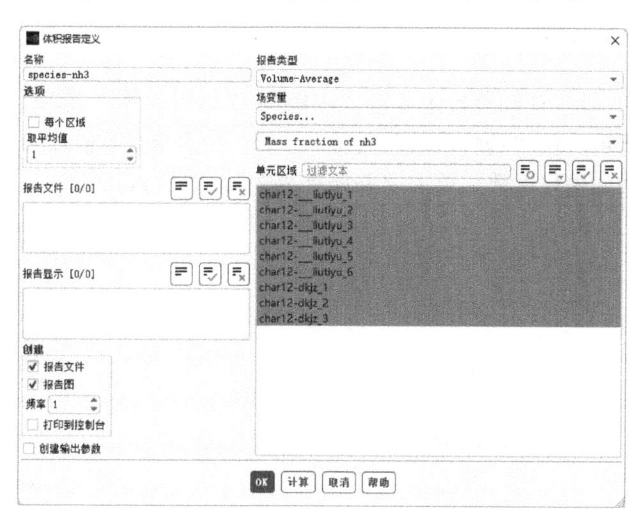

图 12-50　氨气体积平均分数报告定义设置

12.5.4 残差设置

1）在浏览树中双击“求解”→“计算监控”→“残差”选项，弹出“残差监控器”对话框，如图 12-51 所示。

图 12-51　“残差监控器”对话框

2）在“迭代曲线显示最大步数”处输入 1000，在“存储的最大迭代步数”处输入 1000，“绝对标准”值保持默认。

3）单击 OK 按钮，保存残差监控器设置。

12.5.5 初始化设置

1）在浏览树中双击“求解”→“初始化”选项，打开“解决方案初始化”任务页面，如图 12-52 所示。

2）在“初始化方法”处选择“混合初始化（Hybrid Initialization）”，单击“初始化”按钮进行初始化。

12.5.6 计算设置

1）在浏览树中双击“求解”→“运行计算”选项，打开“运行计算”任务页面，如图 12-53 所示。在“迭代次数”处输入 200，代表求解迭代 200 步，如迭代 200 步后计算未收敛，则可以增加迭代次数。单击“开始计算”按钮进行计算。

图 12-52 “解决方案初始化”任务页面

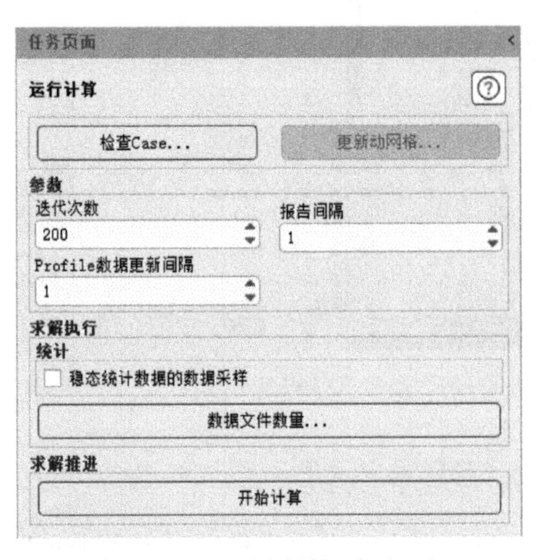

图 12-53 “运行计算”任务页面

2）计算开始后，会出现残差曲线，如图 12-54 所示，残差曲线呈现波动性变化，主要是网格精度不高所致，当计算达到设定迭代次数后，则会自动停止。

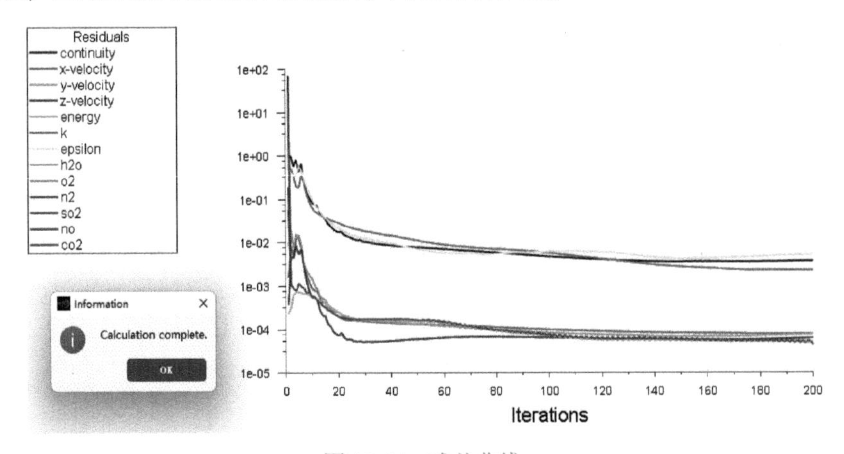

图 12-54 残差曲线

3）计算开始后，会出现氨气体积平均分数监测曲线，如图 12-55 所示。前面设置了自动保存计算文件，保存格式为 . out 文件，之后可以用 Excel 打开进行数据处理。

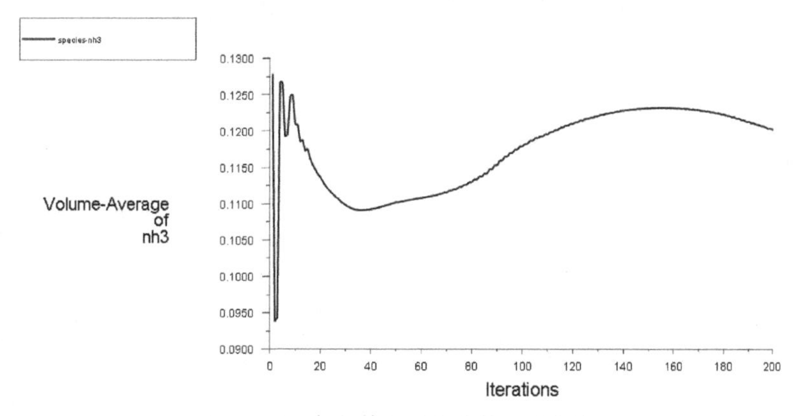

图 12-55　氨气体积平均分数监测曲线

12.6　结果及分析

后处理对于结果分析非常重要，下面将介绍如何创建分析截面，并进行速度、温度、压力、质量分数、速度矢量云图显示及数据后处理分析等。

12.6.1　创建分析截面

为了更好地进行结果分析，下面将创建分析截面 z=4，具体操作步骤如下。

1）在浏览树中右击“结果”→“表面”选项，在弹出的快捷菜单中选择“创建”→“平面”命令，如图 12-56 所示，弹出“平面”对话框。

2）在“新面名称”处输入 z=4，在“方法”下拉列表框中选择 XY Plane，在 Z 处输入 4，单击“创建”按钮完成 z=4 截面创建，如图 12-57 所示。

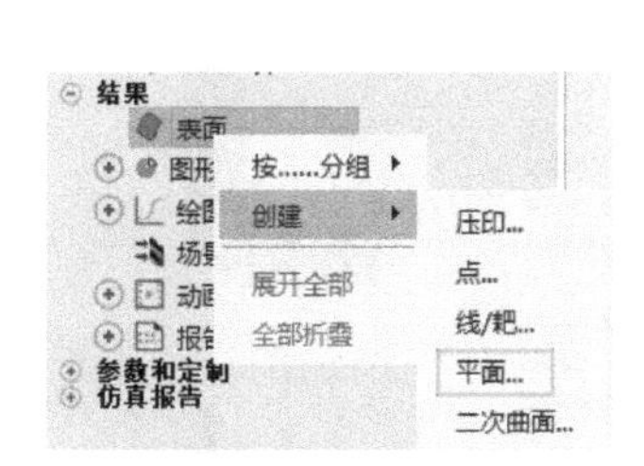

图 12-56　创建平面

图 12-57　“平面”对话框

12.6.2　z=4 截面速度云图分析

分析截面创建完成后，下一步进行速度云图显示，具体操作步骤如下。

在浏览树中双击“结果”→“图形”→“云图”选项，弹出“云图”对话框，如图 12-58 所示。

在“云图名称”处输入 velocity-z-4，在“选项”处选择“填充”、“节点值”、“边界值”、“全局范围”及“自动范围”，在“着色变量”处选择 Velocity 及 Velocity Magnitude，在“表面”处选择 z=4，单击“保存/显示”按钮，则显示出 z=4 截面的速度云图，如图 12-59 所示。

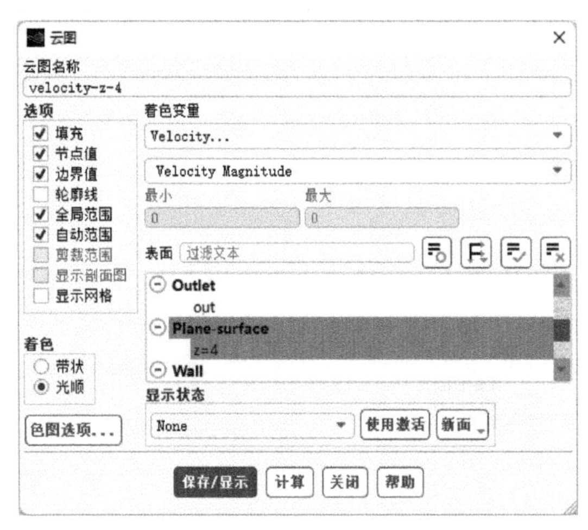

图 12-58　z=4 截面速度云图设置

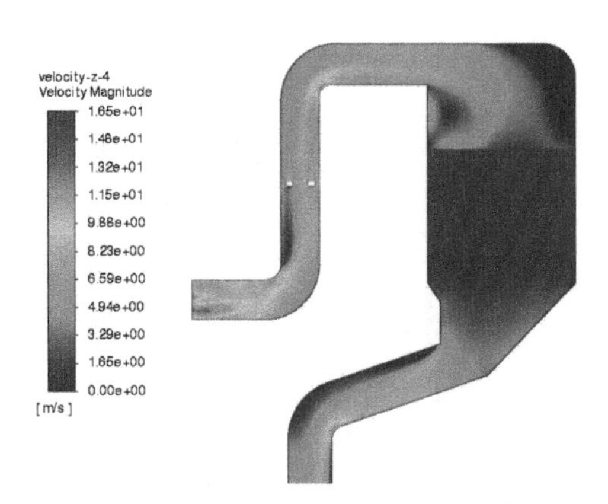

图 12-59　z=4 截面速度云图【彩】

由图 12-59 可知，由于烟气脱硝装置的结构特性，弯道处烟气速度较大，最大速度约为 16.5m/s，由于在后段设置了催化剂层，且催化剂区域等效设置为多孔介质，所以在该区域速度较小。

12.6.3　z=4 截面温度云图分析

在浏览树中双击“结果”→“图形”→“云图”选项，弹出“云图”对话框，如图 12-60 所示。在“云图名称”处输入 temperature-z-4，在“选项”处选择“填充”、“节点值”、“边界值”、“全局范围”及“自动范围”，在“着色变量”处选择 Temperature 及 Static Temperature，在“表面”处选择 z=4，单击“保存/显示”按钮，则显示出 z=4 截面的温度云图，如图 12-61 所示。

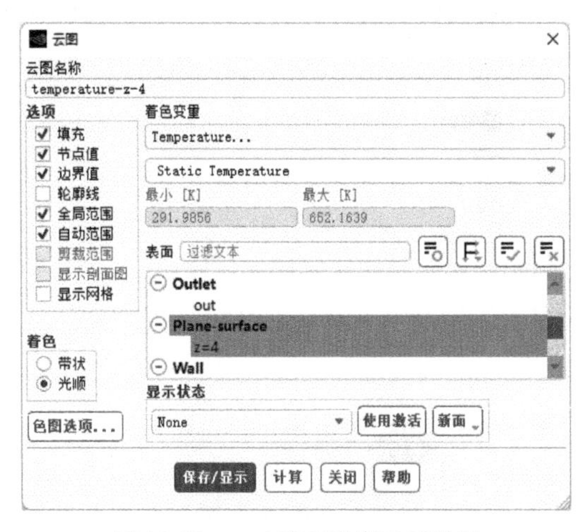

图 12-60　z=4 截面温度云图设置

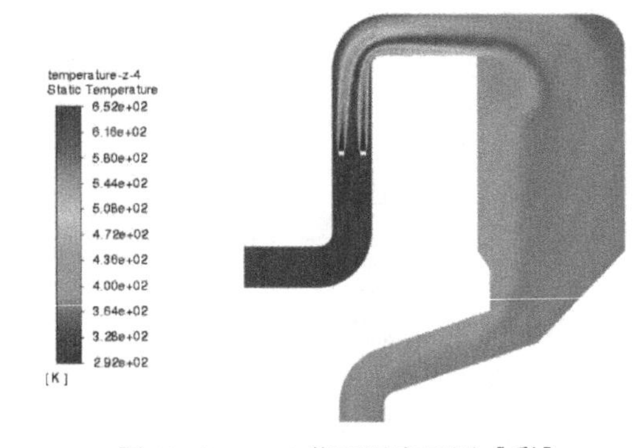

图 12-61　z=4 截面温度云图【彩】

由图 12-61 所示的温度云图分布可知，入口烟气温度较高，氨气入口温度为 293.15K，因此氨气进入脱硝装置内部后温度逐步升高，但是由于氨气入口速度及混合特性，氨气基本在快到催化剂层时温度才与烟气温度基本一致。

12.6.4 z=4 截面压力云图分析

在浏览树中双击“结果”→“图形”→“云图”选项，弹出“云图”对话框，如图 12-62 所示。在“云图名称”处输入 pressure-z-4，在“选项”处选择“填充”、“节点值”、“边界值”、“全局范围”及“自动范围”，在“着色变量”处选择 Pressure 及 Static Pressure，在“表面”处选择 z=4，单击“保存/显示”按钮，则显示出 z=4 截面的压力云图，如图 12-63 所示。

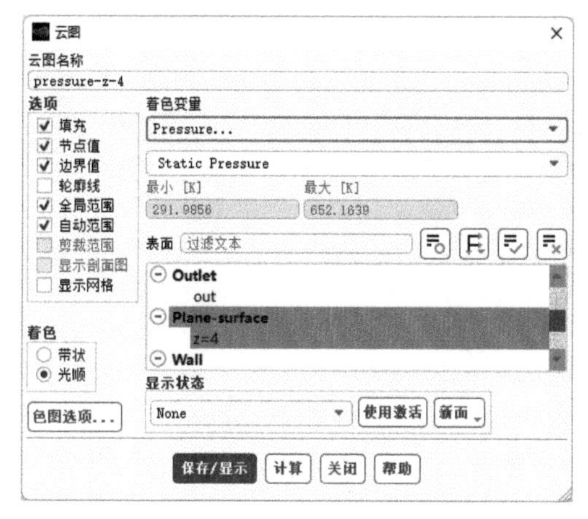

图 12-62 z=4 截面压力云图设置

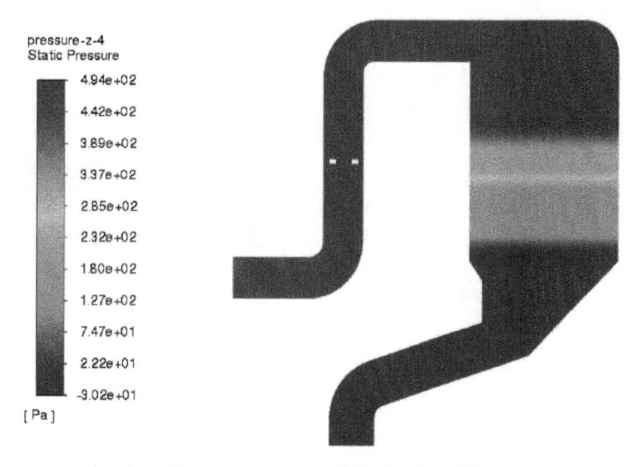

图 12-63 z=4 截面压力云图

由图 12-63 所示的压力云图分布可知，出口存在回流情况，因此出口存在部分负压，在进行阻力分析时可以近似将出口默认为 0。压力云图最大压力值为 494Pa，因此脱硝装置系统阻力为 494Pa，且可以明显看出主要压力降低在催化剂层，催化剂层压力变化受多孔介质阻力系数影响，因此后续需要测试后进行进一步修正。

12.6.5 z=4 截面氨气质量分数云图分析

1）在浏览树中双击“结果”→“图形”→“云图”选项，弹出“云图”对话框，如图 12-64 所示。在“云图名称”处输入 species-nh3-z-4，在“选项”处选择“填充”、“节点值”、“边界值”、“全局范围”及“自动范围”，在“着色变量”处选择 Species 及 Mass fraction of nh3，在“表面”处选择 z=4，单击“保存/显示”按钮，则显示出 z=4 截面的氨气质量分数云图，如图 12-65 所示。

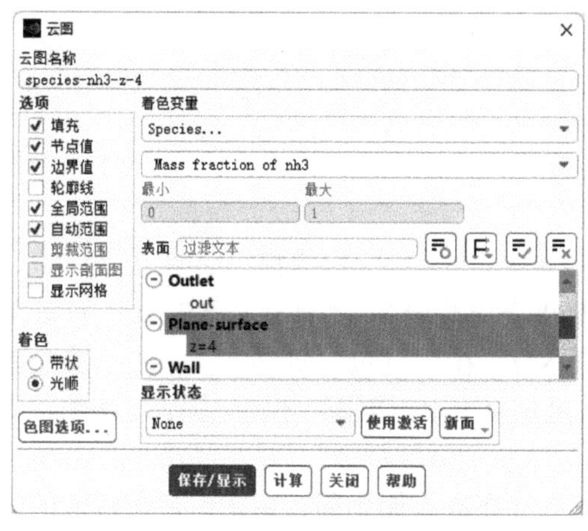

图 12-64 z=4 截面氨气质量分数云图设置（一）

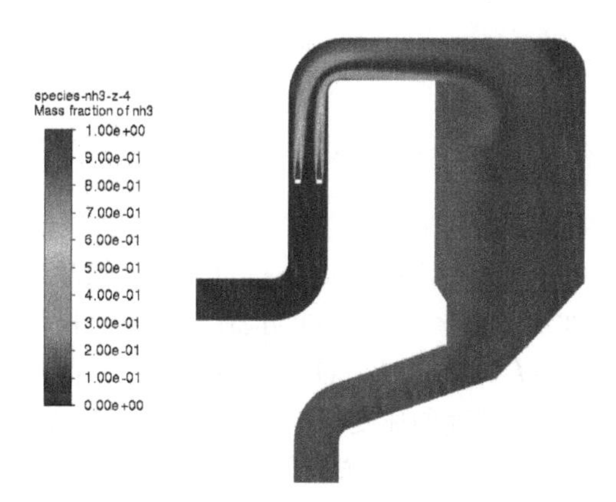

图 12-65 z=4 截面氨气质量分数云图（一）【彩】

由图 12-65 可知，在氨气喷口处氨气的质量分数最高，随着扩散时间增加，氨气逐步与烟气混合，由于第一个弯道处未设置混合挡板，氨气在此之前与烟气的混合效果并不是很好，到催化剂区域后混合才比较均匀，由此可见需要在烟道内部设置混合挡板，优化氨气与烟气的混合特性。

2）选择“云图”对话框“选项”处的“显示网格”，弹出“网格显示”对话框，在“选项”处选择“边”，在“边类型”处选择“轮廓”，在“表面”处选择 Wall 下的所有面，如图 12-66 所示，单击“显示”按钮，则显示如图 12-67 所示。

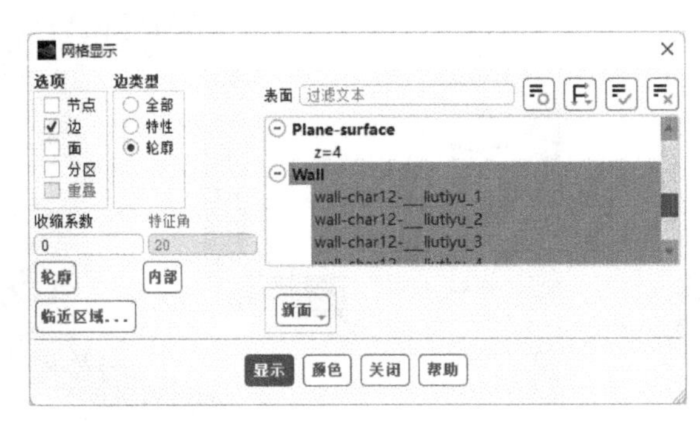

图 12-66 “网格显示”对话框

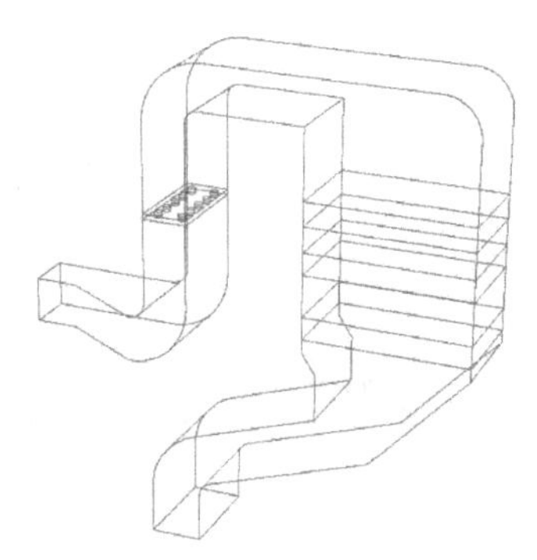

图 12-67 网格显示效果图

3）在“云图”对话框中，单击“保存/显示”按钮，如图 12-68 所示，显示出来的氨气质量分数云图如图 12-69 所示。

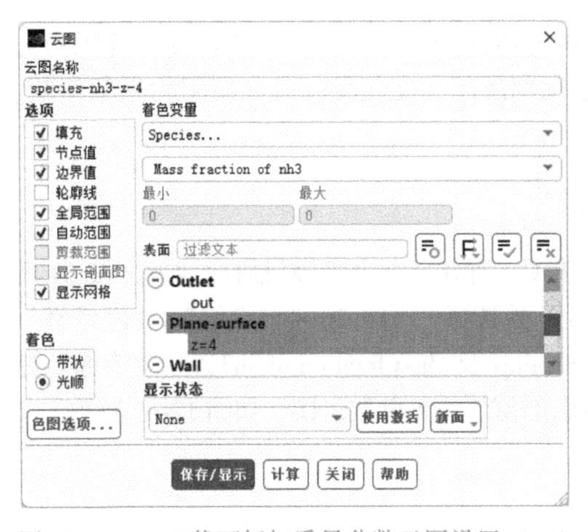

图 12-68 z=4 截面氨气质量分数云图设置（二）

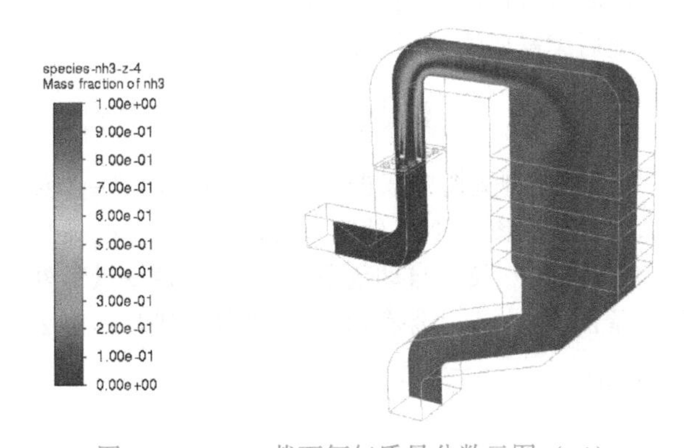

图 12-69 z=4 截面氨气质量分数云图（二）

12.6.6 z=4 截面速度矢量云图分析

在浏览树中双击“结果”→“图形”→“矢量”选项，弹出“矢量”对话框，如图 12-70 所示。在“矢量名称”处输入 vector-z-4，在“选项”处选择“全局范围”、“自动范围”及“自动缩放”，在“类型”下选择 filled-arrow，在“比例”处输入 2，在“跳过”处输入 1，在“着色变量”处选择 Velocity 及 Velocity Magnitude，在“表面”处选择 z=4，单击“保存/显示”按钮，则显示出 z=4 截面的速度矢量云图，如图 12-72 所示。

图 12-71 中，箭头方向代表速度的方向，可以知道烟气在进入催化剂区域之前存在较大的流动旋涡，主要原因是第二个弯道处没有设置导流板。

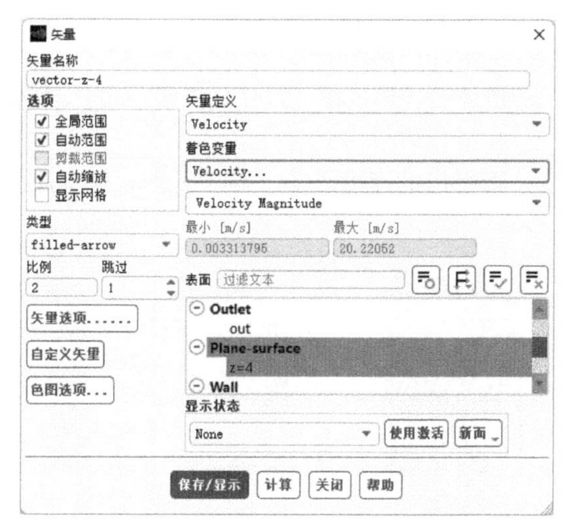

图 12-70　x=0 截面速度矢量云图设置

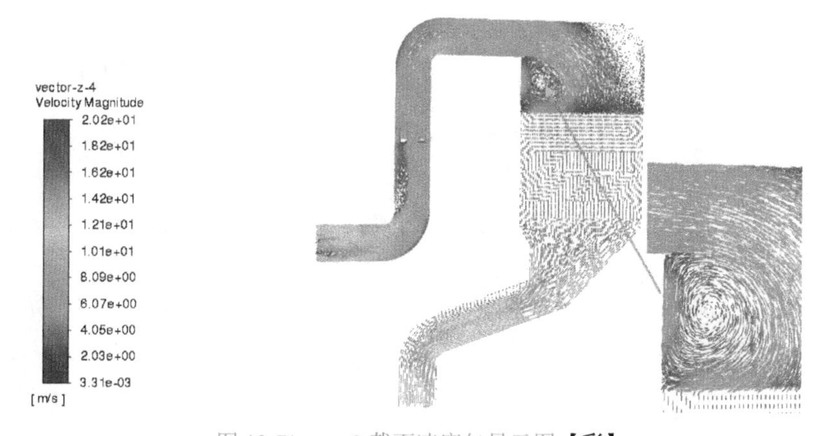

图 12-71　x=0 截面速度矢量云图【彩】

12.6.7　计算结果数据后处理分析

在浏览树中双击“结果”→“报告”→“体积积分”选项，弹出“体积积分”对话框，如图 12-72 所示。在“报告类型”中选择“体积-平均”，在“场变量”里选择 Temperature 及 Static Temperature，在“单元区域”处选择所有区域，单击“计算”按钮得出烟气脱硝装置内体积平均温度为 575K。

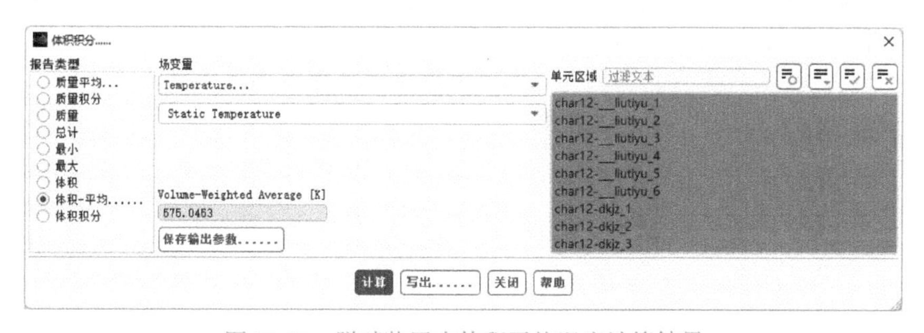

图 12-72　脱硝装置内体积平均温度计算结果

12.6.8 优化方案结果对比分析

基于上述分析，可知在弯道处设置导流板可以优化流场分布，因此进行了几何模型优化，如图 12-73 所示。

参照上述分析方法重新计算得出的速度云图、温度云图、氨气质量分数云图如图 12-74～图 12-76 所示。

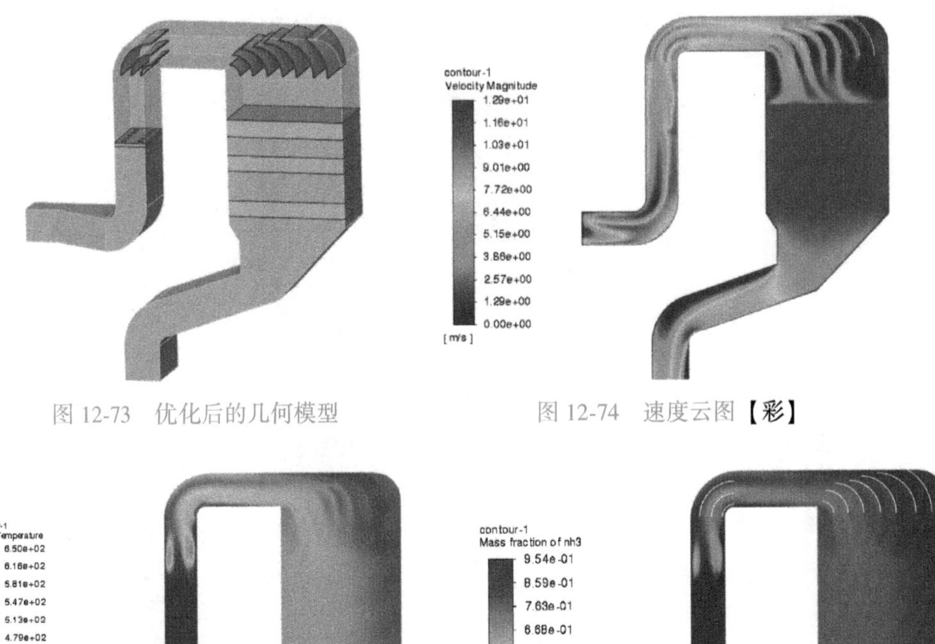

图 12-73　优化后的几何模型

图 12-74　速度云图【彩】

图 12-75　温度云图【彩】

图 12-76　氨气质量分数云图【彩】

12.7 本章小结

本章以烟气脱硝装置内的氨气混合特性研究为例，详细讲解了几何模型前处理、网格划分、设置、求解及结果查看和分析，重点说明了组份模型、多孔介质模型的设置及结果后处理等内容。通过本章学习，可以掌握电厂烟气脱硝、脱硫等相关案例的分析方法。

第13章

新能源汽车PCU液冷性能模拟

操作视频

PCU（Power Control Unit，功率控制单元）是指将各高压用电器（如PTC、压缩机、电机、DC/DC、高压配电盒等）的控制系统集成于一体。PCU主要负责电驱系统的能量流向和分配，主要由IGBT模块、电感、空调模块构成，因此功耗大，对电子元件散热带来了极大的挑战，因此本章以新能源汽车PCU液冷性能分析为例进行讲解。

本章知识要点如下。

1）学习如何进行材料新增设置。

2）学习如何进行面热流密度设置。

3）学习如何进行结果后处理分析。

13.1 案例简介

本章以新能源汽车PCU液冷散热为研究对象，对其温度特性进行分析。新能源汽车PCU液冷系统几何模型如图13-1所示，考虑到IGBT模块的尺寸和数量，液冷板的整体尺寸为270mm×190mm，高度是10mm，流道高度为8mm；IGBT模块是240mm×70mm的两个区域，电感的面积是110mm×130mm，空调模块的散热面积为60mm×85mm，冷板上表是两个IGBT模块的加热面，冷板下表是电感和两个一样的空调模块的加热面，左下角为乙二醇溶液入口，右上角为冷却液出口。

图13-1 几何模型

13.2 几何模型前处理

13.2.1 创建分析项目

1）在Windows系统下执行“开始”→“所有程序”→ANSYS 2022→Workbench 2022命令，启动ANSYS Workbench 2022，进入Workbench主界面。

2）在Workbench主界面的工具箱中双击“组件系统”→“几何结构”选项，即可在项目管理区创建分析项目A，如图13-2所示。

3）在工具箱中的“组件系统”→“Fluent（带Fluent网格剖分）”上按住鼠标左键拖动到项目管理区中，当项目A的A2“几何结构”呈红色高亮显示时，放开鼠标创建项目B，此时相关联的数据可共享，如图13-3所示。

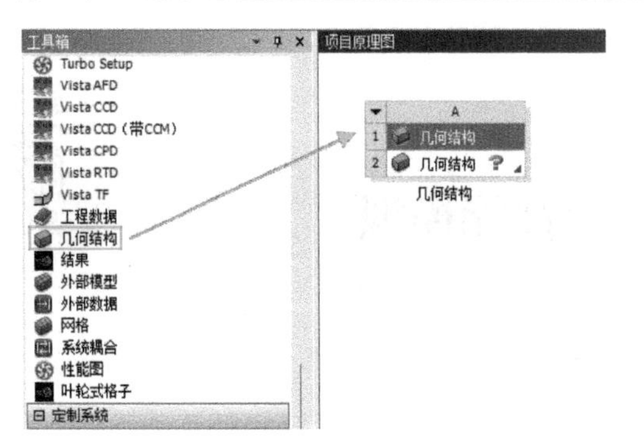

图 13-2　创建几何结构

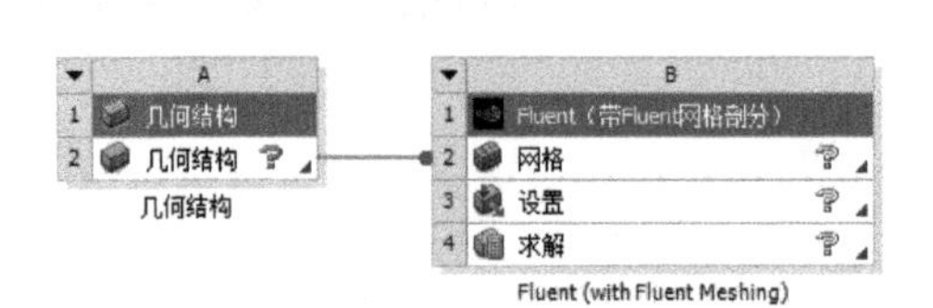

图 13-3　创建分析项目 B

13.2.2　导入几何模型

1）在 A2 栏“几何结构”上右击，在弹出的快捷菜单中选择“导入几何模型”→“浏览”命令，如图 13-4 所示，此时会弹出“打开”对话框。

2）在“打开”对话框中选择 Char13，导入 Char13 几何模型文件，如图 13-5 所示，此时 A2 栏“几何结构”后的 ? 变为 ✓，表示实体模型已经存在。

图 13-4　导入几何模型

图 13-5　“打开”对话框

3）双击项目 A 中的 A2 栏“几何结构”，会进入“A：几何结构-Geom-SpaceClaim”界面，显示的几何模型如图 13-6 所示。本例中无须进行几何模型修改。

4）单击“群组”按钮，则显示图 13-7 所示的边界条件，本例已经完成了边界条件命名，因此不需要进行修改，如需修改，则在此处进行设置。

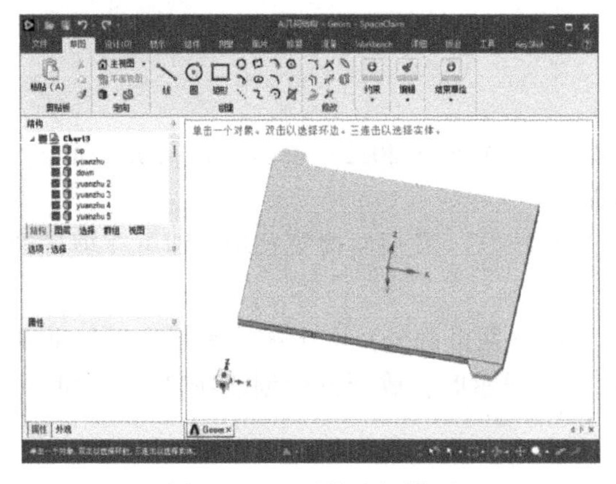

图 13-6　显示的几何模型

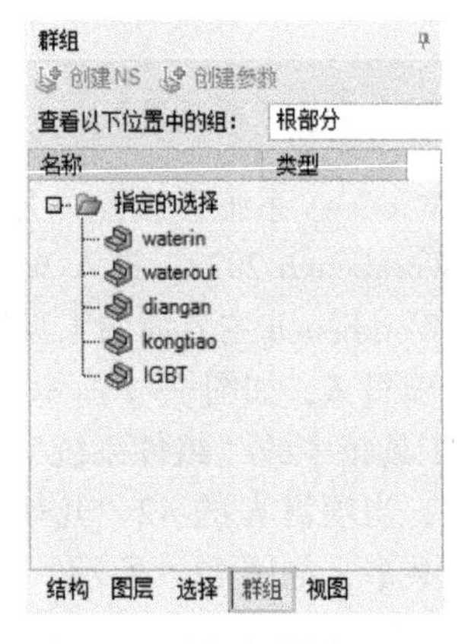

图 13-7　边界条件设置界面

5）单击“A：几何结构-Geom-SpaceClaim”界面右上角的“关闭”按钮，返回 Workbench 主界面。

13.3　网格划分

1）双击项目管理区项目 B 中的 B2 栏“网格”选项，进入网格划分启动界面。图 13-8 所示为计算双精度、读取网格后显示网格、网格划分及计算求解选用 6 核并行计算。

2）单击 Start 按钮进入 B：Fluent（with Fluent Meshing）界面，在该界面下即可进行网格的划分、边界条件的设置等操作，如图 13-9 所示。

图 13-8　网格划分启动界面

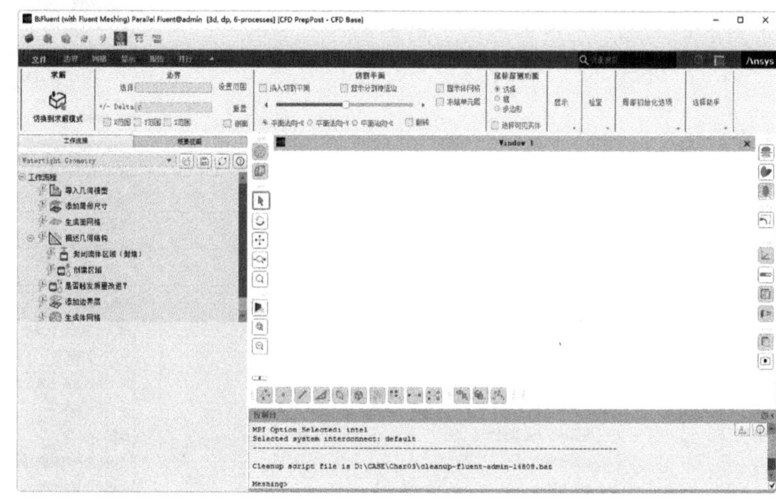

图 13-9　B：Fluent（with Fluent Meshing）界面

3）在左侧浏览树中单击“工作流程”→“导入几何模型”选项，在打开的面板中单击“导入几何模型”按钮，即可将几何模型导入，如图 13-10 所示，导入的几何模型如图 13-11 所示。

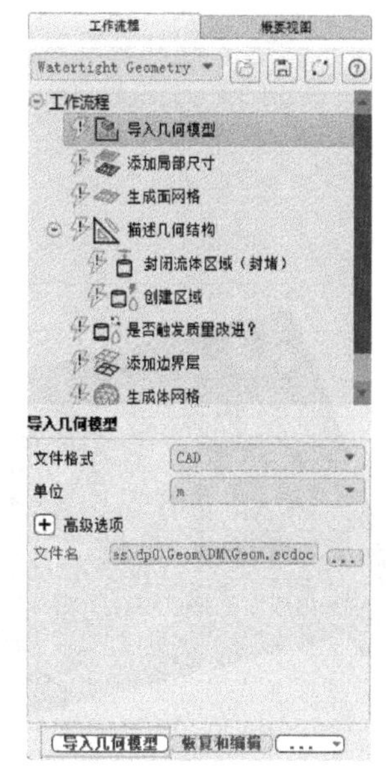

图 13-10　几何模型导入设置界面

图 13-11　导入的几何模型

4）继续在浏览树中单击“工作流程”→“添加局部尺寸”选项，在打开的面板中单击“更新”按钮，如图 13-12 所示。

5）在浏览树中单击“工作流程”→“生成面网格”选项，在打开的面板中设置面网格划分参数，在 Minimum Size 处输入 0.0002，在 Maximum Size 处输入 0.005，在“增长率”处输入 1.2，打开“高级选项”，在“质量优化的偏度限值”处输入 0.8，在“基于坍塌方法改进质量的偏斜度阈值”处输入 0.8，其他参数保持默认设置。单击“生成面网格”按钮即可进行面网格划分，如图 13-13 所示。

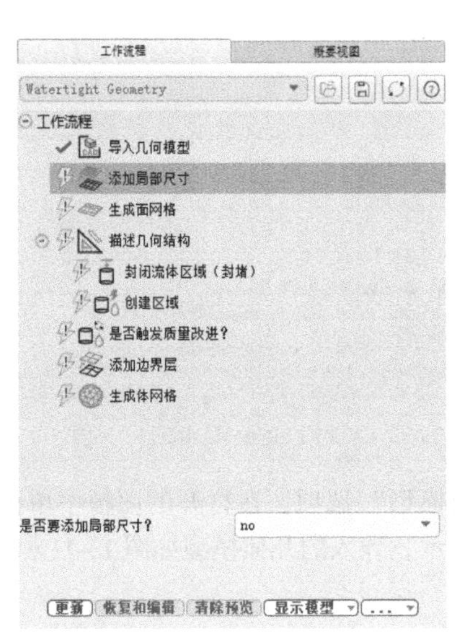

图 13-12　添加局部尺寸

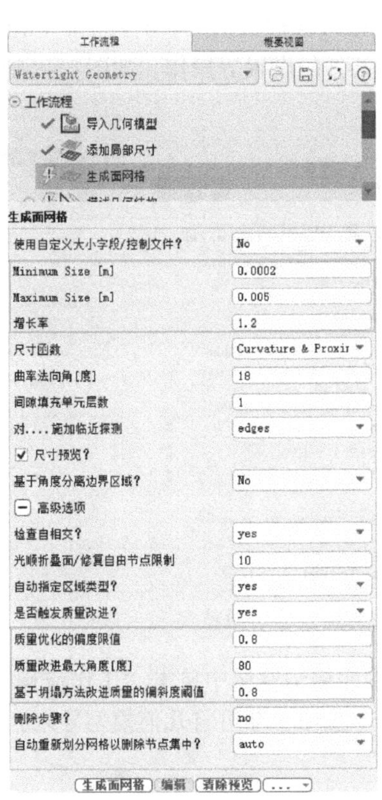

图 13-13　生成面网格

划分好的面网格如图 13-14 所示。

6）在浏览树中单击“工作流程”→“描述几何结构”选项，在打开的面板中设置几何结构参数。因为几何模型在 SpaceClaim 内已经完成了拓扑共享，所以此处无须应用共享拓扑。具体设置如图 13-15 所示，单击“描述几何结构”按钮完成设置。

7）在浏览树中单击“工作流程”→“描述几何结构”→“更新边界”选项，在打开的面板中设置边界条件类型，边界条件名称建议在 SpaceClaim 中进行设置。

在 Boundary Type 处，将 waterin 的边界条件类型修改为 velocity-inlet，将 waterout 的边界条件类型修改为 pressure-outlet，单击“更新边界”按钮完成设置，如图 13-16 所示。

图 13-14　面网格划分效果图

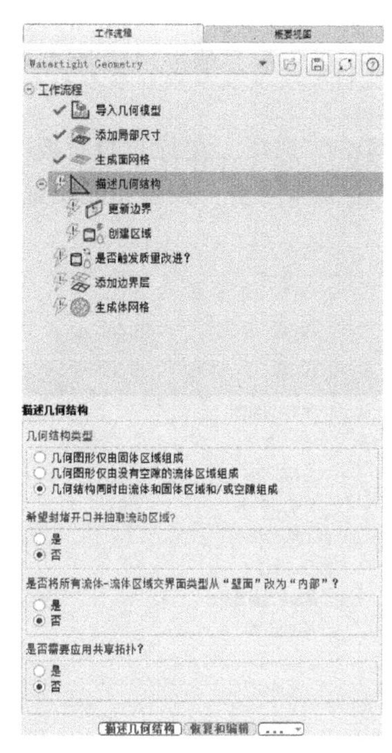

图 13-15　描述几何结构

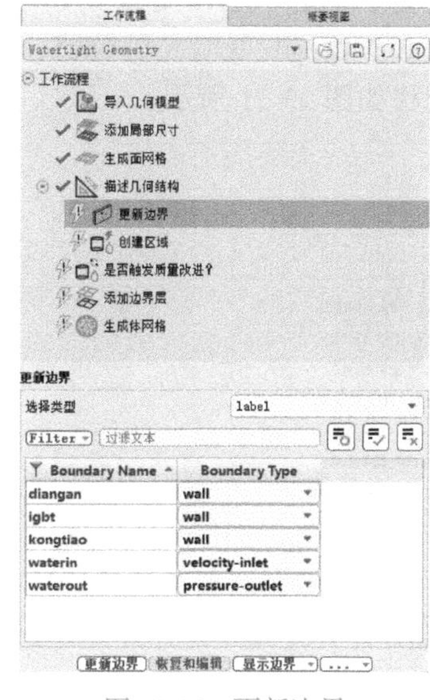

图 13-16　更新边界

8）在浏览树中单击“工作流程”→“描述几何结构”→“创建区域”选项，在打开的面板中设置流体区域的估计数量，按照实际的流体区域数量进行设置即可。输入数值 1，单击“创建区域”按钮完成设置，如图 13-17 所示。

9）在浏览树中单击“工作流程”→“是否触发质量改进?”选项，在打开的面板中设置区域的属性，保持参数不变，单击“是否触发质量改进?”按钮完成设置，如图 13-18 所示。

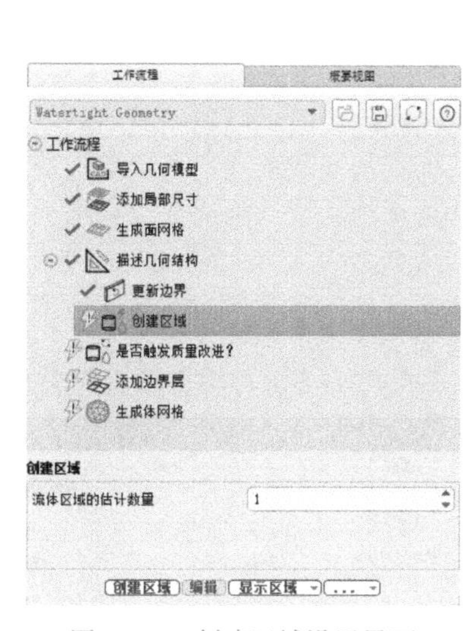

图 13-17　创建区域设置界面

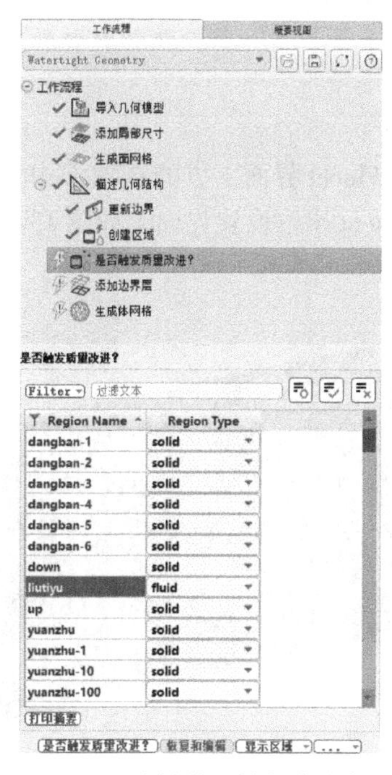

图 13-18　选择是否触发质量改进

10）在浏览树中单击“工作流程”→“添加边界层”选项，在打开的面板中设置边界层，在“层数”处输入 3，其他参数保持默认，如图 13-19 所示，单击“添加边界层”按钮完成设置。

11）在浏览树中单击“工作流程”→“生成体网格”选项，在打开的面板中设置体网格划分参数，在 Max Cell Length 处输入 0.0025，单击“生成体网格”按钮完成设置，如图 13-20 所示。生成的体网格如图 13-21 所示。

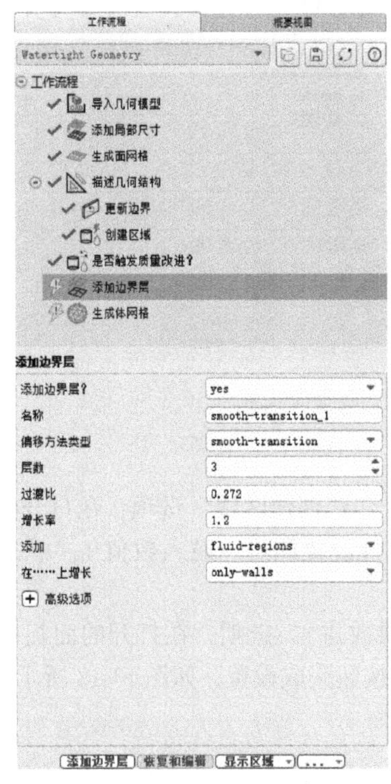

图 13-19 添加边界层

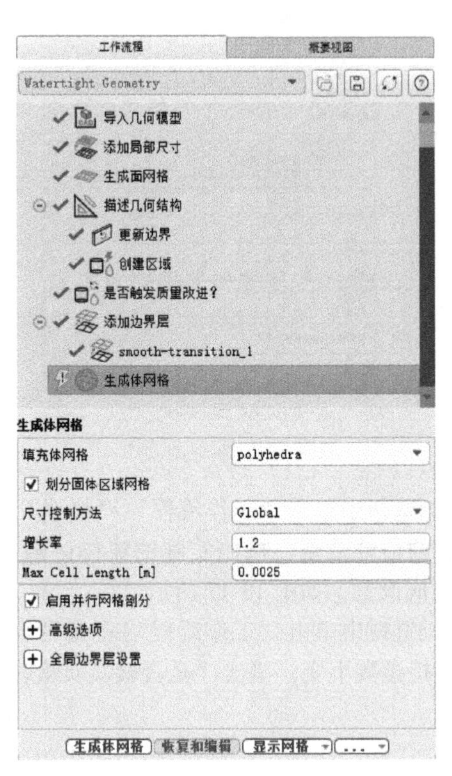

图 13-20 生成体网格

12）在 Fluent 界面上方的选项卡中单击“求解”→“切换到求解模式”按钮，如图 13-22 所示，打开 Fluent 求解设置界面，如图 13-23 所示。

图 13-21 体网格划分效果图

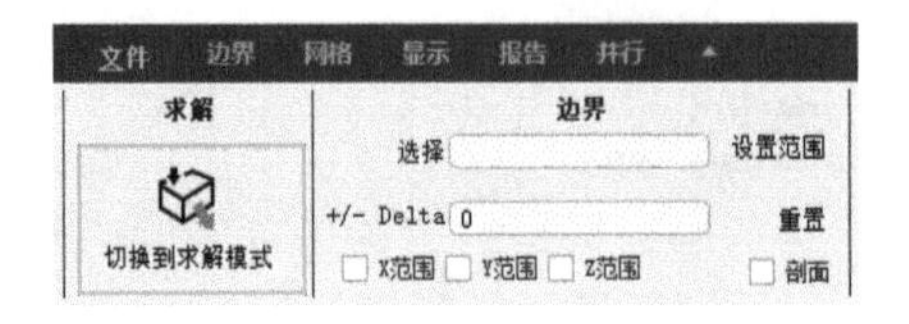

图 13-22 切换到求解模式

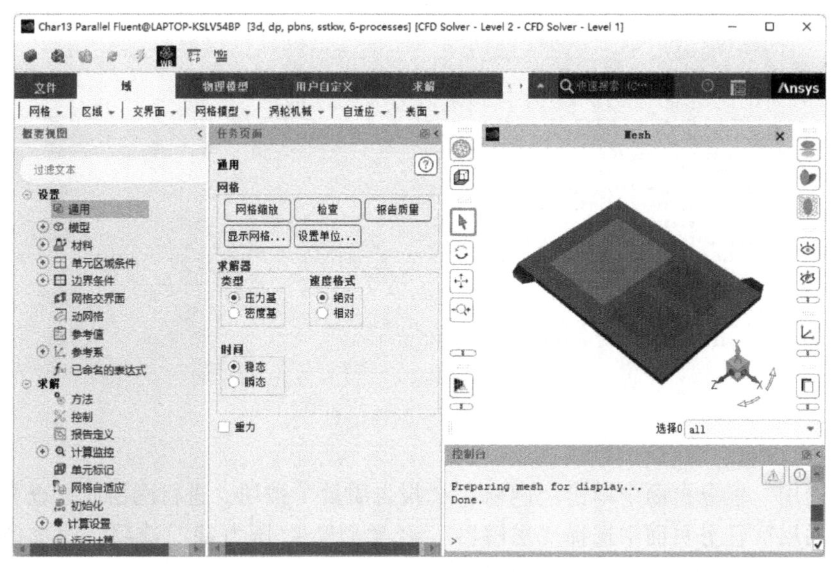

图 13-23 Fluent 求解设置界面

13.4 设置

13.4.1 通用设置

网格导入成功后，进行通用设置，具体操作步骤如下。

1）在浏览树中双击“设置”→“通用”选项，打开“通用”任务页面，选择“重力”，并在 y 处输入-9.8，代表重力方向为 y 的负方向，如图 13-24 所示。

2）在“通用”任务页面中单击“网格”→“网格缩放”按钮，弹出“缩放网格”对话框，在“查看网格单位”下拉列表框中选择 mm，如图 13-25 所示。

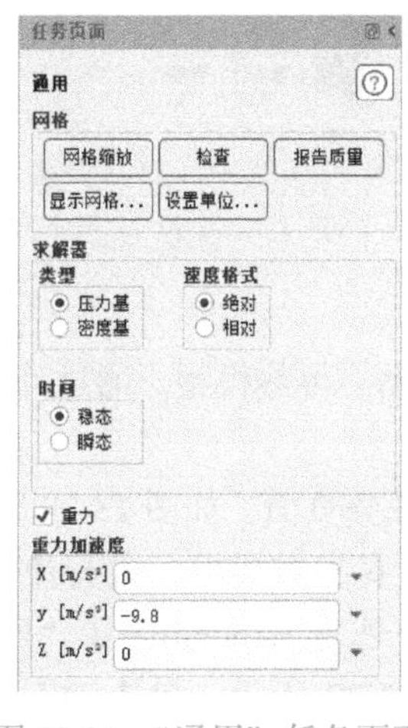

图 13-24 “通用”任务页面

图 13-25 “缩放网格”对话框

3）在“通用”任务页面中单击“网格”→“检查”按钮，检查网格划分是否存在问题，此时会在“控制台”显示详细的网格信息，如图 13-26 所示，可以查看导入网格的尺寸。

```
控制台
>
 Domain Extents:
   x-coordinate: min (m) = -1.350000e-01, max (m) = 1.350000e-01
   y-coordinate: min (m) = -1.000000e-02, max (m) = 0.000000e+00
   z-coordinate: min (m) = -1.100000e-01, max (m) = 1.100000e-01
 Volume statistics:
   minimum volume (m3): 1.634970e-11
   maximum volume (m3): 1.410821e-08
     total volume (m3): 5.197191e-04
 Face area statistics:
   minimum face area (m2): 2.611933e-09
   maximum face area (m2): 1.241639e-05
 Checking mesh.....................................
Done.

Note: Settings to improve the robustness of pathline and
      particle tracking have been automatically enabled.
```

图 13-26　网格信息

4）在“通用”任务页面中单击“网格”→“报告质量”按钮，进行网格质量查看。

5）在“通用”任务页面中选择“求解器”→“类型”→“压力基”选项，即选择基于压力求解；选择“时间”→“稳态”选项，即进行稳态计算。

6）单击功能区的“物理模型”→“工作条件”选项，如图 13-27 所示，弹出“工作条件”对话框，如图 13-28 所示，进行工作压力设置。

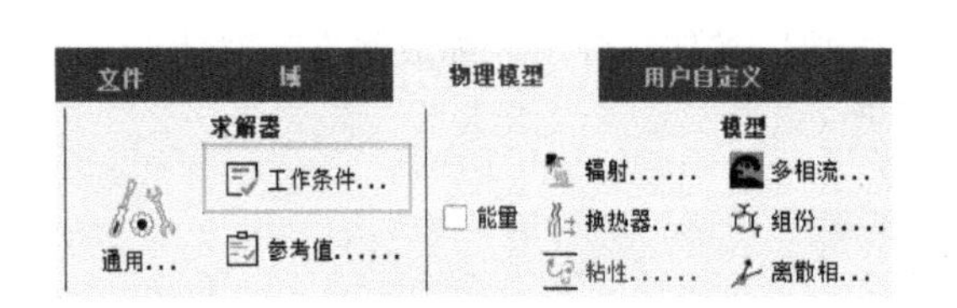

图 13-27　“工作条件”选项

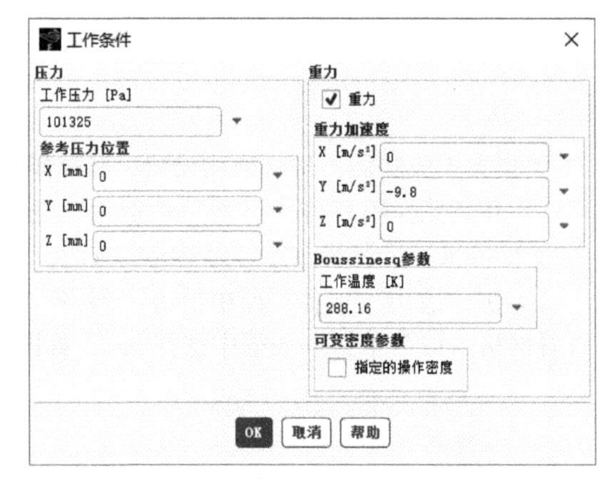

图 13-28　“工作条件”对话框

13.4.2　模型设置

通过对新能源汽车 PCU 液冷过程分析可知，需要设置液体流动、传热模型。通过计算雷诺数可知，流动处于湍流状态，具体操作步骤如下。

1）在浏览树中双击“设置”→“模型”选项，打开“模型”任务页面，如图 13-29 所示。

2）在浏览树中双击“模型”→“粘性”选项，弹出“粘性模型”对话框，进行流动模型设置。在“模型”下选择 k-epsilon（2 eqn），在“k-epsilon 模型”下选择 Standard，在“壁面函数”下选择“标准壁面函数（SWF）”，其余参数保持默认，如图 13-30 所示，单击 OK 按钮保存设置。

3）在浏览树中双击“模型”→“能量”选项，打开“能量”对话框，如图 13-31 所示，单击 OK 按钮保存设置。

图 13-29 “模型”任务页面

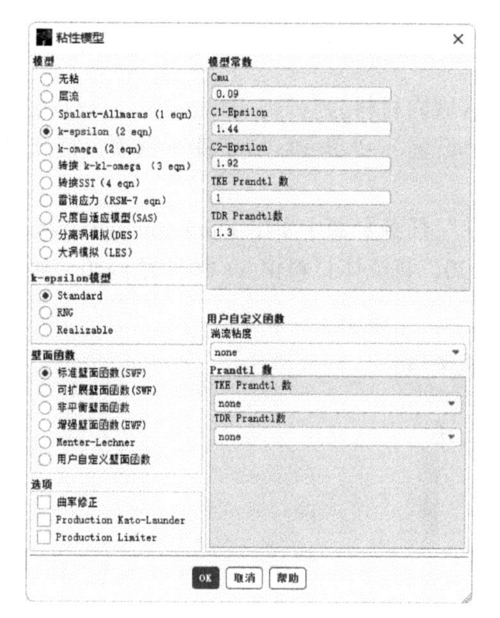

图 13-30 “粘性模型”对话框

图 13-31 “能量”对话框

13.4.3 材料设置

软件默认的流体材料是 air，固体材料为 aluminum。因为本案例是汽车 PCU 液冷分析，因此需要新增冷却液材料。冷却液为 20%的乙二醇溶液，具体设置如下。

1）在浏览树中双击“设置”→“材料”选项，打开“材料”任务页面，如图 13-32 所示。

2）在浏览树中双击“材料”→Fluid→air，弹出“创建/编辑材料”对话框，如图 13-33 所示。在“名称”处输入 pg20，密度、热导率及粘度等参数按照图示数值进行修改，单击“更改/创建”按钮，弹出图 13-34 所示的确认对话框，单击 Yes 按钮完成材料创建，新建材料 pg20 直接覆盖 air 材料。

图 13-32 “材料”任务页面

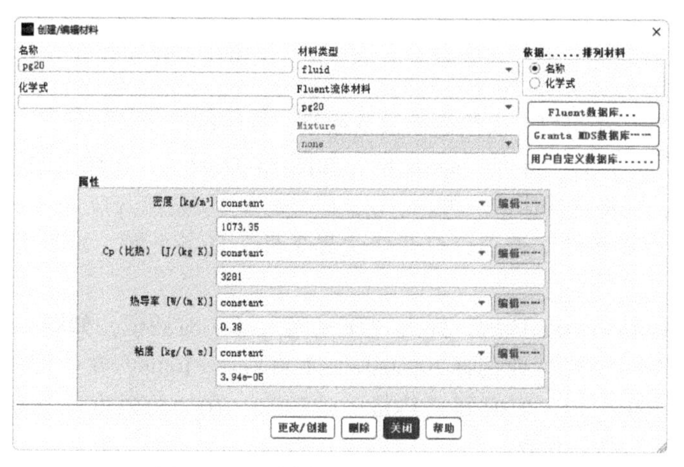

图 13-33 “创建/编辑材料”对话框

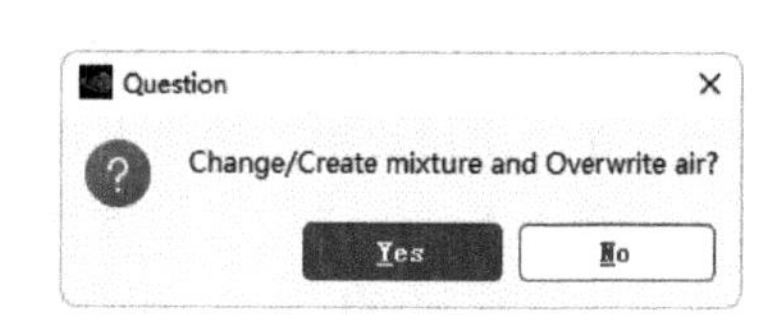

图 13-34 材料修改确认对话框

13.4.4 单元区域条件设置

Fluent 默认流体单元区域内材料为空气，因此需要进行材料的修改，具体设置步骤如下。

1）在浏览树中双击“设置”→“单元区域条件”选项，打开“单元区域条件”任务页面，如图 13-35 所示。

2）在“单元区域条件”任务页面中单击 Fluid→liutiyu 选项，弹出“流体”对话框，在“材料名称”处选择材料为 pg20，将流体材料由 air 修改为 pg20，如图 13-36 所示。

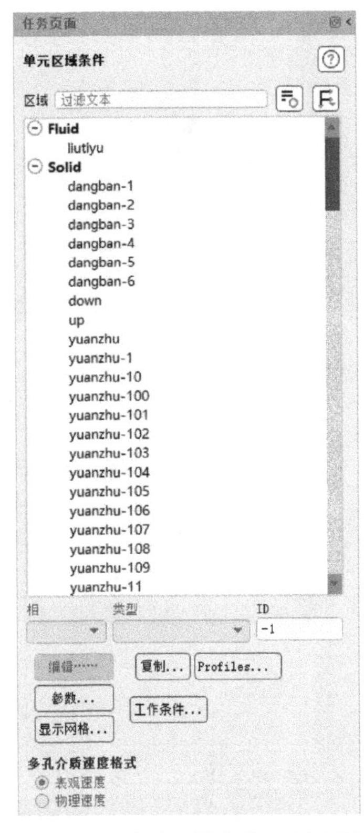

图 13-35 “单元区域条件”任务页面

图 13-36 “流体”对话框

13.4.5 边界条件设置

边界条件设置分为冷却液入口、冷却液出口、发热源面及壁面等，具体操作步骤如下。

1）在浏览树中右击“边界条件”→“入口”下的 waterin 面，如图 13-37 所示，在弹出的快捷菜单中选择“Type”→“质量流入口”，则将选择面的类型由“入口”改为“质量流入口”。

2）在浏览树中双击“设置”→“边界条件”选项，打开“边界条件”任务页面，如图 13-38 所示。

3）在“边界条件”任务页面中双击 waterin 选项，弹出“质量流入口”对话框，如图 13-39 所示，在“质量流率”处输入 0.3，在“设置”处选择 Intensity and Viscosity Ratio，在“湍流强度”处输入 5，在“湍流粘度比”处输入 10；切换到“热量”选项卡，在“总温度”处输入 298.15，如图 13-40 所示，单击“应用”按钮保存。

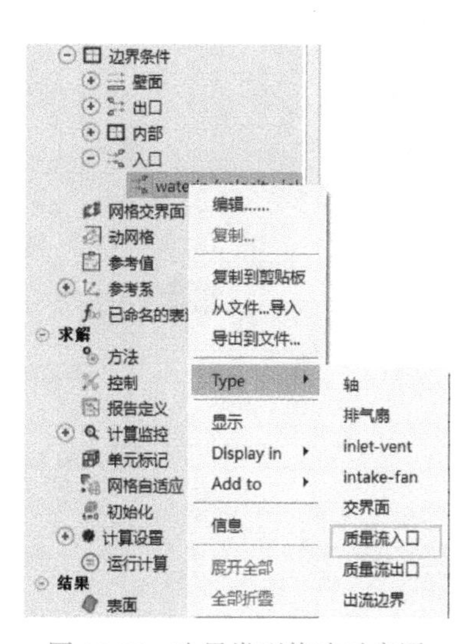

图 13-37　边界类型修改示意图

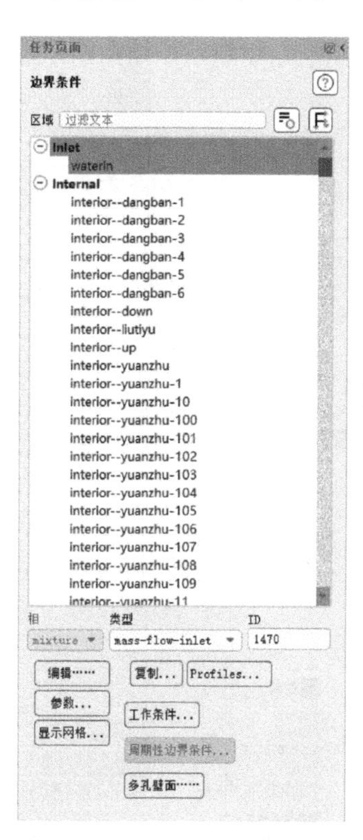

图 13-38　“边界条件”任务页面

图 13-39　质量流入口质量流率设置

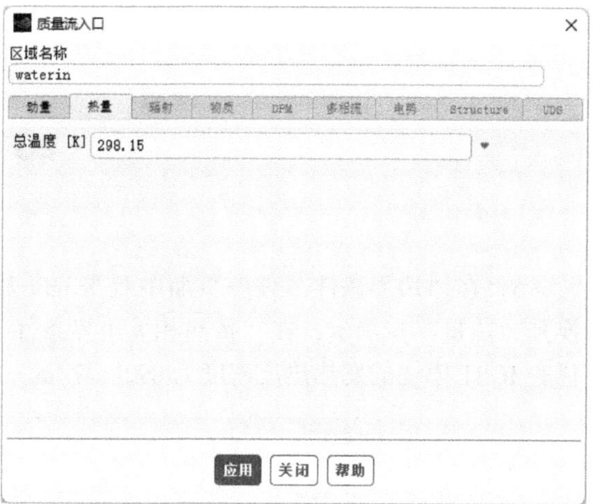

图 13-40　质量流入口温度设置

4）在“边界条件”任务页面中双击 waterout 选项，弹出“压力出口”对话框，如图 13-41 所示，在“表压”处输入 0，在“设置”处选择 Intensity and Viscosity Ratio，在“回流湍流强度”处输入 5，在“回流湍流粘度比”处输入 10；切换到“热量”选项卡，在“回流总温”处输入 298.15，如图 13-42 所示，单击“应用”按钮保存。

5）在“边界条件”任务页面中双击 diangan 选项，弹出“壁面”对话框，如图 13-43 所示。切换到“热量”选项卡，在“传热相关边界条件”下选择“热通量”，在“热通量”处输入 109890，代表电感的发热热流密度为 109890W/m^2，其他设置保存不变，单击“应用”按钮保存。

图 13-41 “压力出口”对话框

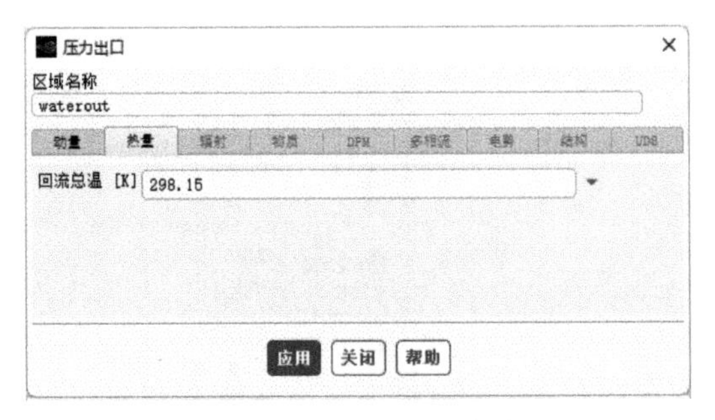

图 13-42 压力出口温度设置

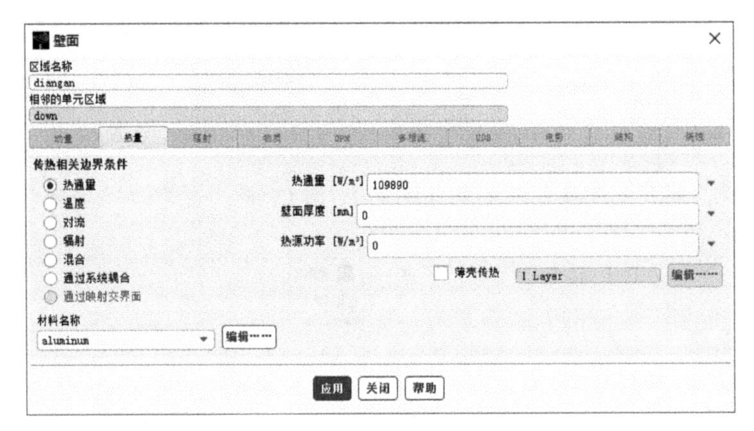

图 13-43 电感“壁面”对话框

6）在“边界条件”任务页面中双击 igbt 选项，弹出“壁面”对话框，如图 13-44 所示。切换到“热量”选项卡，在“传热相关边界条件”下选择“热通量”，在“热通量”处输入 89285，代表 IGBT 模块的发热热流密度为 89285W/m^2，其他设置保存不变，单击“应用”按钮保存。

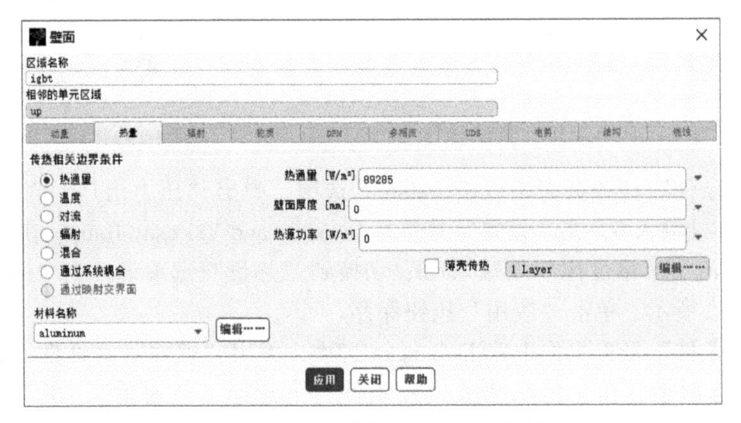

图 13-44 IGBT 模块“壁面”对话框

7）在“边界条件”任务页面中双击 kongtiao 选项，弹出“壁面”对话框，如图 13-45 所示。切换到“热量”选项卡，在“传热相关边界条件”下选择“热通量”，在“热通量”处输入 80000，代表空调模块的发热热流密度为 80000W/m²，其他设置保存不变，单击“应用”按钮保存。

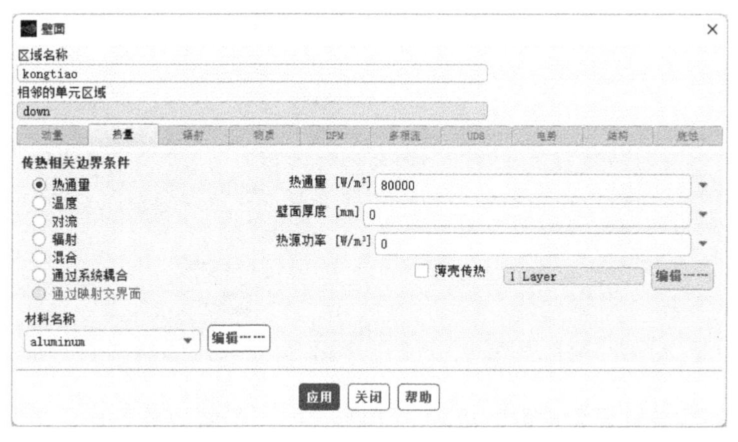

图 13-45　空调模块“壁面”对话框

13.5　求解

13.5.1　方法设置

求解方法对结果的计算精度影响很大，需要合理设置。

1）在浏览树中双击“求解”→“方法”选项，打开“求解方法”任务页面。

2）在“方案”下拉列表框中选择 SIMPLE，在“梯度”下拉列表框中选择 Least Squares Cell Based，在“压力”下拉列表框中选择 Second Order，在“动量”下拉列表框中选择 Second Order Upwind，在“湍流动能”下拉列表框中选择 Second Order Upwind，在“比耗散率”下拉列表框中选择 Second Order Upwind，如图 13-46 所示。

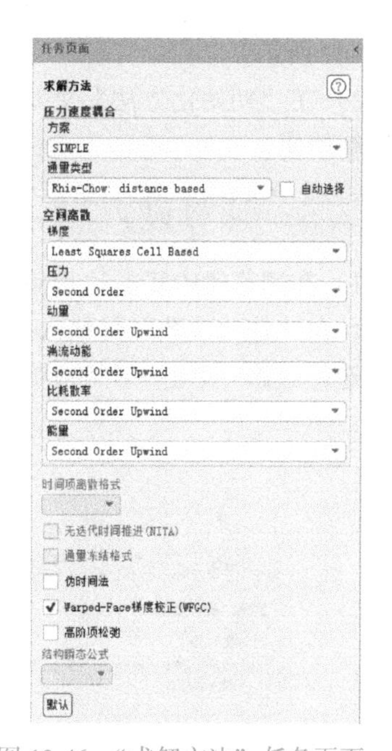

图 13-46　“求解方法”任务页面

13.5.2　控制设置

在浏览树中双击“求解”→“控制”选项，打开“解决方案控制”任务页面，如图 13-47 所示，可以进行“亚松弛因子”、“方程”、“限值”及“高级”等选项设置。“亚松弛因子”代表求解迭代计算方程前的因子，因此原则上保持默认即可。

13.5.3　残差设置

1）在浏览树中双击“求解”→“计算监控”→“残差”选项，弹出“残差监控器”对话框，如

图 13-48 所示。

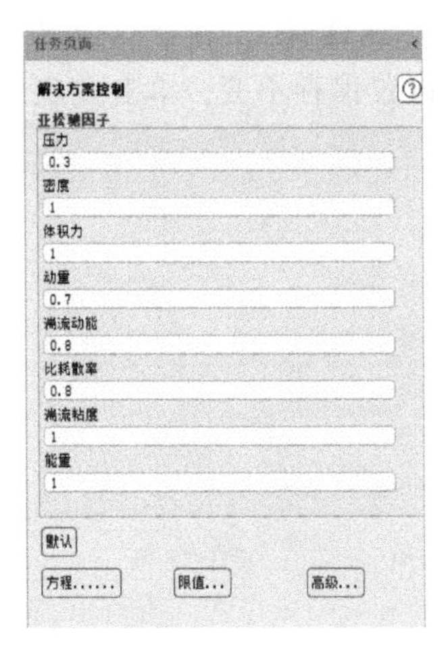

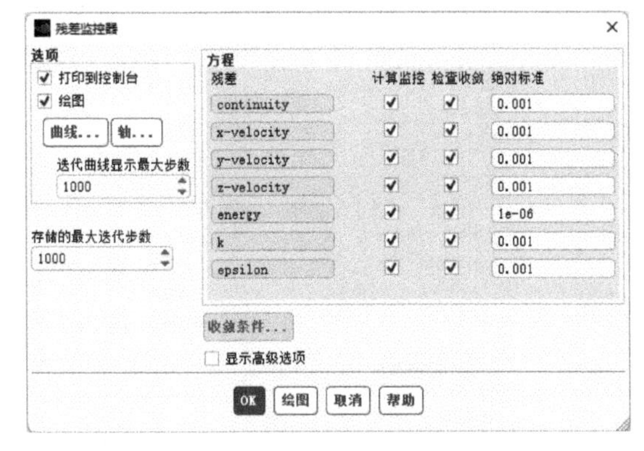

图 13-47 “解决方案控制”任务页面　　图 13-48 “残差监控器”对话框

2）在“迭代曲线显示最大步数”处输入 1000，在“存储的最大迭代步数”处输入 1000，“绝对标准”值保持默认。

3）单击 OK 按钮，保存残差监控器设置。

13.5.4 初始化设置

1）在浏览树中双击“求解”→“初始化”选项，打开“解决方案初始化”任务页面，如图 13-49 所示。

2）在“初始化方法”处选择“混合初始化（Hybrid Initialization）”，单击“初始化”按钮进行初始化。

13.5.5 计算设置

1）在浏览树中双击“求解”→“运行计算”选项，打开“运行计算”任务页面，如图 13-50 所示。在“迭代次数”处输入 200，代表求解迭代 200 步，如迭代 200 步后计算未收敛，则可以增加迭代次数，单击“开始计算”按钮进行计算。

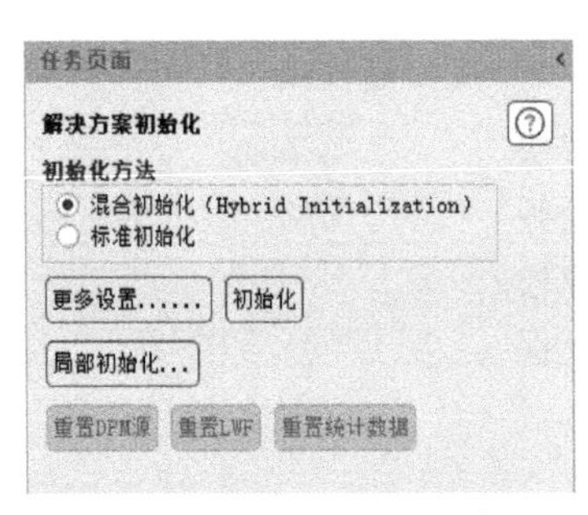

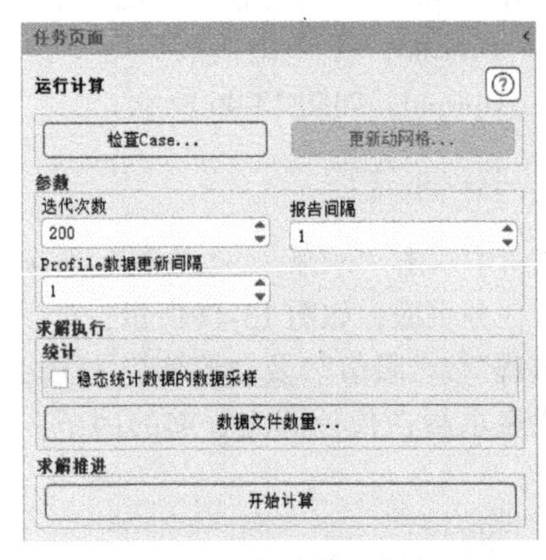

图 13-49 “解决方案初始化”任务页面　　图 13-50 “运行计算”任务页面

2）计算开始后，会出现残差曲线，如图 13-51 所示，当计算达到设定迭代次数后，则会自动

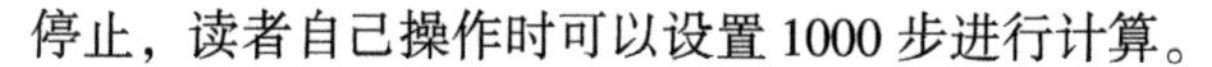

停止，读者自己操作时可以设置 1000 步进行计算。

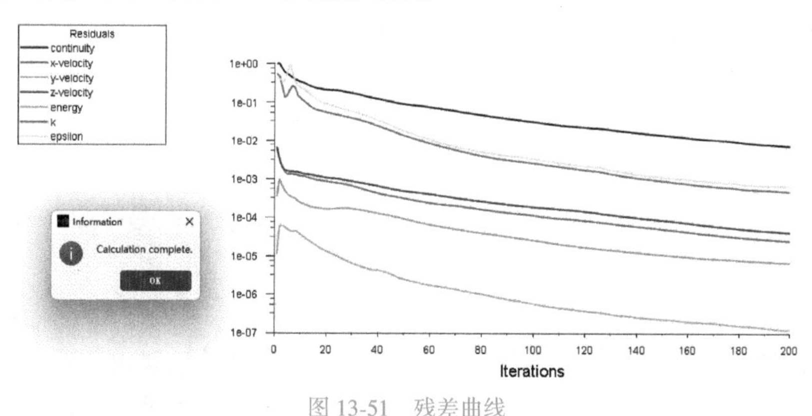

图 13-51　残差曲线

13.6　结果及分析

后处理对于结果分析非常重要，下面将介绍如何创建分析截面，并进行速度、温度、压力等云图显示及数据后处理分析。

13.6.1　创建分析截面

为了更好地进行结果分析，下面将创建分析截面 y=-5，具体操作步骤如下。

1）在浏览树中右击“结果”→“表面”选项，在弹出的快捷菜单中选择“创建”→“平面”命令，如图 13-52 所示，弹出“平面”对话框。

2）在“新面名称”处输入 y=-5，在“方法”下拉列表框中选择 ZX Plane，在 Y 处输入-5，单击“创建”按钮完成 y=-5 截面创建，如图 13-53 所示。

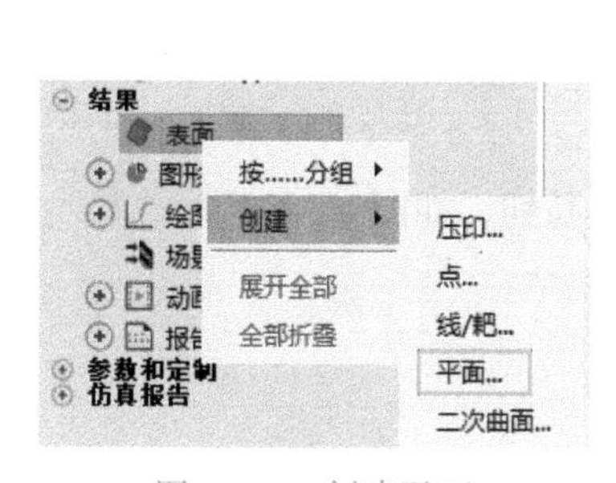

图 13-52　创建平面

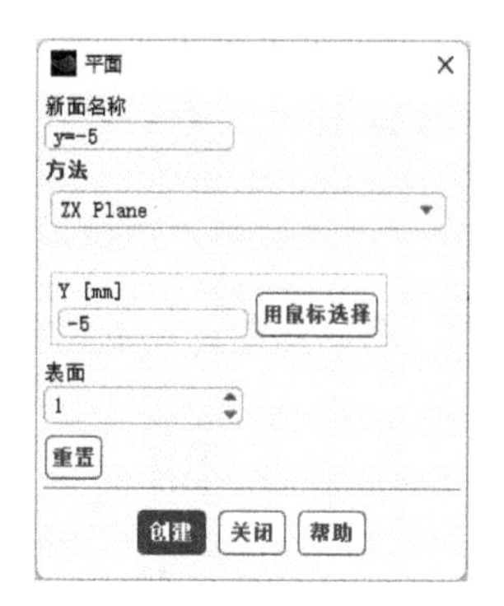

图 13-53　“平面”对话框

13.6.2　y=-5 截面速度云图分析

分析截面创建完成后，下一步进行云图显示，具体操作步骤如下。

1）在浏览树中双击“结果”→“图形”→“云图”选项，弹出“云图”对话框，如图 13-54 所示。在“云图名称”处输入 velocity-y-5，在“选项”处选择“填充”、“节点值”、“边界值”、“全局范围”及“自动范围”，在“着色变量”处选择 Velocity 及 Velocity Magnitude，在“表面”

处选择 y=-5，单击“保存/显示”按钮，则显示出 y=-5 截面的速度云图，如图 13-55 所示。

由图 13-55 可知，液冷散热器内部换热结构为圆柱形，因此冷却液流动时会存在圆柱绕流的情况，由于挡板结构末端为垂直结构，导致拐弯处流速变化较大，后续设计可基于此分析结构进行优化。

图 13-54　y=-5 截面速度云图设置（一）

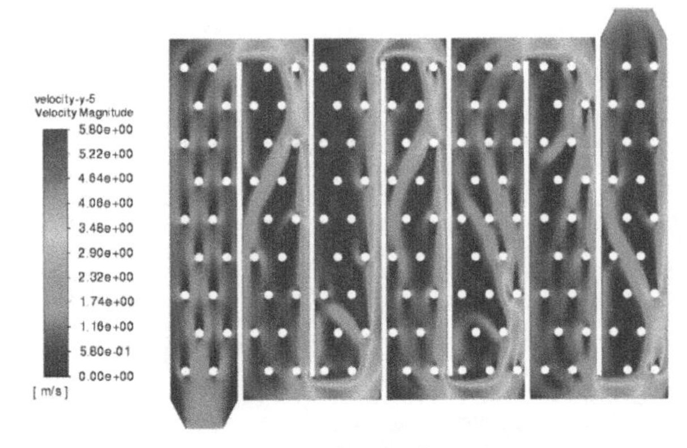

图 13-55　y=-5 截面速度云图（一）

2）选择“云图”对话框“选项”处的“显示网格”，弹出“网格显示”对话框，在“选项”处选择“边”，在“边类型”处选择“轮廓”，在“表面”选项处选择 Wall 下的所有面，如图 13-56 所示，单击“显示”按钮，则显示如图 13-57 所示。

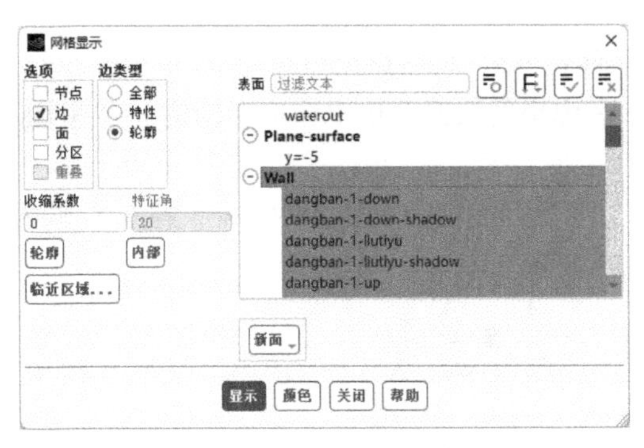

图 13-56　“网格显示”对话框

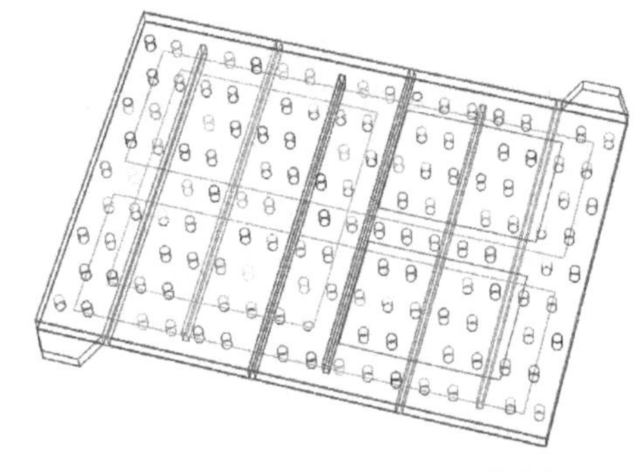

图 13-57　网格显示效果图【彩】

3）在“云图”对话框中，单击“保存/显示”按钮，如图 13-58 所示，显示出的速度云图如图 13-59 所示。

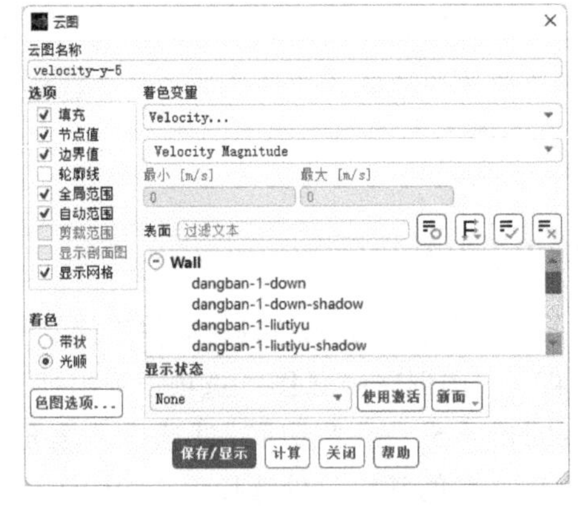

图 13-58　y=-5 截面速度云图设置（二）

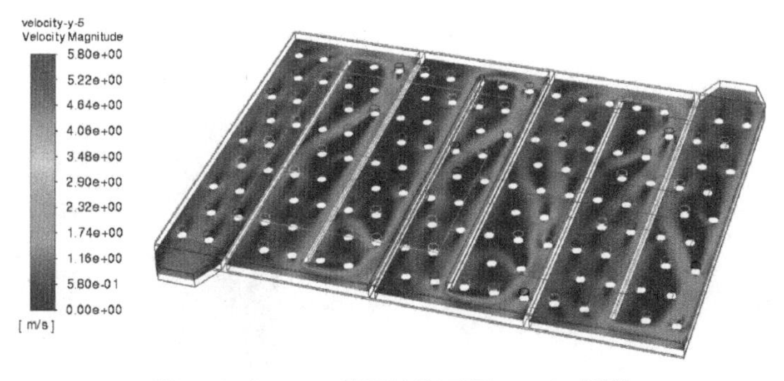

图 13-59　y=-5 截面速度云图（二）【彩】

13.6.3　y=-5 截面温度云图分析

在浏览树中双击“结果”→“图形”→“云图”选项，弹出“云图”对话框，如图 13-60 所示。在“云图名称”处输入 temperature--y-5，在“选项”处选择“填充”、“节点值”、“边界值”、“全局范围”及“自动范围”，在“着色变量”处选择 Temperature 及 Static Temperature，在“表面”处选择 y=-5，单击“保存/显示”按钮，则显示出 y=-5 截面的温度云图，如图 13-61 所示。

由图 13-61 所示的温度云图分布可知，冷却液温度从入口开始逐步升高，由于挡板也进行换热，在部分靠近挡板处冷却液温度较高，此外由于内部换热翅片较稀疏，存在冷却液未被加热的情况。

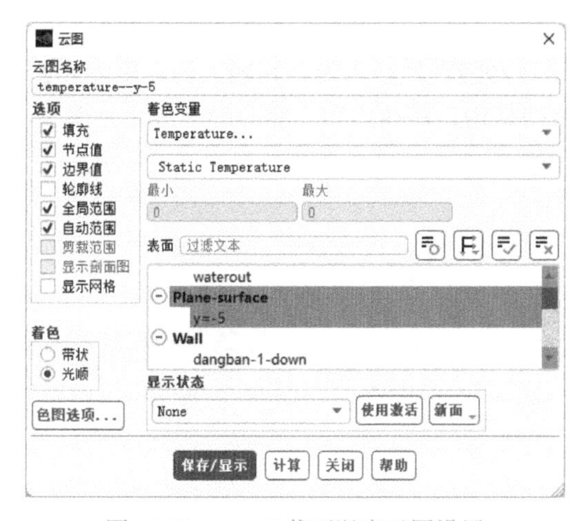

图 13-60　y=-5 截面温度云图设置

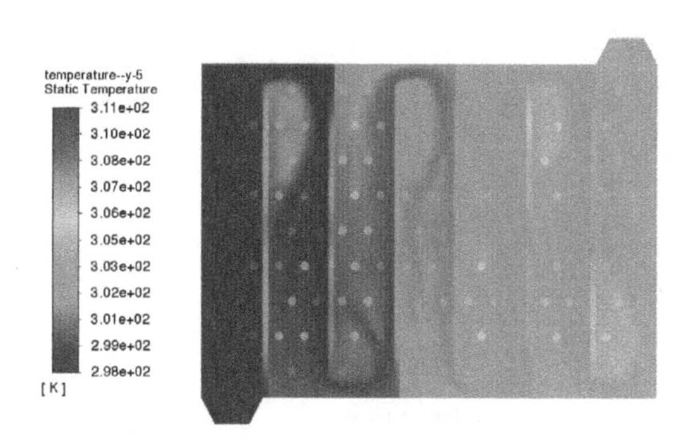

图 13-61　y=-5 截面温度云图【彩】

13.6.4　y=-5 截面压力云图分析

在浏览树中双击“结果”→“图形”→“云图”选项，弹出“云图”对话框，如图 13-62 所示。在“云图名称”处输入 pressure-y-5，在“选项”处选择“填充”、“节点值”、“边界值”、“全局范围”及“自动范围”，在“着色变量”处选择 Pressure 及 Static Pressure，在“表面”处选择 y=-5，单击“保存/显示”按钮，则显示出 y=-5 截面的压力云图，如图 13-63 所示。

由图 13-63 所示的压力云图分布可知，由于出口存在回流的情况，所以出口存在部分负压，在进行阻力分析时可以近似将出口默认为 0，压力云图最大压力值为 69175Pa，因此冷板流动阻力为 69175Pa。

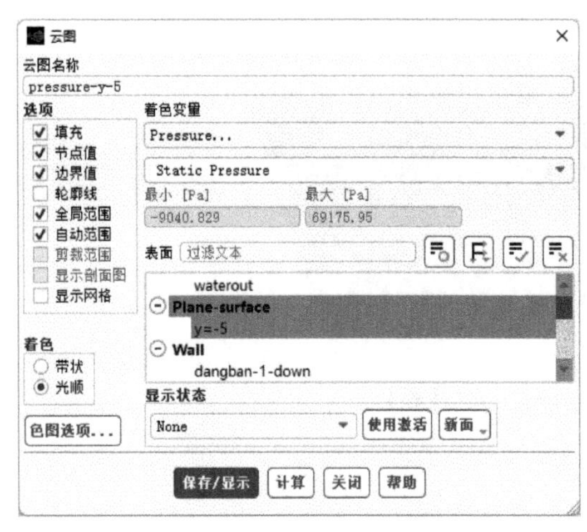

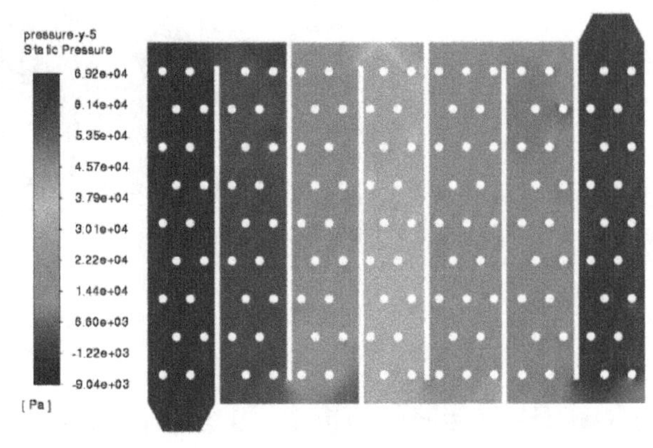

图 13-62　y=-5 截面压力云图设置

图 13-63　y=-5 截面压力云图【彩】

13.6.5　y=-5 截面速度矢量云图分析

在浏览树中双击“结果”→“图形”→“矢量”选项，弹出“矢量”对话框，如图 13-64 所示。在“矢量名称”处输入 vector-y-5，在“选项”处选择“全局范围”、“自动范围”及“自动缩放”，在“类型”下选择 filled-arrow，在“比例”处输入 2，在“跳过”处输入 1，在“着色变量”处选择 Velocity 及 Velocity Magnitude，在“表面”处选择 y=-5，单击“保存/显示”按钮，则显示出 y=-5 截面的速度矢量云图，如图 13-65 所示。

图 13-65 中，箭头方向代表速度的方向，可以知道冷却液在挡板末端存在较大的速度变化，不利于靠近挡板的换热翅片进行换热，后续应优化挡板的结构，使换热翅片能与冷却液充分换热。

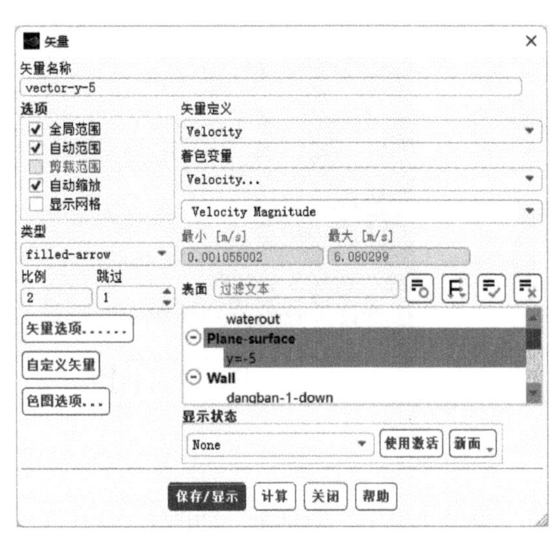

图 13-64　y=-5 截面速度矢量云图设置

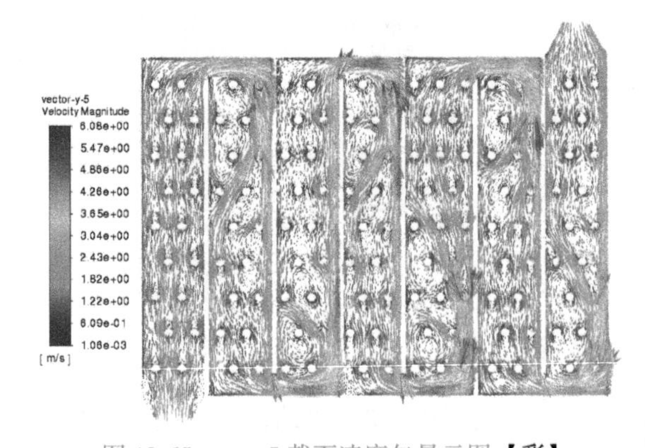

图 13-65　y=-5 截面速度矢量云图【彩】

13.6.6　热源面温度云图分析

在浏览树中双击“结果”→“图形”→“云图”选项，弹出“云图”对话框，如图 13-66 所示。在“云图名称”处输入 temperature-reyuan，在“选项”处选择“填充”、“节点值”、“边界值”、“全局范围”及“自动范围”，在“着色变量”处选择 Temperature 及 Static Temperature，在“表面”处选择 Wall 下的所有壁面，单击“保存/显示”按钮，则显示出所有壁面的温度云图，如图 13-67 所示。

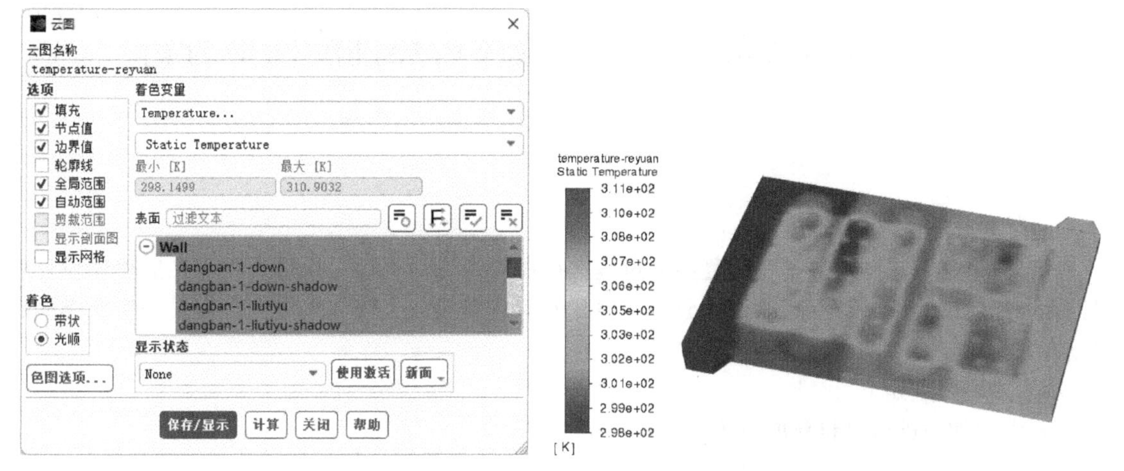

图 13-66 热源面温度云图设置　　　　图 13-67 热源面温度云图【彩】

由图 13-67 所示的温度云图分布可知，整个冷板由入口开始温度逐步增加，出口处温度最高，且热源表面存在温度较高的区域，通过速度云图分析可知，热源区域下换热效果较差，因此后续设计冷板时应尽量避免单向流道结构及换热不充分的区域。

13.6.7 计算结果数据后处理分析

在浏览树中双击“结果”→“报告”→“体积积分”选项，弹出“体积积分”对话框，如图 13-68 所示。在“报告类型”中选择“体积-平均”，在“场变量”里选择 Temperature 及 Static Temperature，在“单元区域”处选择 liutiyu，单击“计算”按钮得出冷板流体区域体积平均温度为 301.3K。

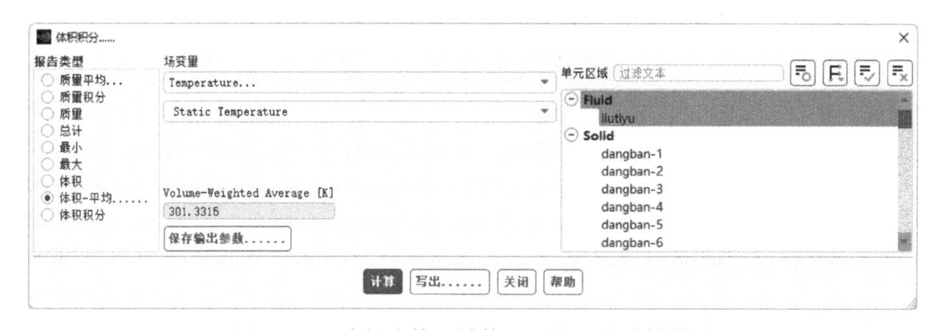

图 13-68 冷板流体区域体积平均温度计算结果

13.7 本章小结

本章以新能源汽车 PCU 液冷散热研究为例，详细讲解了几何模型前处理、网格划分、设置、求解及结果查看和分析，重点说明了热流密度等效设置及结果后处理中的冷板阻力分析等内容。通过本章学习，可以掌握新能源汽车 PCU 液冷散热相关案例的分析方法。

第 14 章

汽车管带式散热器整体传热性能模拟分析

汽车管带式散热器换热是一个复杂的过程，存在流体流动也存在换热过程。在散热器设计初期，无法制造试验件进行有效的试验分析，因此如何运用 Fluent 软件来定性、定量分析此类问题就显得尤为重要。

本章知识要点如下。

1）学习如何进行材料新增设置。

2）学习如何进行湍流模型设置。

3）学习如何进行结果后处理分析。

14.1 案例简介

本章以汽车管带式散热器为研究对象，对其整体传热性能进行分析。汽车管带式散热器几何模型如图 14-1 所示，单个换热芯体尺寸为 42mm×5mm，共 34 个并联。

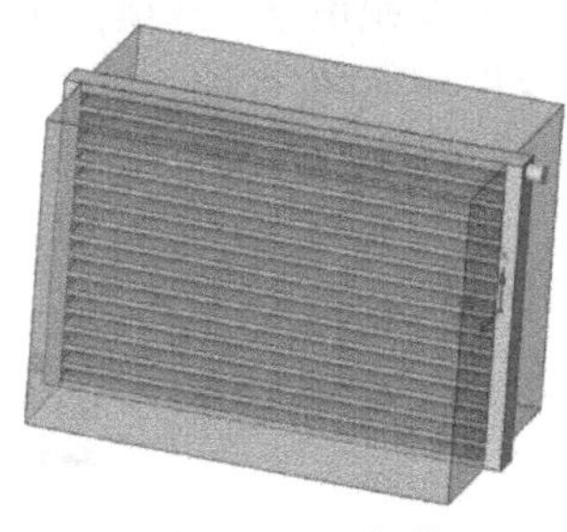

图 14-1 几何模型

14.2 几何模型前处理

14.2.1 创建分析项目

1）在 Windows 系统下执行“开始”→“所有程序”→ANSYS 2022→Workbench 2022 命令，启动 ANSYS Workbench 2022，进入 Workbench 主界面。

2）在 Workbench 主界面的工具箱中双击“组件系统”→“几何结构”选项，即可在项目管理区创建分析项目 A，如图 14-2 所示。

3）在工具箱中的“组件系统”→“Fluent（带 Fluent 网格剖分）”上按住鼠标左键拖动到项目管理区中，当项目 A 的 A2“几何结构”呈红色高亮显示时，放开鼠标创建项目 B，此时相关联的数据可共享，如图 14-3 所示。

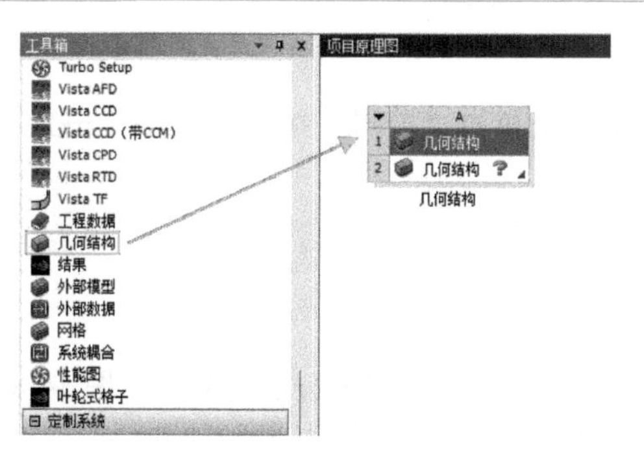

图 14-2　创建几何结构

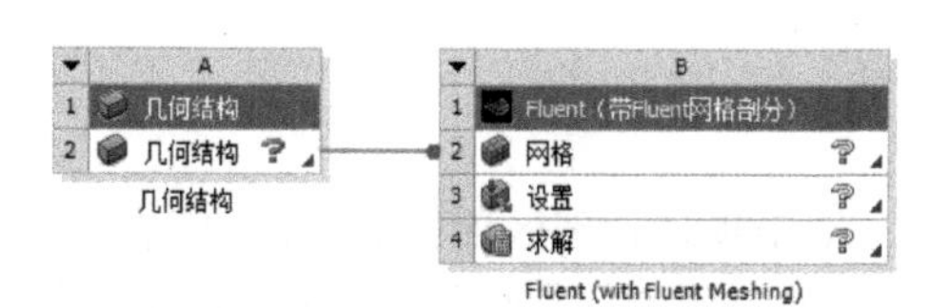

图 14-3　创建分析项目 B

14.2.2　导入几何模型

1）在 A2 栏“几何结构”上右击，在弹出的快捷菜单中选择“导入几何模型”→“浏览”命令，如图 14-4 所示，此时会弹出“打开”对话框。

2）在“打开”对话框中选择 Char14，导入 Char14 几何模型文件，如图 14-5 所示，此时 A2 栏“几何结构”后的 ? 变为 ✓，表示实体模型已经存在。

图 14-4　导入几何模型

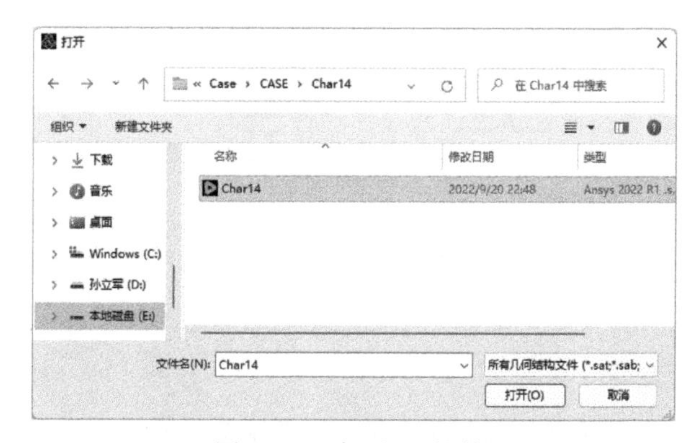

图 14-5　“打开”对话框

3）双击项目 A 中的 A2 栏“几何结构”，会进入“A：几何结构-Geom-SpaceClaim”界面，显示的几何模型如图 14-6 所示。本例中无须进行几何模型修改。

4）单击“群组”按钮，则显示图 14-7 所示的边界条件，本例已经完成了边界条件命名，因

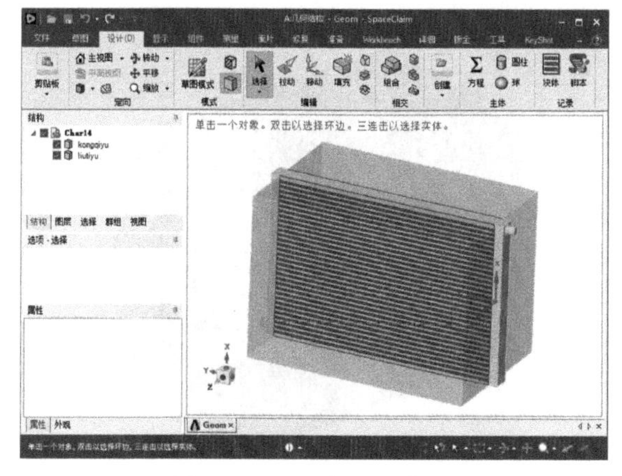

图 14-6　显示的几何模型

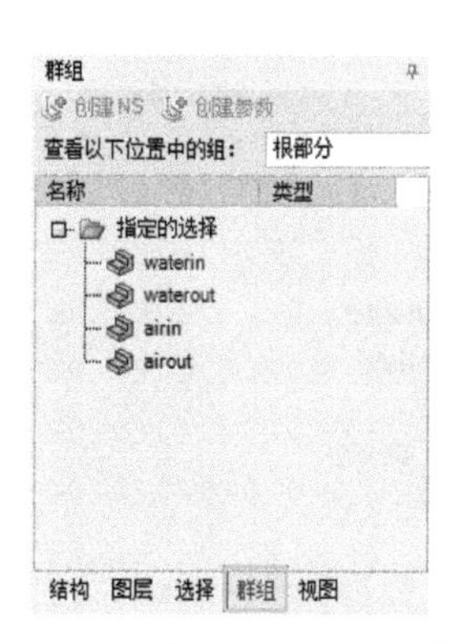

图 14-7　边界条件设置界面

此不需要进行修改，如需要修改，则在此处进行设置。

5）单击“A：几何结构-Geom-SpaceClaim”界面右上角的“关闭”按钮，返回 Workbench 主界面。

14.3 网格划分

1）双击项目管理区项目 B 中的 B2 栏“网格”选项，进入网格划分启动界面。图 14-8 所示设置为计算双精度、读取网格后显示网格、网格划分及计算求解选用 6 核并行计算。

2）单击 Start 按钮进入 B：Fluent（with Fluent Meshing）界面，在该界面下即可进行网格的划分、边界条件的设置等操作，如图 14-9 所示。

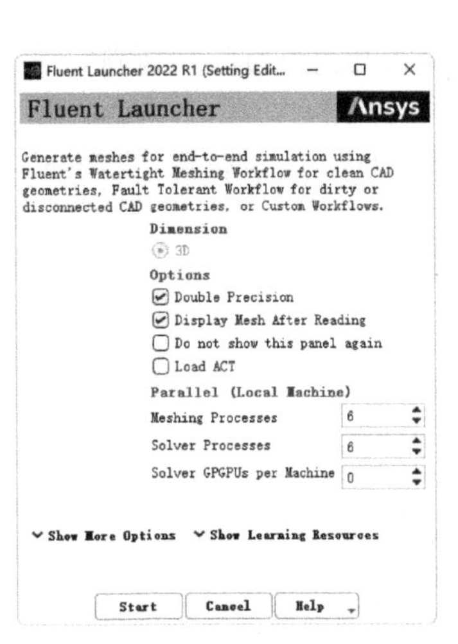

图 14-8　网格划分启动界面

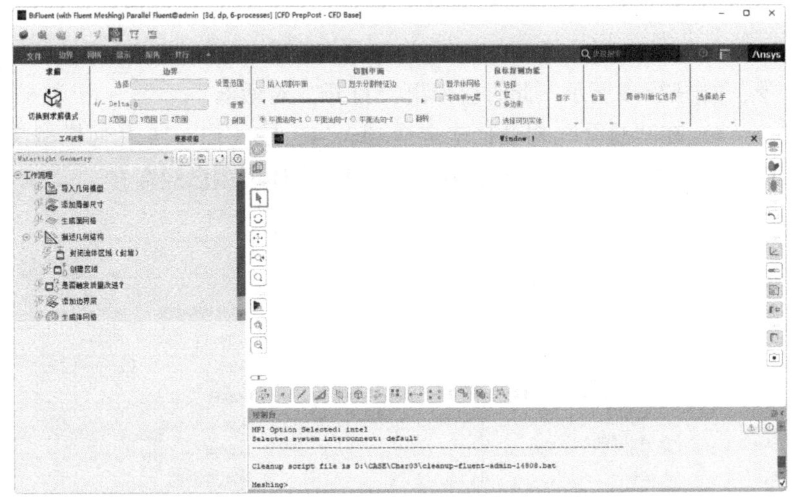

图 14-9　B：Fluent（with Fluent Meshing）界面

3）在左侧浏览树中单击“工作流程”→“导入几何模型”选项，在打开的面板中单击“导入几何模型”按钮，即可将几何模型导入，如图 14-10 所示，导入的几何模型如图 14-11 所示。

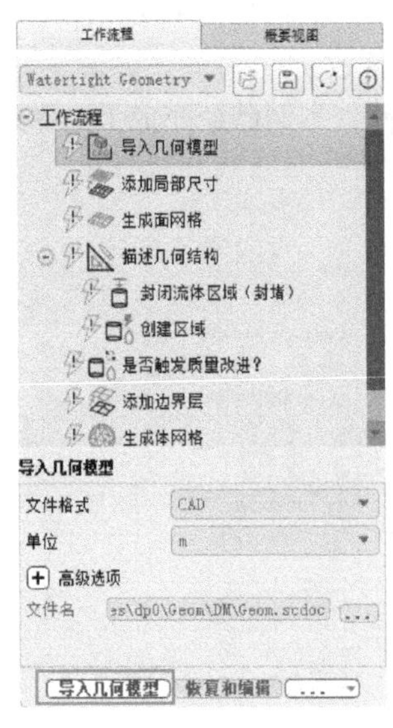

图 14-10　几何模型导入设置界面

图 14-11　导入的几何模型

4）继续在浏览树中单击“工作流程”→“添加局部尺寸”选项，在打开的面板中单击“更新”按钮，如图 14-12 所示。

5）在浏览树中单击“工作流程”→“生成面网格”选项，在打开的面板中设置面网格划分参数，在 Minimum Size 处输入 0.001，在 Maximum Size 处输入 0.02，在“增长率”处输入 1.2，打开“高级选项”，在“质量优化的偏度限值”处输入 0.8，在“基于坍塌方法改进质量的偏斜度阈值”处输入 0.8，其他参数保持默认设置。单击“生成面网格”按钮即可进行面网格划分，如图 14-13 所示。

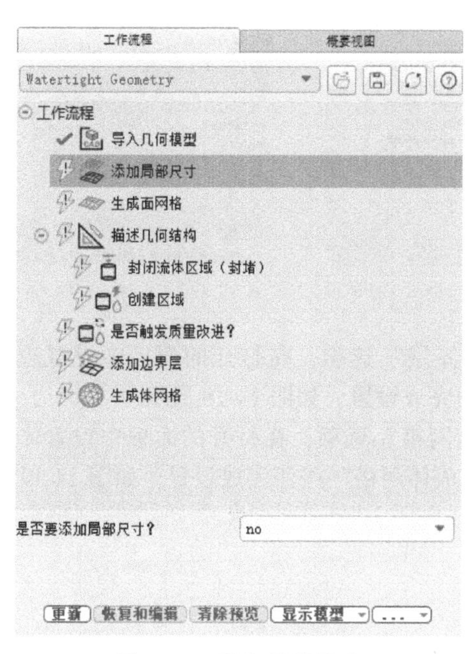

图 14-12　添加局部尺寸

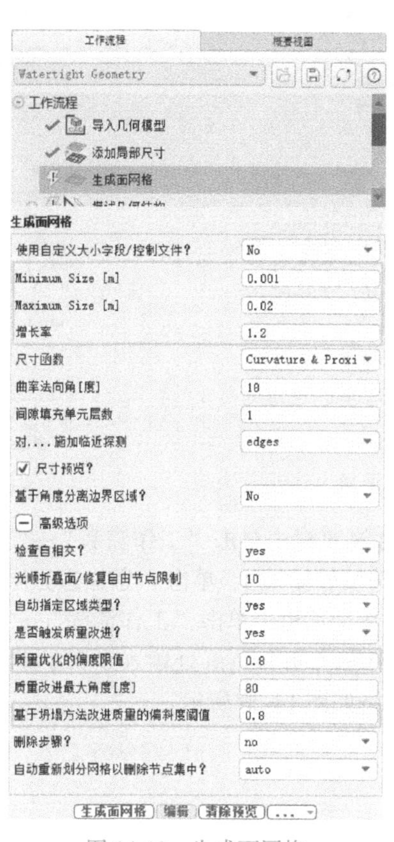

图 14-13　生成面网格

划分好的面网格如图 14-14 所示。

6）在浏览树中单击“工作流程”→“描述几何结构”选项，在打开的面板中设置几何结构参数。因为几何模型在 SpaceClaim 内已经完成了拓扑共享，所以此处无须应用共享拓扑。具体设置如图 14-15 所示，单击“描述几何结构”按钮完成设置。

7）在浏览树中单击“工作流程”→“描述几何结构”→“更新边界”选项，在打开的面板中设置边界条件类型，边界条件名称建议在 SpaceClaim 中进行设置。

在 Boundary Type 处，将 airin 的边界条件类型修改为 velocity-inlet，将 airout 的边界条件类型修改为 pressure-outlet，将 waterin 的边界条件类型修改为 velocity-inlet，将 waterout 的边界条件类型修改为 pressure-outlet，单击“更新边界”按钮完成设置，如

图 14-14　面网格划分效果图

图 14-16 所示。

8）在浏览树中单击“工作流程”→“是否触发质量改进?”选项，在打开的面板中设置区域的属性，保持参数不变，单击“是否触发质量改进?”按钮完成设置，如图 14-17 所示。

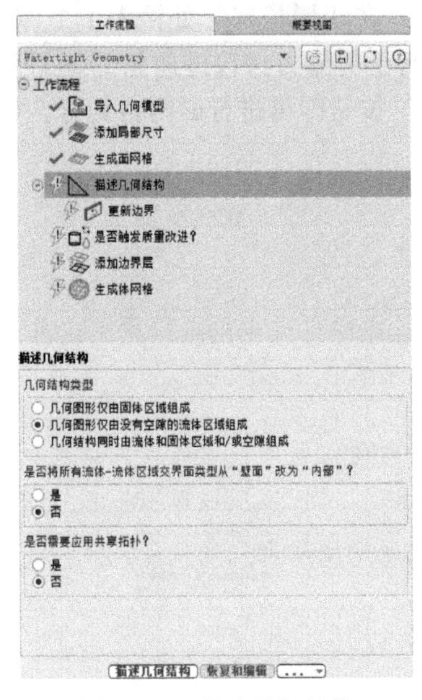

图 14-15 描述几何结构

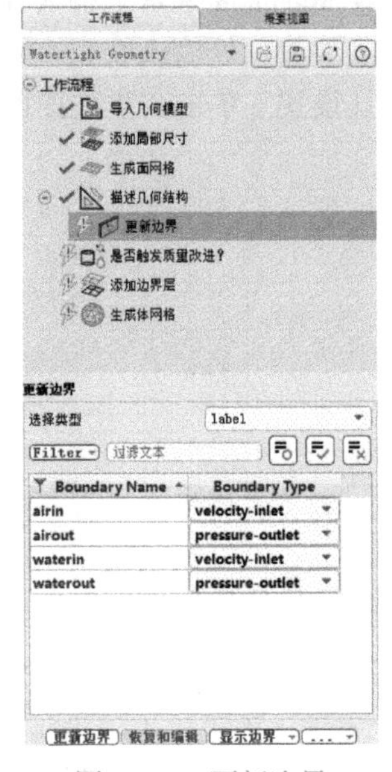

图 14-16 更新边界

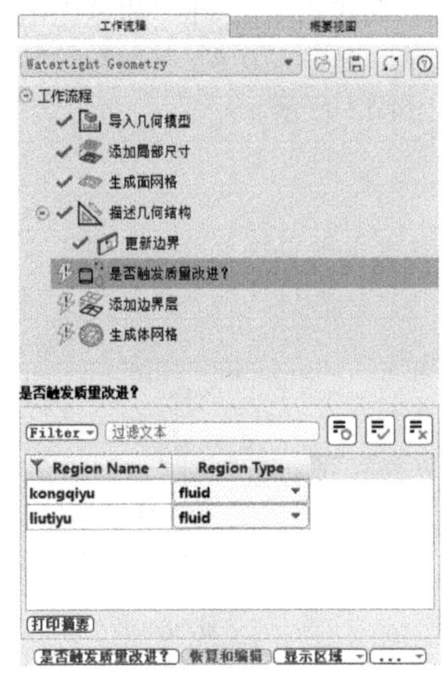

图 14-17 选择是否触发质量改进

9）在浏览树中单击“工作流程”→“添加边界层”选项，在打开的面板中设置边界层，在“层数”选项处输入 3，单击“添加边界层”按钮完成设置，如图 14-18 所示。

10）在浏览树中单击“工作流程”→“生成体网格”选项，在打开的面板中设置体网格划分参数，在 Max Cell Length 处输入 0.02，单击“生成体网格”按钮完成设置，如图 14-19 所示。生成的体网格如图 14-20 所示。

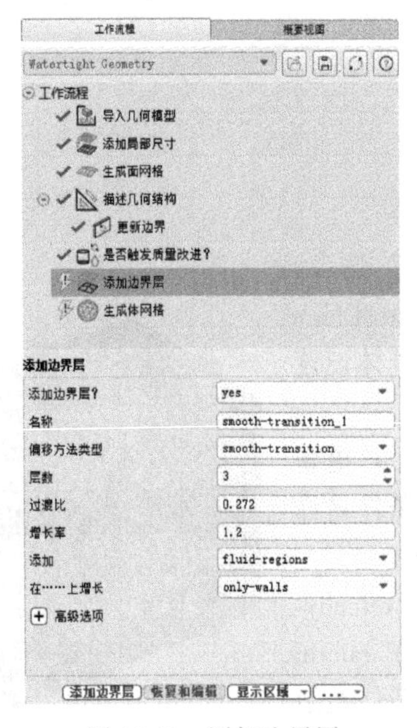

图 14-18 添加边界层

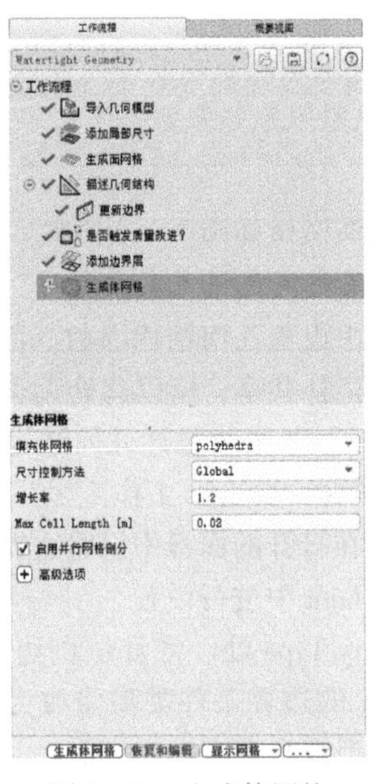

图 14-19 生成体网格

11）在 Fluent 界面上方的选项卡中单击“求解”→“切换到求解模式”按钮，如图 14-21 所示，打开 Fluent 求解设置界面，如图 14-22 所示。

图 14-20　体网格划分效果图

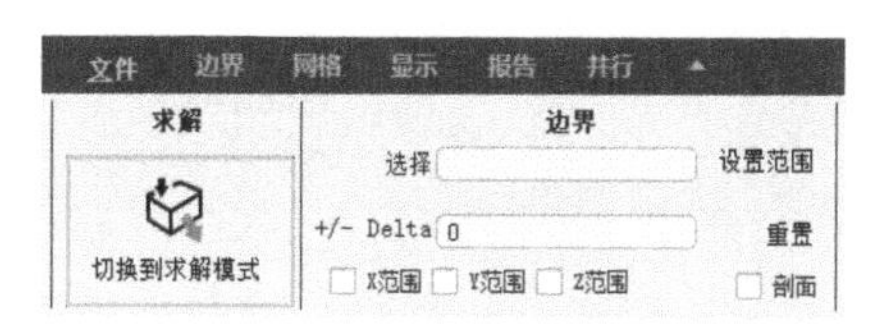

图 14-21　切换到求解模式

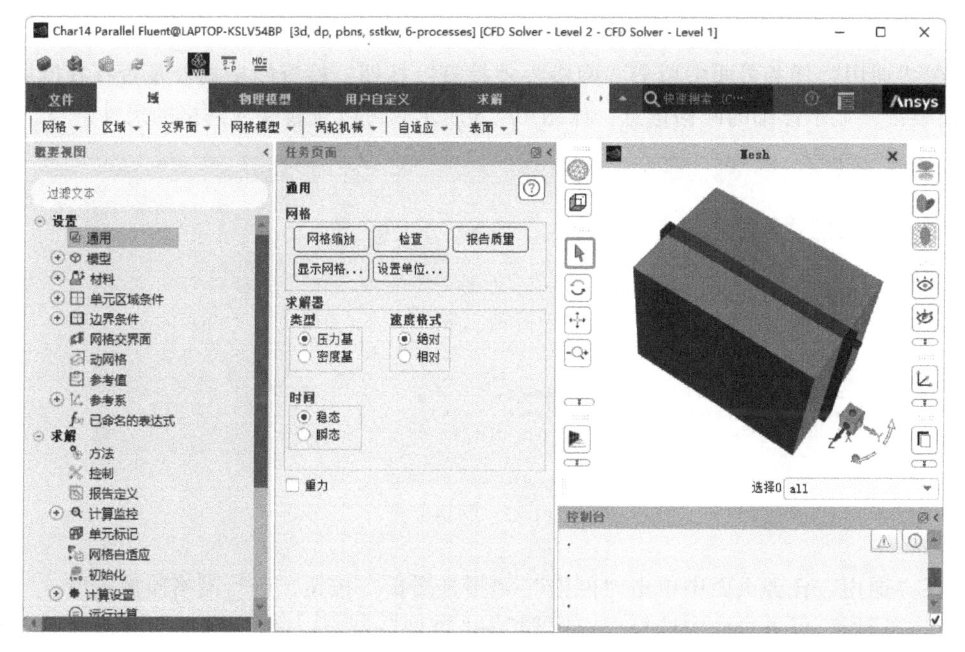

图 14-22　Fluent 求解设置界面

14.4　设置

14.4.1　通用设置

网格导入成功后，进行通用设置，具体操作步骤如下。

1）在浏览树中双击“设置”→“通用”选项，打开“通用”任务页面，选择“重力”，并在 x 处输入-9.8，代表重力方向为 x 的负方向，如图 14-23 所示。

2）在“通用”任务页面中单击“网格”→“网格缩放”按钮，弹出“缩放网格”对话框，在“查看网格单位”下拉列表框中选择 mm，如图 14-24 所示。

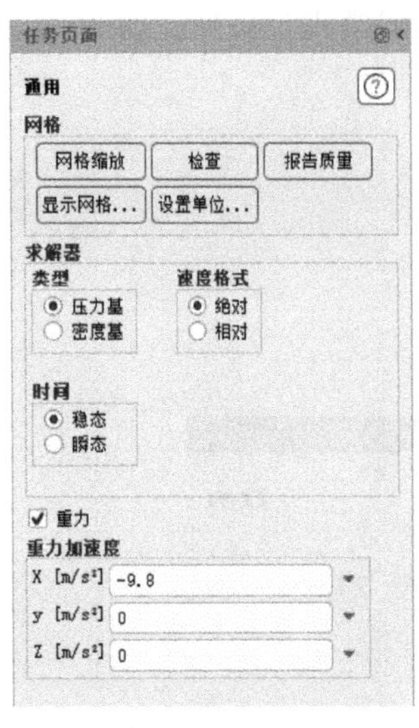

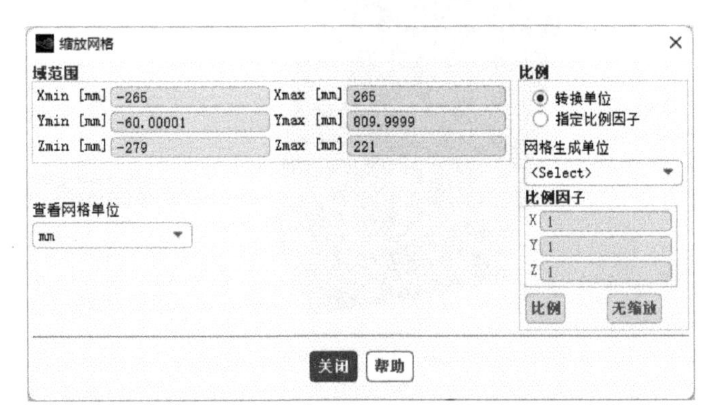

图 14-23 “通用”任务页面　　图 14-24 “缩放网格”对话框

3）在“通用”任务页面中单击“网格”→“检查”按钮，检查网格划分是否存在问题，此时会在“控制台”显示详细的网格信息，如图 14-25 所示，可以查看导入网格的尺寸。

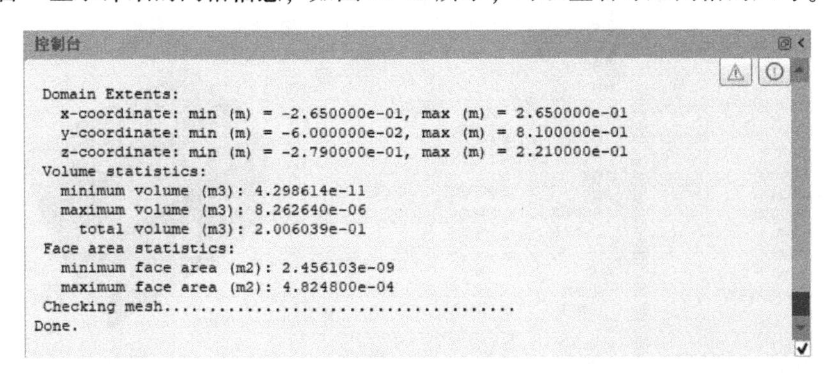

图 14-25 网格信息

4）在“通用”任务页面中单击“网格”→“报告质量”按钮，进行网格质量查看。

5）在“通用”任务页面中选择“求解器”→“类型”→“压力基”选项，即选择基于压力求解；选择“时间”→“稳态”选项，即进行稳态计算。

6）单击功能区的“物理模型”→“工作条件”选项，如图 14-26 所示，弹出“工作条件”对话框，如图 14-27 所示，进行工作压力设置。

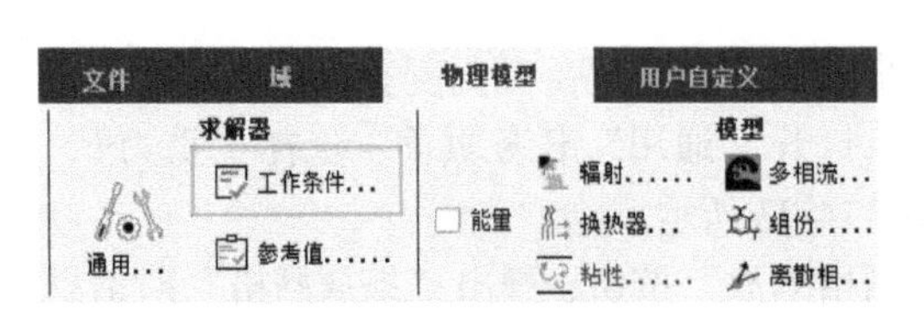

图 14-26 “工作条件”选项

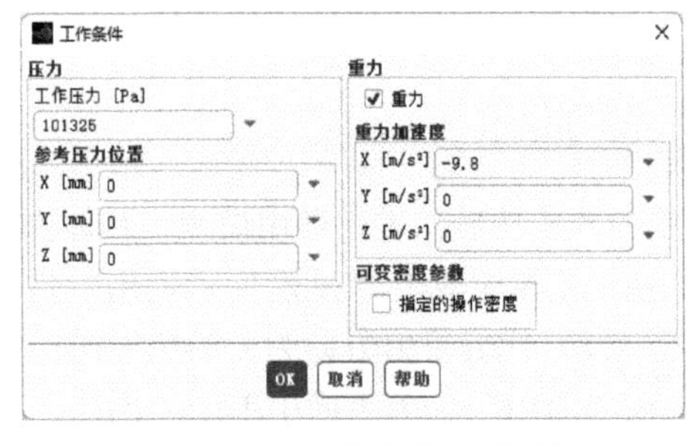

图 14-27 “工作条件”对话框

14.4.2 模型设置

通过对换热过程分析可知，需要设置空气流动及传热模型。通过计算雷诺数可知，空气流动处于湍流状态，具体操作步骤如下。

1）在浏览树中双击“设置”→“模型”选项，打开“模型”任务页面，如图 14-28 所示。

2）在浏览树中双击“模型”→“粘性”选项，弹出“粘性模型”对话框，进行流动模型设置。在“模型”下选择 k-epsilon（2 eqn），在“k-epsilon 模型”下选择 Standard，在“壁面函数”下选择“标准壁面函数（SWF）”，其余参数保持默认，如图 14-29 所示，单击 OK 按钮保存设置。

3）在浏览树中双击“模型”→“能量”选项，打开“能量”对话框，如图 14-30 所示，单击 OK 按钮保存设置。

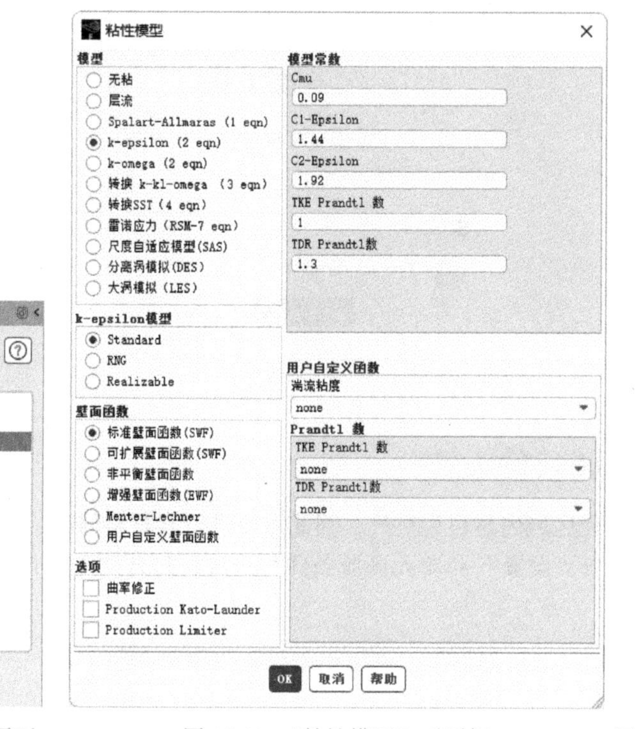

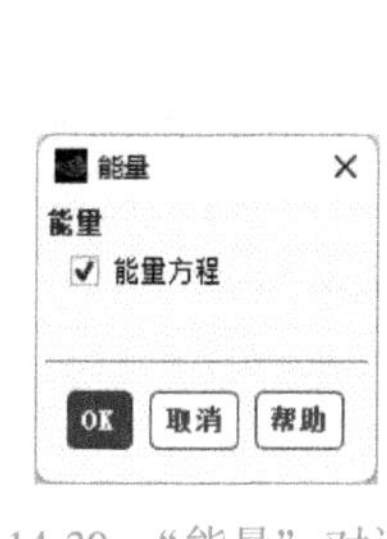

图 14-28 “模型”任务页面

图 14-29 “粘性模型”对话框

图 14-30 “能量”对话框

14.4.3 材料设置

软件默认的流体材料是 air，固体材料为 aluminum。因为本案例是汽车管带式散热器传热性能分析，所以需要新增冷却液材料，冷却液为 20%的乙二醇溶液，具体设置如下。

1）在浏览树中双击“设置”→“材料”选项，打开“材料”任务页面，如图 14-31 所示。

2）在浏览树中双击“材料”→Fluid→air，弹出“创建/编辑材料”对话框，如图 14-32 所示。在“名称”处输入 pg20，密度、热导率及粘度等参数按照图示数值进行修改，单击“更改/创建”按钮，

图 14-31 “材料”任务页面

弹出图 14-33 所示的确认对话框，单击 No 按钮完成材料创建，但新建材料 pg20 不会覆盖 air 材料。

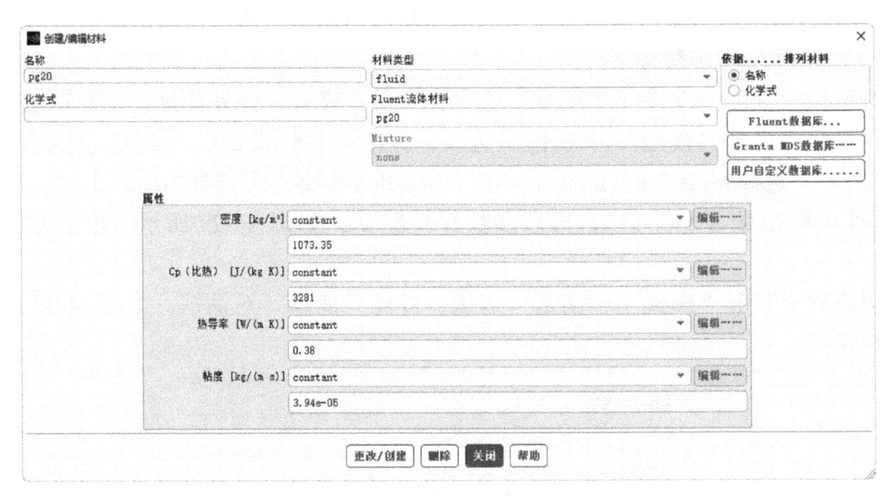

图 14-32 “创建/编辑材料”对话框

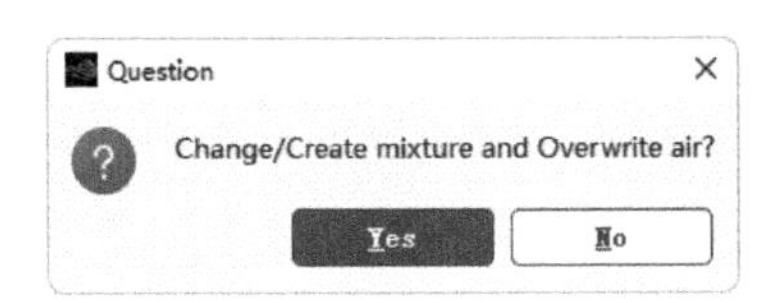

图 14-33 材料修改确认对话框

14.4.4 单元区域条件设置

Fluent 默认流体单元区域内材料为空气，因此需要进行其材料修改，具体的设置步骤如下。

1）在浏览树中双击“设置”→“单元区域条件”选项，打开“单元区域条件”任务页面，如图 14-34 所示。

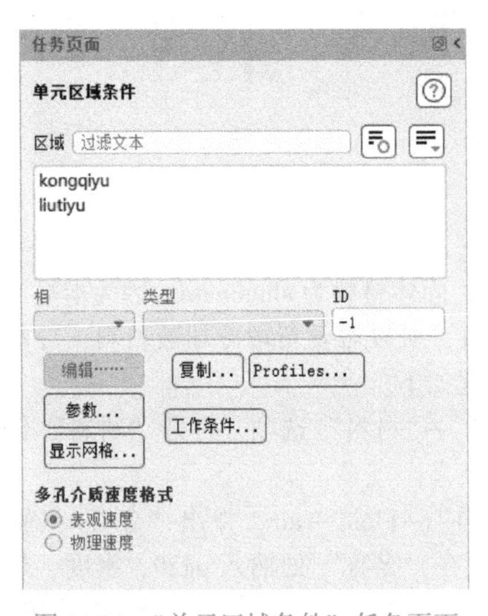

图 14-34 “单元区域条件”任务页面

2）在“单元区域条件”任务页面中单击 liutiyu 选项，弹出“流体”对话框，在“材料名称”处选择材料为 pg20，将流体材料由 air 修改为 pg20，如图 14-35 所示。其他三个区域的流体材料保持默认的 air 即可，不需要修改。

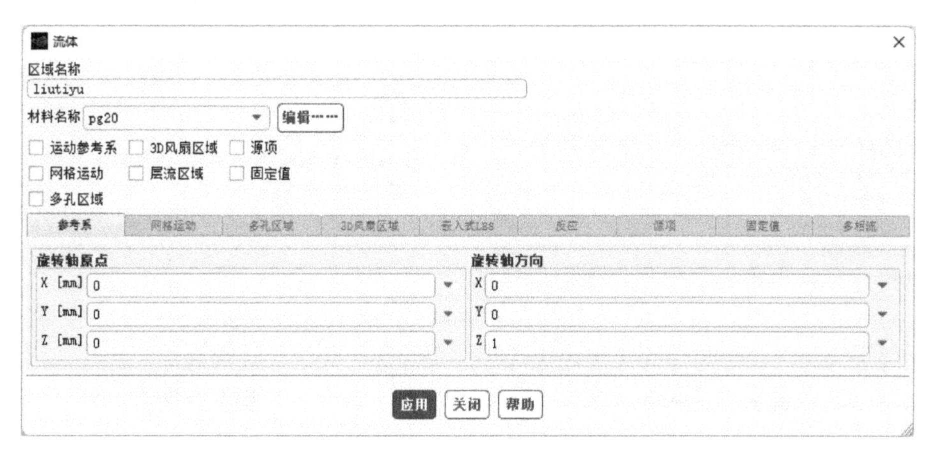

图 14-35 “流体”对话框

14.4.5 边界条件设置

边界条件设置分为冷却液入口、冷却液出口、空气进口、空气出口及壁面等，具体操作步骤如下。

1）在浏览树中双击“设置”→“边界条件”选项，打开“边界条件”任务页面，如图 14-36 所示。

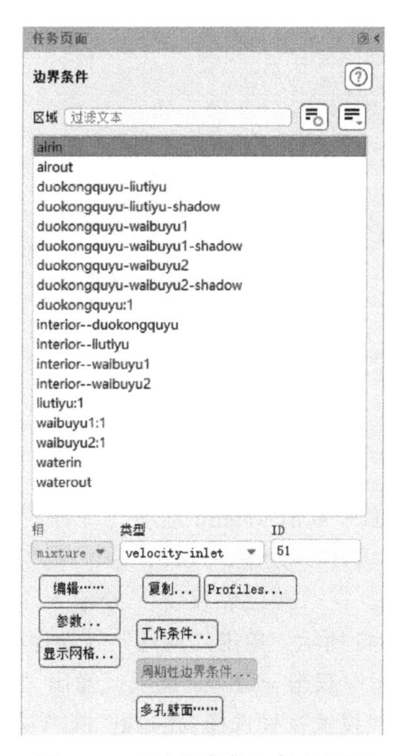

图 14-36 “边界条件”任务页面

2）在“边界条件”任务页面中双击 airin 选项，弹出“速度入口”对话框，如图 14-37 所示，在“速度大小”处输入 7，在“设置”处选择 Intensity and Viscosity Ratio，在“湍流强度”处输入 5，在“湍流粘度比”处输入 10；切换到“热量”选项卡，在“温度”处输入 298.15，如图 14-38 所示，单击“应用”按钮保存。

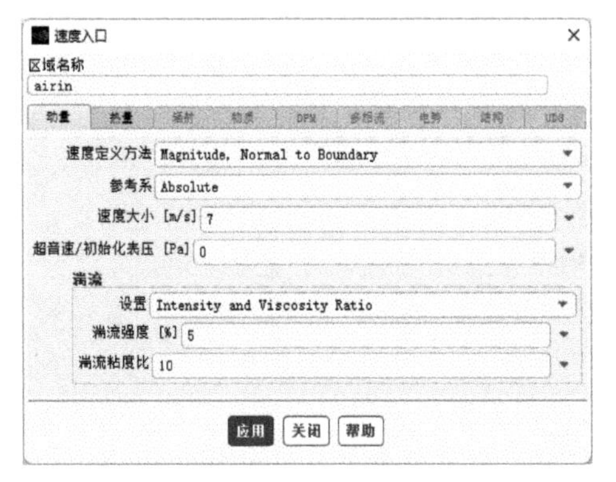

图 14-37 速度入口速度设置（一）

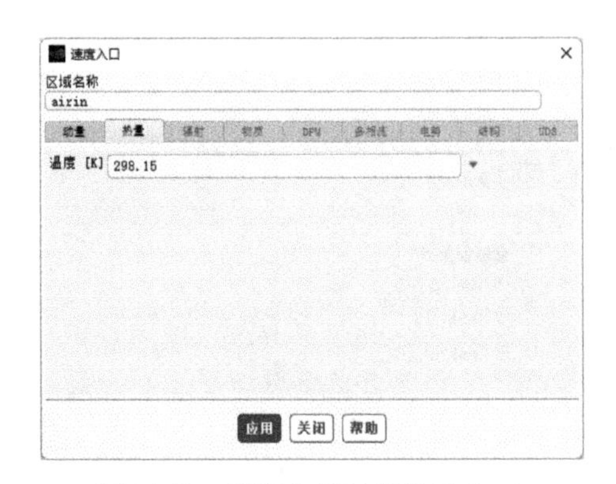

图 14-38 速度入口温度设置（一）

3）在“边界条件”任务页面中双击 airout 选项，弹出“压力出口”对话框，如图 14-39 所示，在“表压”处输入 0，在“设置”处选择 Intensity and Viscosity Ratio，在“回流湍流强度”处输入 5，在“回流湍流粘度比”处输入 10；切换到“热量”选项卡，在“回流总温”处输入 298.15，如图 14-40 所示，单击“应用”按钮保存。

图 14-39 “压力出口”对话框（一）

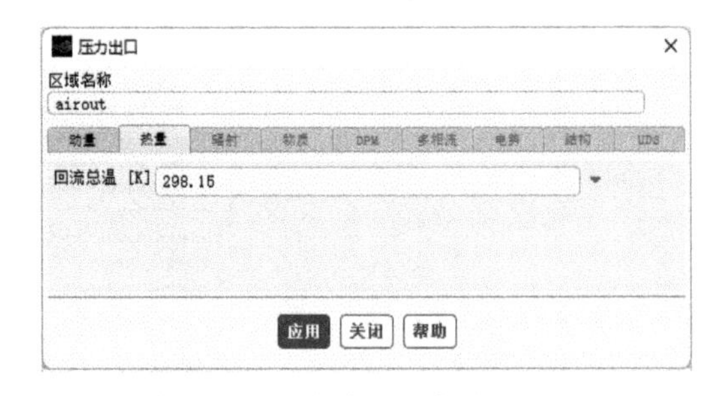

图 14-40 压力出口温度设置（一）

4）在“边界条件”任务页面中双击 waterin 选项（冷却液入口），弹出“速度入口”对话框，如图 14-41 所示，在“速度大小”处输入 0.5，在“设置”处选择 Intensity and Viscosity Ratio，在“湍流强度”处输入 5，在“湍流粘度比”处输入 10；切换到“热量”选项卡，在“温度”处输入 348.15，如图 14-42 所示，单击“应用”按钮保存。

5）在“边界条件”任务页面中双击 waterout 选项，弹出“压力出口”对话框，如图 14-43 所示，在“表压”处输入 0，在“设置”处选择 Intensity and Viscosity Ratio，在“回流湍流强度”处输入 5，在“回流湍流粘度比”处输入 10；切换到“热量”选项卡，在“回流总温”处输入

300，如图 14-44 所示，单击“应用”按钮保存。

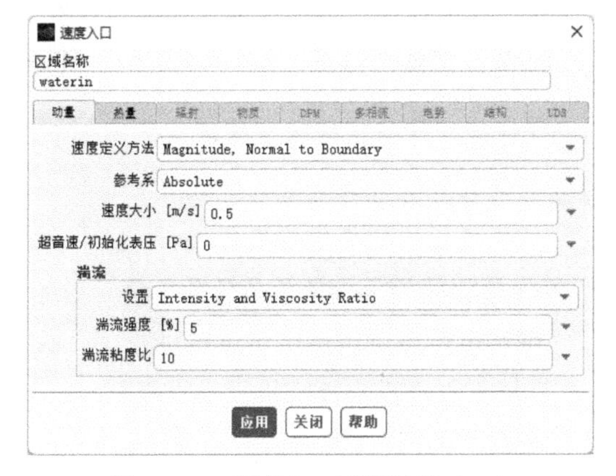

图 14-41 速度入口速度设置（二）

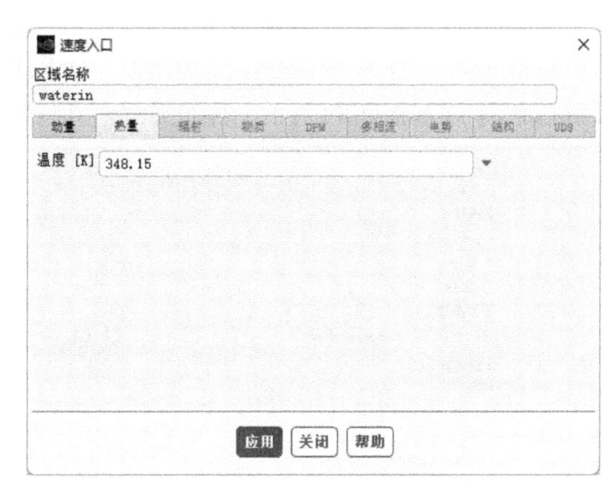

图 14-42 速度入口温度设置（二）

图 14-43 “压力出口”对话框（二）

图 14-44 压力出口温度设置（二）

14.5 求解

14.5.1 方法设置

求解方法对结果的计算精度影响很大，需要合理设置。

1）在浏览树中双击“求解”→“方法”选项，打开“求解方法”任务页面。

2）在“方案”下拉列表框中选择 SIMPLE，在“梯度”下拉列表框中选择 Least Squares Cell Based，在“压力”下拉列表框中选择 Second Order，在“动量”下拉列表框中选择 Second Order Upwind，在“湍流动能”下拉列表框中选择 Second Order Upwind，在“湍流耗散率”下拉列表框中选择 Second Order Upwind，如图 14-45 所示。

14.5.2 控制设置

在浏览树中双击“求解”→“控制”选项，打开“解决方案控制”任务页面，如图 14-46 所示，可以进行“亚松弛因子”、“方程”、“限值”及“高级”等选项设置。“亚松弛因子”代表求解迭代计算方程前的因子，因此原则上保持默认即可。

图 14-45 “求解方法”任务页面

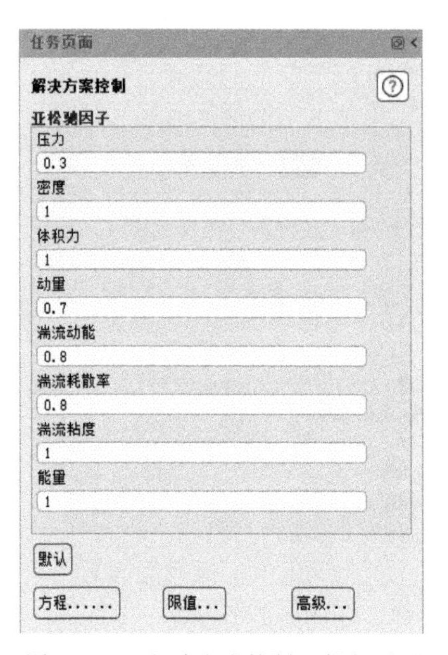

图 14-46 “解决方案控制”任务页面

14.5.3 残差设置

1）在浏览树中双击“求解”→“计算监控”→“残差”选项，弹出“残差监控器”对话框，如图 14-47 所示。

图 14-47 “残差监控器”对话框

2）在“迭代曲线显示最大步数”处输入 1000，在“存储的最大迭代步数”处输入 1000，“绝对标准”值保持默认。

3）单击 OK 按钮，保存残差监控器设置。

14.5.4 初始化设置

1）在浏览树中双击“求解”→“初始化”选项，打开“解决方案初始化”任务页面，如图 14-48 所示。

2）在“初始化方法”处选择“混合初始化（Hybrid Initialization）”，单击“初始化”按钮进行初始化。

14.5.5 计算设置

1）在浏览树中双击“求解”→“运行计算”选项，打开“运行计算”任务页面，如图 14-49 所示。在“迭代次数”处输入 200，代表求解迭代 200 步，如迭代 200 步后计算未收敛，则可以增加迭代次数，单击“开始计算”按钮进行计算。

图 14-48 “解决方案初始化”任务页面

图 14-49 “运行计算”任务页面

2）计算开始后，则会出现残差曲线，如图 14-50 所示，当计算达到设定迭代次数后，就会自动停止。

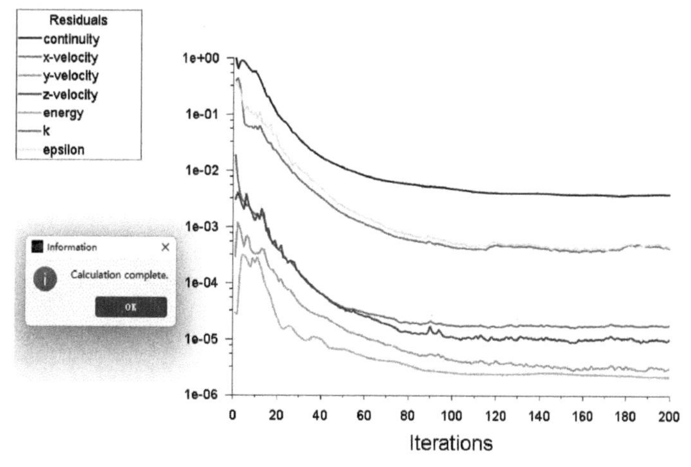

图 14-50 残差曲线

14.6　结果及分析

后处理对于结果分析非常重要，下面将介绍如何创建分析截面，并进行速度、温度云图显示及数据后处理分析。

14.6.1　创建分析截面

为了更好地进行结果分析，下面将创建分析截面 x=45，具体操作步骤如下。

1）在浏览树中右击“结果”→“表面”选项，在弹出的快捷菜单中选择“创建”→“平面”命令，如图 14-51 所示，弹出“平面”对话框。

2）在“新面名称”处输入 x=45，在“方法”下拉列表框中选择 YZ Plane，在 X 处输入 45，单击“创建”按钮完成 x=45 截面创建，如图 14-52 所示。

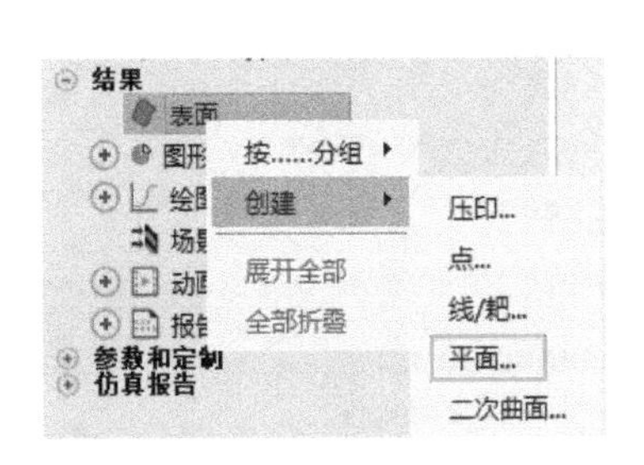

图 14-51　创建平面

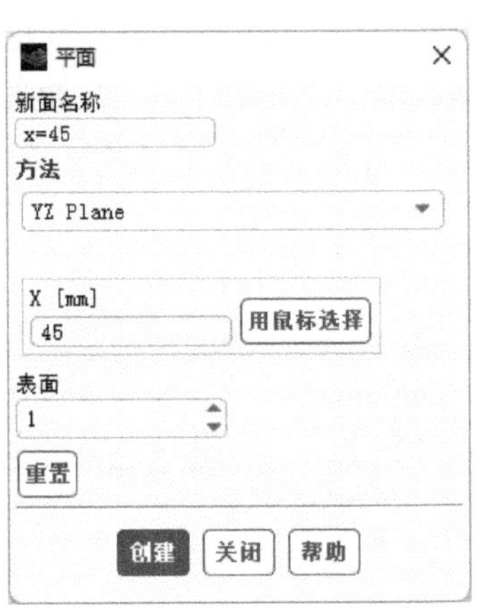

图 14-52　x=45“平面”对话框

3）在浏览树中右击“结果”→“表面”选项，在弹出的快捷菜单中选择“创建”→“平面”命令，弹出“平面”对话框。在“新面名称”处输入 z=0，在“方法”下拉列表框中选择 XY Plane，在 Z 处输入 0，单击“创建”按钮完成 z=0 截面创建，如图 14-53 所示。创建截面的位置如图 14-54 所示。

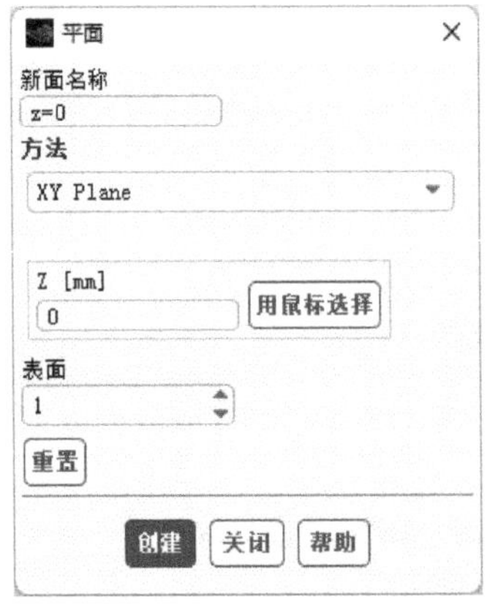

图 14-53　z=0“平面”对话框

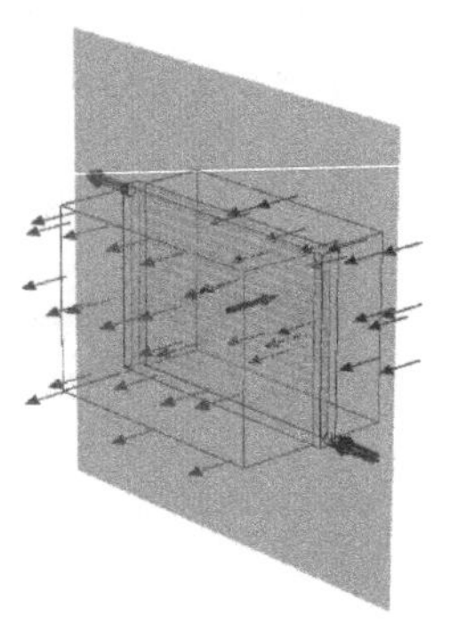

图 14-54　z=0 截面

14.6.2 xz 截面速度云图分析

分析截面创建完成后，下一步进行云图显示，具体操作步骤如下。

1）在浏览树中双击“结果”→“图形”→“云图”选项，弹出“云图”对话框，如图 14-55 所示。在“云图名称”处输入 velocity-xz，在“选项”处选择“填充”“节点值”“边界值”“全局范围”“自动范围”，在“着色变量”处选择 Velocity 及 Velocity Magnitude，在“表面”处选择 x=45 及 z=0，单击“保存/显示”按钮，则显示出 x=45 及 z=0 截面的速度云图，如图 14-56 所示。

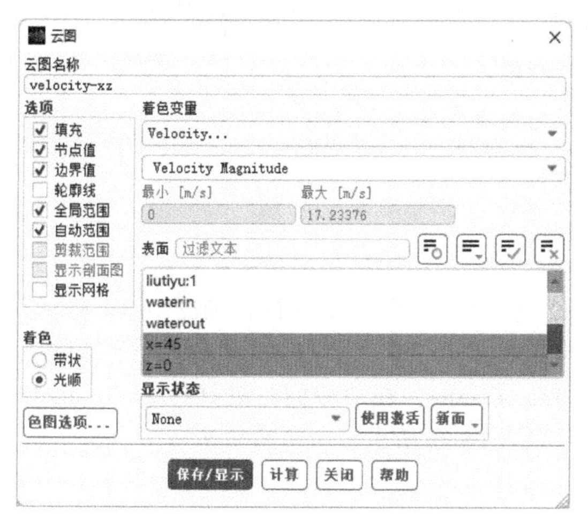

图 14-55　xz 截面速度云图设置（一）

图 14-56　xz 截面速度云图（一）

由图 14-56 可知，冷风在不同芯体层间的速度分布是不均匀的，下侧风量较大，上侧风量较小，后续设计可基于此分析结果进行优化。

2）选择“云图”对话框“选项”处的“显示网格”，弹出“网格显示”对话框，在“选项”处选择“边”，在“边类型”处选择“轮廓”，在“表面”处选择除 x=45 及 z=0 之外的所有面，如图 14-57 所示，单击“显示”按钮，则显示如图 14-58 所示。

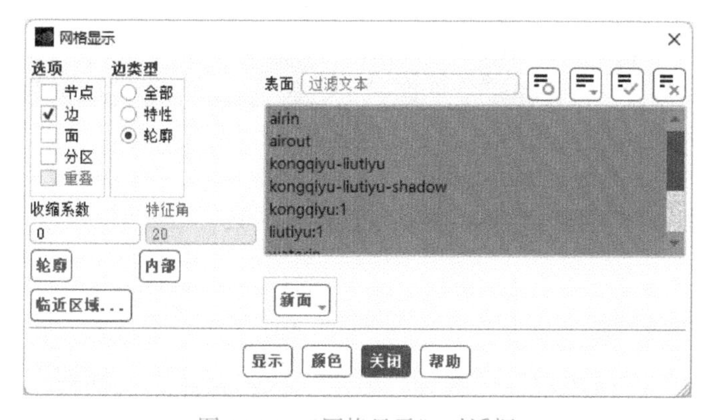

图 14-57　“网格显示”对话框

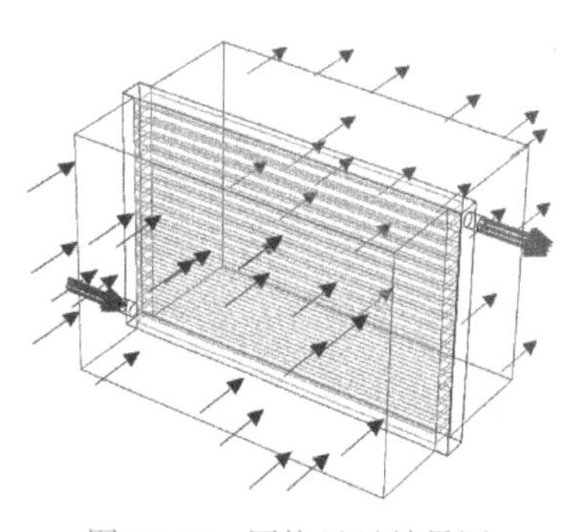

图 14-58　网格显示效果图

3）在“云图”对话框中，单击“保存/显示”按钮，如图 14-59 所示，显示出来的速度云图如图 14-60 所示。

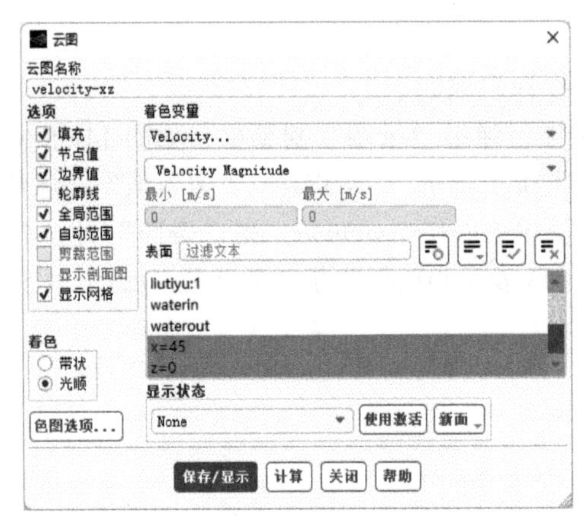

图 14-59　xz 截面速度云图设置（二）

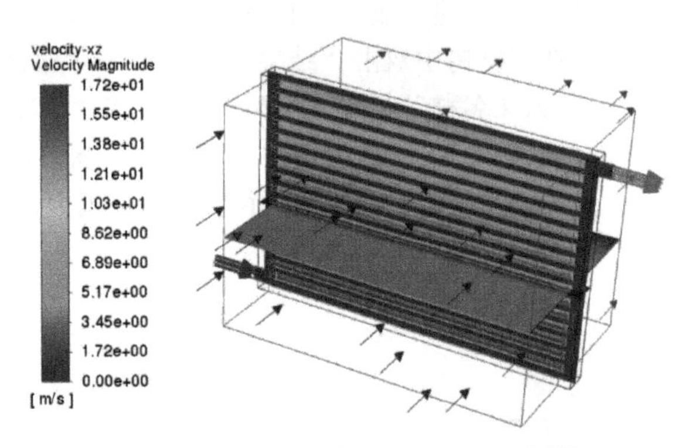

图 14-60　xz 截面速度云图（二）【彩】

14.6.3　z=0 截面温度云图分析

在浏览树中双击“结果”→“图形”→“云图”选项，弹出“云图”对话框，如图 14-61 所示。在“云图名称”处输入 temperature-z-0，在“选项”处选择“填充”“节点值”“边界值”“自动范围”，在“着色变量”处选择 Temperature 及 Static Temperature，在“表面”处选择 z=0，单击“保存/显示”按钮，则显示出 z=0 截面的温度云图，如图 14-62 所示。

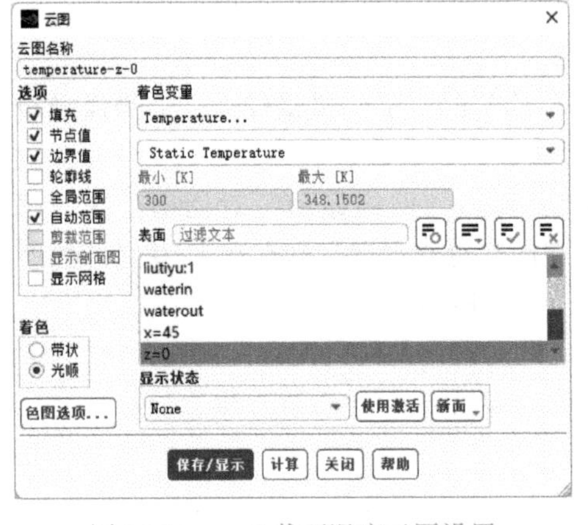

图 14-61　z=0 截面温度云图设置

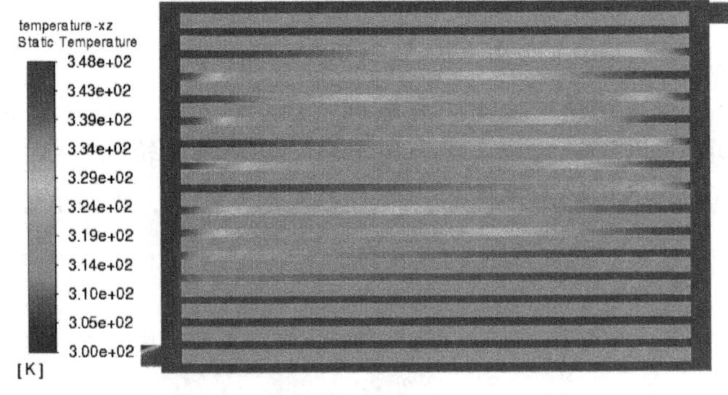

图 14-62　z=0 截面温度云图【彩】

由图 14-62 所示的温度云图分布可知，不同换热芯体内冷却液温度不一致，由此可以看出速度的分布不均。

14.6.4　计算结果数据后处理分析

在浏览树中双击“结果”→“报告”→“体积积分”选项，弹出“体积积分”对话框，如图 14-63 所示。在“报告类型”中选择“体积-平均”，在“场变量”里选择 Temperature 及 Static Temperature，在“单元区域”处选择 kongqiyu，单击“计算”按钮得出流体区域体积平均温度为 312. 46K。

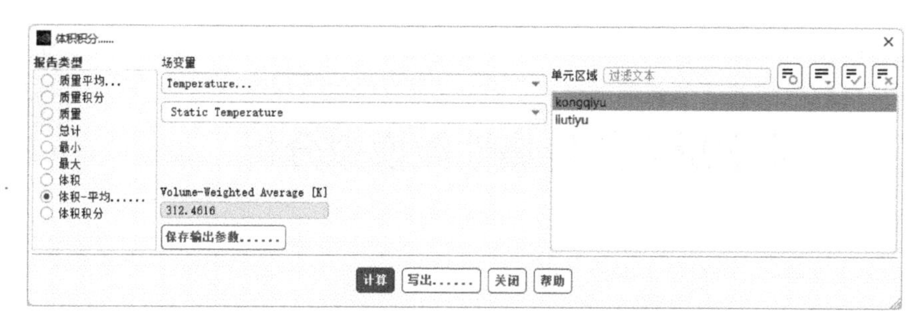

图 14-63　流体区域体积平均温度计算结果

14.7　本章小结

本章以汽车管带式散热器整体传热性能研究为例，详细讲解了几何模型前处理、网格划分、设置、求解及结果查看和分析，重点说明了不同流体域内的材料属性设置等内容。通过本章学习，可以掌握汽车管带式散热器整体传热性能分析相关案例的分析方法。

第 15 章

化学反应釜传热性能模拟分析

操作视频

化学反应釜换热存在化学反应也存在换热过程，如果详细考虑化学反应过程，则一般需要开启化学反应模型，仿真过程非常复杂，如果仿真的侧重点在于冷却管路的设计，则如何简化化学反应过程及其化学反应热就很重要，因此本章以化学反应釜传热性能模拟分析为例进行讲解。

本章知识要点如下。

1）学习如何进行材料新增设置。

2）学习如何进行热源设置。

3）学习如何进行结果后处理分析。

15.1 案例简介

本章以化学反应釜为研究对象，对其传热性能进行分析。化学反应釜传热性能模拟分析几何模型如图 15-1 所示，冷却水的进出口在底部，反应釜内部设置有换热盘管。反应釜内部因为化学反应而生成热量。

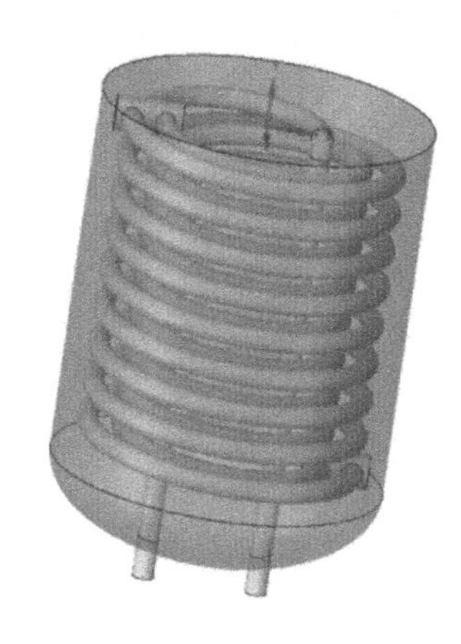

图 15-1 几何模型

15.2 几何模型前处理

15.2.1 创建分析项目

1）在 Windows 系统下执行 “开始”→“所有程序”→ANSYS 2022→Workbench 2022 命令，启动 ANSYS Workbench 2022，进入 Workbench 主界面。

2）在 Workbench 主界面的工具箱中双击“组件系统”→“几何结构”选项，即可在项目管理区创建分析项目 A，如图 15-2 所示。

3）在工具箱中的“组件系统”→“Fluent（带 Fluent 网格剖分）”上按住鼠标左键拖动到项目管理区中，当项目 A 的 A2“几何结构”呈红色高亮显示时，放开鼠标创建项目 B，此时相关联的数据可共享，如图 15-3 所示。

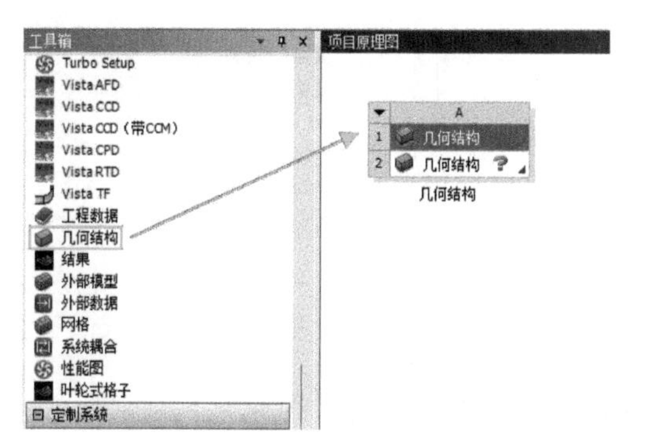

图 15-2　创建几何结构

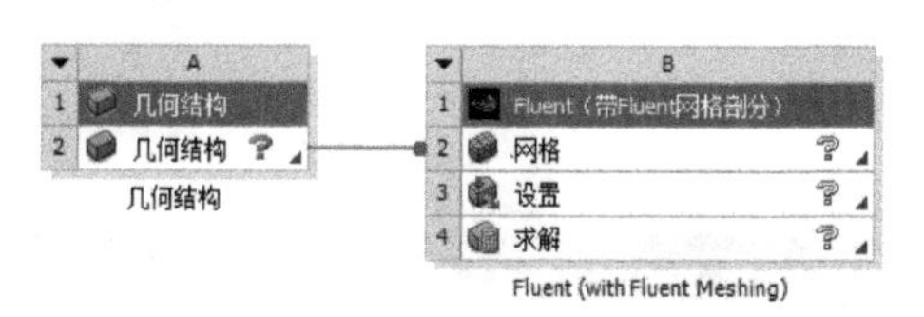

图 15-3　创建分析项目 B

15.2.2　导入几何模型

1）在 A2 栏“几何结构”上右击，在弹出的快捷菜单中选择“导入几何模型”→“浏览”命令，如图 15-4 所示，此时会弹出“打开”对话框。

2）在“打开”对话框中选择 Char15，导入 Char15 几何模型文件，如图 15-5 所示，此时 A2 栏“几何结构”后的 ? 变为 ✓，表示实体模型已经存在。

图 15-4　导入几何模型

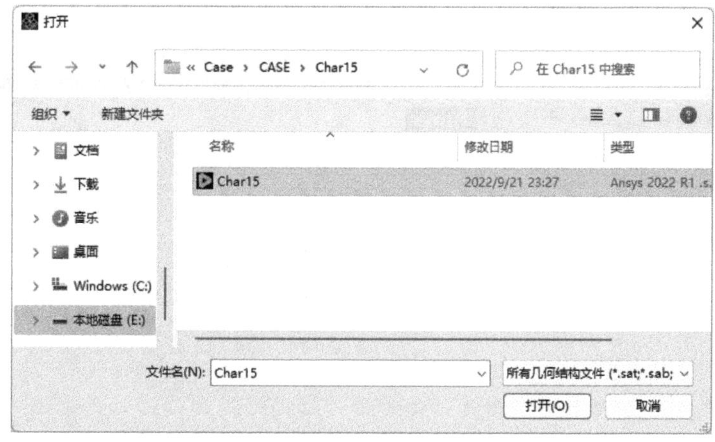

图 15-5　“打开”对话框

3）双击项目 A 中的 A2 栏“几何结构”，会进入“A：几何结构-Geom-SpaceClaim”界面，显示的几何模型如图 15-6 所示。本例中无须进行几何模型修改。

4）单击“群组”按钮，则显示图 15-7 所示的边界条件，本例已经完成了边界条件命名，因此不需要进行修改，如需修改，则在此处进行设置。

5）单击“A：几何结构-Geom-SpaceClaim”界面右上角的“关闭”按钮，返回 Workbench 主界面。

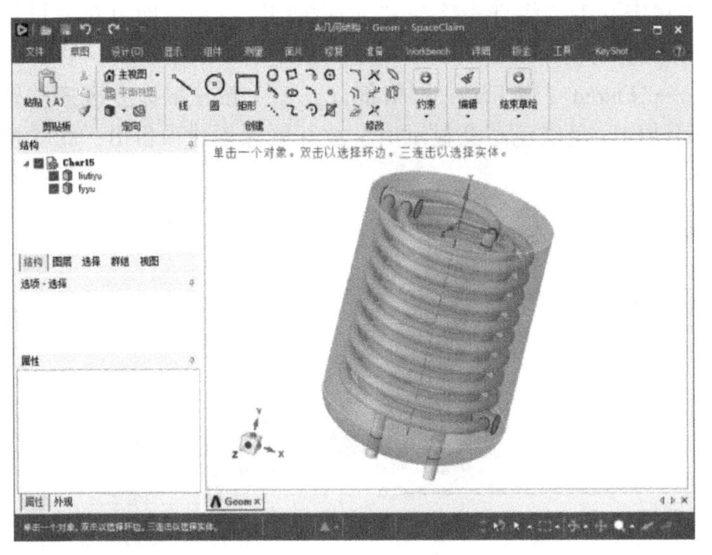

图 15-6　显示的几何模型

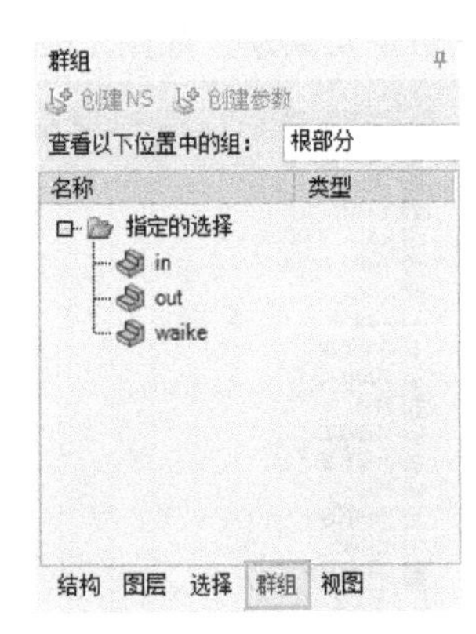

图 15-7　边界条件设置界面

15.3　网格划分

1）双击项目管理区项目 B 中的 B2 栏“网格”选项，进入网格划分启动界面。图 15-8 所示设置为计算双精度、读取网格后显示网格、网格划分及计算求解选用 6 核并行计算。

2）单击 Start 按钮进入 B:Fluent（with Fluent Meshing）界面，在该界面下即可进行网格的划分、边界条件的设置等操作，如图 15-9 所示。

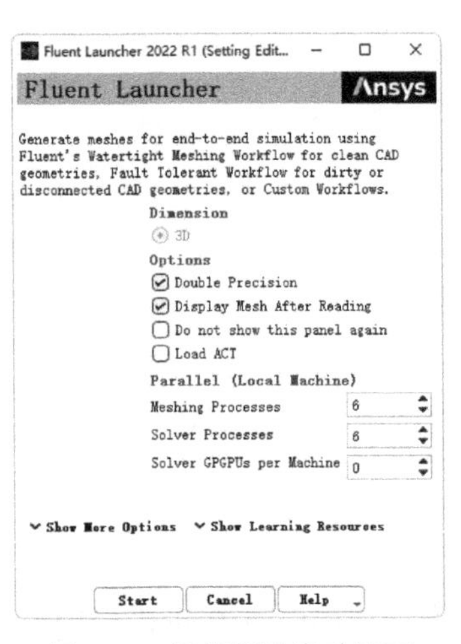

图 15-8　网格划分启动界面

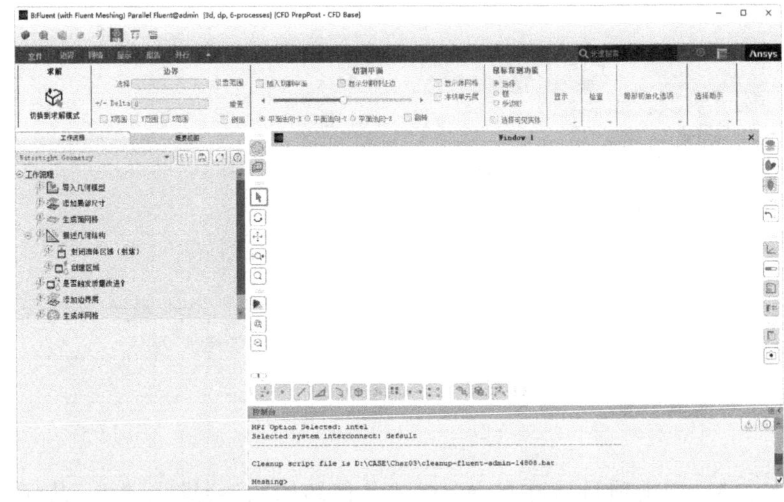

图 15-9　B:Fluent（with Fluent Meshing）界面

3）在左侧浏览树中单击“工作流程”→“导入几何模型”选项，在打开的面板中单击“导入几何模型”按钮，即可将几何模型导入，如图 15-10 所示，导入的几何模型如图 15-11 所示。

4）在浏览树中单击“工作流程”→“添加局部尺寸”选项，在打开的面板中单击“更新”按钮，如图 15-12 所示。

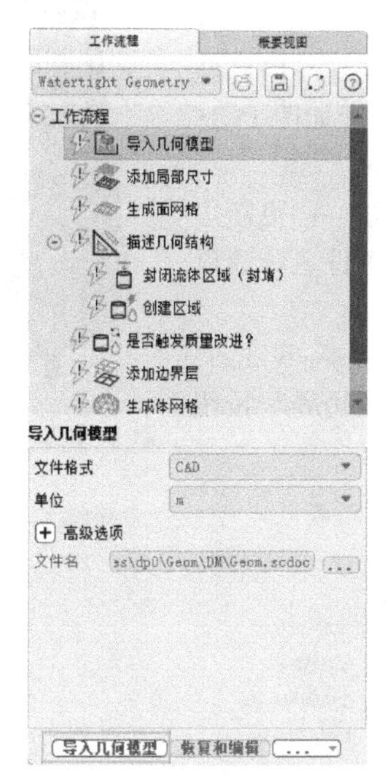

图 15-10　几何模型导入设置界面

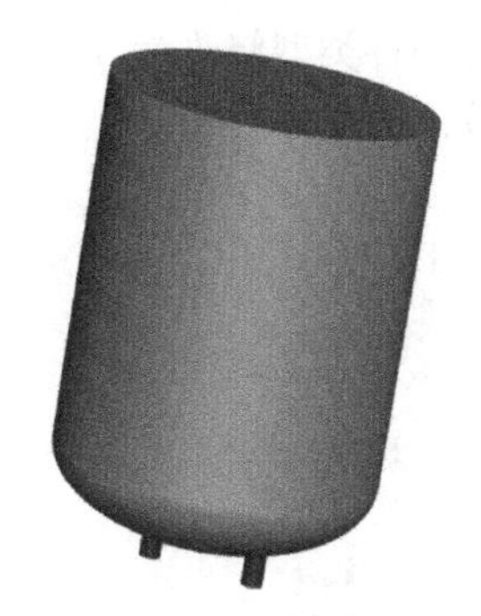

图 15-11　导入的几何模型

5）在浏览树中单击“工作流程”→“生成面网格”选项，在打开的面板中设置面网格划分参数，在 Minimum Size 处输入 0.0005，在 Maximum Size 处输入 0.01，在“增长率”处输入 1.2，打开“高级选项”，在“质量优化的偏度限值”处输入 0.8，在“基于坍塌方法改进质量的偏斜度阈值”处输入 0.8，其他参数保持默认设置。单击“生成面网格”按钮即可进行面网格划分，如图 15-13 所示。划分好的面网格如图 15-14 所示。

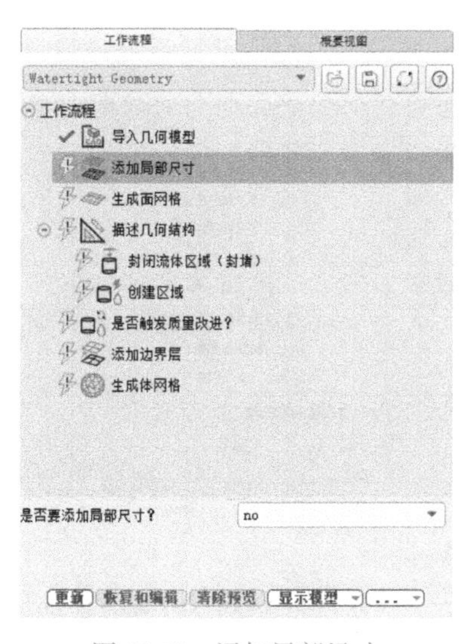

图 15-12　添加局部尺寸

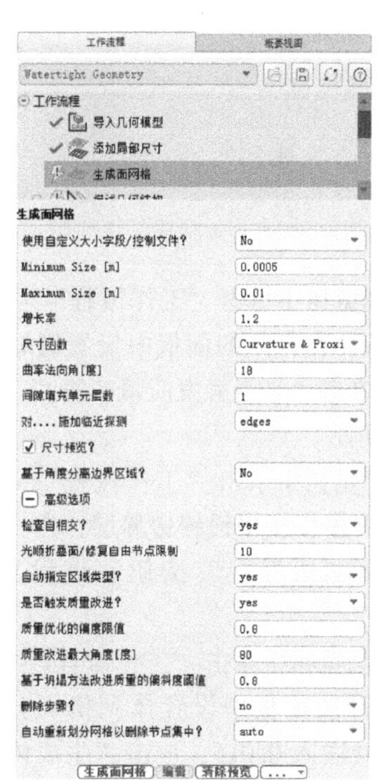

图 15-13　生成面网格

6）在浏览树中单击“工作流程”→“描述几何结构”选项，在打开的面板中设置几何结构参数。因为几何模型在 SpaceClaim 内已经完成了拓扑共享，所以此处无须应用共享拓扑。具体设置如图 15-15 所示，单击“描述几何结构”按钮完成设置。

7）在浏览树中单击“工作流程”→“描述几何结构”→“更新边界”选项，在打开的面板中设置边界条件类型，边界条件名称建议在 SpaceClaim 中进行设置。

在 Boundary Type 处，将 in 的边界条件类型修改为 velocity-inlet，将 out 的边界条件类型修改为 pressure-outlet，单击“更新边界”按钮完成设置，如图 15-16 所示。

图 15-14　面网格划分效果图

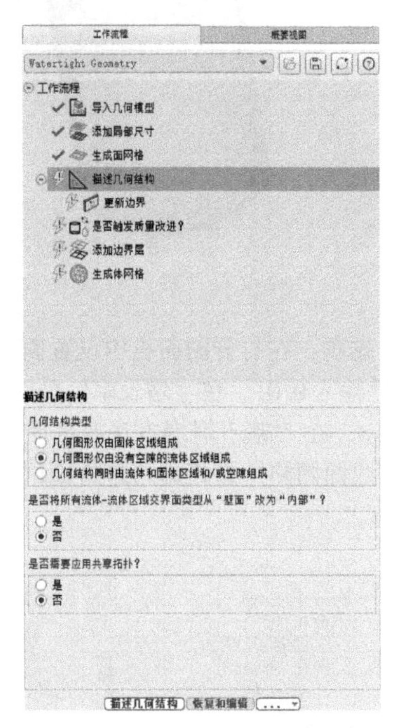

图 15-15　描述几何结构

图 15-16　更新边界

8）在浏览树中单击“工作流程”→“是否触发质量改进?”选项，在打开的面板中设置区域的属性，保持参数不变，单击“是否触发质量改进?”按钮完成设置，如图 15-17 所示。

9）在浏览树中单击“工作流程”→“添加边界层”选项，在打开的面板中设置边界层，在“层数”处输入 3，单击“添加边界层”按钮完成设置，如图 15-18 所示。

10）在浏览树中单击“工作流程”→“生成体网格”选项，在打开的面板中设置体网格划分参数，在 Max Cell Length 处输入 0.015，单击“生成体网格”按钮完成设置，如图 15-19 所示。生成的体网格如图 15-20 所示。

图 15-17　选择是否触发质量改进

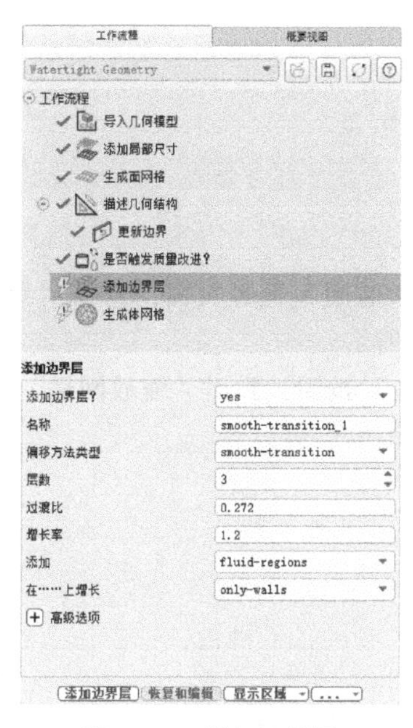

图 15-18　添加边界层

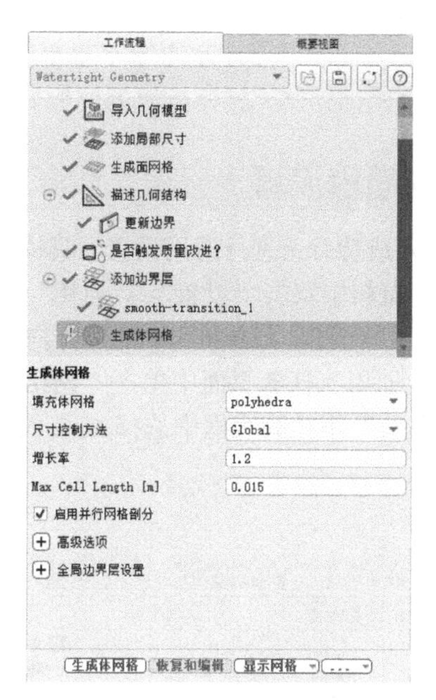

图 15-19　生成体网格

11）在 Fluent 界面上方的选项卡中单击“求解”→“切换到求解模式”按钮，如图 15-21 所示，打开 Fluent 求解设置界面，如图 15-22 所示。

图 15-20　体网格划分效果图

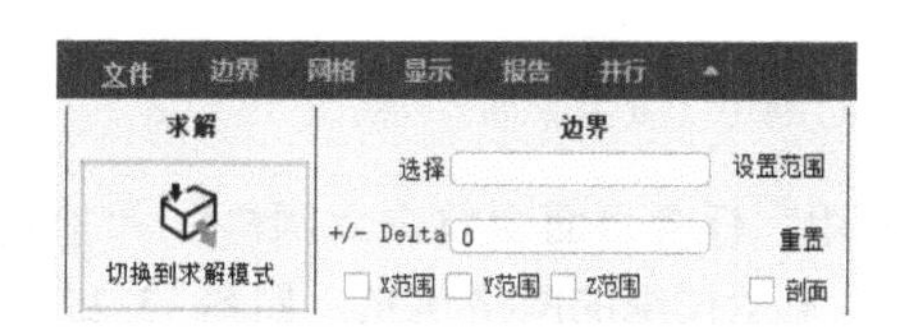

图 15-21　切换到求解模式

图 15-22　Fluent 求解设置界面

15.4 设置

15.4.1 通用设置

网格导入成功后，进行通用设置，具体操作步骤如下。

1）在浏览树中双击“设置”→“通用”选项，打开“通用”任务页面，选择“重力”，并在 y 处输入-9.8，代表重力方向为 y 的负方向，如图 15-23 所示。

2）在“通用”任务页面中单击“网格”→“网格缩放”按钮，弹出“缩放网格”对话框，在“查看网格单位”下拉列表框中选择 mm，如图 15-24 所示。

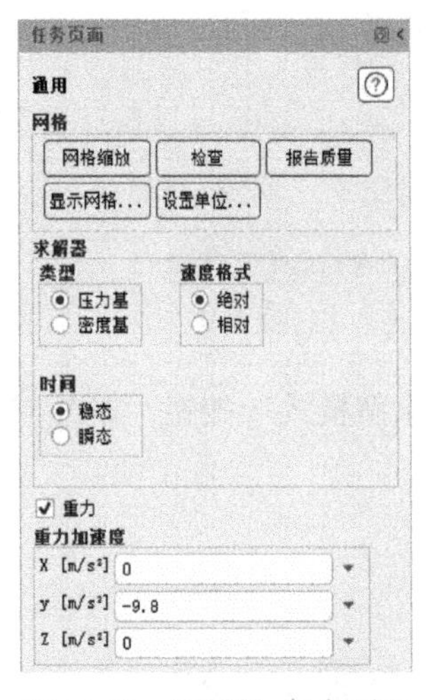

图 15-23 “通用”任务页面

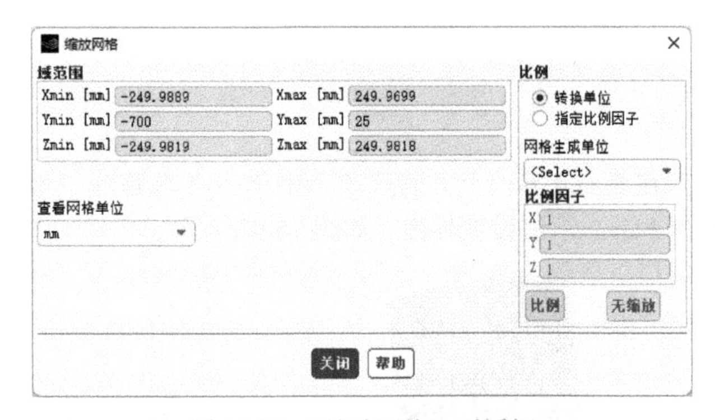

图 15-24 “缩放网格”对话框

3）在“通用”任务页面中单击“网格”→“检查”按钮，检查网格划分是否存在问题，此时会在“控制台”显示详细的网格信息，如图 15-25 所示，可以查看导入网格的尺寸。

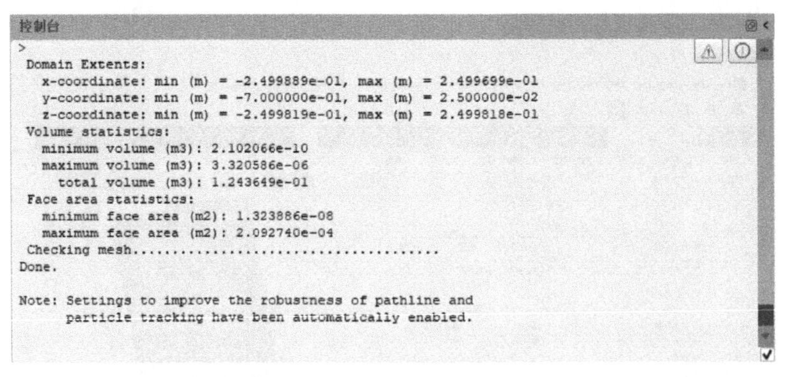

图 15-25 网格信息

4）在“通用”任务页面中单击“网格”→“报告质量”按钮，进行网格质量查看。

5）在“通用”任务页面中选择“求解器”→“类型”→“压力基”选项，即选择基于压力求解；选择“时间”→“稳态”选项，即进行稳态计算。

6）单击功能区的“物理模型”→“工作条件”选项，如图 15-26 所示，弹出“工作条件”对话框，如图 15-27 所示，进行工作压力设置。

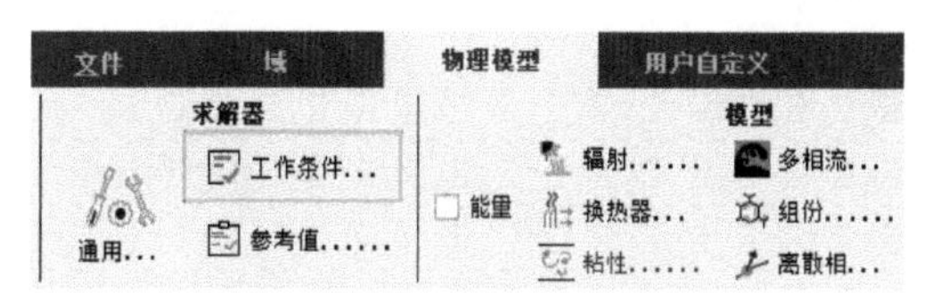

图 15-26 “工作条件”选项

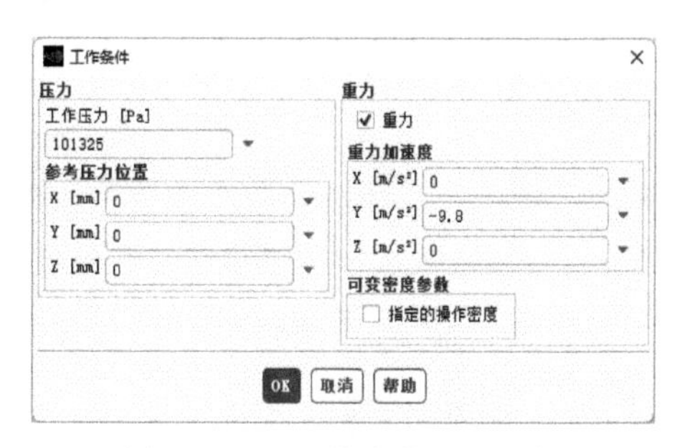

图 15-27 “工作条件”对话框

15.4.2 模型设置

通过对换热过程分析可知，需要设置粘性及传热模型。通过计算雷诺数可知，换热盘管内的流动处于湍流状态，具体操作步骤如下。

1）在浏览树中双击“设置”→“模型”选项，打开“模型”任务页面，如图 15-28 所示。

2）在浏览树中双击“模型”→“粘性”选项，弹出“粘性模型”对话框，进行流动模型设置。在“模型”下选择 k-epsilon（2 eqn），在“k-epsilon 模型”下选择 Standard，在“壁面函数”下选择“标准壁面函数（SWF）”，其余参数保持默认，如图 15-29 所示，单击 OK 按钮保存设置。

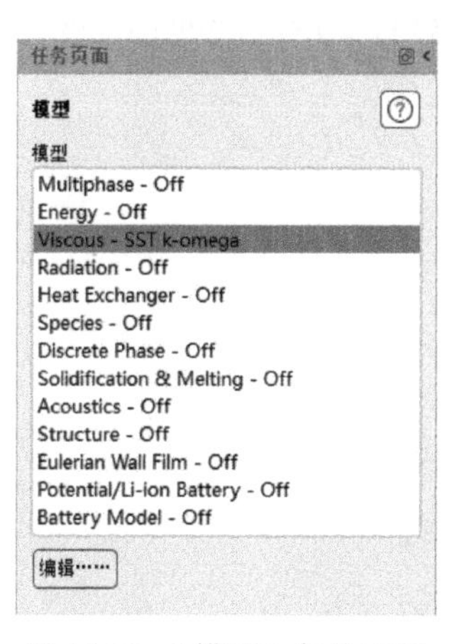

图 15-28 “模型”任务页面

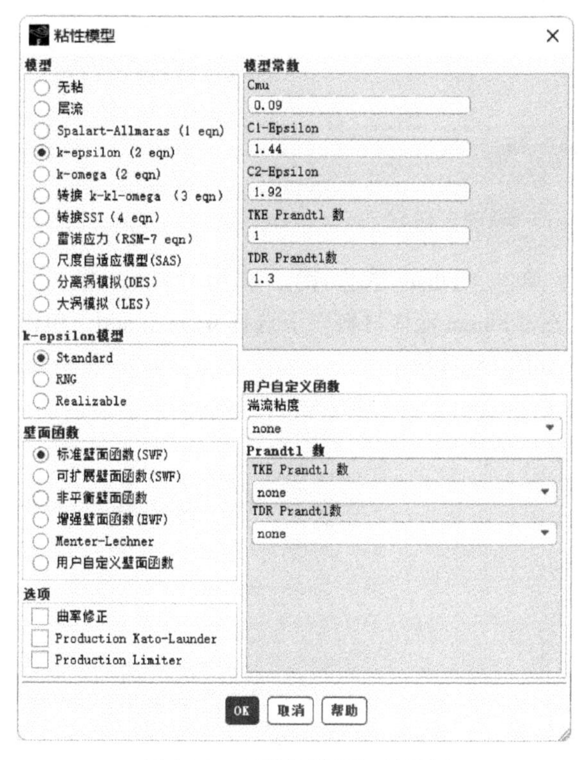

图 15-29 “粘性模型”对话框

3）在浏览树中双击“模型”→“能量”选项，打开“能量”对话框，如图 15-30 所示，单击 OK 按钮保存设置。

图 15-30 “能量”对话框

15.4.3 材料设置

软件默认的流体材料是 air，固体材料为 aluminum。本案例是化学反应釜传热性能分析，因此需要新增反应釜内化学材料 AL（OH）$_3$、换热盘管及水等材料，具体设置如下。

1）在浏览树中双击“设置”→“材料”选项，打开“材料”任务页面，如图 15-31 所示。

2）在浏览树中双击“材料”→Fluid→air，弹出“创建/编辑材料”对话框，如图 15-32 所示。

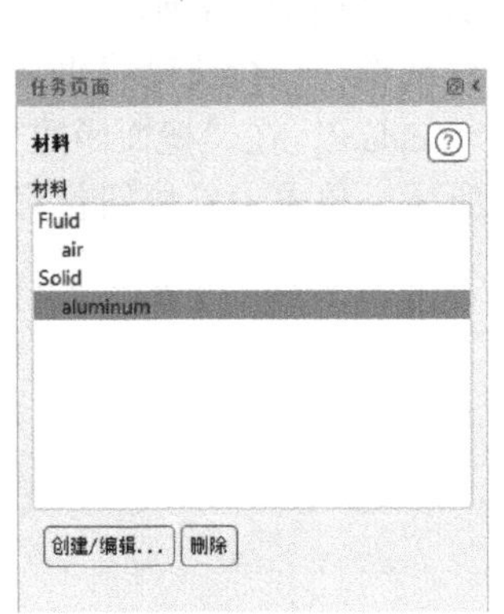

图 15-31 “材料”任务页面

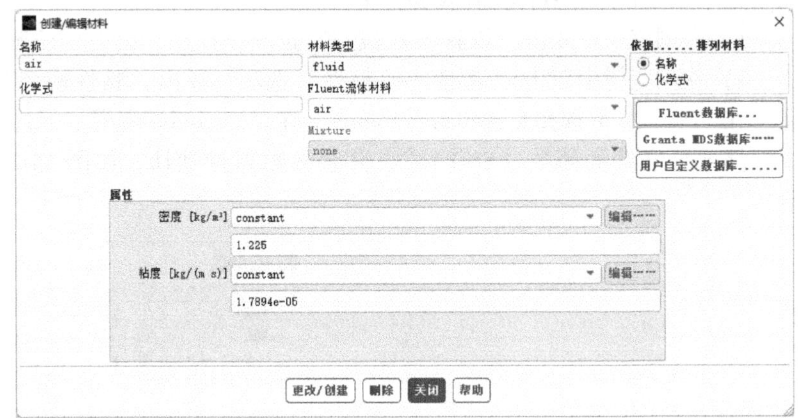

图 15-32 “创建/编辑材料”对话框（一）

3）单击“Fluent 数据库”，弹出“Fluent 数据库材料”对话框，在“材料类型”下选择 fluid，在“Fluent 流体材料”下选择 water-liquid，单击“复制”按钮，则完成 water-liquid 材料的添加，如图 15-33 所示。

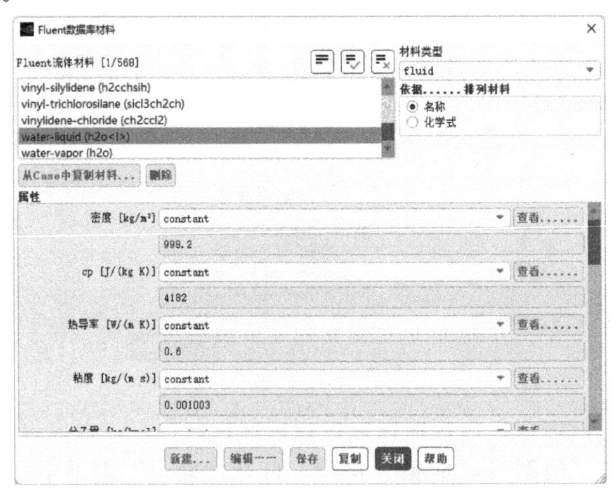

图 15-33 “Fluent 数据库材料”对话框（一）

4）在浏览树中双击“材料”→Fluid→air，弹出“创建/编辑材料”对话框，如图 15-34 所示。在“名称”处输入 aloh3，密度、热导率及粘度等参数按照如下数值进行修改，单击“更改/创建”按钮，则此时会弹出图 15-35 所示的确认对话框，单击 Yes 按钮完成材料创建，新建材料 $AL(OH)_3$会覆盖 air 材料。

图 15-34 “创建/编辑材料”对话框（二）

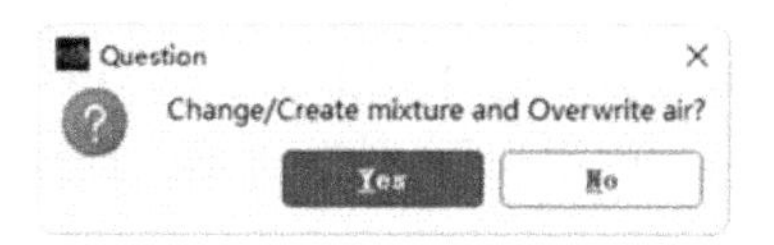

图 15-35 材料修改确认对话框

5）在浏览树中双击“材料”→Solid→aluminum，打开“创建/编辑材料”对话框，如图 15-36 所示。

图 15-36 “创建/编辑材料”对话框（三）

6）单击“Fluent 数据库”，弹出“Fluent 数据库材料”对话框，在“材料类型”下选择 solid，在“Fluent 固体材料”下选择 cu 及 steel，单击“复制”按钮，则完成铜及钢材料的添加，如图 15-37 所示。

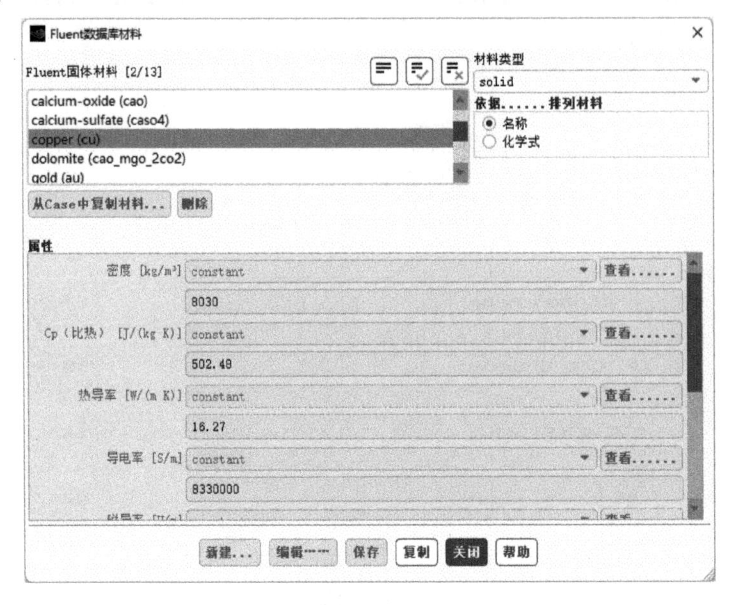

图 15-37 “Fluent 数据库材料”对话框（二）

15.4.4 单元区域条件设置

Fluent 默认流体单元区域内材料为空气，因此需要进行其材料修改，具体设置步骤如下。

1）在浏览树中双击“设置”→“单元区域条件”选项，打开“单元区域条件”任务页面，如图 15-38 所示。

2）在“单元区域条件”任务页面中单击 fyyu 选项，弹出“流体”对话框，在“材料名称”处选择材料为 aloh3，将流体材料由 air 修改为 aloh3，如图 15-39 所示。切换到“源项”选项卡，单击“能量”后的“编辑”按钮，弹出“能量源项”设置对话框。在“能量源项数量”处输入 1，在数值处输入 340000，如图 15-40 所示，单击 OK 按钮保存退出。

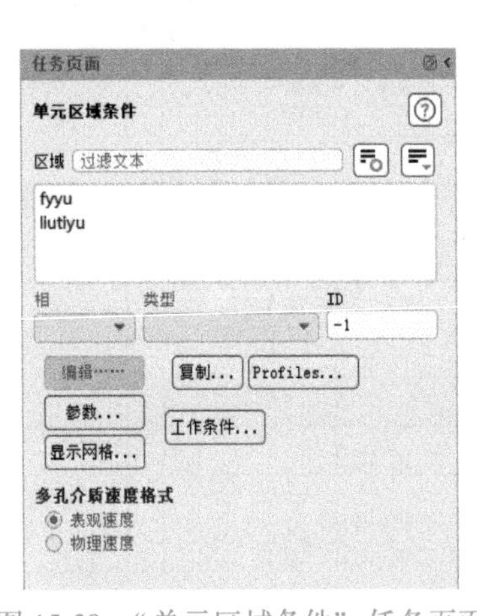

图 15-38 “单元区域条件”任务页面

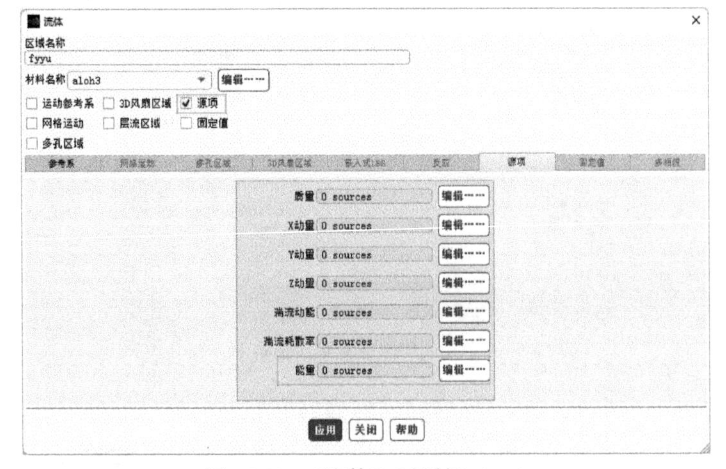

图 15-39 “流体”对话框（一）

3）在“单元区域条件”任务页面中单击 liutiyu 选项，弹出“流体”对话框，在“材料名称”处选择材料为 water-liquid，将流体材料修改为 water-liquid，如图 15-41 所示。

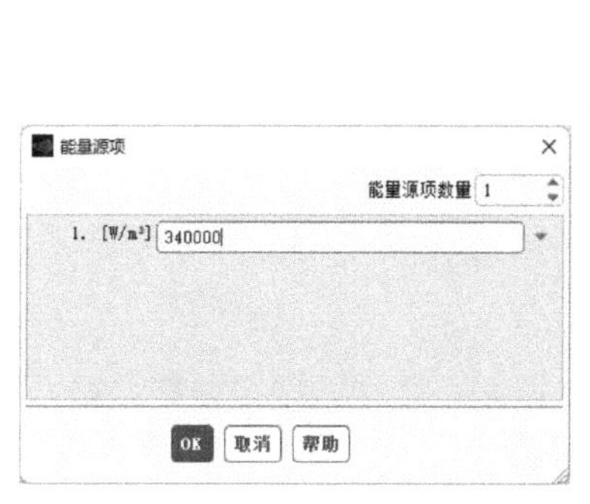

图 15-40 “能量源项”对话框

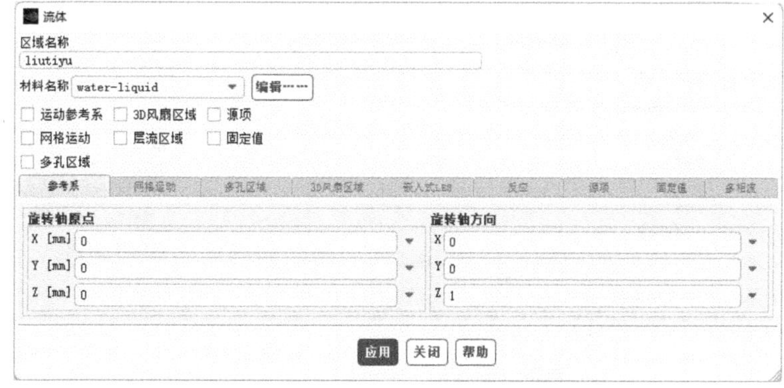

图 15-41 “流体”对话框（二）

15.4.5 边界条件设置

边界条件设置分为冷却水入口、冷却水出口、耦合及外壳壁面等，具体操作步骤如下。

1）在浏览树中双击“设置”→“边界条件”选项，打开“边界条件”任务页面，如图 15-42 所示。

2）在“边界条件”任务页面中双击 in 选项，弹出“速度入口”对话框，如图 15-43 所示，在“速度大小”处输入 2，在“设置”处选择 Intensity and Hydraulic Diameter，在“湍流强度”处输入 5，在“水力直径”处输入 32；切换到“热量”选项卡，在“温度”处输入 293.15，如图 15-44 所示，单击“应用”按钮保存。

3）在“边界条件”任务页面中双击 airout 选项，弹出“压力出口”对话框，如图 15-45 所示，在“表压”处输入 0，在“设置”处选择 Intensity and Hydraulic Diameter，在“回流湍流强度”处输入 5，在“回流水力直径”处输入 32；切换到“热量”选项卡，在“回流总温”处输入 300，如图 15-46 所示，单击“应用”按钮保存。

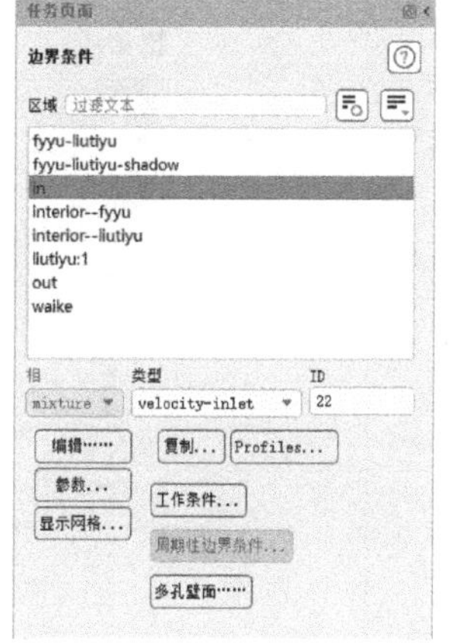

图 15-42 “边界条件”任务页面

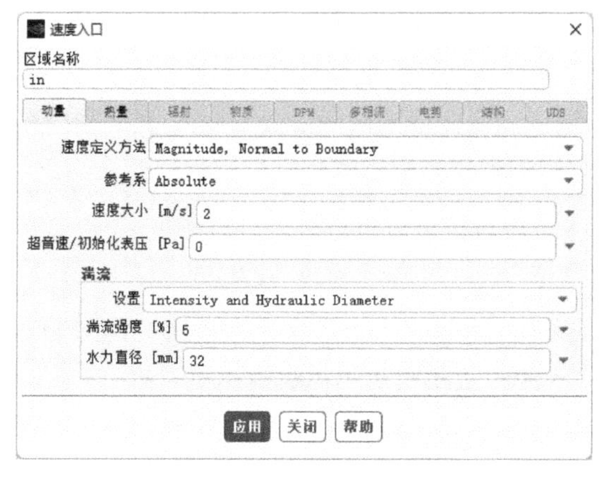

图 15-43 速度入口速度设置

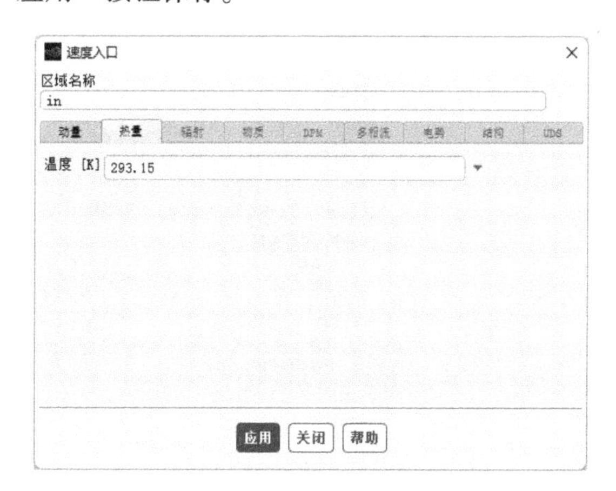

图 15-44 速度入口温度设置

图 15-45 “压力出口”对话框

图 15-46 压力出口温度设置

4）在“边界条件”任务页面中双击 fyyu-liutiyu 选项，弹出“壁面”对话框，如图 15-47 所示，切换到“热量”选项卡，在“传热相关边界条件”处选择“耦合”，在“材料名称”处选择 copper，在“壁面厚度”处输入 3，代表考虑换热盘管厚度为 3mm，单击“应用”按钮保存。

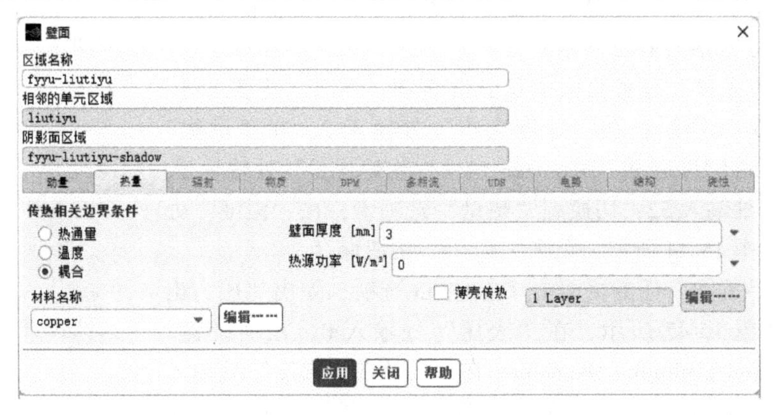

图 15-47 换热盘管“壁面”对话框

5）在“边界条件”任务页面中双击 waike 选项，弹出“壁面”对话框，如图 15-48 所示，

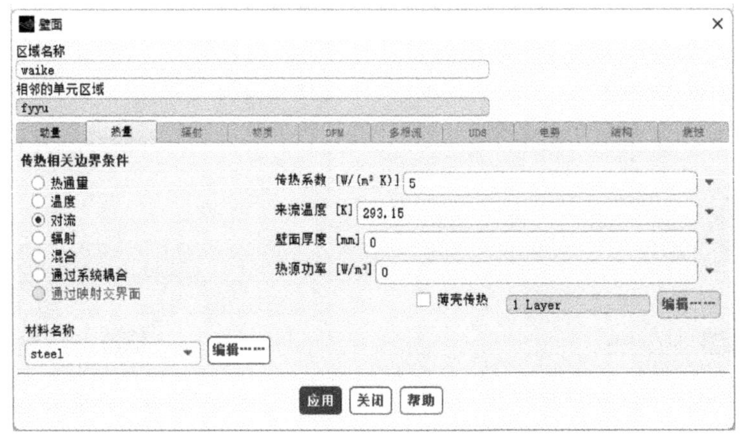

图 15-48 外壳“壁面”对话框

切换到“热量”选项卡，在“传热相关边界条件”处选择“对流”，在“材料名称”处选择 steel，在“传热系数”处输入 5，代表考虑对流换热系数为 $5W/m^2 \cdot K$，在“来流温度”处输入 293.15，代表对流换热的环境温度为 293.15K，单击“应用”按钮保存。

15.5 求解

15.5.1 方法设置

求解方法对结果的计算精度影响很大，需要合理设置。

1）在浏览树中双击“求解”→“方法”选项，打开“求解方法”任务页面。

2）在“方案”下拉列表框中选择 SIMPLE，在“梯度”下拉列表框中选择 Least Squares Cell Based，在“压力”下拉列表框中选择 Second Order，在“动量”下拉列表框中选择 Second Order Upwind，在“湍流动能”下拉列表框中选择 Second Order Upwind，在“湍流耗散率”下拉列表框中选择 Second Order Upwind，如图 15-49 所示。

15.5.2 控制设置

在浏览树中双击“求解”→“控制”选项，打开“解决方案控制”任务页面，如图 15-50 所示，可以进行“亚松弛因子”、“方程”、“限值”及“高级”等选项设置。“亚松弛因子”代表求解迭代计算方程前的因子，因此原则上保持默认即可。

图 15-49 “求解方法”任务页面

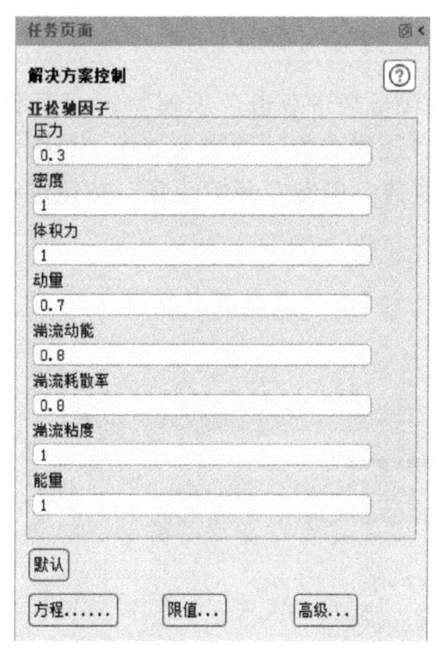

图 15-50 “解决方案控制”任务页面

15.5.3 残差设置

1）在浏览树中双击“求解”→“计算监控”→“残差”选项，弹出“残差监控器”对话框，如

图 15-51 所示。

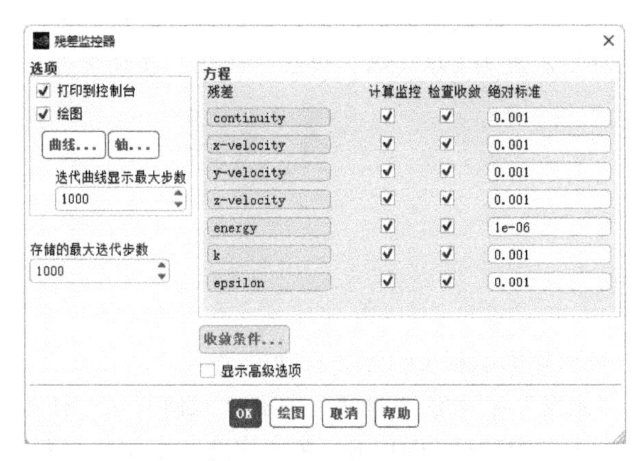

图 15-51 “残差监控器”对话框

2）在“迭代曲线显示最大步数”处输入 1000，在“存储的最大迭代步数”处输入 1000，“绝对标准”值保持默认。

3）单击 OK 按钮，保存残差监控器设置。

15.5.4 初始化设置

1）在浏览树中双击“求解”→“初始化”选项，打开“解决方案初始化”任务页面，如图 15-52 所示。

2）在“初始化方法”处选择“混合初始化（Hybrid Initialization）”，单击“初始化”按钮进行初始化。

15.5.5 计算设置

1）在浏览树中双击“求解”→“运行计算”选项，打开“运行计算”任务页面，如图 15-53 所示。在“迭代次数”处输入 200，代表求解迭代 200 步，如迭代 200 步后计算未收敛，则可以增加迭代次数。单击“开始计算”按钮进行计算。

图 15-52 “解决方案初始化”任务页面

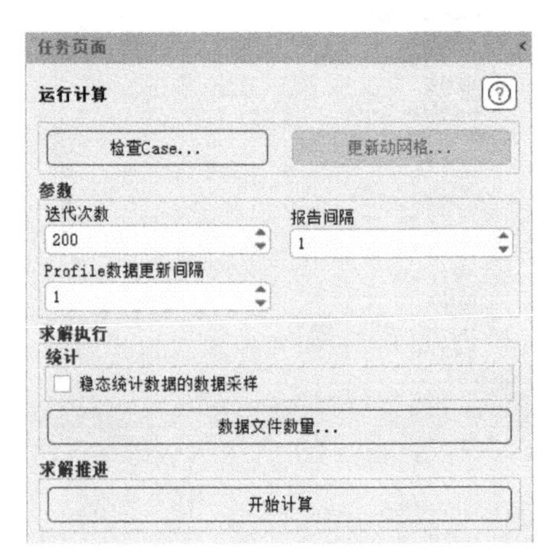

图 15-53 “运行计算”任务页面

2）计算开始后，会出现残差曲线，如图 15-54 所示，当计算达到设定迭代次数后，则会自动停止，读者自行计算时，可以设置迭代次数为 1000。

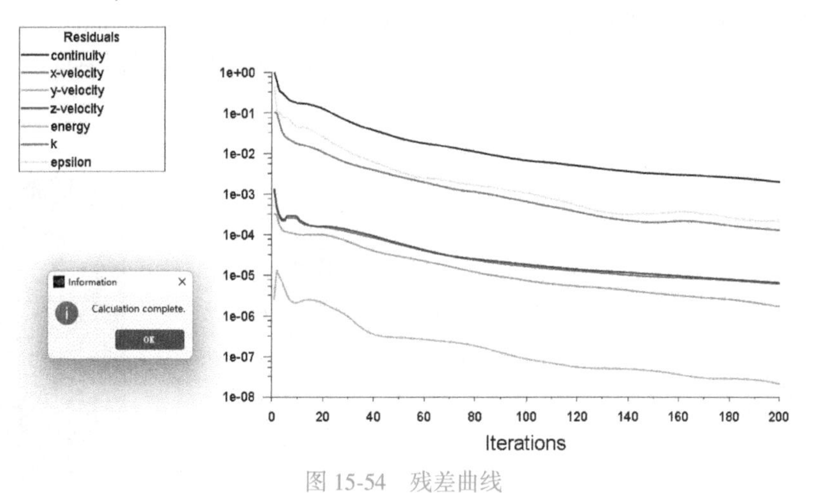

图 15-54　残差曲线

15.6　结果及分析

后处理对于结果分析非常重要，下面将介绍如何创建分析截面，并进行速度、温度云图显示及数据后处理分析。

15.6.1　创建分析截面

为了更好地进行结果分析，下面将创建分析截面 z=0，具体操作步骤如下。

1）在浏览树中右击“结果”→“表面”选项，在弹出的快捷菜单中选择“创建”→“平面”命令，如图 15-55 所示，弹出“平面”对话框。

2）在“新面名称”处输入 z=0，在“方法”下拉列表框中选择 XY Plane，在 Z 处输入 0，单击“创建”按钮完成 z=0 截面创建，如图 15-56 所示。

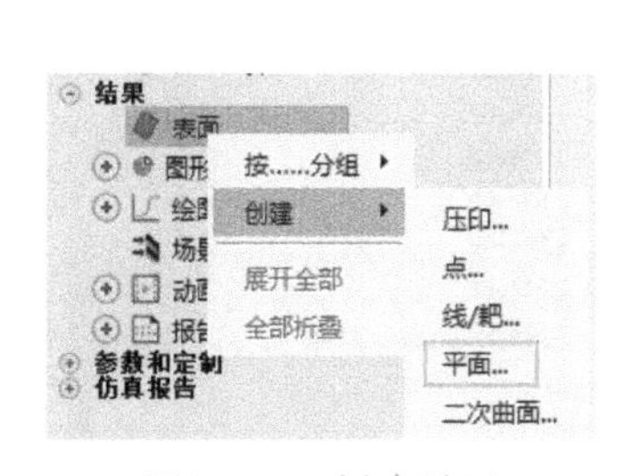

图 15-55　创建平面

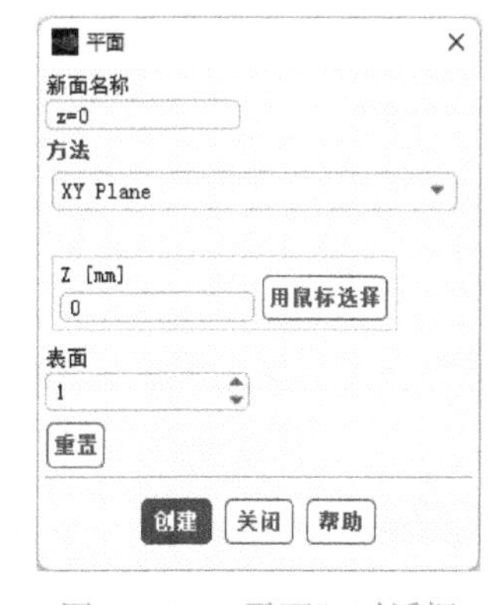

图 15-56　“平面”对话框

15.6.2　z=0 截面速度云图分析

分析截面创建完成后，下一步进行温度、速度云图显示，具体操作步骤如下。

在浏览树中双击“结果”→“图形”→“云图”选项，弹出“云图”对话框，如图 15-57 所示。在“云图名称”处输入 velocity-z-0，在“选项”处选择“填充”、“节点值”、“边界值”、“全局范围”及“自动范围”，在“着色变量”处选择 Velocity 及 Velocity Magnitude，在“表面”处选择 z=0，单击“保存/显示”按钮，则显示出 z=0 截面的速度云图，如图 15-58 所示。

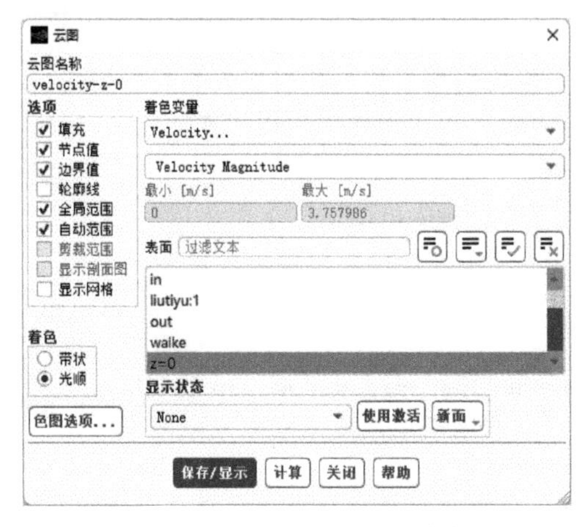

图 15-57　z=0 截面速度云图设置

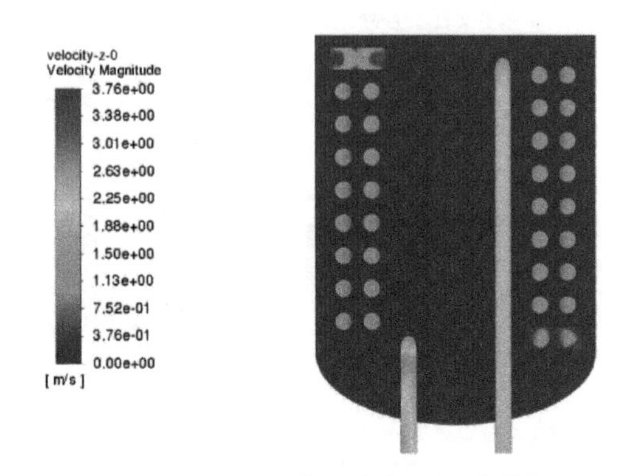

图 15-58　z=0 截面速度云图【彩】

由图 15-58 可知，换热盘管内速度最大为 3.76m/s，主要影响因素是换热盘管内部的螺旋结构；在反应釜内部速度几乎为 0，主要原因为并未考虑反应釜内部材料受热后的密度变化，如需考虑，可以在材料属性处开启密度随温度变化的模型。

15.6.3　z=0 截面温度云图分析

在浏览树中双击“结果”→“图形”→“云图”选项，弹出“云图”对话框，如图 15-59 所示。在“云图名称”处输入 temperature-z-0，在“选项”处选择“填充”、“节点值”、“边界值”、“全局范围”及“自动范围”，在“着色变量”处选择 Temperature 及 Static Temperature，在“表面”处选择 z=0，单击“保存/显示”按钮，则显示出 z=0 截面的温度云图，如图 15-60 所示。

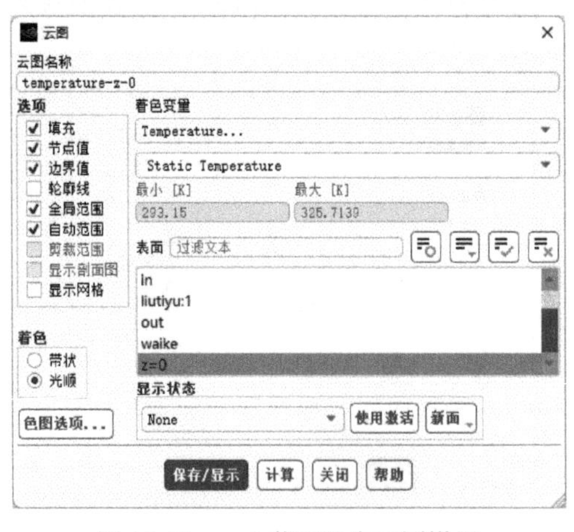

图 15-59　z=0 截面温度云图设置

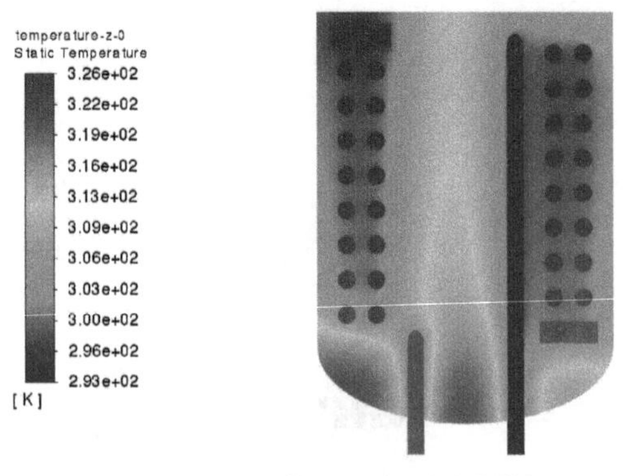

图 15-60　z=0 截面温度云图【彩】

由图 15-60 所示的温度云图分布可知，反应釜内部最高温度为 326K，靠近换热盘管处温度较低，在反应釜底部温度较高，主要原因为能量源项为均匀添加，而反应釜底部的换热盘管较少，后续可以进一步明确能量源项添加区域，以便提高仿真精度。

15.6.4 盘管表面温度云图分析

1）在浏览树中双击“结果”→“图形”→“云图”选项，弹出“云图”对话框，如图 15-61 所示。在“云图名称”处输入 temperature-pipe，在“选项”处选择“填充”、“节点值”、“边界值”及“自动范围”，在“着色变量”处选择 Temperature 及 Static Temperature，在“表面”处选择 fyyu-liutiyu 及 fyyu-liutiyu-shadow，单击“保存/显示”按钮，则显示出盘管表面的温度云图，如图 15-62 所示。

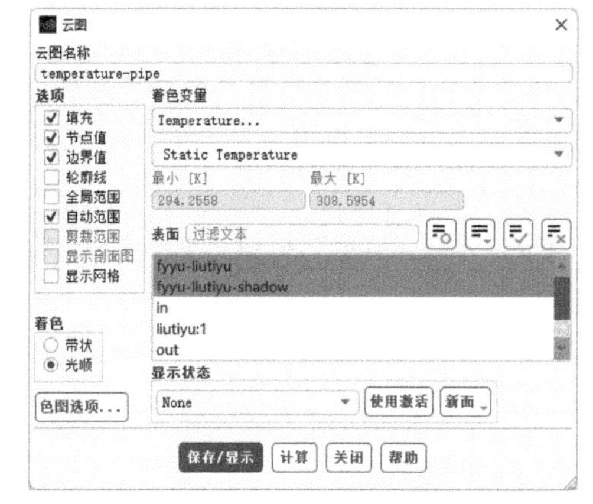

图 15-61 盘管表面温度云图设置（一）

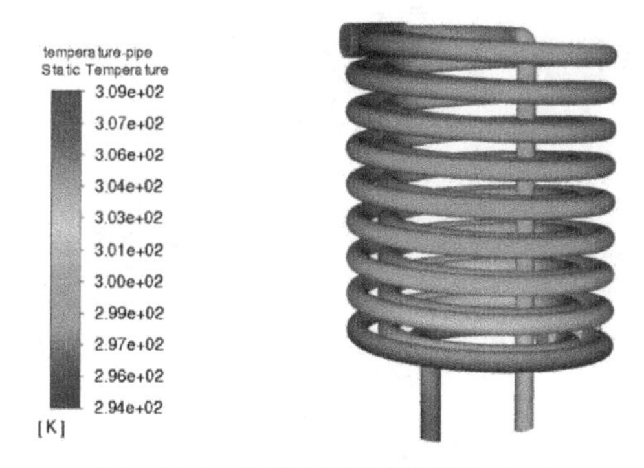

图 15-62 盘管表面温度云图（一）

由图 15-62 所示的温度云图分布可知，盘管最高温度为 309K，最上侧的换热盘管分流处温度较低，主要原因为此处流量较大，随后盘管吸收反应釜内部的热量，其表面温度逐步升高。

2）选择“云图”对话框“选项”处的“显示网格”，弹出“网格显示”对话框，在“选项”处选择“边”，在“边类型”处选择“轮廓”，在“表面”处选择除 in、out 及 z=0 之外的所有面，如图 15-63 所示，单击“显示”按钮，则显示如图 15-64 所示。

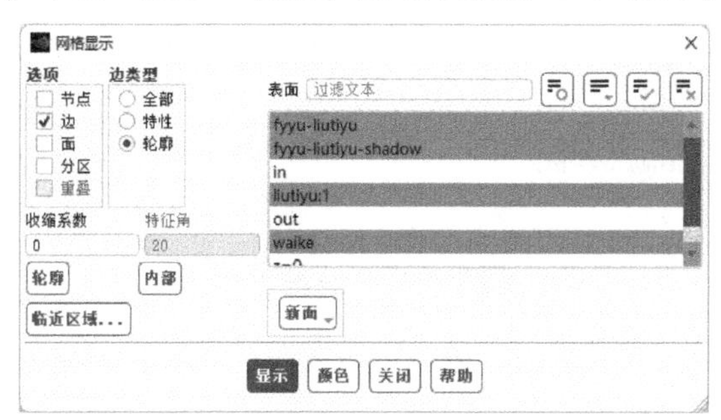

图 15-63 “网格显示”对话框

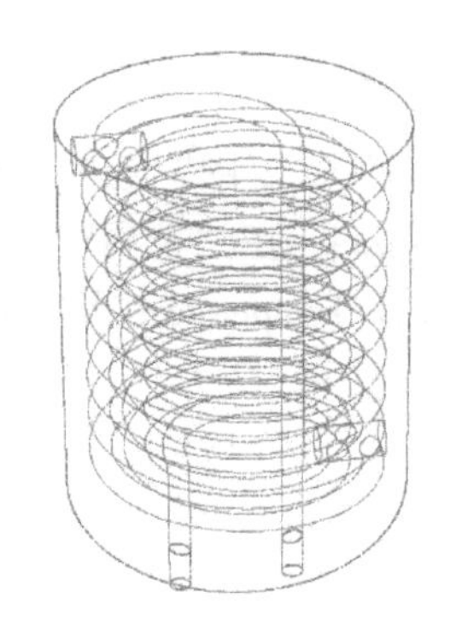

图 15-64　网格显示效果图

3）在“云图”对话框中单击“保存/显示”按钮，如图 15-65 所示，显示出来的温度云图如图 15-66 所示。

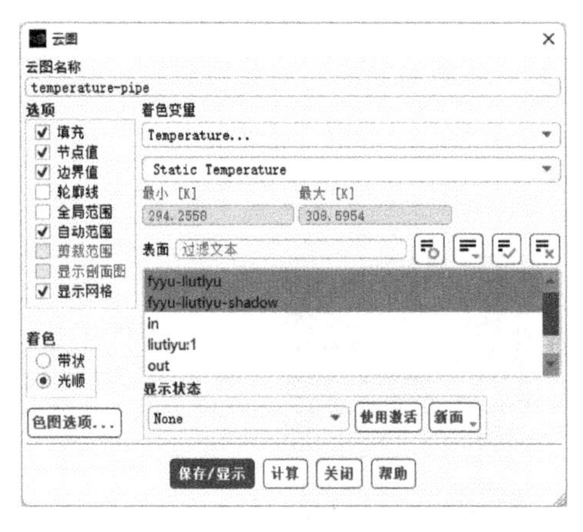

图 15-65　盘管表面温度云图设置（二）

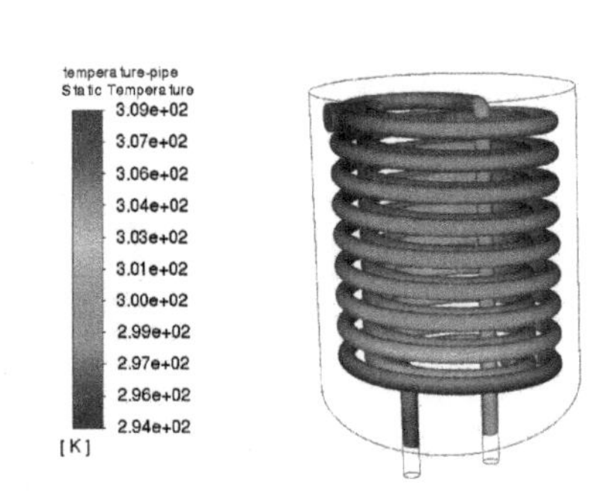

图 15-66　盘管表面温度云图（二）【彩】

15.6.5　计算结果数据后处理分析

在浏览树中双击“结果”→“报告”→“体积积分”选项，弹出“体积积分”对话框，如图 15-67 所示。在“报告类型”中选择“体积-平均”，在“场变量”里选择 Temperature 及 Static Temperature，在“单元区域”处选择 fyyu，单击“计算”按钮得出反应釜内流体区域体积平均温度为 305.47K。

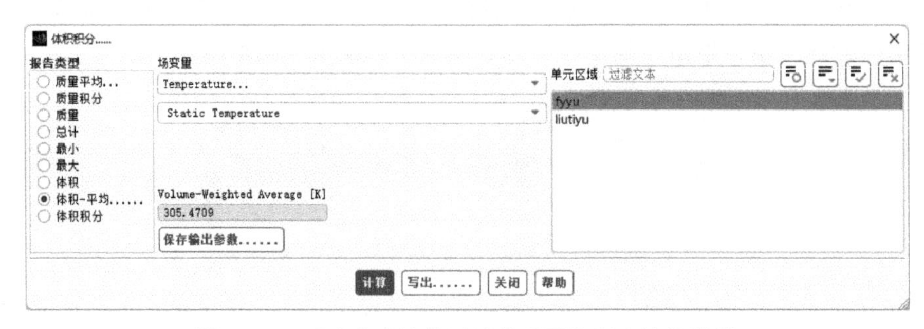

图 15-67　反应釜内流体区域体积平均温度计算结果

15.7 本章小结

本章以化学反应釜传热性能模拟分析研究为例，详细讲解了几何模型前处理、网格划分、设置、求解及结果查看和分析，重点说明了不同流体区域内材料属性设置、能量源项设置及结果后处理分析等内容。通过本章学习，读者可以掌握化学反应釜传热分析相关案例的分析方法。

参考文献

[1] 丁伟. ANSYS Fluent 流体计算从入门到精通（2020版）[M]. 北京：机械工业出版社，2020.
[2] 刘斌. Fluent 2020 流体仿真从入门到精通 [M]. 北京：清华大学出版社，2021.
[3] 刘斌. ANSYS Fluent 2020 综合应用案例详解 [M]. 北京：清华大学出版社，2021.
[4] 唐家鹏. ANSYS FLUENT 16.0 超级学习手册 [M]. 北京：人民邮电出版社，2016.
[5] 韩占忠，王敬，兰小平. FLUENT：流体工程仿真计算实例与应用 [M]. 2版. 北京：北京理工大学出版社，2010.
[6] 王福军. 计算流体动力学分析：CFD软件原理与应用 [M]. 北京：清华大学出版社，2004.
[7] 朗道，栗弗席兹. 理论物理学教程 第六卷：流体动力学 [M]. 李植，译. 5版. 北京：高等教育出版社，2012.
[8] 中国科学院. 中国学科发展战略·流体动力学 [M]. 北京：科学出版社，2014.
[9] 吴望一. 流体力学 [M]. 2版. 北京：北京大学出版社，2021.
[10] 丁祖荣. 工程流体力学 [M]. 北京：高等教育出版社，2022.
[11] 丁祖荣. 流体力学（上册）[M]. 3版. 北京：高等教育出版社，2018.
[12] 丁祖荣. 流体力学（下册）[M]. 3版. 北京：高等教育出版社，2018.